国防科技图书出版基金

复合材料结构振动与声学

Vibration and Acoustics of Composite Structures

孟　光　瞿叶高　著

国防工业出版社

·北京·

图书在版编目(CIP)数据

复合材料结构振动与声学 / 孟光,瞿叶高著. —北京:国防工业出版社,2017. 4

ISBN 978-7-118-11196-5

Ⅰ. ①复… Ⅱ. ①孟… ②瞿… Ⅲ. ①复合材料结构-结构振动-研究 ②复合材料结构-声学-研究 Ⅳ. ①TB33

中国版本图书馆 CIP 数据核字(2017)第 055375 号

※

国防工业出版社出版发行

(北京市海淀区紫竹院南路 23 号 邮政编码 100048)

北京嘉恒彩色印刷有限责任公司

新华书店经售

*

开本 710 × 1000 1/16 **印张** $24\frac{3}{4}$ **字数** 446 千字

2017 年 4 月第 1 版第 1 次印刷 **印数** 1—2500 册 **定价** 148.00 元

国防书店:(010)88540777 发行邮购:(010)88540776

发行传真:(010)88540755 发行业务:(010)88540717

致　读　者

本书由中央军委装备发展部**国防科技图书出版基金**资助出版。

为了促进国防科技和武器装备发展,加强社会主义物质文明和精神文明建设,培养优秀科技人才,确保国防科技优秀图书的出版,原国防科工委于1988年初决定每年拨出专款,设立国防科技图书出版基金,成立评审委员会,扶持、审定出版国防科技优秀图书。这是一项具有深远意义的创举。

国防科技图书出版基金资助的对象是:

1. 在国防科学技术领域中,学术水平高,内容有创见,在学科上居领先地位的基础科学理论图书;在工程技术理论方面有突破的应用科学专著。

2. 学术思想新颖,内容具体、实用,对国防科技和武器装备发展具有较大推动作用的专著;密切结合国防现代化和武器装备现代化需要的高新技术内容的专著。

3. 有重要发展前景和有重大开拓使用价值,密切结合国防现代化和武器装备现代化需要的新工艺、新材料内容的专著。

4. 填补目前我国科技领域空白并具有军事应用前景的薄弱学科和边缘学科的科技图书。

国防科技图书出版基金评审委员会在中央军委装备发展部的领导下开展工作,负责掌握出版基金的使用方向,评审受理的图书选题,决定资助的图书选题和资助金额,以及决定中断或取消资助等。经评审给予资助的图书,由中央军委装备发展部国防工业出版社出版发行。

国防科技和武器装备发展已经取得了举世瞩目的成就,国防科技图书承担着记载和弘扬这些成就,积累和传播科技知识的使命。开展好评审工作,使有限的基金发挥出巨大的效能,需要不断地摸索、认真地总结和及时地改进,更需要国防科技和武器装备建设战线广大科技工作者、专家、教授,以及社会各界朋友的热情支持。

让我们携起手来,为祖国昌盛、科技腾飞、出版繁荣而共同奋斗!

国防科技图书出版基金

评审委员会

前　　言

随着复合材料制造水平和材料各项性能指标的不断提高,由复合材料制造而成的结构部件已广泛地应用于航空航天和船舶舰艇等工程领域。工程中对复合材料的青睐,使得复合材料结构动力学和声学问题研究越来越受到人们的重视。准确地预测复合材料结构振动与声学特性是复合材料与结构一体化设计的关键。与常规均匀各向同性材料不同,复合材料具有各向异性、非均匀性等特点,导致复合材料结构振动与声学问题的建模、计算和分析要复杂和困难得多。以往针对均匀材料结构引入和发展的力学概念、理论和分析方法等有许多已不再适用于复合材料结构。进一步完善和发展复合材料结构振动与声学相关理论及分析方法,对于推动复合材料在工程中的应用具有重要意义。

复合材料在工程中的应用遵循着由小到大、由简到繁、从次承力结构到主承力结构的规律,这些结构大多可简化为梁、板、壳体或其组合形式。复合材料结构振动与声学问题研究虽已取得了很大进展,但遗憾的是,国内外出版的书籍对相关研究缺乏系统性的论述。想要了解、掌握该领域研究内容和方法的人们只能从零散的文献中去寻找和学习,非常不便。在复合材料蓬勃发展和广泛使用的今天,迫切需要一本系统地介绍复合材料结构振动和声学理论以及能提供解决实际问题方法的参考书。

复合材料结构振动和声学分析涉及的一个基本问题是结构理论模型的建立。概括地说,应用于复合材料结构力学分析的理论有三维弹性理论和简化理论两类。三维弹性理论是精确理论,对于解决复合材料深梁、厚板和厚壳问题是必需的,但是精确化的同时,也使得问题分析变得复杂。简化理论是在一定力学假设基础上由三维弹性理论退化得来的,由于引入的力学假设不同,因此形成了各式各样的结构理论。例如:在层合梁方面,有 Euler - Bernoulli 梁理论、Rayleigh 梁理论、Timoshenko 一阶剪切变形梁理论、高阶剪切变形梁理论、锯齿理论和分层理论等;在层合板方面,有 Kirchhoff 薄板理论,Reissner - Mindlin 一阶剪切变形板理论、高阶剪切变形板理论、锯齿理论和分层理论等;在层合壳体方面,有薄壳理论(包括 Love、Donnell、Reissner、Novozhilov、Vlasov、Sanders 和 Flügge 壳体理论等)、一阶剪切变形壳体理论、高阶剪切变形壳体理论、锯齿理论和分层理论等。这些梁、板和壳体理论研究成果分散于各类文献中,研究者们对这些理论在复合材料结构振动及声学问题中的适用性尚未有明确的结论。本书力图采用广义高阶剪切锯齿理论将各种简化的层合梁、板及壳体理论统一起来,该理论中的位移场采用广义位移分布形函数和锯齿函数来描述层合结构的变形特征。通过调整或选择不同的位移分布形函数和锯齿函数,该理论可退化为目前广泛应用的各种梁、板及壳体理论。

复合材料结构振动和声学研究中的另一个基本问题是寻求结构振动与声学问题的解。由于结构材料、几何形状、边界条件和载荷情况等的复杂性,能够采用解析法来求解的复合材料结构振动和声学问题极为有限。解决工程实际问题的有效途径是采用数值方法,其中结构振动方面的数值方法以有限元法为主,而声学方面则以边界元法为主。虽然有限元法在复合材料结构分析方面取得了巨大的成功,但还存在一些不足。例如,高阶剪切变形理论是分析复合材料梁、板及壳体振动问题的一类非常有效的结构理论,但基于此类理论构造的有限元单元通常要求位移的一阶导数在单元交界面上满足连续性条件,使得单元形函数的构造变得很困难。本书介绍了一种结构分区建模与分析方法,该方法采用分区变分法来放松子域分区界面位移协调条件,取消了子域界面位移协调关系对位移场变量的变分限制,使得子域位移展开函数的选取变得十分简单,克服了传统有限元法中板壳单元形函数不易构造的困难。在复合材料结构声学方面,本书给出了频域和时域声学谱边界元法以及分区变分－谱边界元混合法,它们为流体中复合材料结构声学问题的研究提供了准确、有效的分析工具。

本书的主要内容是在作者从事复合材料结构振动与声学研究的成果基础上,经过加工、提炼而系统集成的。在内容安排上,本书有三条主线:一是结构理论主线,介绍了复合材料直梁、曲梁、板和壳体的广义高阶剪切锯齿理论和三维弹性理论;二是结构振动主线,介绍了纤维增强复合材料和功能梯度材料直梁、曲梁、矩形板、圆板、壳体和复杂组合结构的分区变分建模与振动分析问题;三是结构声学主线,介绍了声学谱边界元法、分区变分－谱边界元混合法以及它们在复合材料结构声振耦合问题和实际工程问题中的应用。本书共分为 8 章,具体内容安排如下:

第 1 章介绍了复合材料的基本概念,讨论了各种复合材料梁、板和壳体结构理论的特点,并综述了复合材料结构振动与声学问题的研究进展情况。第 2 章介绍了各向异性材料弹性体的基本方程,包括弹性体应力、应变、几何关系、本构关系、运动方程和边界条件等。第 3 章介绍了线弹性动力学的各种变分原理,包括最小势能原理、Hamilton 变分原理、广义变分原理、修正变分原理和分区 Nitsche 变分法。第 4 章介绍了复合材料层合直梁、曲梁、板及壳体的广义高阶剪切锯齿理论,讨论了如何由广义高阶剪切理论退化得到各种常见的梁、板和壳体理论;同时还基于分区变分法分析了层合直梁、曲梁、矩形板和壳体的振动问题,讨论了各种简化结构理论的适用性。第 5 章介绍了基于分区变分法和三维弹性理论的层合长方体、圆板和壳体的动力学建模与分析问题。第 6 章介绍了功能梯度材料梁、矩形板、圆板和壳体的振动建模与分析问题。第 7 章介绍了频域和时域声学边界积分方程和谱边界元法，讨论了边界积分方程的非唯一解问题和奇异积分的处理方法。第 8 章讨论了弹性结构的声振耦合问题，介绍了声振耦合分析的分区变分－谱边界元混合法，讨论了典型复合材料板壳结构的声辐射特性，同时还提供了该方法在具体工程中的应用实例。

本书可作为高等院校力学专业和航空航天、船舶、机械、土木工程等专业高年级大学生以及研究生课程的参考书，也可供从事复合材料结构设计、振动与噪声分析的研究人员参考。希望本书能使读者更好地理解和掌握复合材料结构理论、振动与声学方面的理论知识，并学到解决具体工程问题的方法。由于作者水平有限，书中难免有疏漏及不足之处，衷心希望读者批评指正。

衷心感谢国防工业出版社和国防科技图书出版基金的支持和资助，衷心感谢上海宇航系统工程研究所和空间结构与机构重点实验室（筹）对本书的大力支持，衷心感谢上海交通大学机械系统与振动国家重点实验室和舰船设备噪声与振动控制技术重点学科实验室提供试验条件支持。

作　者

目 录

第 1 章 绪论 …… 1

1.1 复合材料概述 …… 1

1.1.1 复合材料的定义和分类 …… 1

1.1.2 纤维增强复合材料 …… 3

1.1.3 功能梯度材料 …… 6

1.2 复合材料结构理论 …… 7

1.2.1 复合材料层合梁理论 …… 8

1.2.2 复合材料层合板理论 …… 9

1.2.3 复合材料层合壳体理论 …… 11

1.3 复合材料结构振动研究方法 …… 12

1.3.1 复合材料梁振动 …… 13

1.3.2 复合材料板振动 …… 15

1.3.3 复合材料壳体振动 …… 16

1.4 复合材料结构声学研究方法 …… 18

第 2 章 各向异性体弹性力学基础 …… 21

2.1 直角坐标系中的弹性体基本方程 …… 21

2.1.1 应力和应变 …… 21

2.1.2 本构关系 …… 24

2.1.3 应力和应变坐标变换 …… 31

2.1.4 运动微分方程与边界条件 …… 34

2.2 曲线坐标系中的弹性体基本方程 …… 35

2.2.1 曲线坐标系 …… 36

2.2.2 几何方程 …… 37

2.2.3 本构关系 …… 39

2.2.4 运动微分方程与边界条件 …… 40

第3章 线弹性动力学的变分原理 …… 42

3.1 最小势能原理 …… 42
3.2 Hamilton 变分原理 …… 45
3.3 广义变分原理 …… 47
3.3.1 Hellinger - Reissner 变分原理 …… 47
3.3.2 Hu - Washizu 变分原理 …… 49
3.4 修正变分原理 …… 51
3.4.1 修正 Hamilton 变分原理 …… 51
3.4.2 分区修正变分原理 …… 52
3.5 分区 Nitsche 变分法 …… 56
3.5.1 分区 Nitsche 变分泛函 …… 56
3.5.2 弹性体离散动力学方程 …… 58
3.5.3 数值算例 …… 61

第4章 层合梁、板及壳体 Zig - zag 理论与振动 …… 65

4.1 一维层合直梁 …… 66
4.1.1 Zig - zag 理论位移场 …… 66
4.1.2 基本微分方程 …… 71
4.1.3 分区力学模型 …… 78
4.1.4 数值算例 …… 80
4.2 一维层合曲梁 …… 87
4.2.1 Zig - zag 理论位移场 …… 88
4.2.2 基本微分方程 …… 89
4.2.3 分区力学模型 …… 95
4.2.4 数值算例 …… 97
4.3 二维层合板 …… 100
4.3.1 Zig - zag 理论位移场 …… 100
4.3.2 基本微分方程 …… 102
4.3.3 分区力学模型 …… 111
4.3.4 数值算例 …… 114
4.4 二维层合壳体 …… 117
4.4.1 壳体基本概念 …… 117
4.4.2 Zig - zag 理论位移场 …… 119
4.4.3 基本微分方程 …… 121

4.4.4 分区力学模型 …… 137
4.4.5 数值算例 …… 140

第5章 层合梁、板及壳体三维弹性理论与振动 …… 153

5.1 层合长方体 …… 153
5.1.1 基本方程 …… 153
5.1.2 分区力学模型 …… 156
5.1.3 数值算例 …… 161
5.2 层合圆板 …… 175
5.2.1 基本方程 …… 175
5.2.2 分区力学模型 …… 177
5.2.3 数值算例 …… 181
5.3 层合壳体 …… 183
5.3.1 基本方程 …… 183
5.3.2 分区力学模型 …… 187
5.3.3 数值算例 …… 190

第6章 功能梯度材料梁、板及壳体振动 …… 204

6.1 功能梯度材料的物性参数 …… 204
6.1.1 Voigt 混合律 …… 205
6.1.2 Mori - Tanaka 模型 …… 208
6.2 功能梯度材料直梁 …… 208
6.2.1 分区力学模型 …… 208
6.2.2 数值算例 …… 210
6.3 功能梯度材料矩形板 …… 215
6.3.1 基于高阶剪切理论的分区力学模型 …… 215
6.3.2 基于三维弹性理论的分区力学模型 …… 219
6.3.3 数值算例 …… 220
6.4 功能梯度材料圆板 …… 224
6.4.1 分区力学模型 …… 224
6.4.2 数值算例 …… 225
6.5 功能梯度材料壳体 …… 227
6.5.1 分区力学模型 …… 227
6.5.2 数值算例 …… 229

第7章 声学边界积分方程和谱边界元法 ······ 240

7.1 理想流体介质的声波方程 ······ 241
7.1.1 连续性方程 ······ 241
7.1.2 运动方程 ······ 243
7.1.3 状态方程 ······ 244
7.1.4 声场波动方程与边界条件 ······ 245
7.1.5 声场 Helmholtz 方程与边界条件 ······ 247
7.2 频域声场边界积分方程 ······ 249
7.2.1 基本解 ······ 249
7.2.2 声辐射边界积分方程 ······ 251
7.2.3 声散射边界积分方程 ······ 256
7.2.4 边界积分方程数值离散 ······ 258
7.2.5 数值算例 ······ 271
7.3 频域轴对称声场边界积分方程 ······ 273
7.3.1 轴对称声场边界积分方程 ······ 273
7.3.2 边界积分方程数值离散 ······ 276
7.3.3 数值算例 ······ 281
7.4 时域声场边界积分方程 ······ 282
7.4.1 基本解 ······ 282
7.4.2 时域边界积分方程 ······ 284
7.4.3 边界积分方程数值离散 ······ 289

第8章 复合材料结构声振耦合系统 ······ 294

8.1 弹性体频域声振耦合系统 ······ 294
8.1.1 弹性体分区模型 ······ 296
8.1.2 声场谱边界元离散 ······ 297
8.1.3 弹性体声振耦合方程 ······ 300
8.1.4 数值算例 ······ 302
8.2 旋转壳体频域声振耦合系统 ······ 304
8.2.1 壳体分区模型 ······ 304
8.2.2 声场谱边界元离散 ······ 305
8.2.3 壳体声振耦合方程 ······ 308
8.3 复合材料壳体频域声振耦合问题 ······ 310
8.3.1 圆柱壳振动与声辐射 ······ 310

8.3.2 圆锥壳振动与声辐射 …… 316
8.3.3 球壳振动与声辐射 …… 319
8.4 加筋壳体频域声振耦合问题 …… 324
8.4.1 加筋壳体声振模型 …… 325
8.4.2 圆锥壳－加筋圆柱壳－圆锥壳 …… 329
8.4.3 半球壳－加筋圆柱壳－半球壳 …… 335
8.5 梁－弹性支撑－加筋壳体声振耦合问题 …… 347
8.5.1 螺旋桨－轴－艇体声振耦合模型 …… 347
8.5.2 螺旋桨－轴－艇体声振耦合响应 …… 351
8.6 弹性体时域声振耦合系统 …… 355
8.6.1 弹性体时域声振方程 …… 355
8.6.2 数值算例 …… 357

参考文献 …… 359

附录 与本书内容相关的著者论文列表 …… 373

Contents

Chapter 1 Introduction ······ 1

1.1 Introduction to Composite Materials ······ 1

1.1.1 Definition and Classification of Composite Materials ······ 1

1.1.2 Fiber – Reinforced Composite Materials ······ 3

1.1.3 Functionally Graded Materials ······ 6

1.2 Theories of Composite Laminated Structures ······ 7

1.2.1 Composite Laminated Beam Theories ······ 8

1.2.2 Composite Laminated Plate Theories ······ 9

1.2.3 Composite Laminated Shell Theories ······ 11

1.3 Methods for Vibration Analysis of Composite Structures ······ 12

1.3.1 Vibration of Composite Beams ······ 13

1.3.2 Vibration of Composite Plates ······ 15

1.3.3 Vibration of Composite Shells ······ 16

1.4 Methods for Structural Acoustics of Composite Structures ······ 18

Chapter 2 Anisotropic Elasticity ······ 21

2.1 Equations of Elasticity in Cartesian Coordinates ······ 21

2.1.1 Stresses and Strains ······ 21

2.1.2 Constitutive Equations ······ 24

2.1.3 Coordinate Transformations of Stresses and Strains ······ 31

2.1.4 Equations of Motion and Boundary Conditions ······ 34

2.2 Equations of Elasticity in Curvilinear Coordinates ······ 35

2.2.1 Curvilinear Coordinate System ······ 36

2.2.2 Strain – Displacement Equations ······ 37

2.2.3 Constitutive Equations ······ 39

2.2.4 Equations of Motion and Boundary Conditions ······ 40

Chapter 3 Variational Principles of Linear Elastodynamics ············ 42

3.1 The Principle of Minimum Potential Energy ························ 42
3.2 Hamilton's Principle ·· 45
3.3 Generalized Variational Principles ·· 47
3.3.1 Hellinger – Reissner's Principle ·· 47
3.3.2 Hu – Washizu's Principle ·· 49
3.4 Modified Variational Principles ·· 51
3.4.1 Modified Hamilton's Principle ··· 51
3.4.2 Subregion Variational Principle ·· 52
3.5 Nitsche's Subregion Variational Method ································· 56
3.5.1 Nitsche's Subregion Variational Functional ······················ 56
3.5.2 Discretization of Equations of Motion ······························ 58
3.5.3 Numeircal Cases ··· 61

Chapter 4 Zig – zag Theories and Vibrations of Composite Laminated Beams, Plates and Shells ··································· 65

4.1 One – Dimensional Composite Laminated Straight Beams ············ 66
4.1.1 Displacement Field of Zig – zag Theory ······························ 66
4.1.2 Governing Equations ··· 71
4.1.3 Sub – Domain Model of Straight Beam ······························· 78
4.1.4 Numerical Cases ··· 80
4.2 One – Dimensional Composite Laminated Curved Beams ·············· 87
4.2.1 Displacement Field of Zig – zag Theory ······························ 88
4.2.2 Governing Equations ··· 89
4.2.3 Sub – Domain Model of Curved Beam ································· 95
4.2.4 Numerical Cases ··· 97
4.3 Two – Dimensional Composite Laminated Plates ······················· 100
4.3.1 Displacement Field of Zig – zag Theory ····························· 100
4.3.2 Governing Equations ·· 102
4.3.3 Sub – Domain Model of Plate ·· 111
4.3.4 Numerical Cases ·· 114
4.4 Two – Dimensional Composite Laminated Shells ······················· 117
4.4.1 Basic Concepts of Shells ·· 117
4.4.2 Displacement Field of Zig – zag Theory ····························· 119

4. 4. 3 Governing Equations ······ 121
4. 4. 4 Sub – Domain Model of Shell ······ 137
4. 4. 5 Numerical Cases ······ 140

Chapter 5 Three – Dimensional Theory of Elasticity and Vibration of Composite Laminated Beams, Plates and Shells ······ 153

5. 1 Composite Laminated Rectangular Parallelepipeds ······ 153
5. 1. 1 Governing Equations ······ 153
5. 1. 2 Sub – Domain Model ······ 156
5. 1. 3 Numerical Cases ······ 161
5. 2 Composite Laminated Circular Plates ······ 175
5. 2. 1 Governing Equations ······ 175
5. 2. 2 Sub – Domain Model ······ 177
5. 2. 3 Numerical Cases ······ 181
5. 3 Composite Laminated Shells ······ 183
5. 3. 1 Governing Equations ······ 183
5. 3. 2 Sub – Domain Model ······ 187
5. 3. 3 Numerical Cases ······ 190

Chapter 6 Vibrations of Functionally Graded Beams, Plates And Shells ······ 204

6. 1 Material Properties of Functionally Graded Materials ······ 204
6. 1. 1 Voigt's Rule of Mixture ······ 205
6. 1. 2 Mori – Tanaka's Model ······ 208
6. 2 Functionally Graded Straight Beams ······ 208
6. 2. 1 Sub – Domain Models of Beams ······ 208
6. 2. 2 Numerical Cases ······ 210
6. 3 Functionally Graded Rectangular Plates ······ 215
6. 3. 1 Sub – Domain Models Based on Higher – order Shear Deformation Theory ······ 215
6. 3. 2 Sub – Domain Models Based on Three – Dimensional Theory of Elasticity ······ 219
6. 3. 3 Numerical Cases ······ 220
6. 4 Functionally Graded Circular Plates ······ 224
6. 4. 1 Sub – Domain Models of Circular Plates ······ 224

6.4.2 Numerical Cases ························ 225
6.5 Functionally Graded Shells ························ 227
6.5.1 Sub – Domain Models of Shells ························ 227
6.5.2 Numerical Cases ························ 229

Chapter 7 Boundary Integral Equations of Acoustics and Spectral Boundary Element Methods ························ 240

7.1 Wave Equation of Ideal Fluid ························ 241
7.1.1 Conservation of Mass ························ 241
7.1.2 Equations of Motion ························ 243
7.1.3 Equations of State ························ 244
7.1.4 Wave Equations and Boundary Conditions ························ 245
7.1.5 Helmholtz Equation and Boundary Conditions ························ 247
7.2 Frequency – Domain Boundary Integral Equations of Acoustics ························ 249
7.2.1 Fundamental Solution ························ 249
7.2.2 Boundary Integral Equations for Acoustic Radiation ························ 251
7.2.3 Boundary Integral Equations for Acoustic Scattering ························ 256
7.2.4 Discretization of Boundary Integral Equations ························ 258
7.2.5 Numerical Cases ························ 271
7.3 Frequency – Domain Boundary Integral Equations for Acoustic Fields with Axisymmetric Boundaries ························ 273
7.3.1 Boundary Integral Equation for Axisymmetric Problems ························ 273
7.3.2 Discretization of Boundary Integral Equations ························ 276
7.3.3 Numerical Cases ························ 281
7.4 Time – Domain Boundary Integral Equations of Acoustics ························ 282
7.4.1 Fundamental Solution ························ 282
7.4.2 Time – Domain Boundary Integral Equations ························ 284
7.4.3 Discretization of Boundary Integral Equations ························ 289

Chapter 8 Vibro – Acoustic Coupling Systems of Composite Structures ························ 294

8.1 Vibro – Acoustic Coupling System of Elastic Body in Frequency – Domain ························ 294
8.1.1 Sub – Domain Model of Elastic Body ························ 296
8.1.2 Spectral Boundary Element Discretization of

Acoustic Field ········· 297
8. 1. 3 Vibro – Acoustic Equations of Elastic Body ········· 300
8. 1. 4 Numerical Cases ········· 302
8. 2 Vibro – Acoustic Coupling System of Shells of Revolution in Frequency – Domain ········· 304
8. 2. 1 Sub – Domain Models of Shell ········· 304
8. 2. 2 Spectral Boundary Element Discretization of Acoustic Field ········· 305
8. 2. 3 Vibro – Acoustic Equations of Shells ········· 308
8. 3 Vibro – Acoustic Problems of Composite Shells in Frequency – Domain ········· 310
8. 3. 1 Vibro – Acoustic Analyses of Cylindrical Shells ········· 310
8. 3. 2 Vibro – Acoustic Analyses of Conical Shells ········· 316
8. 3. 3 Vibro – Acoustic Analyses of Spherical Shells ········· 319
8. 4 Vibro – Acoustic Problems of Stiffened Shells in Frequency – Domain ········· 324
8. 4. 1 Vibro – Acoustic Models of Stiffened Shells ········· 325
8. 4. 2 Stiffened Conical – Cylindrical – Conical Shells ········· 329
8. 4. 3 Stiffened Hemispherical – Cylindrical – Hemispherical Shells ········· 335
8. 5 Vibro – Acoustic Problems of Coupled Systems of Beam, Elastic Supports and Stiffened Shells ········· 347
8. 5. 1 Vibro – Acoustic Model of Coupled Propeller – Shaft – Pressure Hull System in Submarine ········· 347
8. 5. 2 Vibro – Acoustic Responses of Coupled Propeller – Shaft – Pressure Hull System in Submarine ········· 351
8. 6 Vibro – Acoustic Coupling System of Elastic Body in Time – Domain ········· 355
8. 6. 1 Time – Domain Vibro – Acoustic Equations of Elastic Body ········· 355
8. 6. 2 Numerical Cases ········· 357

References ········· 359

Appendix Authors' Publications Related to this Book ········· 373

第1章　绪　　论

1.1　复合材料概述

材料是指经过某种制备与加工，具有特定结构、组分和性能，并能实现一定用途的物质。材料是人类社会赖以生存和发展的物质基础，是社会现代化和高新技术发展的先导，决定了时代的发展。可以说，人类的文明史也就是材料的进步史。随着现代高新技术的发展，对材料性能的要求日益提高，传统单质材料很难满足性能的综合要求和高指标要求，这促使了人们对新材料的开发。简单地讲，新材料是由新制备工艺制成且比传统材料性能更优异的材料。新材料往往代表了材料领域发展的某些前沿，对材料工业发展和科技创新具有重要的推动作用。发展新材料包括两个方面的内涵：一是利用新概念、新技术和新方法来合成或制备具有高性能或特殊功能的全新材料；二是对传统材料进行再开发，使它们的某些性能获得重大改进或提高。

材料的复合化是当代新材料发展的一个重要趋势。复合材料可根据使用条件的要求进行设计和制造，以满足各种特殊用途，从而极大地提高工程结构的效能。它们的出现给材料领域带来了重大变革，并形成了金属材料、无机非金属材料、高分子材料和复合材料共存的格局。随着新型复合材料的不断涌现，复合材料不仅应用于导弹、火箭和人造卫星等尖端工业中，而且在航空、汽车、船舶、海洋、机械、电子和建筑等各个部门都得到了广泛的应用。复合材料的研究深度、应用广度及生产发展的速度和规模，已成为衡量一个国家科学技术水平是否先进的重要标志之一。

1.1.1　复合材料的定义和分类

广义地讲，复合材料（Composite Materials）是指由两种或两种以上不同性能和形态的组分材料用物理或化学的方法，经人工复合而成的一种不同于其组分材料的新型材料。复合材料能保留组分材料的主要优点，克服或减少组分材料的缺点，产生组分材料所没有的一些优异性能，这与一般材料的简单混合有本质的区别。工程结构中常用的复合材料大多由两种组分材料构成，即增强材料和基体材料。增强材料决定了复合材料的基本性能，承担各种工作载荷；基体材料起着支承增强材料、保持材料形状、传递增强材料之间载荷等作用。

金属材料、无机非金属材料和高分子材料的不同组合，构成了各种不同的复合材料体系。按照不同的分类标准，复合材料有以下几种分类法：

一、按用途分类

根据用途不同，复合材料可分为结构复合材料和功能复合材料两类。利用复合材料的各种优良力学性能，如比刚度大、比强度高和抗疲劳性能好等，用于建造或制造承载结构的材料，称为结构复合材料。结构复合材料是目前工程中应用最广泛的复合材料，这类材料主要用于承受和传递载荷，满足结构的刚度和强度需求，采用的增强材料主要是纤维材料，而基体材料主要为树脂、金属或陶瓷等。

功能复合材料是指能实现某些特定物理、化学或生物性能的复合材料，如导电复合材料、烧蚀材料、压电复合材料、磁性复合材料、透光复合材料、绝缘复合材料、隐身吸波复合材料、多功能（如耐热、透波、承载）复合材料等。功能复合材料通常由基体和一种或多种功能体组成。

应当指出，并非所有利用复合材料力学性能的材料都是结构复合材料，而结构复合材料有时也具有一些良好的非力学方面的功能，一种复合材料往往同时起着结构和功能的作用。因此，在很多情况下，结构复合材料和功能复合材料的界限并不明显。

二、按基体材料分类

根据基体材料性质不同，可将复合材料分为聚合物基复合材料、金属基复合材料和无机非金属基复合材料。聚合物属有机非金属材料，主要包括热固性树脂和热塑性树脂。金属基复合材料包括轻金属基复合材料、高熔点金属基复合材料和金属间化合物基复合材料。无机非金属基复合材料包括陶瓷基、碳基和水泥基复合材料等。

三、按增强材料分类

强调增强材料时，复合材料可分为纤维增强、片材增强和颗粒增强复合材料三种。在纤维增强复合材料中，根据纤维长短的不同，可分为连续纤维、长纤维和短切纤维三种复合材料。对于纤维体积百分比较大的复合材料，纤维是承载的主体，基体主要用来传递剪力。在三种纤维增强复合材料中，连续纤维增强复合材料的力学性能最好，长纤维复合材料次之，短切纤维复合材料较差。连续纤维增强复合材料通常以层合复合材料的形式来使用。颗粒增强复合材料是由悬浮在基体材料中的一种或多种颗粒材料组成，颗粒可以是金属也可以非金属。片材增强复合材料（人工晶片和天然片状物）与常规的层合复合材料在概念上是不同的，片材复合材料一般不作为结构材料来使用。

此外还有一些专指某些范围的名称，如近代复合材料、先进复合材料等。

本书主要研究由连续纤维增强复合材料(简称为纤维增强复合材料)或功能梯度材料制成的复合材料结构以及它们的结构性能。下面对于这两类材料的性能和特点予以简要介绍。

1.1.2　纤维增强复合材料

纤维增强复合材料是工程中应用最为广泛的一种结构复合材料,如图 1-1 所示。它们由纤维和基体材料构成,其中纤维比较均匀地分布在基体中,起主要承载作用,而基体的作用是将纤维黏结成一个整体,使纤维协同作用,保护纤维不受化学腐蚀和机械损伤,同时承受和传递剪切力,并在垂直于纤维的方向承受拉力和压力。在实际工程中,纤维增强复合材料一般设计成多角度多层铺设的层合材料,这样可使材料在各个方向上都能充分发挥纤维的承载作用。

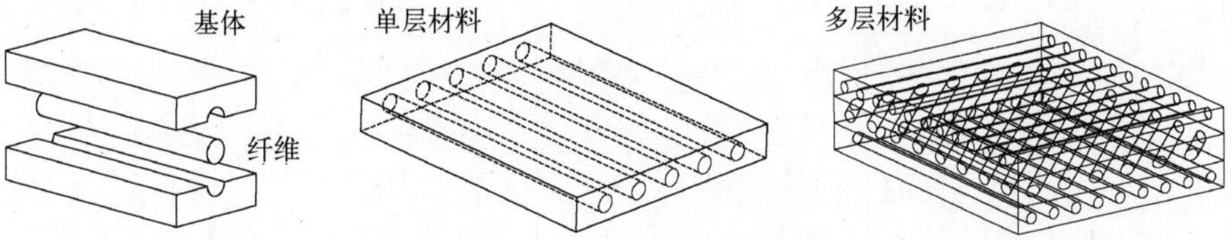

图 1-1　纤维增强复合材料

纤维增强复合材料的纤维材料和基体材料的品种和形式多种多样,由此形成了种类繁多的复合材料。常用的增强材料主要有玻璃纤维、碳纤维、凯芙拉(Kevlar)纤维(或芳纶纤维)、硼纤维和碳化硅(SiC)纤维等;基体主要有树脂基体、金属基体和陶瓷基体。纤维增强复合材料的命名通常把增强材料名称放在前,基体材料名称放在后,最后缀以“复合材料”。如由碳纤维和环氧树脂构成的复合材料称为“碳纤维环氧树脂复合材料”。为了便于识别组分材料,可在增强材料与基体材料之间划一横线(或斜线),再加“复合材料”。如碳纤维环氧树脂复合材料可写为碳纤维 - 环氧树脂复合材料或碳纤维/环氧树脂复合材料。

玻璃纤维是纤维增强复合材料中应用非常广泛的增强体,包括 E 型玻璃纤维(无碱玻璃纤维或电绝缘纤维)和 S 型玻璃纤维(高强度玻璃纤维)等。玻璃纤维的优点是拉伸强度高,具有良好的绝缘性能和较大的延伸率;但是脆性大,比模量较低,与铝接近。碳纤维复合材料是为了满足宇航、导弹及航空等部门的需要而发展起来的高性能材料,具有“比钢强比铝轻”的特点,是目前最受重视的先进纤维材料之一。碳纤维是由有机纤维经固相反应转变而成的纤维状聚合物碳,分为高强度碳纤维、高模量碳纤维和超高模量碳纤维。后两种碳纤维需要经过石墨化处理,又称为石墨纤维。碳纤维的密度小,强度高,模量高,耐热性好。凯芙拉纤维是一类芳香族聚酰胺合成有机纤维,它具有很高的强度和较高的模量,并且具有很小的热膨胀系数和良好的绝缘性能,是玻璃纤维很好的替代物。硼纤维是由硼蒸气在钨丝上沉积制成的复合纤维,具有较高的强度和模量,以及良好的抗高温性能和抗氧化性能,但成本较高。碳化硅纤维是典型的陶瓷纤维,在形态上具有晶须和连续纤维两种,它们具有良好的抗高温、耐腐蚀和抗氧化性能,与金属的亲和力强。各种主要纤维材料的基本性能如表 1-1所列,表中还给出了钢和铝的性能对比。

表 1-1　各种纤维材料与金属丝的基本性能[1]

材料		直径 /μm	熔点 /℃	相对密度 γ	拉伸强度 σ/10MPa	模量 E/ (10^5MPa)	热膨胀系数 α/ (10^{-6}/℃)	伸长率 δ/%	比强度 σ/ρ / (10MPa)	比模量 E/ρ/ (10^5MPa)
玻璃纤维	E	10	700	2.55	350	0.74	5	4.8	137	0.29
	S	10	840	2.49	490	0.84	2.9	5.7	197	0.34
硼纤维		100	2300	2.65	350	4.1	4.5	0.5 ~ 0.8	132	1.55
		140		2.49	364	4.1			146	1.65
碳纤维	普通		3650	1.75	250 ~ 300				143 ~ 171	
	高强	6		1.75	350 ~ 700	2.25 ~ 2.28			200 ~ 400	1.29 ~ 1.30
	高模	6		1.75	240 ~ 350	3.5 ~ 5.8	−0.6	1.5 ~ 2.4	137 ~ 200	2.0 ~ 2.34
	极高模	6		1.75	75 ~ 250	4.60 ~ 6.70	−1.4	0.5 ~ 0.7	43 ~ 143	2.63 ~ 3.83
芳纶纤维	K−49Ⅲ	10		1.47	283	1.34	−3.6	2.5	193	0.91
	K−49Ⅳ	10			304	0.85		4.0	207	0.58
碳化硅	复相	100	2690	3.28	254	4.3	3.8		77.4	1.31
	单相	8 ~ 12		2.8	250 ~ 450	1.8 − 3.0			89 ~ 161	0.64 ~ 1.1
钢丝			1350	7.8	42	2.1	11 ~ 17		5.4	0.27
铝丝			650	2.7	63	0.74	22		23	0.27

在基体方面,树脂基体分为热固性树脂和热塑性树脂两类。热固性树脂包括环氧树脂、酚醛树脂和聚酯树脂等。环氧树脂在工程中应用最广泛,其主要优点是黏结力强,与增强纤维表面浸润性好,耐热性较好,固化成型方便。酚醛树脂耐高温性好,吸水性小,电绝缘性好,价格低廉。聚酯树脂工艺性好,可室温固

化,价格低廉,但固化时收缩大,耐热性低。常见的热塑性树脂有聚酰胺(又称尼龙)、聚醚酮和聚碳酸脂等。热塑性基体材料的成型是通过热塑性树脂的熔融、流动、冷却、固化等物理状态的变化而实现的,而物理状态的变化是可逆的。因此,热塑性基体材料可以反复使用。它们加热到转变温度时会重新软化,易于制成模压复合材料。几种常用树脂的性能如表1-2所列。金属基体材料主要用于耐高温或其他特殊需要的场合。目前在航空航天、汽车等领域中,应用相对较成熟的金属基体材料有铝基、镁基、镍基和钛基等。金属基复合材料的制备工艺过程涉及高温、增强材料的表面处理、复合成型等复杂工艺,而这类材料的性能、应用、成本等在很大程度上取决于其制造技术。陶瓷基体材料主要由已结晶和非结晶两种形态的化合物存在,按照组成化合物的元素不同,可以分为氧化物陶瓷(氧化铝、氧化锆)、碳化物陶瓷(碳化硅、碳化硼)、氮化物陶瓷(氮化硅、氮化硼)等。陶瓷基体耐高温、化学稳定性好,具有高模量和高抗压强度;但有脆性,耐冲击性差。

表1-2 常用树脂的性能[1]

材料	相对密度 γ	拉伸强度 σ/MPa	模量 $E/(10^3\,\text{MPa})$	伸长率 δ/%	抗压强度 /MPa	抗弯强度 /MPa
环氧	1.1~1.3	60~95	3~4	5	90~110	100
酚醛	1.3	42~64	3.2	1.5~2.0	88~110	78~120
聚酯	1.1~1.4	42~71	2.1~4.5	5	92~190	60~120
聚酰胺 PA	1.1	70	2.8	60	90	100
聚乙烯		23	8.4	60	20~25	25~29
聚丙烯 PP	0.9	35~40	1.4	200	56	42~56
聚苯乙烯 PS		59	2.8	2.0	98	77
聚碳酸酯 PC	1.2	63	2.2	60~100	77	100

纤维增强复合材料突出的优点是比强度高和比模量大、具有可设计性、抗疲劳、耐腐蚀和工艺性优良等。比强度和比模量分别指材料的强度和模量与密度之比,它们是在质量相等的前提下衡量结构材料承载能力与刚度特性的一种材料性能指标。对于航空航天、汽车、船舶舰艇等领域中的结构设计,它们是非常重要的指标,意味着是否可以制成承载性能好而质量又轻的结构。复合材料的可设计性能是指通过改变增强纤维的体积百分比和增强方式,可在较大范围内改变其材料性能。此外,纤维增强复合材料的铺层设计为结构设计提供了灵活的设计自由度,使得均质各向同性材料无法实现的结构设计得以实现。疲劳破坏是材料在交变载荷作用下,由于裂纹的形成和扩展而造成的低应力破坏。纤维增强复合材料在纤维方向受拉时的疲劳特性比金属好得多。金属材料的疲劳

破坏通常是由内部向外部经过渐变而突然扩展,而纤维增强复合材料的疲劳破坏总是从纤维或基体的薄弱环节开始,逐渐扩展到结合面上。在损伤较多且尺寸较大的情况下,纤维增强复合材料在破坏前有显著的预兆,能够被及时发现并采取措施。很多种复合材料都耐酸碱腐蚀,如玻璃纤维/酚醛树脂复合材料,能在含氯离子的酸性介质中长期使用,可用来制造耐强酸、盐、酯和某些溶剂的化工管道、容器等设备,耐碱玻璃纤维或碳纤维与树脂基体复合材料,还能在强碱介质中使用。纤维增强复合材料工艺性很好,很容易制成各种几何外形复杂的零部件,且能用模具制造构件,可一次加工成型,从而减少零部件、紧固件和接头。

当然,纤维增强复合材料也有很多不足。纤维增强复合材料的层间剪切强度和层间拉伸强度较低,容易产生分层损伤和破坏,导致复合材料结构失效。组分材料性能的分散性以及材料与构件同时成型的特点,使纤维增强复合材料性能数据分散性较大。大多数增强纤维是脆性材料,拉伸时的断裂应变很小,抗断裂和冲击能力较差。

1.1.3 功能梯度材料

功能梯度材料(Functionally Graded Materials, FGM)[2]是应现代航空航天工业等高技术领域的需要,为满足极限环境(超高温、大温度落差)使用条件而发展起来的一种新型功能材料。这种材料由两种或两种以上材料复合而成,在材料的制备过程中通过连续地控制各组分含量的分布,使材料宏观特性在空间位置上呈现梯度变化(如弹性模量、密度、热导率、热膨胀系数等),以满足结构元件不同部位对材料使用性能的不同要求,从而达到优化结构整体使用性能的目的。功能梯度材料的突出特点是材料组分之间没有显著的界面,材料的性质和功能呈现梯度变化。

功能梯度材料作为一种非均匀材料在自然界早就存在,如竹子、贝壳和动物骨头等的材料组分在空间上都是连续变化的。虽然功能梯度材料在自然界早就存在,但它作为一种材料设计理念却直到20世纪80年代中期才被提出。图1-2所示为陶瓷/金属功能梯度材料,它是一种典型的热防护功能梯度材料。这种材料在温度相对较高的外侧采用耐热性优良的陶瓷,而在内侧采用导热、高韧性和机械强度高的金属材料,在陶瓷和金属之间形成一个在成分、组织和性能上呈梯度连续变化的过渡区,在过渡区通过控制材料组分含量等使得结构材料的耐热性从外到内逐渐降低,而机械强度和韧性逐渐升高,材料两侧的热应力都很小,而在过渡区内达到峰值,从而大大缓解了材料在使用过程中因温度梯度落差引起的热应力,同时也避免了金属与陶瓷间因物理和力学性能的巨大差异而造成的界面应力。

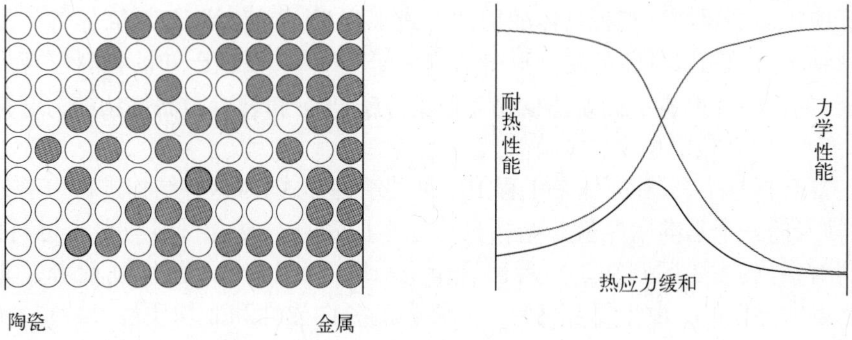

图 1-2　陶瓷/金属功能梯度材料

从力学的角度来看,功能梯度材料的特点是其材料的非均匀性和材料力学特性变化的连续性。与传统的复合材料相比,功能梯度材料能够缓解应力集中并优化应力分布,能够充分发挥各组成成分的优异性能,很好地解决传统复合材料因材料属性不同而引起的黏结强度低和力学性质不协调等方面的问题。因此,可按照工作环境要求,将性能不同的材料在结构内部非均匀、连续地合成新型功能梯度材料,以适用于各种特殊工程的特殊需要。虽然功能梯度复合材料的开发最初是针对航空航天领域应用的超耐热材料,但是由于这种复合材料可以通过金属、陶瓷、塑料等不同有机物和无机物进行巧妙结合,其应用已由原来的航空航天领域扩大到机械工程、核能源、电子等领域,应用前景十分广阔。

1.2　复合材料结构理论

复合材料在工程中的广泛应用促进了复合材料力学的迅速发展。复合材料的力学分析和研究大致可分为材料力学和结构力学两方面内容,其中根据力学模型的精细程度,材料力学又可分为细观力学和宏观力学两部分。细观力学是从细观角度出发来考察组分材料之间的相互作用并以此研究复合材料的物理和力学性能。它以纤维和基体作为基本的单元,把纤维和基体看作各向同性或各向异性的均匀材料,基于纤维的形状和布置形式、纤维的力学性能、纤维与基体之间的相互作用等来分析复合材料的力学性能。显然这种方法是精细的,但是精细化的同时也使得分析工作变得复杂化。限于理论分析能力和实际复合材料构造的复杂性和不确定性,目前该方法只能分析单层材料在简单应力状态下的基本力学性能(如材料主轴方向的弹性常数和强度)。宏观力学不考虑纤维和基体之间的区别,而是把单层复合材料看作是一种均匀的各向异性复合材料,用其平均力学性能来表示单层材料的弹性常数、密度和强度特性等。复合材料的实际应用总是要通过某种具体的构件形式来实现,如杆、梁、板和壳体等。复合材料结构力学是以具体的复合材料结构为研究对象,根据已知的材料宏观力学性能,如弹性常数和强度等,应用结构力学方法来分析复合材料结构的力学特性(如变形、固有频率和临界载荷等)。

复合材料梁、板和壳体是工程中常见的结构形式,对这些结构进行力学分析时,涉及的一个基本问题就是结构理论模型的建立。复合材料与常规材料(如金属材料)的主要区别在于后者被看作是均质的和各向同性的,而前者是非均质和各向异性的。由于复合材料具有强烈的各向异性和非均质性等特点,在外力作用下其变形特征不同于一般各向同性材料,因此复合材料结构力学模型的描述形式也与常规材料结构的大不相同。下面对一些与本书内容密切相关的层合结构理论进行简要介绍,这些理论经退化后还适用于分析功能梯度材料结构的力学问题。

1.2.1 复合材料层合梁理论

复合材料层合梁(直梁和曲梁)是一类重要的工程结构,它不仅可作为主承载结构,还常作为板壳结构的加强筋。层合梁可看作为一种特殊形式的层合板,其结构理论可由层合板理论退化得到。目前应用于层合梁力学分析的结构理论主要有[3-5]等效单层理论(Equivalent Single - Layer Theory,ESL 理论)、锯齿理论(Zig - zag 理论)、分层理论(Layerwise Theory,LW 理论)、二维和三维弹性理论。

等效单层理论将非均质层合梁看作具有复杂构造行为的单层梁,并通过引入各种假设将三维弹性力学问题简化为一维问题。这类理论的特点是对应的层合梁控制方程比较简单且计算效率很高。等效单层理论又包括经典梁理论(Euler - Bernoulli 理论)、一阶剪切变形梁理论(Timoshenko 理论)和高阶剪切变形梁理论。经典梁理论基于直法线假设认为变形前垂直于梁中性轴的横截面,变形后保持为平面且仍垂直于中性轴,这一假设忽略了横截面剪切变形的影响。对于材料各向异性不是特别显著的细长梁的低阶振动问题,经典理论能给出较准确的结果,但对于深梁、各向异性显著的复合材料梁以及高阶振动问题,梁的截面剪切变形不容忽视,该理论精度很差。一阶剪切变形梁理论放松了经典梁理论的直法线假设,认为变形后的梁截面仍保持为平面但不再垂直于梁的中性轴,即考虑了剪切变形引起的截面翘曲。该理论的适用范围较广,特别适用于横向剪应力和剪应变的计算精度要求不高的情况。在一阶剪切变形梁理论中,梁厚度方向的横向剪切应变为常数,该理论不能满足梁上下表面剪切应力为零这一条件。为了修正该理论,需要引入剪切修正因子。理论计算证明,一阶剪切变形理论中的剪切修正因子依赖于层合梁的几何尺寸、材料参数、铺层特性、载荷形式以及边界条件等[6]。为了克服经典梁理论和一阶剪切变形梁理论的局限性,研究者们又发展了高阶剪切变形梁理论,包括二阶剪切变形梁理论[7]、三阶剪切变形梁理论[8,9]和更高阶的剪切变形梁理论[10]。在各种高阶剪切变形梁理论中,以 Reddy 三阶剪切变形梁理论[8,9]最具代表性。该理论是将梁的轴向位移沿厚度方向取三次多项式进行展开,根据梁上下表面横向剪切应力为零的条件,得到一个具有三个未知变量的位移场表达式,该理论忽略了层合梁厚度方向的横向正应变。

基于高阶剪切变形理论来分析细长层合梁的整体特性(如整体弯曲变形和振动频率)时能得到较为准确的结果。但这一类理论在预测层合梁内的动态应力(如横向剪切应力和层间应力)分布时,精度很差。部分原因归结于它们不能满足以下两个条件:一是层合梁面内位移沿厚度方向连续但其导数在铺层界面处不连续,即面内位移为锯齿形连续变化;二是复合材料梁层间应力连续。为了提高计算精度,研究者们提出了满足面内位移锯齿形连续变化条件以及同时满足面内位移锯齿形连续变化和应力连续性条件的锯齿理论[11-15]。与等效单层理论相比,这类理论的未知变量也独立于层合梁的层数,但能够较准确地预测层合梁的面内位移,并且根据平衡方程进行后处理后能更准确地计算面内应力和横向剪切应力。

分层理论是将层合梁的每一层看作为一个单独结构,对每一层梁引入独立的位移场,并且满足层间位移连续性条件。根据引入的位移场函数形式不同,分层理论也存在很多种形式,如一阶剪切变形分层理论[16]和高阶剪切变形分层理论[17,18]等。分层理论的优点是计算精度较高,其缺点是变量个数依赖于层合梁的铺层数目。一些研究者还采用二维和三维弹性理论来建立层合梁的力学模型[19-21]。三维弹性理论可以用于分析任意厚度层合梁的振动问题,其解可作为一个参考标准,用来检验各种简化理论的可靠性和适用范围,但是三维弹性理论对应的层合梁动力学模型比较复杂且不易求解。

1.2.2 复合材料层合板理论

在过去的半个多世纪里,国内外研究者在层合板结构理论方面开展了大量的研究工作。在层合板的力学分析中,常用的结构理论包括[22-25]二维等效单层板理论、锯齿理论、分层理论和三维弹性理论,其中等效单层板理论又包括经典层合板理论(Kirchhoff 薄板理论)、一阶剪切变形层合板理论(Reissner - Mindlin 板理论)和高阶剪切变形层合板理论。经典层合板理论基于 Kirchhoff 直法线假设,认为层合板变形前的中面法线在变形后仍然保持为直线并且垂直于中面,即忽略板厚度方向的剪切变形。该理论具有位移模式简单、未知变量少等优点,适用于材料各向异性不太显著的层合薄板低阶振动问题,当面内主弹性模量之比或层合板的厚度较大时,该理论的精度很差。为了考虑厚度方向的剪切变形,

Reissner[26]和Mindlin[27]提出了适用于各向同性板问题的一阶剪切变形理论，该理论放松了Kirchhoff假设，认为板变形后横法线仍然保持为直线但不再垂直于板的中面。Whitney[28]将一阶剪切变形理论推广至层合板的弯曲分析中。由于在一阶剪切变形理论中，板的横向剪切应变沿厚度方向为常数，导致该理论不满足板上下表面剪应力为零的条件，这显然不能真实地反映层合板的剪切变形和应力分布情况，为了修正该理论，需要引入剪切修正因子。与层合梁情况类似，剪切修正因子选择正确与否直接影响一阶剪切变形理论的精度，并且剪切因子的取值也与板的几何参数、材料参数和边界条件等有关。对于层合厚板结构或高频振动问题，一阶剪切变形板理论精度较差。为了更精确地预测层合板的力学行为，一些研究者将层合板的面内位移采用高阶位移分布形函数进行展开，进而发展出了高阶剪切变形理论[29-41]。常见的位移分布形函数包括三次函数、正弦函数、指数函数、对数函数、双曲函数以及它们的组合等。在诸多高阶剪切变形理论中，以Reddy[30]建立的五变量高阶剪切变形理论最具代表性，该理论假设板的横向剪切应变沿板厚呈抛物状分布，且满足层合板上下表面横向剪切应力为零的条件。

前面提到的等效单层理论都是整体型结构理论，没有满足层合板层间位移锯齿形连续变化和应力连续性条件，因此不能准确地预测层合板的高阶振动、面内位移和层间应力。一些研究者发展了满足面内位移锯齿形连续变化或(及)应力连续性条件的锯齿理论。如Murakami[42]建议了一种考虑面内层间位移连续的锯齿理论，具体是在一阶剪切变形理论的面内位移中添加锯齿函数。该理论能较准确地预测对称铺设层合板的面内位移和面内应力。Toledano和Murakami[43]通过在高阶剪切理论的位移场中添加锯齿函数，建立了一种高阶剪切锯齿理论。Di Sciuva与其合作者[44,45]基于一阶剪切和高阶剪切理论建立了满足层间应力连续性条件的层合板锯齿理论。Carrera[46]将层合板的面内和横向位移采用多项式进行展开，并在位移展开式中添加锯齿函数，得到了一系列锯齿理论。针对正交铺设和一般铺设层合板，Cho和Parmerter[47,48]将面内位移分为整体和局部两部分并且将整体位移沿厚度方向取三次函数而局部位移取分段线性函数，通过引入层间应力连续性条件和上下表面剪应力为零的条件，建立了三阶锯齿理论。Li和Liu[49]将层合板的面内位移分解为整体位移和局部位移两部分，其中整体位移和局部位移沿着厚度方向分别采用三次和二次多项式进行展开，而横向位移沿着厚度方向则假设为常数，最终建立了含有9个独立变量的锯齿理论。Li和Liu[50]将每层的局部位移采用三次多项式进行展开，建立了一种含有11个独立变量的高阶剪切锯齿理论。何陵辉和刘人怀[51]发展了一种高阶锯齿理论，并应用虚功原理推导出了平衡方程和边界条件。吴振[52]将层合板的整体和局部位移沿板的厚度方向采用多项式进行展开，通过对整体和局部位移函数截取不同的多项式阶数,得到了一系列能够预先满足层间位移和应力连续性条件的高阶剪切锯齿理论。

在分层理论方面,Reddy[22]对层合板的每一层引入了具有独立变量的位移场,通过采用特定函数来保证厚度方向位移的连续性。Carrera[53]采用 Reissner 修正变分原理对层合板的每一层引入独立的位移场和应力场,并基于勒让德多项式建立了一种混合型的分层理论。从三维弹性理论出发,抛弃简化理论中有关位移或应力模式的人为假设建立的层合板力学模型最为精确。这方面的研究贡献包括 Pagano[54]、Srinivas 和 Rao[55]、Ye[56]、范家让[57]、丁皓江等[58]和 Chen 和 Lü[59]。

1.2.3　复合材料层合壳体理论

复合材料壳体在工程设计中具有很大的优越性,它可以以很小的厚度来承受相当大的载荷,并能覆盖较大的跨度面积,从而节约材料、减小质量。由于壳体存在曲率,其对载荷具有很强的适应能力。以复合材料层合板作为承载结构,通常板内会出现较大的弯矩和扭矩,但是若以层合壳为承载结构,在一定支承条件下,则有可能使壳体主要承受拉压应力和剪切应力,而壳体内的弯矩和扭矩很小。壳体的这种优越性促使它在船舶、航空、航天以及其他各类工程领域中得到广泛的应用,这也促进了壳体理论的迅速发展。

目前用于层合壳体力学分析的结构理论大致可分为[22,25,56,57]等效单层壳体理论、锯齿理论、分层理论和三维弹性理论。等效单层壳体理论又包括层合薄壳理论、一阶剪切变形壳体理论和高阶剪切变形壳体理论。层合薄壳理论是一类最简单的等效单层壳体理论,采用了 Kirchhoff - Love 直法线假设。由于在推导薄壳理论过程中,往往引入厚度坐标 z 与曲率半径(R_α 和 R_β)之比远小于1这一近似假设(即 $z/R_\alpha \ll 1$ 和 $z/R_\beta \ll 1$),因此在几何关系、物理关系及平衡方程等诸方面对该比值引入不同的近似简化,就可得到不同的薄壳理论。常见的薄壳理论有[60] Love、Donnell、Reissner、Novozhilov、Vlasov、Sanders 和 Flügge 理论等。需要指出,这些薄壳理论最早都是针对各向同性材料壳体发展起来的,后来被推广应用到复合材料层合壳体的力学分析,进而形成了相应的层合薄壳理论。层合薄壳理论具有位移表达式简单、未知变量少等优点,但这类理论没有考虑壳体横截面剪切及转动惯量的影响,一般仅适用于薄壁层合壳的低阶振动问题。由于复合材料的横向剪切模量通常较小,在很多情况下剪切变形效应对壳体的整体变形影响不容忽视。一阶剪切变形壳体理论放松了 Kirchhoff - Love 假设,考虑了壳体横截面的剪切效应。与层合薄壳理论相比,一阶剪切理论能为层合壳的振动问题提供更为精确的结果,但一阶剪切变形壳体理论假设横向剪切应变沿壳体厚度方向为常数,且该理论不满足壳体表面剪切应力为零的条件。因此,为了修正该理论，也需要引入剪切修正因子。另外，在一阶剪切理论中也存在是否引入厚度坐标与曲率半径比值（z/R_α 和 z/R_β）近似的问题。Reddy[61] 在分析复合材料层合壳体的弯曲问题时，假设壳体厚度与曲率半径之比远小于 1，得到了一种简化的一阶剪切变形壳体理论。Qatu[62] 基于一阶剪切变形壳体理论的位移场函数，在推导壳体几何方程时保留了厚度坐标与曲率半径之比这一表达式，并在中面内力、应变及曲率关系式中对该表达式采用了精确积分运算，得到了一般形式的一阶剪切壳体理论。

在高阶剪切壳体理论方面，Reddy 和 Liu[63] 将壳体的中面位移沿厚度方向以三次多项式展开，根据壳体内外表面横向剪切应力为零的条件，得到了一种具有 5 个未知变量的三阶剪切壳体理论，即 Reddy 型高阶剪切壳体理论。该理论被广泛地应用于各种层合壳的静力学和动力学分析中。Touratier[64] 在经典壳体理论的中面位移函数中添加了一项沿厚度方向呈正弦变化的位移分布函数项，得到了一种正弦型高阶剪切壳体理论，该理论能够满足壳体表面剪应力为零条件。Viloa 等[65] 给出了一个具有 9 个未知位移变量的高阶壳体理论模型，其中壳体的中面位移均采用 3 个一般的函数表达式进行展开，选取不同形式的函数即可得到不同的壳体理论。除了采用幂级数、正弦函数、余弦函数、正切函数以及双曲函数作为位移展开函数外，他们还给出了几种新的位移分布函数。

在锯齿理论方面，Carrera[46] 将层合壳的中面位移和法向位移采用多项式进行展开，并在位移展开式中直接添加锯齿函数，建立了一系列层合壳锯齿理论，包括一阶剪切和高阶剪切锯齿理论。Icardi 和 Ruotolo[66] 发展了一种满足层间应力连续条件以及壳体表面剪应力为零条件的三阶锯齿理论。Wu 和 Chen[67] 基于整体 - 局部位移假设思想构造了一种具有 17 个独立变量的高阶锯齿壳体理论。Oh 和 Cho[68] 在建立层合壳锯齿理论时，将壳体的面内位移采用三次多项式和线性锯齿函数进行展开，而横向位移采用二次多项式进行展开。

壳体的分层理论[69-71] 是对每个壳体铺层都引入独立的位移场函数，可以很准确地描述壳体的力学特征，但这种理论未知变量个数依赖于层合壳的层数，相应的计算量很大。基于三维弹性理论的层合壳力学模型见文献[56,57]。

1.3 复合材料结构振动研究方法

复合材料结构通常都工作于非常复杂甚至极端的动态环境中，并承受着不同性质的动态载荷（如机械载荷、热载荷及流体载荷等）。在动态载荷作用下，复合材料结构可能出现有害的振动，引起结构疲劳破坏，对结构稳定性和安全性构成很大的威胁。因此,在复合材料结构设计中,结构的动力学分析是不可缺少的一个环节。

1.3.1 复合材料梁振动

复合材料梁、板及壳体结构振动分析是工程界所关注的重要问题,为了指导复合材料结构设计,很多研究人员都致力于该方面的研究工作,开发了许多求解方法并且在结构振动机理方面取得了大量的研究成果。

在复合材料层合梁的动力分析中,一个最基本的问题是求解梁的自由振动。层合梁的自由振动反映了其固有动力特性,是层合梁动态设计的重要基础。另外,根据层合梁的振动频率和振型来判断其受损程度,也是损伤识别研究的重要内容。自由振动问题归结为特征值求解问题,目前应用于求解层合梁自由振动的方法主要有解析法[10,12,13,73]、Rayleigh - Ritz 法[74,75]、动刚度法[76,77]、微分求积法[20,21]、无网格法[78]、有限差分法[79]和有限元法[80,81]等。解析法得到的是理论解,具有精度高、计算量小等优点,但适用范围有限,主要应用于基于等效单层理论和锯齿理论的层合梁自由振动分析问题。Rayleigh - Ritz 法采用一组试函数来近似梁的位移变量,要求试函数事先满足梁的位移边界条件,根据变分原理得到梁的质量和刚度矩阵,通过计算矩阵特征值和特征向量进而得到梁的振动频率和振型。Rayleigh - Ritz 法的精度在很大程度上取决于基函数的性质。如果基函数是梁的实际振型,则得到的频率是精确的;如果试函数不是实际的振型,则应使它们尽可能逼近梁的振型,这对于梁的低阶振动近似尤为重要,而高阶近似主要靠试函数的收敛性来保证。理论上,如果试函数的项数取得足够多,可用该方法计算任意精度和任意阶次的振动。然而在实际计算时,高阶试函数的数值积分会导致病态的质量矩阵和刚度矩阵;另外,Rayleigh - Ritz 法得到的刚度矩阵是满阵,当矩阵维数较大时,求解特征值会非常耗时。动刚度法是采用梁的运动微分方程解作为形函数,得到精确的单元动力刚度矩阵后集成整体动力刚度矩阵和方程,最后求解频率方程从而得到振动频率和振型。微分求积法是一种求解微分方程(组)的数值方法,其本质是将函数在给定离散点处的导数值以域内全部离散点处的函数值加权和来近似表示。目前该方法尚不成熟,在数值稳定性和计算精度等方面缺乏明确的结论。无网格方法也是一类求解微分方程(组)的数值方法,目前有很多种无网格方法,这类方法的共同特点是采用一组点来离散求解区域,直接借助于离散点来构造近似函数,进而彻底或部分地消除网格。由于无网格法中的近似函数一般很复杂,这类方法存在计算量大、效率较低等缺点。另外,无网格法中还引入了一些不易确定的数值参数,如插值域和背景积分域的尺度大小等。有限差分方法是求解微分方程和偏微分方程的一种有效方法,其基本思想是把连续求解域以若干离散点构成的网格来代替,把求解域上的连续物理量以网格上的离散物理量来近似，同时将微分方程和定解条件中的变量导数以差分来近似，最后将微分方程和定解条件转化为代数方程组来求解。该方法简单灵活，比较直观，且理论上也比较成熟。有限元法是把连续的求解域离散成若干单元，通过这些相互连接的单元模型化求解域，在每个单元内用假设的近似函数分片地表示整个求解域上的待求未知函数，最后利用变分原理或加权余量法建立求解基本未知量的代数方程组。在层合梁的振动问题研究中，有限元法在各类数值方法中应用最为广泛。

复合材料层合梁在服役期间，往往承受着各种瞬态载荷的作用，在结构中产生宽频带、持续时间短的瞬态振动响应，影响结构的使用安全性。层合梁的瞬态响应中包含丰富的信息，如载荷、材料特性以及结构特性等，通过分析瞬态响应特征，可以在更深层次上把握层合梁的动力学特性。对于这类问题的研究，常用的方法有模态叠加法[82]、空间有限元法/时间有限差分法[83,84]等。

与纤维增强复合材料层合梁不同，功能梯度梁振动问题的求解方法取决于材料的梯度变化方式和采用的结构理论形式。由于功能梯度材料的宏观特性在空间上可连续变化，因此在理论分析时需要建立合适的材料分布模型。如果功能梯度梁的材料特性仅沿厚度方向发生变化，且建立梁的力学模型时采用的是简化理论（包括 Euler - Bernoulli 梁、Timoshenko 梁和高阶剪切梁理论），则功能梯度梁振动问题的求解与各向同性材料梁类似。解析法[85-87]、Rayleigh - Ritz 法[88]、Galerkin 法[89]以及有限元法[90]等在功能梯度梁的自由振动问题研究中都得到了应用。对于材料参数沿厚度方向变化的功能梯度梁，采用二维或三维弹性理论得到的动力学方程组是变系数的，一般情况下很难得到该类方程组的解析解。Ying 等[91]基于二维弹性理论并假设材料参数沿着梁的厚度方向呈指数函数变化得到了梁的变系数动力学方程，采用三角级数展开法将梁的动力学控制方程转化为常系数偏微分方程，最后根据状态空间法求解了两端简支梁的固有频率。Lü 和 Chen[92]基于二维弹性理论建立了材料参数沿厚度呈任意变化的功能梯度梁的动力学方程，将梁沿着厚度方向分为若干层，根据状态空间和微分求积混合法分析了梁的自由振动。在强迫振动方面，Khalili 等[93]针对移动载荷作用下的功能梯度梁，基于 Euler - Bernoulli 梁理论得到了梁的动力学方程，采用 Ritz 法对结构的位移进行了离散，最后采用微分求积法计算得到了梁的瞬态振动响应。Şimşek[94]采用 Euler - Bernoulli、Timoshenko 和三阶剪切梁理论研究了移动质量块作用下功能梯度梁的振动问题。

对于材料参数沿着轴向呈连续变化的功能梯度梁，其动力学控制方程是变系数偏微分方程，一般很难采用解析法来求解其自由振动问题。Li 等[95]假设梁的材料参数沿着轴向呈指数函数变化，基于 Euler - Bernoulli 梁理论给出了不同边界条件下功能梯度梁的自由振动频率解析解。Wu 等[96]采用半逆法求解了两端简支边界条件下功能梯度梁的自由振动。Huang 和 Li[97]将功能梯度梁的变系数动力学方程转化为 Fredholm 积分方程,并基于此方程求得了梁的固有频率。Alshorbagy 等[98]基于 Euler – Bernoulli 理论,采用有限元法分析了材料参数沿轴向和厚度两个方向呈幂率变化的功能梯度梁的自由振动。

1.3.2 复合材料板振动

在层合板的振动分析中,等效单层理论是目前应用最多的理论。解析法[22,99](包括 Navier 双级数法和 Levy 单级数解法)主要应用于正交铺设四边简支和对边简支的层合板自由振动问题。对于一般边界条件和一般铺层的层合板振动问题,一般需要采用近似解法,如 Rayleigh – Ritz 法[100]、微分求积法[101]、无网格法[102]、有限差分法[103]和有限元法[104-106]等。除了采用等效单层理论外,一些研究者还基于分层理论和三维弹性理论对层合板的自由振动问题进行了研究。对于四边简支的层合板,Nosier 等[107]基于 Reddy 型分层理论和 Navier 解法分析了其自由振动,并在层合板的三维弹性力学模型基础上,根据状态空间法和传递矩阵法给出了层合板自由振动问题的近似解。Wang 和 Zhang[108]采用分层理论和有限条法分析了不同边界条件下层合板的自由振动。Ferreira[109]等基于一阶剪切分层理论和径向基函数无网格法分析了四边简支层合板的固有频率。Plagianakos 和 Saravanos[110]采用有限元法和分层理论分析了层合板的自由振动,板中每一层的面内位移采用三次多项式进行展开。Srinivas 和 Rao[55]基于三维弹性理论,采用幂级数法分析了四边简支层合矩形板的自由振动。Ye[56]和范家让[57]从三维弹性力学基本方程出发,采用状态空间法建立了层合板的状态方程,分析了不同边界条件层合板的自由振动。对于两对边简支、正交铺设层合板的自由振动问题,Chen 和 Lü[59]给出了一种状态空间 – 微分求积混合求解方法。Rao 和 Desai[111]在分层理论基础上,采用一种半解析法分析了四边简支层合板和夹层板的自由振动。Lü[112]等将该方法推广至含任意边界条件的角铺设层合板的自由振动分析中。对于动载荷作用下的层合板瞬态振动问题,目前主要的求解方法是有限元法[113]。

功能梯度板的振动研究主要集中于自由振动问题,其中研究的方法多是将经典薄板理论、一阶及高阶剪切变形板理论直接套用到功能梯度板的振动分析中,采用的求解方法有解析法、Rayleigh – Ritz 法、Galerkin 法、微分求积法、无网格法和有限元法等。Birman 和 Byrd[114]、沈惠申[115]和仲政等[116]等对功能梯度板的自由振动研究文献进行了回顾和评述。采用三维弹性理论研究功能梯度板的振动问题也取得了一些进展。由于功能梯度材料参数与空间坐标相关联,由三维弹性理论建立的功能梯度板的动力学控制方程是变系数的,一般情况下很难直接得到控制方程的解析解。对于材料参数沿着厚度方向呈梯度渐变的功能梯度板,分层模型法是求解板的三维弹性振动解的一种常用方法,该方法是将功能梯度板沿厚度方向分解为若干个薄层并近似地认为每一层的材料是均匀的,然后借助于幂级数法或状态空间法根据边界条件及各层间的界面条件进行求解[117,118]。应当指出,基于分层模型的状态空间法假设功能梯度板内每一单层中的材料参数近似不变,这就要求当组分材料分布变化剧烈时,分层数目也需要相应地增加才能逼近真实的材料特性,这种方法不易处理非简支边界功能梯度板的振动问题。

1.3.3 复合材料壳体振动

复合材料壳体构件,尤其是几何外形简单的旋转壳(如圆柱壳、圆锥壳、球壳和抛物壳等)及其组合结构在实际工程中有着广泛的应用。无论是纤维增强复合材料还是功能梯度材料壳体,目前大多数研究都局限于某些特定类型的壳体振动问题(如圆柱壳、圆锥壳和球壳),而针对一般旋转壳体和组合壳体开展的振动研究相对较少。

由于复合材料层合圆柱壳在设计、制造和施工等方面比较简单,它在许多工程领域中都得到了应用。圆柱壳自由振动方面的研究绝大多数是基于等效单层理论。对于两端简支边界条件的层合圆柱壳,可以采用解析法来求解其自由振动,具体是将壳体的轴向位移和周向位移分别采用三角函数和傅里叶级数来描述;对于非简支边界条件的层合圆柱壳,其轴向位移和周向位移可采用指数函数和傅里叶级数展开,最终得到一个频率方程,采用数值方法求解后可得到壳体的频率[119-122]。解析法对应的计算公式相当复杂和繁琐,该方法主要用于分析正交铺设层合圆柱壳的自由振动问题,不易处理任意角铺设圆柱壳的振动问题。除了解析法外,还可采用近似方法来分析层合圆柱壳的自由振动问题,如 Rayleigh - Ritz 法[123-125]、Galerkin 法[126]、微分求积法[127]、无网格法[128]和有限元法[129]等。这些近似解法在求解时不受铺层方式的限制。另外,一些研究者从精确的三维弹性理论出发来分析层合圆柱壳的自由振动问题。由于三维弹性理论对应的层合圆柱壳动力学方程非常复杂,需借助于数值方法方能获得近似解,如 Frobenius 级数法[130]、基于分层模型的状态空间法[56,57,131]、微分求积法[132]和有限元法[133]等。在强迫振动分析方面,Lee 和 Lee [134]基于一阶剪切壳体理论和解析法研究了阶跃、正弦和三角函数载荷下复合材料层合圆柱壳的瞬态响应。Türkmen[135]采用 Galerkin 法和有限差分法分析了冲击载荷作用下的层合圆柱壳强迫振动。Jafari 等[136]采用 Ritz 法和时间卷积法分析了径向冲击载荷作用下的层合圆柱壳时域振动响应。Ganapathi 等[137]基于有限元法和高阶剪切理论研究了壳体的瞬态响应特性。Kapuria 和 Kumari[138]采用三维弹性理论建立了层合压电圆柱壳的动力学方程,并由修正的 Frobenius 级数法求得了圆柱壳的强迫振动。

由于层合圆锥壳的动力学控制方程是变系数偏微分方程组，因此壳体的自由振动和振动响应求解存在很大困难，一般要诉诸于近似解法。对于圆锥壳的自由振动问题，可采用 Rayleigh - Ritz 法[139]、Galerkin 法[140]、幂级数法[141]、微分求积法[142-144]和有限元法[145,146]等进行分析。在强迫振动方面，Srinivasan 和 Krishnan[147]采用积分方程和 Wilson - θ 法分析了层合圆锥壳的时域振动响应。

在层合球壳结构自振特性和动力响应研究方面，Wilkinson[148]针对封闭的夹层球壳，得到了其轴对称自由振动的解析解。Mirza 和 Singh[149]在分析夹层球壳自由振动时，考虑了夹层的剪切变形但忽略其法向应变，采用勒让德函数展开法得到了壳体的轴对称振动解。除了解析法外，层合球壳自由振动近似解法有 Galerkin 法[150]、Ritz 法[151]和有限元法[152]等。Chen 和 Ding[153]针对由各向同性材料组成的层合厚壁空心球壳，应用三维弹性理论和状态空间法得到了其振动频率和振型。Narasimhan[154]采用加权余量法和 Newmark 直接积分法研究了复合材料层合球壳在轴对称动态载荷作用下的时域响应。Yiqian 等[155]应用有限差分法和一阶剪切壳体理论分析了轴对称层合球壳的时域强迫振动。

一般旋转壳体的动力学方程为变系数偏微分方程组，无法采用解析法进行求解。Tornabene[156]基于微分求积法研究了一般旋转壳的自由振动问题，并给出了双曲壳、摆线壳和抛物壳等的振动频率和振型。Kayran 和 Yavuzbalkan[157]采用一种分段积分方法分析了一般旋转壳的自由振动，并考虑了纤维缠绕角对壳体频率的影响。还有一些文献[158-162]在研究一般旋转壳的自由振动时，采用了有限元法并基于了不同的壳体理论，如等效单层理论[158-160]、分层理论[161]和三维弹性理论[162]。在复合材料组合壳体振动方面，Patel 等[163]基于一阶剪切壳体理论建立了正交铺设圆锥壳 - 圆柱壳组合结构的有限元模型，并分析了锥角和铺层方式等对壳体自由振动频率的影响。刘理等[164]采用传递矩阵法求得了变厚度复合材料锥 - 柱组合壳体的固有频率。

功能梯度壳体的动态问题近年来也引起了人们的重视。有关功能梯度壳体振动问题的研究多数集中于单个壳体问题（如圆柱壳、圆锥壳和球壳），并且采用的结构理论大多是二维简化壳体理论，而一般旋转壳以及基于三维弹性理论的振动研究文献均很少。Tornabene 和 Viola[165]基于一阶剪切壳体理论和微分求积法分析了一般功能梯度旋转壳的自由振动，其中材料参数沿着厚度方向呈幂律分布。Neves 等[166]基于高阶剪切壳体理论和径向基函数无网格法研究了一般功能梯度旋转壳的自由振动，并给出了圆柱壳和球壳的振动频率。在单个壳体的振动研究方面，功能梯度圆柱壳是被研究的最为广泛的一种壳体。目前，基于简化壳体理论来求解功能梯度圆柱壳自由振动问题的主要方法包括解析法[167]、Rayleigh - Ritz 法[168-170]、微分求积法[171]、Galerkin 法[172]、无网格法[166]

和有限元法[173]等。基于三维弹性理论得到的功能梯度圆柱壳动力学方程为变系数偏微分方程组,求解该方程组常用的方法有 Frobenius 级数法[174]、基于分层模型的状态空间法[175]、微分求积法[176]和有限元法[177]。在强迫振动方面,Han 等[178]基于三维弹性理论和有限元法分析了功能梯度圆柱的瞬态振动。Foroutan 和 Moradi - Dastjerdi[179]基于无网格法分析了功能梯度圆柱壳在冲击载荷作用下的瞬态响应,其中在求解壳体的时间历程响应时采用了中心差分法。对于功能梯度材料圆锥壳自由振动问题,采用的求解方法主要为近似方法,包括无网格法[180]、Galerkin 法[181]、微分求积法[182]和有限元法[183]等。在功能梯度圆锥壳的强迫振动方面,Setoodeh 等[184]采用微分求积法对功能梯度圆锥壳进行空间离散,并根据微分求积法和 Newmark 法对壳体的时间历程响应进行了计算。Asemi 等[185]应用有限元法和 Newmark 法分析了功能梯度圆锥壳的时域响应,并研究了材料梯度指数和锥角对壳体位移和应力响应的影响。在功能梯度球壳振动方面,文献[165]和文献[166]分别采用微分求积法和无网格法分析了功能梯度球壳的自由振动。Chen 等[186]基于三维弹性理论,利用位移分解技术并结合 Frobenius 级数法分析了材料参数沿径向为幂律分布的充液功能梯度球壳的自由振动。随后,陈伟球等[187]从三维弹性理论出发,采用层合近似技术建立功能梯度球壳的状态方程,并求得了球壳的自由振动频率。Ding 等[188]将热释电功能梯度球的弹性动力学方程转化为第二类 Volterra 积分方程,运用插值法成功地给出了此积分方程的数值解,最终求得了球体在热冲击作用下的瞬态振动响应。

1.4 复合材料结构声学研究方法

复合材料结构在振动过程中会对周围的流体介质产生作用,导致流体产生压缩和伸张运动,引起介质中声波的传播,这属于典型的结构声学问题。由于复合材料板壳结构的跨度面积较大,由它们振动产生的噪声成为很多工程结构主要的噪声源。复合材料板壳的声学特性研究对于结构低噪声设计具有重要的意义。随着空中及水下武器装备振动与噪声问题和其他领域工程设计要求的推动,复合材料结构声学问题的研究与受重视程度在不断加强。

工程中常遇到的结构声学问题主要为结构声辐射和声散射问题。在线性声学范围内,弹性结构的声辐射和声散射问题可描述为声波方程在给定边界条件和初始条件下的定解问题。按照分析域不同,结构声辐射和声散射的理论分析方法可分为时域方法和频域方法[189,190]两类。前者以声场波动方程为基础,在时域内分析结构的声辐射和声散射问题,后者则基于声学 Helmholtz 方程,以简谐声为研究对象,适用于稳态声场研究。从目前的研究现状来看,结构声辐射和声散射研究以频域分析为主，一方面是因为大多数结构噪声都是由简谐振动或激励产生的，另一方面按照傅里叶变换和叠加原理，任何随时间变化激励作用下的弹性结构振动及声学解都可由简谐响应叠加及傅里叶逆变换得到。

频域内的复合材料结构声辐射和声散射计算可采用解析法和数值法。解析法主要涉及具有简单边界条件的平板、加筋平板、球壳和圆柱壳等结构。采用解析方法研究弹性结构的声辐射和声散射问题始于20世纪50年代，主要采用分离变量法求解Helmholtz方程。解析法物理概念清晰，便于揭示基本规律和机理，其计算结果可用作为各种数值算法的参考解，半个世纪以来受到了国内外学者的关注，出现了大量论文著作。Junger和Feit[191]给出了平板、圆柱等结构在流体介质中的振动和声辐射解析解。Skelton和James[192]在其专著中详细地介绍了复合材料层合板、圆柱壳和球壳的振动与声辐射解析解。何祚镛[193]介绍了周期加筋薄板和加筋圆柱壳在内的规则结构流固耦合振动及声辐射解析模型。徐步青[194]采用解析法研究了功能梯度材料矩形板和圆柱壳的声辐射特性。Hasheminejad和Ahamdi - Savadkoohi[195]采用三维弹性理论和传递矩阵法建立了功能梯度圆柱的力学模型，并采用傅里叶变换法研究了不同载荷作用下圆柱的声辐射。姚熊亮等[196]基于经典壳体理论给出了热环境下功能梯度圆柱壳在流体介质中的受迫振动方程，并与Helmholtz方程联立求解得到了壳体表面辐射声功率。一些研究者[197-199]还采用解析法分析了表面敷设阻尼材料圆柱壳的声辐射问题，其中壳体的动力学模型基于薄壳理论建立，而阻尼层的力学模型则是由Navier方程描述。应当指出，采用傅里叶变换法来求解圆柱壳的声辐射时，其逆变换表达式比较复杂，大多数情况下都是采用一些近似截断及简化计算方法（如稳相法等）来求取壳体声辐射近似解。Chen等[200]基于三维弹性理论建立了功能梯度球体的力学模型，并根据球贝塞尔函数得到了球体的流 - 固耦合振动解。

对于复杂板壳结构的外声场问题，由于无法得到声场解析解，需要利用数值方法来进行求解。采用数值方法研究一般弹性板壳的声辐射和声散射问题时，结构可采用有限元法进行离散，流体介质可采用有限元法、边界元法和无限元法等进行建模。对于外部声场问题，采用有限元法来对流体介质进行离散会遇到技术上的困难。这是由于有限元法是全域的数值离散方法，需要在整个求解域上进行单元离散，处理无界声场问题时，不可能构造一个无穷大的流体区域。采用有限元法来建立无限大声场模型时，需要人为对无限域边界进行截断，并在该截断边界上提出适当的边界条件。Givoli和Keller[201]，Keller和Givoli[202]，Harari和Hughes[203]提出采用简单的几何形状作为无限大声场的人工边界，在人工边界的外域采用解析方法求解，在边界上建立场函数及其法向导数之间的关系作为内域求解的边界条件。文献[204,205]采用了不同的吸收边界条件或无反射边界条件,但只是近似满足 Sommerfeld 辐射条件。为克服这一困难,提高计算精度,Bettess[206]发展了无限元法,在人工边界的外域用无限元离散,采用满足或近似满足 Sommerfeld 辐射条件的函数作为无限单元的插值形函数,Burnett 等[207,208]对其形函数进行了改进以提高求解精度。Kallivokas 和 Bielak[209]采用有限元方法分析了弹性壳体的结构声学问题,但在计算外部辐射声场时只考虑了近场范围。从无限元的发展现状来看,采用该方法来处理一般壳体的声辐射问题还存在很多亟需完善的理论问题。边界元法[190,210]是一种处理结构声学问题非常有效的方法,特别是对于结构外部声场计算问题,该方法占据了主导地位。边界元法的核心思想是将声场 Helmholtz 方程转化为边界积分方程,并吸收了有限元法的离散化技术,其基本解能自动满足 Sommerfeld 远场辐射边界条件,使求解无限域的难题迎刃而解。边界元法将声场域内的计算转化到边界上,使问题的维数降低了一维,减小了计算工作量;同时由于该方法利用了声场微分方程的基本解作为积分方程的核函数,具有半解析半数值方法的特点,因而在实际计算中具有很高的精度。虽然边界元法在求解结构外部声辐射问题时有着有限元法和无限元法无法比拟的优点,但是该方法在实际应用过程中也有很多不足,如奇异积分和非唯一解等问题[190,210-212]。这些问题涉及的研究文献非常多,限于篇幅,书中不对这些文献进行一一列举。对于轴对称结构的外部声学问题,可根据结构和声学变量的轴对称特性,在柱坐标系下将这些变量沿周向坐标以傅里叶级数进行展开。这样一来,可将 Kirchhoff - Helmholtz 积分方程沿着轴对称结构的母线方向和周向分别进行积分,根据傅里叶级数的正交性可进一步将声学问题进行简化降维,得到一维形式的半解析边界积分方程[213-216]。Skelton 和 James[192]采用轴对称有限元 - 边界元法分析了复合材料组合壳体的声辐射问题。

第2章 各向异性体弹性力学基础

一般的复合材料,特别是纤维增强复合材料,由于纤维和基体的物理特性差异很大,即使从宏观角度来看,也呈现出较强的各向异性。对复合材料结构进行力学研究,需要对各向异性体的弹性力学理论有一个基本了解。各向异性体弹性力学发展到今天已相当成熟,其早期主要应用于微弱各向异性体(如单晶体)问题,现代复合材料的出现使各向异性体弹性力学的研究获得了进一步的发展和应用。本章从弹性体的应力、应变、几何关系、材料本构关系以及运动方程等基本力学概念出发,简要介绍各向异性材料弹性体动力学基本方程,并对书中有关力学量的约定进行概述。

2.1 直角坐标系中的弹性体基本方程

2.1.1 应力和应变

在外力作用下,弹性体内各质点将产生位移。在笛卡儿直角坐标系 $o-x_1x_2x_3$ 中,弹性体内一点 P 处的位移可以由其在 $x_i(i=1, 2, 3)$ 轴上的位移分量 u_i 来表示。规定沿着坐标轴正方向的位移为正,沿坐标轴负方向的位移为负。弹性体内部一点的应力状态可以用其应力分量来表示。

采用6个平行于坐标面的截面(正截面)在 P 点的邻域内取出一个正六面体微元,如图2-1所示。其中,外法线与坐标轴 x_i 同向的3个面元称为正面,记为 $\mathrm{d}S_i$,它们的单位法向向量为 $\boldsymbol{n}_i=\boldsymbol{e}_i$,$\boldsymbol{e}_i$ 为沿坐标轴的单位向量;另外3个外法线与坐标轴反向的面元称为负面,它们的法向单位向量为 $-\boldsymbol{e}_i$。将作用于 $\mathrm{d}S_i$ 上的应力向量 $\boldsymbol{\sigma}_{(i)}$ 沿着坐标轴正向分解,得

$$\boldsymbol{\sigma}_{(1)}=\sigma_{11}\boldsymbol{e}_1+\sigma_{12}\boldsymbol{e}_2+\sigma_{13}\boldsymbol{e}_3=\sigma_{1j}\boldsymbol{e}_j \tag{2-1a}$$

$$\boldsymbol{\sigma}_{(2)}=\sigma_{21}\boldsymbol{e}_1+\sigma_{22}\boldsymbol{e}_2+\sigma_{23}\boldsymbol{e}_3=\sigma_{2j}\boldsymbol{e}_j \tag{2-1b}$$

$$\boldsymbol{\sigma}_{(3)}=\sigma_{31}\boldsymbol{e}_1+\sigma_{32}\boldsymbol{e}_2+\sigma_{33}\boldsymbol{e}_3=\sigma_{3j}\boldsymbol{e}_j \tag{2-1c}$$

简写为

$$\boldsymbol{\sigma}_{(i)}=\sigma_{ij}\boldsymbol{e}_j \tag{2-2}$$

式中:σ_{ij} 为二阶应力张量,共含有9个应力分量。σ_{ij} 的全部分量可以排列成一矩阵,即

$$\begin{bmatrix} \sigma_{11} & \sigma_{12} & \sigma_{13} \\ \sigma_{21} & \sigma_{22} & \sigma_{23} \\ \sigma_{31} & \sigma_{32} & \sigma_{33} \end{bmatrix} \tag{2-3}$$

式中：σ_{11}，σ_{22}和σ_{33}为正应力分量，它们分别沿着x_1，x_2和x_3轴方向；σ_{23}，σ_{32}，σ_{13}，σ_{31}，σ_{12}和σ_{21}为剪应力分量，其中第一个下标表示作用面垂直于该轴，第二个下标表示作用方向沿着该轴。

如果某一个面上的外法线方向是沿着坐标轴的正方向，则这个面上的3个应力分量的正方向为沿着坐标轴的正向，而沿着坐标轴的负向为负方向，反之亦然。

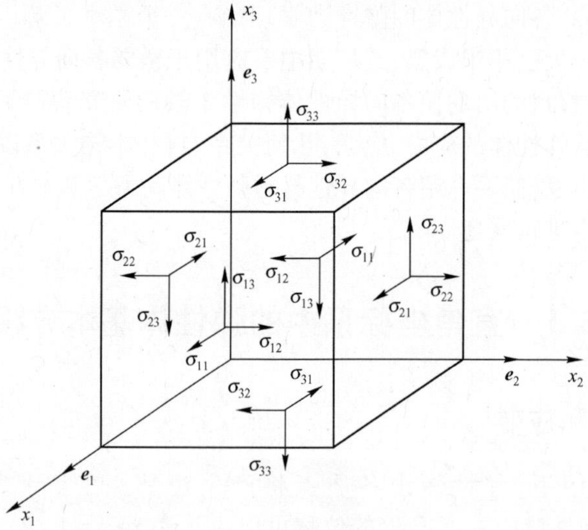

图2-1　坐标面上的应力分量

根据剪应力的互等性，有

$$\sigma_{23}=\sigma_{32}, \quad \sigma_{13}=\sigma_{31}, \quad \sigma_{12}=\sigma_{21} \tag{2-4}$$

因此，弹性体内任意一点处的9个应力分量仅有6个分量是独立的。

如果已知弹性体内一点处的6个独立应力分量，根据柯西（Cauchy）公式就可以得到通过该点的任一斜截面上的应力。将斜截面上的应力沿坐标轴分解，有

$$\sigma_{n1}=\sigma_{11}n_1+\sigma_{21}n_2+\sigma_{31}n_3 \tag{2-5a}$$

$$\sigma_{n2}=\sigma_{12}n_1+\sigma_{22}n_2+\sigma_{32}n_3 \tag{2-5b}$$

$$\sigma_{n3}=\sigma_{13}n_1+\sigma_{23}n_2+\sigma_{33}n_3 \tag{2-5c}$$

式中：$n_i(i=1,2,3)$为斜截面外法向向量$\boldsymbol{n}$的方向余弦，$n_i=\cos(\boldsymbol{n},\boldsymbol{e}_i)$；$\sigma_{n1}$，$\sigma_{n2}$和$\sigma_{n3}$为斜截面上的应力沿着坐标轴方向的分量。

工程中常采用x，y和z来描述直角坐标系的3个坐标分量。若取$x=x_1$，$y=x_2$，$z=x_3$，则应力张量σ_{ij}的全部分量可排列为如下矩阵

$$\begin{bmatrix} \sigma_{xx} & \sigma_{xy} & \sigma_{xz} \\ \sigma_{yx} & \sigma_{yy} & \sigma_{yz} \\ \sigma_{zx} & \sigma_{zy} & \sigma_{zz} \end{bmatrix} \tag{2-6}$$

另外,应力分量还可以采用 Voigt 标记法,简写为

$$\sigma_1 = \sigma_{11},\quad \sigma_2 = \sigma_{22},\quad \sigma_3 = \sigma_{33},\quad \sigma_4 = \sigma_{23},\quad \sigma_5 = \sigma_{13},\quad \sigma_6 = \sigma_{12} \tag{2-7}$$

弹性体在外载荷作用下发生变形后,其内部任意一点邻近的无限小邻域内的变形,完全取决于该点的应变张量。应变张量 ε_{ij} 的全部分量可排列成一矩阵,写为

$$\begin{bmatrix} \varepsilon_{11} & \varepsilon_{12} & \varepsilon_{13} \\ \varepsilon_{21} & \varepsilon_{22} & \varepsilon_{23} \\ \varepsilon_{31} & \varepsilon_{32} & \varepsilon_{33} \end{bmatrix} \tag{2-8}$$

ε_{ij} 为二阶对称张量,只有 6 个独立分量。

在笛卡儿坐标系中,小变形应变张量的分量形式为

$$\varepsilon_{11} = \frac{\partial u_1}{\partial x_1},\quad \varepsilon_{22} = \frac{\partial u_2}{\partial x_2},\quad \varepsilon_{33} = \frac{\partial u_3}{\partial x_3}$$

$$\varepsilon_{23} = \varepsilon_{32} = \frac{1}{2}\left(\frac{\partial u_2}{\partial x_3} + \frac{\partial u_3}{\partial x_2}\right),\quad \varepsilon_{13} = \varepsilon_{31} = \frac{1}{2}\left(\frac{\partial u_3}{\partial x_1} + \frac{\partial u_1}{\partial x_3}\right),\quad \varepsilon_{12} = \varepsilon_{21} = \frac{1}{2}\left(\frac{\partial u_1}{\partial x_2} + \frac{\partial u_2}{\partial x_1}\right) \tag{2-9}$$

式(2-9)为一组线性微分方程,称为应变 - 位移关系或几何方程。

式(2-9)还可简写为

$$\varepsilon_{ij} = \frac{1}{2}\left(\frac{\partial u_i}{\partial x_j} + \frac{\partial u_j}{\partial x_i}\right) \tag{2-10}$$

式中:当指标 $i = j$ 时,ε_{ij} 表示沿着坐标 x_i 方向的线元工程正应变,表示线元的伸长或缩短,规定以伸长为正,缩短为负;当指标 $i \neq j$ 时,ε_{ij} 的 2 倍表示坐标轴 x_i 和 x_j 方向两个正交线元间的夹角,称为工程剪应变 γ_{ij}(即 $\gamma_{ij} = 2\varepsilon_{ij}$),以直角减小为正,直角增加为负。

如果采用 x,y 和 z 来描述直角坐标系的三个坐标分量,应变分量为

$$\varepsilon_{xx} = \frac{\partial u}{\partial x},\quad \varepsilon_{yy} = \frac{\partial v}{\partial y},\quad \varepsilon_{zz} = \frac{\partial w}{\partial z},\quad \gamma_{yz} = \frac{\partial v}{\partial z} + \frac{\partial w}{\partial y},\quad \gamma_{zx} = \frac{\partial w}{\partial x} + \frac{\partial u}{\partial z},\quad \gamma_{xy} = \frac{\partial u}{\partial y} + \frac{\partial v}{\partial x} \tag{2-11}$$

若采用 Voigt 标记法,应变分量还可以简写为

$$\varepsilon_1 = \varepsilon_{11},\quad \varepsilon_2 = \varepsilon_{22},\quad \varepsilon_3 = \varepsilon_{33},\quad \varepsilon_4 = 2\varepsilon_{23},\quad \varepsilon_5 = 2\varepsilon_{13},\quad \varepsilon_6 = 2\varepsilon_{12} \tag{2-12}$$

由式(2-10)可知,6 个应变分量通过 6 个几何方程与 3 个位移分量相联系。若给定应变 ε_{ij},可由该式积分求得位移 u_i。由于方程数目多于未知函数的数目,因此任意给定 ε_{ij},式(2-10)不一定有解。只有当 ε_{ij} 满足某种可积条件(或

称应变协调关系)时,才能得到单值连续的位移场 u_i。对于单值连续的位移场,位移分量对坐标的偏导数应与求导顺序无关,有如下应变协调关系式

$$\frac{\partial^2 \varepsilon_{11}}{\partial x_2^2}+\frac{\partial^2 \varepsilon_{22}}{\partial x_1^2}-2\frac{\partial^2 \varepsilon_{12}}{\partial x_1 \partial x_2}=0 \tag{2-13a}$$

$$\frac{\partial^2 \varepsilon_{22}}{\partial x_3^2}+\frac{\partial^2 \varepsilon_{33}}{\partial x_2^2}-2\frac{\partial^2 \varepsilon_{23}}{\partial x_2 \partial x_3}=0 \tag{2-13b}$$

$$\frac{\partial^2 \varepsilon_{33}}{\partial x_1^2}+\frac{\partial^2 \varepsilon_{11}}{\partial x_3^2}-2\frac{\partial^2 \varepsilon_{13}}{\partial x_1 \partial x_3}=0 \tag{2-13c}$$

$$\frac{\partial^2 \varepsilon_{11}}{\partial x_2 \partial x_3}=\frac{\partial}{\partial x_1}\left(-\frac{\partial \varepsilon_{23}}{\partial x_1}+\frac{\partial \varepsilon_{31}}{\partial x_2}+\frac{\partial \varepsilon_{12}}{\partial x_3}\right) \tag{2-13d}$$

$$\frac{\partial^2 \varepsilon_{22}}{\partial x_3 \partial x_1}=\frac{\partial}{\partial x_2}\left(-\frac{\partial \varepsilon_{31}}{\partial x_2}+\frac{\partial \varepsilon_{12}}{\partial x_3}+\frac{\partial \varepsilon_{23}}{\partial x_1}\right) \tag{2-13e}$$

$$\frac{\partial^2 \varepsilon_{33}}{\partial x_1 \partial x_2}=\frac{\partial}{\partial x_3}\left(-\frac{\partial \varepsilon_{12}}{\partial x_3}+\frac{\partial \varepsilon_{23}}{\partial x_1}+\frac{\partial \varepsilon_{31}}{\partial x_2}\right) \tag{2-13f}$$

式(2-13)称为 Saint - Venant 恒等式,它们是保证由几何方程式(2-10)积分出单值连续位移场的充分条件。如果弹性体所占的区域为多连通域,式(2-13)不能保证所得到的位移函数一定是单值的,需补充切口处的位移连续条件。

2.1.2 本构关系

在均质弹性体内,如果过每一点沿不同的方向都具有不同的弹性特性,该弹性体为一般各向异性弹性体。假定弹性体在加载卸载过程中没有机械能损失,并且应力水平在线弹性范围内,则应力分量和应变分量呈线性关系,服从广义胡克(Hooke)定律,即

$$\begin{bmatrix}\sigma_1\\ \sigma_2\\ \sigma_3\\ \sigma_4\\ \sigma_5\\ \sigma_6\end{bmatrix}=\begin{bmatrix}C_{11} & C_{12} & C_{13} & C_{14} & C_{15} & C_{16}\\ C_{21} & C_{22} & C_{23} & C_{24} & C_{25} & C_{26}\\ C_{31} & C_{32} & C_{33} & C_{34} & C_{35} & C_{36}\\ C_{41} & C_{42} & C_{43} & C_{44} & C_{45} & C_{46}\\ C_{51} & C_{52} & C_{53} & C_{54} & C_{55} & C_{56}\\ C_{61} & C_{62} & C_{63} & C_{64} & C_{65} & C_{66}\end{bmatrix}\begin{bmatrix}\varepsilon_1\\ \varepsilon_2\\ \varepsilon_3\\ \varepsilon_4\\ \varepsilon_5\\ \varepsilon_6\end{bmatrix} \tag{2-14}$$

上式也称为本构方程(或本构关系),简写为

$$\sigma_i = C_{ij}\varepsilon_j (i,j=1,2,\cdots,6) \tag{2-15}$$

式中:$C_{ij}(i,j=1,2,\cdots,6)$为刚度系数,是表征各向异性体弹性特性的系数。

根据应变能密度函数对应变的微分关系,可以证明 $C_{ij}=C_{ji}$。因此在最普遍情况下,均质各向异性弹性体独立的弹性系数为 21 个。

定义 $\boldsymbol{\sigma}=[\sigma_1,\sigma_2,\sigma_3,\sigma_4,\sigma_5,\sigma_6]^{\mathrm{T}}$ 和 $\boldsymbol{\varepsilon}=[\varepsilon_1,\varepsilon_2,\varepsilon_3,\varepsilon_4,\varepsilon_5,\varepsilon_6]^{\mathrm{T}}$，则式(2-14)还可以写为

$$\boldsymbol{\sigma}=\boldsymbol{C}\boldsymbol{\varepsilon} \tag{2-16}$$

式中：$\boldsymbol{C}$ 为刚度系数矩阵。

对式(2-14)进行求逆，得

$$\begin{bmatrix}\varepsilon_1\\ \varepsilon_2\\ \varepsilon_3\\ \varepsilon_4\\ \varepsilon_5\\ \varepsilon_6\end{bmatrix}=\begin{bmatrix}S_{11} & S_{12} & S_{13} & S_{14} & S_{15} & S_{16}\\ S_{21} & S_{22} & S_{23} & S_{24} & S_{25} & S_{26}\\ S_{31} & S_{32} & S_{33} & S_{34} & S_{35} & S_{36}\\ S_{41} & S_{42} & S_{43} & S_{44} & S_{45} & S_{46}\\ S_{51} & S_{52} & S_{53} & S_{54} & S_{55} & S_{56}\\ S_{61} & S_{62} & S_{63} & S_{64} & S_{65} & S_{66}\end{bmatrix}\begin{bmatrix}\sigma_1\\ \sigma_2\\ \sigma_3\\ \sigma_4\\ \sigma_5\\ \sigma_6\end{bmatrix} \tag{2-17}$$

简写为

$$\varepsilon_i=S_{ij}\sigma_j(i,j=1,2,\cdots,6) \tag{2-18}$$

式中：$S_{ij}(i,j=1,2,\cdots,6)$ 为柔度系数，是另一类表征各向异性体弹性特性的系数，有 $S_{ij}=S_{ji}$。

将式(2-17)写成矩阵形式，有

$$\boldsymbol{\varepsilon}=\boldsymbol{S}\boldsymbol{\sigma} \tag{2-19}$$

式中：$\boldsymbol{S}$ 为柔度系数矩阵，它是刚度系数矩阵的逆矩阵，即 $\boldsymbol{S}=\boldsymbol{C}^{-1}$。

如果采用应力张量 σ_{ij} 和应变张量 ε_{kl} 来描述各向异性弹性体的本构关系，则有

$$\sigma_{ij}=\boldsymbol{C}_{ijkl}\varepsilon_{kl},\quad \varepsilon_{ij}=\boldsymbol{S}_{ijkl}\sigma_{kl}(i,j,k,l=1,2,3) \tag{2-20}$$

式中：$\boldsymbol{C}_{ijkl}$ 和 $\boldsymbol{S}_{ijkl}$ 分别称为刚度系数矩阵和柔度系数矩阵，它们都是四阶弹性张量。对于一般的均质各向异性材料弹性体，$\boldsymbol{C}_{ijkl}$ 和 $\boldsymbol{S}_{ijkl}$ 均有 21 个独立的系数。式(2-15)和式(2-18)中的应力－应变关系是工程上常用的形式，它们与式(2-20)中张量形式的应力－应变关系是对应的。如果令 $ij\to m$，$kl\to n(i,j,k,l=1,2,3;m,n=1,2,\cdots,6)$，具体有 $11\to1$，$22\to2$，$33\to3$，$23\to4$，$13\to5$ 和 $12\to6$，可得到 $C_{ijkl}=C_{mn}$，$S_{ijkl}=S_{mn}$。需要注意，使用工程剪应变代替张量剪应变时，需要利用式(2-12)。

工程中使用的各向异性材料的组织构造很多情况下具有一定的规律性，并不是完全任意的，它们在构造上可能存在某种对称性，如纤维增强复合材料等。这意味着它们的弹性性质也会存在某种对称性。利用这种弹性特性对称性，可以使得各向异性材料独立的弹性系数进一步减少，从而使得弹性体的应力－应变关系式得到简化。下面给出几种典型的弹性对称情况。

一、具有一个弹性对称平面的材料

如果弹性体内每一点都有这样一个平面，在这个平面对称点上弹性性能相

同，这样的材料就具有一个弹性对称面。与弹性对称面垂直的轴（方向）为材料的弹性主轴（主方向）。在弹性体内取一坐标系（$o-x_1x_2x_3$），不妨设 $o-x_1x_2$ 坐标面为弹性对称面，x_3 轴与弹性对称平面垂直，即为材料的弹性主轴。另外，再取第二个坐标系（$o-x_1'x_2'x_3'$），按照弹性对称面的定义使其与前一坐标系相对称，如图 2-2 所示。

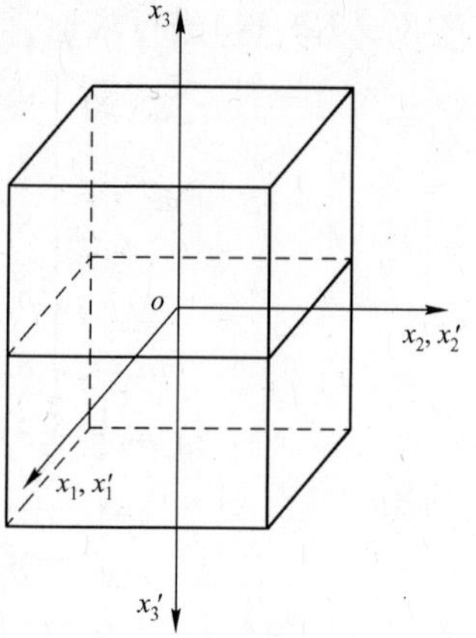

图 2-2　弹性对称平面

由于两个坐标系下的弹性特性是相同的，弹性体的应力-应变关系也是相同的，然而两个坐标系下的应力分量之间存在如下关系：

$$\sigma_1=\sigma_1',\quad \sigma_2=\sigma_2',\quad \sigma_3=\sigma_3',\quad \sigma_4=-\sigma_4',\quad \sigma_5=-\sigma_5',\quad \sigma_6=\sigma_6' \tag{2-21}$$

应变分量之间的关系为

$$\varepsilon_1=\varepsilon_1',\quad \varepsilon_2=\varepsilon_2',\quad \varepsilon_3=\varepsilon_3',\quad \varepsilon_4=-\varepsilon_4',\quad \varepsilon_5=-\varepsilon_5',\quad \varepsilon_6=\varepsilon_6' \tag{2-22}$$

根据弹性对称的要求，有

$$\boldsymbol{\sigma}'=\boldsymbol{C}\boldsymbol{\varepsilon}' \tag{2-23}$$

将式(2-23)展开后取第一个方程式，即

$$\sigma_1'=C_{11}\varepsilon_1'+C_{12}\varepsilon_2'+C_{13}\varepsilon_3'+C_{14}\varepsilon_4'+C_{15}\varepsilon_5'+C_{16}\varepsilon_6' \tag{2-24}$$

将式(2-21)和式(2-22)代入式(2-24)，得

$$\sigma_1=C_{11}\varepsilon_1+C_{12}\varepsilon_2+C_{13}\varepsilon_3-C_{14}\varepsilon_4-C_{15}\varepsilon_5+C_{16}\varepsilon_6 \tag{2-25}$$

考虑到两个坐标系中的弹性关系相同，必须有

$$C_{14}=0,\quad C_{15}=0 \tag{2-26}$$

采用类似的方法对式(2-23)中的其他方程式进行分析，得

$$C_{24}=C_{25}=C_{34}=C_{35}=C_{46}=C_{56}=0 \tag{2-27}$$

这样刚度系数减少了 8 个，独立的弹性系数只有 13 个。

具有一个弹性对称面（垂直于 x_3 轴）的各向异性材料，在结晶学中称为单斜体，其刚度系数矩阵和柔度系数矩阵为

$$\boldsymbol{C}=\begin{bmatrix} C_{11} & C_{12} & C_{13} & 0 & 0 & C_{16} \\ C_{12} & C_{22} & C_{23} & 0 & 0 & C_{26} \\ C_{13} & C_{23} & C_{33} & 0 & 0 & C_{36} \\ 0 & 0 & 0 & C_{44} & C_{45} & 0 \\ 0 & 0 & 0 & C_{45} & C_{55} & 0 \\ C_{16} & C_{26} & C_{36} & 0 & 0 & C_{66} \end{bmatrix},\boldsymbol{S}=\begin{bmatrix} S_{11} & S_{12} & S_{13} & 0 & 0 & S_{16} \\ S_{12} & S_{22} & S_{23} & 0 & 0 & S_{26} \\ S_{13} & S_{23} & S_{33} & 0 & 0 & S_{36} \\ 0 & 0 & 0 & S_{44} & S_{45} & 0 \\ 0 & 0 & 0 & S_{45} & S_{55} & 0 \\ S_{16} & S_{26} & S_{36} & 0 & 0 & S_{66} \end{bmatrix} \tag{2-28}$$

从式(2-28)可以看出，具有一个弹性对称面的各向异性材料，存在拉伸和剪切耦合效应。

二、正交各向异性材料

如果过均质弹性体的每一点有3个相互正交的平面为弹性对称面，则这种弹性体称为正交各向异性材料弹性体。如果选取坐标系的3个轴 x_1，x_2 和 x_3 分别与3个正交的弹性对称面相垂直，则坐标方向为弹性主方向。对于正交各向异性材料弹性体，可以证明一般各向异性材料刚度系数矩阵中以下刚度系数为零：

$$C_{14}=C_{15}=C_{16}=C_{24}=C_{25}=C_{26}=C_{34}=C_{35}=C_{36}=C_{45}=C_{46}=C_{56}=0 \tag{2-29}$$

刚度系数矩阵和柔度系数矩阵可以简化为

$$\boldsymbol{C}=\begin{bmatrix} C_{11} & C_{12} & C_{13} & 0 & 0 & 0 \\ C_{12} & C_{22} & C_{23} & 0 & 0 & 0 \\ C_{13} & C_{23} & C_{33} & 0 & 0 & 0 \\ 0 & 0 & 0 & C_{44} & 0 & 0 \\ 0 & 0 & 0 & 0 & C_{55} & 0 \\ 0 & 0 & 0 & 0 & 0 & C_{66} \end{bmatrix},\quad \boldsymbol{S}=\begin{bmatrix} S_{11} & S_{12} & S_{13} & 0 & 0 & 0 \\ S_{12} & S_{22} & S_{23} & 0 & 0 & 0 \\ S_{13} & S_{23} & S_{33} & 0 & 0 & 0 \\ 0 & 0 & 0 & S_{44} & 0 & 0 \\ 0 & 0 & 0 & 0 & S_{55} & 0 \\ 0 & 0 & 0 & 0 & 0 & S_{66} \end{bmatrix} \tag{2-30}$$

因此，正交各向异性材料弹性体独立的刚度系数 C_{ij} 和柔度系数 S_{ij} 均为9个。正交各向异性材料具有一个重要的性质：如果坐标方向为材料弹性主方向，正应力只引起正应变，剪应力只引起剪应变，二者互不耦合，即正应力不会引起剪应变，而剪应力不会引起正应变。然而，当坐标方向与材料主方向不一致时，刚度系数和柔度系数矩阵可为满阵，存在各种耦合效应，但此时独立的弹性系数仍为9个。

由于刚度系数矩阵 $\boldsymbol{C}$ 和柔度系数矩阵 $\boldsymbol{S}$ 互为逆阵，因此正交各向异性材料弹性体的刚度系数 C_{ij} 与柔度系数 S_{ij} 之间存在如下关系

$$C_{11}=\frac{S_{22}S_{33}-S_{23}^2}{S},\quad C_{12}=\frac{S_{13}S_{23}-S_{12}S_{33}}{S},\quad C_{13}=\frac{S_{12}S_{23}-S_{13}S_{22}}{S}$$

$$C_{22}=\frac{S_{33}S_{11}-S_{13}^2}{S},\quad C_{23}=\frac{S_{12}S_{13}-S_{23}S_{11}}{S},\quad C_{33}=\frac{S_{11}S_{22}-S_{12}^2}{S}$$

$$C_{44}=\frac{1}{S_{44}},\quad C_{55}=\frac{1}{S_{55}},\quad C_{66}=\frac{1}{S_{66}}$$

$$S=S_{11}S_{22}S_{33}+2S_{12}S_{23}S_{13}-S_{11}S_{23}^2-S_{22}S_{13}^2-S_{33}S_{12}^2 \tag{2-31}$$

类似地，柔度系数 S_{ij} 也可以用刚度系数 C_{ij} 来表示，即

$$S_{11}=\frac{C_{22}C_{33}-C_{23}^2}{C},\quad S_{12}=\frac{C_{13}C_{23}-C_{12}C_{33}}{C},\quad S_{13}=\frac{C_{12}C_{23}-C_{13}C_{22}}{C}$$

$$S_{22}=\frac{C_{33}C_{11}-C_{13}^2}{C},\quad S_{23}=\frac{C_{12}C_{13}-C_{23}C_{11}}{C},\quad S_{33}=\frac{C_{11}C_{22}-C_{12}^2}{C}$$

$$S_{44}=\frac{1}{C_{44}},\quad S_{55}=\frac{1}{C_{55}},\quad S_{66}=\frac{1}{C_{66}}$$

$$C=C_{11}C_{22}C_{33}+2C_{12}C_{23}C_{13}-C_{11}C_{23}^2-C_{22}C_{13}^2-C_{33}C_{12}^2 \tag{2-32}$$

在实际工程中，通常用弹性模量、泊松比和剪切模量等工程常数来表示材料的弹性系数。这些常数可以通过简单的单轴拉伸和纯剪切试验来确定。由于最简单的试验是在给定载荷或应力情况下来测量相应的位移或应变，因此确定柔度系数比确定刚度系数更直接。对于正交各向异性材料，采用工程弹性常数表示的柔度系数矩阵为

$$\boldsymbol{S}=\begin{bmatrix} \frac{1}{E_1} & -\frac{\mu_{21}}{E_2} & -\frac{\mu_{31}}{E_3} & 0 & 0 & 0 \\ -\frac{\mu_{12}}{E_1} & \frac{1}{E_2} & -\frac{\mu_{32}}{E_3} & 0 & 0 & 0 \\ -\frac{\mu_{13}}{E_1} & -\frac{\mu_{23}}{E_2} & \frac{1}{E_3} & 0 & 0 & 0 \\ 0 & 0 & 0 & \frac{1}{G_{23}} & 0 & 0 \\ 0 & 0 & 0 & 0 & \frac{1}{G_{13}} & 0 \\ 0 & 0 & 0 & 0 & 0 & \frac{1}{G_{12}} \end{bmatrix} \tag{2-33}$$

式中：E_1，E_2 和 E_3 分别为 x_1，x_2 和 x_3 方向（即 x，y 和 z 方向）的材料弹性模量；μ_{ij} 为 i 方向正应力引起 j 方向横向应变的泊松比，即 i 方向正应力所引起的 j 方向应变同 i 方向应变之比的负值；G_{23}，G_{13} 和 G_{12} 分别为 x_2-x_3，x_1-x_3 和 x_1-x_2 平面内的材料剪切模量。

根据柔度矩阵的对称性，即 $S_{ij}=S_{ji}$，则正交各向异性材料的工程弹性常数满足以下关系式：

$$\frac{\mu_{21}}{E_2}=\frac{\mu_{12}}{E_1},\quad \frac{\mu_{31}}{E_3}=\frac{\mu_{13}}{E_1},\quad \frac{\mu_{32}}{E_3}=\frac{\mu_{23}}{E_2} \tag{2-34}$$

或简写为

$$\frac{\mu_{ij}}{E_i}=\frac{\mu_{ji}}{E_j}(i,j=1,2,3) \tag{2-35}$$

式（2-35）表明，正交各向异性材料的 3 个泊松比，如 μ_{21}，μ_{31} 和 μ_{32}，能够用 μ_{12}，μ_{13} 和 μ_{23} 及弹性模量来表示。因此，正交各向异性弹性体独立的弹性常数只有 9 个，即 E_1，E_2，E_3，G_{23}，G_{13}，G_{12}，μ_{23}，μ_{13} 和 μ_{12}。

将式（2-33）中工程弹性系数与柔度系数之间的关系代入式（2-31），得

$$C_{11}=\frac{1-\mu_{23}\mu_{32}}{E_2E_3\Delta},\quad C_{12}=\frac{\mu_{21}+\mu_{31}\mu_{23}}{E_2E_3\Delta}=\frac{\mu_{12}+\mu_{32}\mu_{13}}{E_1E_3\Delta},\quad C_{13}=\frac{\mu_{31}+\mu_{21}\mu_{32}}{E_2E_3\Delta}=\frac{\mu_{13}+\mu_{12}\mu_{23}}{E_1E_2\Delta},$$

$$C_{22}=\frac{1-\mu_{13}\mu_{31}}{E_1E_3\Delta},\quad C_{23}=\frac{\mu_{32}+\mu_{12}\mu_{31}}{E_1E_3\Delta}=\frac{\mu_{23}+\mu_{21}\mu_{13}}{E_1E_2\Delta},\quad C_{33}=\frac{1-\mu_{12}\mu_{21}}{E_1E_2\Delta},$$

$$C_{44}=G_{23},\quad C_{55}=G_{13},\quad C_{66}=G_{12},$$

$$\Delta = \frac{1 - \mu_{12}\mu_{21} - \mu_{23}\mu_{32} - \mu_{31}\mu_{13} - 2\mu_{21}\mu_{32}\mu_{13}}{E_1E_2E_3} \tag{2-36}$$

三、横观各向同性材料

如果经过弹性体的每一点都可以找到某一相互平行的平面,并在该平面内所有各个方向的弹性性质均相同,该平面为各向同性面,则此弹性体材料为横观各向同性材料。另外,如果经过弹性体的每一点都可以找到一个弹性对称轴(弹性旋转对称轴),则该弹性体材料也称为横观各向同性材料。

若取 x_1x_2 构成的平面与各向同性面平行,或取 x_3 轴与弹性旋转对称轴平行,则横观各向同性材料的刚度系数矩阵和柔度系数矩阵为

$$\boldsymbol{C} = \begin{bmatrix} C_{11} & C_{12} & C_{13} & 0 & 0 & 0 \\ C_{12} & C_{11} & C_{13} & 0 & 0 & 0 \\ C_{13} & C_{13} & C_{33} & 0 & 0 & 0 \\ 0 & 0 & 0 & C_{44} & 0 & 0 \\ 0 & 0 & 0 & 0 & C_{44} & 0 \\ 0 & 0 & 0 & 0 & 0 & \frac{1}{2}(C_{11} - C_{12}) \end{bmatrix},$$

$$\boldsymbol{S} = \begin{bmatrix} S_{11} & S_{12} & S_{13} & 0 & 0 & 0 \\ S_{12} & S_{11} & S_{13} & 0 & 0 & 0 \\ S_{13} & S_{13} & S_{33} & 0 & 0 & 0 \\ 0 & 0 & 0 & S_{44} & 0 & 0 \\ 0 & 0 & 0 & 0 & S_{44} & 0 \\ 0 & 0 & 0 & 0 & 0 & 2(S_{11} - S_{12}) \end{bmatrix} \tag{2-37}$$

式(2-37)表明,$\boldsymbol{C}$ 和 $\boldsymbol{S}$ 中均只有 5 个独立的系数,分别是 C_{11},C_{12},C_{13},C_{33},C_{44}和 S_{11},S_{12},S_{13},S_{33},S_{44}。

若采用工程弹性常数来描述横观各向同性材料弹性体的刚度系数和柔度系数,注意到弹性模量 $E_1 = E_2$,泊松比 $\mu_{21} = \mu_{12}$,$\mu_{23} = \mu_{13}$,$\mu_{32} = \mu_{31}$,剪切模量 $G_{12} = E_1/[2(1 + \mu_{12})]$,$G_{23} = G_{13}$,则柔度系数矩阵可写为

$$\boldsymbol{S} = \begin{bmatrix} \frac{1}{E_1} & -\frac{\mu_{12}}{E_1} & -\frac{\mu_{31}}{E_3} & 0 & 0 & 0 \\ -\frac{\mu_{12}}{E_1} & \frac{1}{E_1} & -\frac{\mu_{31}}{E_3} & 0 & 0 & 0 \\ -\frac{\mu_{13}}{E_1} & -\frac{\mu_{13}}{E_1} & \frac{1}{E_3} & 0 & 0 & 0 \\ 0 & 0 & 0 & \frac{1}{G_{13}} & 0 & 0 \\ 0 & 0 & 0 & 0 & \frac{1}{G_{13}} & 0 \\ 0 & 0 & 0 & 0 & 0 & \frac{1}{G_{12}} \end{bmatrix} \tag{2-38}$$

刚度系数 C_{ij} 为

$$C_{11}=C_{22}=\frac{1-\mu_{13}\mu_{31}}{E_1E_3\Delta},\quad C_{12}=\frac{\mu_{12}+\mu_{31}\mu_{13}}{E_1E_3\Delta},\quad C_{13}=C_{23}=\frac{\mu_{13}(1+\mu_{12})}{E_1^2\Delta},\quad C_{33}=\frac{1-\mu_{12}^2}{E_1^2\Delta}$$

$$C_{44}=G_{23},\quad C_{55}=G_{13},\quad C_{66}=G_{12}$$

$$\Delta=\frac{1-\mu_{12}^2-2\mu_{31}\mu_{13}-2\mu_{12}\mu_{31}\mu_{13}}{E_1^2E_3} \tag{2-39}$$

四、各向同性材料

如果均匀弹性体内每一点处任意方向上的弹性性质都相同,则该弹性体为各向同性体。这表明,在各向同性材料弹性体中,每一个平面都是弹性对称面,每一个方向都是弹性对称轴。

各向同性材料的刚度系数矩阵和柔度系数矩阵分别为

$$\boldsymbol{C}=\begin{bmatrix} C_{11} & C_{12} & C_{12} & 0 & 0 & 0 \\ C_{12} & C_{11} & C_{12} & 0 & 0 & 0 \\ C_{12} & C_{12} & C_{11} & 0 & 0 & 0 \\ 0 & 0 & 0 & (C_{11}-C_{12})/2 & 0 & 0 \\ 0 & 0 & 0 & 0 & (C_{11}-C_{12})/2 & 0 \\ 0 & 0 & 0 & 0 & 0 & (C_{11}-C_{12})/2 \end{bmatrix} \tag{2-40}$$

$$\boldsymbol{S}=\begin{bmatrix} S_{11} & S_{12} & S_{12} & 0 & 0 & 0 \\ S_{12} & S_{11} & S_{12} & 0 & 0 & 0 \\ S_{12} & S_{12} & S_{11} & 0 & 0 & 0 \\ 0 & 0 & 0 & 2(S_{11}-S_{12}) & 0 & 0 \\ 0 & 0 & 0 & 0 & 2(S_{11}-S_{12}) & 0 \\ 0 & 0 & 0 & 0 & 0 & 2(S_{11}-S_{12}) \end{bmatrix} \tag{2-41}$$

显然,各向同性材料弹性体独立的弹性系数只有 2 个。

若采用工程弹性常数来描述柔度矩阵 $\boldsymbol{S}$,则式(2-41)可表示为

$$\boldsymbol{S}=\begin{bmatrix} \frac{1}{E} & -\frac{\mu}{E} & -\frac{\mu}{E} & 0 & 0 & 0 \\ -\frac{\mu}{E} & \frac{1}{E} & -\frac{\mu}{E} & 0 & 0 & 0 \\ -\frac{\mu}{E} & -\frac{\mu}{E} & \frac{1}{E} & 0 & 0 & 0 \\ 0 & 0 & 0 & \frac{1}{G} & 0 & 0 \\ 0 & 0 & 0 & 0 & \frac{1}{G} & 0 \\ 0 & 0 & 0 & 0 & 0 & \frac{1}{G} \end{bmatrix} \tag{2-42}$$

式中：E 和 μ 为材料弹性模量和泊松比；G 为剪切模量，其表达式为

$$G=\frac{E}{2(1+\mu)} \tag{2-43}$$

因此，在各向同性材料中，弹性模量 E、泊松比 μ 和剪切模量 G 是相关的常数，采用其中两个弹性常数就足以能描述应力和应变之间的关系。

2.1.3　应力和应变坐标变换

各向异性材料弹性体的突出特点就是它的材料特性具有方向性，其弹性系数是方向的函数且与坐标的选取有关。只有在各向同性材料情况下，弹性系数对于坐标系才是不变的。2.1.2 节给出的各向异性体的弹性关系都是在假定坐标系方向与材料弹性主方向一致的情况下得到的。在很多实际问题中，所选取的坐标轴方向并不一定位于材料的弹性主方向上。为了求得该坐标系下的弹性关系，就需要研究应力和应变的坐标转换关系。

一、应力和应变转换关系

设与材料弹性主轴方向一致的坐标系为 $o-x_1x_2x_3$（称为材料坐标系），转换坐标系（称为新坐标系）为 $o-x_1'x_2'x_3'$，如图 2-3 所示。两种坐标系的方向余弦 l_{ij} 见表 2-1。

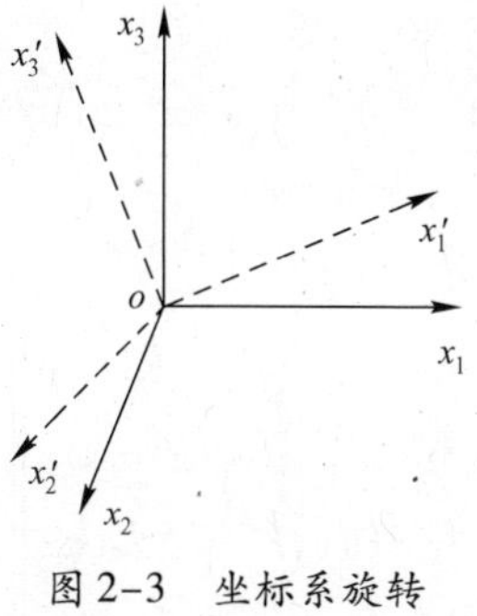

图 2-3　坐标系旋转

表 2-1　两种坐标系之间的方向余弦

	x_1	x_2	x_3
x_1'	l_{11}	l_{12}	l_{13}
x_2'	l_{21}	l_{22}	l_{23}
x_3'	l_{31}	l_{32}	l_{33}

材料坐标系和新坐标系下的应力张量存在如下关系：

$$\sigma'_{ij}=l_{im}l_{jn}\sigma_{mn}(i,j,m,n=1,2,3) \tag{2-44}$$

式中：σ'_{ij}和 σ_{mn}分别为新坐标系和材料坐标系下的应力张量。

式(2-44)可写为

$$\bar{\boldsymbol{\sigma}}'=\boldsymbol{l}\,\bar{\boldsymbol{\sigma}}\boldsymbol{l}^{\mathrm{T}} \tag{2-45}$$

式中：$\bar{\boldsymbol{\sigma}}'$和$\bar{\boldsymbol{\sigma}}$为应力张量；$\boldsymbol{l}$ 为方向余弦矩阵。

$$\bar{\boldsymbol{\sigma}}'=\begin{bmatrix}\sigma'_{11} & \sigma'_{12} & \sigma'_{13}\\ \sigma'_{21} & \sigma'_{22} & \sigma'_{23}\\ \sigma'_{31} & \sigma'_{32} & \sigma'_{33}\end{bmatrix},\quad \bar{\boldsymbol{\sigma}}=\begin{bmatrix}\sigma_{11} & \sigma_{12} & \sigma_{13}\\ \sigma_{21} & \sigma_{22} & \sigma_{23}\\ \sigma_{31} & \sigma_{32} & \sigma_{33}\end{bmatrix},\quad \boldsymbol{l}=\begin{bmatrix}l_{11} & l_{12} & l_{13}\\ l_{21} & l_{22} & l_{23}\\ l_{31} & l_{32} & l_{33}\end{bmatrix} \tag{2-46}$$

按一定的次序排列应力分量，由式(2-45)，得

$$\begin{bmatrix}\sigma_1'\\\sigma_2'\\\sigma_3'\\\sigma_4'\\\sigma_5'\\\sigma_6'\end{bmatrix}=\begin{bmatrix}l_{11}^2 & l_{12}^2 & l_{13}^2 & 2l_{12}l_{13} & 2l_{13}l_{11} & 2l_{11}l_{12}\\ l_{21}^2 & l_{22}^2 & l_{23}^2 & 2l_{22}l_{23} & 2l_{23}l_{21} & 2l_{21}l_{22}\\ l_{31}^2 & l_{32}^2 & l_{33}^2 & 2l_{32}l_{33} & 2l_{33}l_{31} & 2l_{31}l_{32}\\ l_{21}l_{31} & l_{22}l_{32} & l_{23}l_{33} & l_{22}l_{33}+l_{32}l_{23} & l_{23}l_{31}+l_{33}l_{21} & l_{21}l_{32}+l_{31}l_{22}\\ l_{31}l_{11} & l_{32}l_{12} & l_{33}l_{13} & l_{32}l_{13}+l_{12}l_{33} & l_{33}l_{11}+l_{13}l_{31} & l_{31}l_{12}+l_{11}l_{32}\\ l_{11}l_{21} & l_{12}l_{22} & l_{13}l_{23} & l_{12}l_{23}+l_{22}l_{13} & l_{13}l_{21}+l_{23}l_{11} & l_{11}l_{22}+l_{21}l_{12}\end{bmatrix}\begin{bmatrix}\sigma_1\\\sigma_2\\\sigma_3\\\sigma_4\\\sigma_5\\\sigma_6\end{bmatrix} \tag{2-47}$$

简写为

$$\boldsymbol{\sigma}'=\boldsymbol{T}_\sigma\boldsymbol{\sigma} \tag{2-48}$$

式中：$\boldsymbol{\sigma}'=[\sigma_1',\sigma_2',\sigma_3',\sigma_4',\sigma_5',\sigma_6']^{\mathrm{T}}$，$\boldsymbol{\sigma}=[\sigma_1,\sigma_2,\sigma_3,\sigma_4,\sigma_5,\sigma_6]^{\mathrm{T}}$；$\boldsymbol{T}_\sigma$ 是式(2-47)中的应力转换矩阵。

类似于应力张量的转换关系，两个坐标系下的应变张量之间有如下关系：

$$\bar{\boldsymbol{\varepsilon}}'=\boldsymbol{l}\,\bar{\boldsymbol{\varepsilon}}\boldsymbol{l}^{\mathrm{T}} \tag{2-49}$$

式中：$\bar{\boldsymbol{\varepsilon}}'$和$\bar{\boldsymbol{\varepsilon}}$分别为新坐标系和材料坐标系下的应变张量。

$$\bar{\boldsymbol{\varepsilon}}'=\begin{bmatrix}\varepsilon_{11}' & \varepsilon_{12}' & \varepsilon_{13}'\\ \varepsilon_{21}' & \varepsilon_{22}' & \varepsilon_{23}'\\ \varepsilon_{31}' & \varepsilon_{32}' & \varepsilon_{33}'\end{bmatrix},\quad \bar{\boldsymbol{\varepsilon}}=\begin{bmatrix}\varepsilon_{11} & \varepsilon_{12} & \varepsilon_{13}\\ \varepsilon_{21} & \varepsilon_{22} & \varepsilon_{23}\\ \varepsilon_{31} & \varepsilon_{32} & \varepsilon_{33}\end{bmatrix} \tag{2-50}$$

将式(2-49)展开后，注意到张量剪应变和工程剪应变之间的关系式(2-12)，得

$$\begin{bmatrix}\varepsilon_1'\\\varepsilon_2'\\\varepsilon_3'\\\varepsilon_4'\\\varepsilon_5'\\\varepsilon_6'\end{bmatrix}=\begin{bmatrix}l_{11}^2 & l_{12}^2 & l_{13}^2 & l_{12}l_{13} & l_{13}l_{11} & l_{11}l_{12}\\ l_{21}^2 & l_{22}^2 & l_{23}^2 & l_{22}l_{23} & l_{23}l_{21} & l_{21}l_{22}\\ l_{31}^2 & l_{32}^2 & l_{33}^2 & l_{32}l_{33} & l_{33}l_{31} & l_{31}l_{32}\\ 2l_{21}l_{31} & 2l_{22}l_{32} & 2l_{23}l_{33} & l_{22}l_{33}+l_{32}l_{23} & l_{23}l_{31}+l_{33}l_{21} & l_{21}l_{32}+l_{31}l_{22}\\ 2l_{31}l_{11} & 2l_{32}l_{12} & 2l_{33}l_{13} & l_{32}l_{13}+l_{12}l_{33} & l_{33}l_{11}+l_{13}l_{31} & l_{31}l_{12}+l_{11}l_{32}\\ 2l_{11}l_{21} & 2l_{12}l_{22} & 2l_{13}l_{23} & l_{12}l_{23}+l_{22}l_{13} & l_{13}l_{21}+l_{23}l_{11} & l_{11}l_{22}+l_{21}l_{12}\end{bmatrix}\begin{bmatrix}\varepsilon_1\\\varepsilon_2\\\varepsilon_3\\\varepsilon_4\\\varepsilon_5\\\varepsilon_6\end{bmatrix} \tag{2-51}$$

简写为

$$\boldsymbol{\varepsilon}'=\boldsymbol{T}_\varepsilon\boldsymbol{\varepsilon} \tag{2-52}$$

式中：$\boldsymbol{\varepsilon}'=[\varepsilon_1',\varepsilon_2',\varepsilon_3',\varepsilon_4',\varepsilon_5',\varepsilon_6']^{\mathrm{T}}$，$\boldsymbol{\varepsilon}=[\varepsilon_1,\varepsilon_2,\varepsilon_3,\varepsilon_4,\varepsilon_5,\varepsilon_6]^{\mathrm{T}}$；$\boldsymbol{T}_\varepsilon$ 为式(2-51)中的应变转换矩阵，其表达式与$\boldsymbol{T}_\sigma$ 不同，可以证明 $\boldsymbol{T}_\varepsilon^{-1}=\boldsymbol{T}_\sigma^{\mathrm{T}}$。

二、弹性系数坐标变换

下面来分析材料坐标系和新坐标系下弹性系数之间的转换关系。对式(2-48)和式(2-52)求逆，得

$$\boldsymbol{\sigma} = \boldsymbol{T}_\sigma^{-1}\boldsymbol{\sigma}', \quad \boldsymbol{\varepsilon} = \boldsymbol{T}_\varepsilon^{-1}\boldsymbol{\varepsilon}' \tag{2-53}$$

将式(2-53)代入式(2-16)和式(2-19),注意到$\boldsymbol{T}_\sigma^{\mathrm{T}} = \boldsymbol{T}_\varepsilon^{-1}$,得

$$\boldsymbol{\sigma}' = \boldsymbol{T}_\sigma \boldsymbol{C}\boldsymbol{T}_\sigma^{\mathrm{T}}\boldsymbol{\varepsilon}' = \overline{\boldsymbol{C}}\boldsymbol{\varepsilon}', \quad \boldsymbol{\varepsilon}' = \boldsymbol{T}_\varepsilon \boldsymbol{S}\boldsymbol{T}_\varepsilon^{\mathrm{T}}\boldsymbol{\sigma}' = \overline{\boldsymbol{S}}\boldsymbol{\sigma}' \tag{2-54}$$

式中:$\overline{\boldsymbol{C}}$ 和 $\overline{\boldsymbol{S}}$ 分别为新坐标系下的刚度系数矩阵和柔度系数矩阵,$\overline{\boldsymbol{C}} = \boldsymbol{T}_\sigma \boldsymbol{C}\boldsymbol{T}_\sigma^{\mathrm{T}}$,$\overline{\boldsymbol{S}} = \boldsymbol{T}_\varepsilon \boldsymbol{S}\boldsymbol{T}_\varepsilon^{\mathrm{T}}$。如果给定材料坐标系与新坐标系之间的方向余弦,由 C_{ij} 和 S_{ij} 可分别求出$\overline{C}_{ij}$和$\overline{S}_{ij}$。

在实际应用中遇到较多的一种情况是坐标系绕某轴旋转,旋转前后的两个坐标系有一个公共的旋转轴,如纤维增强层合复合材料结构坐标系和铺层材料坐标系之间就存在这种旋转轴。现将此轴设为 x_3 坐标轴,新坐标系与材料坐标系之间的转动角度为 θ,如图 2-4 所示。根据图中的坐标系关系,可得到两坐标系之间的方向余弦分量,见表 2-2。

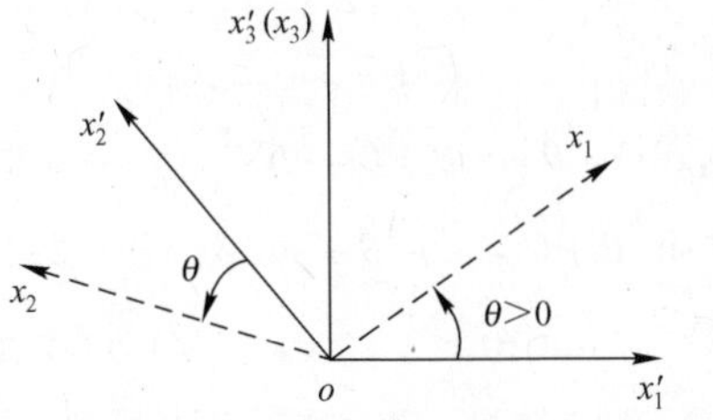

图 2-4　坐标系绕 x_3 旋转

表 2-2　坐标系的方向余弦关系

	x_1	x_2	x_3
x_1'	$l_{11}=\cos\theta$	$l_{12}=-\sin\theta$	$l_{13}=0$
x_2'	$l_{21}=\sin\theta$	$l_{22}=\cos\theta$	$l_{23}=0$
x_3'	$l_{31}=0$	$l_{32}=0$	$l_{33}=1$

由表 2-2 中的方向余弦分量,可求出$\boldsymbol{T}_\sigma$ 和$\boldsymbol{T}_\varepsilon$ 为

$$\boldsymbol{T}_\sigma = \begin{bmatrix} \cos^2\theta & \sin^2\theta & 0 & 0 & 0 & -2\sin\theta\cos\theta \\ \sin^2\theta & \cos^2\theta & 0 & 0 & 0 & 2\sin\theta\cos\theta \\ 0 & 0 & 1 & 0 & 0 & 0 \\ 0 & 0 & 0 & \cos\theta & \sin\theta & 0 \\ 0 & 0 & 0 & -\sin\theta & \cos\theta & 0 \\ \sin\theta\cos\theta & -\sin\theta\cos\theta & 0 & 0 & 0 & \cos^2\theta-\sin^2\theta \end{bmatrix} \tag{2-55a}$$

$$\boldsymbol{T}_\varepsilon = \begin{bmatrix} \cos^2\theta & \sin^2\theta & 0 & 0 & 0 & -\sin\theta\cos\theta \\ \sin^2\theta & \cos^2\theta & 0 & 0 & 0 & \sin\theta\cos\theta \\ 0 & 0 & 1 & 0 & 0 & 0 \\ 0 & 0 & 0 & \cos\theta & \sin\theta & 0 \\ 0 & 0 & 0 & -\sin\theta & \cos\theta & 0 \\ 2\sin\theta\cos\theta & -2\sin\theta\cos\theta & 0 & 0 & 0 & \cos^2\theta-\sin^2\theta \end{bmatrix} \tag{2-55b}$$

对于纤维增强复合材料结构，通常认为单层材料为正交各向异性材料，假设坐标轴 x_1，x_2 和 x_3 与它的弹性主轴重合，其中 x_1 沿纤维方向，x_2 和 x_3 为垂直于纤维的两个方向，取 x_1'，x_2' 和 x_3' 为结构坐标系，将式(2-30)和式(2-55)代入式(2-54)，得 $\overline{\boldsymbol{C}}$ 和 $\overline{\boldsymbol{S}}$。由于 $\overline{\boldsymbol{C}}$ 和 $\overline{\boldsymbol{S}}$ 互为逆矩阵，这里只给出 $\overline{\boldsymbol{C}}$ 的表达式，即

$$\overline{\boldsymbol{C}} = \begin{bmatrix} \overline{C}_{11} & \overline{C}_{12} & \overline{C}_{13} & 0 & 0 & \overline{C}_{16} \\ \overline{C}_{12} & \overline{C}_{22} & \overline{C}_{23} & 0 & 0 & \overline{C}_{26} \\ \overline{C}_{13} & \overline{C}_{23} & \overline{C}_{33} & 0 & 0 & \overline{C}_{36} \\ 0 & 0 & 0 & \overline{C}_{44} & \overline{C}_{45} & 0 \\ 0 & 0 & 0 & \overline{C}_{45} & \overline{C}_{55} & 0 \\ \overline{C}_{16} & \overline{C}_{26} & \overline{C}_{36} & 0 & 0 & \overline{C}_{66} \end{bmatrix} \tag{2-56}$$

式中：$\overline{C}_{ij}$ 为材料偏轴刚度系数，具体表达式为

$$\overline{C}_{11} = C_{11}\cos^4\theta + 2(C_{12} + 2C_{66})\cos^2\theta\sin^2\theta + C_{22}\sin^4\theta \tag{2-57a}$$

$$\overline{C}_{12} = (C_{11} + C_{22} - 4C_{66})\cos^2\theta\sin^2\theta + C_{12}(\cos^4\theta + \sin^4\theta) \tag{2-57b}$$

$$\overline{C}_{13} = C_{13}\cos^2\theta + C_{23}\sin^2\theta \tag{2-57c}$$

$$\overline{C}_{16} = (C_{11} - C_{12} - 2C_{66})\sin\theta\cos^3\theta + (C_{12} - C_{22} + 2C_{66})\sin^3\theta\cos\theta \tag{2-57d}$$

$$\overline{C}_{22} = C_{11}\sin^4\theta + 2(C_{12} + 2C_{66})\sin^2\theta\cos^2\theta + C_{22}\cos^4\theta \tag{2-57e}$$

$$\overline{C}_{23} = C_{23}\cos^2\theta + C_{13}\sin^2\theta \tag{2-57f}$$

$$\overline{C}_{26} = (C_{11} - C_{12} - 2C_{66})\sin^3\theta\cos\theta + (C_{12} - C_{22} + 2C_{66})\sin\theta\cos^3\theta \tag{2-57g}$$

$$\overline{C}_{33} = C_{33} \tag{2-57h}$$

$$\overline{C}_{36} = (C_{13} - C_{23})\sin\theta\cos\theta \tag{2-57i}$$

$$\overline{C}_{44} = C_{44}\cos^2\theta + C_{55}\sin^2\theta \tag{2-57j}$$

$$\overline{C}_{45} = (C_{55} - C_{44})\cos\theta\sin\theta \tag{2-57k}$$

$$\overline{C}_{55} = C_{55}\cos^2\theta + C_{44}\sin^2\theta \tag{2-57l}$$

$$\overline{C}_{66} = (C_{11} + C_{22} - 2C_{12})\sin^2\theta\cos^2\theta + C_{66}(\cos^2\theta - \sin^2\theta)^2 \tag{2-57m}$$

式中：C_{ij} 为材料主轴方向刚度系数，它们与工程弹性常数之间的关系见式(2-36)。

2.1.4 运动微分方程与边界条件

在直角坐标系中，根据图 2-1 所示的正六面体体积微元在 3 个坐标轴方向上的力平衡关系，可得到该微元体的运动微分方程

$$\frac{\partial\sigma_{11}}{\partial x_1}+\frac{\partial\sigma_{12}}{\partial x_2}+\frac{\partial\sigma_{13}}{\partial x_3}+f_1=\rho\frac{\partial^2 u_1}{\partial t^2} \tag{2-58a}$$

$$\frac{\partial\sigma_{21}}{\partial x_1}+\frac{\partial\sigma_{22}}{\partial x_2}+\frac{\partial\sigma_{23}}{\partial x_3}+f_2=\rho\frac{\partial^2 u_2}{\partial t^2} \tag{2-58b}$$

$$\frac{\partial\sigma_{31}}{\partial x_1}+\frac{\partial\sigma_{32}}{\partial x_2}+\frac{\partial\sigma_{33}}{\partial x_3}+f_3=\rho\frac{\partial^2 u_3}{\partial t^2} \tag{2-58c}$$

式中:$f_i(i=1,2,3)$为沿着坐标轴 x_i 方向的体积力分量;ρ 为弹性体的质量密度。

式(2-58)可简写为

$$\sigma_{ij,j}+f_i=\rho\frac{\partial^2 u_i}{\partial t^2} \tag{2-59}$$

弹性体的动力学问题一共包含 15 个未知变量,即 3 个位移分量 u_i,6 个应变分量 ε_{ij}和 6 个应力分量 σ_{ij}。该 15 个未知变量需要满足 15 个方程,即 3 个运动微分方程(式(2-58)),6 个几何方程(式(2-9))以及 6 个本构方程(式(2-14))。为了使方程定解,还需要给出弹性体的边界条件和初始条件。

对于位移边界,位移分量在边界上应满足位移边界条件

$$u_1=\overline{u}_1,\quad u_2=\overline{u}_2,\quad u_3=\overline{u}_3 \tag{2-60}$$

式中:$\overline{u}_1$、$\overline{u}_2$ 和$\overline{u}_3$ 为弹性体边界上给定的位移分量。

对于应力边界,应力分量在边界上应当满足应力边界条件

$$\sigma_{11}n_1+\sigma_{21}n_2+\sigma_{31}n_3=\overline{T}_{n1} \tag{2-61a}$$

$$\sigma_{12}n_1+\sigma_{22}n_2+\sigma_{32}n_3=\overline{T}_{n2} \tag{2-61b}$$

$$\sigma_{13}n_1+\sigma_{23}n_2+\sigma_{33}n_3=\overline{T}_{n3} \tag{2-61c}$$

式中:$\overline{T}_{n1}$,$\overline{T}_{n2}$和$\overline{T}_{n3}$为弹性体边界上给定的面力(或应力)分量;n_i 为边界表面单位外法向向量的方向余弦。

在有些情况下,弹性体部分边界上按式(2-60)给定位移,部分边界上按式(2-61)给定应力,称为混合边界条件。应当指出,在已经给定应力(或位移)边界的地方不能再指定位移(或应力)边界条件,否则两者相矛盾则无解。

在弹性动力学问题中,还需要给出初始条件,即 $t=0$ 时刻弹性体的位移分量 u_i^0 和速度分量$\dot{u}_i^0$。

2.2　曲线坐标系中的弹性体基本方程

在很多实际问题中,采用曲线坐标系代替直角坐标系来研究弹性体的力学问题是比较方便的。下面简要介绍曲线坐标的基本理论,然后讨论曲线坐标系下弹性体的几何方程、本构方程和运动方程等。

2.2.1 曲线坐标系

为了建立曲线坐标系下的弹性体基本方程,引入空间曲线坐标 α、β 和 ς,如图 2–5 所示。假设曲线坐标与直角坐标 x_1、x_2 和 x_3 之间存在以下函数关系:

$$\alpha=\mathcal{F}_{\alpha}(x_1,x_2,x_3),\quad \beta=\mathcal{F}_{\beta}(x_1,x_2,x_3),\varsigma=\mathcal{F}_{\varsigma}(x_1,x_2,x_3) \tag{2-62}$$

如果 α、β 和 ς 给以确定值,则以上 3 个方程代表 3 个曲面,分别称为 α、β 和 ς 坐标面。β 坐标面与 ς 坐标面的交线为 α 坐标线;α 坐标面与 ς 坐标面的交线为 β 坐标线;α 坐标面与 β 坐标面的交线为 ς 坐标线。

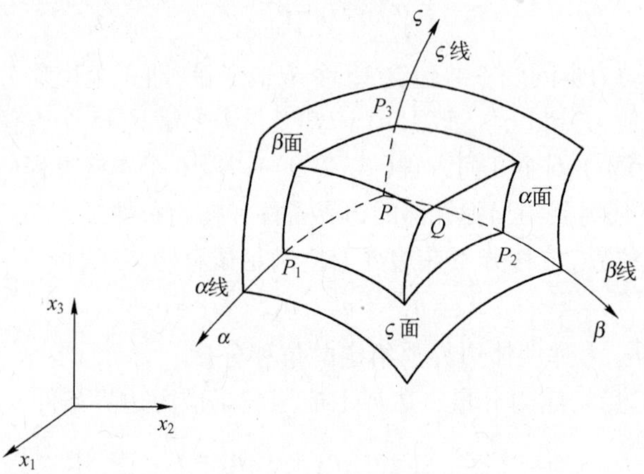

图 2–5　空间曲线坐标系

假设弹性体内任意一点 P 在曲线坐标系中的位置坐标为(α,β,ς),沿着 α 坐标线上 P 点邻近点 P_1 的坐标为$(\alpha+\mathrm{d}\alpha,\beta,\varsigma)$;$P_2(\alpha,\beta+\mathrm{d}\beta,\varsigma)$ 和 $P_3(\alpha,\beta,\varsigma+\mathrm{d}\varsigma)$ 为沿 β 和 ς 坐标线的 P 点的邻近点。P_1、P_2 和 P_3 相对于点 P 分别具有坐标增量 $\mathrm{d}\alpha$、$\mathrm{d}\beta$ 和 $\mathrm{d}\varsigma$。采用 $\mathrm{d}s_1$、$\mathrm{d}s_2$ 和 $\mathrm{d}s_3$ 分别表示$\overset{\frown}{PP_1}$、$\overset{\frown}{PP_2}$和$\overset{\frown}{PP_3}$的长度,显然

$$\mathrm{d}s_1=\sqrt{(\mathrm{d}x_1)^2+(\mathrm{d}x_2)^2+(\mathrm{d}x_3)^2}=\sqrt{\left(\frac{\partial x_1}{\partial\alpha}\right)^2+\left(\frac{\partial x_2}{\partial\alpha}\right)^2+\left(\frac{\partial x_3}{\partial\alpha}\right)^2}\,\mathrm{d}\alpha \tag{2-63}$$

简写为

$$\mathrm{d}s_1=H_{\alpha}\mathrm{d}\alpha \tag{2-64}$$

式中:H_{α} 为 α 方向的 Lamé 系数,它表示当 α 坐标改变时,沿 α 坐标线的弧长增量与 α 坐标的增量之比。

$$H_{\alpha}=\sqrt{\left(\frac{\partial x_1}{\partial\alpha}\right)^2+\left(\frac{\partial x_2}{\partial\alpha}\right)^2+\left(\frac{\partial x_3}{\partial\alpha}\right)^2} \tag{2-65}$$

类似地，弧长 $\widehat{PP_2}$ 和 $\widehat{PP_3}$ 为

$$ds_2 = H_\beta d\beta,\quad ds_3 = H_\varsigma\, d\varsigma \tag{2-66}$$

式中：H_β 和 H_ς 分别为 β 和 ς 方向的 Lamé 系数，它们的表达式为

$$H_\beta = \sqrt{\left(\frac{\partial x_1}{\partial\beta}\right)^2 + \left(\frac{\partial x_2}{\partial\beta}\right)^2 + \left(\frac{\partial x_3}{\partial\beta}\right)^2},\quad H_\varsigma = \sqrt{\left(\frac{\partial x_1}{\partial\varsigma}\right)^2 + \left(\frac{\partial x_2}{\partial\varsigma}\right)^2 + \left(\frac{\partial x_3}{\partial\varsigma}\right)^2} \tag{2-67}$$

2.2.2　几何方程

设在空间曲线坐标系中，弹性体内任意一点 P 处沿着 α、β 和 ς 方向的位移分量分别为 u_1、u_2 和 u_3。P 点附近的应变状态取决于 6 个应变分量，即正应变 $\varepsilon_{\alpha\alpha}$、$\varepsilon_{\beta\beta}$、$\varepsilon_{\varsigma\varsigma}$ 和剪应变 $\gamma_{\beta\varsigma}$、$\gamma_{\varsigma\alpha}$、$\gamma_{\alpha\beta}$。为了建立应变分量与位移分量之间的关系，得到弹性体的几何方程，在 $P(\alpha,\beta,\varsigma)$ 处取一个六面体微元（图 2-6），其所有棱边均沿着坐标线 α、β 和 ς 的方向。假设 P 点的坐标为 (α,β,ς)，Q 点为 P 的对角点，其空间坐标为 $(\alpha + d\alpha, \beta + d\beta, \varsigma + d\varsigma)$。

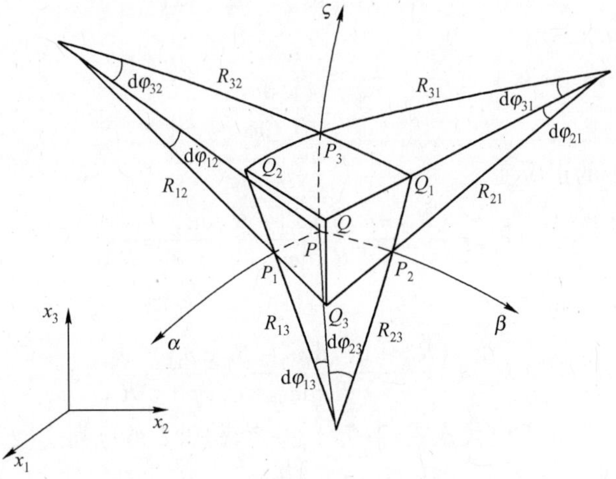

图 2-6　曲线坐标系中的微元体

首先将六面体上通过 P 点各棱边的曲率半径以该点处的 Lamé 系数来表示。棱边 PP_3 和 P_1Q_2 的夹角为

$$d\varphi_{13} = \frac{P_3Q_2 - PP_1}{PP_3} = \frac{\left(H_\alpha + \dfrac{\partial H_\alpha}{\partial\varsigma}d\varsigma\right)d\alpha - H_\alpha d\alpha}{H_\varsigma\, d\varsigma} = \frac{1}{H_\varsigma}\frac{\partial H_\alpha}{\partial\varsigma}d\alpha \tag{2-68}$$

定义 PP_1 在 β 平面内的曲率 k_{13} 和曲率半径 R_{13} 为

$$k_{13}=\frac{1}{H_\alpha}\frac{\mathrm{d}\varphi_{13}}{\mathrm{d}\alpha}=\frac{1}{H_\alpha H_\varsigma}\frac{\partial H_\alpha}{\partial \varsigma},\quad R_{13}=\frac{1}{k_{13}} \tag{2-69}$$

类似地，PP_1、PP_2 和 PP_3 在 3 个坐标面内的曲率和曲率半径为

$$k_{12}=\frac{1}{R_{12}}=\frac{1}{H_\alpha H_\beta}\frac{\partial H_\alpha}{\partial \beta},\quad k_{23}=\frac{1}{R_{23}}=\frac{1}{H_\beta H_\varsigma}\frac{\partial H_\beta}{\partial \varsigma},\quad k_{21}=\frac{1}{R_{21}}=\frac{1}{H_\beta H_\alpha}\frac{\partial H_\beta}{\partial \alpha}$$

$$k_{31}=\frac{1}{R_{31}}=\frac{1}{H_\varsigma H_\alpha}\frac{\partial H_\varsigma}{\partial \alpha},\quad k_{32}=\frac{1}{R_{32}}=\frac{1}{H_\varsigma H_\beta}\frac{\partial H_\varsigma}{\partial \beta} \tag{2-70}$$

下面建立应变与位移之间的关系。线元 PP_1 的正应变 $\varepsilon_{\alpha\alpha}$ 由 3 部分组成，其中第 1 部分 $\tilde{\varepsilon}_{\alpha\alpha}$ 由 u_1 产生，第 2 部分 $\bar{\varepsilon}_{\alpha\alpha}$ 由 u_2 产生，第 3 部分 $\hat{\varepsilon}_{\alpha\alpha}$ 由 u_3 产生。因此，有

$$\varepsilon_{\alpha\alpha}=\tilde{\varepsilon}_{\alpha\alpha}+\bar{\varepsilon}_{\alpha\alpha}+\hat{\varepsilon}_{\alpha\alpha} \tag{2-71}$$

由 u_1 产生的正应变 $\tilde{\varepsilon}_{\alpha\alpha}$ 为

$$\tilde{\varepsilon}_{\alpha\alpha}=\frac{\left(u_1+\frac{\partial u_1}{\partial s_1}\mathrm{d}s_1\right)-u_1}{\mathrm{d}s_1}=\frac{\partial u_1}{\partial s_1} \tag{2-72}$$

考虑到 $\mathrm{d}s_1=H_\alpha\mathrm{d}\alpha$，得

$$\tilde{\varepsilon}_{\alpha\alpha}=\frac{1}{H_\alpha}\frac{\partial u_1}{\partial \alpha} \tag{2-73}$$

由 u_2 产生的正应变 $\bar{\varepsilon}_{\alpha\alpha}$ 为

$$\bar{\varepsilon}_{\alpha\alpha}=\frac{(R_{12}+u_2)\mathrm{d}\varphi_{12}-R_{12}\mathrm{d}\varphi_{12}}{R_{12}\mathrm{d}\varphi_{12}}=\frac{u_2}{R_{12}} \tag{2-74}$$

由 u_3 产生的正应变 $\hat{\varepsilon}_{\alpha\alpha}$ 为

$$\hat{\varepsilon}_{\alpha\alpha}=\frac{(R_{13}+u_3)\mathrm{d}\varphi_{13}-R_{13}\mathrm{d}\varphi_{13}}{R_{13}\mathrm{d}\varphi_{13}}=\frac{u_3}{R_{13}} \tag{2-75}$$

将式(2-73)~式(2-75)代入式(2-71)，并考虑式(2-69)和式(2-70)，得

$$\varepsilon_{\alpha\alpha}=\frac{1}{H_\alpha}\frac{\partial u_1}{\partial \alpha}+\frac{1}{H_\alpha H_\beta}\frac{\partial H_\alpha}{\partial \beta}u_2+\frac{1}{H_\alpha H_\varsigma}\frac{\partial H_\alpha}{\partial \varsigma}u_3 \tag{2-76}$$

对于剪应变，以直角 P_1PP_2 对应的剪应变 $\gamma_{\alpha\beta}$ 为例来讨论。该剪应变由 PP_1 和 PP_2 在 $\alpha\beta$ 面内相向的转角叠加而成。由于 u_2 引起的 PP_1 在 $\alpha\beta$ 面内向 PP_2 的转角为

$$\frac{\left(u_2+\frac{\partial u_2}{\partial s_1}\mathrm{d}s_1\right)-u_2}{\mathrm{d}s_1}=\frac{\partial u_2}{\partial s_1}=\frac{1}{H_\alpha}\frac{\partial u_2}{\partial \alpha} \tag{2-77}$$

由于 u_1 引起的 PP_1 在 $\alpha\beta$ 面内向 PP_2 的转角为 $-u_1/R_{12}$，则 PP_1 在向 PP_2 的总转角为

$$\frac{1}{H_\alpha}\frac{\partial u_2}{\partial \alpha}-\frac{u_1}{R_{12}} \tag{2-78}$$

同样可得到 PP_2 向 PP_1 的转角为

$$\frac{1}{H_\beta}\frac{\partial u_1}{\partial \beta}-\frac{u_2}{R_{21}} \tag{2-79}$$

将式(2-78)和式(2-79)相加,考虑式(2-69)和式(2-70),得剪应变分量 $\gamma_{\alpha\beta}$,即

$$\gamma_{\alpha\beta}=\frac{H_\beta}{H_\alpha}\frac{\partial}{\partial \alpha}\left(\frac{u_2}{H_\beta}\right)+\frac{H_\alpha}{H_\beta}\frac{\partial}{\partial \beta}\left(\frac{u_1}{H_\alpha}\right) \tag{2-80}$$

将式(2-76)和式(2-80)中的 Lamé 系数以及坐标 α、β 和 ς 进行轮换,可得到采用位移分量表示的正交曲线坐标系下弹性体的 6 个应变分量表达式,也就是小变形情况下正交曲线坐标系中的弹性体几何方程,即[217]

$$\varepsilon_{\alpha\alpha}=\frac{1}{H_\alpha}\frac{\partial u_1}{\partial \alpha}+\frac{1}{H_\alpha H_\beta}\frac{\partial H_\alpha}{\partial \beta}u_2+\frac{1}{H_\alpha H_\varsigma}\frac{\partial H_\alpha}{\partial \varsigma}u_3 \tag{2-81a}$$

$$\varepsilon_{\beta\beta}=\frac{1}{H_\beta}\frac{\partial u_2}{\partial \beta}+\frac{1}{H_\beta H_\varsigma}\frac{\partial H_\beta}{\partial \varsigma}u_3+\frac{1}{H_\beta H_\alpha}\frac{\partial H_\beta}{\partial \alpha}u_1 \tag{2-81b}$$

$$\varepsilon_{\varsigma\varsigma}=\frac{1}{H_\varsigma}\frac{\partial u_3}{\partial \varsigma}+\frac{1}{H_\varsigma H_\alpha}\frac{\partial H_\varsigma}{\partial \alpha}u_1+\frac{1}{H_\varsigma H_\beta}\frac{\partial H_\varsigma}{\partial \beta}u_2 \tag{2-81c}$$

$$\gamma_{\beta\varsigma}=\frac{H_\varsigma}{H_\beta}\frac{\partial}{\partial \beta}\left(\frac{u_3}{H_\varsigma}\right)+\frac{H_\beta}{H_\varsigma}\frac{\partial}{\partial \varsigma}\left(\frac{u_2}{H_\beta}\right) \tag{2-81d}$$

$$\gamma_{\alpha\varsigma}=\frac{H_\alpha}{H_\varsigma}\frac{\partial}{\partial \varsigma}\left(\frac{u_1}{H_\alpha}\right)+\frac{H_\varsigma}{H_\alpha}\frac{\partial}{\partial \alpha}\left(\frac{u_3}{H_\varsigma}\right) \tag{2-81e}$$

$$\gamma_{\alpha\beta}=\frac{H_\beta}{H_\alpha}\frac{\partial}{\partial \alpha}\left(\frac{u_2}{H_\beta}\right)+\frac{H_\alpha}{H_\beta}\frac{\partial}{\partial \beta}\left(\frac{u_1}{H_\alpha}\right) \tag{2-81f}$$

式(2-81)表明,在正交曲线坐标系中,除了位移梯度会引起应变外,位移本身也会直接引起附加应变。

2.2.3　本构关系

在曲线坐标系中,弹性体的应力分量和应变分量仍然服从广义胡克定律,即

$$\begin{bmatrix}\sigma_{\alpha\alpha}\\ \sigma_{\beta\beta}\\ \sigma_{\varsigma\varsigma}\\ \sigma_{\beta\varsigma}\\ \sigma_{\alpha\varsigma}\\ \sigma_{\alpha\beta}\end{bmatrix}=\begin{bmatrix}C_{11}&C_{12}&C_{13}&C_{14}&C_{15}&C_{16}\\ C_{21}&C_{22}&C_{23}&C_{24}&C_{25}&C_{26}\\ C_{31}&C_{32}&C_{33}&C_{34}&C_{35}&C_{36}\\ C_{41}&C_{42}&C_{43}&C_{44}&C_{45}&C_{46}\\ C_{51}&C_{52}&C_{53}&C_{54}&C_{55}&C_{56}\\ C_{61}&C_{62}&C_{63}&C_{64}&C_{65}&C_{66}\end{bmatrix}\begin{bmatrix}\varepsilon_{\alpha\alpha}\\ \varepsilon_{\beta\beta}\\ \varepsilon_{\varsigma\varsigma}\\ \gamma_{\beta\varsigma}\\ \gamma_{\alpha\varsigma}\\ \gamma_{\alpha\beta}\end{bmatrix} \tag{2-82}$$

式中：$\sigma_{\alpha\alpha}$，$\sigma_{\beta\beta}$ 和 $\sigma_{\varsigma\varsigma}$ 为正应力分量；$\sigma_{\beta\varsigma}$，$\sigma_{\alpha\varsigma}$ 和 $\sigma_{\alpha\beta}$ 为剪应力分量；$C_{ij}(i,j=1,2,\cdots,6)$ 为刚度系数。

式(2-82)是一般均质各向异性材料弹性体的最普遍情况，独立的弹性系数为21个。对于正交各向异性材料，横观各向同性材料以及各向同性材料，刚度系数 C_{ij} 的表达式可参考2.1.2节。

2.2.4 运动微分方程与边界条件

在曲线坐标系中取一个弹性体微元，根据3个曲线坐标轴方向上的力平衡关系，得该微元体的运动微分方程为

$$\frac{\partial}{\partial\alpha}(H_\beta H_\varsigma\sigma_{\alpha\alpha})+\frac{\partial}{\partial\beta}(H_\varsigma H_\alpha\sigma_{\beta\alpha})+\frac{\partial}{\partial\varsigma}(H_\alpha H_\beta\sigma_{\alpha\varsigma})+H_\beta\frac{\partial H_\alpha}{\partial\varsigma}\sigma_{\alpha\varsigma}+H_\varsigma\frac{\partial H_\alpha}{\partial\beta}\sigma_{\alpha\beta}$$
$$-H_\varsigma\frac{\partial H_\beta}{\partial\alpha}\sigma_{\beta\beta}-H_\beta\frac{\partial H_\varsigma}{\partial\alpha}\sigma_{\varsigma\varsigma}+H_\alpha H_\beta H_\varsigma f_\alpha=\rho H_\alpha H_\beta H_\varsigma\frac{\partial^2 u_1}{\partial t^2} \tag{2-83a}$$

$$\frac{\partial}{\partial\alpha}(H_\beta H_\varsigma\sigma_{\alpha\beta})+\frac{\partial}{\partial\beta}(H_\varsigma H_\alpha\sigma_{\beta\beta})+\frac{\partial}{\partial\varsigma}(H_\alpha H_\beta\sigma_{\beta\varsigma})+H_\varsigma\frac{\partial H_\beta}{\partial\alpha}\sigma_{\alpha\beta}+H_\alpha\frac{\partial H_\beta}{\partial\varsigma}\sigma_{\beta\varsigma}$$
$$-H_\alpha\frac{\partial H_\varsigma}{\partial\beta}\sigma_{\varsigma\varsigma}-H_\varsigma\frac{\partial H_\alpha}{\partial\beta}\sigma_{\alpha\alpha}+H_\alpha H_\beta H_\varsigma f_\beta=\rho H_\alpha H_\beta H_\varsigma\frac{\partial^2 u_2}{\partial t^2} \tag{2-83b}$$

$$\frac{\partial}{\partial\alpha}(H_\beta H_\varsigma\sigma_{\alpha\varsigma})+\frac{\partial}{\partial\beta}(H_\alpha H_\varsigma\sigma_{\beta\varsigma})+\frac{\partial}{\partial\varsigma}(H_\alpha H_\beta\sigma_{\varsigma\varsigma})+H_\alpha\frac{\partial H_\varsigma}{\partial\beta}\sigma_{\beta\varsigma}+H_\beta\frac{\partial H_\varsigma}{\partial\alpha}\sigma_{\alpha\varsigma}$$
$$-H_\beta\frac{\partial H_\alpha}{\partial\varsigma}\sigma_{\alpha\alpha}-H_\alpha\frac{\partial H_\beta}{\partial\varsigma}\sigma_{\beta\beta}+H_\alpha H_\beta H_\varsigma f_\varsigma=\rho H_\alpha H_\beta H_\varsigma\frac{\partial^2 u_3}{\partial t^2} \tag{2-83c}$$

式中：f_α，f_β 和 f_ς 分别为沿着 α，β 和 ς 方向的体力分量；ρ 为弹性体的质量密度。

曲线坐标系下的弹性体动力学方程也包含15个未知变量，即3个位移分量 $u_i(i=1,2,3)$，6个应变分量（$\varepsilon_{\alpha\alpha}$，$\varepsilon_{\beta\beta}$，$\varepsilon_{\varsigma\varsigma}$，$\gamma_{\beta\varsigma}$，$\gamma_{\varsigma\alpha}$ 和 $\gamma_{\alpha\beta}$）和6个应力分量（$\sigma_{\alpha\alpha}$，$\sigma_{\beta\beta}$，$\sigma_{\varsigma\varsigma}$，$\sigma_{\beta\varsigma}$，$\sigma_{\varsigma\alpha}$ 和 $\sigma_{\alpha\beta}$）。这15个未知变量需要满足15个方程，即6个几何方程（式(2-81)）、6个本构方程（式(2-82)）和3个运动微分方程（式(2-83)）。为了使方程定解，还需要给定弹性体的边界条件和初始条件。

在曲线坐标系下，可指定不同类型的弹性体边界条件，包括位移边界条件、应力边界条件和混合边界条件。如在 $\alpha-\beta$ 面（即 ς 面，图2-5）上，可指定如下边界条件

$$\sigma_{\varsigma\alpha}=\bar{\sigma}_{\varsigma\alpha}\quad \text{或}\quad u_1=\bar{u}_1 \tag{2-84a}$$
$$\sigma_{\varsigma\beta}=\bar{\sigma}_{\varsigma\beta}\quad \text{或}\quad u_2=\bar{u}_2 \tag{2-84b}$$
$$\sigma_{\varsigma\varsigma}=\bar{\sigma}_{\varsigma\varsigma}\quad \text{或}\quad u_3=\bar{u}_3 \tag{2-84c}$$

在 $\alpha-\varsigma$ 面（β 面）上，有

$$\sigma_{\beta\alpha}=\bar{\sigma}_{\beta\alpha}\quad \text{或}\quad u_1=\bar{u}_1 \tag{2-85a}$$

$$\sigma_{\beta\beta}=\overline{\sigma}_{\beta\beta} \quad 或 \quad u_2=\overline{u}_2 \tag{2-85b}$$

$$\sigma_{\beta\varsigma}=\overline{\sigma}_{\beta\varsigma} \quad 或 \quad u_3=\overline{u}_3 \tag{2-85c}$$

在 $\beta-\varsigma$ 面（α 面）上，有

$$\sigma_{\alpha\alpha}=\overline{\sigma}_{\alpha\alpha} \quad 或 \quad u_1=\overline{u}_1 \tag{2-86a}$$

$$\sigma_{\alpha\beta}=\overline{\sigma}_{\alpha\beta} \quad 或 \quad u_2=\overline{u}_2 \tag{2-86b}$$

$$\sigma_{\alpha\varsigma}=\overline{\sigma}_{\alpha\varsigma} \quad 或 \quad u_3=\overline{u}_3 \tag{2-86c}$$

式（2-84）~式（2-86）中：$\overline{u}_i$（$i=1,2,3$）为弹性体边界上给定的位移分量；$\overline{\sigma}_{\alpha\alpha}$，$\overline{\sigma}_{\beta\beta}$，$\overline{\sigma}_{\varsigma\varsigma}$，$\overline{\sigma}_{\beta\varsigma}$，$\overline{\sigma}_{\varsigma\alpha}$ 和 $\overline{\sigma}_{\alpha\beta}$ 为边界上给定的面力（或应力）分量。在混合边界上是给定部分位移分量和部分应力分量。

对于与时间相关的弹性动力学问题，还需给定弹性体的初始条件，即 $t=0$ 时刻弹性体的位移分量 u_i^0 和速度分量 $\dot{u}_i^0$。

第 3 章　线弹性动力学的变分原理

弹性体的动力学问题在数学上可归结为微分方程的边值和初值问题,亦可归结为泛函变分的极值或驻值求解问题,后者称为变分法,这两者是等价的。弹性体动力学问题的微分提法是从微元体出发,导出描述微元体的运动微分方程、几何方程和本构关系的一组基本方程,加上相应的边界条件和初始条件,把弹性动力学问题归结为求解偏微分方程组的初边值问题。具体地说,对于已知几何形状和材料性质的弹性体,在弹性体内部给定体力,在力边界和位移边界上分别给定面力和位移,求解满足微分方程、边界条件和初始条件的解。对于弹性动力学问题的求解,一般是借助于各种方法对未知场变量进行消元,最后得到含一类场变量(位移或应力)的高阶偏微分方程(组)。当数学物理中的解析方法(如分离变量法和本征函数展开法等)不能实施时,则一般无法得到动力学问题的解析解。从工程应用的角度看,采用解析方法难以解决现代大量复杂结构的动力学问题。因此,寻求问题的近似解,以满足工程问题的需要是很有必要的,这也是弹性力学变分原理得到迅速发展的一个重要原因。

变分法不仅能正确地描述弹性体的初边值问题,而且对于求解弹性体初边值问题的近似解十分有效。概括来说,线弹性动力学的变分法包括两个方面的内涵:①将给定的弹性体控制微分方程连同边界条件和初始条件求解的问题,转换为一个与之等价的泛函极值或驻值求解问题,这对应着弹性动力学中的各种变分原理;②对给定的弹性动力学问题,建立某种形式的泛函,将自变量函数以近似试函数来表示,再由变分的极值或者驻值条件得到给定问题的近似解,即弹性动力学问题的近似解法,这对应着各种变分原理的应用。

本章简要介绍几种典型的变分原理,重点介绍弹性体的修正变分原理,目的是为后续章节中复合材料结构的动力学问题研究提供理论基础。

3.1　最小势能原理

在弹性静力学问题中,最小势能原理是一种常用的变分原理。与弹性静力学问题不同,弹性动力学问题中的位移、应力和应变分量不仅是空间坐标的函数,而且还是时间的函数。第 2 章已经介绍了各向异性材料弹性体的基本方程,下面以笛卡儿直角坐标系下的线弹性体为例，将弹性静力学问题中的最小势能原理推广到动力学问题中。

考虑一个弹性体 Ω(图 3-1)，在位移边界 Γ_u 给定位移 $\bar{u}_i$，应力边界 Γ_σ 上给定面力 $\bar{T}_i$。根据第2章介绍的内容，线弹性体动力学问题对应的基本方程为

运动方程 $$\sigma_{ij,j}+f_i=\rho\ddot{u}_i,\quad 在\ \Omega\ 中 \tag{3-1a}$$

应变-位移关系 $$\varepsilon_{ij}=\frac{1}{2}(u_{i,j}+u_{j,i}),\quad 在\ \Omega\ 中 \tag{3-1b}$$

应力-应变关系 $$\sigma_{ij}=\boldsymbol{C}_{ijkl}\varepsilon_{kl},\quad \varepsilon_{ij}=\boldsymbol{S}_{ijkl}\sigma_{kl},\quad 在\ \Omega\ 中 \tag{3-1c}$$

位移边界条件 $$u_i=\bar{u}_i,\quad 在\ \Gamma_u\ 上 \tag{3-1d}$$

力边界条件 $$\sigma_{ij}n_j=\bar{T}_i,\quad 在\ \Gamma_\sigma\ 上 \tag{3-1e}$$

初始条件 $$\begin{cases}u_i\big|_{t=0}=\bar{u}_i^0\\ \dot{u}_i\big|_{t=0}=\dot{\bar{u}}_i^0\end{cases} \tag{3-1f}$$

式中：$\boldsymbol{C}_{ijkl}$ 和 $\boldsymbol{S}_{ijkl}$ 为刚度系数和柔度系数矩阵，它们都是四阶张量；n_j 为单位外法向向量 $\boldsymbol{n}$ 的方向余弦。

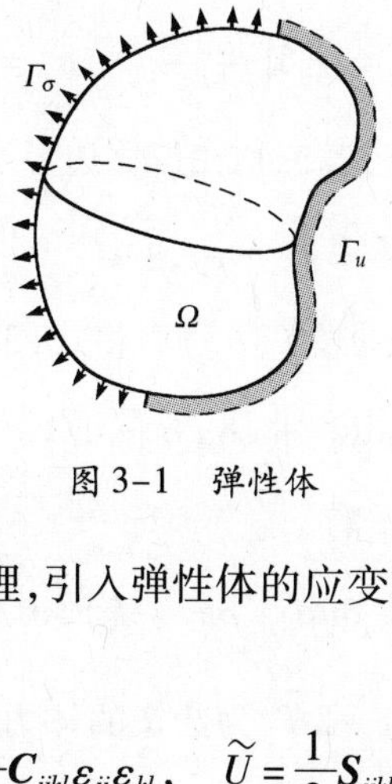

图 3-1 弹性体

为了方便于推导变分原理，引入弹性体的应变能密度函数 U 和余能密度函数 $\widetilde{U}$，即

$$U=\frac{1}{2}\boldsymbol{C}_{ijkl}\varepsilon_{ij}\varepsilon_{kl},\quad \widetilde{U}=\frac{1}{2}\boldsymbol{S}_{ijkl}\sigma_{ij}\sigma_{kl} \tag{3-2}$$

式(3-2)表明，U 和 $\widetilde{U}$ 分别是关于应变分量和应力分量的函数。

弹性体的本构关系可以采用 U、$\widetilde{U}$ 与 ε_{ij}、σ_{ij} 之间的关系来表示，即

$$\frac{\partial U}{\partial\varepsilon_{ij}}=\sigma_{ij},\quad \frac{\partial\widetilde{U}}{\partial\sigma_{ij}}=\varepsilon_{ij} \tag{3-3}$$

式(3-3)是包括线弹性体在内的一般应力-应变关系。

根据达朗贝尔(d'Alembert)原理将惯性力视为广义外力，利用加权余量法

建立与弹性体运动方程(3-1a)和力边界条件(3-1e)等效的积分方程,即

$$\iiint_{\Omega}\varphi_i(-\rho\ddot{u}_i+\sigma_{ij,j}+f_i)\mathrm{d}\Omega+\iint_{\Gamma_\sigma}\tilde{\varphi}_i(\sigma_{ij}n_j-\bar{T}_i)\mathrm{d}\Gamma=0 \tag{3-4}$$

式中:φ_i 和 $\tilde{\varphi}_i$ 为权函数。如果上式对于任意权函数 φ_i 和 $\tilde{\varphi}_i$ 都成立,则弹性体的运动微分方程和力边界条件将在任意一点及任一时刻都得到满足。

将权函数 φ_i 和 $\tilde{\varphi}_i$ 分别取为弹性体域内真实位移的变分负值和应力边界 Γ_σ 上的位移变分值,即 $\varphi_i=-\delta u_i$ 和 $\tilde{\varphi}_i=\delta u_i$,则有

$$\delta\Pi=-\iiint_{\Omega}\delta u_i(-\rho\ddot{u}_i+\sigma_{ij,j}+f_i)\mathrm{d}\Omega+\iint_{\Gamma_\sigma}\delta u_i(\sigma_{ij}n_j-\bar{T}_i)\mathrm{d}\Gamma=0 \tag{3-5}$$

式中:δ 为变分符号;Π 为某种形式的泛函,后面将给出其具体形式和物理意义。

根据高斯公式,有

$$\begin{aligned}\iiint_{\Omega}\delta u_i\sigma_{ij,j}\mathrm{d}\Omega&=\iiint_{\Omega}[(\delta u_i\sigma_{ij})_{,j}-\delta u_{i,j}\sigma_{ij}]\mathrm{d}\Omega\\&=\iint_{\Gamma_u\cup\Gamma_\sigma}\delta u_i\sigma_{ij}n_j\mathrm{d}\Gamma-\iiint_{\Omega}\delta u_{i,j}\sigma_{ij}\mathrm{d}\Omega\end{aligned} \tag{3-6}$$

根据式(3-1b),有

$$\delta u_{i,j}\sigma_{ij}=\frac{1}{2}\delta(u_{i,j}+u_{j,i})\sigma_{ij}=\delta\varepsilon_{ij}\sigma_{ij} \tag{3-7}$$

将式(3-7)代入式(3-6),考虑到在位移边界 Γ_u 上有 $\delta u_i=\delta\bar{u}_i=0$,得

$$\iiint_{\Omega}\delta u_i\sigma_{ij,j}\mathrm{d}\Omega=\iint_{\Gamma_\sigma}\delta u_i\sigma_{ij}n_j\mathrm{d}\Gamma-\iiint_{\Omega}\delta\varepsilon_{ij}\sigma_{ij}\mathrm{d}\Omega \tag{3-8}$$

考虑到 $\delta U=(\partial U/\partial\varepsilon_{ij})\delta\varepsilon_{ij}$,根据式(3-3)可将式(3-8)进一步写为

$$\iiint_{\Omega}\delta u_i\sigma_{ij,j}\mathrm{d}\Omega=\iint_{\Gamma_\sigma}\delta u_i\sigma_{ij}n_j\mathrm{d}\Gamma-\iiint_{\Omega}\delta U\mathrm{d}\Omega \tag{3-9}$$

将式(3-9)代入式(3-5),有

$$\delta\Pi=\iiint_{\Omega}[\delta U-\delta u_i(-\rho\ddot{u}_i+f_i)]\mathrm{d}\Omega-\iint_{\Gamma_\sigma}\delta u_i\bar{T}\mathrm{d}\Gamma \tag{3-10}$$

由于 Ω 和 Γ_σ 都是已给定的,f_i 和 $\bar{T}_i$ 为给定的体力和面力,则式(3-10)可写为

$$\delta\Pi=\delta\left\{\iiint_{\Omega}[U-u_i(-\rho\ddot{u}_i+f_i)]\mathrm{d}\Omega-\iint_{\Gamma_\sigma}u_i\bar{T}\mathrm{d}\Gamma\right\}=0 \tag{3-11}$$

将大括号内的表达式记为 Π,得

$$\Pi=\iiint_{\Omega}[U-u_i(-\rho\ddot{u}_i+f_i)]\mathrm{d}\Omega-\iint_{\Gamma_\sigma}u_i\bar{T}\mathrm{d}\Gamma=0 \tag{3-12}$$

式(3-12)就是最小势能原理对应的泛函,它包括 3 个部分,即弹性体应变能 $\iiint_{\Omega}U\mathrm{d}\Omega$、广义体力的势能 $-\iiint_{\Omega}u_i(-\rho\ddot{u}_i+f_i)\mathrm{d}\Omega$ 和面力的势能 $-\iint_{\Gamma_\sigma}u_i\bar{T}\mathrm{d}\Gamma$。

将式(3-2)代入式(3-12),得

$$\Pi = \iiint_{\Omega}\left[\frac{1}{2}C_{ijkl}\varepsilon_{ij}\varepsilon_{kl} - u_i(-\rho\ddot{u}_i + f_i)\right]\mathrm{d}\Omega - \iint_{\Gamma_\sigma} u_i\bar{T}\mathrm{d}\Gamma \tag{3-13}$$

最小势能原理指出,在给定的外力作用下,满足应变－位移关系式(3-1b)以及已知位移边界条件(3-1d)的可能位移 u_i 和可能应变 ε_{ij} 中,真实的位移 u_i 和应变 ε_{ij} 使泛函 Π 取极小值,即存在变分极值条件

$$\delta\Pi = 0 \tag{3-14}$$

可以证明,使 $\delta\Pi$ 取极小值的位移 u_i,必满足运动微分方程(3-1a)和力边界条件(3-1e),这里证明从略。需要指出,由 $\delta\Pi$ 取极值得到的弹性体域内方程(运动微分方程)在数学上称为欧拉(Euler)方程,变分后所得到的边界条件(力边界条件)称为自然边界条件,而事先满足的已知位移边界条件称为本质边界条件。欧拉方程和自然边界条件统称为变分的自然条件,它们是变分的结果,是通过变分得到满足的。

3.2　Hamilton 变分原理

Hamilton 变分原理是弹性动力学中一个重要的变分原理,常用于建立弹性体的运动微分方程和边界条件。该变分原理不考虑弹性动力学的初值问题,而是考虑时间上的边值问题,即不用初始条件(3-1f),而是采用边值条件,即

$$t = t_1\ \text{时},u_i = u_i^{t_1};\quad t = t_2\ \text{时},u_i = u_i^{t_2} \tag{3-15}$$

对式(3-10)等号右边取负号,在时间间隔 t_1 和 t_2 内对该式进行时间积分,有

$$\int_{t_1}^{t_2}\delta\Pi\mathrm{d}t = -\int_{t_1}^{t_2}\iiint_{\Omega}[\delta U - \delta u_i(-\rho\ddot{u}_i + f_i)]\mathrm{d}\Omega\mathrm{d}t + \int_{t_1}^{t_2}\iint_{\Gamma_\sigma}\delta u_i\bar{T}_i\mathrm{d}\Gamma\mathrm{d}t = 0 \tag{3-16}$$

式中:Π 与式(3-10)中的 Π 相差一个负号。

考虑到

$$\begin{aligned}-\int_{t_1}^{t_2}\iiint_{\Omega}\delta u_i\rho\ddot{u}_i\mathrm{d}\Omega\mathrm{d}t &= -\iiint_{\Omega}\int_{t_1}^{t_2}\rho\left[\frac{\mathrm{d}}{\mathrm{d}t}(\delta u_i\,\dot{u}_i) - \delta\dot{u}_i\,\dot{u}_i\right]\mathrm{d}t\mathrm{d}\Omega\\ &= -\iiint_{\Omega}\left[\rho\,(\delta u_i\,\dot{u}_i)\big|_{t_1}^{t_2}\right]\mathrm{d}\Omega + \int_{t_1}^{t_2}\iiint_{\Omega}\rho\delta\dot{u}_i\,\dot{u}_i\mathrm{d}\Omega\mathrm{d}t\end{aligned} \tag{3-17}$$

根据式(3-15),可知

$$\delta u_i\big|_{t=t_1} = \delta u_i^{t_1} = 0,\quad \delta u_i\big|_{t=t_2} = \delta u_i^{t_2} = 0 \tag{3-18}$$

定义弹性体的动能 T 为

$$T = \frac{1}{2}\iiint_{\Omega}\rho\dot{u}_i\,\dot{u}_i\mathrm{d}\Omega \tag{3-19}$$

对式(3-19)两侧取变分并考虑式(3-18),由式(3-17),得

$$\int_{t_1}^{t_2}\delta T\mathrm{d}t=-\int_{t_1}^{t_2}\iiint_{\Omega}\delta u_i\rho\ddot{u}_i\mathrm{d}\Omega\mathrm{d}t \tag{3-20}$$

将式(3-20)代入式(3-16),得

$$\int_{t_1}^{t_2}\delta\Pi\mathrm{d}t=\int_{t_1}^{t_2}\iiint_{\Omega}(\delta T-\delta U)\mathrm{d}\Omega\mathrm{d}t+\int_{t_1}^{t_2}\left[\iiint_{\Omega}(\delta u_i f_i)\mathrm{d}\Omega+\iint_{\Gamma_\sigma}(\delta u_i\bar{T}_i)\mathrm{d}\Gamma\right]\mathrm{d}t=0 \tag{3-21}$$

式(3-21)可以进一步写为

$$\int_{t_1}^{t_2}\delta\Pi\mathrm{d}t=\int_{t_1}^{t_2}(\delta T-\delta U+\delta W)\mathrm{d}t=0 \tag{3-22}$$

式中

$$\delta W=\iiint_{\Omega}(\delta u_i f_i)\mathrm{d}\Omega+\iint_{\Gamma_\sigma}(\delta u_i\bar{T}_i)\mathrm{d}\Gamma \tag{3-23}$$

式(3-22)即为 Hamilton 变分原理,表示在满足式(3-1b)、式(3-1d)和式(3-15)的前提条件下,变分式(3-22)等价于运动微分方程(3-1a)和力边界条件(3-1e)。

前面从弹性体的运动微分方程和力边界条件出发导出了 Hamilton 原理,而由 Hamilton 原理还可以得到弹性体的运动微分方程和力边界条件。

式(3-22)中的动能变分可以写为

$$\begin{aligned}\int_{t_1}^{t_2}\delta T\mathrm{d}t&=\iiint_{\Omega}\int_{t_1}^{t_2}\rho\delta\dot{u}_i\dot{u}_i\mathrm{d}t\mathrm{d}\Omega\\&=\iiint_{\Omega}\int_{t_1}^{t_2}\rho\left[\frac{\mathrm{d}}{\mathrm{d}t}(\delta u_i\dot{u}_i)-\delta u_i\ddot{u}_i\right]\mathrm{d}t\mathrm{d}\Omega\\&=\iiint_{\Omega}\rho(\delta u_i\dot{u}_i)\Big|_{t_1}^{t_2}\mathrm{d}\Omega-\int_{t_1}^{t_2}\iiint_{\Omega}\rho\ddot{u}_i\delta u_i\mathrm{d}\Omega\mathrm{d}t\end{aligned} \tag{3-24}$$

注意到式(3-18),有

$$\int_{t_1}^{t_2}\delta T\mathrm{d}t=-\int_{t_1}^{t_2}\iiint_{\Omega}\rho\ddot{u}_i\delta u_i\mathrm{d}\Omega\mathrm{d}t \tag{3-25}$$

根据式(3-9),得

$$\iiint_{\Omega}\delta U\mathrm{d}\Omega=-\iiint_{\Omega}\delta u_i\sigma_{ij,j}\mathrm{d}\Omega+\iint_{\Gamma_\sigma}\delta u_i\sigma_{ij}n_j\mathrm{d}\Gamma \tag{3-26}$$

将式(3-25)和式(3-26)代入式(3-21),得

$$\begin{aligned}\int_{t_1}^{t_2}\delta\Pi\mathrm{d}t=&\int_{t_1}^{t_2}\left[\iiint_{\Omega}\delta u_i(-\rho\ddot{u}_i+\sigma_{ij,j}+f_i)\mathrm{d}\Omega\right]\mathrm{d}t-\\&\int_{t_1}^{t_2}\left[\iint_{\Gamma_\sigma}\delta u_i(\sigma_{ij}n_j-\bar{T}_i)\mathrm{d}\Gamma\right]\mathrm{d}t=0\end{aligned} \tag{3-27}$$

考虑到域内和边界上 δu_i 的任意性,得

$$\sigma_{ij,j}+f_i=\rho\ddot{u}_i,\quad 在\ \Omega\ 中 \tag{3-28}$$

$$\sigma_{ij}n_j = \overline{T}_i, \quad 在\ \Gamma_\sigma\ 上 \tag{3-29}$$

在数学上，式(3-28)和式(3-29)分别称为欧拉方程和自然边界条件。对于弹性动力学问题，它们分别对应弹性体的运动微分方程(3-1a)和力边界条件(3-1e)。Hamilton 原理在研究复合材料梁、板及壳体的动力学问题中具有重要的意义，特别是对于基于高阶剪切变形梁、板和壳体理论的结构动力学问题，由于高阶剪切变形理论中的一些位移场变量不具备实际物理意义，直接采用微元体的方法很难得到正确的运动微分方程和相应的边界条件。采用 Hamilton 原理，通过建立结构的能量泛函，可以很容易得到变分一致的结构运动微分方程和边界条件。

3.3 广义变分原理

3.1 节和 3.2 节中介绍的变分原理都要求场变量事先满足一定的附加条件，它们属于自然变分原理范畴。例如，在最小势能原理和 Hamilton 变分原理中，都要求弹性体的位移场函数事先满足几何方程和给定的位移边界条件。对于很多实际问题，如果采用自然变分原理，要求泛函中的场函数事先满足全部附加条件往往比较困难。广义变分原理是研究如何利用适当的方法将场函数事先应满足的附加条件引入泛函，使有附加条件的变分原理变成无附加条件的变分原理。弹性力学中的广义变分原理有很多种，这些原理都是在经典的能量准则基础上修正发展起来的能量原理。本节主要介绍两类广义变分原理[218-220]，即 Hellinger - Reissner 变分原理和 Hu - Washizu 变分原理。

3.3.1 Hellinger - Reissner 变分原理

线弹性静力学中的 Hellinger - Reissner 变分原理[218,219]是一个含有二类变量(u_i, σ_{ij})的无条件变分原理。这里将其推广应用到线弹性动力学问题中。

在最小余能原理对应的能量泛函基础上，采用拉格朗日乘子将运动微分方程(3-1a)和力边界条件(3-1e)引入到该泛函中，得

$$\Pi = \iiint_\Omega \widetilde{U}(\sigma_{ij})\mathrm{d}\Omega - \iint_{\Gamma_u}\sigma_{ij}n_j\bar{u}_i\mathrm{d}\Gamma + \iiint_\Omega \lambda_i(\sigma_{ij,j} + f_i - \rho\ddot{u}_i)\mathrm{d}\Omega + \iint_{\Gamma_\sigma}\eta_i(\sigma_{ij}n_j - \overline{T}_i)\mathrm{d}\Gamma \tag{3-30}$$

式中：λ_i 和 η_i 为拉格朗日乘子(Lagrange multiplier)，它们是待定变量。

将 σ_{ij}，λ_i 和 η_i 看作为独立的变量，对 Π 进行变分取驻值，得

$$\delta\Pi = \iiint_\Omega\left[\frac{\partial\widetilde{U}(\sigma_{ij})}{\partial\sigma_{ij}}\delta\sigma_{ij} + \delta\lambda_i(\sigma_{ij,j} + f_i - \rho\ddot{u}_i) + \lambda_i\delta\sigma_{ij,j}\right]\mathrm{d}\Omega +$$

$$\iint_{\Gamma_\sigma}[\delta\eta_i(\sigma_{ij}n_j-\overline{T}_i)+\eta_i(\delta\sigma_{ij}n_j)]\mathrm{d}\Gamma-\iint_{\Gamma_u}\delta(\sigma_{ij}n_j)\overline{u}_i\mathrm{d}\Gamma=0 \tag{3-31}$$

根据高斯公式,有

$$\iiint_\Omega\lambda_i\delta\sigma_{ij,j}\mathrm{d}\Omega=\iint_{\Gamma_u}\lambda_i\delta(\sigma_{ij}n_j)\mathrm{d}\Gamma+\iint_{\Gamma_\sigma}\lambda_i\delta(\sigma_{ij}n_j)\mathrm{d}\Gamma-\iiint_\Omega\lambda_{i,j}\delta\sigma_{ij}\mathrm{d}\Omega \tag{3-32}$$

将式(3-32)代入式(3-31),得

$$\begin{aligned}\delta\Pi=&\iiint_\Omega\left[\left(\frac{\partial\widetilde{U}(\sigma_{ij})}{\partial\sigma_{ij}}-\lambda_{i,j}\right)\delta\sigma_{ij}+\delta\lambda_i(\sigma_{ij,j}+f_i-\rho\ddot{u}_i)\right]\mathrm{d}\Omega\\&+\iint_{\Gamma_\sigma}[\delta\eta_i(\sigma_{ij}n_j-\overline{T}_i)+(\eta_i+\lambda_i)\delta(\sigma_{ij}n_j)]\mathrm{d}\Gamma+\iint_{\Gamma_u}\delta(\sigma_{ij}n_j)(\lambda_i-\overline{u}_i)\mathrm{d}\Gamma=0\end{aligned} \tag{3-33}$$

注意到,域内的 $\delta\sigma_{ij}$ 和 $\delta\lambda_i$,力边界上的 $\delta\eta_i$ 和 $\delta(\sigma_{ij}n_j)$ 以及位移边界上的 $\delta(\sigma_{ij}n_j)$ 都是独立的。根据变分的任意性,由式(3-33),得

$$\frac{\partial\widetilde{U}(\sigma_{ij})}{\partial\sigma_{ij}}-\frac{1}{2}(\lambda_{i,j}+\lambda_{j,i})=0,\quad 在\ \Omega\ 中 \tag{3-34a}$$

$$\sigma_{ij,j}+f_i-\rho\ddot{u}_i=0,\quad 在\ \Omega\ 中 \tag{3-34b}$$

$$\sigma_{ij}n_j-\overline{T}_i=0,\quad 在\ \Gamma_\sigma\ 上 \tag{3-34c}$$

$$\eta_i+\lambda_i=0,\quad 在\ \Gamma_\sigma\ 上 \tag{3-34d}$$

$$\lambda_i-\overline{u}_i=0,\quad 在\ \Gamma_u\ 上 \tag{3-34e}$$

由余能密度和应变之间的关系 $\partial\widetilde{U}(\sigma_{ij})/\partial\sigma_{ij}=\varepsilon_{ij}$,根据式(3-34a)、式(3-34d)和式(3-34e),得

$$\lambda_i=u_i,\quad 在\ \Omega\ 中 \tag{3-35}$$

$$\eta_i=-u_i,\quad 在\ \Gamma_\sigma\ 上 \tag{3-36}$$

这样就识别出了式(3-30)中拉格朗日乘子的含义。λ_i 为域内的位移分量,η_i 为力边界上位移分量的负值。

将式(3-35)和式(3-36)代入式(3-30),得 Hellinger - Reissner 变分原理对应的能量泛函为

$$\begin{aligned}\Pi_{\mathrm{H-R}}=&\iiint_\Omega[\widetilde{U}(\sigma_{ij})+u_i(\sigma_{ij,j}+f_i-\rho\ddot{u}_i)]\mathrm{d}\Omega-\iint_{\Gamma_u}\sigma_{ij}n_j\overline{u}_i\mathrm{d}\Gamma-\\&\iint_{\Gamma_\sigma}u_i(\sigma_{ij}n_j-\overline{T}_i)\mathrm{d}\Gamma\end{aligned} \tag{3-37}$$

式中:u_i 和 σ_{ij} 为独立的变量。

Hellinger - Reissner 变分原理指出,在给定的外力作用下,满足 $\partial\widetilde{U}(\sigma_{ij})/\partial\sigma_{ij}=\varepsilon_{ij}$ 的一切可能的位移 u_i 和应力 σ_{ij} 中,真实的位移 u_i 和应力 σ_{ij} 必使泛函 $\Pi_{\mathrm{H-R}}$ 取驻值。Hellinger - Reissner 变分原理是没有附加边界条件的二类变量变

分原理,它要求场函数 ε_{ij} 和 σ_{ij} 须事先满足本构方程。由于该变分原理的泛函中同时含有位移和应力,故也称为混合变分原理。

对式(3-37)进行变分并取驻值,得

$$\delta\Pi_{\text{H-R}}=\iiint_{\Omega}\left[\frac{\partial\widetilde{U}(\sigma_{ij})}{\partial\sigma_{ij}}\delta\sigma_{ij}+\delta u_i(\sigma_{ij,j}+f_i-\rho\ddot{u}_i)+\delta\sigma_{ij,j}u_i\right]\mathrm{d}\Omega-$$

$$\iint_{\Gamma_\sigma}[\delta u_i(\sigma_{ij}n_j-\overline{T}_i)+u_i\delta(\sigma_{ij}n_j)]\mathrm{d}\Gamma-\iint_{\Gamma_u}\delta\sigma_{ij}n_j\overline{u}_i\mathrm{d}\Gamma=0 \tag{3-38}$$

根据高斯公式,有

$$\iiint_{\Omega}\delta\sigma_{ij,j}u_i\mathrm{d}\Omega=\iint_{\Gamma_u}u_i(\delta\sigma_{ij}n_j)\mathrm{d}\Gamma+\iint_{\Gamma_\sigma}u_i(\delta\sigma_{ij}n_j)\mathrm{d}\Gamma-\iiint_{\Omega}\delta\sigma_{ij}u_{i,j}\mathrm{d}\Omega \tag{3-39}$$

将式(3-39)代入式(3-38),得

$$\delta\Pi_{\text{H-R}}=\iiint_{\Omega}\left\{\left[\frac{\partial\widetilde{U}(\sigma_{ij})}{\partial\sigma_{ij}}-u_{i,j}\right]\delta\sigma_{ij}+\delta u_i(\sigma_{ij,j}+f_i-\rho\ddot{u}_i)\right\}\mathrm{d}\Omega-$$

$$\iint_{\Gamma_\sigma}[\delta u_i(\sigma_{ij}n_j-\overline{T}_i)]\mathrm{d}\Gamma+\iint_{\Gamma_u}(u_i-\overline{u}_i)(\delta\sigma_{ij}n_j)\mathrm{d}\Gamma=0 \tag{3-40}$$

由于 $\delta\sigma_{ij}$ 和 δu_i 在域内是独立的,而力边界上的 δu_i 以及位移边界上的 $\delta(\sigma_{ij}n_j)$ 也都是独立的,因此根据式(3-40),得

$$\frac{\partial\widetilde{U}(\sigma_{ij})}{\partial\sigma_{ij}}-\frac{1}{2}(u_{i,j}+u_{j,i})=0,\quad 在\ \Omega\ 中 \tag{3-41a}$$

$$\sigma_{ij,j}+f_i-\rho\ddot{u}_i=0,\quad 在\ \Omega\ 中 \tag{3-41b}$$

$$\sigma_{ij}n_j-\overline{T}_i=0,\quad 在\ \Gamma_\sigma\ 上 \tag{3-41c}$$

$$u_i-\overline{u}_i=0,\quad 在\ \Gamma_u\ 上 \tag{3-41d}$$

由式(3-41)可知,(σ_{ij},u_i) 一定是线弹性动力学问题的真实解。由于采用 Hellinger - Reissner 变分原理来求解弹性动力学问题的近似解时,能获得较好的动态应力场,因而该变分理论常被用于分析复合材料结构的应力分布问题。

3.3.2　Hu - Washizu 变分原理

弹性静力学中的 Hu - Washizu 变分原理[218-220]是以位移 u_i、应变 ε_{ij} 和应力 σ_{ij} 为自变函数的三类变量无条件变分原理。本节将其推广应用到线弹性动力学问题中。

在式(3-12)的基础上,采用拉格朗日乘子将式(3-1b)和式(3-1d)引入泛函表达式,得

$$\Pi=\iiint_{\Omega}\left\{U(\varepsilon_{ij})+\lambda_{ij}\left[\varepsilon_{ij}-\frac{1}{2}(u_{i,j}+u_{j,i})\right]-u_i(-\rho\ddot{u}_i+f_i)\right\}\mathrm{d}\Omega-$$

$$\iint_{\Gamma_\sigma} u_i \bar{T}_i \mathrm{d}\Gamma + \iint_{\Gamma_u} \eta_i (u_i - \bar{u}_i) \mathrm{d}\Gamma \tag{3-42}$$

式中：λ_{ij}和 η_i 分别为 Ω 中和位移边界 Γ_u 上的拉格朗日乘子。

将 $\varepsilon_{ij}, u_i, \lambda_{ij}$和 η_i 看作为独立变量，对式(3-42)进行变分取驻值，得

$$\begin{aligned}\delta\Pi = \iiint_\Omega \Big\{ & \frac{\partial U(\varepsilon_{ij})}{\partial \varepsilon_{ij}} \delta\varepsilon_{ij} + \delta\lambda_{ij}\left[\varepsilon_{ij} - \frac{1}{2}(u_{i,j} + u_{j,i})\right] + \\ & \lambda_{ij}(\delta\varepsilon_{ij} - \delta u_{i,j}) - \delta u_i(-\rho \ddot{u}_i + f_i) \Big\} \mathrm{d}\Omega - \\ & \iint_{\Gamma_\sigma} \delta u_i \bar{T}_i \mathrm{d}\Gamma + \iint_{\Gamma_u} [\delta\eta_i(u_i - \bar{u}_i) + \eta_i \delta u_i] \mathrm{d}\Gamma = 0\end{aligned} \tag{3-43}$$

根据高斯公式，有

$$\iiint_\Omega \lambda_{ij} \delta u_{i,j} \mathrm{d}\Omega = \iint_{\Gamma_u} \delta u_i (\lambda_{ij} n_j) \mathrm{d}\Gamma + \iint_{\Gamma_\sigma} \delta u_i (\lambda_{ij} n_j) \mathrm{d}\Gamma - \iiint_\Omega \lambda_{ij,j} \delta u_i \mathrm{d}\Omega \tag{3-44}$$

将式(3-44)代入式(3-43)，得

$$\begin{aligned}\delta\Pi = \iiint_\Omega \Big\{ & \left[\frac{\partial U(\varepsilon_{ij})}{\partial \varepsilon_{ij}} + \lambda_{ij}\right] \delta\varepsilon_{ij} + \delta\lambda_{ij}\left[\varepsilon_{ij} - \frac{1}{2}(u_{i,j} + u_{j,i})\right] + \\ & \delta u_i(\lambda_{ij,j} + \rho\ddot{u}_i - f_i) \Big\} \mathrm{d}\Omega - \iint_{\Gamma_\sigma} \delta u_i (\bar{T}_i + \lambda_{ij} n_j) \mathrm{d}\Gamma + \\ & \iint_{\Gamma_u} [\delta\eta_i(u_i - \bar{u}_i) + \delta u_i(\eta_i - \lambda_{ij} n_j)] \mathrm{d}\Gamma = 0\end{aligned} \tag{3-45}$$

由于在 Ω 内 $\delta\varepsilon_{ij}, \delta\lambda_{ij}$和 δu_i 均为独立的，而力边界 Γ_σ 上的 δu_i 以及位移边界 Γ_u 上的 $\delta\eta_i$ 和 δu_i 也是独立的，因此由式(3-45)，得

$$\frac{\partial U(\varepsilon_{ij})}{\partial \varepsilon_{ij}} + \lambda_{ij} = 0, \quad \text{在 } \Omega \text{ 中} \tag{3-46a}$$

$$\varepsilon_{ij} = \frac{1}{2}(u_{i,j} + u_{j,i}), \quad \text{在 } \Omega \text{ 中} \tag{3-46b}$$

$$\lambda_{ij,j} + \rho\ddot{u}_i - f_i = 0, \quad \text{在 } \Omega \text{ 中} \tag{3-46c}$$

$$\bar{T}_i + \lambda_{ij} n_j = 0, \quad \text{在 } \Gamma_\sigma \text{ 上} \tag{3-46d}$$

$$u_i - \bar{u}_i = 0, \quad \text{在 } \Gamma_u \text{ 上} \tag{3-46e}$$

$$\eta_i - \lambda_{ij} n_j = 0, \quad \text{在 } \Gamma_u \text{ 上} \tag{3-46f}$$

由式(3-46)，得

$$\lambda_{ij} = -\frac{\partial U(\varepsilon_{ij})}{\partial \varepsilon_{ij}} = -\sigma_{ij}, \quad \eta_i = -\frac{\partial U(\varepsilon_{ij})}{\partial \varepsilon_{ij}} n_j = -\sigma_{ij} n_j \tag{3-47}$$

从式(3-47)中可以识别出拉格朗日乘子 λ_{ij}和 η_i 的力学意义，它们分别是域内应力 σ_{ij}的负值和边界力 $\sigma_{ij} n_j$ 的负值。

将式(3-47)代入式(3-42)，即以 $-\sigma_{ij}$代替 λ_{ij}，以 $-\sigma_{ij} n_j$ 代替 η_i，得

$$\Pi_{\mathrm{H-W}} = \iiint_{\Omega}\left\{U(\varepsilon_{ij}) - \sigma_{ij}\left[\varepsilon_{ij} - \frac{1}{2}(u_{i,j} + u_{j,i})\right] - u_i(-\rho\ddot{u}_i + f_i)\right\}\mathrm{d}\Omega$$

$$- \iint_{\Gamma_\sigma} u_i\bar{T}_i\mathrm{d}\Gamma - \iint_{\Gamma_u}\sigma_{ij}n_j(u_i - \bar{u}_i)\mathrm{d}\Gamma \tag{3-48}$$

这样就得到了一个以 u_i、ε_{ij}和 σ_{ij}为变量的无条件变分泛函，即 Hu - Washizu 变分原理对应的泛函。需要指出，此变分原理中 ε_{ij}、σ_{ij}和 u_i 都是独立的场函数，它们的变分是独立的，没有任何附加条件。对式(3-48)取变分，根据驻值条件可以得到线弹性动力学问题的一切方程，证明过程与 3.3.1 节类似，这里从略。

3.4　修正变分原理

3.3 节讨论的弹性动力学广义变分原理是利用拉格朗日乘子将场函数事先在域内和边界上应满足的附加条件引入到某种泛函中的结果，目的是得到无附加条件的变分原理。本节介绍两种约束变分原理，它们是基于修正的 Hamilton 原理来放松位移场函数在边界上的位移边界条件或弹性体分区界面上位移协调条件。本节讨论的变分原理从本质上说也属于广义变分原理的范畴，但为了与 3.3 节中的广义变分原理有所区别，这里称为修正变分原理。

3.4.1　修正 Hamilton 变分原理

在 Hamilton 变分原理对应的泛函式中，应变能密度函数 $U(\varepsilon_{ij})$和应变 ε_{ij}都是用位移 u_i 的导数来表示的，也即该泛函已事先满足了弹性体的几何方程，同时位移也满足了在 Γ_u 上给定的位移边界条件。下面来考虑场函数不要求事先满足位移边界条件的情况。

采用拉格朗日乘子将弹性体的位移边界条件引入到 Hamilton 变分原理对应的泛函中，得

$$\Pi = \int_{t_1}^{t_2}\left\{\iiint_{\Omega}\left[\frac{1}{2}\rho\dot{u}_i\dot{u}_i - U(\varepsilon_{ij}) + u_if_i\right]\mathrm{d}\Omega + \iint_{\Gamma_\sigma}u_i\bar{T}_i\mathrm{d}\Gamma\right\}\mathrm{d}t +$$

$$\int_{t_1}^{t_2}\iint_{\Gamma_u}\lambda_i(u_i - \bar{u}_i)\mathrm{d}\Gamma\mathrm{d}t \tag{3-49}$$

式中：λ_i 为位移边界 Γ_u 上的拉格朗日乘子。

对式(3-49)进行变分，根据驻值条件 $\delta\Pi = 0$，得

$$\delta\Pi = \int_{t_1}^{t_2}\left\{\iiint_{\Omega}\left[\rho\delta\dot{u}_i\dot{u}_i - \frac{\partial U(\varepsilon_{ij})}{\partial\varepsilon_{ij}}\delta\varepsilon_{ij} + \delta u_if_i\right]\mathrm{d}\Omega + \iint_{\Gamma_\sigma}\delta u_i\bar{T}_i\mathrm{d}\Gamma\right\}\mathrm{d}t +$$

$$\int_{t_1}^{t_2}\left\{\iint_{\Gamma_u}[\delta\lambda_i(u_i - \bar{u}_i) + \lambda_i\delta u_i]\mathrm{d}\Gamma\right\}\mathrm{d}t = 0 \tag{3-50}$$

由于

$$\iiint_{\Omega}\frac{\partial U(\varepsilon_{ij})}{\partial\varepsilon_{ij}}\delta\varepsilon_{ij}\mathrm{d}\Omega=\iint_{\Gamma_\sigma}\delta u_i(\sigma_{ij}n_j)\mathrm{d}\Gamma+\iint_{\Gamma_u}\delta u_i(\sigma_{ij}n_j)\mathrm{d}\Gamma-\iiint_{\Omega}\delta u_i\sigma_{ij,j}\mathrm{d}\Omega \tag{3-51}$$

将式(3-17)和式(3-51)代入式(3-50),得

$$\begin{aligned}\delta\Pi=&\int_{t_1}^{t_2}\left\{\iiint_{\Omega}\delta u_i(-\rho\ddot{u}_i+\sigma_{ij,j}+f_i)\mathrm{d}\Omega+\iint_{\Gamma_\sigma}\delta u_i(\overline{T}_i-\sigma_{ij}n_j)\mathrm{d}\Gamma\right\}\mathrm{d}t+\\&\int_{t_1}^{t_2}\left\{\iint_{\Gamma_u}[\delta\lambda_i(u_i-\overline{u}_i)+\delta u_i(\lambda_i-\sigma_{ij}n_j)]\mathrm{d}\Gamma\right\}\mathrm{d}t\end{aligned} \tag{3-52}$$

根据域内 δu_i 以及边界上 δu_i 和 $\delta\lambda_i$ 的任意性,由式(3-52),得

$$\sigma_{ij,j}+f_i=\rho\ddot{u}_i,\quad 在\ \Omega\ 中 \tag{3-53a}$$

$$\overline{T}_i-\sigma_{ij}n_j=0,\quad 在\ \Gamma_\sigma\ 上 \tag{3-53b}$$

$$u_i-\overline{u}_i=0,\quad 在\ \Gamma_u\ 上 \tag{3-53c}$$

$$\lambda_i-\sigma_{ij}n_j=0,\quad 在\ \Gamma_u\ 上 \tag{3-53d}$$

显然,位移边界 Γ_u 上的拉格朗日乘子 λ_i 就是边界力 $\sigma_{ij}n_j$,即

$$\lambda_i=\sigma_{ij}n_j \tag{3-54}$$

将式(3-54)代入式(3-49),得到新的能量泛函为

$$\Pi=\int_{t_1}^{t_2}\left\{\iiint_{\Omega}\left[\frac{1}{2}\rho\dot{u}_i\dot{u}_i-U(\varepsilon_{ij})+u_if_i\right]\mathrm{d}\Omega+\iint_{\Gamma_\sigma}u_i\overline{T}_i\mathrm{d}\Gamma+\iint_{\Gamma_u}\sigma_{ij}n_j(u_i-\overline{u}_i)\mathrm{d}\Gamma\right\}\mathrm{d}t \tag{3-55}$$

式(3-55)就是修正 Hamilton 变分原理对应的泛函,它是通过放松弹性体的位移边界条件而得到的。容易证明,由式(3-55)的变分驻值条件可以得到弹性体的运动微分方程、力边界条件和位移边界条件,这里证明从略。

3.4.2 分区修正变分原理

将弹性体 Ω 分解为 N 个子区域(图 3-2),其中第 m 个子域 Ω_m 的位移为 u_i^m,应变为 ε_{ij}^m,应力为 σ_{ij}^m,所受的体积力为f_i^m。每个子域的边界条件 Γ^m 包括以下部分:Γ_u^m 为弹性体的位移边界分解到子域 m 上的部分,相应地该边界上的已知位移为 $\overline{u}_i^m$;Γ_σ^m 为弹性体的力边界分解到子域 m 上的部分,则在该边界上已知外力为 $\overline{T}_i^m$;$\Gamma_b^{m,m+1}$ 是由弹性体分区产生的子域 m 和 $m+1$ 分区交界面,必要时用 $\widetilde{\Gamma}_b^{m,m+1}$ 和$\hat{\Gamma}_b^{m,m+1}$ 表示分属于 Ω_m 和 Ω_{m+1}的分区界面。

根据修正变分原理来放松子域位移边界条件以及相邻子域界面上的位移协调关系,构造出弹性体的能量泛函 Π 为

$$\Pi=\int_{t_1}^{t_2}\left\{\sum_{m=1}^{N}\iiint_{\Omega_m}\left[\frac{1}{2}\rho_i^m\dot{u}_i^m\dot{u}_i^m-U(\varepsilon_{ij}^m)+u_i^mf_i^m\right]\mathrm{d}\Omega+\sum\iint_{\Gamma_\sigma^m}u_i^m\overline{T}_i^m\mathrm{d}\Gamma\right\}\mathrm{d}t+\Pi_\lambda \tag{3-56}$$

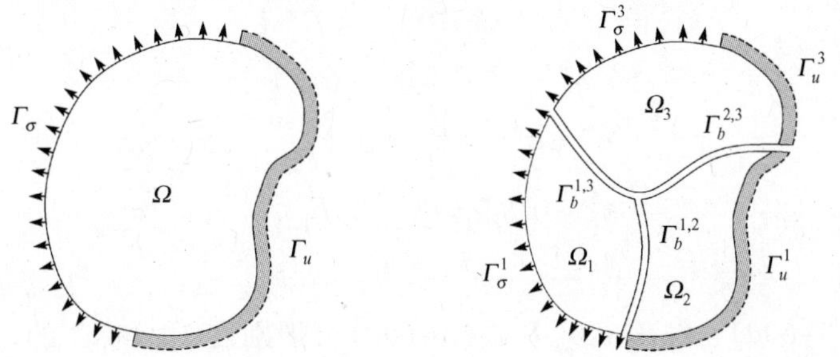

图 3-2 弹性体分区

式中：$\dot{u}_i^m$ 为弹性体子域 m 速度分量；Π_λ 为所有子域位移边界和相邻子域界面的总附加势能。

$$\Pi_\lambda = \int_{t_1}^{t_2}\Big[\sum\iint_{\Gamma_b^{m,m+1}}\lambda_i^m(u_i^m - u_i^{m+1})\mathrm{d}\Gamma\Big]\mathrm{d}t + \int_{t_0}^{t_1}\Big[\sum\iint_{\Gamma_u^m}\eta_i^m(u_i^m - \bar{u}_i^m)\mathrm{d}\Gamma\Big]\mathrm{d}t \tag{3-57}$$

式中：λ_i^m 为子域 m 和 $m+1$ 交界面上的拉格朗日乘子；η_i^m 为位移边界 Γ_u^m 上的拉格朗日乘子。

式(3-56)中 u_i^m，λ_i^m 和 η_i^m 为独立的变量，对能量泛函 Π 取变分，令 $\delta\Pi = 0$，得

$$\begin{aligned}\delta\Pi = &\int_{t_1}^{t_2}\Big\{\sum_{m=1}^{N}\iiint_{\Omega_m}\Big[\rho_i^m\delta\dot{u}_i^m\dot{u}_i^m - \frac{\partial U(\varepsilon_{ij}^m)}{\partial\varepsilon_{ij}^m}\delta\varepsilon_{ij}^m + \delta u_i^m f_i^m\Big]\mathrm{d}\Omega + \sum\iint_{\Gamma_\sigma^m}\delta u_i^m\bar{T}_i^m\mathrm{d}\Gamma\Big\}\mathrm{d}t + \\ &\int_{t_1}^{t_2}\Big\{\sum\Big[\iint_{\Gamma_b^{m,m+1}}\delta\lambda_i^m(u_i^m - u_i^{m+1})\mathrm{d}\Gamma + \iint_{\Gamma_b^{m,m+1}}(\delta u_i^m - \delta u_i^{m+1})\lambda_i^m\mathrm{d}\Gamma\Big]\Big\}\mathrm{d}t + \\ &\int_{t_1}^{t_2}\Big\{\sum\Big[\iint_{\Gamma_u^m}\delta\eta_i^m(u_i^m - \bar{u}_i^m)\mathrm{d}\Gamma + \iint_{\Gamma_u^m}\delta u_i^m\eta_i^m\mathrm{d}\Gamma\Big]\Big\}\mathrm{d}t = 0\end{aligned} \tag{3-58}$$

将式(3-17)和式(3-51)代入式(3-58)，有

$$\begin{aligned}\delta\Pi = &\int_{t_1}^{t_2}\Big\{\sum_{m=1}^{N}\iiint_{\Omega_m}\delta u_i^m(-\rho_i^m\ddot{u}_i^m + \sigma_{ij,j}^m + f_i^m)\mathrm{d}\Omega + \sum\iint_{\Gamma_\sigma^m}\delta u_i^m(\bar{T}_i^m - \sigma_{ij}^m n_j^m)\mathrm{d}\Gamma\Big\}\mathrm{d}t + \\ &\int_{t_1}^{t_2}\Big\{\sum\Big[\iint_{\Gamma_b^{m,m+1}}\delta\lambda_i^m(u_i^m - u_i^{m+1})\mathrm{d}\Gamma\Big]\Big\}\mathrm{d}t + \\ &\int_{t_1}^{t_2}\Big\{\sum\Big[\iint_{\tilde{\Gamma}_b^{m,m+1}}\delta u_i^m(\lambda_i^m - \sigma_{ij}^m n_j^m)\mathrm{d}\Gamma + \iint_{\hat{\Gamma}_b^{m,m+1}}\delta u_i^{m+1}(-\lambda_i^m - \sigma_{ij}^{m+1}n_j^{m+1})\mathrm{d}\Gamma\Big]\Big\}\mathrm{d}t + \\ &\int_{t_1}^{t_2}\Big\{\sum\Big[\iint_{\Gamma_u^m}\delta\eta_i^m(u_i^m - \bar{u}_i^m)\mathrm{d}\Gamma + \iint_{\Gamma_u^m}\delta u_i^m(\eta_i^m - \sigma_{ij}^m n_j^m)\mathrm{d}\Gamma\Big]\Big\}\mathrm{d}t = 0\end{aligned} \tag{3-59}$$

考虑变分 δu_i^m，δu_i^{m+1}，$\delta\lambda_i^m$ 和 $\delta\eta_i^m$ 的任意性，由式(3-59)，得

$$\sigma_{ij,j}^m + f_i^m = \rho_i^m\ddot{u}_i^m,\quad 在\ \Omega_m\ 中 \tag{3-60a}$$

$$\sigma_{ij}^m n_j^m - \bar{T}_i^m = 0,\quad 在\ \Gamma_\sigma^m\ 上 \tag{3-60b}$$

$$u_i^m - \bar{u}_i^m = 0, \quad 在 \Gamma_u^m 上 \tag{3-60c}$$

$$\eta_i^m - \sigma_{ij}^m n_j^m = 0, \quad 在 \Gamma_u^m 上 \tag{3-60d}$$

$$u_i^m - u_i^{m+1} = 0, \quad 在 \Gamma_b^{m,m+1} 上 \tag{3-60e}$$

$$\lambda_i^m - \sigma_{ij}^m n_j^m = 0, \quad 在 \widetilde{\Gamma}_b^{m,m+1} 上 \tag{3-60f}$$

$$-\lambda_i^m - \sigma_{ij}^{m+1} n_j^{m+1} = 0, \quad 在 \hat{\Gamma}_b^{m,m+1} 上 \tag{3-60g}$$

由式(3-60d),式(3-60f)和式(3-60g)可识别出 λ_i^m 和 η_i^m 的力学意义,它们分别为子域 m 和 $m+1$ 交界面 $\Gamma_b^{m,m+1}$ 和位移边界 Γ_u^m 上的力,即

$$\eta_i^m = \sigma_{ij}^m n_j^m \tag{3-61a}$$

$$\lambda_i^m = \sigma_{ij}^m n_j^m \tag{3-61b}$$

$$\lambda_i^m = -\sigma_{ij}^{m+1} n_j^{m+1} \tag{3-61c}$$

需要指出,如果弹性体的位移和应力解是真实解,则式(3-61b)和式(3-61c)是等价的,这样就可把式(3-61a)和式(3-61b)或式(3-61c)代入式(3-56),建立一种新的能量泛函,对应于真实解。如果 u_i^m 和 u_i^{m+1} 都是近似解,通过它们定义在分区界面 $\widetilde{\Gamma}_b^{m,m+1}$ 和 $\hat{\Gamma}_b^{m,m+1}$ 上的 λ_i^m 一般并不相等,即 $\sigma_{ij}^m n_j^m \neq -\sigma_{ij}^{m+1} n_j^{m+1}$。

现在考虑在子域 m 和 $m+1$ 交界面上设置一个虚拟框架[221],如图 3-3 所示。假设该框架无质量和弹性,仅具有位移 $\hat{u}_i^{m,m+1}$,它也是独立的变量。在分区界面 $\Gamma_b^{m,m+1}$ 上,位移场满足如下条件

$$u_i^m - \hat{u}_i^{m,m+1} = 0, \quad \hat{u}_i^{m,m+1} - u_i^{m+1} = 0 \tag{3-62}$$

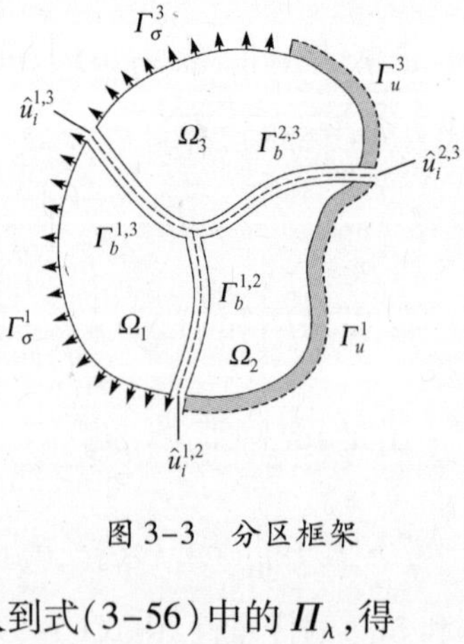

图 3-3　分区框架

将上述位移界面条件引入到式(3-56)中的 Π_λ,得

$$\Pi_\lambda = \int_{t_1}^{t_2} \left\{ \sum \iint_{\Gamma_b^{m,m+1}} \left[\lambda_i^m (u_i^m - \hat{u}_i^{m,m+1}) + \hat{\lambda}_i^m (\hat{u}_i^{m,m+1} - u_i^{m+1}) \right] \mathrm{d}\Gamma \right\} \mathrm{d}t +$$

$$\int_{t_1}^{t_2}\left[\sum\iint_{\Gamma_u^m}\eta_i^m(u_i^m-\bar{u}_i^m)\mathrm{d}\Gamma\right]\mathrm{d}t \tag{3-63}$$

式中：λ_i^m 和$\hat{\lambda}_i^m$ 为子域 m 和 $m+1$ 交界面上的拉格朗日乘子；η_i^m 为位移边界 Γ_u^m 上的拉格朗日乘子。

将式(3-63)代入式(3-56)，考虑到 u_i^m、λ_i^m、$\hat{\lambda}_i^m$ 和 η_i^m 为独立变量，对能量泛函 Π 取变分并令 $\delta\Pi=0$，得

$$\begin{aligned}\delta\Pi=&\int_{t_1}^{t_2}\left\{\sum_{m=1}^{N}\iiint_{\Omega_m}\left[\rho_i^m\delta\dot{u}_i^m\dot{u}_i^m-\frac{\partial U(\varepsilon_{ij}^m)}{\partial\varepsilon_{ij}^m}\delta\varepsilon_{ij}^m+\delta u_i^m f_i^m\right]\mathrm{d}\Omega+\sum\iint_{\Gamma_\sigma^m}\delta u_i^m\bar{T}_i^m\mathrm{d}\Gamma\right\}\mathrm{d}t+\\&\int_{t_1}^{t_2}\left\{\sum\iint_{\Gamma_b^{m,m+1}}[\delta\lambda_i^m(u_i^m-\hat{u}_i^{m,m+1})+\delta\hat{\lambda}_i^m(\hat{u}_i^{m,m+1}-u_i^{m+1})]\mathrm{d}\Gamma\right\}\mathrm{d}t+\\&\int_{t_1}^{t_2}\left\{\sum\iint_{\Gamma_b^{m,m+1}}[\delta u_i^m\lambda_i^m-\delta u_i^{m+1}\hat{\lambda}_i^m+\delta\hat{u}_i^{m,m+1}(-\lambda_i^m+\hat{\lambda}_i^m)]\mathrm{d}\Gamma\right\}\mathrm{d}t+\\&\int_{t_1}^{t_2}\left[\sum\iint_{\Gamma_u^m}\delta\eta_i^m(u_i^m-\bar{u}_i^m)\mathrm{d}\Gamma\right]\mathrm{d}t+\int_{t_1}^{t_2}\left[\sum\iint_{\Gamma_u^m}\delta u_i^m\eta_i^m\mathrm{d}\Gamma\right]\mathrm{d}t\end{aligned} \tag{3-64}$$

将式(3-17)和式(3-51)代入式(3-64)，得

$$\begin{aligned}\delta\Pi=&\int_{t_1}^{t_2}\left\{\sum_{m=1}^{N}\int_{\Omega_m}\delta u_i^m(-\rho_i^m\ddot{u}_i^m+\sigma_{ij,j}^m+f_i^m)\mathrm{d}\Omega+\sum\iint_{\Gamma_\sigma^m}\delta u_i^m(\bar{T}_i^m-\sigma_{ij}^m n_j^m)\mathrm{d}\Gamma\right\}\mathrm{d}t+\\&\int_{t_1}^{t_2}\left\{\sum\iint_{\Gamma_b^{m,m+1}}[\delta\lambda_i^m(u_i^m-\hat{u}_i^{m,m+1})+\delta\hat{\lambda}_i^m(\hat{u}_i^{m,m+1}-u_i^{m+1})]\mathrm{d}\Gamma\right\}\mathrm{d}t+\\&\int_{t_1}^{t_2}\left\{\sum\iint_{\tilde{\Gamma}_b^{m,m+1}}\delta u_i^m(\lambda_i^m-\sigma_{ij}^m n_j^m)\mathrm{d}\Gamma\right\}\mathrm{d}t+\\&\int_{t_1}^{t_2}\left\{\sum\iint_{\hat{\Gamma}_b^{m,m+1}}\delta u_i^{m+1}(-\hat{\lambda}_i^m-\sigma_{ij}^{m+1}n_j^{m+1})\mathrm{d}\Gamma\right\}\mathrm{d}t+\\&\int_{t_1}^{t_2}\left\{\sum\iint_{\Gamma_b^{m,m+1}}\delta\hat{u}_i^{m,m+1}(-\lambda_i^m+\hat{\lambda}_i^m)\mathrm{d}\Gamma\right\}\mathrm{d}t+\\&\int_{t_1}^{t_2}\left[\sum\iint_{\Gamma_u^m}\delta\eta_i^m(u_i^m-\bar{u}_i^m)\mathrm{d}\Gamma\right]\mathrm{d}t+\int_{t_1}^{t_2}\left[\sum\iint_{\Gamma_u^m}\delta u_i^m(\eta_i^m-\sigma_{ij}^m n_j^m)\mathrm{d}\Gamma\right]\mathrm{d}t\end{aligned} \tag{3-65}$$

根据变分 δu_i^m，δu_i^{m+1}，$\delta\hat{u}_i^{m,m+1}$，$\delta\lambda_i^m$，$\delta\hat{\lambda}_i^m$ 和 $\delta\eta_i^m$ 的任意性，由式(3-65)，得

$$\sigma_{ij,j}^m+f_i^m=\rho_i^m\ddot{u}_i^m,\quad 在\ \Omega_m\ 中 \tag{3-66a}$$

$$\sigma_{ij}^m n_j^m-\bar{T}_i^m=0,\quad 在\ \Gamma_\sigma^m\ 上 \tag{3-66b}$$

$$u_i^m-\bar{u}_i^m=0,\quad 在\ \Gamma_u^m\ 上 \tag{3-66c}$$

$$\eta_i^m-\sigma_{ij}^m n_j^m=0,\quad 在\ \Gamma_u^m\ 上 \tag{3-66d}$$

$$u_i^m-\hat{u}_i^{m,m+1}=0,\quad \hat{u}_i^{m,m+1}-u_i^{m+1}=0,\quad 在\ \Gamma_b^{m,m+1}\ 上 \tag{3-66e}$$

$$-\lambda_i^m+\hat{\lambda}_i^m=0,\quad 在\ \Gamma_b^{m,m+1}\ 上 \tag{3-66f}$$

$$\lambda_i^m-\sigma_{ij}^m n_j^m=0,\quad 在\ \widetilde{\Gamma}_b^{m,m+1}\ 上 \tag{3-66g}$$

$$-\hat{\lambda}_i^m-\sigma_{ij}^{m+1}n_j^{m+1}=0,\quad 在\ \hat{\Gamma}_b^{m,m+1}\ 上 \tag{3-66h}$$

从式(3-66d)、式(3-66g)和式(3-66h)中识别出 η_i^m、λ_i^m 和 $\hat{\lambda}_i^m$ 的表达式为

$$\eta_i^m=\sigma_{ij}^m n_j^m,\quad \lambda_i^m=\sigma_{ij}^m n_j^m,\quad \hat{\lambda}_i^m=-\sigma_{ij}^{m+1}n_j^{m+1} \tag{3-67}$$

将式(3-67)代入式(3-63),得

$$\Pi_\lambda=\int_{t_1}^{t_2}\left\{\sum\iint_{\Gamma_b^{m,m+1}}\left[\sigma_{ij}^m n_j^m(u_i^m-\hat{u}_i^{m,m+1})-\sigma_{ij}^{m+1}n_j^{m+1}(\hat{u}_i^{m,m+1}-u_i^{m+1})\right]\mathrm{d}\Gamma\right\}\mathrm{d}t+$$
$$\int_{t_1}^{t_2}\left[\sum\iint_{\Gamma_u^m}\sigma_{ij}^m n_j^m(u_i^m-\bar{u}_i^m)\mathrm{d}\Gamma\right]\mathrm{d}t \tag{3-68}$$

将式(3-68)代入式(3-56)得到一种分区修正变分原理对应的能量泛函,该泛函中独立的场函数为 u_i^m 和 $\hat{u}_i^{m,m+1}$。泛函表达式中增加了分区框架位移 $\hat{u}_i^{m,m+1}$ 这一未知量,这对于计算工作是不利的。

3.5 分区 Nitsche 变分法

Nitsche 方法[222]是基于罚函数法的思想,将修正变分原理进行拓展所得到的一种方法。本节将 Nitsche 法推广应用于求解弹性体的动力学问题,称为分区 Nitsche 变分法。

3.5.1 分区 Nitsche 变分泛函

3.4.2 节介绍了含虚拟框架的分区修正变分原理,其对应的泛函与弹性体的微分控制方程是等价的,但缺点是引入了分区框架位移场函数 $\hat{u}_i^{m,m+1}$。前面指出,式(3-61)中定义在分区界面 $\widetilde{\Gamma}_b^{m,m+1}$ 和 $\hat{\Gamma}_b^{m,m+1}$ 上的 λ_i^m 一般并不相等,即 $\sigma_{ij}^m n_j^m\neq-\sigma_{ij}^{m+1}n_j^{m+1}$。采用 Nitsche 法可以将其引入到泛函表达式(3-57)中,并建立分区 Nitsche 法对应的变分泛函。

将式(3-61a)和式(3-61b)代入式(3-57),得

$$\Pi_\lambda=\int_{t_1}^{t_2}\left[\sum\iint_{\Gamma_b^{m,m+1}}\sigma_{ij}^m n_j^m(u_i^m-u_i^{m+1})\mathrm{d}\Gamma\right]\mathrm{d}t+\int_{t_1}^{t_2}\left[\sum\iint_{\Gamma_u^m}\sigma_{ij}^m n_j^m(u_i^m-\bar{u}_i^m)\mathrm{d}\Gamma\right]\mathrm{d}t \tag{3-69}$$

如果将弹性体已知的位移边界 Γ_u^m 视为一种特殊的分域界面,在 Γ_u^m 上有 $u_i^{m+1}=\bar{u}_i^m$。这样以来就可以将式(3-69)中的位移边界 Γ_u^m 和子域分区界面 $\Gamma_b^{m,m+1}$ 进行合并,总的子域位移界面为 $\Gamma_B^m=\Gamma_u^m\cup\Gamma_b^{m,m+1}$。从而,式(3-69)简

写为

$$\Pi_{\lambda}=\int_{t_1}^{t_2}\Big[\sum\iint_{\Gamma_B^m}\sigma_{ij}^m n_j^m(u_i^m-u_i^{m+1})\,\mathrm{d}\Gamma\Big]\mathrm{d}t \tag{3-70}$$

根据 Nitsche 法[222]的思想,在式(3-70)中添加一项分区界面位移协调方程的罚函数项,得

$$\Pi_{\lambda}=\int_{t_1}^{t_2}\Big[\sum\iint_{\Gamma_B^m}\sigma_{ij}^m n_j^m(u_i^m-u_i^{m+1})\,\mathrm{d}\Gamma\Big]\mathrm{d}t-\int_{t_1}^{t_2}\Big[\frac{1}{2}\sum\iint_{\Gamma_B^m}\kappa_i^m\,(u_i^m-u_i^{m+1})^2\mathrm{d}\Gamma\Big]\mathrm{d}t \tag{3-71}$$

式中:κ_i^m 为子域 m 和 $m+1$ 分区界面上给定的权参数。

将式(3-71)代入式(3-56),得

$$\begin{aligned}\Pi=&\int_{t_1}^{t_2}\Big\{\sum_{m=1}^{N}\iiint_{\Omega_m}\Big[\frac{1}{2}\rho_i^m\,\dot u_i^m\,\dot u_i^m-U(\varepsilon_{ij}^m)+u_i^m\bar f_i^m\Big]\mathrm{d}\Omega+\sum\iint_{\Gamma_\sigma^m}u_i^m\bar T_i^m\mathrm{d}\Gamma\Big\}\mathrm{d}t+\\&\int_{t_1}^{t_2}\Big[\sum\iint_{\Gamma_B^m}\sigma_{ij}^m n_j^m(u_i^m-u_i^{m+1})\,\mathrm{d}\Gamma\Big]\mathrm{d}t-\\&\int_{t_1}^{t_2}\Big[\frac{1}{2}\sum\iint_{\Gamma_B^m}\kappa_i^m\,(u_i^m-u_i^{m+1})^2\mathrm{d}\Gamma\Big]\mathrm{d}t\end{aligned} \tag{3-72}$$

式(3-72)就是分区 Nitsche 法对应的变分泛函表达式。

如果将 λ_i^m 取为界面力的平均值,则有

$$\lambda_i^m=\frac{1}{2}(\sigma_{ij}^m n_j^m-\sigma_{ij}^{m+1}n_j^{m+1}) \tag{3-73}$$

将式(3-73)代入式(3-57),得

$$\begin{aligned}\Pi_{\lambda}=&\int_{t_1}^{t_2}\Big[\sum\frac{1}{2}\iint_{\Gamma_b^{m,m+1}}(\sigma_{ij}^m n_j^m-\sigma_{ij}^{m+1}n_j^{m+1})(u_i^m-u_i^{m+1})\,\mathrm{d}\Gamma\Big]\mathrm{d}t+\\&\int_{t_1}^{t_2}\Big[\sum\iint_{\Gamma_u^m}\sigma_{ij}^m n_j^m(u_i^m-\bar u_i^m)\,\mathrm{d}\Gamma\Big]\mathrm{d}t\end{aligned} \tag{3-74}$$

式(3-74)对应的分区 Nitsche 法变分泛函为

$$\begin{aligned}\Pi=&\int_{t_1}^{t_2}\Big\{\sum_{m=1}^{N}\iiint_{\Omega_m}\Big[\frac{1}{2}\rho_i^m\,\dot u_i^m\,\dot u_i^m-U(\varepsilon_{ij}^m)+u_i^m\bar f_i^m\Big]\mathrm{d}\Omega+\sum\iint_{\Gamma_\sigma^m}u_i^m\bar T_i^m\mathrm{d}\Gamma\Big\}\mathrm{d}t+\\&\int_{t_1}^{t_2}\Big[\sum\frac{1}{2}\iint_{\Gamma_b^{m,m+1}}(\sigma_{ij}^m n_j^m-\sigma_{ij}^{m+1}n_j^{m+1})(u_i^m-u_i^{m+1})\,\mathrm{d}\Gamma\Big]\mathrm{d}t+\\&\int_{t_1}^{t_2}\Big[\sum\iint_{\Gamma_u^m}\sigma_{ij}^m n_j^m(u_i^m-\bar u_i^m)\,\mathrm{d}\Gamma\Big]\mathrm{d}t-\int_{t_1}^{t_2}\Big[\frac{1}{2}\sum\iint_{\Gamma_B^m}\kappa_i^m\,(u_i^m-u_i^{m+1})^2\mathrm{d}\Gamma\Big]\mathrm{d}t\end{aligned} \tag{3-75}$$

显然式(3-72)比式(3-75)更为简单,本书后续章节中将采用式(3-72)来建立弹性体的离散动力学方程。为了便于处理弹性体的边界条件,将(3-72)改写为

$$\begin{aligned}\Pi=&\int_{t_1}^{t_2}\left\{\sum_{m=1}^{N}\iiint_{\Omega_m}\left[\frac{1}{2}\rho_i^m\,\dot{u}_i^m\,\dot{u}_i^m-U(\varepsilon_{ij}^m)+u_i^m\bar{f}_i^m\right]\mathrm{d}\Omega+\sum\iint_{\Gamma_\sigma^m}u_i^m\bar{T}_i^m\mathrm{d}\Gamma\right\}\mathrm{d}t+\\&\int_{t_1}^{t_2}\left[\sum\iint_{\Gamma_B^m}\xi_i^m\sigma_{ij}^m n_j^m(u_i^m-u_i^{m+1})\mathrm{d}\Gamma\right]\mathrm{d}t-\\&\int_{t_1}^{t_2}\left[\frac{1}{2}\sum\iint_{\Gamma_B^m}\xi_i^m\kappa_i^m(u_i^m-u_i^{m+1})^2\mathrm{d}\Gamma\right]\mathrm{d}t\end{aligned}\tag{3-76}$$

式中:ξ_i^m 为子域界面条件和边界条件控制参数。

在内部分区界面 $\Gamma_b^{m,m+1}$ 上,$\xi_i^m=1$;在边界界面 Γ_u^m 上,ξ_i^m 的取值与弹性体的边界条件形式有关。对于自由边界条件($\sigma_{ij}^m n_j^m=0$),$\xi_i^m=0$;对于固支边界条件($u_i^m=\bar{u}_i^m=0$),$\xi_i^m=1$。如果将式(3-76)中拉格朗日乘子引入的分区界面附加势能项去掉,则罚函数项可以用于处理弹性边界条件,此时边界界面上的权参数 κ_i^m 即为 x_i 方向的弹性系数。

3.5.2 弹性体离散动力学方程

分区 Nitsche 变分法将所有的分区界面位移协调方程和位移边界约束条件引入到弹性体的能量泛函中,取消了分区界面位移协调关系和位移边界条件对子域位移场函数的变分限制,使得位移变量展开函数的选取变得灵活。每个结构子域中的位移变量可采用完备、线性无关的多项式序列进行展开。根据 Weierstrass 逼近理论,任何一个在有限闭区间上连续的函数,都可以用足够高次的代数多项式逼近到任意精确。基于这一思想,我们可以自由地选择子域位移函数展开阶数,以达到提高计算精度和加快收敛速度的目的。

将子域 m 的位移 u_i^m 展开为

$$u_i^m(\boldsymbol{x},t)=\sum_{j=0}^{I}\psi_{j,i}^m(\boldsymbol{x})\tilde{q}_{j,i}^m(t)=\boldsymbol{\psi}_i^m(\boldsymbol{x})\,\tilde{\boldsymbol{q}}_i^m(t)\tag{3-77}$$

式中:$\psi_{j,i}^m$为子域位移分量 u_i^m 的第 j 阶展开函数,它们是关于空间位置 $\boldsymbol{x}$ 的函数;I 为位移函数的最高阶次;$\tilde{q}_{j,i}^m$为位移函数系数(或称为广义位移);$\boldsymbol{\psi}_i^m$ 为子域位移函数行向量;$\tilde{\boldsymbol{q}}_i^m$ 为位移系数列向量(或广义位移向量)。

将式(3-77)代入式(3-76)后进行变分,得

$$\sum_{m=1}^{N}(\boldsymbol{M}^m\,\ddot{\tilde{\boldsymbol{q}}}^m+\boldsymbol{K}^m\,\tilde{\boldsymbol{q}}^m)+\sum(-\boldsymbol{K}_\lambda^{m,m+1}+\boldsymbol{K}_\kappa^{m,m+1})\,\tilde{\boldsymbol{q}}^{m,m+1}=\sum_{m=1}^{N}(\boldsymbol{f}_\mathrm{b}^m+\boldsymbol{f}_\mathrm{s}^m)\tag{3-78}$$

式中:$\tilde{\boldsymbol{q}}^m$ 和 $\ddot{\tilde{\boldsymbol{q}}}^m$ 为子域 m 的广义位移和广义加速度向量,$\tilde{\boldsymbol{q}}^m=[\tilde{\boldsymbol{q}}_1^{m,\mathrm{T}},\tilde{\boldsymbol{q}}_2^{m,\mathrm{T}},\tilde{\boldsymbol{q}}_3^{m,\mathrm{T}}]^\mathrm{T}$,$\ddot{\tilde{\boldsymbol{q}}}^m=[\ddot{\tilde{\boldsymbol{q}}}_1^{m,\mathrm{T}},\ddot{\tilde{\boldsymbol{q}}}_2^{m,\mathrm{T}},\ddot{\tilde{\boldsymbol{q}}}_3^{m,\mathrm{T}}]^\mathrm{T}$;$\boldsymbol{M}^m$ 和$\boldsymbol{K}^m$ 分别为子域 m 的广义质量矩阵和刚度矩阵;$\boldsymbol{K}_\lambda^{m,m+1}$ 和$\boldsymbol{K}_\kappa^{m,m+1}$ 为子域 m 和 $m+1$ 分区界面上的附加刚度

矩阵,它们分别由广义变分项和罚函数项得到;$\tilde{\boldsymbol{q}}^{m,m+1}$为相邻子域 m 和 $m+1$ 的广义位移向量,$\tilde{\boldsymbol{q}}^{m,m+1}=[\tilde{\boldsymbol{q}}^{m,\mathrm{T}},\tilde{\boldsymbol{q}}^{m+1,\mathrm{T}}]^{\mathrm{T}}$;$\boldsymbol{f}_{\mathrm{b}}^{m}$和$\boldsymbol{f}_{\mathrm{s}}^{m}$分别为子域 m 的体力及面力所对应的广义外力向量,$\boldsymbol{f}_{\mathrm{b}}^{m}=[\boldsymbol{f}_{\mathrm{b},1}^{m,\mathrm{T}},\boldsymbol{f}_{\mathrm{b},2}^{m,\mathrm{T}},\boldsymbol{f}_{\mathrm{b},3}^{m,\mathrm{T}}]^{\mathrm{T}}$,$\boldsymbol{f}_{\mathrm{s}}^{m}=[\boldsymbol{f}_{\mathrm{s},1}^{m,\mathrm{T}},\boldsymbol{f}_{\mathrm{s},2}^{m,\mathrm{T}},\boldsymbol{f}_{\mathrm{s},3}^{m,\mathrm{T}}]^{\mathrm{T}}$。

$$\boldsymbol{M}^{m}=\iiint_{\Omega_m}\rho^{m}\bar{\boldsymbol{\psi}}^{m,\mathrm{T}}\bar{\boldsymbol{\psi}}^{m}\mathrm{d}\Omega \tag{3-79a}$$

$$\boldsymbol{K}^{m}=\iiint_{\Omega_m}(\boldsymbol{L}\bar{\boldsymbol{\psi}}^{m})^{\mathrm{T}}\boldsymbol{D}^{m}(\boldsymbol{L}\bar{\boldsymbol{\psi}}^{m})\mathrm{d}\Omega \tag{3-79b}$$

$$\boldsymbol{K}_{\lambda}^{m,m+1}=\iint_{\Gamma_B}\begin{bmatrix}\boldsymbol{\Theta}_0 & \boldsymbol{\Theta}_1\\ \boldsymbol{\Theta}_1^{\mathrm{T}} & 0\end{bmatrix}\mathrm{d}\Gamma \tag{3-79c}$$

$$\boldsymbol{K}_{\kappa}^{m,m+1}=\iint_{\Gamma_B}\begin{bmatrix}\tilde{\boldsymbol{\Theta}}_0 & \tilde{\boldsymbol{\Theta}}_1\\ \tilde{\boldsymbol{\Theta}}_1^{\mathrm{T}} & \tilde{\boldsymbol{\Theta}}_2\end{bmatrix}\mathrm{d}\Gamma \tag{3-79d}$$

$$\boldsymbol{f}_{\mathrm{b},i}^{m}=\iiint_{\Omega_m}\boldsymbol{\psi}^{m,\mathrm{T}}f_i^{m}\mathrm{d}\Omega \tag{3-79e}$$

$$\boldsymbol{f}_{\mathrm{s},i}^{m}=\iint_{\Gamma_u^m}\boldsymbol{\psi}^{m,\mathrm{T}}\bar{T}_i^{m}\mathrm{d}\Gamma \tag{3-79f}$$

其中

$$\boldsymbol{\Theta}_0=(\boldsymbol{\xi}^{m}\boldsymbol{D}^{m}\boldsymbol{L}\bar{\boldsymbol{\psi}}^{m}\boldsymbol{n}^{m})^{\mathrm{T}}\bar{\boldsymbol{\psi}}^{m}+\bar{\boldsymbol{\psi}}^{m,\mathrm{T}}(\boldsymbol{\xi}^{m}\boldsymbol{D}^{m}\boldsymbol{L}\bar{\boldsymbol{\psi}}^{m}\boldsymbol{n}^{m}),\quad \boldsymbol{\Theta}_1=-(\boldsymbol{\xi}^{m}\boldsymbol{D}^{m}\boldsymbol{L}\bar{\boldsymbol{\psi}}^{m}\boldsymbol{n}^{m})^{\mathrm{T}}\bar{\boldsymbol{\psi}}^{m+1} \tag{3-80}$$

$$\tilde{\boldsymbol{\Theta}}_0=\boldsymbol{\xi}^{m}\boldsymbol{\kappa}^{m}\bar{\boldsymbol{\psi}}^{m,\mathrm{T}}\bar{\boldsymbol{\psi}}^{m},\quad \tilde{\boldsymbol{\Theta}}_1=-\boldsymbol{\xi}^{m}\boldsymbol{\kappa}^{m}\bar{\boldsymbol{\psi}}^{m,\mathrm{T}}\bar{\boldsymbol{\psi}}^{m+1},\quad \tilde{\boldsymbol{\Theta}}_2=\boldsymbol{\xi}^{m}\boldsymbol{\kappa}^{m}\bar{\boldsymbol{\psi}}^{m+1,\mathrm{T}}\bar{\boldsymbol{\psi}}^{m+1} \tag{3-81}$$

式中:$\bar{\boldsymbol{\psi}}^{m}$ 为第 m 个子域的位移展开函数矩阵;$\boldsymbol{L}$ 为微分算符矩阵;$\boldsymbol{D}^{m}$ 为子域弹性矩阵;$\boldsymbol{n}^{m}$ 为法向余弦矩阵;$\boldsymbol{\xi}^{m}$ 为界面控制参数矩阵;$\boldsymbol{\kappa}^{m}$ 为权参数矩阵。

对式(3-79)中的矩阵和向量进行计算时,为了数值积分的需要,需要引入坐标变换将物理坐标下的力学量变换至局部坐标系下,这样所有的矩阵和向量就可以在局部坐标系中采用标准的数值积分进行计算。

将所有子域的广义质量、刚度矩阵和外载荷向量进行装配,得到弹性体的离散动力学方程为

$$\boldsymbol{M}\ddot{\boldsymbol{q}}+(\boldsymbol{K}-\boldsymbol{K}_{\lambda}+\boldsymbol{K}_{\kappa})\boldsymbol{q}=\boldsymbol{F} \tag{3-82}$$

式中:$\boldsymbol{q}$ 和 $\ddot{\boldsymbol{q}}$ 分别为弹性体的广义位移和广义加速度向量;$\boldsymbol{M}$ 和 $\boldsymbol{K}$ 分别为未考虑分区界面位移协调关系的弹性体广义质量矩阵和刚度矩阵;$\boldsymbol{K}_{\lambda}$ 和$\boldsymbol{K}_{\kappa}$ 为分区界面附加刚度矩阵;$\boldsymbol{F}$ 为弹性体广义外力向量。

弹性体动力分析包括两个方面内容:一是弹性体的自由振动分析;二是弹性体的动力响应分析(包括稳态和瞬态振动分析)。对于自由振动问题,不考虑弹性体外载荷作用,假设 $\boldsymbol{q}=\bar{\boldsymbol{q}}\mathrm{e}^{\mathrm{i}\omega t}$ (i 为虚数单位,$\mathrm{i}=\sqrt{-1}$),将其代入

式(3-82),得

$$[-\omega^2\boldsymbol{M}+(\boldsymbol{K}-\boldsymbol{K}_\lambda+\boldsymbol{K}_\kappa)]\bar{\boldsymbol{q}}=\boldsymbol{0} \tag{3-83}$$

式中:$\bar{\boldsymbol{q}}$ 为广义位移幅值向量;ω 为圆频率(单位:rad/s)。

如果式(3-83)有非零解,则系数矩阵行列式必须为零,即 $\det(-\omega^2\boldsymbol{M}+\boldsymbol{K}-\boldsymbol{K}_\lambda+\boldsymbol{K}_\kappa)=\boldsymbol{0}$,由此可计算出矩阵特征值和特征向量,这样就得到了弹性体自由振动频率和振型向量。计算弹性体的振动频率和模态振型时,可以采用子空间迭代法[223]、Lanczos 方法[223]和 Arnoldi 方法[224]等。

对于稳态振动问题,假设作用于弹性体上的外部激励力服从简谐变化规律,即 $\boldsymbol{F}=\bar{\boldsymbol{F}}\mathrm{e}^{\mathrm{i}\omega t}$,则结构的位移响应也是简谐的,满足 $\boldsymbol{q}=\bar{\boldsymbol{q}}\mathrm{e}^{\mathrm{i}\omega t}$,则根据式(3-82),得

$$[-\omega^2\boldsymbol{M}+\boldsymbol{K}-\boldsymbol{K}_\lambda+\boldsymbol{K}_\kappa]\bar{\boldsymbol{q}}=\bar{\boldsymbol{F}} \tag{3-84}$$

式中:$\bar{\boldsymbol{F}}$ 为广义外力幅值向量。

当方程的维数较小时,可以直接求解式(3-84)得到 $\bar{\boldsymbol{q}}$,然后根据式(3-77)即可得到弹性体内任意一点 $\boldsymbol{x}$ 处的稳态振动响应;当方程维数很高时,直接求解式(3-84)会花费很大的计算代价,可以采用模态叠加法来提高计算效率。该方法是利用系统的无阻尼自由振动模态矩阵将弹性体动力学方程转化为一组低维的且互不耦合的动力学方程,然后求解这组方程后,将各阶模态响应结果进行叠加即得到弹性体的振动响应解。

根据自由振动分析,计算出前 M 阶模态向量并组成的模态矩阵 $\boldsymbol{\Phi}$。引入模态坐标变换 $\bar{\boldsymbol{q}}=\boldsymbol{\Phi}\tilde{\boldsymbol{q}}$,将其代入式(3-84)并在方程两侧左乘 $\boldsymbol{\Phi}^{\mathrm{T}}$,得

$$(-\omega^2\widetilde{\boldsymbol{M}}+\widetilde{\boldsymbol{K}})\tilde{\boldsymbol{q}}=\widetilde{\boldsymbol{F}} \tag{3-85}$$

式中:$\tilde{\boldsymbol{q}}$ 为缩聚后的广义位移幅值向量;$\widetilde{\boldsymbol{M}}$ 和 $\widetilde{\boldsymbol{K}}$ 分别为缩聚后的广义质量矩阵和广义刚度矩阵,它们均为对角矩阵,$\widetilde{\boldsymbol{M}}=\boldsymbol{\Phi}^{\mathrm{T}}\boldsymbol{M}\boldsymbol{\Phi}$,$\widetilde{\boldsymbol{K}}=\boldsymbol{\Phi}^{\mathrm{T}}(\boldsymbol{K}-\boldsymbol{K}_\lambda+\boldsymbol{K}_\kappa)\boldsymbol{\Phi}$;$\widetilde{\boldsymbol{F}}$ 为缩聚后的广义外力幅值向量,$\widetilde{\boldsymbol{F}}=\boldsymbol{\Phi}^{\mathrm{T}}\bar{\boldsymbol{F}}$。

求解式(3-85)得到 $\tilde{\boldsymbol{q}}$,由模态坐标变换 $\bar{\boldsymbol{q}}=\boldsymbol{\Phi}\tilde{\boldsymbol{q}}$ 计算出 $\bar{\boldsymbol{q}}$,再根据式(3-77)即可得到弹性体内任意一点 $\boldsymbol{x}$ 处的稳态振动响应。

对于弹性体的瞬态振动问题,如果外载荷激起了很多弹性体振动模态,且响应时间短促,这种情况可采用直接积分法对式(3-82)进行逐步计算。直接积分法基于以下两个设想:一是在任意时刻 t 都满足的弹性体动力学方程,代之以只在一些离散时间点上满足的动力学方程;二是在每一时间间隔 Δt 内,位移、速度和加速度之间的关系采用某种函数形式来近似。根据所采用的函数形式不同,就产生了不同的直接积分方法[223],如中心差分法、Newmark 法和 Wilson $-\theta$ 法等。如果瞬态振动时间历程较长,且外载荷仅激发了少数的弹性体低阶模态振动,对于这种情况可通过引入模态坐标变换将式(3-82)进行维数缩聚,然后再

采用直接积分法进行计算,这样不仅可以得到满足精度要求的结果,而且会大大提高计算效率。

3.5.3　数值算例

本节采用分区 Nitsche 变分法来分析弹性杆的自由振动问题。将一弹性直杆沿着 x 方向等距分为 N 个子域,并在每个子域中建立局部坐标系 $o'-\bar{x}$,如图 3-4 所示。在 $o-x$ 中,第 m 个子域左右两个端点的坐标分别为 x_m 和 x_{m+1},在 $o'-\bar{x}$ 中分别为 $\bar{x}_0$ 和 $\bar{x}_1$。杆的长度和横截面积分别为 L 和 A;杆的弹性模量和密度分别为 E 和 ρ。弹性杆上没有外载荷作用。

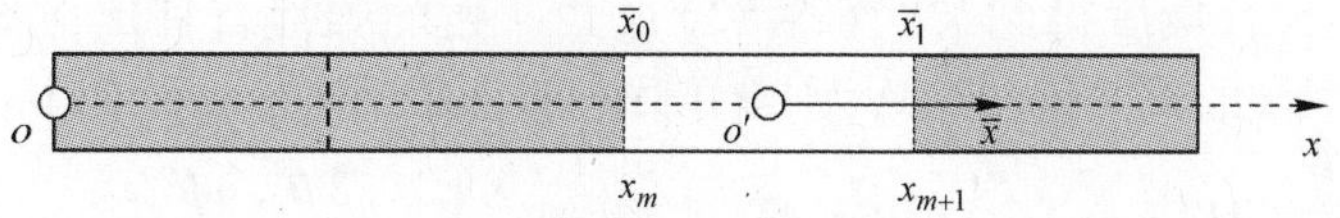

图 3-4　弹性直杆分区

根据分区 Nitsche 法,构造出弹性直杆的能量泛函为

$$\Pi=\int_{t_1}^{t_2}\sum_{m=1}^{N}(T_m-U_m)\,\mathrm{d}t+\int_{t_1}^{t_2}\sum_{m,m+1}(\Pi_\lambda-\Pi_\kappa)\big|_{x=x_{m+1}}\mathrm{d}t \tag{3-86}$$

式中:T_m 和 U_m 为直杆子域 m 的动能和应变能;Π_λ 和 Π_κ 为分区界面附加势能。

$$T_m=\frac{1}{2}\int_{l_m}\rho A\left(\frac{\partial u_m}{\partial t}\right)^2\mathrm{d}x,\quad U_m=\frac{1}{2}\int_{l_m}EA\left(\frac{\partial u_m}{\partial x}\right)^2\mathrm{d}x \tag{3-87}$$

$$\Pi_\lambda=\xi_m EA\frac{\partial u_m}{\partial x}(u_m-u_{m+1}),\quad \Pi_\kappa=\frac{1}{2}\xi_m\kappa_m(u_m-u_{m+1})^2 \tag{3-88}$$

将子域 m 的位移 u_m 展开为

$$u_m(\bar{x},t)=\sum_{i=0}^{I}\psi_i(\bar{x})\tilde{q}_{i,m}(t)=\boldsymbol{\psi}(\bar{x})\tilde{\boldsymbol{q}}_m(t) \tag{3-89}$$

式中:$\psi_i(\bar{x})$ 为子域位移的第 i 阶展开函数;I 为位移函数的最高阶次;$\tilde{q}_{i,m}$ 为广义位移;$\boldsymbol{\psi}(\bar{x})$ 为子域位移函数行向量;$\tilde{\boldsymbol{q}}_m$ 为广义位移向量。

前面指出,采用分区 Nitsche 法可将子域位移变量以完备、线性无关的多项式序列进行展开。这里选取了 5 种不同类型的多项式,即幂级数(OPP)、第一类切比雪夫(Chebyshev)正交多项式(COPFK)、第二类切比雪夫正交多项式(COPSK)、第一类勒让德(Legendre)正交多项式(LOPFK)和厄米特(Hermite)正交多项式(HOP),它们的表达式如下。

(1) 幂级数(OPP)的表达式为

$$\psi_i(\bar{x})=\bar{x}^i,\quad i=0,1,2,\cdots \tag{3-90}$$

(2) 第一类切比雪夫正交多项式(COPFK)的表达式为

$$\psi_0(\bar{x})=1,\quad \psi_1(\bar{x})=\bar{x},\quad \psi_{i+1}(\bar{x})=2\bar{x}\psi_i(\bar{x})-\psi_{i-1}(\bar{x}),\quad i\geqslant 2 \tag{3-91}$$

（3）第二类切比雪夫正交多项式（COPSK）的表达式为

$$\psi_0(\bar{x})=1,\quad \psi_1(\bar{x})=2\bar{x},\quad \psi_{i+1}(\bar{x})=2\bar{x}\psi_i(\bar{x})-\psi_{i-1}(\bar{x}),\quad i\geqslant 2 \tag{3-92}$$

（4）第一类勒让德正交多项式（LOPFK）的表达式为

$$\psi_0(\bar{x})=1,\quad \psi_1(\bar{x})=\bar{x},\quad (i+1)\psi_{i+1}(\bar{x})=(2i+1)\bar{x}\psi_i(\bar{x})-i\psi_{i-1}(\bar{x}),\quad i\geqslant 2 \tag{3-93}$$

（5）厄米特正交多项式（HOP）的表达式为

$$\psi_0(\bar{x})=1,\quad \psi_1(\bar{x})=2\bar{x},\quad \psi_{i+1}(\bar{x})=2\bar{x}\psi_i(\bar{x})-2i\psi_{i-1}(\bar{x}),\quad i\geqslant 2 \tag{3-94}$$

将式（3-87）~式（3-89）代入式（3-86），对式（3-86）取一阶变分，根据驻值条件 $\delta\Pi=0$，最后得到与式（3-82）形式一致的弹性直杆离散动力学方程（$\boldsymbol{F}=0$）。子域的广义质量矩阵、刚度矩阵和界面附加刚度矩阵如下：

$$\begin{gathered}
\boldsymbol{M}^m=\rho A\int_{\bar{x}_0}^{\bar{x}_1}\boldsymbol{\psi}^{\mathrm{T}}\boldsymbol{\psi}\eta_0\mathrm{d}\bar{x},\quad \boldsymbol{K}^m=\frac{EA}{\eta_0}\int_{\bar{x}_0}^{\bar{x}_1}\frac{\partial\boldsymbol{\psi}^{\mathrm{T}}}{\partial\bar{x}}\frac{\partial\boldsymbol{\psi}}{\partial\bar{x}}\mathrm{d}\bar{x},\\
\boldsymbol{\Theta}_0=\frac{\xi_m EA}{\eta_0}\left(\frac{\partial\boldsymbol{\psi}^{\mathrm{T}}}{\partial\bar{x}}\boldsymbol{\psi}+\boldsymbol{\psi}^{\mathrm{T}}\frac{\partial\boldsymbol{\psi}}{\partial\bar{x}}\right)\bigg|_{\bar{x}=\bar{x}_1},\quad \boldsymbol{\Theta}_1=-\frac{\xi_m EA}{\eta_0}\left(\frac{\partial\boldsymbol{\psi}^{\mathrm{T}}}{\partial\bar{x}}\overline{\boldsymbol{\psi}}\right)\bigg|_{\bar{x}=\bar{x}_1},\\
\widetilde{\boldsymbol{\Theta}}_0=\xi_m\kappa_m\left(\boldsymbol{\psi}^{\mathrm{T}}\boldsymbol{\psi}\right)\big|_{\bar{x}=\bar{x}_1},\quad \widetilde{\boldsymbol{\Theta}}_1=-\xi_m\kappa_m\left(\boldsymbol{\psi}^{\mathrm{T}}\overline{\boldsymbol{\psi}}\right)\big|_{\bar{x}=\bar{x}_1},\\
\widetilde{\boldsymbol{\Theta}}_2=\xi_m\kappa_m\left(\overline{\boldsymbol{\psi}}^{\mathrm{T}}\overline{\boldsymbol{\psi}}\right)\big|_{\bar{x}=\bar{x}_1}
\end{gathered}\tag{3-95}$$

式中：$\overline{\boldsymbol{\psi}}$ 表示子域 $m+1$ 的位移函数多项式向量在分区界面上取值；η_0 为坐标变换系数。

对于幂级数引入如下变换，$x=\eta_0\bar{x}+\eta_1$，其中 $\eta_0=x_{m+1}-x_m$，$\eta_1=x_m$，$\bar{x}\in[0,1]$；对于其他 4 种正交多项式，$\bar{x}\in[-1,1]$，$\eta_0=(x_{m+1}-x_m)/2$，$\eta_1=(x_{m+1}+x_m)/2$。

表 3-1 给出了不同分区数目 N 和多项式阶数 I 对应的 3 种弹性杆的前六阶固有频率。杆的材料参数为 $E=210\ \mathrm{GPa}$，$\rho=7800\ \mathrm{kg/m^3}$；边界条件为自由－固支。弹性杆每个子域位移变量均采用第一类切比雪夫正交多项式进行展开，子域界面上的权参数取相同值 $\kappa_m=10^3E$。将弹性杆的频率精确解[225]作为参考值进行对比：$\Omega_{精确解}=(2m-1)/(4L)\sqrt{E/\rho}$，其中 m 为频率阶数。结果表明，随着杆分区数目和位移展开多项式阶数的增大，杆的各阶频率均快速收敛，且收敛结果与精确解是一致的。另外，增大分区数目或多项式阶数均可以有效地提高频率结果的收敛速度，但在自由度数目一定的情况下，增加多项式阶数产生的收敛速度效果要明显优于增加分区数目这一方式，但是一味地增加子域内多项式的阶数可能会导致矩阵病态和数值不稳定的现象，这是由于对阶次较高的多项式进行积分计算时会引入不可忽视的数值误差。

表 3-1　弹性杆固有频率　　(Hz)

L	m	$I \times N$							精确解 文献[225]
		5×2	5×4	7×2	7×4	7×8	9×2	9×4	
1	1	1297.186	1297.186	1297.186	1297.186	1297.186	1297.186	1297.186	1297.186
	2	3891.560	3891.559	3891.559	3891.559	3891.559	3891.559	3891.559	3891.559
	3	6486.126	6485.932	6485.932	6485.932	6485.932	6485.932	6485.932	6485.932
	4	9085.877	9080.313	9080.318	9080.304	9080.304	9080.304	9080.304	9080.304
	5	11732.172	11674.803	11675.111	11674.677	11674.677	11674.678	11674.677	11674.677
	6	14557.243	14270.054	14274.783	14269.050	14269.049	14269.081	14269.049	14269.049
10	1	129.719	129.719	129.719	129.719	129.719	129.719	129.719	129.719
	2	389.156	389.156	389.156	389.156	389.156	389.156	389.156	389.156
	3	648.613	648.593	648.593	648.593	648.593	648.593	648.593	648.593
	4	908.602	908.031	908.032	908.030	908.030	908.030	908.030	908.030
	5	1173 - 270	1167.481	1167.512	1167.468	1167.468	1167.468	1167.468	1167.468
	6	1455.887	1427.010	1427.487	1426.905	1426.905	1426.908	1426.905	1426.905
100	1	12.972	12.972	12.972	12.972	12.972	12.972	12.972	12.972
	2	38.916	38.916	38.916	38.916	38.916	38.916	38.916	38.916
	3	64.861	64.859	64.859	64.859	64.859	64.859	64.859	64.859
	4	90.860	90.803	90.803	90.803	90.803	90.803	90.803	90.803
	5	117.327	116.748	116.751	116.747	116.747	116.747	116.747	116.747
	6	145.590	142.701	142.749	142.691	142.690	142.691	142.690	142.690

图 3-5 给出了分区方法和解析方法计算得到的直杆前 1000 阶固有频率相对误差，即 $|\Omega_{分区方法} - \Omega_{精确解}|/\Omega_{精确解}$。杆的长度 $L = 6$ m，杆的边界条件为自由 - 自由和自由 - 固支。两端自由边界条件弹性杆的精确频率解见文献[225]。计算中，直杆子域位移变量以 COPFK 进行展开，展开阶数取 $I = 9$。结果表明，分区方法的计算结果随着分区数目的增大而稳定收敛。当 $N = 150$ 时，分区方法和解析法对应的两端自由直杆前 297 阶频率最大相对误差小于 1×10^{-8}，取 $N = 250$ 时，前 495 阶频率最大相对误差小于 1×10^{-8}，而取 $N = 500$ 和 $N = 1000$ 时，本书解与精确解对应的前 1000 阶频率最大相对误差小于 2.3×10^{-8} 和 6.3×10^{-11}。这说明，分区方法在计算弹性直杆的自由振动频率时具有非常高的精度。需要指出，这里仅考虑了直杆的前 1000 阶频率，实际上随着分区数目的增大，弹性杆更高阶的振动频率也是收敛的。

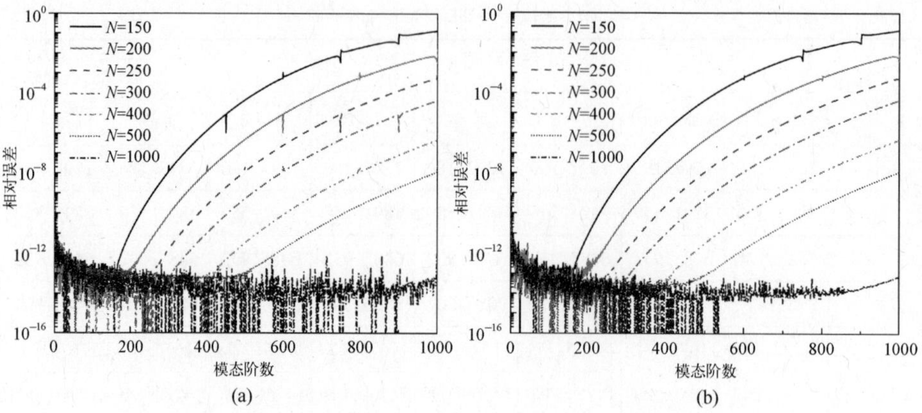

图 3-5　不同边界条件弹性直杆前 1000 阶频率与精确解相对误差

(a) 自由 - 自由;(b) 自由 - 固支。

图 3-6 给出了五种多项式对应的直杆前 1000 阶频率结果与精确解之间的相对误差。杆的尺寸为 $L=6$ m,边界条件为自由 - 固支。计算中,直杆子域位移变量的多项式展开阶数取 $I=9$。结果表明,基于不同多项式的分区方法均能给出非常准确的频率结果,取 $N=600$ 时,5 种多项式得到的频率结果与精确解最大相对误差均小于 1×10^{-8}。

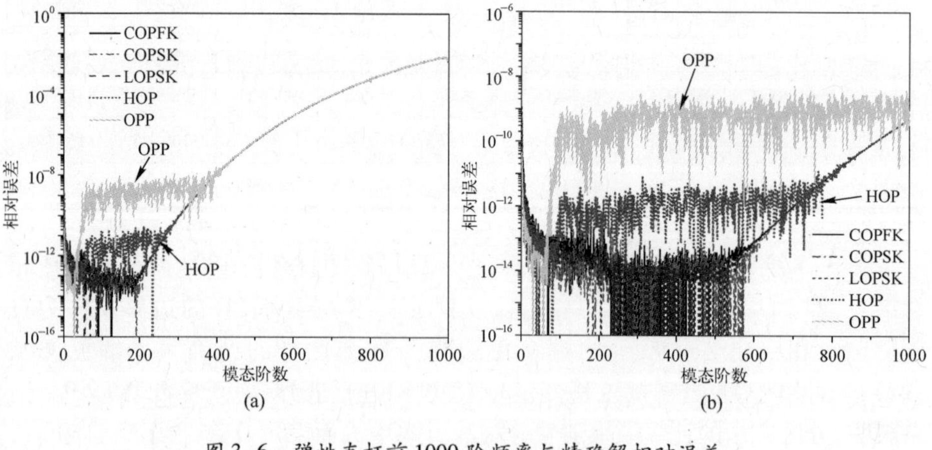

图 3-6　弹性直杆前 1000 阶频率与精确解相对误差

(a) $N=200$;(b) $N=600$。

第4章 层合梁、板及壳体 Zig - zag 理论与振动

纤维增强复合材料层合梁、板及壳体由于具有质量轻、强度高、耐疲劳及可设计性好等特点,已广泛地应用于航空航天、武器装备和船舶舰艇等领域。随着结构不断向大型化和柔性化发展,复合材料层合结构的振动问题也日益突出,工业界对层合结构动态设计的可靠性及合理性等提出了很高的要求。然而,由于复合材料层合结构本身构造的特点,对其进行力学分析会面临各向异性和呈层性等引起的各种耦合效应,并且在大多情况下还必须考虑截面剪切变形的影响,这些都给复合材料层合结构的动力学分析带来了很大的困难。

概括而言,复合材料层合结构的动力学问题主要涉及两方面内容:一是层合结构力学模型的建立,包括位移场、几何关系、应力 - 应变关系、运动微分方程和边界条件等的建立;二是层合结构动力学控制方程的求解。近几十年来,国内外研究者对复合材料层合梁、板及壳体的研究和分析从来没有间断过,一直在探索有效的结构理论和分析方法。在结构理论方面,从建立在直法线、Kirchhoff - Love 假设基础上的经典梁、板及薄壳理论到考虑剪切变形的一阶剪切、高阶剪切理论和分层理论等;在力学模型求解与分析方面,从解析、半解析方法到数值计算方法等,已取得了大量研究成果。经典理论、一阶剪切和高阶剪切变形理论属于等效单层理论的范畴。研究表明[105,106,226,227],对于横截面剪切变形较大或厚度较大的层合板壳,采用等效单层理论得到的自由振动频率与三维弹性理论解相差很大;即使是很薄的复合材料板(厚跨比为 1/50),基于等效单层理论得到的基频在某些情况下与三维弹性理论解之间的相对误差可达 10%,而对于多场耦合问题,误差可达 30%。分层理论虽然可以较为准确地计算复合材料层合结构的整体变形、振动特性以及内部应力分布情况,但该理论的缺点是未知变量个数依赖于铺层数目,计算效率较低。在等效单层理论基础上,通过对其位移场函数添加锯齿函数(Zig - zag 函数),可以使其满足层间位移连续而位移导数不连续这一条件,并且位移场中的未知变量数目还能独立于铺层数目。实践表明,在剪切变形结构理论的位移场中添加锯齿函数能有效地提高结构理论的精度[42]。在层合结构动力学方程求解方面,解析法一般是从运动微分方程出发,根据给定的边界条件和初始条件来寻求控制方程的解析解表达式。由于实际层合结构的几何形状和边界条件通常比较复杂,除一些特殊情况外,一般很难得到

层合结构动力学方程的解析解。有限元法在层合结构动力学数值计算中占据了主导地位,但采用有限元法来处理这类问题时仍存在很多的困难和不足,如大多层合板壳结构理论要求有限元单元位移场函数的一阶导数在单元交界面上满足连续性条件,这使得单元形函数的构造变得困难。

本章介绍一类广义高阶剪切锯齿理论(Zig - zag 理论),该理论位移场中采用了广义位移分布形函数和锯齿函数来描述结构的变形特征。对于一维层合梁,位移场中共有 4 个未知变量;对于二维板壳,则具有 7 个未知变量。通过调整位移分布形函数和锯齿函数,该理论可以退化为目前广泛应用的各种结构理论,包括经典、一阶剪切和高阶剪切梁、板和壳体理论等。本章还介绍基于广义高阶剪切锯齿理论和分区 Nitsche 变分法的层合梁、板及壳体的结构动力学建模和求解问题,并讨论各种简化理论在预测复合材料层合结构振动时的精度和适用性。

4.1 一维层合直梁

复合材料层合梁是由多层复合材料黏合在一起组成的细长承载结构,其几何特征是长度尺寸远大于宽度和厚度尺寸。复合材料层合梁是一类重要的工程结构,它不仅可作为主承载结构,还经常作为板壳的加强肋来使用。层合梁的力学性能与各层材料的力学性能和铺设方式有关。如果将层合梁内各层的材料主方向按不同方向和不同顺序进行铺设,则可得到各种不同力学性能的层合梁。通过这种方式,可在不改变单层材料的情况下,设计出各种力学性能的层合梁以满足工程上不同的要求。

4.1.1 Zig - zag 理论位移场

考虑一个沿厚度方向任意铺层的复合材料直梁(长度 L,宽度 B 和厚度 h),在梁的中性轴上建立笛卡儿直角坐标系 $o-xyz$,其中 x、y 和 z 分别沿着梁的轴向方向,宽度方向和厚度方向,如图 4-1 所示。层合梁的铺层数目为 N_l,第 k 层上下两个表面沿 z 方向的坐标值分别为 z_{k+1} 和 z_k。

在建立层合直梁 Zig - zag 理论之前,对层合梁引入如下力学假设和限制:①铺层之间理想黏结无缝隙,黏结层的厚度可忽略不计,且其本身不发生变形,即各层之间变形连续;②每个铺层的厚度都是均匀的,其材料为线弹性正交各向异性材料;③层合梁厚度方向的正应变忽略不计;④梁的弯曲为平面弯曲;⑤梁的变形与结构尺寸相比为小量。假设复合材料层合梁内任意一点 $P(x,z)$ 处的位移可表示为

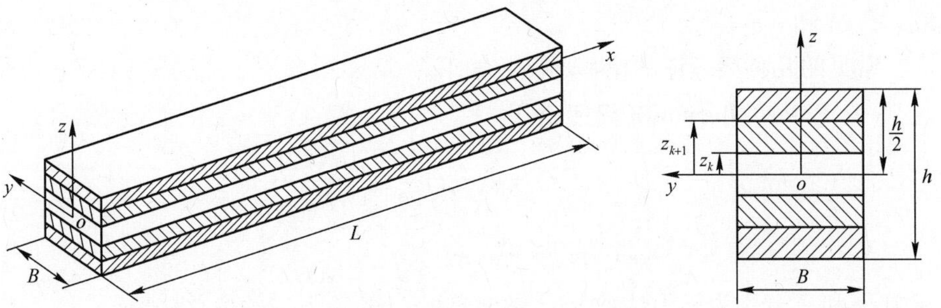

图 4-1　层合直梁几何模型与坐标系

$$\begin{cases} \tilde{u}(x,z,t) = u(x,t) + f(z)\dfrac{\partial w}{\partial x} + g(z)\vartheta(x,t) + \varphi(z,k)\eta(x,t) \\ \tilde{w}(x,z,t) = w(x,t) \end{cases} \tag{4-1}$$

式中：$\tilde{u}$ 和 $\tilde{w}$ 为层合梁内 P 点处 x 和 z 方向的位移分量，它们是关于空间坐标 x、z 以及时间 t 的函数；u，w，ϑ 和 η 为层合梁中性轴上的广义位移，仅与 x 和 t 有关；f 和 g 反映了位移沿厚度方向的分布情况，它们与坐标 z 有关，这里称为广义位移分布形函数；$\varphi(z,k)$ 为锯齿函数，与坐标 z 及铺层数目 k 有关。式(4-1)中有 4 个独立的未知变量，即 u、w、ϑ 和 η。

如果去掉式(4-1)中的锯齿函数（即 $\varphi(z,k)=0$），通过选取不同的位移分布形函数 $f(z)$ 和 $g(z)$，可得到各种常见的等效单层梁理论所对应的位移场函数。例如，取 $f(z)=-z$ 和 $g(z)=0$，可得经典层合梁理论（Euler - Bernoulli 梁理论）的位移场；取 $f(z)=0$ 和 $g(z)=z$，可得 Timoshenko 一阶剪切梁理论的位移场；取 $f(z)=-4z^3/(3h^2)$ 和 $g(z)=z-4z^3/(3h^2)$，可得 Reddy 高阶剪切梁理论的位移场。表 4-1 中列出了其他研究者针对梁、板和壳体建议的各种位移分布形函数，这里将它们统一作为 Zig - zag 理论的位移形函数。如果令 $f(z)=-z$，$g(z)$ 取表 4-1 中的位移形函数，则可得不同高阶剪切理论的位移场。需要说明，$f(z)$ 和 $g(z)$ 的选取不是任意的，它们至少要满足两个条件：一是层合梁上下自由表面剪应力为零；二是横向剪应力和剪切应变沿厚度分布尽可能与三维弹性理论解相符。为了描述方便，将 Euler - Bernoulli 梁、Timoshenko 一阶剪切理论及 Reddy 三阶剪切理论分别简写为 CT，FDT 和 $\mathrm{HDT}_{[\mathrm{R}]}$。取 $f(z)=-z$ 和 $\varphi(z,k)=0$，$g(z)$ 取不同的位移分布形函数，相应的高阶剪切理论的简写形式见表 4-1。对于层合梁 Zig - zag 理论，采用下标 Z 作以区别，如 CT_Z，FDT_Z 和 $\mathrm{HDT}_{\mathrm{Z[R]}}$ 分别表示在 Euler - Bernoulli 理论、Timoshenko 理论及 Reddy 高阶剪切理论的位移场中考虑了锯齿函数 $\varphi(z,k)$。表 4-1 中的 $\mathrm{HDT}_{[\mathrm{M2}]}$ 和 $\mathrm{HDT}_{[\mathrm{M3}]}$ 分别表示位移形函数中的参数 $\nu=1/(5h)$ 和 $\nu=\pi/(2h)$，$\mathrm{HDT}_{[\mathrm{VE1}]}$ 和 $\mathrm{HDT}_{[\mathrm{VE2}]}$ 分别表示取 $\nu=1$ 和 $\nu=1/[\cosh(\pi/2)-1]$，$\mathrm{HDT}_{[\mathrm{M5}]}$ 和 $\mathrm{HDT}_{[\mathrm{M6}]}$ 则分别表示

取$\nu=-6$和$\nu=-7$。

常见的几种梁理论的位移场函数如下。

一、Euler - Bernoulli 梁理论

$$\begin{cases}\widetilde{u}(x,z,t)=u(x,t)-z\dfrac{\partial w(x,t)}{\partial x}\\ \widetilde{w}(x,z,t)=w(x,t)\end{cases} \tag{4-2}$$

式中:u 和 w 分别为梁中性轴上 x(轴向)和 z(横向)方向的位移分量。

Euler - Bernoulli 梁理论基于了直法线假设,即层合梁中变形前垂直于中性轴的直线段,在梁变形后仍垂直于变形后的中性轴且长度保持不变。在该理论中,梁弯曲产生的横截面转角为 $-\partial w/\partial x$,如图 4-2 所示。由于 Euler - Bernoulli 梁理论对应的变量少(2 个变量)且计算简单,该理论常被用来分析细长层合梁的低频振动问题。工程中还有一种常用的 Rayleigh 梁理论,该理论对应的位移场函数与式(4-2)是相同的,但其运动微分方程与 Euler - Bernoulli 梁理论的有所不同,后面将会介绍。

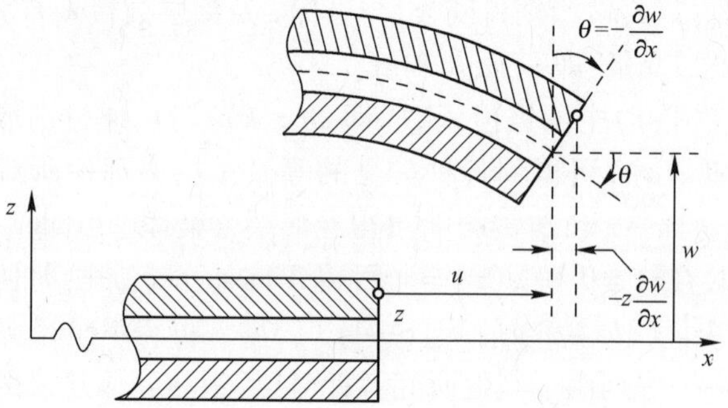

图 4-2　Euler - Bernoulli 梁变形示意图

二、Timoshenko 一阶剪切梁理论

$$\widetilde{u}(x,z,t)=u(x,t)+z\vartheta(x,t)$$
$$\widetilde{w}(x,z,t)=w(x,t) \tag{4-3}$$

式中:u 和 w 分别为梁中性轴上 x 和 z 方向的位移分量;ϑ 为横截面转角。

Timoshenko 一阶剪切梁理论具有 3 个独立的位移变量,该理论放弃了直法线假设,考虑了梁横截面的剪切变形,认为层合梁内变形前垂直于中性轴的直线段,变形后仍保持为直线但不再垂直于中性轴。在 Timoshenko 梁理论中,层合梁中性轴的转角包括了梁弯曲产生的截面转角($-\partial w/\partial x$)和剪切变形产生的截面转角 γ_{xz}两部分,即 $\vartheta=\gamma_{xz}-\partial w/\partial x$,如图 4-3 所示。

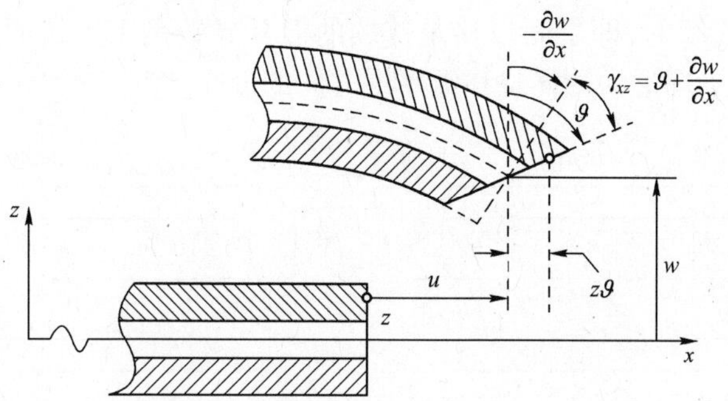

图 4-3　Timoshenko 梁变形示意图

三、Reddy 高阶剪切梁理论

$$
\begin{cases}
\tilde{u}(x,z,t)=u(x,t)+z\vartheta(x,t)-\dfrac{4z^3}{3h^2}\left[\vartheta(x,t)+\dfrac{\partial w(x,t)}{\partial x}\right] \\
\tilde{w}(x,z,t)=w(x,t)
\end{cases}
\tag{4-4}
$$

显然，Reddy 高阶剪切梁理论对应的位移场变量数目与 Timoshenko 梁理论的相同，也是 3 个，即 u，w 和 ϑ，其中 u 和 w 的物理意义与 Timoshenko 梁理论的相同，它们表示中性轴上的轴向和横向位移分量。在 Reddy 高阶剪切梁理论中，ϑ 仍然为横截面转角，但由于该理论使用了关于厚度方向更高阶次的位移场，导致层合梁内变形前垂直于中性轴的直线段已不再是直线（图 4-4），因而该理论中 ϑ 的力学意义与 Timoshenko 梁理论的不同。与 Timoshenko 梁理论相比，Reddy 梁理论能更合理地反映梁的截面变形，进而能提高横向剪切变形的近似精度。

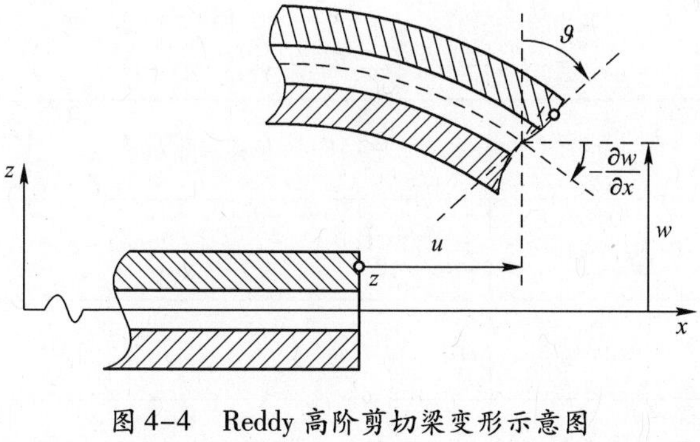

图 4-4　Reddy 高阶剪切梁变形示意图

在复合材料层合梁的铺层界面上应满足位移协调和应力平衡关系。由于每层的铺设材料和铺设角度可能不同，导致层合梁各层的刚度系数也不同，由本构关系式（2-14）可知铺层界面上相邻铺层的应变是不同的，这表示位移的一阶导数是不连续的。因此，复合材料层合梁的轴向位移 $\tilde{u}$ 沿厚度方向在铺层界面处

应该仅是 C_0 连续的,即层间位移是连续的但其导数是不连续的。图 4-5 中给出了不同层合梁理论的轴向位移沿厚度方向的分布情况。

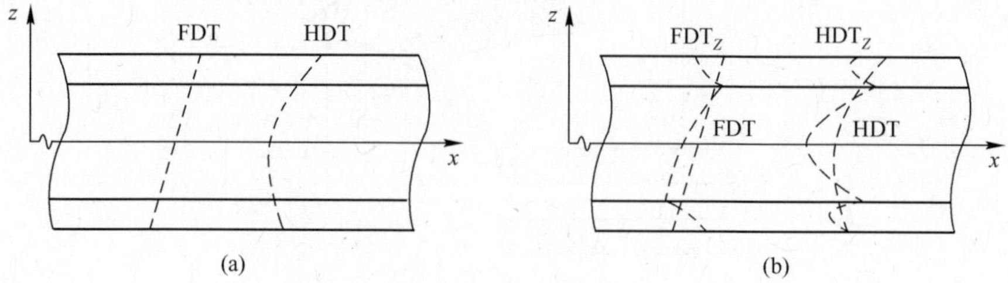

图 4-5 层合梁轴向位移

(a)无 Zig - zag 函数;(b)含 Zig - zag 函数。

由式(4-1)可知,各种不考虑 Zig - zag 效应的层合梁理论都不能满足轴向位移沿厚度方向呈锯齿形分布这一特性。Murakami[42] 在等效单层理论位移模型中加入一种 Zig - zag 函数,可以使轴向位移满足层间连续但位移导数非连续这一条件,即

$$\varphi(z,k)=(-1)^k\frac{2}{h_k}\left[z-\frac{1}{2}(z_{k+1}+z_k)\right] \tag{4-5}$$

式中:h_k 为第 k 层的厚度,$h_k=z_{k+1}-z_k$。

若将式(4-5)代入式(4-1),由各种简化理论得到的剪应力分量一般不能满足复合材料层合梁上下两个表面剪应力为零条件。对式(4-5)进行修正,得

$$\varphi(z,k)=(-1)^k\left\{\frac{2}{h_k}\left[z-\frac{1}{2}(z_{k+1}+z_k)\right]-\frac{8z^3}{3h_kh^2}\right\} \tag{4-6}$$

表 4-1 位移分布形函数 $g(z)$

	位移函数 $g(z)$	缩写
Kaczkowski[228],Panc[229],Reissner[230]	$\frac{5z}{4}\left(1-\frac{4}{3h^2}z^2\right)$	$HDT_{[KPR]}$
Levinson[231],Murty[232],Reddy[30]	$z\left(1-\frac{4}{3h^2}z^2\right)$	$HDT_{[LMR]}$
Levy[233],Stein[234],Touratier [235]	$\frac{h}{\pi}\sin\left(\frac{\pi}{h}z\right)$	$HDT_{[LST]}$
Mantari 等[34]	$\sin\left(\frac{\pi}{h}z\right)\exp\left[\frac{1}{2}\cos\left(\frac{\pi}{h}z\right)\right]+\frac{\pi}{2h}z$	$HDT_{[M1]}$
Viola 等[65]	$\frac{2h}{\pi}\tan\left(\frac{\pi}{2h}z\right)$	$HDT_{[V]}$

（续）

	位移函数 $g(z)$	缩写
Mantari 等[35]	$\tan(\nu z)-z\nu\sec^2\left(\frac{\nu h}{2}\right),\nu=\left\{\frac{1}{5h},\frac{\pi}{2h}\right\}$	$HDT_{[M2]}$ $HDT_{[M3]}$
Karama 等[12]，Aydogdu[33]	$ze^{-2(z/h)^2}(z\nu^{-2(z/h)^2/\ln\nu},\forall\nu>0)$	$HDT_{[KA]}$
Mantari 等[36]	$z2.85^{-2(z/h)^2}+0.028z$	$HDT_{[M4]}$
Viola 等[65]，El Meiche 等[37]	$\nu\left[\frac{h}{\pi}\sinh\left(\frac{\pi}{h}z\right)-z\right],\nu=\left\{1,\frac{1}{\cosh(\pi/2)-1}\right\}$	$HDT_{[VE1]}$ $HDT_{[VE2]}$
Soldatos[38]	$h\sinh\left(\frac{z}{h}\right)-z\cosh\left(\frac{1}{2}\right)$	$HDT_{[S]}$
Mantari 和 Guedes Soares[39]	$\sinh\left(\frac{z}{h}\right)e^{\nu\cosh\left(\frac{z}{h}\right)}-\frac{z}{h}\left[\cosh\left(\frac{1}{2}\right)+\nu\sinh^2\left(\frac{1}{2}\right)\right]e^{\nu\cosh\left(\frac{1}{2}\right)},\nu=\{-6,-7\}$	$HDT_{[M5]}$ $HDT_{[M6]}$
Akavci 和 Tanrikulu[40]	$\frac{3\pi}{2}h\tanh\left(\frac{z}{h}\right)-\frac{3\pi}{2}z\,\mathrm{sech}^2\left(\frac{1}{2}\right)$	$HDT_{[AT1]}$
Akavci 和 Tanrikulu[40]	$z\,\mathrm{sech}\left(\pi\frac{z^2}{h^2}\right)-z\,\mathrm{sech}\left(\frac{\pi}{4}\right)\left[1-\frac{\pi}{2}\tanh\left(\frac{\pi}{4}\right)\right]$	$HDT_{[AT2]}$
Grover 等[41]	$\sinh^{-1}\left(\frac{\nu}{h}z\right)-\frac{2\nu z}{h\sqrt{\nu^2+4}},\nu=3.0$	$HDT_{[G]}$

4.1.2 基本微分方程

将式(4-1)代入式(2-11)，得到层合梁内任意一点处的轴向正应变 ε_{xx} 和横向剪应变 γ_{xz} 为

$$\varepsilon_{xx}=\varepsilon_{xx}^{(0)}+f\varepsilon_{xx}^{(1)}+g\varepsilon_{xx}^{(2)}+\varphi\varepsilon_{xx}^{(3)},\quad \gamma_{xz}=\bar{f}\gamma_{xz}^{(0)}+\bar{g}\gamma_{xz}^{(1)}+\bar{\varphi}\gamma_{xz}^{(2)} \tag{4-7}$$

式中

$$\varepsilon_{xx}^{(0)}=\frac{\partial u}{\partial x},\quad \varepsilon_{xx}^{(1)}=\frac{\partial^2 w}{\partial x^2},\quad \varepsilon_{xx}^{(2)}=\frac{\partial\vartheta}{\partial x},\quad \varepsilon_{xx}^{(3)}=\frac{\partial\eta}{\partial x} \tag{4-8}$$

$$\gamma_{xz}^{(0)}=\frac{\partial w}{\partial x},\quad \gamma_{xz}^{(1)}=\vartheta,\quad \gamma_{xz}^{(2)}=\eta \tag{4-9}$$

$$\bar{f}=1+\frac{\partial f}{\partial z},\quad \bar{g}=\frac{\partial g}{\partial z},\quad \bar{\varphi}=\frac{\partial\varphi}{\partial z} \tag{4-10}$$

如果令式(4-7)中 $\varphi=0$，即不考虑 Zig - zag 函数，通过选取特定的 f 和 g，可得到几种常见梁理论对应的应变表达式。

一、Euler - Bernoulli 梁理论

$$\varepsilon_{xx} = \varepsilon_{xx}^{(0)} - z\varepsilon_{xx}^{(1)} = \frac{\partial u}{\partial x} - z\frac{\partial^2 w}{\partial x^2} \tag{4-11a}$$

$$\gamma_{xz} = 0 \tag{4-11b}$$

式中：$\varepsilon_{xx}^{(0)}$为中性轴上的拉伸应变；$-\varepsilon_{xx}^{(1)}$为中性轴的弯曲挠曲率。

层合梁内任意一点的轴向应变由中性轴的拉伸应变和弯曲挠曲率决定，沿厚度呈线性分布。Euler - Bernoulli 梁理论忽略了层合梁沿厚度方向的剪应变，无法反映横截面剪切变形引起的截面翘曲对层合梁的影响。

二、Timoshenko 梁理论

$$\varepsilon_{xx} = \varepsilon_{xx}^{(0)} + z\varepsilon_{xx}^{(2)} = \frac{\partial u}{\partial x} + z\frac{\partial \vartheta}{\partial x} \tag{4-12a}$$

$$\gamma_{xz} = \gamma_{xz}^{(0)} + \gamma_{xz}^{(1)} = \frac{\partial w}{\partial x} + \vartheta \tag{4-12b}$$

在 Timoshenko 梁理论理论中，剪应变 γ_{xz}与 z 无关，其沿着厚度方向为常值分布。这表明，梁内各层横向剪应力为常数，不能满足层合梁上下表面剪应力为零的条件。因此，该理论不能准确地反映横向剪切变形对层合梁的影响。

三、Reddy 高阶剪切梁理论

$$\varepsilon_{xx} = \varepsilon_{xx}^{(0)} - \frac{4z^3}{3h^2}\varepsilon_{xx}^{(1)} + \left(z - \frac{4z^3}{3h^2}\right)\varepsilon_{xx}^{(2)} \tag{4-13a}$$

$$\gamma_{xz} = \left(1 - \frac{4z^2}{h^2}\right)(\gamma_{xz}^{(0)} + \gamma_{xz}^{(1)}) \tag{4-13b}$$

显然，在 Reddy 高阶剪切梁理论中，梁的剪应变沿厚度方向呈抛物分布，并且能够满足$\gamma_{xz}\big|_{z=\pm h/2} = 0$。

假设层合梁内每层材料的弹性主方向为纤维方向（x_1）、面内垂直纤维的方向（x_2）和垂直该层平面的法向（x_3），如图 4-6 所示。由于每层材料的弹性主方向和层合梁的结构坐标（x，y 和 z）不一致，需要利用应力和应变转轴公式得到结构坐标系下每层材料的应力 - 应变关系。假设第 k 层复合材料的纤维方向 x_1 与坐标轴 x 轴之间的夹角为 $\theta^{(k)}$（铺层角度），规定铺层角度以逆时针方向为正，顺时针方向为负。

由于忽略了层合梁厚度方向的正应力和正应变，则第 k 层复合材料主方向上的应力 - 应变关系为

$$\begin{bmatrix}\sigma_1\\ \sigma_2\\ \sigma_6\end{bmatrix}^{(k)} = \begin{bmatrix}Q_{11}^{(k)} & Q_{12}^{(k)} & 0\\ Q_{12}^{(k)} & Q_{22}^{(k)} & 0\\ 0 & 0 & Q_{66}^{(k)}\end{bmatrix}\begin{bmatrix}\varepsilon_1\\ \varepsilon_2\\ \varepsilon_6\end{bmatrix}^{(k)},\quad \begin{bmatrix}\sigma_4\\ \sigma_5\end{bmatrix}^{(k)} = \begin{bmatrix}Q_{44}^{(k)} & 0\\ 0 & Q_{55}^{(k)}\end{bmatrix}\begin{bmatrix}\varepsilon_4\\ \varepsilon_5\end{bmatrix}^{(k)} \tag{4-14}$$

式中：$Q_{ij}^{(k)}$（$i,j=1,2,4,5,6$）为材料主轴方向的刚度系数。

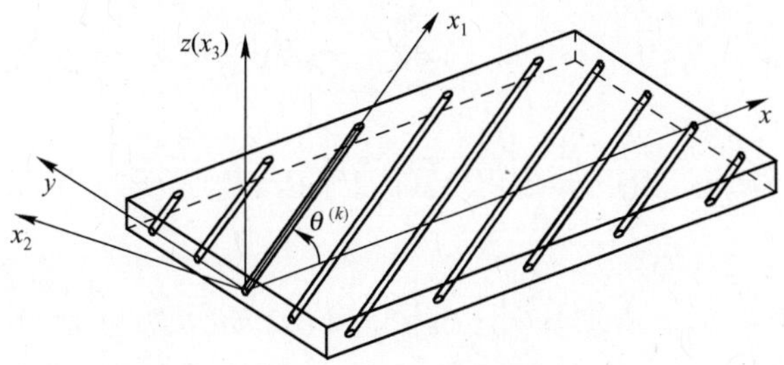

图 4-6　材料主方向与层合梁坐标轴夹角

这里采用 $Q_{ij}^{(k)}$ 而不采用式(2-30)中的 $C_{ij}^{(k)}$ 作为刚度系数,是因为在不考虑法向应变和法向应力条件下,$Q_{ij}^{(k)}$ 和 $C_{ij}^{(k)}$ 在数值上略有差别。$Q_{ij}^{(k)}$ 也称为折减刚度系数,它们与工程弹性常数之间的关系为

$$Q_{11}^{(k)}=\frac{E_1^{(k)}}{1-\mu_{12}^{(k)}\mu_{21}^{(k)}},\quad Q_{12}^{(k)}=\frac{\mu_{12}^{(k)}E_2^{(k)}}{1-\mu_{12}^{(k)}\mu_{21}^{(k)}},\quad Q_{22}^{(k)}=\frac{E_2^{(k)}}{1-\mu_{12}^{(k)}\mu_{21}^{(k)}},$$
$$Q_{44}^{(k)}=G_{23}^{(k)},\quad Q_{55}^{(k)}=G_{13}^{(k)},\quad Q_{66}^{(k)}=G_{12}^{(k)} \tag{4-15}$$

式(4-15)表明,对于每一层材料仅需 6 个独立的工程弹性常数即可确定应力 - 应变关系,即 $E_1^{(k)}$,$E_2^{(k)}$,$G_{23}^{(k)}$,$G_{13}^{(k)}$,$G_{12}^{(k)}$ 和 $\mu_{12}^{(k)}$。

根据 2.1.3 节中介绍的应力和应变转轴公式,将 k 层材料主方向的应力和应变分量转换到层合梁结构坐标系,得

$$\begin{bmatrix}\sigma_{xx}\\ \sigma_{yy}\\ \sigma_{xy}\end{bmatrix}^{(k)}=\begin{bmatrix}\overline{Q}_{11}^{(k)} & \overline{Q}_{12}^{(k)} & \overline{Q}_{16}^{(k)}\\ \overline{Q}_{12}^{(k)} & \overline{Q}_{22}^{(k)} & \overline{Q}_{26}^{(k)}\\ \overline{Q}_{16}^{(k)} & \overline{Q}_{26}^{(k)} & \overline{Q}_{66}^{(k)}\end{bmatrix}\begin{bmatrix}\varepsilon_{xx}\\ \varepsilon_{yy}\\ \gamma_{xy}\end{bmatrix}^{(k)},\quad \begin{bmatrix}\sigma_{yz}\\ \sigma_{xz}\end{bmatrix}^{(k)}=k_s\begin{bmatrix}\overline{Q}_{44}^{(k)} & \overline{Q}_{45}^{(k)}\\ \overline{Q}_{45}^{(k)} & \overline{Q}_{55}^{(k)}\end{bmatrix}\begin{bmatrix}\gamma_{yz}\\ \gamma_{xz}\end{bmatrix}^{(k)} \tag{4-16}$$

式中:k_s 为剪切修正因子。对于 Euler - Bernoulli 梁理论,由于不考虑横截面的剪切变形效应,因此取 $k_s=0$;对于 Timoshenko 梁理论,$k_s=5/6$;对于高阶剪切变形梁理论,由于不需要引入剪切修正因子,则取 $k_s=1$。$\overline{Q}_{ij}^{(k)}$($i,j=1,2,4,5,6$)为第 k 层复合材料的偏轴方向刚度系数,$\overline{Q}_{ij}^{(k)}$ 与材料主轴方向的刚度系数 $Q_{ij}^{(k)}$ 之间的关系为

$$\overline{Q}_{11}^{(k)}=Q_{11}^{(k)}\cos^4\theta^{(k)}+2(Q_{12}^{(k)}+2Q_{66}^{(k)})\sin^2\theta^{(k)}\cos^2\theta^{(k)}+Q_{22}^{(k)}\sin^4\theta^{(k)} \tag{4-17a}$$

$$\overline{Q}_{12}^{(k)}=(Q_{11}^{(k)}+Q_{22}^{(k)}-4Q_{66}^{(k)})\sin^2\theta^{(k)}\cos^2\theta^{(k)}+Q_{12}^{(k)}(\sin^4\theta^{(k)}+\cos^4\theta^{(k)}) \tag{4-17b}$$

$$\overline{Q}_{22}^{(k)}=Q_{11}^{(k)}\sin^4\theta^{(k)}+2(Q_{12}^{(k)}+2Q_{66}^{(k)})\sin^2\theta^{(k)}\cos^2\theta^{(k)}+Q_{22}^{(k)}\cos^4\theta^{(k)} \tag{4-17c}$$

$$\overline{Q}_{16}^{(k)}=(Q_{11}^{(k)}-Q_{12}^{(k)}-2Q_{66}^{(k)})\sin\theta^{(k)}\cos^3\theta^{(k)}+(Q_{12}^{(k)}-Q_{22}^{(k)}+2Q_{66}^{(k)})\sin^3\theta^{(k)}\cos\theta^{(k)} \tag{4-17d}$$

$$\overline{Q}_{26}^{(k)}=(Q_{11}^{(k)}-Q_{12}^{(k)}-2Q_{66}^{(k)})\sin^3\theta^{(k)}\cos\theta^{(k)}+(Q_{12}^{(k)}-Q_{22}^{(k)}+2Q_{66}^{(k)})\sin\theta^{(k)}\cos^3\theta^{(k)} \tag{4-17e}$$

$$\overline{Q}_{66}^{(k)}=(Q_{11}^{(k)}+Q_{22}^{(k)}-2Q_{12}^{(k)}-2Q_{66}^{(k)})\sin^2\theta^{(k)}\cos^2\theta^{(k)}+Q_{66}^{(k)}(\sin^4\theta^{(k)}+\cos^4\theta^{(k)}) \tag{4-17f}$$

$$\overline{Q}_{44}^{(k)}=Q_{44}^{(k)}\cos^2\theta^{(k)}+Q_{55}^{(k)}\sin^2\theta^{(k)} \tag{4-17g}$$

$$\overline{Q}_{45}^{(k)}=(Q_{55}^{(k)}-Q_{44}^{(k)})\cos\theta^{(k)}\sin\theta^{(k)} \tag{4-17h}$$

$$\overline{Q}_{55}^{(k)}=Q_{55}^{(k)}\cos^2\theta^{(k)}+Q_{44}^{(k)}\sin^2\theta^{(k)} \tag{4-17i}$$

根据层合梁的平面弯曲假设，与 y 相关的层合梁应力分量均为零，即 $\sigma_{yy}=\sigma_{xy}=\sigma_{yz}=0$，由式(4-16)，得

$$\sigma_{xx}=\widetilde{Q}_{11}^{(k)}\varepsilon_{xx},\quad \sigma_{xz}=k_s\widetilde{Q}_{55}^{(k)}\gamma_{xz} \tag{4-18}$$

式中

$$\widetilde{Q}_{11}^{(k)}=\overline{Q}_{11}^{(k)}-\begin{bmatrix}\overline{Q}_{12}^{(k)}\\ \overline{Q}_{16}^{(k)}\end{bmatrix}^{\mathrm{T}}\begin{bmatrix}\overline{Q}_{22}^{(k)} & \overline{Q}_{26}^{(k)}\\ \overline{Q}_{26}^{(k)} & \overline{Q}_{66}^{(k)}\end{bmatrix}^{-1}\begin{bmatrix}\overline{Q}_{12}^{(k)}\\ \overline{Q}_{16}^{(k)}\end{bmatrix} \tag{4-19a}$$

$$\widetilde{Q}_{55}^{(k)}=\overline{Q}_{55}^{(k)}-\frac{1}{\overline{Q}_{44}^{(k)}}(\overline{Q}_{45}^{(k)})^2 \tag{4-19b}$$

下面推导广义高阶剪切 Zig - zag 理论对应的层合梁运动微分方程和边界条件。根据 Hamilton 变分原理式(3-22)，有

$$\delta\int_{t_1}^{t_2}(T-U+W)\mathrm{d}t=0 \tag{4-20}$$

式中：T 和 U 分别为层合梁的动能和应变能；W 为外力所做的功。

层合梁的动能表达式为

$$T=\frac{1}{2}\sum_{k=1}^{N_l}\int_{z_k}^{z_{k+1}}\int_S\rho^{(k)}\left[\left(\dot{u}+f\frac{\partial\dot{w}}{\partial x}+g\dot{\vartheta}+\varphi\dot{\eta}\right)^2+\dot{w}^2\right]\mathrm{d}S\mathrm{d}z \tag{4-21}$$

式中：广义位移变量上的一点表示该变量对时间 t 进行求导，如 $\dot{u}=\partial u/\partial t$；$\rho^{(k)}$ 为第 k 层复合材料梁的质量密度；$\mathrm{d}S$ 为面积微分算符，$\mathrm{d}S=B\mathrm{d}x$。

将 $\mathrm{d}S=B\mathrm{d}x$ 代入式(4-21)，得

$$T=\frac{1}{2}\sum_{k=1}^{N_l}\int_{z_k}^{z_{k+1}}\int_0^L\rho^{(k)}\left[\left(\dot{u}+f\frac{\partial\dot{w}}{\partial x}+g\dot{\vartheta}+\varphi\dot{\eta}\right)^2+\dot{w}^2\right]B\mathrm{d}x\mathrm{d}z \tag{4-22}$$

层合梁的应变能为

$$U=\frac{1}{2}\sum_{k=1}^{N_l}\int_{z_k}^{z_{k+1}}\int_0^L(\sigma_{xx}\varepsilon_{xx}+\sigma_{xz}\gamma_{xz})B\mathrm{d}x\mathrm{d}z \tag{4-23}$$

将式(4-7)和式(4-18)代入式(4-23)，得

$$U=\frac{1}{2}\int_0^L(N_x\varepsilon_{xx}^{(0)}+M_x\varepsilon_{xx}^{(1)}+P_x\varepsilon_{xx}^{(2)}+T_x\varepsilon_{xx}^{(3)}+Q_{xz}\gamma_{xz}^{(0)}+P_{xz}\gamma_{xz}^{(1)}+T_{xz}\gamma_{xz}^{(2)})B\mathrm{d}x \tag{4-24}$$

式中：N_x、M_x、P_x、T_x、Q_{xz}、P_{xz}和 T_{xz}为层合梁的广义内力，它们的表达式为

$$N_x=\sum_{k=1}^{N_l}\int_{z_k}^{z_{k+1}}\sigma_{xx}\mathrm{d}z,\quad M_x=\sum_{k=1}^{N_l}\int_{z_k}^{z_{k+1}}f\sigma_{xx}\mathrm{d}z,\quad P_x=\sum_{k=1}^{N_l}\int_{z_k}^{z_{k+1}}g\sigma_{xx}\mathrm{d}z,\quad T_x=\sum_{k=1}^{N_l}\int_{z_k}^{z_{k+1}}\varphi\sigma_{xx}\mathrm{d}z,$$

$$Q_{xz}=\sum_{k=1}^{N_l}\int_{z_k}^{z_{k+1}}\bar{f}\sigma_{xz}\mathrm{d}z,\quad P_{xz}=\sum_{k=1}^{N_l}\int_{z_k}^{z_{k+1}}\bar{g}\sigma_{xz}\mathrm{d}z,\quad T_{xz}=\sum_{k=1}^{N_l}\int_{z_k}^{z_{k+1}}\bar{\varphi}\sigma_{xz}\mathrm{d}z \tag{4-25}$$

将式(4-7)代入式(4-18)后，再将式(4-18)代入式(4-25)，将广义内力和中性轴广义应变分量之间的关系写成矩阵形式，则有

$$\begin{bmatrix}N_x\\M_x\\P_x\\T_x\end{bmatrix}=\begin{bmatrix}A_{11}&B_{11}&E_{11}&F_{11}\\B_{11}&D_{11}&G_{11}&H_{11}\\E_{11}&G_{11}&I_{11}&J_{11}\\F_{11}&H_{11}&J_{11}&R_{11}\end{bmatrix}\begin{bmatrix}\varepsilon_{xx}^{(0)}\\\varepsilon_{xx}^{(1)}\\\varepsilon_{xx}^{(2)}\\\varepsilon_{xx}^{(3)}\end{bmatrix},\quad\begin{bmatrix}Q_{xz}\\P_{xz}\\T_{xz}\end{bmatrix}=\begin{bmatrix}D_{55}&G_{55}&H_{55}\\G_{55}&I_{55}&J_{55}\\H_{55}&J_{55}&R_{55}\end{bmatrix}\begin{bmatrix}\gamma_{xz}^{(0)}\\\gamma_{xz}^{(1)}\\\gamma_{xz}^{(2)}\end{bmatrix} \tag{4-26}$$

式中

$$(A_{11},B_{11},D_{11},E_{11},F_{11},G_{11},H_{11},I_{11},J_{11},R_{11})=\sum_{k=1}^{N_l}\int_{z_k}^{z_{k+1}}(1,f,f^2,g,\varphi,fg,f\varphi,g^2,g\varphi,\varphi^2)\widetilde{Q}_{11}^{(k)}\mathrm{d}z \tag{4-27a}$$

$$(D_{55},G_{55},H_{55},I_{55},J_{55},R_{55})=k_s\sum_{k=1}^{N_l}\int_{z_k}^{z_{k+1}}(\bar{f}^2,\bar{f}\bar{g},\bar{f}\bar{\varphi},\bar{g}^2,\bar{g}\bar{\varphi},\bar{\varphi}^2)\widetilde{Q}_{55}^{(k)}\mathrm{d}z \tag{4-27b}$$

假设层合梁中性轴上作用有分布式轴向力和横向力，则外力所做的功 W 为

$$W=\int_0^L[f_u(x)u+f_w(x)w]B\mathrm{d}x \tag{4-28}$$

式中：f_u 为沿着 x 方向的单位长度轴向载荷分量；f_w 为作用于 z 方向的单位长度横向作用力。

需要注意，由于层合梁的法向应变忽略不计，因此作用于层合梁上下表面上的横向力等价于作用于中性轴上。

将式(4-22)、式(4-24)和(4-28)代入式(4-20)，根据 Hamilton 变分原理可得到广义高阶剪切 Zig - zag 理论对应的层合梁运动微分方程，即

$$\delta u:\quad \frac{\partial N_x}{\partial x}+f_u=\rho_0\ddot{u}+\rho_1\frac{\partial\ddot{w}}{\partial x}+\rho_2\ddot{\vartheta}+\rho_3\ddot{\eta} \tag{4-29a}$$

$$\delta w:\quad \frac{\partial Q_{xz}}{\partial x}-\frac{\partial^2 M_x}{\partial x^2}+f_w=\rho_0\ddot{w}-\rho_1\frac{\partial\ddot{u}}{\partial x}-\rho_4\frac{\partial^2\ddot{w}}{\partial x^2}-\rho_5\frac{\partial\ddot{\vartheta}}{\partial x}-\rho_6\frac{\partial\ddot{\eta}}{\partial x} \tag{4-29b}$$

$$\delta\vartheta:\quad \frac{\partial P_x}{\partial x}-P_{xz}=\rho_2\ddot{u}+\rho_5\frac{\partial\ddot{w}}{\partial x}+\rho_7\ddot{\vartheta}+\rho_8\ddot{\eta} \tag{4-29c}$$

$$\delta\eta: \quad \frac{\partial T_x}{\partial x} - T_{xz} = \rho_3 \ddot{u} + \rho_6 \frac{\partial \ddot{w}}{\partial x} + \rho_8 \ddot{\vartheta} + \rho_9 \ddot{\eta} \tag{4-29d}$$

式中：$\rho_i(i=0,1,2,\cdots,9)$为广义惯量。

$$(\rho_0,\rho_1,\rho_2,\rho_3,\rho_4,\rho_5,\rho_6,\rho_7,\rho_8,\rho_9) = \sum_{k=1}^{N_l} \int_{z_k}^{z_{k+1}} \rho^{(k)} (1,f,g,\varphi,f^2,fg,f\varphi,g^2,g\varphi,\varphi^2)\,\mathrm{d}z \tag{4-30}$$

另外，如果在式(4-28)中同时考虑广义边界力所做的功，由Hamilton变分原理不仅可以得到式(4-29)，还可以得到层合梁的边界条件。如在层合梁两端$x=0,L$处，有

$$N_x = \overline{N}_x \quad 或 \quad u = \overline{u} \tag{4-31a}$$

$$\widetilde{Q}_{xz} = Q_{xz} - \frac{\partial M_x}{\partial x} + \rho_1 \ddot{u} + \rho_4 \frac{\partial \ddot{w}}{\partial x} + \rho_5 \ddot{\vartheta} + \rho_6 \ddot{\eta} = \overline{Q}_{xz} \quad 或 \quad w = \overline{w} \tag{4-31b}$$

$$M_x = \overline{M}_x \quad 或 \quad \frac{\partial w}{\partial x} = \frac{\partial \overline{w}}{\partial x} \tag{4-31c}$$

$$P_x = \overline{P}_x \quad 或 \quad \vartheta = \overline{\vartheta} \tag{4-31d}$$

$$T_x = \overline{T}_x \quad 或 \quad \eta = \overline{\eta} \tag{4-31e}$$

式中，上划线的各量表示边界上给定的值。$\widetilde{Q}_{xz}$为等效横向力，它包含了层合梁的广义惯性力项。式(4-29)和式(4-31)是通过Hamilton变分原理得到的变分一致的层合梁运动微分方程以及边界条件。然而，实际处理边界条件式(4-31b)是非常不便的，将$\widetilde{Q}_{xz}$中的广义惯性项忽略掉，采用下面的边界条件来代替式(4-31b)，即

$$\widetilde{Q}_{xz} = Q_{xz} - \frac{\partial M_x}{\partial x} = \overline{Q}_{xz} \quad 或 \quad w = \overline{w} \tag{4-32}$$

注意，采用了式(4-32)后，层合梁的运动微分方程与边界条件不再变分一致。

由式(4-31a)、式(4-31c)～式(4-31e)和式(4-32)可以组合出不同的层合梁边界条件。下面给出几种工程中常见的边界条件。

$$自由边界条件：\quad N_x=0,\quad \widetilde{Q}_{xz}=0,\quad M_x=0,\quad P_x=0,\quad T_x=0 \tag{4-33a}$$

$$简支边界条件\,\mathrm{I}：\quad N_x=0,\quad w=0,\quad M_x=0,\quad P_x=0,\quad T_x=0 \tag{4-33b}$$

$$简支边界条件\,\mathrm{II}：\quad N_x=0,\quad w=0,\quad \frac{\partial w}{\partial x}=0,\quad P_x=0,\quad T_x=0 \tag{4-33c}$$

$$固支边界条件：\quad u=0,\quad w=0,\quad \frac{\partial w}{\partial x}=0,\quad \vartheta=0,\quad \eta=0 \tag{4-33d}$$

若在式(4-1)中去掉锯齿函数项，选取不同的位移分布形函数$f(z)$和$g(z)$，由式(4-29)、式(4-31)和式(4-32)可得以下常见的等效单层梁理论所对应的

运动微分方程和边界条件。

一、Euler - Bernoulli 梁理论和 Rayleigh 梁理论

若将 Euler - Bernoulli 梁的位移分布形函数代入式(4-29),得

$$\frac{\partial N_x}{\partial x}+f_u=\rho_0\ddot{u}+\rho_1\frac{\partial\ddot{w}}{\partial x} \tag{4-34a}$$

$$-\frac{\partial^2 M_x}{\partial x^2}+f_w=\rho_0\ddot{w}-\rho_1\frac{\partial\ddot{u}}{\partial x}-\rho_4\frac{\partial^2\ddot{w}}{\partial x^2} \tag{4-34b}$$

式(4-34)表明,层合梁轴向运动和横向弯曲运动之间是耦合的。

若令 $\rho_1=0$,则有

$$\frac{\partial N_x}{\partial x}+f_u=\rho_0\ddot{u} \tag{4-35a}$$

$$-\frac{\partial^2 M_x}{\partial x^2}+f_w=\rho_0\ddot{w}-\rho_4\frac{\partial^2\ddot{w}}{\partial x^2} \tag{4-35b}$$

式(4-35b)对应于 Rayleigh 梁的运动方程,该理论考虑了梁的截面转动惯性矩项 $\rho_4\partial^2\ddot{w}/\partial x^2$。实际上,如果各铺层材料的质量密度是相同的,由式(4-30)可知 $\rho_1\equiv0$。

如果在 Rayleigh 梁的运动微分方程中忽略转动惯性矩项 $\rho_4\partial^2\ddot{w}/\partial x^2$,仅保留移动惯性力,得到 Euler - Bernoulli 理论对应的运动微分方程为

$$-\frac{\partial^2 M_x}{\partial x^2}+f_w=\rho_0\ddot{w} \tag{4-36}$$

需要指出,Euler - Bernoulli 梁理论对应的轴向运动方程仍为式(4-35a)。

Rayleigh 梁和 Euler - Bernoulli 梁理论对应的边界条件相同,即式(4-31a)、式(4-32)和式(4-31c),其中式(4-32)中 $Q_{xz}=0$。

二、Timoshenko 梁理论

由式(4-29)得到 Timoshenko 梁理论对应的层合梁运动微分方程为

$$\frac{\partial N_x}{\partial x}+f_u=\rho_0\ddot{u}+\rho_2\ddot{\vartheta} \tag{4-37a}$$

$$\frac{\partial Q_{xz}}{\partial x}+f_w=\rho_0\ddot{w} \tag{4-37b}$$

$$\frac{\partial P_x}{\partial x}-P_{xz}=\rho_2\ddot{u}+\rho_7\ddot{\vartheta} \tag{4-37c}$$

Timoshenko 梁理论对应的边界条件为式(4-31a)、式(4-32)和式(4-31d),式(4-32)中 $M_x=0$。

三、Reddy 高阶剪切梁理论

Reddy 高阶剪切梁理论对应的层合梁运动微分方程为

$$\frac{\partial N_x}{\partial x}+f_u=\rho_0\ddot{u}+\rho_1\frac{\partial \ddot{w}}{\partial x}+\rho_2\ddot{\vartheta} \tag{4-38a}$$

$$\frac{\partial Q_{xz}}{\partial x}-\frac{\partial^2 M_x}{\partial x^2}+f_w=\rho_0\ddot{w}-\rho_1\frac{\partial \ddot{u}}{\partial x}-\rho_4\frac{\partial^2 \ddot{w}}{\partial x^2}-\rho_5\frac{\partial \ddot{\vartheta}}{\partial x} \tag{4-38b}$$

$$\frac{\partial P_x}{\partial x}-P_{xz}=\rho_2\ddot{u}+\rho_5\frac{\partial \ddot{w}}{\partial x}+\rho_7\ddot{\vartheta} \tag{4-38c}$$

该理论对应的边界条件为式(4-31a)、式(4-32)、式(4-31c)和式(4-31d)。

4.1.3 分区力学模型

为了建立层合梁的分区力学模型,沿着坐标轴 x 方向将层合梁分解为 N 个子域(图4-7),其中第 i 和 $i+1$ 个子域界面位于 $x=x_{i+1}$,左端位于 $x=x_1(x_1=0)$,右端位于 $x=x_{N+1}(x_{N+1}=L)$。

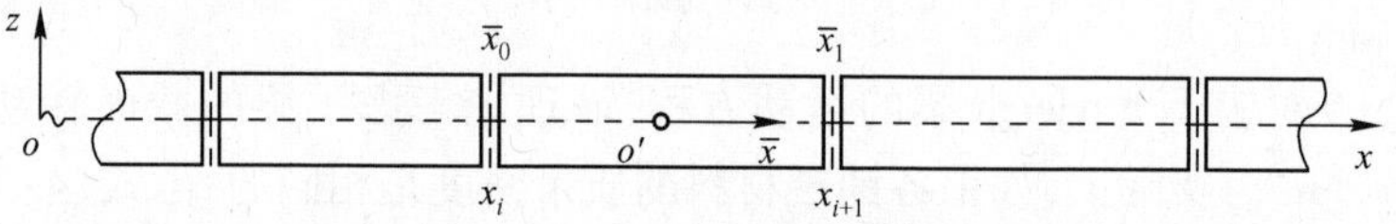

图4-7 层合梁分区模型

基于第3章给出的分区 Nitsche 变分法,构造出层合梁的能量泛函为

$$\Pi=\int_{t_1}^{t_2}\sum_{i=1}^{N}(T_i-U_i+W_i)\mathrm{d}t+\int_{t_0}^{t_1}\sum_{i,i+1}(\alpha_i\Theta_u+\beta_i\Theta_w+\chi_i\Theta_r+\upsilon_i\Theta_\vartheta+\lambda_i\Theta_\eta)\big|_{x=x_{i+1}}\mathrm{d}t \tag{4-39}$$

式中:T_i 和 U_i 分别为层合梁第 i 个子区域的动能和应变能;W_i 为作用于第 i 个子域上外力所做的功;α_i、β_i、χ_i、υ_i 和 λ_i 为定义在第 i 和 $i+1$ 个子域界面($x=x_{i+1}$)上的未知变量;Θ_u、Θ_w、Θ_r、Θ_ϑ 和 Θ_η 为分域界面上的广义位移协调方程,定义为

$$\Theta_u=u_i-u_{i+1}=0,\quad \Theta_w=w_i-w_{i+1}=0,\quad \Theta_r=\frac{\partial w_i}{\partial x}-\frac{\partial w_{i+1}}{\partial x}=0$$
$$\Theta_\vartheta=\vartheta_i-\vartheta_{i+1}=0,\quad \Theta_\eta=\eta_i-\eta_{i+1}=0 \tag{4-40}$$

理论上,层合梁子域分区界面上的协调方程应当是严格满足的,但在分区 Nitsche 变分法中,这些方程都是近似满足的,因此式(4-39)中引入实际表达式是 $\Theta_u=u_i-u_{i+1}$,$\Theta_w=w_i-w_{i+1}$,$\Theta_r=\partial w_i/\partial x-\partial w_{i+1}/\partial x$,$\Theta_\vartheta=\vartheta_i-\vartheta_{i+1}$ 和 $\Theta_\eta=\eta_i-\eta_{i+1}$。

第 i 个子域的动能和应变能为

$$T_i=\frac{1}{2}\sum_{k=1}^{N_l}\int_{z_k}^{z_{k+1}}\int_{x_i}^{x_{i+1}}\rho^{(k)}\left[\left(\dot{u}+f\frac{\partial \dot{w}}{\partial x}+g\dot{\vartheta}+\varphi\dot{\eta}\right)^2+\dot{w}^2\right]B\mathrm{d}x\mathrm{d}z \tag{4-41}$$

$$U_i = \frac{1}{2}\int_{x_i}^{x_{i+1}} (N_x\varepsilon_{xx}^{(0)} + M_x\varepsilon_{xx}^{(1)} + P_x\varepsilon_{xx}^{(2)} + T_x\varepsilon_{xx}^{(3)} + Q_{xz}\gamma_{xz}^{(0)} + P_{xz}\gamma_{xz}^{(1)} + T_{xz}\gamma_{xz}^{(2)})B\mathrm{d}x \tag{4-42}$$

在第 i 个子域上，外力所做的功 W_i 为

$$W_i = \int_{x_i}^{x_{i+1}} (f_{u,i}u_i + f_{w,i}w_i)B\mathrm{d}x \tag{4-43}$$

式中：$f_{u,i}$ 和 $f_{w,i}$ 为第 i 个子域上的单位长度轴向载荷分量和横向载荷分量，如果它们不是分布力而是集中力，可采用 Dirac Delta 函数将集中力引入到式(4-43)中。

将式(4-41) ~ 式(4-43)代入式(4-39)，对能量泛函 Π 取一阶变分，根据驻值条件 $\delta\Pi = 0$，可得分区界面上的未知变量为

$$\alpha_i = N_x,\quad \beta_i = \widetilde{Q}_{xz} = Q_{xz} - \frac{\partial M_x}{\partial x},\quad \chi_i = M_x,\quad \upsilon_i = P_x,\quad \lambda_i = T_x \tag{4-44}$$

将式(4-44)代入式(4-39)，得到新的能量泛函 $\overline{\Pi}$。为了保证层合梁分区模型数值计算的稳定性，在 $\overline{\Pi}$ 中添加一项有关分区界面广义位移协调方程的罚函数项，得到层合梁的能量泛函为

$$\widetilde{\Pi} = \int_{t_0}^{t_1}\sum_{i=1}^{N}(T_i - U_i + W_i)\mathrm{d}t + \int_{t_0}^{t_1}\sum_{i,i+1}(\Pi_\lambda - \Pi_\kappa)\big|_{x=x_{i+1}}\mathrm{d}t \tag{4-45}$$

式中

$$\Pi_\lambda = \xi_u N_x\Theta_u + \xi_w\widetilde{Q}_{xz}\Theta_w + \xi_r M_x\Theta_r + \xi_\vartheta P_x\Theta_\vartheta + \xi_\eta T_x\Theta_\eta \tag{4-46a}$$

$$\Pi_\kappa = \frac{1}{2}(\xi_u\kappa_u\Theta_u^2 + \xi_w\kappa_w\Theta_w^2 + \xi_r\kappa_r\Theta_r^2 + \xi_\vartheta\kappa_\vartheta\Theta_\vartheta^2 + \xi_\eta\kappa_\eta\Theta_\eta^2) \tag{4-46b}$$

式中：$\xi_\nu(\nu = u, w, r, \vartheta, \eta)$ 为分区界面和边界界面控制参数；κ_ν 为分区界面上的权参数。

对于内部分区界面，$\xi_\nu = 1$；而对于常见的几种边界条件，如自由、简支和固支，ξ_ν 的取值见表 4-2，这几种边界条件的定义见式(4-33)。如果去掉式(4-45)中 Π_λ，则 Π_κ 可以处理弹性边界条件，此时权参数 κ_ν 可视为边界上的弹性刚度系数，相应地 Π_κ 为边界的弹性势能。

表 4-2　不同边界条件层合梁对应的参数 $\xi_\nu(\nu = u, w, r, \vartheta, \eta)$

边界条件	位移约束	ξ_ν 取值				
		ξ_u	ξ_w	ξ_r	ξ_ϑ	ξ_η
自由 (F)	无	0	0	0	0	0
简支 Ⅰ (S1)	$w = 0$	0	1	0	0	0
简支 Ⅱ (S2)	$w = \partial w/\partial x = 0$	0	1	1	0	0
固支(C)	$u = w = \partial w/\partial x = \vartheta = \eta = 0$	1	1	1	1	1

为了得到复合材料层合梁的离散动力学方程,可将子域位移变量以幂级数、第一类切比雪夫正交多项式、第二类切比雪夫正交多项式或第一类勒让德正交多项式等展开。这里采用第一类切比雪夫正交多项式,则第 i 个子域的广义位移展开式为

$$u_i(\bar{x},t)=\sum_{j=0}^{J}\psi_j(\bar{x})\,\tilde{u}_{j,i}(t)=\boldsymbol{\psi}(\bar{x})\,\tilde{\boldsymbol{u}}_i(t),\ w_i(\bar{x},t)=\sum_{j=0}^{J}\psi_j(\bar{x})\,\tilde{w}_{j,i}(t)=\boldsymbol{\psi}(\bar{x})\,\tilde{\boldsymbol{w}}_i(t),$$
$$\vartheta_i(\bar{x},t)=\sum_{j=0}^{J}\psi_j(\bar{x})\tilde{\vartheta}_{j,i}(t)=\boldsymbol{\psi}(\bar{x})\,\tilde{\boldsymbol{\vartheta}}_i(t),\ \eta_i(\bar{x},t)=\sum_{j=0}^{J}\psi_j(\bar{x})\tilde{\eta}_{j,i}(t)=\boldsymbol{\psi}(\bar{x})\,\tilde{\boldsymbol{\eta}}_i(t)\tag{4-47}$$

式中:$\psi_j(\bar{x})$ 为广义位移展开函数,下标 j 为函数的阶数,$\bar{x}$ 为局部坐标,对于第一类切比雪夫正交多项式,有 $x=a_0\bar{x}+a_1$,其中 $a_0=(x_{i+1}-x_i)/2$,$a_1=(x_{i+1}+x_i)/2$;J 为截取的位移多项式最高阶数;$\tilde{u}_{j,i}$、$\tilde{w}_{j,i}$、$\tilde{\vartheta}_{j,i}$ 和 $\tilde{\eta}_{j,i}$ 为广义位移展开函数的系数;$\boldsymbol{\psi}(\bar{x})$ 为广义位移展开函数向量;$\tilde{\boldsymbol{u}}_i$、$\tilde{\boldsymbol{w}}_i$、$\tilde{\boldsymbol{\vartheta}}_i$ 和 $\tilde{\boldsymbol{\eta}}_i$ 为广义位移系数向量。

将式(4-41)~式(4-43)、式(4-46)和式(4-47)代入式(4-45),对 $\tilde{\Pi}$ 取一阶变分,并根据 $\delta\tilde{\Pi}$ 的驻值条件(即 $\delta\tilde{\Pi}=0$)得到层合梁的离散动力学方程为

$$\boldsymbol{M}\ddot{\boldsymbol{q}}+(\boldsymbol{K}-\boldsymbol{K}_\lambda+\boldsymbol{K}_\kappa)\boldsymbol{q}=\boldsymbol{F}\tag{4-48}$$

式中:$\boldsymbol{q}$ 为层合梁子域广义位移系数向量的集合,记为 $\boldsymbol{q}=[\tilde{\boldsymbol{u}}_1^{\mathrm{T}},\tilde{\boldsymbol{w}}_1^{\mathrm{T}},\boldsymbol{\vartheta}_1^{\mathrm{T}},\boldsymbol{\eta}_1^{\mathrm{T}},\cdots,\tilde{\boldsymbol{u}}_N^{\mathrm{T}},\tilde{\boldsymbol{w}}_N^{\mathrm{T}},\boldsymbol{\vartheta}_N^{\mathrm{T}},\boldsymbol{\eta}_N^{\mathrm{T}}]^{\mathrm{T}}$;$\boldsymbol{M}$ 和 $\boldsymbol{K}$ 为子域广义质量矩阵和刚度矩阵的组装矩阵;$\boldsymbol{K}_\lambda$ 和 $\boldsymbol{K}_\kappa$ 为分区界面矩阵的组装矩阵;$\boldsymbol{F}$ 为广义外力向量。

4.1.4 数值算例

一、算例验证

表4-3给出了不同分区数目 N 和位移函数(第一类切比雪夫正交多项式)展开阶数 J 对应的3种单层复合材料梁的自由振动频率。梁的材料参数[236]:$E_1=37.41\mathrm{GPa}$,$E_2=13.67\mathrm{GPa}$,$G_{12}=5.478\mathrm{GPa}$,$G_{13}=6.03\mathrm{GPa}$,$G_{23}=6.666\mathrm{GPa}$,$\mu_{12}=0.3$。纤维方向与 x 方向的夹角为0°,45°和90°。[0°],[45°]和[90°]梁的密度分别为1975.2kg/m³,1968.9kg/m³ 和1965.9kg/m³。[0°]梁的几何尺寸:$L=0.21008\mathrm{m}$,$B=0.01696\mathrm{m}$,$h=0.00333\mathrm{m}$。[45°]梁的尺寸:$L=0.11179\mathrm{m}$,$B=0.0127\mathrm{m}$,$h=0.00338\mathrm{m}$。[90°]梁的尺寸:$L=0.1118\mathrm{m}$,$B=0.01268\mathrm{m}$,$h=0.00337\mathrm{m}$。梁的边界条件为两端自由。由于考虑的是单层材料梁,这里采用不含锯齿函数的Reddy高阶剪切理论 $\mathrm{HDT}_{[\mathrm{R}]}$ 来建立梁的力学模型。子域界面上的权参数取相同值 $\kappa_\nu=10^3E_1$。结果表明,随着梁分区数目和位移展开项数的增大,3种单层复合材料梁的各阶振动频率均很快收敛,且收敛结果与实验值非常吻合,由 $J\times N=9\times4$ 得到的频率结果与实验结果之间的最大相对误差

$(=|\Omega_{本书}-\Omega_{文献}|/\Omega_{文献}\times 100\%)$为2.8%，多数情况下小于1%。

表 4-3　单层材料梁固有频率(边界条件:自由 - 自由)　　(Hz)

	模态阶数	$J\times N$							文献[236]
		5×2	5×4	7×2	7×4	7×8	9×2	9×4	
0°	1	337.05	337.04	337.04	337.04	337.04	337.04	337.04	337.7
	2	939.30	926.07	926.07	926.07	926.07	926.07	926.07	926.7
	3	1833.01	1806.73	1806.68	1806.69	1806.69	1806.69	1806.69	1812.3
	4	3036.64	2968.36	2967.82	2967.28	2967.27	2967.27	2967.27	2979.1
	5	4694.37	4403.07	4404.55	4397.18	4397.17	4397.17	4397.17	4411.1
	6	8874.40	6111.78	6219.33	6083.63	6083.56	6083.56	6083.56	6104.8
45°	1	765.14	765.28	765.92	765.31	765.30	765.30	765.30	767.9
	2	2113.21	2097.33	2105.74	2097.34	2097.34	2097.34	2097.34	2091.9
	3	4132.94	4077.39	4077.93	4077.32	4077.31	4077.31	4077.31	4155.9
	4	6808.76	6669.02	6664.34	6666.99	6666.97	6666.97	6666.97	6762.7
	5	10478.10	9840.29	9845.06	9829.14	9829.06	9829.06	9829.06	10006.0
	6	12351.61	12351.60	12351.54	12351.60	12351.60	12351.60	12351.60	—
90°	1	728.64	728.63	728.62	728.62	728.62	728.62	728.62	731.2
	2	1997.50	1997.86	1997.85	1997.84	1995.97	1995.97	1995.97	1994.8
	3	3940.98	3886.94	3887.22	3886.86	3885.14	3885.14	3885.14	3901.5
	4	6498.39	6364.12	6370.32	6362.04	6360.29	6360.29	6360.29	6315.7
	5	10015.88	9402.35	9406.42	9390.86	9389.38	9389.38	9389.38	9317.8
	6	11793.21	11793.20	11793.14	11793.20	11793.20	11793.20	11793.20	—

表 4-4 列出了不同边界条件对应的正交铺设[0°/90°/0°/90°]复合材料层合梁的自由振动频率。为了验证分区方法的计算精度，将 Li 等[77]采用一阶剪切理论(FDT)和动刚度法计算的频率结果作为参考解进行对比。层合梁的几何尺寸为 $L=0.381\text{m}$，$h=B=L/15$，所有铺层的厚度均相同；材料参数为 $E_1=144.8\text{GPa}$，$E_2=9.65\text{GPa}$，$G_{12}=G_{13}=4.14\text{GPa}$，$G_{23}=3.45\text{GPa}$，$\mu_{12}=0.3$，$\rho=1389.23\text{kg/m}^3$。分区计算中采用 $\text{HDT}_{[\text{LST}]}$，即在式(4-1)中取 $f=-z$，$g=h/\pi\sin(\pi z/h)$，$\varphi=0$。结果表明：随着分区数目 N 和位移函数阶数 J 的增大，两种边界条件下层合梁的各阶振动频率均很快收敛，且分区方法得到的数值结果($N\times J=9\times 8$)与文献值非常符合，最大相对误差小于1.3%。

表 4-4 正交铺设[0°/90°/0°/90°]层合梁频率 (Hz)

模态阶数	两端简支(S1 - S1)					两端固支(C - C)				
	5×2	7×2	7×4	9×8	文献[77]	5×2	7×4	7×8	9×8	文献[77]
1	557.64	557.60	557.57	557.56	558.9	1058.94	1052.70	1052.40	1052.38	1054.4
2	1896.58	1896.51	1896.51	1896.51	1907.7	2542.82	2514.91	2513.28	2513.20	2509.2
3	3762.92	3760.80	3760.77	3760.76	3787.2	4361.84	4309.91	4305.91	4305.70	4281.5
4	5784.83	5772.53	5772.46	5772.45	5824.8	6378.69	6280.83	6273.92	6273.55	6215.8
5	8145.58	7928.01	7925.14	7925.13	7980.5	8890.93	8354.02	8344.10	8343.57	8239.9

当复合材料层合梁受到与时间有关的瞬态载荷作用时,就需要考虑其时域振动响应问题。以不同边界条件的复合材料梁为例,采用分区变分方法来分析横向分布式载荷(图 4-8)作用下梁的瞬态振动。梁的几何参数为 $L/h=150$,$h=B=0.01\text{m}$;材料参数为 $E_1/E_2=15$,$E_2=9.5\text{GPa}$,$G_{12}/E_2=0.5$,$G_{13}/E_2=0.5$,$G_{23}/E_2=0.35$,$\mu_{12}=0.3$,$\rho=1450\text{kg/m}^3$。考虑两种随时间变化的载荷,即矩形波和指数波。其中,矩形波的数学表达式为

$$\tilde{f}(x,t)=f(x)[\widetilde{H}(t)-\widetilde{H}(t-T_0)] \tag{4-49}$$

式中:$f(x)$为载荷空间分布函数;$\widetilde{H}(t)$为 Heaviside 阶跃函数;T_0为作用时间。

指数波载荷为

$$\tilde{f}(x,t)=f(x)\mathrm{e}^{-\tau t} \tag{4-50}$$

式中:τ为特征时间参数。

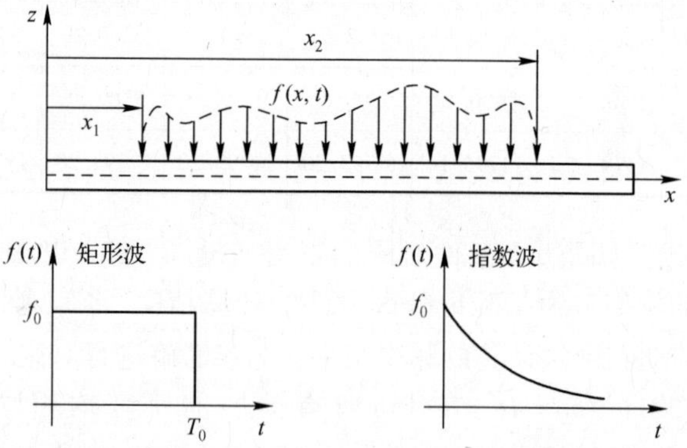

图 4-8 层合梁载荷

采用 $\text{HDT}_{[\text{LMR}]}$ 建立复合材料梁的力学模型,梁子域的广义位移均以第一类切比雪夫正交多项式进行展开,阶数取 $J=7$。图 4-9 给出了基于 Newmark 数值积分法计算得到的矩形波瞬态载荷作用下,两端固支和两端弹性支撑的单层正

交各向异性[0°]梁中点($x = L/2$)处的横向振动位移响应。在弹性支撑边界条件中,梁两端的轴向位移为零,横向弹性刚度系数为 $k = 3.5 \times 10^6 \mathrm{N/m}$。矩形波载荷在梁上的作用区域为 $0 \leqslant x \leqslant L$,$f(x) = -1\mathrm{N/m}$(负号表示 z 轴反方向)和 $T_0 = 0.015\mathrm{s}$。为了验证分区方法计算结果,在有限元软件 ANSYS 中采用 BEAM188 单元建立了梁的有限元模型(共划分为 150 个单元),并采用完全法计算梁的瞬态响应。时间计算步长取 $\Delta t = 0.15\mathrm{ms}$。结果表明:由分区方法计算出的梁的响应结果收敛速度很快,且收敛的瞬态响应结果与有限元解非常吻合。

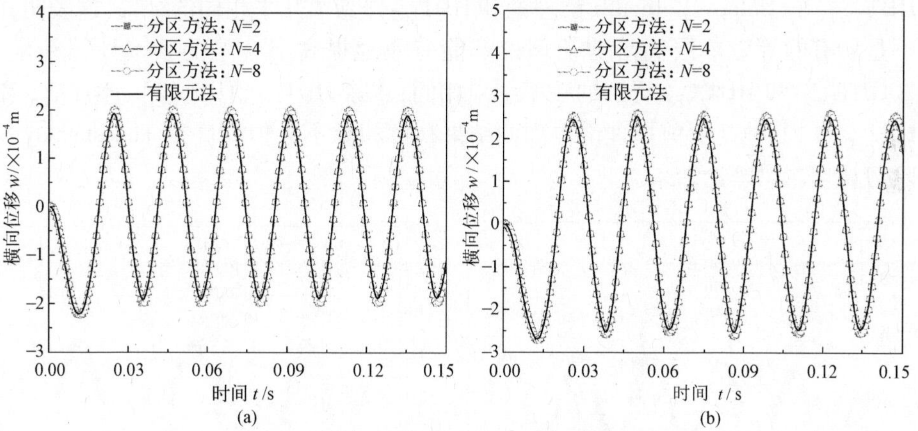

图 4-9 矩形波载荷作用下梁中点处横向位移
(a)两端固支;(b) 两端弹性支撑。

图 4-10 给出了指数载荷作用下,不同铺层数目和边界条件对应的反对称正交铺设层合梁瞬态振动响应。假设指数载荷沿梁的长度方向呈余弦形式分布,即 $\tilde{f}(x,t) = f_0 \cos(\pi x/L) \mathrm{e}^{-\tau t}$,其中 $f_0 = -1\mathrm{N/m}$,$\tau = 800$。梁的几何参数为 $L = 0.25\mathrm{m}$,$h = B = 0.01\mathrm{m}$。对于弹性边界条件,梁两端的轴向和横向刚度系数分别取 $k_u = 1.5 \times 10^5 \mathrm{N/m}$ 和 $k_w = 2.5 \times 10^5 \mathrm{N/m}$。结果表明:对于两端固支的反对称正交铺设层合梁,[0°/90°]梁对应的振动响应幅值最大,随着铺层数目的增大,梁的响应曲线趋于一致;对于弹性边界条件的层合梁,由于边界处的弹性刚度系数较小,梁的低阶振动主要受边界处的弹性所支配,铺层数目对于梁的瞬态振动响应影响很小。

二、层合梁理论适用性

目前已有多种简化层合梁理论被应用到复合材料梁的振动分析中,本节对各种层合梁理论的精度进行讨论。表 4-5 给出了不同梁理论对应的两端简支Ⅰ、正交铺设[90°/0°/90°/0°]层合梁的前五阶无量纲频率 $\Omega = \omega L^2 \sqrt{\rho/E_2}/h$。层合梁的几何和材料参数:$L/h = 10$;$E_1 = 181\mathrm{GPa}$,$E_2 = 10.3\mathrm{GPa}$,$G_{12} = G_{13} =$

7.17GPa, $G_{23}=2.87\text{GPa}$, $\mu_{12}=0.25$, $\rho=1578\text{kg/m}^3$。计算中梁的位移函数由第一类切比雪夫正交多项式展开，函数展开阶数和分域数目取 $J\times N=7\times5$。为了检验各种理论的精度，表4-5中列出了Kapuria等[13]采用2-D Zig-zag理论分析得到的精确解。结果表明：①含锯齿函数的层合梁理论结果精度明显高于不含锯齿函数的等效单层梁理论，其中FDT_Z的计算精度高于其他不含锯齿函数的层合梁理论；②在不含锯齿函数的梁理论中，Euler-Bernoulli理论精度最差，Timoshenko一阶剪切理论精度高于某些高阶剪切理论，如$\text{HDT}_{[V]}$、$\text{HDT}_{[VE1]}$和$\text{HDT}_{[VE2]}$等，Euler-Bernoulli梁理论和$\text{HDT}_{[G]}$得到了几乎相同的结果，这表明并不是所有的等效单层高阶剪切理论都能有效地提高层合梁的频率计算精度；③$\text{HDT}_{[VE1]}$和$\text{HDT}_{[VE2]}$得到的频率结果相同；④除$\text{HDT}_{[V]}$、$\text{HDT}_{[VE1]}$、$\text{HDT}_{[VE2]}$和$\text{HDT}_{[G]}$外，其他高阶剪切理论得到的结果精度相差不大但均高于Timoshenko一阶剪切理论梁理论结果。

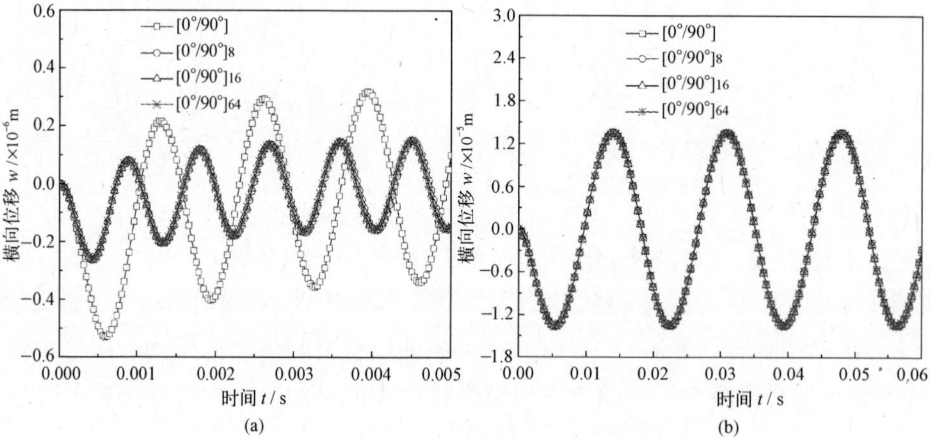

图4-10 反对称正交铺设层合梁振动响应

(a)固支-固支；(b)弹性支撑-弹性支撑。

表4-5 [90°/0°/90°/0°]梁无量纲频率 $\Omega=\omega L^2\sqrt{\rho/E_2}/h$（边界条件：S1-S1）

模态阶数	层合梁理论									
	CT	FDT	$\text{HDT}_{[R]}$	$\text{HDT}_{[KPR]}$	$\text{HDT}_{[LMR]}$	$\text{HDT}_{[LST]}$	$\text{HDT}_{[M1]}$	$\text{HDT}_{[V]}$	$\text{HDT}_{[M2]}$	$\text{HDT}_{[M3]}$
1	7.9703	7.4947	7.3895	7.3894	7.3894	7.3871	7.3913	7.5999	7.3895	7.3976
2	31.440	25.661	24.674	24.673	24.673	24.656	24.714	26.757	24.674	24.742
3	69.165	48.160	45.455	45.452	45.452	45.427	45.672	51.524	45.454	45.606
4	95.794	71.814	67.122	67.118	67.118	67.124	67.783	78.346	67.119	67.303
5	119.300	94.673	89.046	89.039	89.039	89.146	90.520	94.810	89.038	89.142

（续）

模态阶数	层合梁理论									
	$HDT_{[KA]}$	$HDT_{[M4]}$	$HDT_{[VE1]}$	$HDT_{[VE2]}$	$HDT_{[S]}$	$HDT_{[M5]}$	$HDT_{[M6]}$	$HDT_{[AT1]}$	$HDT_{[AT2]}$	$HDT_{[G]}$
1	7.3862	7.3862	7.8936	7.8936	7.3897	7.3867	7.3877	7.3876	7.4027	7.9703
2	24.653	24.653	30.360	30.360	24.675	24.661	24.674	24.660	24.789	31.440
3	45.439	45.443	64.629	64.629	45.456	45.484	45.535	45.430	45.735	69.165
4	67.203	67.216	95.368	95.368	67.121	67.334	67.465	67.113	67.527	95.794
5	89.367	89.397	107.871	107.871	89.035	89.654	89.916	89.100	89.459	119.299
	FDT_Z	$HDT_{Z[R]}$	$HDT_{Z[KPR]}$	$HDT_{Z[LMR]}$	$HDT_{Z[LST]}$	$HDT_{Z[M1]}$	$HDT_{Z[V]}$	$HDT_{Z[M2]}$	$HDT_{Z[M3]}$	$HDT_{Z[KA]}$
1	7.3663	7.2174	7.2173	7.2173	7.2149	7.2259	7.5114	7.2174	7.2277	7.2148
2	24.486	23.261	23.260	23.260	23.248	23.367	25.860	23.260	23.331	23.255
3	45.028	42.032	42.030	42.030	42.032	42.451	48.902	42.030	42.154	42.080
4	66.524	61.779	61.775	61.775	61.847	62.832	73.580	61.774	61.861	62.002
5	88.355	82.267	82.261	82.261	82.481	84.351	94.688	82.257	82.170	82.826
	$HDT_{Z[M4]}$	$HDT_{Z[VE1]}$	$HDT_{Z[VE2]}$	$HDT_{Z[S]}$	$HDT_{Z[M5]}$	$HDT_{Z[M6]}$	$HDT_{Z[AT1]}$	$HDT_{Z[AT2]}$	$HDT_{Z[G]}$	文献[13]
1	7.2149	7.8762	7.8762	7.2176	7.2165	7.2189	7.2154	7.2343	7.9629	7.1588
2	23.257	30.119	30.119	23.262	23.276	23.301	23.250	23.384	31.328	22.806
3	42.088	63.636	63.636	42.032	42.162	42.245	42.025	42.284	68.643	40.940
4	62.024	95.356	95.356	61.773	62.205	62.392	61.816	62.071	95.794	59.958
5	82.870	105.374	105.374	82.247	83.224	83.572	82.400	82.451	117.821	79.581

图 4-11 给出了不同 Zig - zag 理论对应的两端简支I、正交铺设[0°/90°/0°/90°]层合梁前 5 阶无量纲振动频率 $\Omega = \omega L^2\sqrt{\rho/E_2}/h$ 与参考解之间的相对误差，参考解仍为 Kapuria 等[13]的 Zig - zag 理论结果。梁的长度与厚度之比取 $L/h=5$，10，20 和 100，其他参数同前。计算中取第一类切比雪夫正交多项式阶数和分区数目为 $J\times N=7\times5$。结果表明：①对于细梁（$L/h=100$）各种锯齿理论给出的频率结果与参考解之间的相对误差均较小，其中 FDT_Z，$HDT_{Z[V]}$，$HDT_{Z[VE1]}$，$HDT_{Z[VE2]}$ 和 $HDT_{Z[G]}$ 5 种锯齿理论对应的前 5 阶频率与参考解之间的最大相对误差分别为 2%，3%，4.8%，4.8% 和 5.3%，而其他高阶剪切锯齿理论对应的最大相对误差均不超过 0.7%，但随着模态阶次的增高，各种锯齿理论对应的频率相对误差呈增大趋势；②对于 4 种细长比的层合梁，FDT_Z 的计算精度均高于 $HDT_{Z[V]}$，$HDT_{Z[VE1]}$，$HDT_{Z[VE2]}$ 和 $HDT_{Z[G]}$ 4 种高阶剪切锯齿理论；③随着 L/h 的增大，除 FDT_Z，$HDT_{Z[V]}$，$HDT_{Z[VE1]}$，$HDT_{Z[VE2]}$ 和 $HDT_{Z[G]}$ 外，其他高阶剪切锯齿理论得到的层合梁频率差别均很小，对于 $L/h\leqslant10$ 层合梁，多数锯齿理论计算结果

与精确解相对误差小于 4.7%（大多数情况下小于 3%），而对于 $L/h \leqslant 5$ 层合梁，多数锯齿理论计算结果与精确解相对误差小于 7%（大多数情况下小于 4%）。这说明对于层合深梁的自由振动，书中的部分高阶剪切锯齿理论能给出比较准确的频率结果。

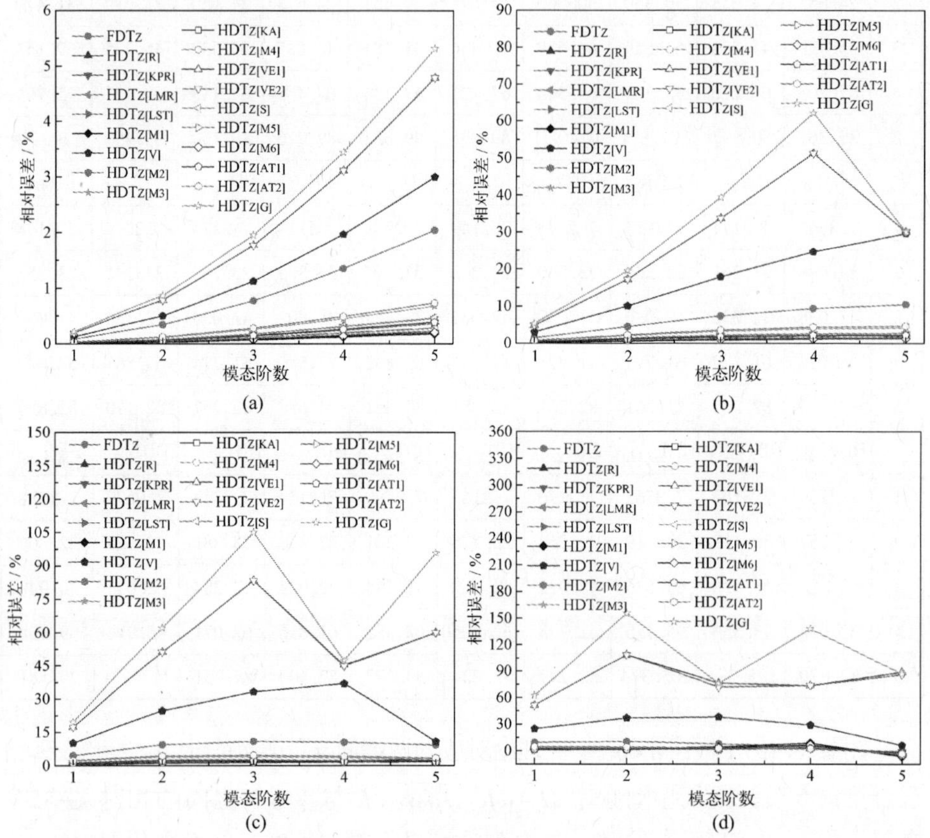

图 4-11　层合梁频率相对误差对比

(a) $L/h=100$；(b) $L/h=20$；(c) $L/h=10$；(d) $L/h=5$。

以两端简支Ⅰ、正交铺设[0°/90°/0°/90°]层合梁的自由振动问题为例，取不同 E_1/E_2（$E_2=10.3$GPa）值来考察各种锯齿理论的计算精度。图 4-12 给出了由不同锯齿理论得到的层合梁（$L/h=10$）前 5 阶无量纲频率 $\Omega=\omega L^2\sqrt{\rho/E_2}/h$。结果表明：①当 E_1/E_2 比值较小（如 $E_1/E_2=1$）时，各层的面内弹性模量相差不大，在这种情况下层合梁轴向位移的 Zig - zag 效应不明显，因此由各种锯齿理论得到的频率结果相差不大；②随着 E_1/E_2 比值变大，层合梁纤维方向的拉伸模量也变大，剪切模量与拉伸模量比值越来越小，相邻铺层的轴向方向的弹性模量相差很大，在这种情况下，轴向位移的 Zig - zag 效应比较明显，因此各种剪切锯齿理论在预测梁的振动频率时会有很大的差异。另外，通过对比考虑和不考虑 Zig - zag 效应的层合梁理论结果，还可发现：当 E_1/E_2 较小时，考虑 Zig - zag 效应的层合梁理论与不考虑锯齿函数的层合梁理论相比，其计算精度的提高是非常有限的；当 E_1/E_2 较大时，Zig - zag 层合梁理论能有效地提高计算精度。

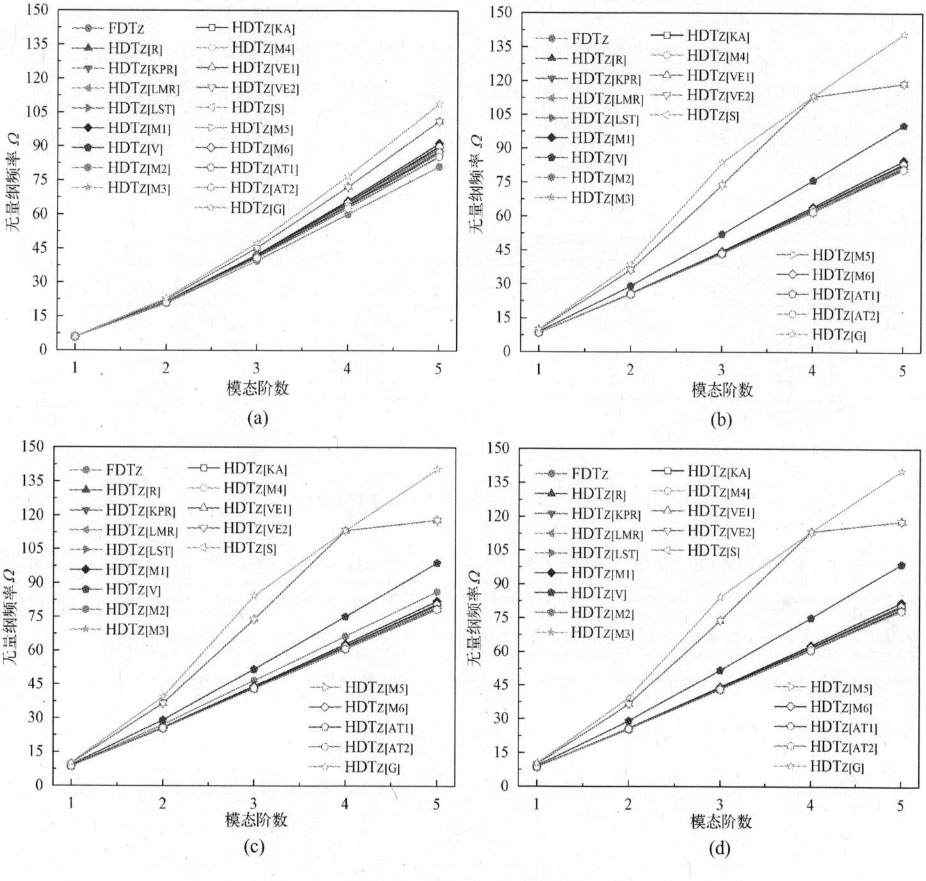

图 4-12　层合梁无量纲频率对比

(a) $E_1/E_2=1$；(b) $E_1/E_2=5$；(c) $E_1/E_2=15$；(d) $E_1/E_2=25$。

4.2　一维层合曲梁

复合材料层合曲梁结构在航天航天、机械、船舶和土木等工程领域中的应用非常广泛。曲梁的空间运动形式比较复杂，其变形包含面内与面外的拉伸、弯曲、剪切和扭转变形以及它们之间各种形式的耦合。如果曲梁的中轴线所在平面是关于材料性质的对称面，则在一定载荷情况下面内和面外的运动可以解耦。曲梁的面内运动主要表现为拉伸和弯曲运动,而面外运动则主要为弯曲和扭转运动。由于受到曲率和铺层的影响,层合曲梁面内的轴向运动和横向弯曲运动会产生耦合,其振动形式非常复杂。本节讨论曲梁的面内振动问题。

4.2.1 Zig - zag 理论位移场

考虑一个沿厚度方向任意铺层的复合材料层合曲梁结构,其横截面为矩形(宽度 B,厚度 h)。在梁的中性轴上建立曲线坐标系 $o-\alpha\beta z$,如图 4-13 所示。层合曲梁的铺层数目为 N_l,第 k 层上、下两个表面沿 z 方向的坐标值分别为 z_{k+1} 和 z_k。

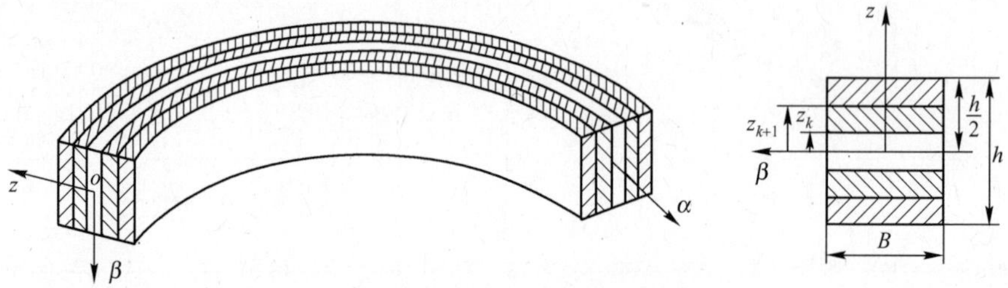

图 4-13　层合曲梁几何模型与坐标系

建立复合材料层合曲梁的结构力学模型时,作如下力学假设:①铺层之间理想黏结无缝隙,黏结层的厚度忽略不计,且其本身不发生变形;②每个铺层的厚度都是均匀的,其材料为线弹性正交各向异性材料;③层合梁厚度方向的正应变忽略不计;④梁的弯曲为平面弯曲;⑤梁的变形与其几何尺寸相比为小量。层合曲梁内任意一点 $P(\alpha,z)$ 处的位移可用下式来表示:

$$\tilde{u}(\alpha,z,t)=\left(1+\frac{z}{R_\alpha}\right)u(\alpha,t)+f(z)\frac{1}{A}\frac{\partial w}{\partial \alpha}+g(z)\vartheta(\alpha,t)+\varphi(z,k)\eta(\alpha,t) \tag{4-51a}$$

$$\tilde{w}(\alpha,z,t)=w(\alpha,t) \tag{4-51b}$$

式中:$\tilde{u}$和$\tilde{w}$分别为曲梁内任意一点 P 处 α 和 z 方向的位移分量,其中$\tilde{u}$为轴向位移分量,$\tilde{w}$为横向位移分量;u、w、ϑ 和 η 均为曲梁中性轴上的广义位移分量,它们仅与坐标 α 和时间 t 有关;R_α 为曲梁中性轴的曲率半径;A 为曲梁中曲面的 Lamé 参数;$f(z)$ 和 $g(z)$ 为广义位移分布形函数,$\varphi(z,k)$ 为锯齿函数,它们的表达式见第 4.1 节。

与 4.1 节中的层合直梁类似,如果将式(4-51)中的锯齿函数去掉,即 $\varphi(z,k)=0$,令 $f(z)=-z$ 和 $g(z)=0$,则式(4-51)退化为 Euler - Bernoulli 曲梁理论的位移场函数;如果取 $f(z)=0$ 和 $g(z)=z$,则可以得到 Timoshenko 一阶剪切曲梁理论对应的位移场函数;如果令 $f(z)=-4z^3/(3h^2)$ 和 $g(z)=z-4z^3/$

$(3h^2)$，则可得到 Reddy 高阶剪切曲梁理论对应的位移场函数；若令 $f(z) = -z$，$g(z)$取表 4-1 中的位移函数表达式，则可得到一系列等效单层高阶剪切曲梁理论。如果在式(4-51)中保留锯齿函数，可得到一系列的层合曲梁锯齿理论。

常见的几种曲梁理论的位移场函数如下。

一、Euler – Bernoulli 曲梁理论

$$\widetilde{u}(\alpha,z,t) = \left(1 + \frac{z}{R_\alpha}\right)u(\alpha,t) - z\frac{1}{A}\frac{\partial w}{\partial \alpha} \tag{4-52a}$$

$$\widetilde{w}(\alpha,z,t) = w(\alpha,t) \tag{4-52b}$$

式中：u 和 w 为曲梁中性轴上的轴向和横向位移分量。

与前面层合直梁 Euler – Bernoulli 理论类似，Euler – Bernoulli 曲梁理论假设层合梁中变形前垂直于中性轴的直线段，在曲梁变形后仍垂直于变形后的中性轴且长度不变，即采用了直法线假设。该理论常被用来分析横截面尺寸与曲率半径和中性轴长度之比较小的细长层合曲梁的低频振动问题。

二、Timoshenko 曲梁理论

$$\widetilde{u}(\alpha,z,t) = \left(1 + \frac{z}{R_\alpha}\right)u(\alpha,t) + z\vartheta(\alpha,t) \tag{4-53a}$$

$$\widetilde{w}(\alpha,z,t) = w(\alpha,t) \tag{4-53b}$$

Timoshenko 曲梁理论对应的位移场函数具有 3 个独立的变量，即 u，w 和 ϑ。该理论放弃了直法线假设，考虑了层合曲梁横截面的剪切变形，认为曲梁内变形前垂直于中性轴的直线段，变形后仍保持为直线但不再垂直于中性轴。

三、Reddy 高阶剪切曲梁理论

$$\widetilde{u}(\alpha,z,t) = \left(1 + \frac{z}{R_\alpha}\right)u(\alpha,t) - \frac{4z^3}{3h^2 A}\frac{\partial w}{\partial \alpha} + \left(z - \frac{4z^3}{3h^2}\right)\vartheta(\alpha,t) \tag{4-54a}$$

$$\widetilde{w}(\alpha,z,t) = w(\alpha,t) \tag{4-54b}$$

Reddy 高阶剪切梁理论的位移场变量数目也是 3 个(u，w 和 ϑ)，与 Timoshenko 曲梁理论的相同，但该理论使用了关于厚度方向高阶次的位移场，能更合理地反映曲梁截面的翘曲变形。

4.2.2　基本微分方程

根据空间曲线坐标系下线弹性体的几何关系式(2-81)，曲梁变形后其任意一点处的正应变 $\varepsilon_{\alpha\alpha}$ 和剪切应变 $\gamma_{\alpha z}$ 为

$$\varepsilon_{\alpha\alpha} = \frac{1}{H_\alpha}\frac{\partial \widetilde{u}}{\partial \alpha} + \frac{1}{H_\alpha H_z}\frac{\partial H_\alpha}{\partial z}\widetilde{w} \tag{4-55a}$$

$$\gamma_{\alpha z} = \frac{H_\alpha}{H_z}\frac{\partial}{\partial z}\left(\frac{\widetilde{u}}{H_\alpha}\right) + \frac{H_z}{H_\alpha}\frac{\partial}{\partial \alpha}\left(\frac{\widetilde{w}}{H_z}\right) \tag{4-55b}$$

式中：H_α 和 H_z 为平行于中曲面的曲面 Lamé 系数。

式(4-55)中的 Lamé 系数 H_α 和 H_z 可由式(2-65)和式(2-67)计算得出，然而它们还可由中性轴上的 Lamé 系数来表示。过曲梁内任意一点 $P(\alpha,z)$ 沿着 α 方向作微元弧 $\widehat{PP_1}$（如图 4-14），有

$$\frac{\widehat{PP_1}}{\widehat{MM_1}}=\frac{R_\alpha+z}{R_\alpha}=1+\frac{z}{R_\alpha}=1+k_\alpha z \quad (4-56)$$

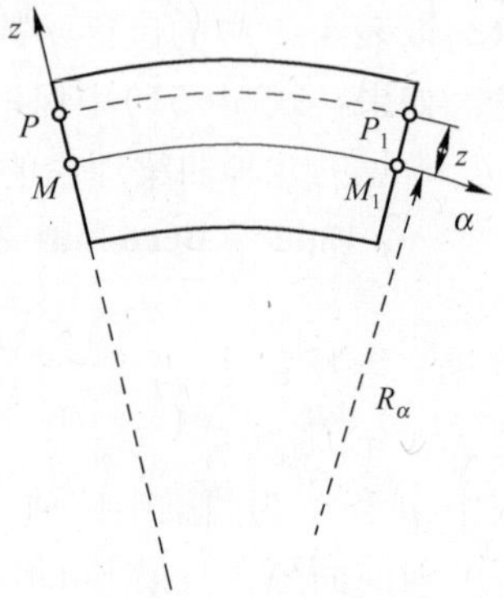

图 4-14　曲梁微元

式中：k_α 为曲梁中性轴的主曲率，其与曲率半径 R_α 之间的关系为 $k_\alpha=1/R_\alpha$。

根据式(4-56)，考虑到曲梁的 z 坐标为直线，则曲梁内任意一点的 Lamé 系数 H_α 和 H_z 为

$$H_\alpha=A(1+k_\alpha z),\quad H_z=1 \tag{4-57}$$

将式(4-51)和式(4-57)代入式(4-55)，并引入假设 $1+z/R_\alpha\approx1$，得

$$\varepsilon_{\alpha\alpha}=\varepsilon_{\alpha\alpha}^{(0)}+z\varepsilon_{\alpha\alpha}^{(1)}+f\varepsilon_{\alpha\alpha}^{(2)}+g\varepsilon_{\alpha\alpha}^{(3)}+\varphi\varepsilon_{\alpha\alpha}^{(4)} \tag{4-58a}$$

$$\gamma_{\alpha z}=f\gamma_{\alpha z}^{(0)}+g\gamma_{\alpha z}^{(1)}+\varphi\gamma_{\alpha z}^{(2)}+\bar{f}\gamma_{\alpha z}^{(3)}+\bar{g}\gamma_{\alpha z}^{(4)}+\bar{\varphi}\gamma_{\alpha z}^{(5)} \tag{4-58b}$$

式中：$\bar{f}$、$\bar{g}$ 和 $\bar{\varphi}$ 的表达式见式(4-10)；$\varepsilon_{\alpha\alpha}^{(i)}$（$i=0,1,\cdots,4$）和 $\gamma_{\alpha z}^{(i)}$（$i=0,1,\cdots,5$）为广义应变分量。需要指出，如果对式(4-55)中的 $1+z/R_\alpha$ 引入不同形式的近似，则得到的应变分量形式也有所不同，对应于不同的曲梁理论。

$$\begin{gathered}\varepsilon_{\alpha\alpha}^{(0)}=\frac{1}{A}\frac{\partial u}{\partial\alpha}+\frac{w}{R_\alpha},\quad \varepsilon_{\alpha\alpha}^{(1)}=\frac{1}{A}\frac{\partial}{\partial\alpha}\left(\frac{u}{R_\alpha}\right),\quad \varepsilon_{\alpha\alpha}^{(2)}=\frac{1}{A}\frac{\partial}{\partial\alpha}\left(\frac{1}{A}\frac{\partial w}{\partial\alpha}\right),\\ \varepsilon_{\alpha\alpha}^{(3)}=\frac{1}{A}\frac{\partial\vartheta}{\partial\alpha},\quad \varepsilon_{\alpha\alpha}^{(4)}=\frac{1}{A}\frac{\partial\eta}{\partial\alpha}\end{gathered} \tag{4-59}$$

$$\begin{gathered}\gamma_{\alpha z}^{(0)}=-\frac{k_\alpha}{A}\frac{\partial w}{\partial\alpha},\quad \gamma_{\alpha z}^{(1)}=-k_\alpha\vartheta,\quad \gamma_{\alpha z}^{(2)}=-k_\alpha\eta,\\ \gamma_{\alpha z}^{(3)}=\frac{1}{A}\frac{\partial w}{\partial\alpha},\quad \gamma_{\alpha z}^{(4)}=\vartheta,\quad \gamma_{\alpha z}^{(5)}=\eta\end{gathered} \tag{4-60}$$

由式(4-58)~式(4-60)可得到几种常见曲梁理论对应的应变表达式：

一、Euler-Bernoulli 曲梁理论

$$\varepsilon_{\alpha\alpha}=\frac{1}{A}\frac{\partial u}{\partial\alpha}+\frac{w}{R_\alpha}+\frac{z}{A}\frac{\partial}{\partial\alpha}\left(\frac{u}{R_\alpha}-\frac{1}{A}\frac{\partial w}{\partial\alpha}\right) \tag{4-61a}$$

$$\gamma_{\alpha z}=0 \tag{4-61b}$$

式(4-61)表明，在 Euler-Bernoulli 曲梁理论中，曲梁的轴向应变沿厚度方向呈线性分布，而沿厚度方向的剪应变恒为零。该理论无法反映横截面剪切变形引起的截面翘曲。

二、Timoshenko 曲梁理论

$$\varepsilon_{\alpha\alpha}=\frac{1}{A}\frac{\partial u}{\partial\alpha}+\frac{w}{R_\alpha}+\frac{z}{A}\frac{\partial}{\partial\alpha}\left(\frac{u}{R_\alpha}+\vartheta\right) \tag{4-62a}$$

$$\gamma_{\alpha z}=\frac{1}{A}\frac{\partial w}{\partial\alpha}+\vartheta \tag{4-62b}$$

在推导式(4-62)时,忽略了式(4-58b)中的 $\gamma_{\alpha z}^{(0)}$ 和 $\gamma_{\alpha z}^{(1)}$ 两项。在 Timoshenko 曲梁理论理论中,沿着曲梁厚度方向的剪应变 $\gamma_{\alpha z}$ 为常数。

三、Reddy 高阶剪切曲梁理论

$$\varepsilon_{\alpha\alpha}=\frac{1}{A}\frac{\partial u}{\partial\alpha}+\frac{w}{R_\alpha}+z\frac{1}{A}\frac{\partial}{\partial\alpha}\left(\frac{u}{R_\alpha}+\vartheta\right)-\frac{4z^3}{3h^2}\frac{1}{A}\frac{\partial}{\partial\alpha}\left(\frac{1}{A}\frac{\partial w}{\partial\alpha}+\vartheta\right) \tag{4-63a}$$

$$\gamma_{\alpha z}=\left(1-\frac{4z^2}{h^2}\right)\left(\frac{1}{A}\frac{\partial w}{\partial\alpha}+\vartheta\right) \tag{4-63b}$$

式(4-63)表明,在 Reddy 高阶剪切曲梁理论中,沿曲梁厚度方向的剪应变呈抛物分布,并且剪应变能够满足在梁上下自由表面剪应力为零的条件。需要指出,在推导上式时,忽略了式(4-58b)中的 $\gamma_{\alpha z}^{(0)}$ 和 $\gamma_{\alpha z}^{(1)}$ 两项。

假设第 k 层复合材料的纤维方向 x_1 与坐标轴 α 轴夹角为 $\theta^{(k)}$,规定铺层角度以逆时针方向为正,顺时针方向为负。层合曲梁内第 k 铺层中任意一点处的轴向应力 $\sigma_{\alpha\alpha}^{(k)}$ 和横向剪应力 $\sigma_{\alpha z}^{(k)}$ 为

$$\sigma_{\alpha\alpha}^{(k)}=\widetilde{Q}_{11}^{(k)}\varepsilon_{\alpha\alpha}^{(k)},\quad \sigma_{\alpha z}^{(k)}=k_s\widetilde{Q}_{55}^{(k)}\gamma_{\alpha z}^{(k)} \tag{4-64}$$

式中:$\widetilde{Q}_{11}^{(k)}$ 和 $\widetilde{Q}_{55}^{(k)}$ 为第 k 铺层的折减刚度系数,见式(4-19);k_s 为曲梁截面的剪切修正因子,对于 Euler - Bernoulli 曲梁理论,$k_s=0$,对于 Timoshenko 曲梁理论,$k_s=5/6$,对于高阶剪切曲梁理论,$k_s=1$。

下面根据 Hamilton 变分原理式(3-22)来推导广义高阶剪切 Zig - zag 理论对应的层合曲梁运动微分方程和边界条件。曲梁的动能为

$$T=\frac{1}{2}\sum_{k=1}^{N_l}\int_{z_k}^{z_{k+1}}\int_{\alpha_1}^{\alpha_2}\rho^{(k)}\left\{\left[\left(1+\frac{z}{R_\alpha}\right)\dot{u}+\frac{f}{A}\frac{\partial\dot{w}}{\partial\alpha}+g\dot{\vartheta}+\varphi\dot{\eta}\right]^2+\dot{w}^2\right\}AB\mathrm{d}\alpha\mathrm{d}z \tag{4-65}$$

式中:α_1 和 α_2 为中性轴上曲梁的端点坐标。

曲梁的应变能为

$$U=\frac{1}{2}\int_{\alpha_1}^{\alpha_2}\left(\begin{aligned}&N_\alpha\varepsilon_{\alpha\alpha}^{(0)}+M_\alpha\varepsilon_{\alpha\alpha}^{(1)}+P_\alpha\varepsilon_{\alpha\alpha}^{(2)}+T_\alpha\varepsilon_{\alpha\alpha}^{(3)}+K_\alpha\varepsilon_{\alpha\alpha}^{(4)}\\&+S_{\alpha z}^{(0)}\gamma_{\alpha z}^{(0)}+S_{\alpha z}^{(1)}\gamma_{\alpha z}^{(1)}+S_{\alpha z}^{(2)}\gamma_{\alpha z}^{(2)}+S_{\alpha z}^{(3)}\gamma_{\alpha z}^{(3)}+S_{\alpha z}^{(4)}\gamma_{\alpha z}^{(4)}+S_{\alpha z}^{(5)}\gamma_{\alpha z}^{(5)}\end{aligned}\right)AB\mathrm{d}\alpha \tag{4-66}$$

式中:N_α、M_α、P_α、T_α、K_α 和 $S_{\alpha z}^{(i)}(i=0,1,\cdots,5)$ 为层合梁的广义内力,它们的表达式为

$$N_\alpha = \sum_{k=1}^{N_l} \int_{z_k}^{z_{k+1}} \sigma_{\alpha\alpha}^{(k)} \mathrm{d}z,\quad M_\alpha = \sum_{k=1}^{N_l} \int_{z_k}^{z_{k+1}} z\sigma_{\alpha\alpha}^{(k)} \mathrm{d}z,\quad P_\alpha = \sum_{k=1}^{N_l} \int_{z_k}^{z_{k+1}} f\sigma_{\alpha\alpha}^{(k)} \mathrm{d}z,$$

$$T_\alpha = \sum_{k=1}^{N_l} \int_{z_k}^{z_{k+1}} g\sigma_{\alpha\alpha}^{(k)} \mathrm{d}z,\quad K_\alpha = \sum_{k=1}^{N_l} \int_{z_k}^{z_{k+1}} \varphi\sigma_{\alpha\alpha}^{(k)} \mathrm{d}z \tag{4-67}$$

$$S_{\alpha z}^{(0)} = \sum_{k=1}^{N_l} \int_{z_k}^{z_{k+1}} f\sigma_{\alpha z}^{(k)} \mathrm{d}z,\quad S_{\alpha z}^{(1)} = \sum_{k=1}^{N_l} \int_{z_k}^{z_{k+1}} g\sigma_{\alpha z}^{(k)} \mathrm{d}z,\quad S_{\alpha z}^{(2)} = \sum_{k=1}^{N_l} \int_{z_k}^{z_{k+1}} \varphi\sigma_{\alpha z}^{(k)} \mathrm{d}z,$$

$$S_{\alpha z}^{(3)} = \sum_{k=1}^{N_l} \int_{z_k}^{z_{k+1}} \bar{f}\sigma_{\alpha z}^{(k)} \mathrm{d}z,\quad S_{\alpha z}^{(4)} = \sum_{k=1}^{N_l} \int_{z_k}^{z_{k+1}} \bar{g}\sigma_{\alpha z}^{(k)} \mathrm{d}z,\quad S_{\alpha z}^{(5)} = \sum_{k=1}^{N_l} \int_{z_k}^{z_{k+1}} \bar{\varphi}\sigma_{\alpha z}^{(k)} \mathrm{d}z \tag{4-68}$$

将式(4-58)代入式(4-64)后，再将式(4-64)代入式(4-67)和式(4-68)，得到层合曲梁广义内力和中面广义应变分量之间的关系为

$$\begin{bmatrix} N_\alpha \\ M_\alpha \\ P_\alpha \\ T_\alpha \\ K_\alpha \end{bmatrix} = \begin{bmatrix} A_{11} & B_{11} & C_{11} & D_{11} & E_{11} \\ B_{11} & F_{11} & G_{11} & H_{11} & I_{11} \\ C_{11} & G_{11} & J_{11} & K_{11} & L_{11} \\ D_{11} & H_{11} & K_{11} & M_{11} & N_{11} \\ E_{11} & I_{11} & L_{11} & N_{11} & O_{11} \end{bmatrix} \begin{bmatrix} \varepsilon_{\alpha\alpha}^{(0)} \\ \varepsilon_{\alpha\alpha}^{(1)} \\ \varepsilon_{\alpha\alpha}^{(2)} \\ \varepsilon_{\alpha\alpha}^{(3)} \\ \varepsilon_{\alpha\alpha}^{(4)} \end{bmatrix} \tag{4-69a}$$

$$\begin{bmatrix} S_{\alpha z}^{(0)} \\ S_{\alpha z}^{(1)} \\ S_{\alpha z}^{(2)} \\ S_{\alpha z}^{(3)} \\ S_{\alpha z}^{(4)} \\ S_{\alpha z}^{(5)} \end{bmatrix} = \begin{bmatrix} \bar{A}_{55} & \bar{B}_{55} & \bar{C}_{55} & \bar{D}_{55} & \bar{E}_{55} & \bar{F}_{55} \\ \bar{B}_{55} & \bar{G}_{55} & \bar{H}_{55} & \bar{I}_{55} & \bar{J}_{55} & \bar{K}_{55} \\ \bar{C}_{55} & \bar{H}_{55} & \bar{L}_{55} & \bar{M}_{55} & \bar{N}_{55} & \bar{O}_{55} \\ \bar{D}_{55} & \bar{I}_{55} & \bar{M}_{55} & \bar{P}_{55} & \bar{R}_{55} & \bar{S}_{55} \\ \bar{E}_{55} & \bar{J}_{55} & \bar{N}_{55} & \bar{R}_{55} & \bar{T}_{55} & \bar{X}_{55} \\ \bar{F}_{55} & \bar{K}_{55} & \bar{O}_{55} & \bar{S}_{55} & \bar{X}_{55} & \bar{Y}_{55} \end{bmatrix} \begin{bmatrix} \gamma_{\alpha z}^{(0)} \\ \gamma_{\alpha z}^{(1)} \\ \gamma_{\alpha z}^{(2)} \\ \gamma_{\alpha z}^{(3)} \\ \gamma_{\alpha z}^{(4)} \\ \gamma_{\alpha z}^{(5)} \end{bmatrix} \tag{4-69b}$$

式中

$$\begin{aligned} &(A_{11}, B_{11}, C_{11}, D_{11}, E_{11}, F_{11}, G_{11}, H_{11}, I_{11}, J_{11}, K_{11}, L_{11}, M_{11}, N_{11}, O_{11}) \\ &= \sum_{k=1}^{N_l} \int_{z_k}^{z_{k+1}} \widetilde{Q}_{11}^{(k)} (1, z, f, g, \varphi, z^2, zf, zg, z\varphi, f^2, fg, f\varphi, g^2, g\varphi, \varphi^2) \mathrm{d}z \end{aligned} \tag{4-70a}$$

$$\begin{aligned} &\begin{pmatrix} \bar{A}_{55}, \bar{B}_{55}, \bar{C}_{55}, \bar{D}_{55}, \bar{E}_{55}, \bar{F}_{55}, \bar{G}_{55}, \bar{H}_{55}, \bar{I}_{55}, \bar{J}_{55}, \bar{K}_{55}, \bar{L}_{55}, \\ \bar{M}_{55}, \bar{N}_{55}, \bar{O}_{55}, \bar{P}_{55}, \bar{R}_{55}, \bar{S}_{55}, \bar{T}_{55}, \bar{X}_{55}, \bar{Y}_{55} \end{pmatrix} \\ &= \sum_{k=1}^{N_l} \int_{z_k}^{z_{k+1}} \widetilde{Q}_{55}^{(k)} \begin{pmatrix} f^2, fg, f\varphi, f \times \bar{f}, f\bar{g}, f\bar{\varphi}, g^2, g\varphi, g\bar{f}, g\bar{g}, g\bar{\varphi}, \varphi^2 \\ \varphi\bar{f}, \varphi\bar{g}, \varphi\bar{\varphi}, \bar{f}^2, \bar{f}\bar{g}, \bar{f}\bar{\varphi}, \bar{g}^2, \bar{g}\bar{\varphi}, \bar{\varphi}^2 \end{pmatrix} \mathrm{d}z \end{aligned} \tag{4-70b}$$

假设在层合曲梁中性轴上作用有轴向和横向分布载荷，则载荷对曲梁所做的功 W 为

$$W=\int_{\alpha_1}^{\alpha_2}[f_u(\alpha)u+f_w(\alpha)w]AB\mathrm{d}\alpha \tag{4-71}$$

式中：f_u 和 f_w 为沿着 α 和 z 方向的单位长度分布式载荷分量。

将式(4-65)、式(4-66)和式(4-71)代入式(3-22)，由 Hamilton 变分原理得到广义高阶剪切 Zig - zag 理论对应的层合曲梁运动微分方程为

$$\delta u:\quad \frac{1}{A}\frac{\partial N_\alpha}{\partial\alpha}+\frac{k_\alpha}{A}\frac{\partial M_\alpha}{\partial\alpha}+f_u$$

$$=(\rho_0+2k_\alpha\rho_1+k_\alpha^2\rho_2)\ddot{u}+(\rho_3+k_\alpha\rho_4)\frac{1}{A}\frac{\partial\ddot{w}}{\partial\alpha}+(\rho_5+k_\alpha\rho_6)\ddot{\vartheta}+(\rho_7+k_\alpha\rho_8)\ddot{\eta} \tag{4-72a}$$

$$\delta w:\quad -k_\alpha N_\alpha-\frac{1}{A}\frac{\partial}{\partial\alpha}\left(\frac{1}{A}\frac{\partial P_\alpha}{\partial\alpha}\right)+\frac{1}{A}\frac{\partial}{\partial\alpha}(S_{\alpha z}^{(3)}-k_\alpha S_{\alpha z}^{(0)})+f_w$$

$$=\rho_0\ddot{w}-\frac{1}{A}\left[(\rho_3+k_\alpha\rho_4)\frac{\partial\ddot{u}}{\partial\alpha}+\rho_9\frac{\partial}{\partial\alpha}\left(\frac{1}{A}\frac{\partial\ddot{w}}{\partial\alpha}\right)+\rho_{10}\frac{\partial\ddot{\vartheta}}{\partial\alpha}+\rho_{11}\frac{\partial\ddot{\eta}}{\partial\alpha}\right] \tag{4-72b}$$

$$\delta\vartheta:\quad \frac{1}{A}\frac{\partial T_\alpha}{\partial\alpha}+k_\alpha S_{\alpha z}^{(1)}-S_{\alpha z}^{(4)}=(\rho_5+k_\alpha\rho_6)\ddot{u}+\rho_{10}\frac{1}{A}\frac{\partial\ddot{w}}{\partial\alpha}+\rho_{12}\ddot{\vartheta}+\rho_{13}\ddot{\eta} \tag{4-72c}$$

$$\delta\eta:\quad \frac{1}{A}\frac{\partial K_\alpha}{\partial\alpha}+k_\alpha S_{\alpha z}^{(2)}-S_{\alpha z}^{(5)}=(\rho_7+k_\alpha\rho_8)\ddot{u}+\rho_{11}\frac{1}{A}\frac{\partial\ddot{w}}{\partial\alpha}+\rho_{13}\ddot{\vartheta}+\rho_{14}\ddot{\eta} \tag{4-72d}$$

式中：$\rho_i(i=0,1,2,\cdots,14)$为广义惯量。

$$\begin{pmatrix}\rho_0,\rho_1,\rho_2,\rho_3,\rho_4,\rho_5,\rho_6,\rho_7,\\ \rho_8,\rho_9,\rho_{10},\rho_{11},\rho_{12},\rho_{13},\rho_{14}\end{pmatrix}=\sum_{k=1}^{N_l}\int_{z_k}^{z_{k+1}}\rho^{(k)}\begin{pmatrix}1,z,z^2,f,fz,g,gz,\varphi,\\ \varphi z,f^2,fg,f\varphi,g^2,g\varphi,\varphi^2\end{pmatrix}\mathrm{d}z \tag{4-73}$$

式中：$\rho^{(k)}$为第 k 层材料的质量密度。

如果在式(4-71)中添加广义边界力所做的功，由 Hamilton 变分原理不仅可以得到式(4-72)，还可以得到层合曲梁的边界条件，即在 $\alpha=\alpha_1$ 和 $\alpha=\alpha_2$ 处的边界条件为

$$\widetilde{N}_\alpha=N_\alpha+k_\alpha M_\alpha=\overline{N}_\alpha \quad 或 \quad u=\overline{u} \tag{4-74a}$$

$$\widetilde{S}_{\alpha z}=S_{\alpha z}^{(3)}-k_\alpha S_{\alpha z}^{(0)}-\frac{1}{A}\frac{\partial P_\alpha}{\partial\alpha}+(\rho_3+k_\alpha\rho_4)\ddot{u}+\frac{\rho_9}{A}\frac{\partial\ddot{w}}{\partial\alpha}+$$

$$\rho_{10}\ddot{\vartheta}+\rho_{11}\ddot{\eta}=\overline{S}_{\alpha z} \quad 或 \quad w=\overline{w} \tag{4-74b}$$

$$\widetilde{P}_\alpha=\frac{P_\alpha}{A}=\overline{P}_\alpha \quad 或 \quad \frac{\partial w}{\partial\alpha}=\frac{\partial\overline{w}}{\partial\alpha} \tag{4-74c}$$

$$T_\alpha=\overline{T}_\alpha \quad 或 \quad \vartheta=\overline{\vartheta} \tag{4-74d}$$

$$K_{\alpha}=\overline{K}_{\alpha} \quad 或 \quad \eta=\overline{\eta} \tag{4-74e}$$

式中:带上划线的各量为边界上给定的值;$\widetilde{N}_{\alpha}$ 和$\widetilde{S}_{\alpha z}$分别为广义等效轴向力和横向力,其中$\widetilde{S}_{\alpha z}$中含有广义惯性项。

这里忽略$\widetilde{S}_{\alpha z}$中的惯性项,以下面的边界条件来代替式(4-74b),即

$$\widetilde{S}_{\alpha z}=S_{\alpha z}^{(3)}-k_{\alpha}S_{\alpha z}^{(0)}-\frac{1}{A}\frac{\partial P_{\alpha}}{\partial \alpha}=\overline{S}_{\alpha z} \quad 或 \quad w=\overline{w} \tag{4-75}$$

采用了式(4-75)后,层合曲梁的运动微分方程与边界条件不再是变分一致的了。

由式(4-74a)、(4-74c)~式(4-74e)和式(4-75)可以组合出层合曲梁不同的边界条件。常见的边界条件有

自由边界条件: $\widetilde{N}_{\alpha}=0$, $\widetilde{S}_{\alpha z}=0$, $\widetilde{P}_{\alpha}=0$, $T_{\alpha}=0$, $K_{\alpha}=0$ (4-76a)

简支边界条件Ⅰ: $\widetilde{N}_{\alpha}=0$, $w=0$, $\widetilde{P}_{\alpha}=0$, $T_{\alpha}=0$, $K_{\alpha}=0$ (4-76b)

简支边界条件Ⅱ: $\widetilde{N}_{\alpha}=0$, $w=0$, $\dfrac{\partial w}{\partial \alpha}=0$, $T_{\alpha}=0$, $K_{\alpha}=0$ (4-76c)

固支边界条件: $u=0$, $w=0$, $\dfrac{\partial w}{\partial \alpha}=0$, $\vartheta=0$, $\eta=0$ (4-76d)

令锯齿函数项$\varphi(z,k)=0$,选取不同的位移分布形函数$f(z)$和$g(z)$,由式(4-72)和式(4-74)可得到常见的层合曲梁理论对应的运动微分方程和边界条件:

一、Euler - Bernoulli 曲梁理论

Euler - Bernoulli 曲梁理论对应的运动微分方程为

$$\frac{1}{A}\frac{\partial N_{\alpha}}{\partial \alpha}+\frac{k_{\alpha}}{A}\frac{\partial M_{\alpha}}{\partial \alpha}+f_u=(\rho_0+2k_{\alpha}\rho_1+k_{\alpha}^2\rho_2)\ddot{u}+(\rho_3+k_{\alpha}\rho_4)\frac{1}{A}\frac{\partial \ddot{w}}{\partial \alpha} \tag{4-77a}$$

$$-k_{\alpha}N_{\alpha}-\frac{1}{A}\frac{\partial}{\partial \alpha}\left(\frac{1}{A}\frac{\partial P_{\alpha}}{\partial \alpha}\right)+f_w=\rho_0\ddot{w}-(\rho_3+k_{\alpha}\rho_4)\frac{1}{A}\frac{\partial \ddot{u}}{\partial \alpha} \tag{4-77b}$$

式(4-77)表明,层合曲梁轴向运动和横向弯曲运动之间是耦合的。该曲梁理论对应的边界条件为式(4-74a)、(4-74c)和式(4-75),其中式(4-75)中$\overline{S}_{\alpha z}^{(0)}=\overline{S}_{\alpha z}^{(3)}=0$。需要指出,由于在计算应变分量时,可对$1+z/R_{\alpha}$引入不同形式的近似,导致 Euler - Bernoulli 曲梁运动微分方程可有多种形式。

二、Timoshenko 一阶剪切曲梁理论

Timoshenko 曲梁理论对应的层合曲梁运动微分方程为

$$\frac{1}{A}\frac{\partial N_{\alpha}}{\partial \alpha}+\frac{k_{\alpha}}{A}\frac{\partial M_{\alpha}}{\partial \alpha}+f_u=(\rho_0+2k_{\alpha}\rho_1+k_{\alpha}^2\rho_2)\ddot{u}+(\rho_5+k_{\alpha}\rho_6)\ddot{\vartheta} \tag{4-78a}$$

$$-k_\alpha N_\alpha+\frac{1}{A}\frac{\partial S_{\alpha z}^{(3)}}{\partial\alpha}+f_w=\rho_0\ddot{w} \tag{4-78b}$$

$$\frac{1}{A}\frac{\partial T_\alpha}{\partial\alpha}-S_{\alpha z}^{(4)}=(\rho_5+k_\alpha\rho_6)\ddot{u}+\rho_{12}\ddot{\vartheta} \tag{4-78c}$$

在推导式(4-78)时，为了与前面式(4-62)对应，忽略了 Timoshenko 曲梁运动微分方程中的 $S_{\alpha z}^{(0)}$ 和 $S_{\alpha z}^{(1)}$ 两项。Timoshenko 曲梁理论对应的边界条件为式(4-74a)、式(4-75)和式(4-74d)，其中式(4-75)中 $P_\alpha=0$ 和 $S_{\alpha z}^{(0)}=0$。

三、Reddy 高阶剪切曲梁理论

Reddy 高阶剪切梁理论对应的层合曲梁运动微分方程为

$$\frac{1}{A}\frac{\partial N_\alpha}{\partial\alpha}+\frac{k_\alpha}{A}\frac{\partial M_\alpha}{\partial\alpha}+f_u$$
$$=(\rho_0+2k_\alpha\rho_1+k_\alpha^2\rho_2)\ddot{u}+(\rho_3+k_\alpha\rho_4)\frac{1}{A}\frac{\partial\ddot{w}}{\partial\alpha}+(\rho_5+k_\alpha\rho_6)\ddot{\vartheta} \tag{4-79a}$$

$$-k_\alpha N_\alpha-\frac{1}{A}\frac{\partial}{\partial\alpha}\left(\frac{1}{A}\frac{\partial P_\alpha}{\partial\alpha}\right)+\frac{1}{A}\frac{\partial S_{\alpha z}^{(3)}}{\partial\alpha}+f_w$$
$$=\rho_0\ddot{w}-\frac{1}{A}\left[(\rho_3+k_\alpha\rho_4)\frac{\partial\ddot{u}}{\partial\alpha}+\rho_9\frac{\partial}{\partial\alpha}\left(\frac{1}{A}\frac{\partial\ddot{w}}{\partial\alpha}\right)+\rho_{10}\frac{\partial\ddot{\vartheta}}{\partial\alpha}\right] \tag{4-79b}$$

$$\frac{1}{A}\frac{\partial T_\alpha}{\partial\alpha}-S_{\alpha z}^{(4)}=(\rho_5+k_\alpha\rho_6)\ddot{u}+\rho_{10}\frac{1}{A}\frac{\partial\ddot{w}}{\partial\alpha}+\rho_{12}\ddot{\vartheta} \tag{4-79c}$$

在推导式(4-79)时，忽略了式(4-72)中的 $S_{\alpha z}^{(0)}$ 和 $S_{\alpha z}^{(1)}$ 两项。Reddy 高阶剪切曲梁理论对应的边界条件为式(4-74a)、式(4-75)和式(4-74d)。

4.2.3　分区力学模型

沿着坐标轴 α 方向将层合曲梁分解为 N 个子域(图 4-15)，其中第 i 和 $i+1$ 个子域界面位于 $\alpha=\alpha_{i+1}$。基于第 3 章给出的分区 Nitsche 变分法，构造出的层合曲梁的能量泛函为

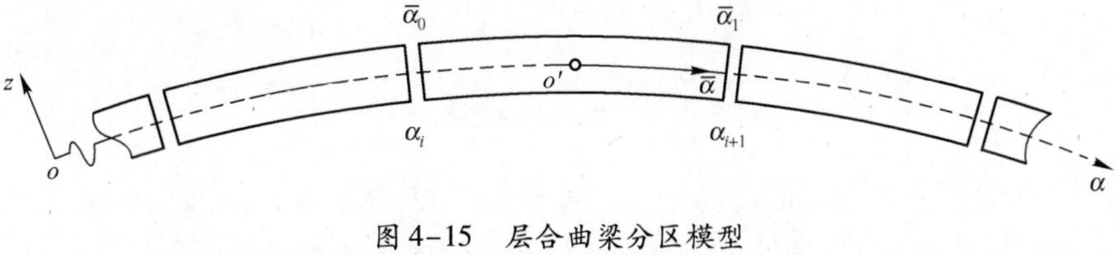

图 4-15　层合曲梁分区模型

$$\Pi=\int_{t_1}^{t_2}\sum_{i=1}^{N}(T_i-U_i+W_i)\mathrm{d}t+$$
$$\int_{t_0}^{t_1}\sum_{i,i+1}(\tilde{\alpha}_i\Theta_u+\tilde{\beta}_i\Theta_w+\tilde{\chi}_i\Theta_r+\tilde{\upsilon}_i\Theta_\vartheta+\tilde{\lambda}_i\Theta_\eta)\big|_{\alpha=\alpha_{i+1}}\mathrm{d}t \tag{4-80}$$

式中：T_i 和 U_i 分别为层合曲梁第 i 个子域的动能和应变能；W_i 为作用于第 i 个子域上的外力所做的功；$\tilde{\alpha}_i$、$\tilde{\beta}_i$、$\tilde{\chi}_i$、$\tilde{\upsilon}_i$ 和 $\tilde{\lambda}_i$ 为定义在第 i 和 $i+1$ 个子域界面（$\alpha=\alpha_{i+1}$）上的未知变量；Θ_u、Θ_w、Θ_r、Θ_ϑ 和 Θ_η 为分域界面上的广义位移协调方程，定义为

$$\Theta_u = u_i - u_{i+1} = 0,\quad \Theta_w = w_i - w_{i+1} = 0,\quad \Theta_r = \frac{\partial w}{\partial \alpha} - \frac{\partial w_{i+1}}{\partial \alpha} = 0,$$
$$\Theta_\vartheta = \vartheta_i - \vartheta_{i+1} = 0,\quad \Theta_\eta = \eta_i - \eta_{i+1} = 0 \tag{4-81}$$

在分区 Nitsche 变分法中，上述广义位移协调方程都是近似满足的，在式(4-80)中引入的实际表达式：$\Theta_u = u_i - u_{i+1}$，$\Theta_w = w_i - w_{i+1}$，$\Theta_r = \partial w_i/\partial\alpha - \partial w_{i+1}/\partial\alpha$，$\Theta_\vartheta = \vartheta_i - \vartheta_{i+1}$ 和 $\Theta_\eta = \eta_i - \eta_{i+1}$。

第 i 个子域的动能和应变能为

$$T_i = \frac{1}{2}\sum_{k=1}^{N_l}\int_{z_k}^{z_{k+1}}\int_{\alpha_i}^{\alpha_{i+1}}\rho^{(k)}\left\{\left[\left(1+\frac{z}{R_\alpha}\right)\dot{u} + \frac{f}{A}\frac{\partial \dot{w}}{\partial \alpha} + g\,\dot{\vartheta} + \varphi\,\dot{\eta}\right]^2 + \dot{w}^2\right\}AB\mathrm{d}\alpha\mathrm{d}z \tag{4-82}$$

$$U_i = \frac{1}{2}\int_{\alpha_i}^{\alpha_{i+1}}\begin{pmatrix} N_\alpha\varepsilon_{\alpha\alpha}^{(0)} + M_\alpha\varepsilon_{\alpha\alpha}^{(1)} + P_\alpha\varepsilon_{\alpha\alpha}^{(2)} + T_\alpha\varepsilon_{\alpha\alpha}^{(3)} + K_\alpha\varepsilon_{\alpha\alpha}^{(4)} \\ + S_{\alpha z}^{(0)}\gamma_{\alpha z}^{(0)} + S_{\alpha z}^{(1)}\gamma_{\alpha z}^{(1)} + S_{\alpha z}^{(2)}\gamma_{\alpha z}^{(2)} + S_{\alpha z}^{(3)}\gamma_{\alpha z}^{(3)} + S_{\alpha z}^{(4)}\gamma_{\alpha z}^{(4)} + S_{\alpha z}^{(5)}\gamma_{\alpha z}^{(5)}\end{pmatrix}AB\mathrm{d}\alpha \tag{4-83}$$

外力对第 i 个曲梁子域所做的功为

$$W_i = \int_{\alpha_i}^{\alpha_{i+1}}(f_{u,i}u_i + f_{w,i}w_i)AB\mathrm{d}\alpha \tag{4-84}$$

式中：$f_{u,i}$ 和 $f_{w,i}$ 为中性轴上的轴向和横向分布式载荷分量。如果它们不是分布力而是集中力，可采用 Dirac Delta 函数将集中力引入到式(4-84)中。

将式(4-82)～式(4-84)代入式(4-80)，对能量泛函 Π 取一阶变分，根据驻值条件 $\delta\Pi=0$ 可识别出层合梁子域分区界面上的未知变量为

$$\tilde{\alpha}_i = N_\alpha + k_\alpha M_\alpha,\quad \tilde{\beta}_i = S_{\alpha z}^{(3)} - k_\alpha S_{\alpha z}^{(0)} - \frac{1}{A}\frac{\partial P_\alpha}{\partial \alpha},$$
$$\tilde{\chi}_i = \frac{P_\alpha}{A},\quad \tilde{\upsilon}_i = T_\alpha,\quad \tilde{\lambda}_i = K_\alpha \tag{4-85}$$

将式(4-85)代入式(4-80)，得到新的能量泛函 $\overline{\Pi}$，然后在 $\overline{\Pi}$ 中添加一项有关分区界面广义位移协调方程的罚函数项，得到层合曲梁的能量泛函为

$$\tilde{\Pi} = \int_{t_1}^{t_2}\sum_{i=1}^{N}(T_i - U_i + W_i)\mathrm{d}t + \int_{t_1}^{t_2}\sum_{i,i+1}(\Pi_\lambda - \Pi_\kappa)\big|_{\alpha=\alpha_{i+1}}\mathrm{d}t \tag{4-86}$$

式中

$$\Pi_\lambda = \xi_u\hat{N}_\alpha\Theta_u + \xi_w\hat{S}_{\alpha z}\Theta_w + \xi_r\hat{M}_\alpha\Theta_r + \xi_\vartheta T_\alpha\Theta_\vartheta + \xi_\eta P_\alpha\Theta_\eta \tag{4-87a}$$

$$\Pi_{\kappa}=\frac{1}{2}(\xi_{u}\kappa_{u}\Theta_{u}^{2}+\xi_{w}\kappa_{w}\Theta_{w}^{2}+\xi_{r}\kappa_{r}\Theta_{r}^{2}+\xi_{\vartheta}\kappa_{\vartheta}\Theta_{\vartheta}^{2}+\xi_{\eta}\kappa_{\eta}\Theta_{\eta}^{2}) \tag{4-87b}$$

式中

$$\hat{N}_{\alpha}=N_{\alpha}+k_{\alpha}M_{\alpha},\quad \hat{S}_{\alpha z}=S_{\alpha\varsigma}^{(3)}-k_{\alpha}S_{\alpha\varsigma}^{(0)}-\frac{1}{A}\frac{\partial P_{\alpha}}{\partial\alpha},\quad \hat{M}_{\alpha}=\frac{P_{\alpha}}{A} \tag{4-88}$$

式(4-87)中：$\xi_{\nu}(\nu=u,w,r,\vartheta,\eta)$为分区界面和边界界面控制参数；$\kappa_{\nu}$ 为分区界面上的权参数。对于内部分区界面，$\xi_{\nu}=1$；而对于常见的几种边界条件，如自由、简支和固支，ξ_{ν} 的取值见表 4-2。

如果在式(4-86)中去掉 Π_{λ}，则 Π_{κ} 可以处理弹性边界条件，此时权参数 κ_{ν} 可视为边界上的弹性刚度系数，相应地 Π_{κ} 为边界的弹性势能。

采用位移展开函数对层合梁子域的广义位移变量进行展开。第 i 个子域的广义位移展开式为

$$u_{i}(\bar{\alpha},t)=\sum_{j=0}^{J}\psi_{j}(\bar{\alpha})\,\tilde{u}_{j,i}(t)=\boldsymbol{\psi}(\bar{\alpha})\,\tilde{\boldsymbol{u}}_{i}(t) \tag{4-89a}$$

$$w_{i}(\bar{\alpha},t)=\sum_{j=0}^{J}\psi_{j}(\bar{\alpha})\,\tilde{w}_{j,i}(t)=\boldsymbol{\psi}(\bar{\alpha})\,\tilde{\boldsymbol{w}}_{i}(t) \tag{4-89b}$$

$$\vartheta_{i}(\bar{\alpha},t)=\sum_{j=0}^{J}\psi_{j}(\bar{\alpha})\,\tilde{\vartheta}_{j,i}(t)=\boldsymbol{\psi}(\bar{\alpha})\,\tilde{\boldsymbol{\vartheta}}_{i}(t) \tag{4-89c}$$

$$\eta_{i}(\bar{\alpha},t)=\sum_{j=0}^{J}\psi_{j}(\bar{\alpha})\,\tilde{\eta}_{j,i}(t)=\boldsymbol{\psi}(\bar{\alpha})\,\tilde{\boldsymbol{\eta}}_{i}(t) \tag{4-89d}$$

式中：$\psi_{j}(\bar{\alpha})$ 为广义位移展开多项式，下标 j 为多项式的阶数，$\bar{\alpha}$为局部坐标（图 4-15）；J 为截取的多项式最高阶数；$\tilde{u}_{j,i}$、$\tilde{w}_{j,i}$、$\tilde{\vartheta}_{j,i}$和$\tilde{\eta}_{j,i}$为广义位移函数的系数；$\boldsymbol{\psi}$ 为广义位移展开函数向量；$\tilde{\boldsymbol{u}}_{i}$、$\tilde{\boldsymbol{w}}_{i}$、$\tilde{\boldsymbol{\vartheta}}_{i}$和$\tilde{\boldsymbol{\eta}}_{i}$为广义位移系数向量。

整体坐标 α 与局部坐标$\bar{\alpha}$之间的变换关系为 $\alpha=a_{0}\bar{\alpha}+a_{1}$。对于幂级数，$\bar{\alpha}\in[0,1]$，则 $a_{0}=\alpha_{i+1}-\alpha_{i}$，$a_{1}=\alpha_{i}$；对于切比雪夫正交多项式和勒让德正交多项式，$\bar{\alpha}\in[-1,1]$，则有 $a_{0}=(\alpha_{i+1}-\alpha_{i})/2$，$a_{1}=(\alpha_{i+1}+\alpha_{i})/2$。

将式(4-82)～式(4-84)、式(4-87)和式(4-89)代入式(4-86)，对Π取一阶变分，并根据 $\delta\Pi=0$ 的驻值条件得到层合曲梁的离散动力学方程为

$$\boldsymbol{M}\ddot{\boldsymbol{q}}+(\boldsymbol{K}-\boldsymbol{K}_{\lambda}+\boldsymbol{K}_{\kappa})\boldsymbol{q}=\boldsymbol{F} \tag{4-90}$$

式中：$\boldsymbol{q}$ 为层合曲梁子域位移系数向量的集合，记为 $\boldsymbol{q}=[\tilde{\boldsymbol{u}}_{1}^{\mathrm{T}},\tilde{\boldsymbol{w}}_{1}^{\mathrm{T}},\tilde{\boldsymbol{\vartheta}}_{1}^{\mathrm{T}},\tilde{\boldsymbol{\eta}}_{1}^{\mathrm{T}},\cdots,\tilde{\boldsymbol{u}}_{N}^{\mathrm{T}},\tilde{\boldsymbol{w}}_{N}^{\mathrm{T}},\tilde{\boldsymbol{\vartheta}}_{N}^{\mathrm{T}},\tilde{\boldsymbol{\eta}}_{N}^{\mathrm{T}}]^{\mathrm{T}}$；$\boldsymbol{M}$ 和 $\boldsymbol{K}$ 分别为子域广义质量矩阵和刚度矩阵的组装矩阵；$\boldsymbol{K}_{\lambda}$ 和 $\boldsymbol{K}_{\kappa}$ 为分区界面矩阵的组装矩阵；$\boldsymbol{F}$ 为广义外力向量。

4.2.4　数值算例

本节考虑各向同性材料和复合材料层合圆弧曲梁的自由振动问题。圆弧曲

梁几何模型如图 4-16 所示，在圆弧曲梁中性轴上建立坐标系 θ 和 z，即 $\alpha=\theta$，圆弧开口角度为 θ_0。对于圆弧曲梁，中曲面的 Lamé 参数 $A=1$，曲率半径 $R_\alpha=R$。

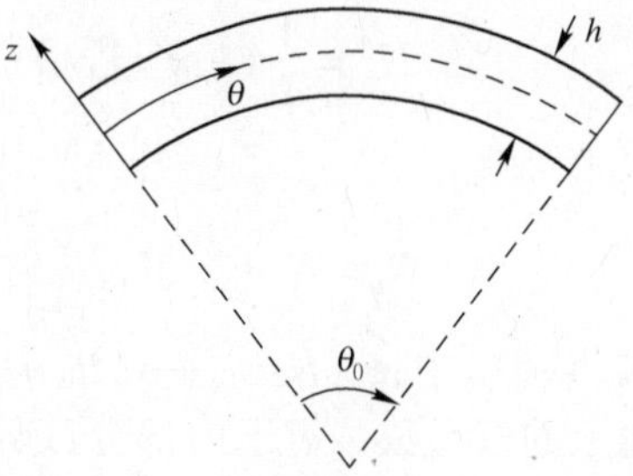

图 4-16　圆弧曲梁坐标系与几何模型

表 4-6 给出了不同分区数目对应的各向同性材料圆弧曲梁无量纲频率 $\Omega=\omega l^2\sqrt{\rho A/EI}$，曲梁边界条件为两端固支。曲梁的材料参数：弹性模量 $E=210\text{GPa}$，泊松比 $\mu=0.3$，密度 $\rho=7800\text{kg/m}^3$。R_g 为曲梁截面回转半径，$R_g=\sqrt{I/A}$，I 为曲梁截面惯性矩，A 为截面面积；l 为圆弧长度，$l=R\theta_0$。圆弧曲梁开口角度 $\theta_0=120°$。采用高阶剪切曲梁理论 $\text{HDT}_{[\text{R}]}$ 来建立梁的力学模型，每个曲梁子域的位移变量采用第一类切比雪夫正交多项式进行展开，展开阶数 $J=7$。结果表明，随着分区数目的增大，曲梁的各阶振动频率很快收敛；取曲梁的分区数目 $N=4$ 和 $N=30$ 时，曲梁的前 10 阶固有频率最大相对误差（$=|\Omega_{N=4}-\Omega_{N=30}|/\Omega_{N=30}\times100\%$）仅为 0.18%。表 4-7 给出了不同开口角度 θ_0 对应的圆弧曲梁无量纲频率 $\Omega=\omega l^2\sqrt{\rho A/EI}$，计算中采用了高阶剪切曲梁理论 $\text{HDT}_{[\text{LMR}]}$。简支边界条件（S）定义为 $u=w=\vartheta=\eta=0$，$\widetilde{P}_\alpha=0$。表 4-7 中还给出了 Wolf[237] 基于有限元法以及 Tüfekçi 和 Arpaci[238] 基于解析法得到的频率结果。Wolf[237] 考虑了曲梁的轴向拉伸和截面旋转惯性，但忽略了截面剪切变形；Tüfekçi 和 Arpaci[238] 考虑了曲梁的轴向拉伸、截面旋转惯性和剪切变形效应。结果表明，本书分区方法计算结果与文献[238]的解析解结果符合。

表 4-6　两端固支圆弧曲梁无量纲频率 $\Omega=\omega l^2\sqrt{\rho A/EI}$（$R/R_g=75$，$\theta_0=120°$）

模态阶数	分区数目							
	$N=2$	$N=4$	$N=6$	$N=8$	$N=10$	$N=12$	$N=20$	$N=30$
1	52.091	52.083	52.081	52.079	52.078	52.078	52.077	52.077
2	101.380	101.336	101.324	101.318	101.314	101.314	101.307	101.308
3	184.671	184.510	184.481	184.466	184.458	184.458	184.441	184.442
4	254.642	254.276	254.215	254.186	254.168	254.168	254.135	254.136
5	333.228	332.796	332.794	332.794	332.794	332.794	332.793	332.793
6	392.879	385.813	385.667	385.605	385.568	385.568	385.500	385.503
7	560.923	525.738	525.469	525.381	525.330	525.330	525.237	525.242
8	572.463	568.310	568.243	568.204	568.181	568.181	568.136	568.137
9	730.604	677.909	677.539	677.427	677.367	677.367	677.256	677.261
10	986.559	818.877	818.029	817.766	817.627	817.627	817.376	817.389

表 4-7 圆弧曲梁无量纲频率 $\Omega=\omega l^2\sqrt{\rho A/EI}$ ($R/R_g=100$)

		$\theta_0=90°$			$\theta_0=150°$			$\theta_0=180°$		
		文献[237]	文献[238]	本书	文献[237]	文献[238]	本书	文献[237]	文献[238]	本书
S-S	1	33.92	33.8341	34.2925	26.43	26.4079	27.6665	22.37	22.3497	24.1816
	2	79.16	78.7259	79.1704	72.71	72.5587	73.8223	68.27	68.1644	70.0000
	3	151.5	150.0300	150.5056	143.1	142.5925	143.8880	137.8	137.4288	139.2980
	4	216.5	214.8133	215.0739	229.2	227.9351	229.2202	224.6	223.7427	225.6018
	5	261.7	259.7674	260.0191	339.2	336.4950	337.7825	334.0	332.0705	333.9457
C-C	1	55.74	55.3434	55.6809	47.66	47.5326	48.4131	43.25	43.1709	44.4041
	2	103.60	102.3868	102.7683	99.32	98.8691	99.9313	95.06	94.7557	96.2836
	3	191.9	188.4994	188.9460	182.4	181.2108	182.3331	176.5	175.7111	177.3198
	4	220.3	219.1514	219.3069	274.0	271.5375	272.7034	270.2	268.4875	270.1611
	5	305.1	299.1958	299.5763	396.8	391.9823	393.1965	391.1	387.7377	389.4758

表 4-8 给出了两端简支正交铺设[0°/90°]圆弧曲梁无量纲固有频率 $\Omega=\omega l^2\sqrt{\rho A/E_1 I}$。曲梁的简支边界条件定义同前。曲梁的参数为 $l/R=1.0$，$G_{13}/E_2=G_{23}/E_2=0.5$。表中给出了 Qatu[239] 采用 Euler-Bernoulli 曲梁理论(CT)和一阶剪切曲梁理论(FDT)得到的频率结果，其中一阶剪切曲梁理论考虑了曲梁的曲率效应。本书计算中采用了高阶剪切曲梁理论 $\mathrm{HDT}_{[\mathrm{LMR}]}$ 和 $\mathrm{HDT}_{[\mathrm{LMR}]\mathrm{Z}}$。结果表明，对于细梁($h/l\leqslant 0.02$)，Euler-Bernoulli 曲梁理论与一阶剪切及高阶剪切曲梁理论给出的前 4 阶振动频率相差很小；当梁的厚度与弧长之比较大时，Euler-Bernoulli 曲梁理论给出的基频精度较好，对于高阶振动模态，Euler-Bernoulli 曲梁给出的频率偏高且误差较大。

表 4-8 两端简支正交铺设[0°/90°]圆弧曲梁无量纲固有频率 $\Omega=\omega l^2\sqrt{\rho A/E_1 I}$

h/l	模态阶数	$E_1/E_2=15$				$E_1/E_2=40$			
		文献[239] CT	文献[239] FDT	$\mathrm{HDT}_{[\mathrm{LMR}]}$	$\mathrm{HDT}_{\mathrm{Z}[\mathrm{LMR}]}$	文献[239] CT	文献[239] FDT	$\mathrm{HDT}_{[\mathrm{LMR}]}$	$\mathrm{HDT}_{\mathrm{Z}[\mathrm{LMR}]}$
0.01	1	4.0116	4.0094	4.0543	4.0377	3.4145	3.4108	3.4192	3.4176
	2	18.031	18.000	18.0472	18.0396	15.349	15.298	15.3216	15.3277
	3	41.432	41.286	41.3487	41.3405	35.270	35.034	35.1012	35.0621
	4	74.190	73.738	73.8394	73.8044	63.157	62.438	62.6066	62.4177

（续）

h/l	模态阶数	$E_1/E_2=15$				$E_1/E_2=40$			
		文献[239] CT	文献[239] FDT	$HDT_{[LMR]}$	$HDT_{Z[LMR]}$	文献[239] CT	文献[239] FDT	$HDT_{[LMR]}$	$HDT_{Z[LMR]}$
0.02	1	3.9960	3.9885	4.0273	4.0207	3.4014	3.3871	3.4093	3.4090
	2	17.949	17.839	17.8908	17.8899	15.274	15.093	15.1565	15.1238
	3	41.227	40.681	40.7862	40.7453	35.081	35.220	34.4214	34.1785
	4	73.786	72.095	72.3331	72.1401	62.778	60.178	60.7062	59.8812
0.05	1	3.9471	3.9109	3.9530	3.9520	3.3559	3.2932	3.3281	3.3228
	2	17.690	17.089	17.1952	17.1459	15.034	14.111	14.3167	14.0563
	3	40.526	37.667	38.0200	37.6569	34.424	30.283	31.0488	29.8004
	4	72.278	64.041	64.9608	63.8185	61.355	50.017	51.9282	48.7073

4.3 二维层合板

复合材料层合板是一类重要的构件，在航空航天和船舶舰艇等领域应用甚广。本节从二维层合板的广义高阶剪切 Zig - zag 理论出发，结合分区 Nitsche 变分法来分析层合板的振动问题。

4.3.1 Zig - zag 理论位移场

考虑一个沿厚度方向任意铺层的复合材料矩形板（长度 L、宽度 B 和厚度 h）。在层合板中面建立如图 4-17 所示的笛卡儿直角坐标系 $o-xyz$，坐标原点位于层合板端面的几何中心。层合板的铺层数目为 N_l，第 k 铺层上下两个表面沿 z 方向坐标值为 z_{k+1} 和 z_k。复合材料层合板可承受任意方向的分布式载荷或集中载荷的作用。

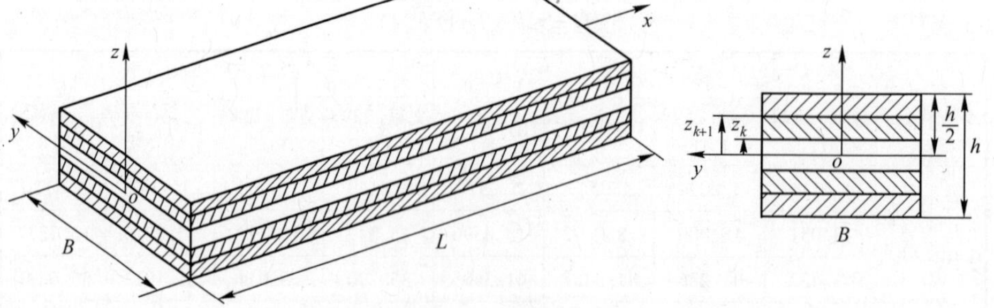

图 4-17　层合板几何模型与坐标系

在建立层合板理论之前,对层合板引入以下力学假设:①铺层之间理想黏结无缝隙,黏结层的厚度可忽略不计,且其本身不发生变形,即各层之间变形连续;②每个铺层的厚度都是均匀的,其材料为线弹性正交各向异性材料;③层合板厚度方向的正应变忽略不计;④板的变形与结构尺寸相比为小量。板内任意一点 $P(x,y,z)$ 处的位移分量可表示如下:

$$\tilde{u}(x,y,z,t)=u(x,y,t)+f(z)\frac{\partial w}{\partial x}+g(z)\vartheta_1(x,y,t)+\varphi(z,k)\eta_1(x,y,t) \tag{4-91a}$$

$$\tilde{v}(x,y,z,t)=v(x,y,t)+f(z)\frac{\partial w}{\partial y}+g(z)\vartheta_2(x,y,t)+\varphi(z,k)\eta_2(x,y,t) \tag{4-91b}$$

$$\tilde{w}(x,y,z,t)=w(x,y,t) \tag{4-91c}$$

式中:$\tilde{u}$,$\tilde{v}$和$\tilde{w}$分别为板内 P 点处沿 x,y 和 z 方向的位移分量;$u,v,w,\vartheta_1,\vartheta_2,\eta_1$ 和 η_2 为层合板中面上的广义位移分量,它们仅与空间坐标 x、y 和时间 t 有关;f 和 g 为广义位移分布形函数,φ 为锯齿函数,它们的数学表达式及物理意义与 4.1 节中层合梁的一致。

若令式(4-91)中 $\varphi=0$,f 和 g 取不同函数则可以得到不同层合板理论对应的位移场函数。

以下几种常见的层合板理论的位移场函数可由式(4-91)退化得来。

一、经典薄板理论(Kirchhoff 薄板理论)

经典薄板理论也称为 Kirchhoff 薄板理论或简称为薄板理论。令 $f(z)=-z$,$g(z)=0$ 和 $\varphi(z,k)=0$,由式(4-91)得到经典薄板理论对应的位移场函数:

$$\tilde{u}(x,y,z,t)=u(x,y,t)-z\frac{\partial w}{\partial x} \tag{4-92a}$$

$$\tilde{v}(x,y,z,t)=v(x,y,t)-z\frac{\partial w}{\partial y} \tag{4-92b}$$

$$\tilde{w}(x,y,z,t)=w(x,y,t) \tag{4-92c}$$

经典薄板理论中共有 3 个独立的变量,即 u,v 和 w,其中 u,v 为面内位移分量,w 为横向位移分量。经典薄板理论采用了 Kirchhoff 假设(直法线假设),认为变形前垂直于中面的线段,在板变形后仍垂直于变形后的中面且长度不变。该理论与 4.1 节中的 Euler - Bernouli 梁理论相对应。在经典薄板理论中,板内各点的平面位移分量($\tilde{u}$和$\tilde{v}$)沿着厚度方向是线性分布的,其与横向位移在该点处沿着 x 和 y 方向的斜率($\partial w/\partial x$ 和$\partial w/\partial y$)有关。对于厚度远小于平面尺寸的层合板,采用经典薄板理论来研究板的低频振动问题可以给出合理的结果。

二、一阶剪切板理论(Mindlin - Reissner 板理论)

一阶剪切变形板理论也称为 Mindlin - Reissner 板理论。令 $f(z)=0$,$g(z)=z$ 和 $\varphi(z,k)=0$,可以得到一阶剪切板理论对应的位移场函数:

$$\widetilde{u}(x,y,z,t)=u(x,y,t)+z\vartheta_1(x,y,t) \tag{4-93a}$$

$$\widetilde{v}(x,y,z,t)=v(x,y,t)+z\vartheta_2(x,y,t) \tag{4-93b}$$

$$\widetilde{w}(x,y,z,t)=w(x,y,t) \tag{4-93c}$$

式(4-93)表明,一阶剪切变形板理论的位移场中共有5个独立的变量,即u,v,w,ϑ_1和ϑ_2。该理论考虑了横向剪切变形的影响,抛弃了薄板理论中的Kirchhoff直法线假设,认为变形前垂直于板中面的直线在变形后仍为一直线,但不再与中面垂直。Mindlin - Reissner板理论与前面的Timoshenko梁理论相对应。由于考虑了剪切变形的影响,原直法线在变形后的位置不再与板的中面发生固定关系,因而需要引入新的独立变量ϑ_1和ϑ_2。

三、Reddy高阶剪切板理论

将$f(z)=-4z^3/(3h^2)$,$g(z)=z-4z^3/(3h^2)$和$\varphi(z,k)=0$代入式(4-91),得到Reddy高阶剪切层合板理论对应的位移场函数:

$$\widetilde{u}(x,y,z,t)=u(x,y,t)-\frac{4z^3}{3h^2}\frac{\partial w}{\partial x}+\left(z-\frac{4z^3}{3h^2}\right)\vartheta_1(x,y,t) \tag{4-94a}$$

$$\widetilde{v}(x,y,z,t)=v(x,y,t)-\frac{4z^3}{3h^2}\frac{\partial w}{\partial y}+\left(z-\frac{4z^3}{3h^2}\right)\vartheta_2(x,y,t) \tag{4-94b}$$

$$\widetilde{w}(x,y,z,t)=w(x,y,t) \tag{4-94c}$$

式(4-94)表明,Reddy高阶剪切板理论的位移场变量数目也是5个(u,v,w,ϑ_1和ϑ_2),与Mindlin - Reissner板理论的相同,但该理论使用了关于板厚度方向高阶次的位移场,能更合理地反映板厚度方向的翘曲变形。

与4.1节层合梁理论类似,这里将经典薄层合板理论、一阶剪切层合板理论及Reddy高阶剪切层合板理论分别简写为CT、FDT和$HDT_{[R]}$。令$f(z)=-z$和$\varphi(z,k)=0$,$g(z)$取不同的位移分布形函数表达式,则相应的高阶剪切理论的简写形式见表4-1。对于考虑Zig - zag效应的层合板理论,采用下标Z作以区别,如CT_Z、FDT_Z和$HDT_{Z[R]}$分别表示在经典层合板理论、一阶剪切层合板理论及Reddy高阶剪切层合板理论中考虑了锯齿函数$\varphi(z,k)$,见式(4-6)。

4.3.2 基本微分方程

将式(4-91)代入三维弹性体的应变与位移关系式(2-11),可导出广义高阶剪切Zig - zag理论对应的层合板应变分量,即

$$\varepsilon_{xx}=\varepsilon_{xx}^{(0)}+f\varepsilon_{xx}^{(1)}+g\varepsilon_{xx}^{(2)}+\varphi\varepsilon_{xx}^{(3)} \tag{4-95a}$$

$$\varepsilon_{yy}=\varepsilon_{yy}^{(0)}+f\varepsilon_{yy}^{(1)}+g\varepsilon_{yy}^{(2)}+\varphi\varepsilon_{yy}^{(3)} \tag{4-95b}$$

$$\gamma_{xy}=\gamma_{xy}^{(0)}+f\gamma_{xy}^{(1)}+g\gamma_{xy}^{(2)}+\varphi\gamma_{xy}^{(3)} \tag{4-95c}$$

$$\gamma_{xz}=\bar{f}\gamma_{xz}^{(0)}+\bar{g}\gamma_{xz}^{(1)}+\bar{\varphi}\gamma_{xz}^{(2)} \tag{4-95d}$$

$$\gamma_{yz}=\bar{f}\gamma_{yz}^{(0)}+\bar{g}\gamma_{yz}^{(1)}+\bar{\varphi}\gamma_{yz}^{(2)} \tag{4-95e}$$

式中：ε_{xx}，ε_{yy}和 γ_{xy}为板的面内应变分量；γ_{xz}和 γ_{yz}为沿厚度方向的剪应变分量；$\bar{f}$，$\bar{g}$和$\bar{\varphi}$的表达式见式(4-10)。

$$\varepsilon_{xx}^{(0)}=\frac{\partial u}{\partial x},\quad \varepsilon_{xx}^{(1)}=\frac{\partial^2 w}{\partial x^2},\quad \varepsilon_{xx}^{(2)}=\frac{\partial \vartheta_1}{\partial x},\quad \varepsilon_{xx}^{(3)}=\frac{\partial \eta_1}{\partial x} \tag{4-96}$$

$$\varepsilon_{yy}^{(0)}=\frac{\partial v}{\partial y},\quad \varepsilon_{yy}^{(1)}=\frac{\partial^2 w}{\partial y^2},\quad \varepsilon_{yy}^{(2)}=\frac{\partial \vartheta_2}{\partial y},\quad \varepsilon_{yy}^{(3)}=\frac{\partial \eta_2}{\partial y} \tag{4-97}$$

$$\gamma_{xy}^{(0)}=\frac{\partial v}{\partial x}+\frac{\partial u}{\partial y},\quad \gamma_{xy}^{(1)}=2\frac{\partial^2 w}{\partial x\,\partial y},\quad \gamma_{xy}^{(2)}=\frac{\partial \vartheta_2}{\partial x}+\frac{\partial \vartheta_1}{\partial y},\quad \gamma_{xy}^{(3)}=\frac{\partial \eta_2}{\partial x}+\frac{\partial \eta_1}{\partial y} \tag{4-98}$$

$$\gamma_{xz}^{(0)}=\frac{\partial w}{\partial x},\quad \gamma_{xz}^{(1)}=\vartheta_1,\quad \gamma_{xz}^{(2)}=\eta_1,\quad \gamma_{yz}^{(0)}=\frac{\partial w}{\partial y},\quad \gamma_{yz}^{(1)}=\vartheta_2,\quad \gamma_{yz}^{(2)}=\eta_2 \tag{4-99}$$

若令式(4-95)中 $\varphi=0$，对 f 和 g 取一定的函数表达式，则可得到各种不考虑 Zig - zag 效应的层合板理论对应的应变分量。

几种典型的层合板理论对应的应变表达式如下。

一、经典薄板理论(Kirchhoff 薄板理论)

$$\varepsilon_{xx}=\frac{\partial u}{\partial x}-z\frac{\partial^2 w}{\partial x^2} \tag{4-100a}$$

$$\varepsilon_{yy}=\frac{\partial v}{\partial y}-z\frac{\partial^2 w}{\partial y^2} \tag{4-100b}$$

$$\gamma_{xy}=\frac{\partial v}{\partial x}+\frac{\partial u}{\partial y}-2z\frac{\partial^2 w}{\partial x\,\partial y} \tag{4-100c}$$

$$\gamma_{xz}=0 \tag{4-100d}$$

$$\gamma_{yz}=0 \tag{4-100e}$$

式中：$\partial u/\partial x$ 和$\partial v/\partial y$ 为面内拉伸应变；$-\partial^2 w/\partial x^2$，$-\partial^2 w/\partial y^2$ 和 $-\partial^2 w/\partial x\partial y$ 分别为变形后中面的曲率和扭曲率。

经典薄板理论仅考虑板的面内应变分量(ε_{xx}、ε_{yy}和 γ_{xy})，而忽略了沿着厚度方向的剪应变，且面内应变分量沿着厚度方向是线性分布的，它们与变形后中曲面的曲率或扭曲率有关。

二、一阶剪切板理论(Mindlin - Reissner 板理论)

$$\varepsilon_{xx}=\frac{\partial u}{\partial x}+z\frac{\partial \vartheta_1}{\partial x} \tag{4-101a}$$

$$\varepsilon_{yy} = \frac{\partial v}{\partial y} + z\,\frac{\partial \vartheta_2}{\partial y} \tag{4-101b}$$

$$\gamma_{xy} = \frac{\partial v}{\partial x} + \frac{\partial u}{\partial y} + z\left(\frac{\partial \vartheta_2}{\partial x} + \frac{\partial \vartheta_1}{\partial y}\right) \tag{4-110c}$$

$$\gamma_{xz} = \frac{\partial w}{\partial x} + \vartheta_1 \tag{4-101d}$$

$$\gamma_{yz} = \frac{\partial w}{\partial y} + \vartheta_2 \tag{4-101e}$$

在一阶剪切板理论中,剪应变 γ_{xz} 和 γ_{yz} 均与 z 无关,它们沿着厚度方向为常值分布。这表明,层合板内各层的横向剪应力为常数,不能满足层间剪应力连续的要求,也不能满足层合板上下表面剪应力为零的条件。因此,该理论不能准确地反映横向剪切变形对层合板的影响。

三、Reddy 高阶剪切板理论

$$\varepsilon_{xx} = \frac{\partial u}{\partial x} - \frac{4z^3}{3h^2}\,\frac{\partial^2 w}{\partial x^2} + \left(z - \frac{4z^3}{3h^2}\right)\frac{\partial \vartheta_1}{\partial x} \tag{4-102a}$$

$$\varepsilon_{yy} = \frac{\partial v}{\partial y} - \frac{4z^3}{3h^2}\,\frac{\partial^2 w}{\partial y^2} + \left(z - \frac{4z^3}{3h^2}\right)\frac{\partial \vartheta_2}{\partial y} \tag{4-102b}$$

$$\gamma_{xy} = \frac{\partial v}{\partial x} + \frac{\partial u}{\partial y} - \frac{8z^3}{3h^2}\,\frac{\partial^2 w}{\partial x\,\partial y} + \left(z - \frac{4z^3}{3h^2}\right)\left(\frac{\partial \vartheta_2}{\partial x} + \frac{\partial \vartheta_1}{\partial y}\right) \tag{4-102c}$$

$$\gamma_{xz} = \left(1 - \frac{4z^2}{h^2}\right)\left(\frac{\partial w}{\partial x} + \vartheta_1\right) \tag{4-102d}$$

$$\gamma_{yz} = \left(1 - \frac{4z^2}{h^2}\right)\left(\frac{\partial w}{\partial y} + \vartheta_2\right) \tag{4-102e}$$

在 Reddy 高阶剪切板理论中,板厚度方向的剪应变 γ_{xz} 和 γ_{yz} 呈抛物分布规律,它们能够满足在板上下表面为零的假设,即 $\gamma_{xz}\big|_{z=\pm h/2}=0$ 和 $\gamma_{yz}\big|_{z=\pm h/2}=0$。

下面根据 Hamilton 变分原理式(3-22)来推导层合板广义高阶剪切 Zig - zag 理论对应的层合板运动微分方程和边界条件。

层合板的动能为

$$T = \frac{1}{2}\sum_{k=1}^{N_l}\int_{z_k}^{z_{k+1}}\int_{-B/2}^{B/2}\int_0^L \rho^{(k)}\left[\left(\dot{u} + f\frac{\partial \dot{w}}{\partial x} + g\,\dot{\vartheta}_1 + \varphi\,\dot{\eta}_1\right)^2 + \left(\dot{v} + f\frac{\partial \dot{w}}{\partial y} + g\,\dot{\vartheta}_2 + \varphi\,\dot{\eta}_2\right)^2 + \dot{w}^2\right]\mathrm{d}x\mathrm{d}y\mathrm{d}z \tag{4-103}$$

式中:$\rho^{(k)}$ 为第 k 层复合材料的质量密度。

层合板的应变能表达式为

$$U=\frac{1}{2}\sum_{k=1}^{N_l}\int_{z_k}^{z_{k+1}}\int_{-B/2}^{B/2}\int_0^L(\sigma_{xx}\varepsilon_{xx}+\sigma_{yy}\varepsilon_{yy}+\sigma_{xy}\gamma_{xy}+\sigma_{xz}\gamma_{xz}+\sigma_{yz}\gamma_{yz})\mathrm{d}x\mathrm{d}y\mathrm{d}z \tag{4-104}$$

式中：σ_{xx}，σ_{yy}，σ_{xy}，σ_{xz}和σ_{yz}为层合板第 k 层复合材料的应力分量，它们与应变分量之间的关系见式(4-16)。

将式(4-95)代入式(4-104)，得

$$U=\frac{1}{2}\int_{-B/2}^{B/2}\int_0^L\begin{pmatrix}N_x\varepsilon_{xx}^{(0)}+M_x\varepsilon_{xx}^{(1)}+P_x\varepsilon_{xx}^{(2)}+T_x\varepsilon_{xx}^{(3)}+N_y\varepsilon_{yy}^{(0)}+M_y\varepsilon_{yy}^{(1)}+P_y\varepsilon_{yy}^{(2)}+T_y\varepsilon_{yy}^{(3)}\\+N_{xy}\gamma_{xy}^{(0)}+M_{xy}\gamma_{xy}^{(1)}+P_{xy}\gamma_{xy}^{(2)}+T_{xy}\gamma_{xy}^{(3)}+Q_{xz}\gamma_{xz}^{(0)}+P_{xz}\gamma_{xz}^{(1)}+T_{xz}\gamma_{xz}^{(2)}\\+Q_{yz}\gamma_{yz}^{(0)}+P_{yz}\gamma_{yz}^{(1)}+T_{yz}\gamma_{yz}^{(2)}\end{pmatrix}\mathrm{d}x\mathrm{d}y \tag{4-105}$$

式中：N_x，M_x，P_x，T_x，N_y 和 Q_{xz}等为复合材料层合板的广义内力和内力矩。

$$\begin{aligned}&N_x=\sum_{k=1}^{N_l}\int_{z_k}^{z_{k+1}}\sigma_x\mathrm{d}z,\quad M_x=\sum_{k=1}^{N_l}\int_{z_k}^{z_{k+1}}f\sigma_x\mathrm{d}z,\\&P_x=\sum_{k=1}^{N_l}\int_{z_k}^{z_{k+1}}g\sigma_x\mathrm{d}z,\quad T_x=\sum_{k=1}^{N_l}\int_{z_k}^{z_{k+1}}\varphi\sigma_x\mathrm{d}z\end{aligned} \tag{4-106}$$

$$\begin{aligned}&N_y=\sum_{k=1}^{N_l}\int_{z_k}^{z_{k+1}}\sigma_y\mathrm{d}z,\quad M_y=\sum_{k=1}^{N_l}\int_{z_k}^{z_{k+1}}f\sigma_y\mathrm{d}z,\\&P_y=\sum_{k=1}^{N_l}\int_{z_k}^{z_{k+1}}g\sigma_y\mathrm{d}z,\quad T_y=\sum_{k=1}^{N_l}\int_{z_k}^{z_{k+1}}\varphi\sigma_y\mathrm{d}z\end{aligned} \tag{4-107}$$

$$\begin{aligned}&N_{xy}=\sum_{k=1}^{N_l}\int_{z_k}^{z_{k+1}}\sigma_{xy}\mathrm{d}z,\quad M_{xy}=\sum_{k=1}^{N_l}\int_{z_k}^{z_{k+1}}f\sigma_{xy}\mathrm{d}z,\\&P_{xy}=\sum_{k=1}^{N_l}\int_{z_k}^{z_{k+1}}g\sigma_{xy}\mathrm{d}z,\quad T_{xy}=\sum_{k=1}^{N_l}\int_{z_k}^{z_{k+1}}\varphi\sigma_{xy}\mathrm{d}z\end{aligned} \tag{4-108}$$

$$Q_{xz}=\sum_{k=1}^{N_l}\int_{z_k}^{z_{k+1}}\bar{f}\sigma_{xz}\mathrm{d}z,\quad P_{xz}=\sum_{k=1}^{N_l}\int_{z_k}^{z_{k+1}}\bar{g}\sigma_{xz}\mathrm{d}z,\quad T_{xz}=\sum_{k=1}^{N_l}\int_{z_k}^{z_{k+1}}\bar{\varphi}\sigma_{xz}\mathrm{d}z \tag{4-109}$$

$$Q_{yz}=\sum_{k=1}^{N_l}\int_{z_k}^{z_{k+1}}\bar{f}\sigma_{yz}\mathrm{d}z,\quad P_{yz}=\sum_{k=1}^{N_l}\int_{z_k}^{z_{k+1}}\bar{g}\sigma_{yz}\mathrm{d}z,\quad T_{yz}=\sum_{k=1}^{N_l}\int_{z_k}^{z_{k+1}}\bar{\varphi}\sigma_{yz}\mathrm{d}z \tag{4-110}$$

将式(4-95)代入式(4-16)，再将式(4-16)代入式(4-106)～式(4-110)，将层合板的广义内力和广义应变分量关系写成矩阵形式，有

$$\begin{bmatrix} N_x \\ N_y \\ N_{xy} \\ M_x \\ M_y \\ M_{xy} \\ P_x \\ P_y \\ P_{xy} \\ T_x \\ T_y \\ T_{xy} \end{bmatrix} = \begin{bmatrix} A_{11} & A_{12} & A_{16} & B_{11} & B_{12} & B_{16} & E_{11} & E_{12} & E_{16} & F_{11} & F_{12} & F_{16} \\ A_{12} & A_{22} & A_{26} & B_{12} & B_{22} & B_{26} & E_{12} & E_{22} & E_{26} & F_{12} & F_{22} & F_{26} \\ A_{16} & A_{26} & A_{66} & B_{16} & B_{26} & B_{66} & E_{16} & E_{26} & E_{66} & F_{16} & F_{26} & F_{66} \\ B_{11} & B_{12} & B_{16} & D_{11} & D_{12} & D_{16} & G_{11} & G_{12} & G_{16} & H_{11} & H_{12} & H_{16} \\ B_{12} & B_{22} & B_{26} & D_{12} & D_{22} & D_{26} & G_{12} & G_{22} & G_{26} & H_{12} & H_{22} & H_{26} \\ B_{16} & B_{26} & B_{66} & D_{16} & D_{26} & D_{66} & G_{16} & G_{26} & G_{66} & H_{16} & H_{26} & H_{66} \\ E_{11} & E_{12} & E_{16} & G_{11} & G_{12} & G_{16} & I_{11} & I_{12} & I_{16} & J_{11} & J_{12} & J_{16} \\ E_{12} & E_{22} & E_{26} & G_{12} & G_{22} & G_{26} & I_{12} & I_{22} & I_{26} & J_{12} & J_{22} & J_{26} \\ E_{16} & E_{26} & E_{66} & G_{16} & G_{26} & G_{66} & I_{16} & I_{26} & I_{66} & J_{16} & J_{26} & J_{66} \\ F_{11} & F_{12} & F_{16} & H_{11} & H_{12} & H_{16} & J_{11} & J_{12} & J_{16} & R_{11} & R_{12} & R_{16} \\ F_{12} & F_{22} & F_{26} & H_{12} & H_{22} & H_{26} & J_{12} & J_{22} & J_{26} & R_{12} & R_{22} & R_{26} \\ F_{16} & F_{26} & F_{66} & H_{16} & H_{26} & H_{66} & J_{16} & J_{26} & J_{66} & R_{16} & R_{26} & R_{66} \end{bmatrix} \begin{bmatrix} \varepsilon_{xx}^{(0)} \\ \varepsilon_{yy}^{(0)} \\ \varepsilon_{xy}^{(0)} \\ \varepsilon_{xx}^{(1)} \\ \varepsilon_{yy}^{(1)} \\ \varepsilon_{xy}^{(1)} \\ \varepsilon_{xx}^{(2)} \\ \varepsilon_{yy}^{(2)} \\ \varepsilon_{xy}^{(2)} \\ \varepsilon_{xx}^{(3)} \\ \varepsilon_{yy}^{(3)} \\ \varepsilon_{xy}^{(3)} \end{bmatrix} \tag{4-111a}$$

$$\begin{bmatrix} Q_{yz} \\ Q_{xz} \\ P_{yz} \\ P_{xz} \\ T_{yz} \\ T_{xz} \end{bmatrix} = \begin{bmatrix} D_{44} & D_{45} & G_{44} & G_{45} & H_{44} & H_{45} \\ D_{45} & D_{55} & G_{45} & G_{55} & H_{45} & H_{55} \\ G_{44} & G_{45} & I_{44} & I_{45} & J_{44} & J_{45} \\ G_{45} & G_{55} & I_{45} & I_{55} & J_{45} & J_{55} \\ H_{44} & H_{45} & J_{44} & J_{45} & R_{44} & R_{45} \\ H_{45} & H_{55} & J_{45} & J_{55} & R_{45} & R_{55} \end{bmatrix} \begin{bmatrix} \gamma_{yz}^{(0)} \\ \gamma_{xz}^{(0)} \\ \gamma_{yz}^{(1)} \\ \gamma_{xz}^{(1)} \\ \gamma_{yz}^{(2)} \\ \gamma_{xz}^{(2)} \end{bmatrix} \tag{4-111b}$$

式中

$$\begin{aligned} &(A_{ij}, B_{ij}, D_{ij}, E_{ij}, F_{ij}, G_{ij}, H_{ij}, I_{ij}, J_{ij}, R_{ij}) \\ &= \sum_{k=1}^{N_l} \int_{z_k}^{z_{k+1}} (1, f, f^2, g, \varphi, fg, f\varphi, g^2, g\varphi, \varphi^2)\ \overline{Q}_{ij}^{(k)}\,\mathrm{d}z, \quad i,j = 1,2,6 \end{aligned} \tag{4-112a}$$

$$(D_{ij}, G_{ij}, H_{ij}, I_{ij}, J_{ij}, R_{ij}) = k_s \sum_{k=1}^{N_l} \int_{z_k}^{z_{k+1}} (\bar{f}^2, \bar{f}\bar{g}, \bar{f}\bar{\varphi}, \bar{g}^2, \bar{g}\bar{\varphi}, \bar{\varphi}^2)\ \overline{Q}_{ij}^{(k)}\,\mathrm{d}z, \quad i,j = 4,5 \tag{4-112b}$$

假设层合板中面上作用有面内和面外分布式载荷，则外力所做的功 W 为

$$W = \int_{-B/2}^{B/2} \int_0^L (f_u u + f_v v + f_w w)\,\mathrm{d}x\mathrm{d}y \tag{4-113}$$

式中：f_u 和 f_v 分别为沿着 x 和 y 方向的单位面积面内载荷分量；f_w 为沿 z 方向的单位面积横向作用力。如果它们不是分布力而是集中力，可采用 Dirac Delta 函数将集中力引入到式(4-113)中。

将式(4-103)、式(4-105)和式(4-113)代入式(3-22),由 Hamilton 变分原理得到广义高阶剪切 Zig - zag 理论对应的层合板运动微分方程为

$$\delta u:\quad \frac{\partial N_x}{\partial x}+\frac{\partial N_{xy}}{\partial y}+f_u=\rho_0\ddot{u}+\rho_1\frac{\partial \ddot{w}}{\partial x}+\rho_2\ddot{\vartheta}_1+\rho_3\ddot{\eta}_1 \tag{4-114a}$$

$$\delta v:\quad \frac{\partial N_y}{\partial y}+\frac{\partial N_{xy}}{\partial x}+f_v=\rho_0\ddot{v}+\rho_1\frac{\partial \ddot{w}}{\partial y}+\rho_2\ddot{\vartheta}_2+\rho_3\ddot{\eta}_2 \tag{4-114b}$$

$$\begin{aligned}\delta w:\quad &\frac{\partial Q_{xz}}{\partial x}+\frac{\partial Q_{yz}}{\partial y}-\frac{\partial^2 M_x}{\partial x^2}-\frac{\partial^2 M_y}{\partial y^2}-2\frac{\partial^2 M_{xy}}{\partial x\,\partial y}+f_w=\\ &\rho_0\ddot{w}-\left(\rho_1\frac{\partial \ddot{u}}{\partial x}+\rho_4\frac{\partial^2 \ddot{w}}{\partial x^2}+\rho_5\frac{\partial \ddot{\vartheta}_1}{\partial x}+\rho_6\frac{\partial \ddot{\eta}_1}{\partial x}\right)-\\ &\left(\rho_1\frac{\partial \ddot{v}}{\partial y}+\rho_4\frac{\partial^2 \ddot{w}}{\partial y^2}+\rho_5\frac{\partial \ddot{\vartheta}_2}{\partial y}+\rho_6\frac{\partial \ddot{\eta}_2}{\partial y}\right)\end{aligned} \tag{4-114c}$$

$$\delta\vartheta_1:\quad \frac{\partial P_x}{\partial x}+\frac{\partial P_{xy}}{\partial y}-P_{xz}=\rho_2\ddot{u}+\rho_5\frac{\partial \ddot{w}}{\partial x}+\rho_7\ddot{\vartheta}_1+\rho_8\ddot{\eta}_1 \tag{4-114d}$$

$$\delta\eta_1:\quad \frac{\partial T_x}{\partial x}+\frac{\partial T_{xy}}{\partial y}-T_{xz}=\rho_3\ddot{u}+\rho_6\frac{\partial \ddot{w}}{\partial x}+\rho_8\ddot{\vartheta}_1+\rho_9\ddot{\eta}_1 \tag{4-114e}$$

$$\delta\vartheta_2:\quad \frac{\partial P_y}{\partial y}+\frac{\partial P_{xy}}{\partial x}-P_{yz}=\rho_2\ddot{v}+\rho_5\frac{\partial \ddot{w}}{\partial y}+\rho_7\ddot{\vartheta}_2+\rho_8\ddot{\eta}_2 \tag{4-114f}$$

$$\delta\eta_2:\quad \frac{\partial T_y}{\partial y}+\frac{\partial T_{xy}}{\partial x}-T_{yz}=\rho_3\ddot{v}+\rho_6\frac{\partial \ddot{w}}{\partial y}+\rho_8\ddot{\vartheta}_2+\rho_9\ddot{\eta}_2 \tag{4-114g}$$

式中:$\rho_i(i=0,1,2,\cdots,9)$为广义惯量。

$$(\rho_0,\rho_1,\rho_2,\rho_3,\rho_4,\rho_5,\rho_6,\rho_7,\rho_8,\rho_9)=\sum_{k=1}^{N_l}\int_{z_k}^{z_{k+1}}\rho^{(k)}(1,f,g,\varphi,f^2,fg,f\varphi,g^2,g\varphi,\varphi^2)\,\mathrm{d}z \tag{4-115}$$

如果在式(4-113)中添加广义边界力所做的功,由 Hamilton 变分原理不仅可以得到层合板的运动微分方程,还可以得到在 $x=0,L$ 和 $y=-B/2,B/2$ 处的层合板边界条件。在 $x=0,L$ 处,边界条件为

$$N_x=\overline{N}_x\quad 或\quad u=\overline{u} \tag{4-116a}$$

$$N_{xy}=\overline{N}_{xy}\quad 或\quad v=\overline{v} \tag{4-116b}$$

$$\widetilde{Q}_{xz}=Q_{xz}-\frac{\partial M_x}{\partial x}-2\frac{\partial M_{xy}}{\partial y}+\rho_1\ddot{u}+\rho_4\frac{\partial \ddot{w}}{\partial x}+\rho_5\ddot{\vartheta}_1+\rho_6\ddot{\eta}_1=\overline{Q}_{xz}\quad 或\quad w=\overline{w} \tag{4-116c}$$

$$M_x=\overline{M}_x\quad 或\quad \frac{\partial w}{\partial x}=\frac{\partial \overline{w}}{\partial x} \tag{4-116d}$$

$$P_x=\overline{P}_x\quad 或\quad \vartheta_1=\overline{\vartheta}_1 \tag{4-116e}$$

$$T_x = \overline{T}_x \quad 或 \quad \eta_1 = \eta_1 \tag{4-116f}$$

$$P_{xy} = \overline{P}_{xy} \quad 或 \quad \vartheta_2 = \overline{\vartheta}_2 \tag{4-116g}$$

$$T_{xy} = \overline{T}_{xy} \quad 或 \quad \eta_2 = \overline{\eta}_2 \tag{4-116h}$$

在 $y = -B/2, B/2$ 处，层合板的边界条件为

$$N_{xy} = \overline{N}_{xy} \quad 或 \quad u = \overline{u} \tag{4-117a}$$

$$N_y = \overline{N}_y \quad 或 \quad v = \overline{v} \tag{4-117b}$$

$$\widetilde{Q}_{yz} = Q_{yz} - \frac{\partial M_y}{\partial y} - 2\frac{\partial M_{xy}}{\partial x} + \rho_1 \ddot{v} + \rho_4 \frac{\partial \ddot{w}}{\partial y} + \rho_5 \ddot{\vartheta}_2 + \rho_6 \ddot{\eta}_2 = \overline{Q}_{yz} \quad 或 \quad w = \overline{w} \tag{4-117c}$$

$$M_y = \overline{M}_y \quad 或 \quad \frac{\partial w}{\partial y} = \frac{\partial \overline{w}}{\partial y} \tag{4-117d}$$

$$P_{xy} = \overline{P}_{xy} \quad 或 \quad \vartheta_1 = \overline{\vartheta}_1 \tag{4-117e}$$

$$T_{xy} = \overline{T}_{xy} \quad 或 \quad \eta_1 = \eta_1 \tag{4-117f}$$

$$P_y = \overline{P}_y \quad 或 \quad \vartheta_2 = \overline{\vartheta}_2 \tag{4-117g}$$

$$T_y = \overline{T}_y \quad 或 \quad \eta_2 = \overline{\eta}_2 \tag{4-117h}$$

式(4-116)和式(4-117)中，带上划线的各量表示边界上给定的值。需要指出，通过变分原理除了得到层合矩形板四条边上的上述边界条件外，还得到了矩形板 4 个角点处的边界条件，即在角点处有 $w = \overline{w}$或 $2M_{xy} = \overline{\mathcal{R}}$，这里$\overline{\mathcal{R}}$表示角点处给定的集中力。$\widetilde{Q}_{xz}$和$\widetilde{Q}_{yz}$为等效广义横向剪力，若忽略其中的惯性项，则式(4-116c)和式(4-117c)对应的边界条件为

$$在\ x = 0, L\ 处，\quad \widetilde{Q}_{xz} = Q_{xz} - \frac{\partial M_x}{\partial x} - 2\frac{\partial M_{xy}}{\partial y} = \overline{Q}_{xz} \quad 或 \quad w = \overline{w} \tag{4-118a}$$

$$在\ y = -B/2, B/2\ 处，\widetilde{Q}_{yz} = Q_{yz} - \frac{\partial M_y}{\partial y} - 2\frac{\partial M_{xy}}{\partial x} = \overline{Q}_{yz} \quad 或 \quad w = \overline{w} \tag{4-118b}$$

工程中常见的层合板边界条件有自由边界、简支边界和固支边界等。在 $x = 0, L$ 处，这些边界条件定义如下。

自由边界条件：

$$N_x = 0,\ N_{xy} = 0,\ \widetilde{Q}_{xz} = 0,\ M_x = 0,\ P_x = 0,\ T_x = 0,\ P_{xy} = 0,\ T_{xy} = 0 \tag{4-119a}$$

简支边界条件Ⅰ：

$$N_x = 0,\ v = 0,\ w = 0,\ M_x = 0,\ P_x = 0,\ T_x = 0,\ P_{xy} = 0,\ T_{xy} = 0 \tag{4-119b}$$

简支边界条件Ⅱ：

$$N_x = 0,\ v = 0,\ w = 0,\ \frac{\partial w}{\partial x} = 0,\ P_x = 0,\ T_x = 0,\ P_{xy} = 0,\ T_{xy} = 0 \tag{4-119c}$$

固支边界条件：

$$u=0,\quad v=0,\quad w=0,\quad \frac{\partial w}{\partial x}=0,\quad \vartheta_1=0,\quad \eta_1=0,\quad \vartheta_2=0,\quad \eta_2=0 \tag{4-119d}$$

在 $y=-B/2, B/2$ 处，自由边界、简支边界和固支边界定义如下。

自由边界条件：

$$N_{xy}=0,\quad N_y=0,\quad \widetilde{Q}_{yz}=0,\quad M_y=0,\quad P_{xy}=0,\quad T_{xy}=0,\quad P_y=0,\quad T_y=0 \tag{4-120a}$$

简支边界条件Ⅰ：

$$u=0,\quad N_y=0,\quad w=0,\quad M_y=0,\quad P_{xy}=0,\quad T_{xy}=0,\quad P_y=0,\quad T_y=0 \tag{4-120b}$$

简支边界条件Ⅱ：

$$u=0,\quad N_y=0,\quad w=0,\quad \frac{\partial w}{\partial y}=0,\quad P_{xy}=0,\quad T_{xy}=0,\quad P_y=0,\quad T_y=0 \tag{4-120c}$$

固支边界条件：

$$u=0,\quad v=0,\quad w=0,\quad \frac{\partial w}{\partial y}=0,\quad \vartheta_1=0,\quad \eta_1=0,\quad \vartheta_2=0,\quad \eta_2=0 \tag{4-120d}$$

令锯齿函数项 $\varphi(z,k)=0$，选取不同的位移分布形函数 $f(z)$ 和 $g(z)$，由式(4-114)~式(4-117)可得到各种常见的层合板理论对应的层合板运动微分方程组和边界条件。

一、经典薄板理论(Kirchhoff 薄板理论)

令 $f(z)=-z, g(z)=0$ 和 $\varphi(z,k)=0$，得到变分一致的经典薄板理论对应的层合板运动微分方程为

$$\frac{\partial N_x}{\partial x}+\frac{\partial N_{xy}}{\partial y}+f_u=\rho_0\ddot{u}+\rho_1\frac{\partial \ddot{w}}{\partial x} \tag{4-121a}$$

$$\frac{\partial N_y}{\partial y}+\frac{\partial N_{xy}}{\partial x}+f_v=\rho_0\ddot{v}+\rho_1\frac{\partial \ddot{w}}{\partial y} \tag{4-121b}$$

$$-\frac{\partial^2 M_x}{\partial x^2}-\frac{\partial^2 M_y}{\partial y^2}-2\frac{\partial^2 M_{xy}}{\partial x\,\partial y}+f_w=\rho_0\ddot{w}-\rho_4\left(\frac{\partial^2 \ddot{w}}{\partial x^2}+\frac{\partial^2 \ddot{w}}{\partial y^2}\right)-\rho_1\left(\frac{\partial \ddot{u}}{\partial x}+\frac{\partial \ddot{v}}{\partial y}\right) \tag{4-121c}$$

式(4-121)表明，层合板的面内运动和横向弯曲运动之间是耦合的。

如果进一步忽略式(4-121)等号右侧的某些惯性项，则可得到一种简化的经典薄板理论对应的层合板运动微分方程，即

$$\frac{\partial N_x}{\partial x}+\frac{\partial N_{xy}}{\partial y}+f_u=\rho_0\ddot{u} \tag{4-122a}$$

$$\frac{\partial N_y}{\partial y}+\frac{\partial N_{xy}}{\partial x}+f_v=\rho_0\ddot{v} \tag{4-122b}$$

$$\frac{\partial^2 M_x}{\partial x^2}+2\frac{\partial^2 M_{xy}}{\partial x\,\partial y}+\frac{\partial^2 M_y}{\partial y^2}-f_w=-\rho_0\ddot{w} \tag{4-122c}$$

因此，经典薄板理论是基于忽略层合板截面剪切变形，挤压变形和转动惯量的假定基础上建立起来的平板理论。经典薄板理论对应的层合板在 $x=0,L$ 处边界条件为式(4-116a)、式(4-116b)、式(4-116d)、式(4-118a)；在 $y=-B/2,B/2$ 处边界条件为式(4-117a)、式(4-117b)、式(4-117d)、式(4-118b)。

二、一阶剪切板理论(Mindlin－Reissner 板理论)

一阶剪切板理论对应的层合板运动微分方程为

$$\frac{\partial N_x}{\partial x}+\frac{\partial N_{xy}}{\partial y}+f_u=\rho_0\ddot{u}+\rho_2\ddot{\vartheta}_1 \tag{4-123a}$$

$$\frac{\partial N_y}{\partial y}+\frac{\partial N_{xy}}{\partial x}+f_v=\rho_0\ddot{v}+\rho_2\ddot{\vartheta}_2 \tag{4-123b}$$

$$\frac{\partial Q_{xz}}{\partial x}+\frac{\partial Q_{yz}}{\partial y}+f_w=\rho_0\ddot{w} \tag{4-123c}$$

$$\frac{\partial P_x}{\partial x}+\frac{\partial P_{xy}}{\partial y}-P_{xz}=\rho_2\ddot{u}+\rho_7\ddot{\vartheta}_1 \tag{4-123d}$$

$$\frac{\partial P_y}{\partial y}+\frac{\partial P_{xy}}{\partial x}-P_{yz}=\rho_2\ddot{v}+\rho_7\ddot{\vartheta}_2 \tag{4-123e}$$

一阶剪切层合板理论对应于层合板 $x=0,L$ 处边界条件为式(4-116a)、式(4-116b)、式(4-118a)、式(4-116e)和式(4-116g)，在 $y=-B/2,B/2$ 处为式(4-117a)、式(4-117b)、式(4-118b)、式(4-117e)和式(4-117g)。

三、Reddy 高阶剪切板理论

Reddy 高阶剪切板理论对应的层合板运动方程为

$$\frac{\partial N_x}{\partial x}+\frac{\partial N_{xy}}{\partial y}+f_u=\rho_0\ddot{u}+\rho_1\frac{\partial\ddot{w}}{\partial x}+\rho_2\ddot{\vartheta}_1 \tag{4-124a}$$

$$\frac{\partial N_y}{\partial y}+\frac{\partial N_{xy}}{\partial x}+f_v=\rho_0\ddot{v}+\rho_1\frac{\partial\ddot{w}}{\partial y}+\rho_2\ddot{\vartheta}_2 \tag{4-124b}$$

$$\frac{\partial Q_{xz}}{\partial x}+\frac{\partial Q_{yz}}{\partial y}-\frac{\partial^2 M_x}{\partial x^2}-\frac{\partial^2 M_y}{\partial y^2}-2\frac{\partial^2 M_{xy}}{\partial x\,\partial y}+f_w=$$

$$\rho_0\ddot{w}-\left(\rho_1\frac{\partial\ddot{u}}{\partial x}+\rho_4\frac{\partial^2\ddot{w}}{\partial x^2}+\rho_5\frac{\partial\ddot{\vartheta}_1}{\partial x}\right)-\left(\rho_1\frac{\partial\ddot{v}}{\partial y}+\rho_4\frac{\partial^2\ddot{w}}{\partial y^2}+\rho_5\frac{\partial\ddot{\vartheta}_2}{\partial y}\right) \tag{4-124c}$$

$$\frac{\partial P_x}{\partial x}+\frac{\partial P_{xy}}{\partial y}-P_{xz}=\rho_2\ddot{u}+\rho_5\frac{\partial\ddot{w}}{\partial x}+\rho_7\ddot{\vartheta}_1 \tag{4-124d}$$

$$\frac{\partial P_y}{\partial y}+\frac{\partial P_{xy}}{\partial x}-P_{yz}=\rho_2\ddot{v}+\rho_5\frac{\partial\ddot{w}}{\partial y}+\rho_7\ddot{\vartheta}_2 \tag{4-124e}$$

Reddy 高阶剪切板理论对应于层合板 $x=0,L$ 处边界条件为式(4-116a)、式(4-116b)、式(4-118a)、式(4-116d)、式(4-116e)和式(4-116g)，在 $y=-B/2,B/2$ 处为式(4-117a)、式(4-117b)、式(4-118b)、式(4-117d)、

式(4-117e)和式(4-117g)。

4.3.3　分区力学模型

对层合板进行分区建模时,需考虑对面内两个方向均进行分区。这里仅介绍沿着一个方向分区的情况。不妨将复合材料层合板沿坐标轴 x 方向等距分解为 N 个子域,如图 4-18 所示。

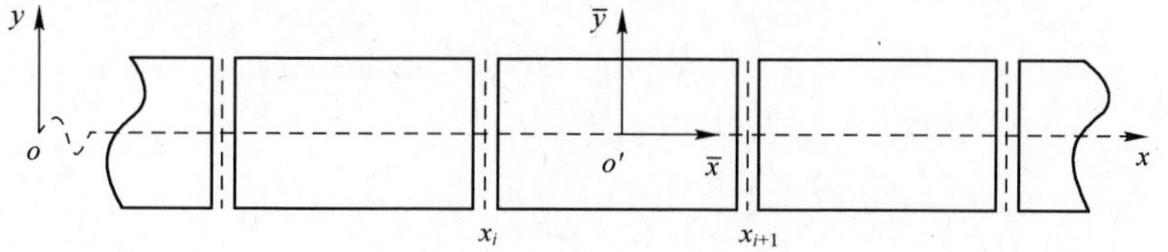

图 4-18　层合板分区模型

复合材料层合板的能量泛函为

$$\Pi=\int_{t_1}^{t_2}\sum_{i=1}^{N}(T_i-U_i+W_i)\mathrm{d}t+\int_{t_0}^{t_1}\sum_{i,i+1}\Pi_f\mathrm{d}t \tag{4-125}$$

式中:T_i 和 U_i 分别为复合材料板第 i 个子域的动能和应变能;W_i 为作用于第 i 个子域上的外力所做的功;Π_f 为第 i 和 $i+1$ 个子域界面上的分区界面势能。

第 i 个子域的动能为

$$T_i=\frac{1}{2}\sum_{k=1}^{N_l}\int_{z_k}^{z_{k+1}}\int_{-B/2}^{B/2}\int_{x_i}^{x_{i+1}}\rho^{(k)}$$
$$\left[\left(\dot{u}+f\frac{\partial\dot{w}}{\partial x}+g\dot{\vartheta}_1+\varphi\dot{\eta}_1\right)^2+\left(\dot{v}+f\frac{\partial\dot{w}}{\partial y}+g\dot{\vartheta}_2+\varphi\dot{\eta}_2\right)^2+\dot{w}^2\right]\mathrm{d}x\mathrm{d}y\mathrm{d}z \tag{4-126}$$

第 i 个子域的应变能为

$$U_i=\frac{1}{2}\int_{-B/2}^{B/2}\int_{x_1}^{x_{i+1}}$$
$$\begin{pmatrix}N_x\varepsilon_{xx}^{(0)}+M_x\varepsilon_{xx}^{(1)}+P_x\varepsilon_{xx}^{(2)}+T_x\varepsilon_{xx}^{(3)}+N_y\varepsilon_{yy}^{(0)}+M_y\varepsilon_{yy}^{(1)}+P_y\varepsilon_{yy}^{(2)}+T_y\varepsilon_{yy}^{(3)}\\+N_{xy}\gamma_{xy}^{(0)}+M_{xy}\gamma_{xy}^{(1)}+P_{xy}\gamma_{xy}^{(2)}+T_{xy}\gamma_{xy}^{(3)}+Q_{xz}\gamma_{xz}^{(0)}+P_{xz}\gamma_{xz}^{(1)}+T_{xz}\gamma_{xz}^{(2)}\\+Q_{yz}\gamma_{yz}^{(0)}+P_{yz}\gamma_{yz}^{(1)}+T_{yz}\gamma_{yz}^{(2)}\end{pmatrix}\mathrm{d}x\mathrm{d}y \tag{4-127}$$

考虑层合板第 i 子域中面上作用有分布式面内和面外载荷,则该子域上的外力所做的功 W_i 为

$$W_i=\iint_{\bar{S}_i}(f_{u,i}u+f_{v,i}v+f_{w,i}w)\mathrm{d}S \tag{4-128}$$

式中：$f_{u,i}$和$f_{v,i}$分别为沿着 x 和 y 方向的面内载荷分量；$f_{w,i}$为沿 z 方向的横向作用力；$\overline{S}_i$ 为载荷作用面积。

复合材料层合板分区界面势能表达式推导过程与前面复合材料梁的类似，这里不再重复该推导过程，直接给出层合板分区界面势能 Π_f 的表达式：

$$\Pi_f = \Pi_\lambda - \Pi_\kappa \tag{4-129}$$

式中：Π_λ 和 Π_κ 分别为由分区广义变分和罚函数项引入的分区界面势能，写为

$$\Pi_\lambda = \left.\begin{pmatrix} \xi_u N_x \Theta_u + \xi_v N_{xy} \Theta_v + \xi_w \overline{Q}_{xz} \Theta_w + \xi_r M_x \Theta_r + \xi_{\vartheta 1} P_x \Theta_{\vartheta 1} \\ + \xi_{\vartheta 2} P_{xy} \Theta_{\vartheta 2} + \xi_{\eta 1} T_x \Theta_{\eta 1} + \xi_{\eta 2} T_{xy} \Theta_{\eta 2} \end{pmatrix}\right|_{x = x_{i+1}} \tag{4-130a}$$

$$\Pi_\kappa = \frac{1}{2}\left.\begin{pmatrix} \xi_u \kappa_u \Theta_u^2 + \xi_v \kappa_v \Theta_v^2 + \xi_w \kappa_w \Theta_w^2 + \xi_r \kappa_r \Theta_r^2 + \xi_{\vartheta 1} \kappa_{\vartheta 1} \Theta_{\vartheta 1}^2 \\ + \xi_{\vartheta 2} \kappa_{\vartheta 2} \Theta_{\vartheta 2}^2 + \xi_{\eta 1} \kappa_{\eta 1} \Theta_{\eta 1}^2 + \xi_{\eta 2} \kappa_{\eta 2} \Theta_{\eta 2}^2 \end{pmatrix}\right|_{x = x_{i+1}} \tag{4-130b}$$

式中：$\overline{Q}_{xz}$为等效广义剪力；ξ_ν（$\nu = u$、v、w、r、$\vartheta 1$、$\vartheta 2$、$\eta 1$、$\eta 2$）为分区界面和边界界面上的位移约束方程控制参数，对于复合材料层合板的内部分区界面，$\xi_\nu = 1$，对于自由、简支和固支边界条件的层合板，ξ_ν 的取值见表 4-9；Θ_ν 为层合板相邻子域(i)和($i+1$)分区界面 $x = x_{i+1}$处的广义位移协调方程。

表 4-9　不同边界条件层合板对应的参数 ξ_ν 取值

边界条件	位移约束	ξ_ν							
		ξ_u	ξ_v	ξ_w	ξ_r	$\xi_{\vartheta 1}$	$\xi_{\vartheta 2}$	$\xi_{\eta 1}$	$\xi_{\eta 2}$
自由(F)	无	0	0	0	0	0	0	0	0
简支Ⅰ(S1)	$v = w = 0$	0	1	1	0	0	0	0	0
简支Ⅱ(S2)	$v = w = \partial w / \partial x = 0$	0	1	1	1	0	0	0	0
固支(C)	$u = v = w = \partial w / \partial x = \vartheta_1 = \vartheta_2 = \eta_1 = \eta_2 = 0$	1	1	1	1	1	1	1	1

其中

$$\overline{Q}_{xz} = Q_{xz} - \frac{\partial M_x}{\partial x} - 2\frac{\partial M_{xy}}{\partial y} \tag{4-131}$$

Θ_ν 可写为

$$\Theta_u = u_i - u_{i+1} = 0, \quad \Theta_v = v_i - v_{i+1} = 0, \quad \Theta_w = w_i - w_{i+1} = 0,$$

$$\Theta_r = \frac{\partial w_i}{\partial x} - \frac{\partial w_{i+1}}{\partial x} = 0, \quad \Theta_{\vartheta 1} = \vartheta_{1,i} - \vartheta_{1,i+1} = 0,$$

$$\Theta_{\vartheta 2} = \vartheta_{2,i} - \vartheta_{2,i+1} = 0, \quad \Theta_{\eta 1} = \eta_{1,i} - \eta_{1,i+1} = 0, \quad \Theta_{\eta 2} = \eta_{2,i} - \eta_{2,i+1} = 0 \tag{4-132}$$

如果在式(4-129)中去掉 Π_λ，则 Π_κ 可以处理弹性边界条件，此时权参数 κ_ν 可视为边界上的弹性刚度系数，相应地 Π_κ 为边界的弹性势能。

虽然上述子域分区界面协调方程在理论上应当是严格满足的，但在分区

Nitsche 变分法中，它们都是近似满足的，因此在式(4-130)中引入的表达式是 $\Theta_u = u_i - u_{i+1}$，$\Theta_v = v_i - v_{i+1}$，$\Theta_w = w_i - w_{i+1}$，$\Theta_r = \partial w_i/\partial x - \partial w_{i+1}/\partial x$，$\Theta_{\vartheta 1} = \vartheta_{1,i} - \vartheta_{1,i+1}$，$\Theta_{\vartheta 2} = \vartheta_{2,i} - \vartheta_{2,i+1}$，$\Theta_{\eta 1} = \eta_{1,i} - \eta_{1,i+1}$ 和 $\Theta_{\eta 2} = \eta_{2,i} - \eta_{2,i+1}$。

将层合板结构子域的广义位移变量采用位移函数进行空间离散，第 i 个子域广义位移分量展开式为

$$u_i(\bar{x},\bar{y},t) = \sum_{i_x=0}^{I_x}\sum_{i_y=0}^{I_y}\psi_{i_x}(\bar{x})\psi_{i_y}(\bar{y})\,\tilde{u}_{i_xi_y}(t) = \boldsymbol{\psi}(\bar{x},\bar{y})\,\tilde{\boldsymbol{u}}_i(t) \tag{4-133a}$$

$$v_i(\bar{x},\bar{y},t) = \sum_{i_x=0}^{I_x}\sum_{i_y=0}^{I_y}\psi_{i_x}(\bar{x})\psi_{i_y}(\bar{y})\,\tilde{v}_{i_xi_y}(t) = \boldsymbol{\psi}(\bar{x},\bar{y})\,\tilde{\boldsymbol{v}}_i(t) \tag{4-133b}$$

$$w_i(\bar{x},\bar{y},t) = \sum_{i_x=0}^{I_x}\sum_{i_y=0}^{I_y}\psi_{i_x}(\bar{x})\psi_{i_y}(\bar{y})\,\tilde{w}_{i_xi_y}(t) = \boldsymbol{\psi}(\bar{x},\bar{y})\,\tilde{\boldsymbol{w}}_i(t) \tag{4-133c}$$

$$\vartheta_{1,i}(\bar{x},\bar{y},t) = \sum_{i_x=0}^{I_x}\sum_{i_y=0}^{I_y}\psi_{i_x}(\bar{x})\psi_{i_y}(\bar{y})\,\tilde{\vartheta}_{1,i_xi_y}(t) = \boldsymbol{\psi}(\bar{x},\bar{y})\,\tilde{\boldsymbol{\vartheta}}_{1,i}(t) \tag{4-133d}$$

$$\vartheta_{2,i}(\bar{x},\bar{y},t) = \sum_{i_x=0}^{I_x}\sum_{i_y=0}^{I_y}\psi_{i_x}(\bar{x})\psi_{i_y}(\bar{y})\,\tilde{\vartheta}_{2,i_xi_y}(t) = \boldsymbol{\psi}(\bar{x},\bar{y})\,\tilde{\boldsymbol{\vartheta}}_{2,i}(t) \tag{4-133e}$$

$$\eta_{1,i}(\bar{x},\bar{y},t) = \sum_{i_x=0}^{I_x}\sum_{i_y=0}^{I_y}\psi_{i_x}(\bar{x})\psi_{i_y}(\bar{y})\,\tilde{\eta}_{1,i_xi_y}(t) = \boldsymbol{\psi}(\bar{x},\bar{y})\,\tilde{\boldsymbol{\eta}}_{1,i}(t) \tag{4-133f}$$

$$\eta_{2,i}(\bar{x},\bar{y},t) = \sum_{i_x=0}^{I_x}\sum_{i_y=0}^{I_y}\psi_{i_x}(\bar{x})\psi_{i_y}(\bar{y})\,\tilde{\eta}_{2,i_xi_y}(t) = \boldsymbol{\psi}(\bar{x},\bar{y})\,\tilde{\boldsymbol{\eta}}_{2,i}(t) \tag{4-133g}$$

式中：$\psi_{i_x}(\bar{x})$ 和 $\psi_{i_x}(\bar{y})$ 为广义位移展开函数，$\bar{x}$ 和 $\bar{y}$ 为局部坐标，$\psi_{i_x}(\bar{x})$ 和 $\psi_y(\bar{y})$ 可以选取为幂级数、第一类切比雪夫正交多项式、第二类切比雪夫正交多项式和第一类勒让德正交多项式等；I_x 和 I_y 为截取的位移函数最高阶数；$\tilde{u}_{i_xi_y}$，$\tilde{v}_{i_xi_y}$，$\tilde{w}_{i_xi_y}$，$\tilde{\vartheta}_{1,i_xi_y}$，$\tilde{\vartheta}_{2,i_xi_y}$，$\tilde{\eta}_{1,i_xi_y}$ 和 $\tilde{\eta}_{2,i_xi_y}$ 为广义位移系数；$\boldsymbol{\psi}(\bar{x},\bar{y})$ 为位移展开函数向量；$\tilde{\boldsymbol{u}}_i$，$\tilde{\boldsymbol{v}}_i$，$\tilde{\boldsymbol{w}}_i$，$\tilde{\boldsymbol{\vartheta}}_{1,i}$，$\tilde{\boldsymbol{\vartheta}}_{2,i}$，$\tilde{\boldsymbol{\eta}}_{1,i}$ 和 $\tilde{\boldsymbol{\eta}}_{2,i}$ 为广义位移系数向量。

层合板整体坐标 x，y 与局部坐标 $\bar{x}$，$\bar{y}$ 之间的变换关系为

$$x = a_0\,\bar{x} + a_1,\quad y = b_0\,\bar{y} + b_1 \tag{4-134}$$

式中：a_0、a_1、b_0 和 b_1 为坐标转换系数。对于幂级数，$\bar{x},\bar{y}\in[0,1]$，则 $a_0 = x_{i+1} - x_i$，$a_1 = x_i$，$b_0 = B$，$b_1 = -B/2$；对于切比雪夫正交多项式和勒让德正交多项式，$\bar{x},\bar{y}\in[-1,1]$，有 $a_0 = (x_{i+1} - x_i)/2$，$a_1 = (x_{i+1} + x_i)/2$，$b_0 = B/2$，$b_1 = 0$。

将式(4-126)～式(4-129)和式(4-133)代入式(4-125)，对 Π 取一阶变分，根据 $\delta\Pi = 0$ 的驻值条件得到层合板的离散动力学方程为

$$\boldsymbol{M}\ddot{\boldsymbol{q}} + (\boldsymbol{K} - \boldsymbol{K}_\lambda + \boldsymbol{K}_\kappa)\boldsymbol{q} = \boldsymbol{F} \tag{4-135}$$

式中：$\boldsymbol{q}$ 为层合板所有子域的广义位移向量集合，$\boldsymbol{q}=[\tilde{\boldsymbol{u}}_1^{\mathrm{T}},\tilde{\boldsymbol{v}}_1^{\mathrm{T}},\tilde{\boldsymbol{w}}_1^{\mathrm{T}},\tilde{\boldsymbol{\vartheta}}_{1,1}^{\mathrm{T}},\tilde{\boldsymbol{\vartheta}}_{2,1}^{\mathrm{T}},\tilde{\boldsymbol{\eta}}_{1,1}^{\mathrm{T}},\tilde{\boldsymbol{\eta}}_{2,1}^{\mathrm{T}},\cdots,\tilde{\boldsymbol{u}}_N^{\mathrm{T}},\tilde{\boldsymbol{v}}_N^{\mathrm{T}},\tilde{\boldsymbol{w}}_N^{\mathrm{T}},\tilde{\boldsymbol{\vartheta}}_{1,N}^{\mathrm{T}},\tilde{\boldsymbol{\vartheta}}_{2,N}^{\mathrm{T}},\tilde{\boldsymbol{\eta}}_{1,N}^{\mathrm{T}},\tilde{\boldsymbol{\eta}}_{2,N}^{\mathrm{T}}]^{\mathrm{T}}$；$\boldsymbol{M}$ 和 $\boldsymbol{K}$ 分别为层合板子域广义质量矩阵和刚度矩阵的组装矩阵；$\boldsymbol{K}_\lambda$ 和$\boldsymbol{K}_\kappa$ 为分区界面矩阵的组装矩阵；$\boldsymbol{F}$ 为广义外力向量。

4.3.4 数值算例

下面基于高阶剪切锯齿层合板理论和分区变分法来研究不同铺层和边界条件的复合材料层合板自由振动问题。表 4-10 给出了不同厚度、正交铺设[0°/90°]层合板前 6 阶、第 15 阶和第 20 阶自由振动频率。层合板的几何尺寸为$L=1\mathrm{m}$，$B=0.4\mathrm{m}$；材料参数为 $E_1=37.41\mathrm{Gpa}$，$E_2=13.67\mathrm{GPa}$，$G_{12}=5.478\mathrm{GPa}$，$G_{13}=6.03\mathrm{GPa}$，$G_{23}=6.666\mathrm{GPa}$，$\rho=1968.9\mathrm{kg/m^3}$，$\mu_{12}=0.3$。在 $x=0,L$ 处，板边界条件为自由(F) - 固支(C)；在 $y=-B/2,B/2$ 处为自由(F)边界条件。采用 $\mathrm{HDT_{Z[LMR]}}$ 建立层合板的力学模型，并沿着 x 方向将层合板等距分解为 N 个子域，每个层合板子域内的广义位移变量以第一类切比雪夫正交多项式展开，所有子域界面上的权参数取相同值，即 $\kappa_\nu=10^3E_1$。表中还给出了采用有限元软件 ANSYS 壳单元 SHELL181（FDT 理论）计算出的层合板频率结果。板的 x 和 y 方向划分的有限元网格数目分别为 100 和 60。结果表明，随着多项式的项数及分区数目的增加，层合板的振动频率逐渐收敛且收敛结果与有限元解非常接近。取 $h/B=0.01$ 和 0.2 时，采用分区方法（$I_x\times I_y\times N=7\times7\times4$）与有限元法计算出板的前 20 阶频率最大相对误差分别为 0.28% 和 0.15%。

表 4-10　不同厚度正交铺设[0°/90°]层合板振动频率(边界条件：FFCF)

(Hz)

h/B	$I_x\times I_y\times N$	模态阶数							
		1	2	3	4	5	6	15	20
0.01	5×5×2	2.15	9.52	13.43	30.90	37.68	58.93	196.50	258.84
	5×5×4	2.15	9.52	13.43	30.89	37.63	58.88	183.26	256.95
	7×7×2	2.15	9.52	13.43	30.89	37.63	58.87	183.18	251.01
	7×7×4	2.15	9.52	13.43	30.88	37.63	58.86	182.77	250.97
	9×9×2	2.15	9.52	13.43	30.88	37.63	58.86	182.86	250.89
	9×9×4	2.14	9.52	13.43	30.88	37.61	58.85	182.48	250.89
	11×11×2	2.15	9.51	13.43	30.87	37.62	58.86	182.90	250.87
	11×11×4	2.15	9.51	13.43	30.87	37.62	58.86	182.72	250.87
有限元法		2.15	9.51	13.43	30.86	37.64	58.84	183.29	251.05

（续）

h/B	$I_x \times I_y \times N$	模态阶数							
		1	2	3	4	5	6	15	20
0.20	5×5×2	42.60	171.73	199.56	257.35	547.83	684.56	1953.64	2674.35
	5×5×4	42.58	171.46	199.50	257.11	546.44	683.54	1933.10	2668.38
	7×7×2	42.57	171.30	199.48	257.10	545.97	683.49	1933.49	2668.66
	7×7×4	42.57	171.20	199.45	256.99	545.49	682.84	1928.84	2664.46
	9×9×2	42.57	171.21	199.45	257.00	545.54	682.95	1929.53	2665.28
	9×9×4	42.56	171.17	199.44	256.95	545.35	682.65	1927.55	2662.96
	11×11×2	42.57	171.18	199.44	256.97	545.40	682.73	1928.07	2663.58
	11×11×4	42.56	171.16	199.44	256.94	545.32	682.60	1927.23	2662.55
有限元法		42.57	171.05	199.50	257.10	545.07	683.26	1929.38	2665.22

图 4-19 中给出了正交铺设[0°/90°]层合厚板的前 12 阶无量纲频率 $\Omega=\omega\sqrt{\rho/E_2}/h$ 对比。板的几何和材料参数：$L/B=1$，$h=0.4B$；$E_1/E_2=40$，$G_{12}=G_{13}=0.5E_2$，$G_{23}=0.6E_2$，$\mu_{12}=0.25$。在 $x=0,L$ 处，板的边界条件为简支Ⅰ-简支Ⅰ；在 $y=-B/2,B/2$ 处为自由边界条件。采用文献[72]中的三维有限元结果作为参考值进行验证对比。结果表明，与不考虑 Zig - zag 效应的剪切理论相比，添加了锯齿函数的剪切理论能明显地提高频率计算精度。除 $HDT_{Z[VE1]}$，$HDT_{Z[VE2]}$ 和 $HDT_{Z[G]}$，其他剪切锯齿理论结果与三维有限元解吻合较好；不是所有的高阶剪切理论的精度都高于一阶剪切理论，在某些模态阶数处，一阶剪切锯齿理论比很多高阶剪切锯齿理论的结果精度都要好。

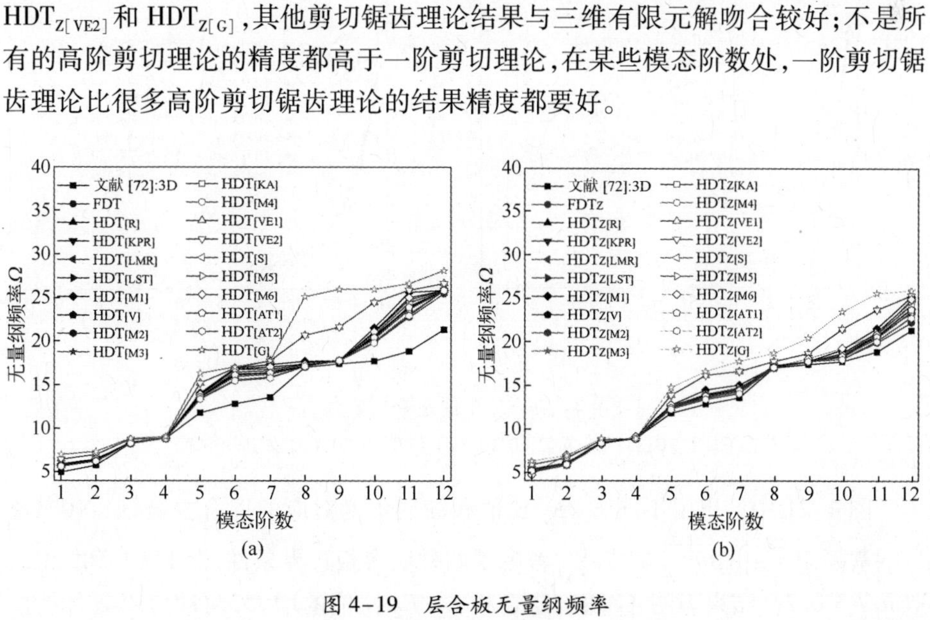

图 4-19　层合板无量纲频率

(a) 无 Zig - zag 效应；(b) 考虑 Zig - zag 效应。

下面考察不同厚跨比(h/B 和 h/L)、正交铺设[0°/90°]层合板的自由振动问题,并讨论各种锯齿理论的精度。板的边界条件为 FFCF,材料参数以及分区计算参数与前一算例相同。图 4-20 给出了由不同剪切锯齿理论得到的层合板无量纲基频 $\Omega=\omega\sqrt{\rho/E_2}/h$ 对比。结果表明:①当层合板的厚度较小时($h/B\leqslant 0.1$),采用各种剪切锯齿变形理论得到的频率结果差别很小;②当层合板的厚度较大(如 $h/B>0.2$)并且 L/B 较小时,$\mathrm{HDT}_{\mathrm{Z[VE1]}}$,$\mathrm{HDT}_{\mathrm{Z[VE2]}}$ 和 $\mathrm{HDT}_{\mathrm{Z[G]}}$ 三种锯齿理论得到的频率结果与其他剪切锯齿理论结果有一定的差别,但随着 L/B 的增大,各类剪切锯齿理论得到的频率结果趋于一致。

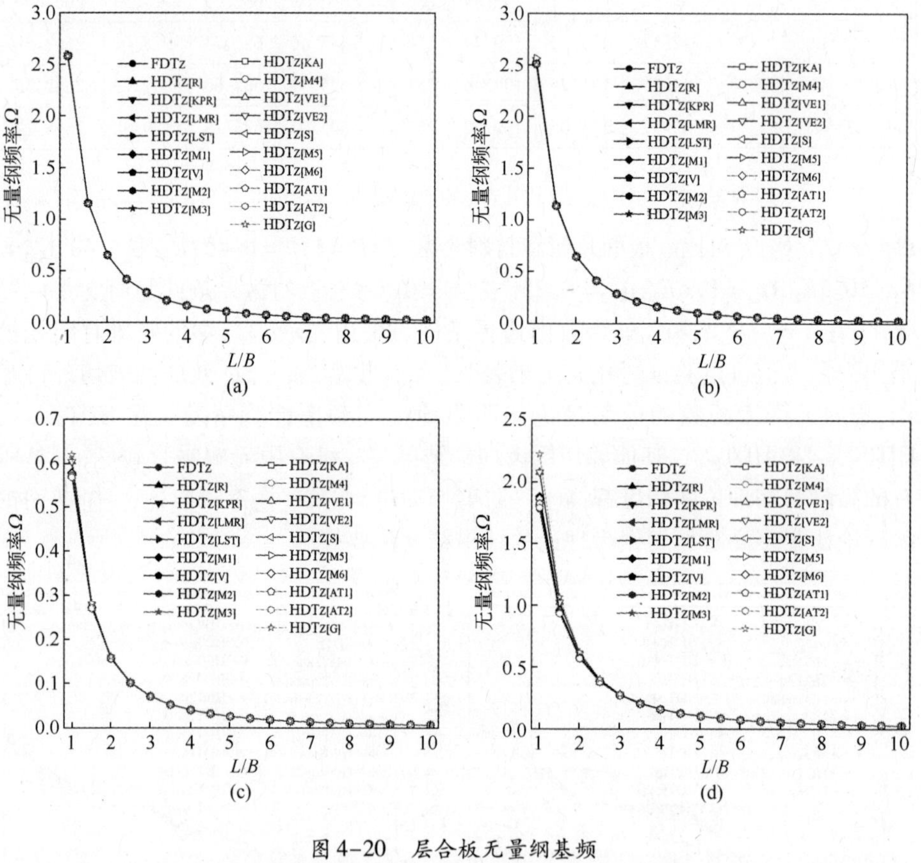

图 4-20 层合板无量纲基频

(a) $h/B=0.05$;(b) $h/B=0.10$;(c) $h/B=0.20$;(d) $h/B=0.40$。

图 4-21 中给出了不同 E_1/E_2 比值和铺层角度对应的层合方板[0°/90°]无量纲基频 $\Omega=\omega\sqrt{\rho/E_2}/h$ 结果。考虑了两种层合板边界条件,即 FFCF 和CFCF,取 $h/B=0.2$。结果表明:①随着层合板 E_1/E_2 比值的增大,两种边界条件的层合板基频都是逐渐增大的;②剪切锯齿层合板理论的计算精度与边界条件有关,

对于 FFCF 层合板，当 E_1/E_2 比值较小时，各类剪切锯齿理论计算得到的层合板自由振动频率结果差别不大，但对于 CFCF 层合板则差别很大。

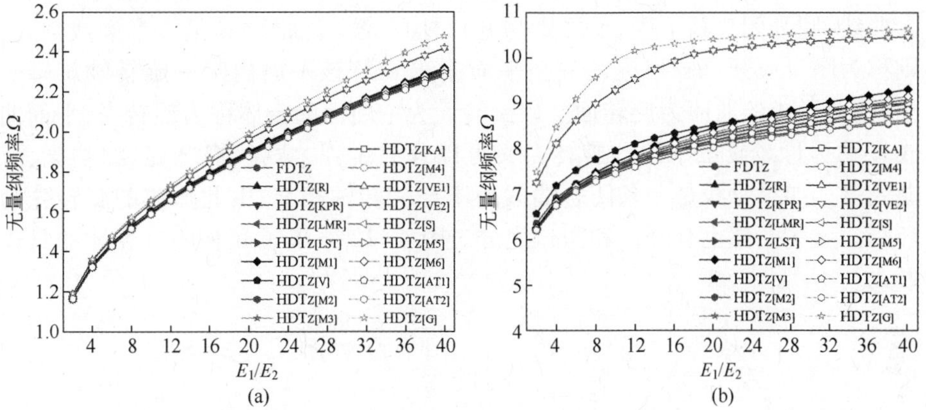

图 4-21　层合方板无量纲基频
(a) FFCF;(b) CFCF。

4.4　二维层合壳体

复合材料层合壳体结构具有很大的优越性。设计合理的层合壳体，可以以很小的厚度来承受很大的载荷，它能覆盖较大跨度面积，节约材料，减轻质量并且形式美观，在这些方面远比层合板优越。层合壳体的这些优越性促使它们在一些工程技术部门中得到广泛的应用。它们常被应用于航空、航天、船舶等领域的结构设计中。本章从一般壳体出发，基于曲面理论基本假设，介绍壳体的广义高阶剪切 Zig - zag 理论和基本微分方程，并结合分区 Nitsche 变分法来分析层合壳体的振动问题。

4.4.1　壳体基本概念

工程中涉及的壳体种类很多，本节对壳体的一些基本概念作一简要概述，更详细的资料见文献[240,241]。弹性壳体一般是指由两个曲面所界限的弹性体，该两曲面间的距离远小于弹性体的其他尺寸。两曲面之间的距离称为壳体的厚度，平分厚度的曲面称为中曲面。壳体的厚度可以是常量，也可以是变量。如果已知壳体中曲面的几何性质及其厚度的变化规律，则可以完全确定壳体的几何形状和全部尺寸。就壳体中曲面的几何形状来区分，壳体可分为柱形壳、旋转壳和具有任意形状的壳体。假设在空间中有一条直线 L,它沿一条给定的平面曲线 C 移动,并且不改变直线的方向,这样形成的曲面称为柱形面。以柱形面为中曲面的壳体称为圆柱壳,那条动直线称为母线。如果曲线 C 是一条闭合曲线,则为闭口柱形壳,反之则为开口柱形壳。若曲线 C 是一个圆或圆弧,则称为闭口或开口圆柱壳。一条平面曲线 C 绕该平面内某一旋转轴旋转一周,由此形成的曲面为旋转面。以旋转面为中曲面的壳体称为旋转壳,平面曲线 C 称为母线或子午线。旋转壳又可以分为锥壳、球壳、椭球壳、抛物壳、双曲壳等。如果母线是一条闭合曲线而不与旋转轴相交,由此形成的旋转壳为环壳。这些壳体也有开口和闭口之分。图 4-22 给出了几种闭口壳体的具体形式。

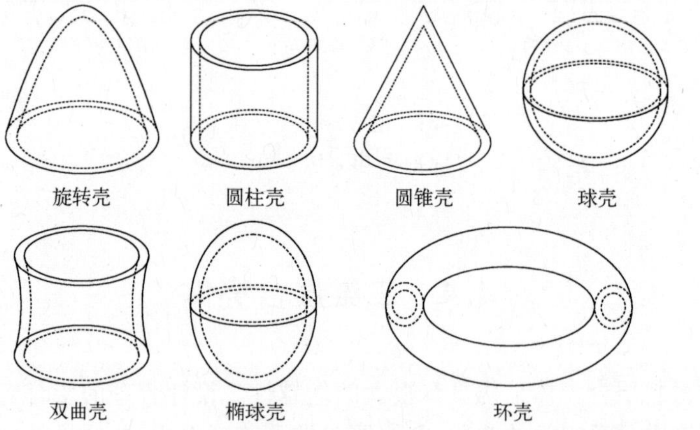

图 4-22　壳体形式

工程中还有一类常见的壳体(图 4-23),它由开口的中曲面组成,该曲面覆盖的底面为矩形、圆形或其他形状。壳体到底面的距离称为高度 $\tilde{h}$,如果高度 $\tilde{h}$ 与底面特征尺寸之比 $\tilde{h}/a\ll 1$ 及 $\tilde{h}/b\ll 1$,则这类壳体称为扁壳。

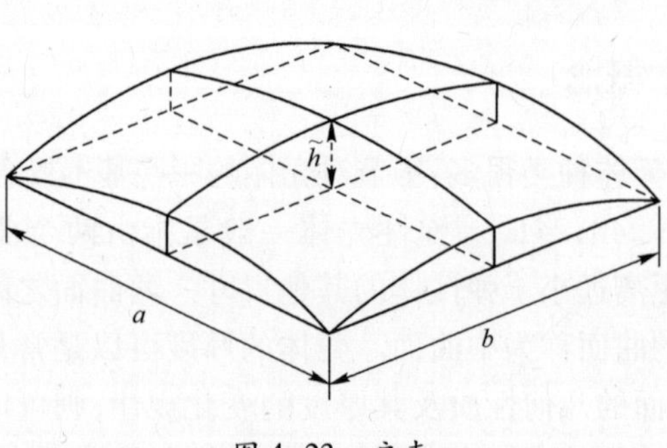

图 4-23　扁壳

如果按照高斯曲率的正负来区分，壳体还可以分为正高斯曲率壳体、零高斯曲率壳体和负高斯曲率壳体。球壳、椭球壳属于正高斯曲率壳体，柱形壳、锥形壳属于零高斯曲率壳体，而单叶双曲壳则属于负高斯曲率壳体。

4.4.2　Zig - zag 理论位移场

与层合直梁和层合板相比，层合壳体的结构理论要复杂得多。层合壳体可看作为层合曲梁的二维扩展。从这个意义上而言，一维层合曲梁理论可由二维层合壳体理论退化得来。建立层合壳体的广义高阶剪切 Zig - zag 理论，需借助于第 2 章中介绍的曲线坐标系下的弹性体基本方程。在建立层合壳体的广义高阶剪切 Zig - zag 理论之前，对壳体引入以下假设：①壳体铺层之间理想黏结无缝隙，黏结层的厚度可忽略不计；②每个铺层的厚度都是均匀的，其材料为线弹性正交各向异性材料；③沿着中面法线方向（即沿壳体厚度方向）的正应变很小可忽略不计；④壳体的变形与几何尺寸相比为小量。

沿着壳体中面的曲率线和法向引入空间曲线坐标系 $\alpha\beta z$，如图 4-24 所示。α 坐标线和 β 坐标线沿着壳体的主曲率线方向，而 z 坐标线为中面指向凸向的法线方向。层合壳体内任意一点 $P(\alpha,\beta,z)$ 处的位移可用下式来表示：

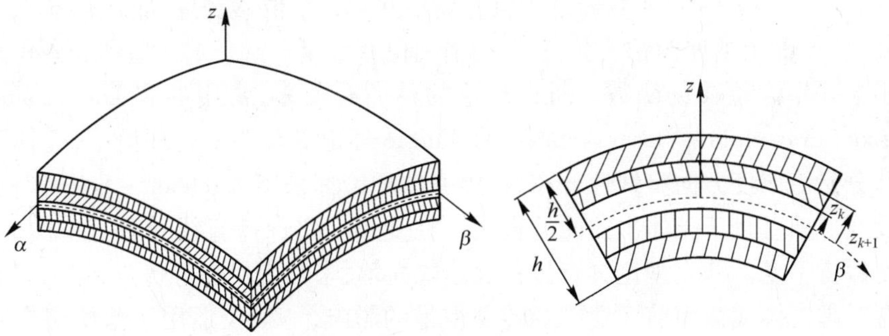

图 4-24　层合壳体曲线坐标系

$$\tilde{u}(\alpha,\beta,z,t)=\left(1+\frac{z}{R_\alpha}\right)u(\alpha,\beta,t)+f(z)\frac{1}{A}\frac{\partial w}{\partial\alpha}+g(z)\vartheta_1(\alpha,\beta,t)+\varphi(z,k)\eta_1(\alpha,\beta,t) \tag{4-136a}$$

$$\tilde{v}(\alpha,\beta,z,t)=\left(1+\frac{z}{R_\beta}\right)v(\alpha,\beta,t)+f(z)\frac{1}{B}\frac{\partial w}{\partial\beta}+g(z)\vartheta_2(\alpha,\beta,t)+\varphi(z,k)\eta_2(\alpha,\beta,t) \tag{4-136b}$$

$$\tilde{w}(\alpha,\beta,z,t)=w(\alpha,\beta,t) \tag{4-136c}$$

式中：$\tilde{u}$,$\tilde{v}$ 和 $\tilde{w}$ 分别为壳体内 P 点处沿着 α、β 和 z 方向的位移分量；u,v,w,ϑ_1、ϑ_2、η_1 和 η_2 为层合壳中面上的广义位移分量，它们仅与壳体中面坐标 α、β 及时

间 t 有关;$f(z)$ 和 $g(z)$ 为广义位移分布形函数,$\varphi(z,k)$ 为锯齿函数,它们的物理意义及表达式与前面层合梁和层合板的相同;R_α 和 R_β 为壳体中面的主曲率半径;A 和 B 为壳体中面的 Lamé 系数。

在式(4-136)中去掉锯齿函数,即 $\varphi(z,k)=0$,若令 $f(z)=-z$ 和 $g(z)=0$,则式(4-136)退化为薄壳理论的位移场函数表达式;若令 $f(z)=0$ 和 $g(z)=z$ 可以得到一阶剪切壳体理论的位移表达式;如果令 $f(z)=-4z^3/(3h^2)$ 和 $g(z)=z-4z^3/(3h^2)$,可得到 Reddy 高阶剪切壳体理论对应的位移场函数。如果 $f(z)=-z$,$g(z)$ 取表 4-1 中的位移函数表达式,则可得到一系列等效单层高阶剪切壳体理论。若在式(4-136)中保留锯齿函数,则可以得到一系列层合壳体锯齿理论。下面给出几种常见壳体理论对应的位移场函数。

一、薄壳理论

$$\tilde{u}(\alpha,\beta,z,t)=\left(1+\frac{z}{R_\alpha}\right)u(\alpha,\beta,t)-\frac{z}{A}\frac{\partial w}{\partial \alpha} \tag{4-137a}$$

$$\tilde{v}(\alpha,\beta,z,t)=\left(1+\frac{z}{R_\beta}\right)v(\alpha,\beta,t)-\frac{z}{B}\frac{\partial w}{\partial \beta} \tag{4-137b}$$

$$\tilde{w}(\alpha,\beta,z,t)=w(\alpha,\beta,t) \tag{4-137c}$$

式(4-137)表明,薄壳理论的位移场中共有 3 个位移变量,即 u,v 和 w,其中 u 和 v 为中面上的面内位移分量,w 为横向位移分量。常见的一些薄壳理论都采用了上式作为位移场函数。薄壳理论的种类有很多,常用的有 Love、Donnell、Reissner、Novozhilov、Vlasov、Sanders 和 Flügge 理论等。在薄壳理论中,壳体面内位移分量沿厚度方向呈线性分布,这类壳体理论都采用 Kirchhoff - Love 假设,即假设变形前垂直于壳体中曲面的直线段在变形后仍保持直线并垂直中曲面,且长度保持不变。薄壳理论具有位移表达式简单、未知变量少等优点,但由于它们没有考虑壳体横截面剪切变形及转动惯量的影响,一般仅适用于薄壁层合壳体的低频振动问题。

二、一阶剪切壳体理论

$$\tilde{u}(\alpha,\beta,z,t)=\left(1+\frac{z}{R_\alpha}\right)u(\alpha,\beta,t)+z\vartheta_1(\alpha,\beta,t) \tag{4-138a}$$

$$\tilde{v}(\alpha,\beta,z,t)=\left(1+\frac{z}{R_\beta}\right)v(\alpha,\beta,t)+z\vartheta_2(\alpha,\beta,t) \tag{4-138b}$$

$$\tilde{w}(\alpha,\beta,z,t)=w(\alpha,\beta,t) \tag{4-138c}$$

式(4-138)表明,一阶剪切壳体理论的位移场中共有 5 个独立的变量,即 u,v,w,ϑ_1 和 ϑ_2,其中 u 和 v 为面内位移分量,w 为横向位移分量,ϑ_1 和 ϑ_2 分别为绕 β 轴和 α 轴的横截面转角。该理论考虑了壳体的横截面剪切变形的影响,抛弃了薄壳理论中的 Kirchhoff - Love 假设,认为变形前垂直于壳体中曲面的直线在变形后仍为一直线，但不再与中面垂直。

三、Reddy 高阶剪切壳体理论

$$\tilde{u}(\alpha,\beta,z,t)=\left(1+\frac{z}{R_\alpha}\right)u(\alpha,\beta,t)-\frac{4z^3}{3h^2}\frac{1}{A}\frac{\partial w}{\partial\alpha}+\left(z-\frac{4z^3}{3h^2}\right)\vartheta_1(\alpha,\beta,t)\quad(4-139a)$$

$$\tilde{v}(\alpha,\beta,z,t)=\left(1+\frac{z}{R_\beta}\right)v(\alpha,\beta,t)-\frac{4z^3}{3h^2}\frac{1}{B}\frac{\partial w}{\partial\beta}+\left(z-\frac{4z^3}{3h^2}\right)\vartheta_2(\alpha,\beta,t)\quad(4-139b)$$

$$\tilde{w}(\alpha,\beta,z,t)=w(\alpha,\beta,t)\quad(4-139c)$$

式(4-139)表明，Reddy 高阶剪切壳体理论对应的位移场变量数目与一阶剪切壳体理论的相同，也为5个，即 u,v,w,ϑ_1 和 ϑ_2。该理论使用了关于厚度方向更高阶次的位移场，能满足壳体表面剪应力为零条件，在一定程度上反映了壳体横截面翘曲变形，精度较一阶剪切壳体理论有显著提高。

4.4.3 基本微分方程

将壳体的位移表达式(4-136)代入式(2-81)，可以得到空间正交曲线坐标下壳体内任意一点处的应变分量，但需要首先确定壳体内任意一点处的 Lamé 系数，即 H_α,H_β 和 H_z。壳体中面上任意一点 M 处的 Lamé 系数 A 和 B，它们与 H_α 和 H_β 之间的关系为

$$A(\alpha,\beta)=H_\alpha(\alpha,\beta,z)\big|_{z=0},\quad B(\alpha,\beta)=H_\beta(\alpha,\beta,z)\big|_{z=0}\quad(4-140)$$

如图4-25所示，过壳体内任意一点 $P(\alpha,\beta,z)$ 沿着 α 和 β 方向分别作微元弧 $\widehat{PP_1}$ 和 $\widehat{PP_2}$，则

$$\frac{\widehat{PP_1}}{\widehat{MM_1}}=\frac{R_\alpha+z}{R_\alpha}=1+\frac{z}{R_\alpha}=1+k_\alpha z\quad(4-141)$$

$$\frac{\widehat{PP_2}}{\widehat{MM_2}}=\frac{R_\beta+z}{R_\beta}=1+\frac{z}{R_\beta}=1+k_\beta z\quad(4-142)$$

式中：k_α 和 k_β 为壳体的中面主曲率，它们与壳体曲率半径 R_α 和 R_β 之间的关系为 $k_\alpha=1/R_\alpha$ 和 $k_\beta=1/R_\beta$。

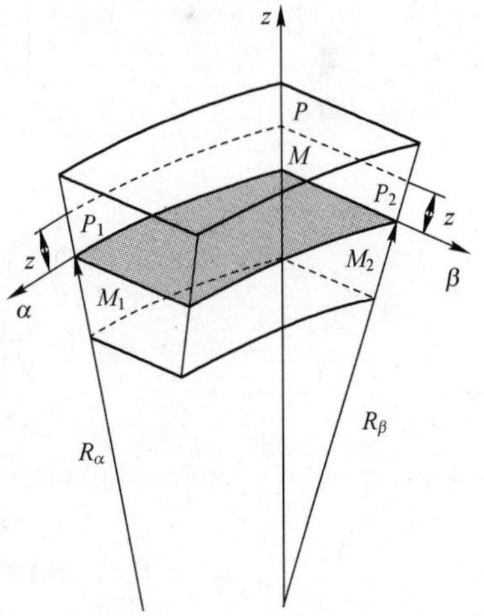

图4-25 壳体微元

根据式(4-141)和式(4-142)，并考虑到壳体的 z 坐标为直线，则壳体内任意一点的 Lamé 系数 H_α,H_β 和 H_z 为

$$H_\alpha=A(1+k_\alpha z),\quad H_\beta=B(1+k_\beta z),\quad H_z=1\quad(4-143)$$

另外，壳体中面 Lamé 系数与主曲率之间存在以下相互关系[60]，即

$$\frac{\partial}{\partial\alpha}\left(\frac{1}{A}\frac{\partial B}{\partial\alpha}\right)+\frac{\partial}{\partial\beta}\left(\frac{1}{B}\frac{\partial A}{\partial\alpha}\right)=-k_\alpha k_\beta AB \tag{4-144}$$

$$\frac{\partial}{\partial\alpha}(k_\beta B)=k_\alpha\frac{\partial B}{\partial\alpha},\quad \frac{\partial}{\partial\beta}(k_\alpha A)=k_\beta\frac{\partial A}{\partial\beta} \tag{4-145}$$

式(4-144)称为 Gauss 条件,式(4-145)中的两个关系式称为 Mainardi - Codazzi 关系。

将壳体的位移场函数代入式(2-81),并考虑到式(4-143)~式(4-145),得到广义高阶剪切 Zig - zag 壳体理论对应的层合壳体应变分量为

$$\varepsilon_{\alpha\alpha}=\varepsilon_{\alpha\alpha}^{(0)}+z\varepsilon_{\alpha\alpha}^{(1)}+f\varepsilon_{\alpha\alpha}^{(2)}+g\varepsilon_{\alpha\alpha}^{(3)}+\varphi\varepsilon_{\alpha\alpha}^{(4)} \tag{4-146a}$$

$$\varepsilon_{\beta\beta}=\varepsilon_{\beta\beta}^{(0)}+z\varepsilon_{\beta\beta}^{(1)}+f\varepsilon_{\beta\beta}^{(2)}+g\varepsilon_{\beta\beta}^{(3)}+\varphi\varepsilon_{\beta\beta}^{(4)} \tag{4-146b}$$

$$\gamma_{\alpha\beta}=\gamma_{\alpha\beta}^{(0)}+z\gamma_{\alpha\beta}^{(1)}+f\gamma_{\alpha\beta}^{(2)}+g\gamma_{\alpha\beta}^{(3)}+\varphi\gamma_{\alpha\beta}^{(4)} \tag{4-146c}$$

$$\gamma_{\alpha z}=f\gamma_{\alpha z}^{(0)}+g\gamma_{\alpha z}^{(1)}+\varphi\gamma_{\alpha z}^{(2)}+\bar{f}\gamma_{\alpha z}^{(3)}+\bar{g}\gamma_{\alpha z}^{(4)}+\bar{\varphi}\gamma_{\alpha z}^{(5)} \tag{4-146d}$$

$$\gamma_{\beta z}=f\gamma_{\beta z}^{(0)}+g\gamma_{\beta z}^{(1)}+\varphi\gamma_{\beta z}^{(2)}+\bar{f}\gamma_{\beta z}^{(3)}+\bar{g}\gamma_{\beta z}^{(4)}+\bar{\varphi}\gamma_{\beta z}^{(5)} \tag{4-146e}$$

式中

$$\varepsilon_{\alpha\alpha}^{(0)}=\frac{1}{A}\left(\frac{\partial u}{\partial\alpha}+\frac{1}{B}\frac{\partial A}{\partial\beta}v+k_\alpha Aw\right) \tag{4-147a}$$

$$\varepsilon_{\alpha\alpha}^{(1)}=\frac{1}{A}\left[\frac{\partial(k_\alpha u)}{\partial\alpha}+\frac{k_\beta}{B}\frac{\partial A}{\partial\beta}v\right] \tag{4-147b}$$

$$\varepsilon_{\alpha\alpha}^{(2)}=\frac{1}{A}\left[\frac{\partial}{\partial\alpha}\left(\frac{1}{A}\frac{\partial w}{\partial\alpha}\right)+\frac{1}{B^2}\frac{\partial A}{\partial\beta}\frac{\partial w}{\partial\beta}\right] \tag{4-147c}$$

$$\varepsilon_{\alpha\alpha}^{(3)}=\frac{1}{A}\left(\frac{\partial\vartheta_1}{\partial\alpha}+\frac{1}{B}\frac{\partial A}{\partial\beta}\vartheta_2\right) \tag{4-147d}$$

$$\varepsilon_{\alpha\alpha}^{(4)}=\frac{1}{A}\left(\frac{\partial\eta_1}{\partial\alpha}+\frac{1}{B}\frac{\partial A}{\partial\beta}\eta_2\right) \tag{4-147e}$$

$$\varepsilon_{\beta\beta}^{(0)}=\frac{1}{B}\left(\frac{1}{A}\frac{\partial B}{\partial\alpha}u+\frac{\partial v}{\partial\beta}+k_\beta Bw\right) \tag{4-148a}$$

$$\varepsilon_{\beta\beta}^{(1)}=\frac{1}{B}\left[\frac{k_\alpha}{A}\frac{\partial B}{\partial\alpha}u+\frac{\partial(k_\beta v)}{\partial\beta}\right] \tag{4-148b}$$

$$\varepsilon_{\beta\beta}^{(2)}=\frac{1}{B}\left[\frac{1}{A^2}\frac{\partial B}{\partial\alpha}\frac{\partial w}{\partial\alpha}+\frac{\partial}{\partial\beta}\left(\frac{1}{B}\frac{\partial w}{\partial\beta}\right)\right] \tag{4-148c}$$

$$\varepsilon_{\beta\beta}^{(3)}=\frac{1}{B}\left(\frac{1}{A}\frac{\partial B}{\partial\alpha}\vartheta_1+\frac{\partial\vartheta_2}{\partial\beta}\right) \tag{4-148d}$$

$$\varepsilon_{\beta\beta}^{(4)}=\frac{1}{B}\left(\frac{1}{A}\frac{\partial B}{\partial\alpha}\eta_1+\frac{\partial\eta_2}{\partial\beta}\right) \tag{4-148e}$$

$$\gamma_{\alpha\beta}^{(0)}=\frac{1}{B}\frac{\partial u}{\partial\beta}+\frac{1}{A}\frac{\partial v}{\partial\alpha}-\frac{1}{AB}\left(\frac{\partial A}{\partial\beta}u+\frac{\partial B}{\partial\alpha}v\right) \tag{4-149a}$$

$$\gamma_{\alpha\beta}^{(1)} = \frac{1}{B}\frac{\partial(k_\alpha u)}{\partial\beta} + \frac{1}{A}\frac{\partial(k_\beta v)}{\partial\alpha} - \frac{1}{AB}\left(k_\alpha\frac{\partial A}{\partial\beta}u + k_\beta\frac{\partial B}{\partial\alpha}v\right) \tag{4-149b}$$

$$\gamma_{\alpha\beta}^{(2)} = \frac{1}{B}\frac{\partial}{\partial\beta}\left(\frac{1}{A}\frac{\partial w}{\partial\alpha}\right) + \frac{1}{A}\frac{\partial}{\partial\alpha}\left(\frac{1}{B}\frac{\partial w}{\partial\beta}\right) - \frac{1}{AB}\left(\frac{1}{A}\frac{\partial A}{\partial\beta}\frac{\partial w}{\partial\alpha} + \frac{1}{B}\frac{\partial B}{\partial\alpha}\frac{\partial w}{\partial\beta}\right) \tag{4-149c}$$

$$\gamma_{\alpha\beta}^{(3)} = \frac{1}{B}\frac{\partial\vartheta_1}{\partial\beta} + \frac{1}{A}\frac{\partial\vartheta_2}{\partial\alpha} - \frac{1}{AB}\left(\frac{\partial A}{\partial\beta}\vartheta_1 + \frac{\partial B}{\partial\alpha}\vartheta_2\right) \tag{4-149d}$$

$$\gamma_{\alpha\beta}^{(4)} = \frac{1}{B}\frac{\partial\eta_1}{\partial\beta} + \frac{1}{A}\frac{\partial\eta_2}{\partial\alpha} - \frac{1}{AB}\left(\frac{\partial A}{\partial\beta}\eta_1 + \frac{\partial B}{\partial\alpha}\eta_2\right) \tag{4-149e}$$

$$\begin{gathered}\gamma_{\alpha z}^{(0)} = -\frac{k_\alpha}{A}\frac{\partial w}{\partial\alpha},\quad \gamma_{\alpha z}^{(1)} = -k_\alpha\vartheta_1,\quad \gamma_{\alpha z}^{(2)} = -k_\alpha\eta_1,\\ \gamma_{\alpha z}^{(3)} = \frac{1}{A}\frac{\partial w}{\partial\alpha},\quad \gamma_{\alpha z}^{(4)} = \vartheta_1,\quad \gamma_{\alpha z}^{(5)} = \eta_1\end{gathered} \tag{4-150}$$

$$\begin{gathered}\gamma_{\beta z}^{(0)} = -\frac{k_2}{B}\frac{\partial w}{\partial\beta},\quad \gamma_{\beta z}^{(1)} = -k_\beta\vartheta_2,\quad \gamma_{\beta z}^{(2)} = -k_\beta\eta_2,\\ \gamma_{\beta z}^{(3)} = \frac{1}{B}\frac{\partial w}{\partial\beta},\quad \gamma_{\beta z}^{(4)} = \vartheta_2,\quad \gamma_{\beta z}^{(5)} = \eta_2\end{gathered} \tag{4-151}$$

式(4-146)~式(4-151)将壳体的应变分量用壳体中面的广义位移表示出来,利用这些应变分量可以计算出壳体内任意一点处的应变,从而得到整个壳体的变形状态。为了简化应变分量表达式,在推导式(4-146)~式(4-151)过程中,引入了壳体厚度与曲率半径之比远小于 1($h/R_\alpha \ll 1$ 和 $h/R_\beta \ll 1$)这一假设,即 $1 + k_\alpha z \approx 1$ 和 $1 + k_\beta z \approx 1$。需要指出,即使采用相同的壳体位移场函数,但在推导壳体几何方程时对 $1 + k_\alpha z$ 和 $1 + k_\beta z$ 引入不同的假设,可以形成不同的壳体应变分量,并对应于不同的壳体理论,这与前面层合板理论情况不同。

由式(4-146)~式(4-151)可以得到的几种常见的壳体理论对应的几何方程如下。

一、薄壳理论

$$\varepsilon_{\alpha\alpha} = \varepsilon_{\alpha\alpha}^{(0)} + z\varepsilon_{\alpha\alpha}^{(1)} - z\varepsilon_{\alpha\alpha}^{(2)} = \varepsilon_{\alpha\alpha}^{(0)} + z\chi_\alpha \tag{4-152a}$$

$$\varepsilon_{\beta\beta} = \varepsilon_{\beta\beta}^{(0)} + z\varepsilon_{\beta\beta}^{(1)} - z\varepsilon_{\beta\beta}^{(2)} = \varepsilon_{\beta\beta}^{(0)} + z\chi_\beta \tag{4-152b}$$

$$\gamma_{\alpha\beta} = \gamma_{\alpha\beta}^{(0)} + z\gamma_{\alpha\beta}^{(1)} - z\gamma_{\alpha\beta}^{(2)} = \gamma_{\alpha\beta}^{(0)} + z\chi_{\alpha\beta} \tag{4-152c}$$

$$\gamma_{\alpha z} = 0 \tag{4-152d}$$

$$\gamma_{\beta z} = 0 \tag{4-152e}$$

式中:$\varepsilon_{\alpha\alpha}^{(0)}$,$\varepsilon_{\beta\beta}^{(0)}$ 和 $\gamma_{\alpha\beta}^{(0)}$ 为中曲面的薄膜应变分量;χ_α,χ_β 和 $\chi_{\alpha\beta}$ 为中曲面的弯曲应变分量(或曲率变化分量),$\chi_\alpha = \varepsilon_{\alpha\alpha}^{(1)} - \varepsilon_{\alpha\alpha}^{(2)}$,$\chi_\beta = \varepsilon_{\beta\beta}^{(1)} - \varepsilon_{\beta\beta}^{(2)}$,$\chi_{\alpha\beta} = \gamma_{\alpha\beta}^{(1)} - \gamma_{\alpha\beta}^{(2)}$。这些应变分量的表达式为

$$\varepsilon_{\alpha\alpha}^{(0)} = \frac{1}{A}\frac{\partial u}{\partial\alpha} + \frac{v}{AB}\frac{\partial A}{\partial\beta} + \frac{w}{R_\alpha} \tag{4-153a}$$

$$\varepsilon_{\beta\beta}^{(0)}=\frac{1}{B}\frac{\partial v}{\partial\beta}+\frac{u}{AB}\frac{\partial B}{\partial\alpha}+\frac{w}{R_\beta} \tag{4-153b}$$

$$\gamma_{\alpha\beta}^{(0)}=\frac{A}{B}\frac{\partial}{\partial\beta}\left(\frac{u}{A}\right)+\frac{B}{A}\frac{\partial}{\partial\alpha}\left(\frac{v}{B}\right) \tag{4-153c}$$

$$\chi_\alpha=\frac{1}{A}\frac{\partial}{\partial\alpha}\left(\frac{u}{R_\alpha}-\frac{1}{A}\frac{\partial w}{\partial\alpha}\right)+\frac{1}{AB}\left(\frac{v}{R_\beta}-\frac{1}{B}\frac{\partial w}{\partial\beta}\right)\frac{\partial A}{\partial\beta} \tag{4-153d}$$

$$\chi_\beta=\frac{1}{B}\frac{\partial}{\partial\beta}\left(\frac{v}{R_\beta}-\frac{1}{B}\frac{\partial w}{\partial\beta}\right)+\frac{1}{AB}\left(\frac{u}{R_\alpha}-\frac{1}{A}\frac{\partial w}{\partial\alpha}\right)\frac{\partial B}{\partial\alpha} \tag{4-153e}$$

$$\chi_{\alpha\beta}=\frac{A}{B}\frac{\partial}{\partial\beta}\left(\frac{u}{AR_\alpha}-\frac{1}{A^2}\frac{\partial w}{\partial\alpha}\right)+\frac{B}{A}\frac{\partial}{\partial\alpha}\left(\frac{v}{BR_\beta}-\frac{1}{B^2}\frac{\partial w}{\partial\beta}\right) \tag{4-153f}$$

上述应变分量表达式与 Reissner 薄壳理论的应变表达式相同。这表示,若式(4-136)中的位移场函数退化为薄壳理论的位移场函数式(4-137)时,由式(4-146)~式(4-151)得到的应变分量即为 Ressiner 薄壳理论的应变分量。

由式(4-137)和式(4-146)还可以得到其他薄壳理论的应变分量表达式,但在推导过程中需要对 $1+k_\alpha z$ 和 $1+k_\beta z$ 两项引入不同方式的近似。下面给出 Love、Sanders、Donnell 和 Flügge 薄壳理论对应的应变分量表达式。

Love 薄壳理论与 Ressiner 薄壳理论的应变分量表达式唯一不同之处在于式(4-153f),而式(4-152)和式(4-153a)~式(4-153e)都是相同的。对于 Love 壳体理论,式(4-153f)改写为

$$\chi_{\alpha\beta}=\underbrace{\frac{A}{B}\frac{\partial}{\partial\beta}\left(\frac{u}{AR_\alpha}-\frac{1}{A^2}\frac{\partial w}{\partial\alpha}\right)+\frac{B}{A}\frac{\partial}{\partial\alpha}\left(\frac{v}{BR_\beta}-\frac{1}{B^2}\frac{\partial w}{\partial\beta}\right)}_{\text{Ressiner 理论}}+\frac{1}{R_\alpha}\left(\frac{1}{B}\frac{\partial u}{\partial\beta}-\frac{v}{AB}\frac{\partial B}{\partial\alpha}\right)+\frac{1}{R_\beta}\left(\frac{1}{A}\frac{\partial v}{\partial\alpha}-\frac{u}{AB}\frac{\partial A}{\partial\beta}\right) \tag{4-154}$$

Sanders 薄壳理论与 Ressiner 薄壳理论的应变分量表达式不同之处也在于式(4-153f)。对于 Sanders 薄壳理论,该式改写为

$$\chi_{\alpha\beta}=\underbrace{\frac{A}{B}\frac{\partial}{\partial\beta}\left(\frac{u}{AR_\alpha}-\frac{1}{A^2}\frac{\partial w}{\partial\alpha}\right)+\frac{B}{A}\frac{\partial}{\partial\alpha}\left(\frac{v}{BR_\beta}-\frac{1}{B^2}\frac{\partial w}{\partial\beta}\right)}_{\text{Ressiner 理论}}+\frac{1}{2AB}\left(\frac{1}{R_\beta}-\frac{1}{R_\alpha}\right)\left[\frac{\partial(Bv)}{\partial\alpha}-\frac{\partial(Au)}{\partial\beta}\right] \tag{4-155}$$

对于 Donnell 壳体理论,式(4-152)和式(4-153a)~式(4-153c)不变,与 Ressiner 薄壳理论的相同。中曲面的弯曲应变分量 χ_α,χ_β 和 $\chi_{\alpha\beta}$ 的表达式(4-153d)~式(4-153f)改写为

$$\chi_\alpha=-\frac{1}{A}\frac{\partial}{\partial\alpha}\left(\frac{1}{A}\frac{\partial w}{\partial\alpha}\right)-\frac{1}{AB^2}\frac{\partial A}{\partial\beta}\frac{\partial w}{\partial\beta} \tag{4-156a}$$

$$\chi_\beta=-\frac{1}{B}\frac{\partial}{\partial\beta}\left(\frac{1}{B}\frac{\partial w}{\partial\beta}\right)-\frac{1}{A^2B}\frac{\partial B}{\partial\alpha}\frac{\partial w}{\partial\alpha} \tag{4-156b}$$

$$\chi_{\alpha\beta} = -\frac{A}{B}\frac{\partial}{\partial\beta}\left(\frac{1}{A^2}\frac{\partial w}{\partial\alpha}\right) - \frac{B}{A}\frac{\partial}{\partial\alpha}\left(\frac{1}{B^2}\frac{\partial w}{\partial\beta}\right) \tag{4-156c}$$

式(4-156)表明，Donnell 壳体理论忽略了中面面内位移 u 和 v 对弯曲应变分量 χ_α，χ_β 和 $\chi_{\alpha\beta}$ 的影响。式(4-156)是在式(4-153d) ~ 式(4-153f)中引入了 $u/R_\alpha=0$ 和 $v/R_\beta=0$ 这两个假设后得到的。

对于 Flügge 薄壳理论，式(4-152)改写为

$$\varepsilon_{\alpha\alpha} = \frac{1}{1+z/R_\alpha}(\varepsilon_{\alpha\alpha}^{(0)} + z\chi_\alpha) \tag{4-157a}$$

$$\varepsilon_{\beta\beta} = \frac{1}{1+z/R_\beta}(\varepsilon_{\beta\beta}^{(0)} + z\chi_\beta) \tag{4-157b}$$

$$\gamma_{\alpha\beta} = \frac{1}{(1+z/R_\alpha)(1+z/R_\beta)}\left[\left(1-\frac{z^2}{R_\alpha R_\beta}\right)\gamma_{\alpha\beta}^{(0)} + z\left(1+\frac{z}{2R_\alpha}+\frac{z}{2R_\beta}\right)\chi_{\alpha\beta}\right] \tag{4-157c}$$

在 Flügge 薄壳理论中，中曲面的薄膜应变分量 $\varepsilon_{\alpha\alpha}^{(0)}$、$\varepsilon_{\beta\beta}^{(0)}$ 和 $\gamma_{\alpha\beta}^{(0)}$ 以及中曲面的弯曲应变分量 χ_α，χ_β 和 $\chi_{\alpha\beta}$ 的表达式与 Love 薄壳理论的相同，即式(4-153a) ~ 式(4-153e)和式(4-154)。

二、一阶剪切壳体理论

$$\varepsilon_{\alpha\alpha} = \varepsilon_{\alpha\alpha}^{(0)} + z\varepsilon_{\alpha\alpha}^{(1)} + g\varepsilon_{\alpha\alpha}^{(3)} = \varepsilon_{\alpha\alpha}^{(0)} + z\chi_\alpha \tag{4-158a}$$

$$\varepsilon_{\beta\beta} = \varepsilon_{\beta\beta}^{(0)} + z\varepsilon_{\beta\beta}^{(1)} + g\varepsilon_{\beta\beta}^{(3)} = \varepsilon_{\beta\beta}^{(0)} + z\chi_\alpha \tag{4-158b}$$

$$\gamma_{\alpha\beta} = \gamma_{\alpha\beta}^{(0)} + z\gamma_{\alpha\beta}^{(1)} + g\gamma_{\alpha\beta}^{(3)} = \gamma_{\alpha\beta}^{(0)} + z\chi_{\alpha\beta} \tag{4-158c}$$

$$\gamma_{\alpha z} = z\gamma_{\alpha z}^{(1)} + \gamma_{\alpha z}^{(3)} + \gamma_{\alpha z}^{(4)} = (1-zk_\alpha)\vartheta_1 + \frac{1}{A}\frac{\partial w}{\partial\alpha} \tag{4-158d}$$

$$\gamma_{\beta z} = z\gamma_{\beta z}^{(1)} + \gamma_{\beta z}^{(3)} + \gamma_{\beta z}^{(4)} = (1-zk_\beta)\vartheta_2 + \frac{1}{B}\frac{\partial w}{\partial\beta} \tag{4-158e}$$

式中：$\varepsilon_{\alpha\alpha}^{(0)}$，$\varepsilon_{\beta\beta}^{(0)}$ 和 $\gamma_{\alpha\beta}^{(0)}$ 为中曲面的薄膜应变分量；χ_α，χ_β 和 $\chi_{\alpha\beta}$ 为中曲面的弯曲应变分量（或曲率变化分量）。

在一阶剪切壳体理论中，壳体的中面薄膜应变分量 $\varepsilon_{\alpha\alpha}^{(0)}$，$\varepsilon_{\beta\beta}^{(0)}$ 和 $\gamma_{\alpha\beta}^{(0)}$ 的表达式与前面薄壳理论是相同的，即式(4-153a) ~ 式(4-153c)，而弯曲应变分量为

$$\chi_\alpha = \frac{1}{A}\left[\frac{\partial(k_\alpha u)}{\partial\alpha} + \frac{k_\beta}{B}\frac{\partial A}{\partial\beta}v\right] + \frac{1}{A}\frac{\partial\vartheta_1}{\partial\alpha} + \frac{\vartheta_2}{AB}\frac{\partial A}{\partial\beta} \tag{4-159a}$$

$$\chi_\beta = \frac{1}{B}\left[\frac{k_\alpha}{A}\frac{\partial B}{\partial\alpha}u + \frac{\partial(k_\beta v)}{\partial\beta}\right] + \frac{1}{B}\frac{\partial\vartheta_2}{\partial\beta} + \frac{\vartheta_1}{AB}\frac{\partial B}{\partial\alpha} \tag{4-159b}$$

$$\chi_{\alpha\beta} = \frac{1}{B}\frac{\partial(k_\alpha u)}{\partial\beta} + \frac{1}{A}\frac{\partial(k_\beta v)}{\partial\alpha} - \frac{1}{AB}\left(k_\alpha\frac{\partial A}{\partial\beta}u + k_\beta\frac{\partial B}{\partial\alpha}v\right) + \frac{A}{B}\frac{\partial}{\partial\beta}\left(\frac{\vartheta_1}{A}\right) + \frac{B}{A}\frac{\partial}{\partial\alpha}\left(\frac{\vartheta_2}{B}\right) \tag{4-159c}$$

若忽略式(4-146)中的 $z\varepsilon_{\alpha\alpha}^{(1)}$，$z\varepsilon_{\beta\beta}^{(1)}$，$z\gamma_{\alpha\beta}^{(1)}$，$z\gamma_{\alpha z}^{(1)}$ 和 $z\gamma_{\beta z}^{(1)}$，可得到简化的一阶剪切壳体理论对应的应变分量，其中 $\varepsilon_{\alpha\alpha}^{(0)}$，$\varepsilon_{\beta\beta}^{(0)}$ 和 $\gamma_{\alpha\beta}^{(0)}$ 仍与(4-153a ~ c)相同，但弯

曲应变和横向剪应变分量为

$$\chi_\alpha=\frac{1}{A}\frac{\partial\vartheta_1}{\partial\alpha}+\frac{\vartheta_2}{AB}\frac{\partial A}{\partial\beta} \tag{4-160a}$$

$$\chi_\beta=\frac{1}{B}\frac{\partial\vartheta_2}{\partial\beta}+\frac{\vartheta_1}{AB}\frac{\partial B}{\partial\alpha} \tag{4-160b}$$

$$\chi_{\alpha\beta}=\frac{A}{B}\frac{\partial}{\partial\beta}\left(\frac{\vartheta_1}{A}\right)+\frac{B}{A}\frac{\partial}{\partial\alpha}\left(\frac{\vartheta_2}{B}\right) \tag{4-160c}$$

$$\gamma_{\alpha z}=\vartheta_1+\frac{1}{A}\frac{\partial w}{\partial\alpha} \tag{4-160d}$$

$$\gamma_{\beta z}=\vartheta_2+\frac{1}{B}\frac{\partial w}{\partial\beta} \tag{4-160e}$$

三、Reddy 高阶剪切壳体理论

$$\varepsilon_{\alpha\alpha}=\varepsilon_{\alpha\alpha}^{(0)}+z\varepsilon_{\alpha\alpha}^{(1)}-\frac{4z^3}{3h^2}\varepsilon_{\alpha\alpha}^{(2)}+\left(z-\frac{4z^3}{3h^2}\right)\varepsilon_{\alpha\alpha}^{(3)} \tag{4-161a}$$

$$\varepsilon_{\beta\beta}=\varepsilon_{\beta\beta}^{(0)}+z\varepsilon_{\beta\beta}^{(1)}-\frac{4z^3}{3h^2}\varepsilon_{\beta\beta}^{(2)}+\left(z-\frac{4z^3}{3h^2}\right)\varepsilon_{\beta\beta}^{(3)} \tag{4-161b}$$

$$\gamma_{\alpha\beta}=\gamma_{\alpha\beta}^{(0)}+z\gamma_{\alpha\beta}^{(1)}-\frac{4z^3}{3h^2}\gamma_{\alpha\beta}^{(2)}+\left(z-\frac{4z^3}{3h^2}\right)\gamma_{\alpha\beta}^{(3)} \tag{4-161c}$$

$$\gamma_{\alpha z}=\left(1-\frac{4z^2}{h^2}\right)(\gamma_{\alpha z}^{(3)}+\gamma_{\alpha z}^{(4)}) \tag{4-161d}$$

$$\gamma_{\beta z}=\left(1-\frac{4z^2}{h^2}\right)(\gamma_{\beta z}^{(3)}+\gamma_{\beta z}^{(4)}) \tag{4-161e}$$

式(4-161)表明,在 Reddy 高阶剪切壳体理论中,梁的横截面剪切应变沿厚度方向呈抛物分布规律,并且能够满足在壳体内外表面为零的假设,即 $\gamma_{\alpha z}|_{z=\pm h/2}=0$ 和 $\gamma_{\beta z}|_{z=\pm h/2}=0$。

针对某一种壳体,只要在式(4-146)~式(4-151)内代入相应壳体的 $\alpha,\beta,A,B,R_\alpha$ 和 R_β 值,根据给定的广义位移分布形函数和锯齿函数,就可以得到该壳体理论对应的壳体几何方程具体表达形式。图 4-26 中给出了圆柱壳、圆锥壳、球壳和旋转壳体的正交曲线坐标系。对于圆柱壳,在壳体中面上建立柱坐标系 (x,θ,z),其中 x 沿着壳体轴向,θ 沿着周向,z 垂直于壳体中面。对于圆锥壳,选取锥壳的母线和纬线方向作为正交坐标系的两个主方向,中面上一点用坐标 (s,θ) 来表示,法向以坐标 z 表示。对于球壳,同样取其母线和纬线方向为正交曲线坐标系的两个主方向,中面上一点以 (φ,θ) 来表示,坐标 z 沿着壳体中面法向。旋转壳体中面上一点的坐标用 φ 和 θ 来表示,φ 为中面在该点法向 z 与轴线的夹角,θ 为纬线平面内该点所在半径和指定起算半径间的夹角。

由图 4-26 中的壳体坐标系,根据正交曲线坐标系与笛卡儿坐标系之间的关系,得到圆柱壳、圆锥壳和球壳的坐标系、Lamé 系数和主曲率半径如下。

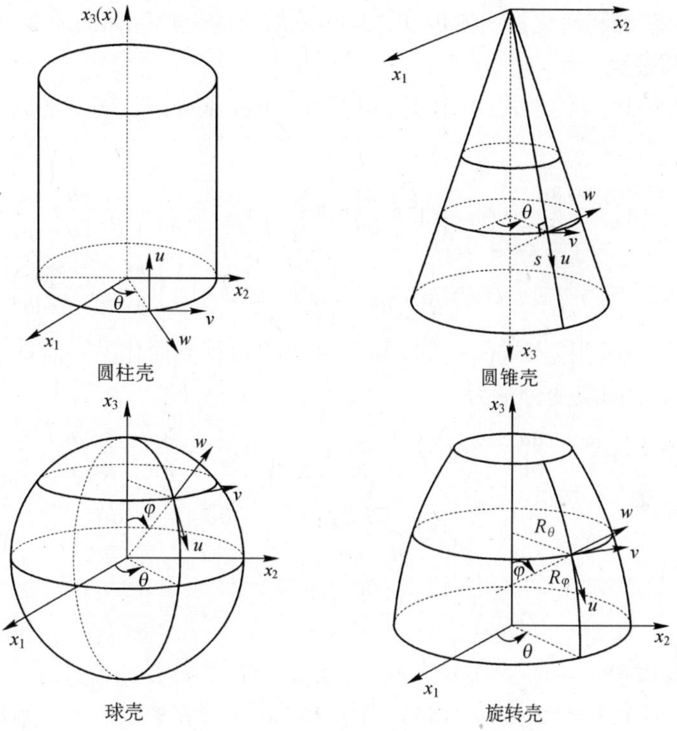

图 4-26　壳体坐标系

圆柱壳：

$$\alpha=x,\quad \beta=\theta,\quad R_\alpha=\infty,\quad R_\beta=R,\quad A=1,\quad B=R \tag{4-162}$$

式中：R 为圆柱壳中面半径。

圆锥壳：

$$\alpha=s,\quad \beta=\theta,\quad R_\alpha=\infty,\quad R_\beta=s\tan\alpha_0,\quad A=1,\quad B=s\sin\alpha_0 \tag{4-163}$$

式中：α_0 为锥壳母线与轴线之间的夹角，也称为半锥角。

球壳：

$$\alpha=\varphi,\quad \beta=\theta,\quad R_\alpha=R_\beta=R,\quad A=R,\quad B=R\sin\varphi \tag{4-164}$$

式中：R 为球壳中面半径。

旋转壳：

$$\alpha=\varphi,\quad \beta=\theta,\quad R_\alpha=R_\varphi(\varphi),\quad R_\beta=R_\theta(\varphi),\quad A=R_\varphi(\varphi),\quad B=R_\theta(\varphi)\sin\varphi \tag{4-165}$$

式中：$R_\varphi(\varphi)$ 为沿 φ 方向的主曲率半径，也即母线在经线平面内该点的曲率半径；R_θ 为沿 θ 方向的主曲率半径，即中面在该点法线与轴线交点到该点的距离。

将式(4-162)～式(4-165)代入式(4-146)和式(4-147)，可得到各种壳体理论对应的层合圆柱壳、圆锥壳、球壳和一般旋转壳的应变分量。下面给出 Reissner 薄壳理论和简化型一阶剪切壳体理论对应的上述壳体的应变表达式。

一、圆柱壳

将式(4-162)代入式(4-153),得到 Reissner 薄壳理论对应的圆柱壳中面应变分量为

$$\varepsilon_{xx}^{(0)}=\frac{\partial u}{\partial x},\quad \varepsilon_{\theta\theta}^{(0)}=\frac{1}{R}\left(\frac{\partial v}{\partial \theta}+w\right),\quad \gamma_{x\theta}^{(0)}=\frac{\partial v}{\partial x}+\frac{1}{R}\frac{\partial u}{\partial \theta},$$

$$\chi_x=-\frac{\partial^2 w}{\partial x^2},\quad \chi_\theta=\frac{1}{R^2}\left(\frac{\partial v}{\partial \theta}-\frac{\partial^2 w}{\partial \theta^2}\right),\quad \chi_{x\theta}=\frac{1}{R}\left(\frac{\partial v}{\partial x}-2\frac{\partial^2 w}{\partial x\partial \theta}\right)\tag{4-166}$$

将式(4-162)代入式(4-158)和式(4-160),得到简化型一阶剪切壳体理论对应圆柱壳中面应变分量为

$$\varepsilon_{xx}^{(0)}=\frac{\partial u}{\partial x},\quad \varepsilon_{\theta\theta}^{(0)}=\frac{1}{R}\frac{\partial v}{\partial \theta}+\frac{w}{R},\quad \gamma_{x\theta}^{(0)}=\frac{\partial v}{\partial x}+\frac{1}{R}\frac{\partial u}{\partial \theta},$$

$$\chi_x=\frac{\partial \vartheta_1}{\partial x},\quad \chi_\theta=\frac{1}{R}\frac{\partial \vartheta_2}{\partial \theta},\quad \chi_{x\theta}=\frac{\partial \vartheta_2}{\partial x}+\frac{1}{R}\frac{\partial \vartheta_1}{\partial \theta},$$

$$\gamma_{\theta z}=\vartheta_2-\frac{v}{R}+\frac{1}{R}\frac{\partial w}{\partial \theta},\quad \gamma_{xz}=\vartheta_1+\frac{\partial w}{\partial x}\tag{4-167}$$

二、圆锥壳

将式(4-163)代入式(4-153),得到 Reissner 薄壳理论对应的圆锥壳中面应变分量为

$$\varepsilon_{ss}^{(0)}=\frac{\partial u}{\partial s},\quad \varepsilon_{\theta\theta}^{(0)}=\frac{u}{s}+\frac{1}{sS_\alpha}\frac{\partial v}{\partial \theta}+\frac{w}{sT_\alpha},\quad \gamma_{s\theta}^{(0)}=\frac{1}{sS_\alpha}\frac{\partial u}{\partial \theta}+\frac{\partial v}{\partial s}-\frac{v}{s},$$

$$\chi_s=-\frac{\partial^2 w}{\partial s^2},\quad \chi_\theta=-\frac{1}{s}\frac{\partial w}{\partial s}+\frac{1}{s^2S_\alpha T_\alpha}\frac{\partial v}{\partial \theta}-\frac{1}{s^2S_\alpha^2}\frac{\partial^2 w}{\partial \theta^2},$$

$$\chi_{s\theta}=-\frac{2}{s^2T_\alpha}v+\frac{1}{sT_\alpha}\frac{\partial v}{\partial s}+\frac{2}{s^2S_\alpha}\frac{\partial w}{\partial \theta}-\frac{2}{sS_\alpha}\frac{\partial^2 w}{\partial s\partial \theta}\tag{4-168}$$

式中:$S_\alpha=\sin\alpha_0$;$T_\alpha=\tan\alpha_0$。

将式(4-163)代入式(4-158)和式(4-160),得到简化型一阶剪切壳体理论对应圆锥壳中面应变分量为

$$\varepsilon_{ss}^{(0)}=\frac{\partial u}{\partial s},\quad \varepsilon_{\theta\theta}^{(0)}=\frac{u}{s}+\frac{1}{sS_\alpha}\frac{\partial v}{\partial \theta}+\frac{w}{sT_\alpha},\quad \gamma_{s\theta}^{(0)}=\frac{1}{sS_\alpha}\frac{\partial u}{\partial \theta}-\frac{1}{s}v+\frac{\partial v}{\partial s},$$

$$\chi_s=\frac{\partial \vartheta_1}{\partial s},\quad \chi_\theta=\frac{1}{sS_\alpha}\frac{\partial \vartheta_2}{\partial \theta}+\frac{\vartheta_1}{s},\quad \chi_{s\theta}=\frac{1}{sS_\alpha}\frac{\partial \vartheta_1}{\partial \theta}-\frac{1}{s}\vartheta_2+\frac{\partial \vartheta_2}{\partial s},$$

$$\gamma_{\theta z}=\vartheta_2-\frac{v}{sT_\alpha}+\frac{1}{sS_\alpha}\frac{\partial w}{\partial \theta},\quad \gamma_{sz}=\vartheta_1+\frac{\partial w}{\partial s}\tag{4-169}$$

三、球壳

将式(4-164)代入式(4-153),得到 Reissner 薄壳理论对应的球壳中面应变

分量为

$$\varepsilon_{\varphi\varphi}^{(0)}=\frac{1}{R}\left(\frac{\partial u}{\partial\varphi}+w\right),\quad \varepsilon_{\theta\theta}^{(0)}=\frac{1}{R}\left(C_T u+\frac{1}{S_\varphi}\frac{\partial v}{\partial\theta}+w\right),\quad \gamma_{\varphi\theta}^{(0)}=\frac{1}{R}\left(\frac{1}{S_\varphi}\frac{\partial u}{\partial\theta}+\frac{\partial v}{\partial\varphi}-C_T v\right),$$

$$\chi_\varphi=\frac{1}{R^2}\left(\frac{\partial u}{\partial\varphi}-\frac{\partial^2 w}{\partial\varphi^2}\right),\quad \chi_\theta=\frac{1}{R^2}\left\{C_T u+\frac{1}{S_\varphi}\frac{\partial v}{\partial\theta}-C_T\frac{\partial w}{\partial\varphi}-\frac{1}{S_\varphi^2}\frac{\partial^2 w}{\partial\theta^2}\right\},$$

$$\chi_{\varphi\theta}=\frac{1}{R^2 S_\varphi}\left\{\frac{\partial u}{\partial\theta}-C_\varphi v+S_\varphi\frac{\partial v}{\partial\varphi}+2C_T\frac{\partial w}{\partial\theta}-2\frac{\partial^2 w}{\partial\varphi\partial\theta}\right\} \tag{4-170}$$

式中：$S_\varphi=\sin\varphi$；$C_\varphi=\cos\varphi$；$C_T=\cot\varphi$。

将式(4-164)代入式(4-158)和式(4-160)，得到简化型一阶剪切壳体理论对应球壳中面应变分量为

$$\varepsilon_{\varphi\varphi}^{(0)}=\frac{1}{R}\left(\frac{\partial u}{\partial\varphi}+w\right),\quad \varepsilon_{\theta\theta}^{(0)}=\frac{1}{R}\left(C_T u+\frac{1}{S_\varphi}\frac{\partial v}{\partial\theta}+w\right),\quad \gamma_{\varphi\theta}^{(0)}=\frac{1}{R}\left(\frac{1}{S_\varphi}\frac{\partial u}{\partial\theta}+\frac{\partial v}{\partial\varphi}-C_T v\right),$$

$$\chi_\varphi=\frac{1}{R}\frac{\partial\vartheta_1}{\partial\varphi},\quad \chi_\theta=\frac{1}{R}\left(C_T\vartheta_1+\frac{1}{S_\varphi}\frac{\partial\vartheta_2}{\partial\theta}\right),\quad \chi_{\varphi\theta}=\frac{1}{R}\left(\frac{1}{S_\varphi}\frac{\partial\vartheta_1}{\partial\theta}+\frac{\partial\vartheta_2}{\partial\varphi}-C_T\vartheta_2\right),$$

$$\gamma_{\theta z}=\vartheta_2-\frac{1}{R}v+\frac{1}{RS_\varphi}\frac{\partial w}{\partial\theta},\quad \gamma_{\varphi z}=\vartheta_1-\frac{u}{R}+\frac{1}{R}\frac{\partial w}{\partial\varphi} \tag{4-171}$$

四、旋转壳

将式(4-165)代入式(4-153)，得到 Reissner 薄壳理论对应的旋转壳中面应变分量为

$$\varepsilon_{\varphi\varphi}^{(0)}=\frac{1}{R_\varphi}\left(\frac{\partial u}{\partial\varphi}+w\right),\quad \varepsilon_{\theta\theta}^{(0)}=\frac{1}{R_o}\left(uC_\varphi+\frac{\partial v}{\partial\theta}+wS_\varphi\right),\quad \gamma_{\varphi\theta}^{(0)}=\frac{1}{R_o}\frac{\partial u}{\partial\theta}+\frac{R_o}{R_\varphi}\frac{\partial}{\partial\varphi}\left(\frac{v}{R_o}\right),$$

$$\chi_\varphi=\frac{1}{R_\varphi}\frac{\partial\theta_\varphi}{\partial\varphi},\quad \chi_\theta=\frac{1}{R_o}\left(\frac{\partial\theta_\theta}{\partial\theta}+\theta_\varphi C_\varphi\right),\quad \chi_{\varphi\theta}=\frac{1}{R_o}\frac{\partial\theta_\varphi}{\partial\theta}+\frac{R_o}{R_\varphi}\frac{\partial}{\partial\varphi}\left(\frac{\theta_\theta}{R_o}\right) \tag{4-172}$$

式中：$S_\varphi=\sin\varphi$；$C_\varphi=\cos\varphi$，$R_o=R_\theta\sin\varphi$。

$$\theta_\varphi=\frac{1}{R_\varphi}\left(u-\frac{\partial w}{\partial\varphi}\right),\theta_\theta=\frac{1}{R_\varphi}\left(vS_\varphi-\frac{\partial w}{\partial\theta}\right) \tag{4-173}$$

在推导式(4-172)时，采用了式(4-145)。

将式(4-164)代入式(4-158)和式(4-160)，得到简化型一阶剪切壳体理论对应的旋转壳中面应变分量为

$$\varepsilon_{\varphi\varphi}^{(0)}=\frac{1}{R_\varphi}\left(\frac{\partial u}{\partial\varphi}+w\right),\quad \varepsilon_{\theta\theta}^{(0)}=\frac{1}{R_o}\left(uC_\varphi+\frac{\partial v}{\partial\theta}+wS_\varphi\right),\quad \gamma_{\varphi\theta}^{(0)}=\frac{1}{R_o}\frac{\partial u}{\partial\theta}+\frac{R_o}{R_\varphi}\frac{\partial}{\partial\varphi}\left(\frac{v}{R_o}\right)$$

$$\chi_\varphi=\frac{1}{R_\varphi}\frac{\partial\vartheta_1}{\partial\varphi},\quad \chi_\theta=\frac{1}{R_o}\left(\frac{\partial\vartheta_2}{\partial\theta}+\vartheta_1 C_\varphi\right),\quad \chi_{\varphi\theta}=\frac{1}{R_o}\frac{\partial\vartheta_1}{\partial\theta}+\frac{R_o}{R_\varphi}\frac{\partial}{\partial\varphi}\left(\frac{\vartheta_2}{R_o}\right)$$

$$\gamma_{\varphi z}=\vartheta_1+\frac{1}{R_\varphi}\frac{\partial w}{\partial\varphi},\quad \gamma_{\theta z}=\vartheta_2+\frac{1}{R_o}\frac{\partial w}{\partial\theta} \tag{4-174}$$

复合材料的材料主轴和壳体中曲面曲率线方向可能不一致。在实际计算

中,需要根据应力和应变转轴公式,将材料主轴方向的刚度系数转换至壳体的曲线坐标系下。假设第 k 层的材料主轴方向 1 与壳体坐标 α 之间的夹角为 $\theta^{(k)}$(逆时针为正),如图 4-27 所示。

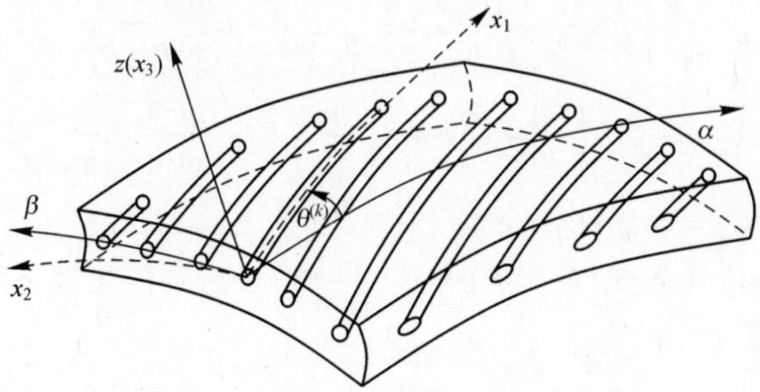

图 4-27 材料主方向与壳体坐标轴夹角

第 k 层壳体的应力 - 应变关系可以表示为

$$\begin{bmatrix} \sigma_{\alpha\alpha} \\ \sigma_{\beta\beta} \\ \sigma_{\alpha\beta} \end{bmatrix}^{(k)} = \begin{bmatrix} \overline{Q}_{11}^{(k)} & \overline{Q}_{12}^{(k)} & \overline{Q}_{16}^{(k)} \\ \overline{Q}_{12}^{(k)} & \overline{Q}_{22}^{(k)} & \overline{Q}_{26}^{(k)} \\ \overline{Q}_{16}^{(k)} & \overline{Q}_{26}^{(k)} & \overline{Q}_{66}^{(k)} \end{bmatrix} \begin{bmatrix} \varepsilon_{\alpha\alpha} \\ \varepsilon_{\beta\beta} \\ \gamma_{\alpha\beta} \end{bmatrix}^{(k)}, \quad \begin{bmatrix} \sigma_{\beta z} \\ \sigma_{\alpha z} \end{bmatrix}^{(k)} = k_s \begin{bmatrix} \overline{Q}_{44}^{(k)} & \overline{Q}_{45}^{(k)} \\ \overline{Q}_{45}^{(k)} & \overline{Q}_{55}^{(k)} \end{bmatrix} \begin{bmatrix} \gamma_{\beta z} \\ \gamma_{\alpha z} \end{bmatrix}^{(k)} \tag{4-175}$$

式中:$\overline{Q}_{ij}^{(k)}$ $(i,j=1,2,4,5,6)$为第 k 层复合材料偏轴方向刚度系数,它们与复合材料主轴刚度系数之间的关系见式(4-17);k_s 为剪切修正因子。k_s 的取值:对于薄壳理论,$k_s=0$;对于一阶剪切壳体理论,$k_s=5/6$;对于其他剪切变形壳体理论,取 $k_s=1$。

对于一般铺层的复合材料壳体,除了圆柱壳外,由于制造等原因,一般很难使复合材料的弹性性质沿壳体表面完全均匀不变。因此,壳体的刚度系数 $\overline{Q}_{ij}^{(k)}$ 是关于坐标 α 和 β 的函数。为了简化计算,书中假设层合壳体内单层材料的弹性性质在空间上保持不变。

已知壳体的位移场、应力和应变分量,下面根据式(3-22)推导广义高阶剪切 Zig - zag 理论对应的层合壳体运动微分方程和边界条件。层合壳体的动能为

$$T = \frac{1}{2}\sum_{k=1}^{N_l}\int_{z_k}^{z_{k+1}}\int_{\beta_1}^{\beta_2}\int_{\alpha_1}^{\alpha_2}\rho^{(k)}\left\{\begin{aligned}&\left[\left(1+\frac{z}{R_\alpha}\right)\dot{u}+f(z)\frac{1}{A}\frac{\partial\dot{w}}{\partial\alpha}+g\dot{\vartheta}_1+\varphi\dot{\eta}_1\right]^2\\&+\left[\left(1+\frac{z}{R_\beta}\right)\dot{v}+f(z)\frac{1}{B}\frac{\partial\dot{w}}{\partial\beta}+g\dot{\vartheta}_2+\varphi\dot{\eta}_2\right]^2+\dot{w}^2\end{aligned}\right\}AB\mathrm{d}\alpha\mathrm{d}\beta\mathrm{d}z \tag{4-176}$$

式中:$\rho^{(k)}$为第 k 层复合材料的质量密度。

层合壳的应变能为

$$U=\frac{1}{2}\sum_{k=1}^{N_l}\int_{z_k}^{z_{k+1}}\int_{\beta_1}^{\beta_2}\int_{\alpha_1}^{\alpha_2}(\sigma_{\alpha\alpha}\varepsilon_{\alpha\alpha}+\sigma_{\beta\beta}\varepsilon_{\beta\beta}+\sigma_{\alpha\beta}\gamma_{\alpha\beta}+\sigma_{\alpha z}\gamma_{\alpha z}+\sigma_{\beta z}\gamma_{\beta z})AB\mathrm{d}\alpha\mathrm{d}\beta\mathrm{d}z \tag{4-177}$$

将式(4-146)和式(4-175)代入式(4-177),得

$$U=\frac{1}{2}\int_{\beta_1}^{\beta_2}\int_{\alpha_1}^{\alpha_2}\begin{pmatrix}\overline{\boldsymbol{N}}\boldsymbol{\varepsilon}_0^{\mathrm{T}}+\overline{\boldsymbol{M}}\boldsymbol{\varepsilon}_1^{\mathrm{T}}+\overline{\boldsymbol{P}}\boldsymbol{\varepsilon}_2^{\mathrm{T}}+\overline{\boldsymbol{T}}\boldsymbol{\varepsilon}_3^{\mathrm{T}}+\overline{\boldsymbol{K}}\boldsymbol{\varepsilon}_4^{\mathrm{T}}\\+\overline{\boldsymbol{Q}}_0\boldsymbol{\chi}_0^{\mathrm{T}}+\overline{\boldsymbol{Q}}_1\boldsymbol{\chi}_1^{\mathrm{T}}+\overline{\boldsymbol{Q}}_2\boldsymbol{\chi}_2^{\mathrm{T}}+\overline{\boldsymbol{Q}}_3\boldsymbol{\chi}_3^{\mathrm{T}}+\overline{\boldsymbol{Q}}_4\boldsymbol{\chi}_4^{\mathrm{T}}+\overline{\boldsymbol{Q}}_5\boldsymbol{\chi}_5^{\mathrm{T}}\end{pmatrix}AB\mathrm{d}\alpha\mathrm{d}\beta \tag{4-178}$$

式中:$\boldsymbol{\varepsilon}_i(i=0,1,2,\cdots,4)$和$\boldsymbol{\chi}_j(i=0,1,2,\cdots,5)$为层合壳体的广义应变向量,定义为$\boldsymbol{\varepsilon}_0=[\varepsilon_\alpha^{(0)},\varepsilon_\beta^{(0)},\gamma_{\alpha\beta}^{(0)}]^{\mathrm{T}}$,$\boldsymbol{\varepsilon}_1=[\varepsilon_\alpha^{(1)},\varepsilon_\beta^{(1)},\gamma_{\alpha\beta}^{(1)}]^{\mathrm{T}}$,$\boldsymbol{\varepsilon}_2=[\varepsilon_\alpha^{(2)},\varepsilon_\beta^{(2)},\gamma_{\alpha\beta}^{(2)}]^{\mathrm{T}}$,$\boldsymbol{\varepsilon}_3=[\varepsilon_\alpha^{(3)},\varepsilon_\beta^{(3)},\gamma_{\alpha\beta}^{(3)}]^{\mathrm{T}}$,$\boldsymbol{\varepsilon}_4=[\varepsilon_\alpha^{(4)},\varepsilon_\beta^{(4)},\gamma_{\alpha\beta}^{(4)}]^{\mathrm{T}}$,$\boldsymbol{\chi}_0=[\gamma_{\alpha z}^{(0)},\gamma_{\beta z}^{(0)}]^{\mathrm{T}}$,$\boldsymbol{\chi}_1=[\gamma_{\alpha z}^{(1)},\gamma_{\beta z}^{(1)}]^{\mathrm{T}}$,$\boldsymbol{\chi}_2=[\gamma_{\alpha z}^{(2)},\gamma_{\beta z}^{(2)}]^{\mathrm{T}}$,$\boldsymbol{\chi}_3=[\gamma_{\alpha z}^{(3)},\gamma_{\beta z}^{(3)}]^{\mathrm{T}}$,$\boldsymbol{\chi}_4=[\gamma_{\alpha z}^{(4)},\gamma_{\beta z}^{(4)}]^{\mathrm{T}}$,$\boldsymbol{\chi}_5=[\gamma_{\alpha z}^{(5)},\gamma_{\beta z}^{(5)}]^{\mathrm{T}}$;$\overline{\boldsymbol{N}},\overline{\boldsymbol{M}},\overline{\boldsymbol{P}},\overline{\boldsymbol{T}},\overline{\boldsymbol{K}}$和$\overline{\boldsymbol{Q}}_j(j=0,1,2,\cdots,5)$为广义内力向量,定义为$\overline{\boldsymbol{N}}=[N_\alpha,N_\beta,N_{\alpha\beta}]^{\mathrm{T}}$,$\overline{\boldsymbol{M}}=[M_\alpha,M_\beta,M_{\alpha\beta}]^{\mathrm{T}}$,$\overline{\boldsymbol{P}}=[P_\alpha,P_\beta,P_{\alpha\beta}]^{\mathrm{T}}$,$\overline{\boldsymbol{T}}=[T_\alpha,T_\beta,T_{\alpha\beta}]^{\mathrm{T}}$,$\overline{\boldsymbol{K}}=[K_\alpha,K_\beta,K_{\alpha\beta}]^{\mathrm{T}}$,$\overline{\boldsymbol{Q}}_0=[Q_{\alpha z}^{(0)},Q_{\beta z}^{(0)}]^{\mathrm{T}}$,$\overline{\boldsymbol{Q}}_1=[Q_{\alpha z}^{(1)},Q_{\beta z}^{(1)}]^{\mathrm{T}}$,$\overline{\boldsymbol{Q}}_2=[Q_{\alpha z}^{(2)},Q_{\beta z}^{(2)}]^{\mathrm{T}}$,$\overline{\boldsymbol{Q}}_3=[Q_{\alpha z}^{(3)},Q_{\beta z}^{(3)}]^{\mathrm{T}}$,$\overline{\boldsymbol{Q}}_4=[Q_{\alpha z}^{(4)},Q_{\beta z}^{(4)}]^{\mathrm{T}}$,$\overline{\boldsymbol{Q}}_5=[Q_{\alpha z}^{(5)},Q_{\beta z}^{(5)}]^{\mathrm{T}}$。

$$[N_\alpha,M_\alpha,P_\alpha,K_\alpha,T_\alpha]=\sum_{k=1}^{N_l}\int_{z_k}^{z_{k+1}}[1,z,f,\varphi,g]\sigma_{\alpha\alpha}\mathrm{d}z \tag{4-179a}$$

$$[N_\beta,M_\beta,P_\beta,K_\beta,T_\beta]=\sum_{k=1}^{N_l}\int_{z_k}^{z_{k+1}}[1,z,f,\varphi,g]\sigma_{\beta\beta}\mathrm{d}z \tag{4-179b}$$

$$[N_{\alpha\beta},M_{\alpha\beta},P_{\alpha\beta},K_{\alpha\beta},T_{\alpha\beta}]=\sum_{k=1}^{N_l}\int_{z_k}^{z_{k+1}}[1,z,f,\varphi,g]\sigma_{\alpha\beta}\mathrm{d}z \tag{4-179c}$$

$$[Q_{\alpha z}^{(0)},Q_{\alpha z}^{(1)},Q_{\alpha z}^{(2)},Q_{\alpha z}^{(3)},Q_{\alpha z}^{(4)},Q_{\alpha z}^{(5)}]=\sum_{k=1}^{N_l}\int_{z_k}^{z_{k+1}}[f,g,\varphi,\bar{f},\bar{g},\bar{\varphi}]\sigma_{\alpha z}\mathrm{d}z \tag{4-179d}$$

$$[Q_{\beta z}^{(0)},Q_{\beta z}^{(1)},Q_{\beta z}^{(2)},Q_{\beta z}^{(3)},Q_{\beta z}^{(4)},Q_{\beta z}^{(5)}]=\sum_{k=1}^{N_l}\int_{z_k}^{z_{k+1}}[f,g,\varphi,\bar{f},\bar{g},\bar{\varphi}]\sigma_{\beta z}\mathrm{d}z \tag{4-179e}$$

将式(4-146)代入式(4-175),再将式(4-175)代入式(4-179),壳体广义内力与广义应变分量之间的关系为

$$\begin{bmatrix}\overline{N}\\\overline{M}\\\overline{P}\\\overline{T}\\\overline{K}\end{bmatrix}=\begin{bmatrix}\boldsymbol{A}&\boldsymbol{B}&\boldsymbol{C}&\boldsymbol{D}&\boldsymbol{E}\\\boldsymbol{B}&\boldsymbol{F}&\boldsymbol{G}&\boldsymbol{H}&\boldsymbol{I}\\\boldsymbol{C}&\boldsymbol{G}&\boldsymbol{J}&\boldsymbol{K}&\boldsymbol{L}\\\boldsymbol{D}&\boldsymbol{H}&\boldsymbol{K}&\boldsymbol{M}&\boldsymbol{N}\\\boldsymbol{E}&\boldsymbol{I}&\boldsymbol{L}&\boldsymbol{N}&\boldsymbol{O}\end{bmatrix}\begin{bmatrix}\boldsymbol{\varepsilon}_0\\\boldsymbol{\varepsilon}_1\\\boldsymbol{\varepsilon}_2\\\boldsymbol{\varepsilon}_3\\\boldsymbol{\varepsilon}_4\end{bmatrix},\quad\begin{bmatrix}\overline{Q}_0\\\overline{Q}_1\\\overline{Q}_2\\\overline{Q}_3\\\overline{Q}_4\\\overline{Q}_5\end{bmatrix}=\begin{bmatrix}\overline{A}&\overline{B}&\overline{C}&\overline{D}&\overline{E}&\overline{F}\\\overline{B}&\overline{G}&\overline{H}&\overline{I}&\overline{J}&\overline{K}\\\overline{C}&\overline{H}&\overline{L}&\overline{M}&\overline{N}&\overline{O}\\\overline{D}&\overline{I}&\overline{M}&\overline{P}&\overline{R}&\overline{S}\\\overline{E}&\overline{J}&\overline{N}&\overline{R}&\overline{T}&\overline{X}\\\overline{F}&\overline{K}&\overline{O}&\overline{S}&\overline{X}&\overline{Y}\end{bmatrix}\begin{bmatrix}\boldsymbol{\chi}_0\\\boldsymbol{\chi}_1\\\boldsymbol{\chi}_2\\\boldsymbol{\chi}_3\\\boldsymbol{\chi}_4\\\boldsymbol{\chi}_5\end{bmatrix}\tag{4-180}$$

式中:$\boldsymbol{A}$、$\boldsymbol{B}$、$\boldsymbol{O}$、$\overline{\boldsymbol{A}}$、$\overline{\boldsymbol{B}}$和$\overline{\boldsymbol{Y}}$等为壳体的广义刚度系数矩阵。

$$\boldsymbol{A}=\begin{bmatrix}A_{11}&A_{12}&A_{16}\\A_{12}&A_{22}&A_{26}\\A_{16}&A_{26}&A_{66}\end{bmatrix},\quad\boldsymbol{B}=\begin{bmatrix}B_{11}&B_{12}&B_{16}\\B_{12}&B_{22}&B_{26}\\B_{16}&B_{26}&B_{66}\end{bmatrix},\quad\boldsymbol{C}=\begin{bmatrix}C_{11}&C_{12}&C_{16}\\C_{12}&C_{22}&C_{26}\\C_{16}&C_{26}&C_{66}\end{bmatrix},$$
$$\boldsymbol{D}=\begin{bmatrix}D_{11}&D_{12}&D_{16}\\D_{12}&D_{22}&D_{26}\\D_{16}&D_{26}&D_{66}\end{bmatrix},\quad\boldsymbol{E}=\begin{bmatrix}E_{11}&E_{12}&E_{16}\\E_{12}&E_{22}&E_{26}\\E_{16}&E_{26}&E_{66}\end{bmatrix},\quad\boldsymbol{F}=\begin{bmatrix}F_{11}&F_{12}&F_{16}\\F_{12}&F_{22}&F_{26}\\F_{16}&F_{26}&F_{66}\end{bmatrix},$$
$$\boldsymbol{G}=\begin{bmatrix}G_{11}&G_{12}&G_{16}\\G_{12}&G_{22}&G_{26}\\G_{16}&G_{26}&G_{66}\end{bmatrix},\quad\boldsymbol{H}=\begin{bmatrix}H_{11}&H_{12}&H_{16}\\H_{12}&H_{22}&H_{26}\\H_{16}&H_{26}&H_{66}\end{bmatrix},\quad\boldsymbol{I}=\begin{bmatrix}I_{11}&I_{12}&I_{16}\\I_{12}&I_{22}&I_{26}\\I_{16}&I_{26}&I_{66}\end{bmatrix},$$
$$\boldsymbol{J}=\begin{bmatrix}J_{11}&J_{12}&J_{16}\\J_{12}&J_{22}&J_{26}\\J_{16}&J_{26}&J_{66}\end{bmatrix},\quad\boldsymbol{K}=\begin{bmatrix}K_{11}&K_{12}&K_{16}\\K_{12}&K_{22}&K_{26}\\K_{16}&K_{26}&K_{66}\end{bmatrix},\quad\boldsymbol{L}=\begin{bmatrix}L_{11}&L_{12}&L_{16}\\L_{12}&L_{22}&L_{26}\\L_{16}&L_{26}&L_{66}\end{bmatrix},$$
$$\boldsymbol{M}=\begin{bmatrix}M_{11}&M_{12}&M_{16}\\M_{12}&M_{22}&M_{26}\\M_{16}&M_{26}&M_{66}\end{bmatrix},\quad\boldsymbol{N}=\begin{bmatrix}N_{11}&N_{12}&N_{16}\\N_{12}&N_{22}&N_{26}\\N_{16}&N_{26}&N_{66}\end{bmatrix},\quad\boldsymbol{O}=\begin{bmatrix}O_{11}&O_{12}&O_{16}\\O_{12}&O_{22}&O_{26}\\O_{16}&O_{26}&O_{66}\end{bmatrix}\tag{4-181}$$

$$\overline{\boldsymbol{A}}=\begin{bmatrix}\overline{A}_{44}&\overline{A}_{45}\\\overline{A}_{45}&\overline{A}_{55}\end{bmatrix},\quad\overline{\boldsymbol{B}}=\begin{bmatrix}\overline{B}_{44}&\overline{B}_{45}\\\overline{B}_{45}&\overline{B}_{55}\end{bmatrix},\quad\overline{\boldsymbol{C}}=\begin{bmatrix}\overline{C}_{44}&\overline{C}_{45}\\\overline{C}_{45}&\overline{C}_{55}\end{bmatrix},\quad\overline{\boldsymbol{D}}=\begin{bmatrix}\overline{D}_{44}&\overline{D}_{45}\\\overline{D}_{45}&\overline{D}_{55}\end{bmatrix},$$
$$\overline{\boldsymbol{E}}=\begin{bmatrix}\overline{E}_{44}&\overline{E}_{45}\\\overline{E}_{45}&\overline{E}_{55}\end{bmatrix},\quad\overline{\boldsymbol{F}}=\begin{bmatrix}\overline{F}_{44}&\overline{F}_{45}\\\overline{F}_{45}&\overline{F}_{55}\end{bmatrix},\quad\overline{\boldsymbol{G}}=\begin{bmatrix}\overline{\boldsymbol{G}}_{44}&\overline{\boldsymbol{G}}_{45}\\\overline{\boldsymbol{G}}_{45}&\overline{\boldsymbol{G}}_{55}\end{bmatrix},\quad\overline{\boldsymbol{H}}=\begin{bmatrix}\overline{H}_{44}&\overline{H}_{45}\\\overline{H}_{45}&\overline{H}_{55}\end{bmatrix},$$

$$\bar{\boldsymbol{I}}=\begin{bmatrix}\bar{I}_{44} & \bar{I}_{45}\\ \bar{I}_{45} & \bar{I}_{55}\end{bmatrix},\ \bar{\boldsymbol{J}}=\begin{bmatrix}\bar{J}_{44} & \bar{J}_{45}\\ \bar{J}_{45} & \bar{J}_{55}\end{bmatrix},\ \bar{\boldsymbol{K}}=\begin{bmatrix}\bar{K}_{44} & \bar{K}_{45}\\ \bar{K}_{45} & \bar{K}_{55}\end{bmatrix},\ \bar{\boldsymbol{L}}=\begin{bmatrix}\bar{L}_{44} & \bar{L}_{45}\\ \bar{L}_{45} & \bar{L}_{55}\end{bmatrix}\ \bar{\boldsymbol{M}}=\begin{bmatrix}\bar{M}_{44} & \bar{M}_{45}\\ \bar{M}_{45} & \bar{M}_{55}\end{bmatrix},$$

$$\bar{\boldsymbol{N}}=\begin{bmatrix}\bar{N}_{44} & \bar{N}_{45}\\ \bar{N}_{45} & \bar{N}_{55}\end{bmatrix},\quad \bar{\boldsymbol{O}}=\begin{bmatrix}\bar{O}_{44} & \bar{O}_{45}\\ \bar{O}_{45} & \bar{O}_{55}\end{bmatrix},\quad \bar{\boldsymbol{P}}=\begin{bmatrix}\bar{P}_{44} & \bar{P}_{45}\\ \bar{P}_{45} & \bar{P}_{55}\end{bmatrix},\quad \bar{\boldsymbol{R}}=\begin{bmatrix}\bar{R}_{44} & \bar{R}_{45}\\ \bar{R}_{45} & \bar{R}_{55}\end{bmatrix},$$

$$\bar{\boldsymbol{S}}=\begin{bmatrix}\bar{S}_{44} & \bar{S}_{45}\\ \bar{S}_{45} & \bar{S}_{55}\end{bmatrix},\quad \bar{\boldsymbol{T}}=\begin{bmatrix}\bar{T}_{44} & \bar{T}_{45}\\ \bar{T}_{45} & \bar{T}_{55}\end{bmatrix},\quad \bar{\boldsymbol{X}}=\begin{bmatrix}\bar{X}_{44} & \bar{X}_{45}\\ \bar{X}_{45} & \bar{X}_{55}\end{bmatrix},\quad \bar{\boldsymbol{Y}}=\begin{bmatrix}\bar{Y}_{44} & \bar{Y}_{45}\\ \bar{Y}_{45} & \bar{Y}_{55}\end{bmatrix}$$

(4-182)

式中：$A_{ij},B_{ij},D_{ij},E_{ij},F_{ij},G_{ij},H_{ij},I_{ij},J_{ij},\bar{R}_{ij}$ 等为层合壳体的广义刚度系数，定义为

$$\begin{pmatrix}A_{ij},B_{ij},C_{ij},D_{ij},E_{ij},\\ F_{ij},G_{ij},H_{ij},I_{ij},J_{ij},K_{ij},\\ L_{ij},M_{ij},N_{ij},O_{ij}\end{pmatrix}=\sum_{k=1}^{N_l}\int_{z_k}^{z_{k+1}}\begin{pmatrix}1,z,f,g,\varphi,\\ z^2,zf,zg,z\varphi,f^2,fg,\\ f\varphi,g^2,g\varphi,\varphi^2\end{pmatrix}\bar{Q}_{ij}^{(k)}\mathrm{d}z,\quad (i,j=1,2,6)$$

(4-183a)

$$\begin{pmatrix}\bar{A}_{ij},\bar{B}_{ij},\bar{C}_{ij},\bar{D}_{ij},\bar{E}_{ij},\bar{F}_{ij},\bar{G}_{ij},\\ \bar{H}_{ij},\bar{I}_{ij},\bar{J}_{ij},\bar{K}_{ij},\bar{L}_{ij},\bar{M}_{ij},\bar{N}_{ij},\\ \bar{O}_{ij},\bar{P}_{ij},\bar{R}_{ij},\bar{S}_{ij},\bar{T}_{ij},\bar{X}_{ij},\bar{Y}_{ij}\end{pmatrix}=k_s\sum_{k=1}^{N_l}\int_{z_k}^{z_{k+1}}\begin{pmatrix}f^2,fg,f\varphi,f\bar{f},f\bar{g},f\bar{\varphi},g^2,\\ g\varphi,g\bar{f},g\bar{g},g\bar{\varphi},\varphi^2,\varphi\bar{f},\varphi\bar{g},\\ \varphi\bar{\varphi},\bar{f}^2,\bar{f}\,\bar{g},\bar{f}\,\bar{\varphi},\bar{g}^2,\bar{g}\,\bar{\varphi},\bar{\varphi}^2\end{pmatrix}\bar{Q}_{ij}^{(k)}\mathrm{d}z,i,j=4,5$$

(4-183b)

假设没有体力作用于复合材料层合壳，壳体的中面上作用有分布式面内和面外载荷，则外力所做的功 W 为

$$W=\int_{\beta_1}^{\beta_2}\int_{\alpha_1}^{\alpha_1}(f_u u+f_v v+f_w w)AB\mathrm{d}\alpha\mathrm{d}\beta \tag{4-184}$$

式中：f_u 和 f_v 分别为沿着 α 和 β 方向的面内载荷分量；f_w 为沿 z 方向的作用力。

将式(4-176)～式(4-178)和式(4-184)代入式(3-22)，由 Hamilton 变分原理得到层合壳广义高阶剪切 Zig - zag 理论对应的壳体运动微分方程为

$$\begin{aligned}\delta u:&\frac{1}{AB}\frac{\partial(BN_\alpha)}{\partial\alpha}+\frac{k_\alpha}{AB}\frac{\partial(BM_\alpha)}{\partial\alpha}-(N_\beta+k_\alpha M_\beta)\frac{1}{AB}\frac{\partial B}{\partial\alpha}\\&+\frac{1}{AB}\left[\frac{\partial(AN_{\alpha\beta})}{\partial\beta}+\frac{\partial A}{\partial\beta}N_{\alpha\beta}\right]+\frac{k_\alpha}{AB}\left[\frac{\partial A}{\partial\beta}M_{\alpha\beta}+\frac{\partial(AM_{\alpha\beta})}{\partial\beta}\right]+f_u\\&=(\rho_0+2k_\alpha\rho_1+k_\alpha^2\rho_2)\ddot{u}+(\rho_3+k_\alpha\rho_4)\frac{1}{A}\frac{\partial\ddot{w}}{\partial\alpha}+(\rho_5+k_\alpha\rho_6)\ddot{\vartheta}_1+(\rho_7+k_\alpha\rho_8)\ddot{\eta}_1\end{aligned}$$

(4-185a)

$$\delta v:\frac{1}{AB}\frac{\partial(AN_\beta)}{\partial\beta}+\frac{k_\beta}{AB}\frac{\partial(AM_\beta)}{\partial\beta}-(N_\alpha+k_\beta M_\alpha)\frac{1}{AB}\frac{\partial A}{\partial\beta}$$

$$+\frac{1}{AB}\left[\frac{\partial(BN_{\alpha\beta})}{\partial\alpha}+\frac{\partial B}{\partial\alpha}N_{\alpha\beta}\right]+\frac{k_\beta}{AB}\left[M_{\alpha\beta}\frac{\partial B}{\partial\alpha}+\frac{\partial(BM_{\alpha\beta})}{\partial\alpha}\right]+f_v$$

$$=(\rho_0+2k_\beta\rho_1+k_\beta^2\rho_2)\ddot{v}+(\rho_3+k_\beta\rho_4)\frac{1}{B}\frac{\partial\ddot{w}}{\partial\beta}+(\rho_5+k_\beta\rho_6)\ddot{\vartheta}_2+(\rho_7+k_\beta\rho_8)\ddot{\eta}_2 \tag{4-185b}$$

$$\delta w:\frac{1}{AB}\frac{\partial}{\partial\alpha}\left[BQ_{\alpha z}^{(3)}-k_\alpha BQ_{\alpha z}^{(0)}+\frac{P_\beta}{A}\frac{\partial B}{\partial\alpha}-\frac{1}{A}\frac{\partial(BP_\alpha)}{\partial\alpha}-\frac{1}{A}\frac{\partial(AP_{\alpha\beta})}{\partial\beta}-\frac{P_{\alpha\beta}}{A}\frac{\partial A}{\partial\beta}\right]-k_\alpha N_\alpha$$

$$+\frac{1}{AB}\frac{\partial}{\partial\beta}\left\{AQ_{\beta z}^{(3)}-Ak_\beta Q_{\beta z}^{(0)}+\frac{P_\alpha}{B}\frac{\partial A}{\partial\beta}-\frac{1}{B}\frac{\partial(AP_\beta)}{\partial\beta}-\frac{1}{B}\frac{\partial(BP_{\alpha\beta})}{\partial\alpha}-\frac{P_{\alpha\beta}}{B}\frac{\partial B}{\partial\alpha}\right\}-k_\beta N_\beta+f_w$$

$$=\rho_0\ddot{w}-\frac{1}{AB}\frac{\partial}{\partial\alpha}\left[(\rho_3+k_\alpha\rho_4)B\ddot{u}+\rho_9\frac{B}{A}\frac{\partial\ddot{w}}{\partial\alpha}+\rho_{10}B\ddot{\vartheta}_1+\rho_{11}B\ddot{\eta}_1\right]$$

$$-\frac{1}{AB}\frac{\partial}{\partial\beta}\left[(\rho_3+k_\beta\rho_4)A\ddot{v}+\rho_9\frac{A}{B}\frac{\partial\ddot{w}}{\partial\beta}+\rho_{10}A\ddot{\vartheta}_2+\rho_{11}A\ddot{\eta}_2\right] \tag{4-185c}$$

$$\delta\vartheta_1:\frac{1}{AB}\frac{\partial(BT_\alpha)}{\partial\alpha}-\frac{T_\beta}{AB}\frac{\partial B}{\partial\alpha}+\frac{1}{AB}\frac{\partial(AT_{\alpha\beta})}{\partial\beta}+\frac{T_{\alpha\beta}}{AB}\frac{\partial A}{\partial\beta}+k_\alpha Q_{\alpha z}^{(1)}-Q_{\alpha z}^{(4)}$$

$$=(\rho_5+k_\alpha\rho_6)\ddot{u}+\rho_{10}\frac{1}{A}\frac{\partial\ddot{w}}{\partial\alpha}+\rho_{12}\ddot{\vartheta}_1+\rho_{13}\ddot{\eta}_1 \tag{4-185d}$$

$$\delta\eta_1:\frac{1}{AB}\frac{\partial(BK_\alpha)}{\partial\alpha}-\frac{K_\beta}{AB}\frac{\partial B}{\partial\alpha}+\frac{1}{AB}\frac{\partial(AK_{\alpha\beta})}{\partial\beta}+\frac{K_{\alpha\beta}}{AB}\frac{\partial A}{\partial\beta}+k_\alpha Q_{\alpha z}^{(2)}-Q_{\alpha z}^{(5)}$$

$$=(\rho_7+k_\alpha\rho_8)\ddot{u}+\rho_{11}\frac{1}{A}\frac{\partial\ddot{w}}{\partial\alpha}+\rho_{13}\ddot{\vartheta}_1+\rho_{14}\ddot{\eta}_1 \tag{4-185e}$$

$$\delta\vartheta_2:\frac{1}{AB}\frac{\partial(AT_\beta)}{\partial\beta}-\frac{T_\alpha}{AB}\frac{\partial A}{\partial\beta}+\frac{1}{AB}\frac{\partial(BT_{\alpha\beta})}{\partial\alpha}+\frac{T_{\alpha\beta}}{AB}\frac{\partial B}{\partial\alpha}+k_\beta Q_{\beta z}^{(1)}-Q_{\beta z}^{(4)}$$

$$=(\rho_5+k_\beta\rho_6)\ddot{v}+\rho_{10}\frac{1}{B}\frac{\partial\ddot{w}}{\partial\beta}+\rho_{12}\ddot{\vartheta}_2+\rho_{13}\ddot{\eta}_2 \tag{4-185f}$$

$$\delta\eta_2:\frac{1}{AB}\frac{\partial(AK_\beta)}{\partial\beta}-\frac{K_\alpha}{AB}\frac{\partial A}{\partial\beta}+\frac{1}{AB}\frac{\partial(BK_{\alpha\beta})}{\partial\alpha}+\frac{K_{\alpha\beta}}{AB}\frac{\partial B}{\partial\alpha}+k_\beta Q_{\beta z}^{(2)}-Q_{\beta z}^{(5)}$$

$$=(\rho_7+k_\beta\rho_8)\ddot{v}+\rho_{11}\frac{1}{B}\frac{\partial\ddot{w}}{\partial\beta}+\rho_{13}\ddot{\vartheta}_2+\rho_{14}\ddot{\eta}_2 \tag{4-185g}$$

式中:$\rho_i(i=0,1,2,\cdots,14)$为广义惯量。

$$\begin{pmatrix}\rho_0,\rho_1,\rho_2,\rho_3,\rho_4,\rho_5,\rho_6,\rho_7,\\ \rho_8,\rho_9,\rho_{10},\rho_{11},\rho_{12},\rho_{13},\rho_{14}\end{pmatrix}=\sum_{k=1}^{N_l}\int_{z_k}^{z_{k+1}}\rho^{(k)}\begin{pmatrix}1,z,z^2,f,fz,g,gz,\varphi,\\ \varphi z,f^2,fg,f\varphi,g^2,g\varphi,\varphi^2\end{pmatrix}\mathrm{d}z \tag{4-186}$$

由 Hamilton 变分原理还能得到层合壳体的边界条件。若壳体在 α 或 β 方向是闭合的,考虑到壳体内任意一点的位移和内力都是单值的,因此壳体的位移和内力都是必须是坐标 α 或 β 的周期函数,而且函数的周期性应当恰能使得位移和内力具有上述单值特性。这样，在闭合壳体中，边界条件就由周期性条件代替了。对于开口壳体，在 $\alpha=\alpha_1,\alpha_2$ 处，层合壳体的边界条件为

$$\widetilde{N}_{\alpha}=\overline{N}_{\alpha}\quad 或\quad u=\overline{u} \tag{4-187a}$$

$$\widetilde{N}_{\alpha\beta}=\overline{N}_{\alpha\beta}\quad 或\quad v=\overline{v} \tag{4-187b}$$

$$\widetilde{Q}_{\alpha z}=\overline{Q}_{\alpha z}\quad 或\quad w=\overline{w} \tag{4-187c}$$

$$\widetilde{P}_{\alpha}=\overline{P}_{\alpha}\quad 或\quad \frac{\partial w}{\partial\alpha}=\frac{\partial\overline{w}}{\partial\alpha} \tag{4-187d}$$

$$T_{\alpha}=\overline{T}_{\alpha}\quad 或\quad \vartheta_1=\overline{\vartheta}_1 \tag{4-187e}$$

$$K_{\alpha}=\overline{K}_{\alpha}\quad 或\quad \eta_1=\overline{\eta}_1 \tag{4-187f}$$

$$T_{\alpha\beta}=\overline{T}_{\alpha\beta}\quad 或\quad \vartheta_2=\overline{\vartheta}_2 \tag{4-187g}$$

$$K_{\alpha\beta}=\overline{K}_{\alpha\beta}\quad 或\quad \eta_2=\overline{\eta}_2 \tag{4-187h}$$

式中

$$\widetilde{N}_{\alpha}=N_{\alpha}+k_{\alpha}M_{\alpha} \tag{4-188a}$$

$$\widetilde{N}_{\alpha\beta}=N_{\alpha\beta}+k_{\beta}M_{\alpha\beta} \tag{4-188b}$$

$$\begin{aligned}\widetilde{Q}_{\alpha z}=&Q_{\alpha z}^{(3)}-k_{\alpha}Q_{\alpha z}^{(0)}+\frac{P_{\beta}}{AB}\frac{\partial B}{\partial\alpha}-\frac{1}{AB}\frac{\partial(BP_{\alpha})}{\partial\alpha}-\frac{2}{AB}\frac{\partial(AP_{\alpha\beta})}{\partial\beta}\\&+(\rho_3+k_{\alpha}\rho_4)\ddot{u}+\rho_9\frac{1}{A}\frac{\partial\ddot{w}}{\partial\alpha}+\rho_{10}\ddot{\vartheta}_1+\rho_{11}\ddot{\eta}_1\end{aligned} \tag{4-188c}$$

$$\widetilde{P}_{\alpha}=\frac{P_{\alpha}}{A} \tag{4-188d}$$

在 $\beta=\beta_1,\beta_2$ 处，层合壳体的边界条件为

$$\widetilde{N}_{\alpha\beta}=\overline{N}_{\alpha\beta}\quad 或\quad u=\overline{u} \tag{4-189a}$$

$$\widetilde{N}_{\beta}=\overline{N}_{\beta}\quad 或\quad v=\overline{v} \tag{4-189b}$$

$$\widetilde{Q}_{\beta z}=\overline{Q}_{\beta z}\quad 或\quad w=\overline{w} \tag{4-189c}$$

$$\widetilde{P}_{\beta}=\overline{P}_{\beta}\quad 或\quad \frac{\partial w}{\partial\beta}=\frac{\partial\overline{w}}{\partial\beta} \tag{4-189d}$$

$$T_{\alpha\beta}=\overline{T}_{\alpha\beta}\quad 或\quad \vartheta_1=\overline{\vartheta}_1 \tag{4-189e}$$

$$K_{\alpha\beta}=\overline{K}_{\alpha\beta}\quad 或\quad \eta_1=\overline{\eta}_1 \tag{4-189f}$$

$$T_{\beta}=\overline{T}_{\beta}\quad 或\quad \vartheta_2=\overline{\vartheta}_2 \tag{4-189g}$$

$$K_{\beta}=\overline{K}_{\beta}\quad 或\quad \eta_2=\overline{\eta}_2 \tag{4-189h}$$

式中

$$\widetilde{N}_{\alpha\beta}=N_{\alpha\beta}+k_{\alpha}M_{\alpha\beta} \tag{4-190a}$$

$$\widetilde{N}_{\beta}=N_{\beta}+k_{\beta}M_{\beta} \tag{4-190b}$$

$$\begin{aligned}\widetilde{Q}_{\beta z}=&Q_{\beta z}^{(3)}-k_{\beta}Q_{\beta z}^{(0)}+\frac{P_{\alpha}}{AB}\frac{\partial A}{\partial\beta}-\frac{1}{AB}\frac{\partial(AP_{\beta})}{\partial\beta}-\frac{2}{AB}\frac{\partial(BP_{\alpha\beta})}{\partial\alpha}\\&+(\rho_3+k_{\beta}\rho_4)\ddot{v}+\rho_9\frac{1}{B}\frac{\partial\ddot{w}}{\partial\beta}+\rho_{10}\ddot{\vartheta}_2+\rho_{11}\ddot{\eta}_2\end{aligned} \tag{4-190c}$$

$$\widetilde{P}_{\beta}=\frac{P_{\beta}}{B} \tag{4-190d}$$

在式(4-187)和式(4-189)中,上部带一横的各量都是边界上给定的值。$\widetilde{Q}_{\alpha z}$和$\widetilde{Q}_{\beta z}$为等效广义横向剪力,若忽略其中的惯性项,则式(4-187c)和式(4-189c)对应的边界条件为

在$\alpha=\alpha_1,\alpha_2$处,有

$$\widetilde{Q}_{\alpha z}=Q_{\alpha z}^{(3)}-k_{\alpha}Q_{\alpha z}^{(0)}+\frac{P_{\beta}}{AB}\frac{\partial B}{\partial\alpha}-\frac{1}{AB}\frac{\partial(BP_{\alpha})}{\partial\alpha}-\frac{2}{AB}\frac{\partial(AP_{\alpha\beta})}{\partial\beta}=\overline{Q}_{\alpha z}\quad 或\quad w=\overline{w} \tag{4-191}$$

在$\beta=\beta_1,\beta_2$处,有

$$\widetilde{Q}_{\beta z}=Q_{\beta z}^{(3)}-k_{\beta}Q_{\beta z}^{(0)}+\frac{P_{\alpha}}{AB}\frac{\partial A}{\partial\beta}-\frac{1}{AB}\frac{\partial(AP_{\beta})}{\partial\beta}-\frac{2}{AB}\frac{\partial(BP_{\alpha\beta})}{\partial\alpha}=\overline{Q}_{\beta z}\quad 或\quad w=\overline{w} \tag{4-192}$$

工程中常见的壳体边界有自由边界、简支边界和固支边界。在$\alpha=\alpha_1,\alpha_2$处,有

自由边界条件:

$$\widetilde{N}_{\alpha}=0,\quad \widetilde{N}_{\alpha\beta}=0,\quad \widetilde{Q}_{\alpha z}=0,\quad \widetilde{P}_{\alpha}=0,\quad T_{\alpha}=0,\quad K_{\alpha}=0,\quad T_{\alpha\beta}=0,\quad K_{\alpha\beta}=0 \tag{4-193}$$

简支边界条件Ⅰ:

$$\widetilde{N}_{\alpha}=0,\quad v=0,\quad w=0,\quad \widetilde{P}_{\alpha}=0,\quad T_{\alpha}=0,\quad K_{\alpha}=0,\quad T_{\alpha\beta}=0,\quad K_{\alpha\beta}=0 \tag{4-194}$$

简支边界条件Ⅱ:

$$\widetilde{N}_{\alpha}=0,\quad v=0,\quad w=0,\quad \frac{\partial w}{\partial\alpha}=0,\quad T_{\alpha}=0,\quad K_{\alpha}=0,\quad T_{\alpha\beta}=0,\quad K_{\alpha\beta}=0 \tag{4-195}$$

固支边界条件:

$$u=0,\quad v=0,\quad w=0,\quad \frac{\partial w}{\partial\alpha}=0,\quad \vartheta_1=0,\quad \eta_1=0,\quad \vartheta_2=0,\quad \eta_2=0 \tag{4-196}$$

在 $\beta=\beta_1,\beta_2$ 处，有

自由边界条件：

$$\widetilde{N}_{\alpha\beta}=0,\quad \widetilde{N}_{\beta}=0,\quad \widetilde{Q}_{\beta z}=0,\quad \widetilde{P}_{\beta}=0,\quad T_{\alpha\beta}=0,\quad K_{\alpha\beta}=0,\quad T_{\beta}=0,\quad K_{\beta}=0 \tag{4-197}$$

简支边界条件 Ⅰ：

$$u=0,\quad \widetilde{N}_{\beta}=0,\quad w=0,\quad \widetilde{P}_{\beta}=0,\quad T_{\alpha\beta}=0,\quad K_{\alpha\beta}=0,\quad T_{\beta}=0,\quad K_{\beta}=0 \tag{4-198}$$

简支边界条件 Ⅱ：

$$u=0,\quad \widetilde{N}_{\beta}=0,\quad w=0,\quad \frac{\partial w}{\partial\beta}=0,\quad T_{\alpha\beta}=0,\quad K_{\alpha\beta}=0,\quad T_{\beta}=0,\quad K_{\beta}=0 \tag{4-199}$$

固支边界条件：

$$u=0,\quad v=0,\quad w=0,\quad \frac{\partial w}{\partial\beta}=0,\quad \vartheta_1=0,\quad \eta_1=0,\quad \vartheta_2=0,\quad \eta_2=0 \tag{4-200}$$

4.4.4　分区力学模型

不妨设 α 方向为壳体的母线方向，沿着坐标线 α 将复合材料层合壳分解为 N 个壳体子域，并根据分区 Nitsche 变分法构造出复合材料层合壳体的能量泛函表达式为

$$\Pi=\int_{t_1}^{t_2}\sum_{i=1}^{N}(T_i-U_i+W_i)\,\mathrm{d}t+\int_{t_1}^{t_2}\sum_{i,i+1}\Pi_f\,\mathrm{d}t \tag{4-201}$$

式中：T_i 和 U_i 分别为复合材料层合壳第 i 个子域的动能和应变能；W_i 为作用于第 i 个子域上的外力所做的功；Π_f 为第 i 和 $i+1$ 个子域界面上的分区界面势能。

第 i 个子域的动能和应变能为

$$T_i=\frac{1}{2}\sum_{k=1}^{N_l}\int_{z_k}^{z_{k+1}}\int_{\beta_1}^{\beta_2}\int_{\alpha_i}^{\alpha_{i+1}}\rho^{(k)}\left\{\begin{aligned}&\left[\left(1+\frac{z}{R_\alpha}\right)\dot{u}+f(z)\frac{1}{A}\frac{\partial\dot{w}}{\partial\alpha}+g\dot{\vartheta}_1+\varphi\dot{\eta}_1\right]^2\\&+\left[\left(1+\frac{z}{R_\beta}\right)\dot{v}+f(z)\frac{1}{B}\frac{\partial\dot{w}}{\partial\beta}+g\dot{\vartheta}_2+\varphi\dot{\eta}_2\right]^2+\dot{w}^2\end{aligned}\right\}AB\,\mathrm{d}\alpha\mathrm{d}\beta\mathrm{d}z \tag{4-202}$$

$$U_i=\frac{1}{2}\int_{\beta_1}^{\beta_2}\int_{\alpha_i}^{\alpha_{i+1}}\begin{pmatrix}\overline{\boldsymbol{N}}\boldsymbol{\varepsilon}_0^{\mathrm{T}}+\overline{\boldsymbol{M}}\boldsymbol{\varepsilon}_1^{\mathrm{T}}+\overline{\boldsymbol{P}}\boldsymbol{\varepsilon}_2^{\mathrm{T}}+\overline{\boldsymbol{T}}\boldsymbol{\varepsilon}_3^{\mathrm{T}}+\overline{\boldsymbol{K}}\boldsymbol{\varepsilon}_4^{\mathrm{T}}\\+\overline{\boldsymbol{Q}}_0\boldsymbol{\chi}_0^{\mathrm{T}}+\overline{\boldsymbol{Q}}_1\boldsymbol{\chi}_1^{\mathrm{T}}+\overline{\boldsymbol{Q}}_2\boldsymbol{\chi}_2^{\mathrm{T}}+\overline{\boldsymbol{Q}}_3\boldsymbol{\chi}_3^{\mathrm{T}}+\overline{\boldsymbol{Q}}_4\boldsymbol{\chi}_4^{\mathrm{T}}+\overline{\boldsymbol{Q}}_5\boldsymbol{\chi}_5^{\mathrm{T}}\end{pmatrix}AB\,\mathrm{d}\alpha\mathrm{d}\beta \tag{4-203}$$

假设没有体力作用于复合材料层合壳,壳体的第 i 个子域中面上作用有面内和面外载荷,则外力所做的功 W_i 为

$$W_i=\iint_{\bar{S}_i}(f_{u,i}u+f_{v,i}v+f_{w,i}w)\,\mathrm{d}S \tag{4-204}$$

式中:$f_{u,i}$和$f_{v,i}$分别为沿着 α 和 β 方向的面内载荷分量;$f_{w,i}$为沿 z 方向的作用力;$\bar{S}_i$ 为载荷作用面积。

层合壳体第 i 和 $i+1$ 个子域界面($\alpha=\alpha_{i+1}$)上的分区界面势能 Π_f 的表达式为

$$\Pi_f=\Pi_\lambda-\Pi_\kappa \tag{4-205}$$

式中:Π_λ 和 Π_κ 分别为相邻壳体子域(i)和($i+1$)分区界面 $\alpha=\alpha_{i+1}$处的界面势能。限于篇幅,这里不对界面势能进行展开推导,而是直接给出它们的表达式,即

$$\Pi_\lambda=\int_{l_\beta}\left(\begin{aligned}&\xi_u\hat{N}_\alpha\Theta_u+\xi_v\hat{N}_{\alpha\beta}\Theta_v+\xi_w\hat{Q}_{\alpha z}\Theta_w+\xi_r\hat{P}_\alpha\Theta_r+\xi_{\vartheta1}T_\alpha\Theta_{\vartheta1}\\&+\xi_{\vartheta2}T_{\alpha\beta}\Theta_{\vartheta2}+\xi_{\eta1}K_\alpha\Theta_{\eta1}+\xi_{\eta2}K_{\alpha\beta}\Theta_{\eta2}\end{aligned}\right)\Bigg|_{\alpha=\alpha_{i+1}}B\mathrm{d}\beta \tag{4-206a}$$

$$\Pi_\kappa=\frac{1}{2}\int_{l_\beta}\left(\begin{aligned}&\xi_u\kappa_u\Theta_u^2+\xi_v\kappa_v\Theta_v^2+\zeta_w\kappa_w\Theta_w^2+\xi_r\kappa_r\Theta_r^2+\xi_{\vartheta1}\kappa_{\vartheta1}\Theta_{\vartheta1}^2\\&+\xi_{\vartheta2}\kappa_{\vartheta2}\Theta_{\vartheta2}^2+\xi_{\eta1}\kappa_{\eta1}\Theta_{\eta1}^2+\xi_{\eta2}\kappa_{\eta2}\Theta_{\eta2}^2\end{aligned}\right)\Bigg|_{\alpha=\alpha_{i+1}}B\mathrm{d}\beta \tag{4-206b}$$

式中:$\xi_\nu(\nu=u,v,w,r,\vartheta_1,\vartheta_2,\eta_1,\eta_2)$为分区界面和边界界面控制参数;$\kappa_\nu$ 为定义在分区界面及边界界面上的权参数。

对于层合壳体的内部分区界面,$\xi_\nu=1$;对于壳体的不同边界条件(如自由、简支和固支),ξ_ν 的取值见表 4-11。若在式(4-205)中去掉由广义变分引入的势能项 Π_λ,则 Π_κ 可以处理弹性边界条件,此时 κ_ν 可视为边界上的弹性刚度系数。

表 4-11　不同边界条件层合壳对应的 ξ_ν 取值

边界条件	位移约束	ξ_ν							
		ξ_u	ξ_v	ξ_w	ξ_r	$\xi_{\vartheta1}$	$\xi_{\vartheta2}$	$\xi_{\eta1}$	$\xi_{\eta2}$
自由(F)	无	0	0	0	0	0	0	0	0
简支Ⅰ(S1)	$v=w=0$	0	1	1	0	0	0	0	0
简支Ⅱ(S2)	$v=w=\partial w/\partial\alpha=0$	0	1	1	1	0	0	0	0
固支(C)	$u=v=w=\partial w/\partial\alpha=\vartheta_1=\vartheta_2=\eta_1=\eta_2=0$	1	1	1	1	1	1	1	1

式(4-206)中的 Θ_u,Θ_v,Θ_w,Θ_r 和 $\Theta_{\vartheta1}$ 等为分区界面广义位移协调方程,定义为

$$\Theta_u = u_i - u_{i+1} = 0, \quad \Theta_v = v_i - v_{i+1} = 0, \quad \Theta_w = w_i - w_{i+1} = 0,$$
$$\Theta_r = \frac{\partial w_i}{\partial \alpha} - \frac{\partial w_{i+1}}{\partial \alpha} = 0, \quad \Theta_{\vartheta 1} = \vartheta_{1,i} - \vartheta_{1,i+1} = 0,$$
$$\Theta_{\vartheta 2} = \vartheta_{2,i} - \vartheta_{2,i+1} = 0, \quad \Theta_{\eta 1} = \eta_{1,i} - \eta_{1,i+1} = 0, \quad \Theta_{\eta 1} = \eta_{2,i} - \eta_{2,i+1} = 0 \tag{4-207}$$

在分区 Nitsche 变分法中，上述分区界面广义位移协调方程都是近似满足的，在式(4-206)中引入的表达式是 $\Theta_u = u_i - u_{i+1}$，$\Theta_v = v_i - v_{i+1}$，$\Theta_w = w_i - w_{i+1}$，$\Theta_r = \partial w_i / \partial\alpha - \partial w_{i+1} / \partial\alpha$，$\Theta_{\vartheta 1} = \vartheta_{1,i} - \vartheta_{1,i+1}$，$\Theta_{\vartheta 2} = \vartheta_{2,i} - \vartheta_{2,i+1}$，$\Theta_{\eta 1} = \eta_{1,i} - \eta_{1,i+1}$ 和 $\Theta_{\eta 2} = \eta_{2,i} - \eta_{2,i+1}$。式(4-206a)中的$\hat{N}_\alpha$，$\hat{N}_{\alpha\beta}$，$\hat{Q}_{\alpha z}$和$\hat{P}_\alpha$ 是分区界面上的等效广义力。对于经典薄壳和一阶剪切壳体理论，$\hat{N}_\alpha$，$\hat{N}_{\alpha\beta}$，$\hat{Q}_{\alpha z}$和$\hat{P}_\alpha$ 具有实际的物理意义，如在经典薄壳理论中，$\hat{N}_\alpha$ 为分区界面上 α 方向的薄膜力，$\hat{N}_{\alpha\beta}$和$\hat{Q}_{\alpha z}$为 Kelvin – Kirchhoff 等效薄膜力和等效剪力，$\hat{P}_\alpha$ 对应于分区界面上的弯矩。对于高阶剪切理论，它们没有实际的物理意义。

$$\hat{N}_\alpha = N_\alpha + k_\alpha M_\alpha \tag{4-208a}$$

$$\hat{N}_{\alpha\beta} = N_{\alpha\beta} + k_\beta M_{\alpha\beta} \tag{4-208b}$$

$$\hat{Q}_{\alpha z} = Q_{\alpha z}^{(3)} - k_\alpha Q_{\alpha z}^{(0)} + \frac{P_\beta}{AB}\frac{\partial B}{\partial \alpha} - \frac{1}{AB}\frac{\partial (BP_\alpha)}{\partial \alpha} - \frac{2}{AB}\frac{\partial (AP_{\alpha\beta})}{\partial \beta} \tag{4-208c}$$

$$\hat{P}_\alpha = \frac{P_\alpha}{A} \tag{4-208d}$$

这里仅考虑周向封闭的旋转壳问题(β 为周向坐标)，根据壳体周向位移的周期连续性，则第 i 个壳体子域的广义位移分量可以采用傅里叶级数进行展开

$$u_i(\bar{\alpha},\beta,t) = \sum_{j=0}^{I}\sum_{n=0}^{\hat{N}} \psi_j(\bar{\alpha})\left[\cos(n\beta)\,\tilde{u}_{i,j}^{n}(t) + \sin(n\beta)\,\bar{u}_{i,j}^{n}(t)\right] = \boldsymbol{\psi}(\bar{\alpha},\beta)\,\boldsymbol{u}_i(t) \tag{4-209a}$$

$$v_i(\bar{\alpha},\beta,t) = \sum_{j=0}^{I}\sum_{n=0}^{\hat{N}} \psi_j(\bar{\alpha})\left[\cos(n\beta)\,\tilde{v}_{i,j}^{n}(t) + \sin(n\beta)\,\bar{v}_{i,j}^{n}(t)\right] = \boldsymbol{\psi}(\bar{\alpha},\beta)\,\boldsymbol{v}_i(t) \tag{4-209b}$$

$$w_i(\bar{\alpha},\beta,t) = \sum_{j=0}^{I}\sum_{n=0}^{\hat{N}} \psi_j(\bar{\alpha})\left[\cos(n\beta)\,\tilde{w}_{i,j}^{n}(t) + \sin(n\beta)\,\bar{w}_{i,j}^{n}(t)\right] = \boldsymbol{\psi}(\bar{\alpha},\beta)\,\boldsymbol{w}_i(t) \tag{4-209c}$$

$$\vartheta_{1,i}(\bar{\alpha},\beta,t) = \sum_{j=0}^{I}\sum_{n=0}^{\hat{N}} \psi_j(\bar{\alpha})\left[\cos(n\beta)\,\tilde{\vartheta}_{1i,j}^{n}(t) + \sin(n\beta)\,\bar{\vartheta}_{1i,j}^{n}(t)\right] = \boldsymbol{\psi}(\bar{\alpha},\beta)\,\boldsymbol{\vartheta}_{1,i}(t) \tag{4-209d}$$

$$\vartheta_{2,i}(\bar{\alpha},\beta,t)=\sum_{j=0}^{I}\sum_{n=0}^{\hat{N}}\psi_j(\bar{\alpha})[\cos(n\beta)\tilde{\vartheta}_{2i,j}^{n}(t)+\sin(n\beta)\bar{\vartheta}_{2i,j}^{n}(t)]=\boldsymbol{\psi}(\bar{\alpha},\beta)\boldsymbol{\vartheta}_{2,i}(t) \tag{4-209e}$$

$$\eta_{1,i}(\bar{\alpha},\beta,t)=\sum_{j=0}^{I}\sum_{n=0}^{\hat{N}}\psi_j(\bar{\alpha})[\cos(n\beta)\tilde{\eta}_{1i,j}^{n}(t)+\sin(n\beta)\bar{\eta}_{1i,j}^{n}(t)]=\boldsymbol{\psi}(\bar{\alpha},\beta)\boldsymbol{\eta}_{1,i}(t) \tag{4-209f}$$

$$\eta_{2,i}(\bar{\alpha},\beta,t)=\sum_{j=0}^{I}\sum_{n=0}^{\hat{N}}\psi_j(\bar{\alpha})[\cos(n\beta)\tilde{\eta}_{2i,j}^{n}(t)+\sin(n\beta)\bar{\eta}_{2i,j}^{n}(t)]=\boldsymbol{\psi}(\bar{\alpha},\beta)\boldsymbol{\eta}_{2,i}(t) \tag{4-209g}$$

式中：$\psi_j(\bar{\alpha})$为沿着α方向的广义位移展开函数；$\bar{\alpha}$为无量纲坐标；j和n分别为广义位移函数的阶数和傅里叶谐波数（或壳体周向波数）；I和$\hat{N}$分别为位移展开函数和壳体周向波数的截取阶数；$\tilde{u}_{i,j}^{n}$，$\tilde{v}_{i,j}^{n}$，$\tilde{w}_{i,j}^{n}$，$\tilde{\vartheta}_{1i,j}^{n}$，$\tilde{\vartheta}_{2i,j}^{n}$，$\tilde{\eta}_{1i,j}^{n}$和$\tilde{\eta}_{2i,j}^{n}$等为位移展开函数的系数；$\boldsymbol{\psi}(\bar{\alpha},\beta)$为位移展开函数向量；$\boldsymbol{u}_i$，$\boldsymbol{v}_i$，$\boldsymbol{w}_i$，$\boldsymbol{\vartheta}_{1,i}$，$\boldsymbol{\vartheta}_{2,i}$，$\boldsymbol{\eta}_{1,i}$和$\boldsymbol{\eta}_{2,i}$为位移函数系数向量。

将式(4-202)～式(4-205)和式(4-209)代入式(4-201)，根据$\delta\Pi=0$的驻值条件得到层合壳体的离散动力学方程为

$$\boldsymbol{M}\ddot{\boldsymbol{q}}+[\boldsymbol{K}-\boldsymbol{K}_\lambda+\boldsymbol{K}_\kappa]\boldsymbol{q}=\boldsymbol{F} \tag{4-210}$$

式中：$\boldsymbol{q}$为层合壳子域位移函数系数向量的集合，$\boldsymbol{q}=[\boldsymbol{u}_1^{\mathrm{T}},\boldsymbol{v}_1^{\mathrm{T}},\boldsymbol{w}_1^{\mathrm{T}},\boldsymbol{\vartheta}_{1,1}^{\mathrm{T}},\boldsymbol{\vartheta}_{2,1}^{\mathrm{T}},\boldsymbol{\eta}_{1,1}^{\mathrm{T}},\boldsymbol{\eta}_{2,1}^{\mathrm{T}},\cdots,\boldsymbol{u}_N^{\mathrm{T}},\boldsymbol{v}_N^{\mathrm{T}},\boldsymbol{w}_N^{\mathrm{T}},\boldsymbol{\vartheta}_{1,N}^{\mathrm{T}},\boldsymbol{\vartheta}_{2,N}^{\mathrm{T}},\boldsymbol{\eta}_{1,N}^{\mathrm{T}},\boldsymbol{\eta}_{2,N}^{\mathrm{T}}]^{\mathrm{T}}$；$\boldsymbol{M}$和$\boldsymbol{K}$分别为层合壳子域广义质量矩阵和刚度矩阵的组装矩阵；$\boldsymbol{K}_\lambda$和$\boldsymbol{K}_\kappa$为分区界面矩阵的组装矩阵；$\boldsymbol{F}$为广义外力向量。

4.4.5 数值算例

一、数值验证

为了验证本节理论与方法的可靠性及有效性，下面基于广义高阶剪切锯齿理论和分区方法分析不同铺层及边界条件的复合材料圆柱壳、圆锥壳和球壳的自由振动和强迫振动问题。首先以两端自由的正交铺设[0°/90°]圆柱壳为研究对象，来验证广义高阶剪切锯齿理论与分区方法的有效性。圆柱壳的几何尺寸和材料参数如下：$L/R=5$，$h/R=0.05$，$R=1\mathrm{m}$，各个铺层的厚度相等；$E_1=25E_2$，$E_2=2\mathrm{GPa}$，$G_{12}/E_2=0.5$，$G_{13}/E_2=0.5$，$G_{23}/E_2=0.2$，$\mu_{12}=0.25$，$\rho=1500\mathrm{kg/m^3}$。计算中采用$\mathrm{HDT_{Z[LMR]}}$来建立层合圆柱壳的力学模型。表4-12给出了不同分域数目N对应的两端自由层合圆柱壳的无量纲频率$\Omega_{n,m}=\omega L^2/h\sqrt{\rho/E_2}$，其中$m$为壳体的轴向模态阶数。根据圆柱壳的轴对称特

性，周向波数 $n \geqslant 1$ 对应的壳体对称和反对称模态频率是相等的（即成对出现），表 4-12 中仅给出了其中一组数据。每个壳体子域位移的轴向分量采用第一类切比雪夫正交多项式展开，阶数取 $I=7$。结果表明，随着壳体分区数目 N 的增加，壳体的振动频率很快收敛。

表 4-12　[0°/90°] 圆柱壳无量纲频率 $\Omega_{n,m}=\omega L^2/h\sqrt{\rho/E_2}$（边界条件：F - F）

模态阶数		分区数目							
n	m	$N=2$	$N=4$	$N=6$	$N=8$	$N=10$	$N=12$	$N=15$	$N=20$
1	1	297.259	297.255	297.256	297.255	297.256	297.253	297.257	297.259
	2	335.511	335.511	335.510	335.510	335.511	335.510	335.511	335.511
	3	479.783	479.768	479.768	479.768	479.764	479.769	479.769	479.771
	4	599.715	599.643	599.667	599.672	599.672	599.673	599.675	599.676
	9	1212.783	1197.438	1197.482	1197.472	1197.528	1197.548	1197.571	1197.615
	10	1300.796	1246.582	1246.510	1246.550	1246.523	1246.544	1246.555	1246.584
2	1	41.706	41.705	41.705	41.705	41.705	41.705	41.705	41.705
	2	42.553	42.550	42.548	42.548	42.548	42.548	42.547	42.548
	3	176.909	176.900	176.899	176.900	176.900	176.901	176.901	176.903
	4	270.740	270.707	270.706	270.707	270.707	270.708	270.710	270.713
	9	746.393	742.657	742.618	742.664	742.642	742.641	742.646	742.664
	10	827.563	792.005	792.130	791.936	792.121	792.135	792.151	792.191
3	1	115.803	115.802	115.802	115.802	115.802	115.802	115.802	115.802
	2	116.868	116.865	116.863	116.863	116.863	116.863	116.863	116.863
	3	160.686	160.673	160.671	160.670	160.669	160.669	160.669	160.669
	4	222.684	222.641	222.636	222.634	222.634	222.634	222.634	222.634
	9	674.454	639.607	639.740	639.495	639.722	639.744	639.768	639.820
	10	784.293	735.553	735.365	735.544	735.337	735.417	735.472	735.563

表 4-13 给出了不同边界条件的正交铺设 [0°/90°/0°] 和 [0°/90°] 圆柱壳无量纲频率 $\Omega_{n,m}=\omega L^2/h\sqrt{\rho/E_2}$，壳体的几何尺寸和材料参数同前。将分区方法计算结果（$I \times N=7\times 4$）与 Messina 和 Soldatos[125] 基于 Ritz 法计算的频率值进行对比。Messina 和 Soldatos[125] 采用了一种能满足层间应力连续条件的 Reddy 高阶变形理论。对于不同的边界条件及不同铺层的圆柱壳，当周向波数较小（$n \leqslant 5$）时，$\mathrm{HDT}_{\mathrm{Z[LMR]}}$ 结果与文献值非常符合；由于这里采用了与文献[125]中不同的壳体理论，当周向波数较大（$n \geqslant 7$）时，两种壳体理论结果略有差别。

表 4-13　[0°/90°/0°]和[0°/90°]圆柱壳无量纲频率 $\Omega_{n,m}=\omega L^2/h\sqrt{\rho/E_2}\,(m=1)$

铺设方式	n	F-F		S1-S1		S1-C		C-C	
		本书	文献[125]	本书	文献[125]	本书	文献[125]	本书	文献[125]
[0°/90°/0°]	1	304.140	304.13	151.504	151.49	153.775	153.77	159.327	159.31
	2	27.205	26.575	92.757	92.574	98.858	98.698	107.859	107.71
	3	75.367	74.905	95.731	95.368	101.285	100.95	108.357	108.05
	4	143.092	142.93	150.574	150.42	153.544	153.40	157.369	157.23
	5	229.303	229.74	233.543	233.97	235.159	235.59	237.270	237.70
	7	453.433	456.60	456.282	459.42	456.968	460.10	457.843	460.98
	10	903.579	917.18	906.047	919.60	906.376	919.93	906.764	920.32
[0°/90°]	1	297.256	297.23	147.934	147.94	149.573	149.60	155.128	155.16
	2	41.705	41.057	92.702	92.420	97.887	97.648	105.771	105.57
	3	115.802	115.25	126.635	126.13	130.159	129.68	134.612	134.16
	4	219.036	219.17	222.134	226.26	223.701	223.83	225.657	225.79
	5	349.081	351.05	350.610	352.56	351.378	353.33	352.352	354.30
	7	680.692	692.18	681.729	693.18	682.012	693.46	682.368	693.81
	10	1322.931	1372.1	1323.926	1373.0	1324.051	1373.1	1324.196	1373.2

表 4-14 给出了两端简支、正交铺设[0°/90°/0°]圆柱壳无量纲频率 $\Omega_{n,m}=\omega R\sqrt{\rho/E_2}$。壳体的参数：$R=1\text{m}$，$h/R=0.002$，$L/R=5,10,20$；$E_1=19\text{GPa}$，$E_2=7.6\text{GPa}$，$G_{12}=4.1\text{GPa}$，$\mu_{12}=0.26$，$\rho=1643\text{kg/m}^3$。考虑到本例中，壳体的厚径比 h/R 很小，计算中采用不考虑 Zig-zag 效应的 Reissner 薄壳理论。将 Zhang[121] 以及 Lam 和 Loy[124] 的计算结果列入表中进行对比，其中 Zhang[121] 在求解层合圆柱壳的振动频率时采用了精确解法，而 Lam 和 Loy[124] 则是基于 Flügge 薄壳理论和 Ritz 法。结果表明，分区方法得到的结果与其他文献几乎一致；因此对于厚径比很小的圆柱壳，由不同薄壳理论计算得到的壳体频率差别非常小。图 4-28 中给出了两端简支层合圆柱壳（$L/R=5$）的部分振型。

表 4-14　[0°/90°/0°]圆柱壳无量纲振动频率 $\Omega_{n,m}=\omega R\sqrt{\rho/E_2}$
（边界条件：S1-S1；$m=1$）

n	$L/R=5$			$L/R=10$			$L/R=20$		
	本书	文献[121]	文献[124]	本书	文献[121]	文献[124]	本书	文献[121]	文献[124]
1	0.248635	0.248634	0.248635	0.083908	0.083908	0.083908	0.023590	0.023589	0.023590
2	0.107203	0.107202	0.107203	0.030009	0.030008	0.030009	0.007904	0.007903	0.007904

（续）

n	$L/R=5$			$L/R=10$			$L/R=20$		
	本书	文献[121]	文献[124]	本书	文献[121]	文献[124]	本书	文献[121]	文献[124]
3	0.055087	0.055085	0.055087	0.015193	0.015191	0.015193	0.005869	0.005868	0.005869
4	0.033790	0.033788	0.033790	0.012176	0.012174	0.012176	0.009020	0.009019	0.009020
5	0.025793	0.025790	0.025794	0.015231	0.015230	0.015231	0.014236	0.014235	0.014236
6	0.025877	0.025873	0.025877	0.021179	0.021178	0.021179	0.020801	0.020800	0.020801

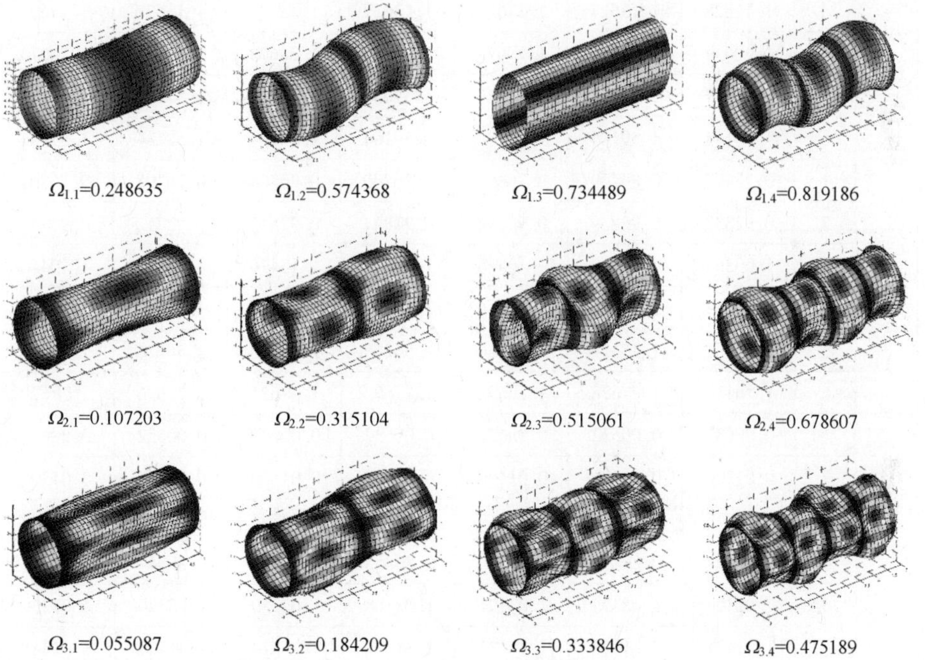

$\Omega_{1,1}=0.248635$　$\Omega_{1,2}=0.574368$　$\Omega_{1,3}=0.734489$　$\Omega_{1,4}=0.819186$

$\Omega_{2,1}=0.107203$　$\Omega_{2,2}=0.315104$　$\Omega_{2,3}=0.515061$　$\Omega_{2,4}=0.678607$

$\Omega_{3,1}=0.055087$　$\Omega_{3,2}=0.184209$　$\Omega_{3,3}=0.333846$　$\Omega_{3,4}=0.475189$

图 4-28　两端简支层合圆柱壳振型

表 4-15 给出了两端自由、正交铺设[0°/90°]圆锥壳的无量纲频率 $\Omega_{n,m}=\omega R_2\sqrt{\rho h/A_{11}}$，其中 A_{11} 为壳体的弹性系数，定义为 $A_{11}=\sum_{k=1}^{N_l}\overline{Q}_{11}^{(k)}(z_{k+1}-z_k)$。圆锥壳的几何尺寸和材料参数：$\alpha_0=30°$，$R_1=0.75\text{m}$，$R_2=1\text{m}$，$h/R_2=0.01$；$E_1=15E_2$，$E_2=5\text{GPa}$，$G_{12}/E_2=0.5$，$G_{13}/E_2=G_{23}/E_2=0.3846$，$\mu_{12}=0.25$，$\rho=1600\text{kg/m}^3$。采用 FDT_Z 来建立层合锥壳的力学模型，即在一阶剪切变形理论中考虑 Zig - zag 效应。在分区模型中，壳体子域位移 s 方向的分量采用第一类切比雪夫正交多项式展开，阶数取 $I=7$。结果表明，随着壳体分区数目的增加，圆锥壳的各阶振动频率很快收敛，其中 $N=3$ 和 $N=8$ 对应的壳体振动

频率最大相对误差(= $|\Omega_{n,m,N=3}-\Omega_{n,m,N=8}|/\Omega_{n,m,N=8}\times 100\%$)仅为 0.23%。图 4-29 给出了两端自由边界层合圆锥壳(R_1 = 0.5m)的部分频率与振型。

表 4-15 [0°/90°]圆锥壳无量纲频率 $\Omega_{n,m}=\omega R_2\sqrt{\rho h/A_{11}}$(边界条件:F-F)

模态阶数		分区数目						
n	m	$N=2$	$N=3$	$N=4$	$N=5$	$N=6$	$N=7$	$N=8$
0	1	0.88361	0.88360	0.88360	0.88360	0.88360	0.88360	0.88360
	2	1.02275	1.02275	1.02275	1.02275	1.02275	1.02275	1.02275
	3	1.13628	1.13627	1.13627	1.13627	1.13627	1.13627	1.13627
	4	1.20674	1.20674	1.20673	1.20673	1.20673	1.20673	1.20673
	5	1.37037	1.37035	1.37035	1.37034	1.37034	1.37034	1.37034
	6	1.59184	1.59184	1.59184	1.59184	1.59184	1.59184	1.59184
1	1	0.76977	0.76739	0.76801	0.76800	0.76801	0.76795	0.76801
	2	0.92838	0.92839	0.92844	0.92844	0.92840	0.92712	0.92844
	3	1.09365	1.10468	1.10476	1.10476	1.10476	1.10476	1.10476
	4	1.27515	1.35255	1.35336	1.35336	1.35336	1.35336	1.35330
	5	1.44168	1.55426	1.56266	1.56266	1.56248	1.56226	1.56266
	6	1.76176	1.77678	1.77692	1.77692	1.77681	1.77696	1.77679
2	1	0.00633	0.00632	0.00632	0.00632	0.00632	0.00632	0.00632
	2	0.01308	0.01306	0.01306	0.01305	0.01306	0.01306	0.01305
	3	0.67746	0.67746	0.67746	0.67739	0.67745	0.67745	0.67745
	4	0.80854	0.80853	0.80853	0.80853	0.80853	0.80847	0.80852
	5	1.02396	1.02395	1.02394	1.02388	1.02389	1.02370	1.02339
	6	1.31427	1.31423	1.31422	1.31421	1.31414	1.31421	1.31366

图 4-30 给出了不同厚径比对应的$[0°/90°]_{10}$圆锥壳无量纲基频 $\Omega_{n,m}=\omega R_2\sqrt{\rho h/A_{11}}$对比。壳体的几何参数:$\alpha_0=30°$,$R_1=0.75$m,$R_2=1$m,$h/R_2=0.01\sim0.1$;材料参数同前。考虑了两种壳体边界条件,即两端简支Ⅰ和两端固支。Shu[142] 及 Wu 和 Lee[144] 分别基于 Love 薄壳理论和一阶剪切壳体理论分析了层合圆锥壳的振动频率。这里将他们的结果作为参考解进行对比。计算中,采用 FDT_Z来建立层合圆锥壳的力学模型,取 $I\times N=7\times 4$。结果表明,分区方法计算值与文献[144]结果非常符合(最大相对误差小于 0.5%)。另外,对于厚径比较小的层合圆锥壳($h/R_2\leqslant 0.01$),经典薄壳理论能给出较为准确的基频结果,然而当壳体厚径比稍大时(如 $h/R_2\geqslant 0.02$),壳体在振动过程中剪切变形比较显著,由于经典薄壳理论没有考虑剪切变形效应,因此相应的计算误差非常大。需

要指出，这里仅对比了壳体的基频结果，当所关心的壳体频率阶数稍高时，经典薄壳理论的计算误差更大。

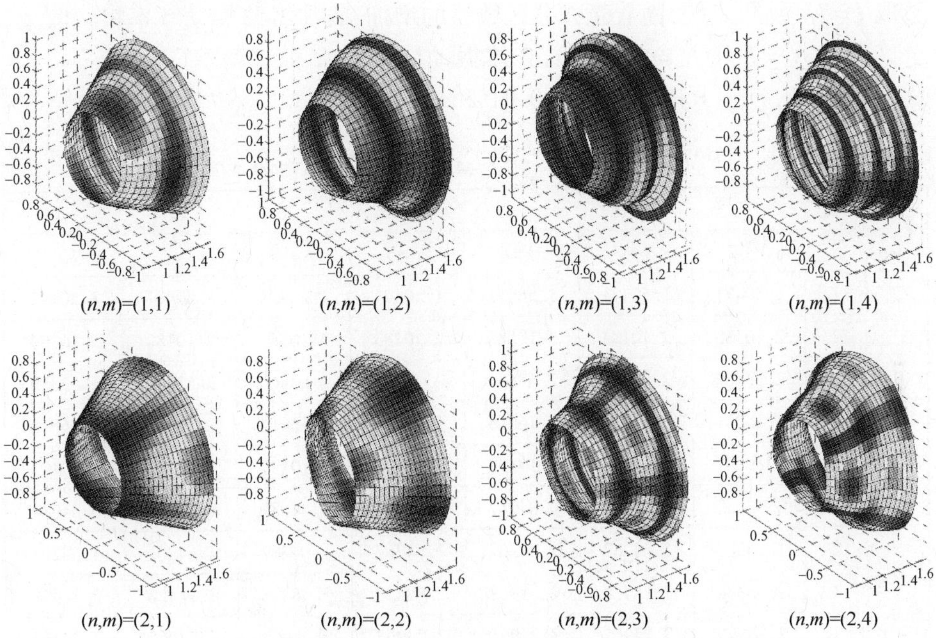

图 4-29　自由 - 固支层合圆锥壳振型

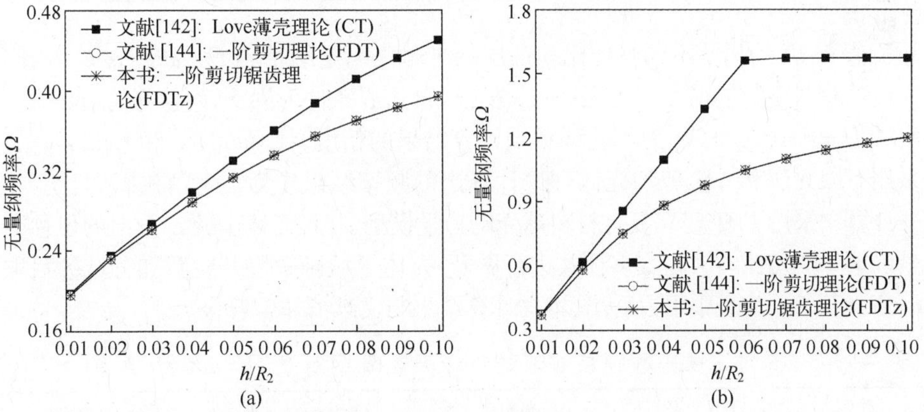

图 4-30　$[0°/90°]_{10}$圆锥壳无量纲基频对比

（a）两端简支（S1 - S1）；（b）两端固支（C - C）。

表 4 - 16 给出了正交铺设$[0°/90°/0°]$层合半球壳无量纲频率 $\Omega_{n,m}=\omega R\sqrt{\rho/E_2}$。壳体参数：$\varphi_0=0$，$\varphi_1=\pi/2$，$h/R=0.05$，$R=1\mathrm{m}$；$E_1=138\mathrm{GPa}$，$E_2=10.6\mathrm{GPa}$，$G_{12}=6.0\mathrm{GPa}$，$G_{13}=G_{23}=3.9\mathrm{GPa}$，$\mu_{12}=0.28$，$\rho=1500\mathrm{kg/m^3}$。球壳

顶部 $\varphi_0=0$ 处为自由，而在底部 $\varphi_1=\pi/2$ 处为固支。采用 FDT 建立半球壳的力学模型，并将壳体子域 φ 方向位移分量以第一类切比雪夫正交多项式展开，阶数取 $I=7$。结果表明，随着壳体分区数目的增加，壳体各阶振动频率很快收敛，分区数目 $N=2$ 和 $N=8$ 对应的壳体振动频率最大相对误差（$=|\Omega_{n,m,N=2}-\Omega_{n,m,N=8}|/\Omega_{n,m,N=8}\times100\%$）仅为 0.01%。

表 4-16 [0°/90°/0°]半球壳无量纲频率 $\Omega_{n,m}=\omega R\sqrt{\rho/E_2}$（F-C）

模态阶数		分区数目						
n	m	$N=2$	$N=3$	$N=4$	$N=5$	$N=6$	$N=7$	$N=8$
0	1	1.50471	1.50471	1.50471	1.50471	1.50471	1.50471	1.50471
	2	2.10180	2.10183	2.10183	2.10183	2.10183	2.10183	2.10183
	3	2.53865	2.53861	2.53860	2.53860	2.53860	2.53860	2.53860
	4	3.16021	3.16015	3.16016	3.16016	3.16016	3.16016	3.16016
	5	3.19197	3.19197	3.19197	3.19197	3.19197	3.19197	3.19197
1	1	0.84087	0.84087	0.84087	0.84087	0.84087	0.84087	0.84087
	2	1.64269	1.64267	1.64267	1.64267	1.64267	1.64267	1.64267
	3	2.38434	2.38428	2.38428	2.38428	2.38428	2.38428	2.38428
	4	3.24979	3.24965	3.24965	3.24965	3.24965	3.24965	3.24965
	5	3.84089	3.84089	3.84089	3.84089	3.84089	3.84089	3.84089

表 4-17 给出了不同厚径比和铺层的半球壳无量纲基频 $\Omega=\omega R\sqrt{\rho/E_2}$ 对比。壳体的材料参数同前面半球壳一致，球壳底部边界条件为固支，而顶部的边界条件定义为 $u=v=\vartheta_2=0$。为了验证本书计算结果的精度，将 Gautham 和 Ganesan[152] 采用有限元法和一阶剪切壳体理论计算出的频率结果作为参考解进行对比。本书计算中采用 FDT 建立复合材料球壳的力学模型，并且壳体子域 φ 方向的位移分量以第一类切比雪夫正交多项式进行展开，壳体子域函数展开阶数和分域数目取 $I\times N=7\times3$。从表中可以看出，本书计算结果与文献值非常符合。

表 4-17 不同厚径比和铺层对应的半球壳无量纲基频 $\Omega=\omega R\sqrt{\rho/E_2}$（$n=1$）

R/h	[90°]		[0°/90°]		[0°/90°/0°]		[90°/0°/90°]	
	本书	文献[152]	本书	文献[152]	本书	文献[152]	本书	文献[152]
100	0.9521	0.976	1.1244	1.157	1.1214	1.133	1.0983	1.125
50	0.9541	0.978	1.1540	1.183	1.1654	1.180	1.1209	1.145
20	0.9603	0.983	1.1995	1.237	1.2597	1.284	1.1556	1.185
14.2	0.9650	0.988	1.2155	1.263	1.3048	1.340	1.1684	1.202
10	0.9722	0.995	1.2297	1.292	1.3466	1.404	1.1813	1.222

下面采用分区方法来分析层合壳体的强迫振动问题。考虑一个由三层各向同性材料构成的球壳，其几何参数：$\varphi_0 = 0, \varphi_1 = \pi/2, R = 1\text{m}, h = 0.03\text{m}$，各层厚度相等；球壳内层材料参数为 $E = 211\text{GPa}, \mu = 0.28, \rho = 7850\text{kg/m}^3$，中间层材料参数为 $E = 69.58\text{GPa}, \mu = 0.31, \rho = 2700\text{kg/m}^3$，外层材料参数为 $E = 119\text{GPa}, \mu = 0.33, \rho = 7750\text{kg/m}^3$。球壳上作用有集中载荷和分布载荷，其中集中载荷作用于球壳顶部 A 点（$\varphi_A = 0, \theta_A = 0$），分布载荷的作用区域如图 4-31 所示。这些载荷可以是简谐的，也可以是有关时间的任意函数。

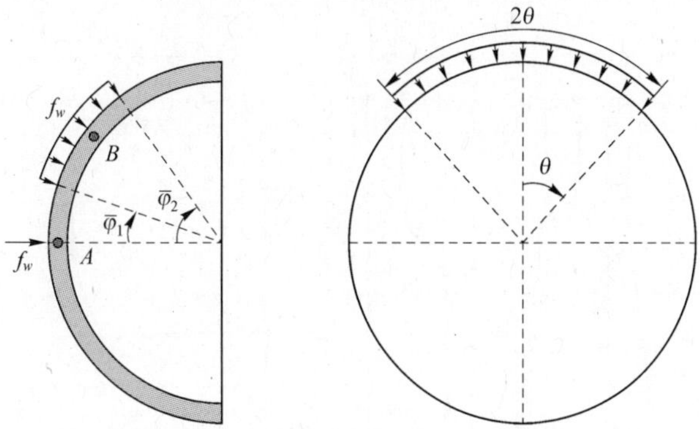

图 4-31　球壳载荷模型

图 4-32 给出了集中载荷和分布载荷作用下半球壳上 B 点（$\varphi_B = \pi/4, \theta_B = 0$）处的法向稳态位移响应。球壳在 $\varphi = \pi/2$ 处的边界条件为固支。对于集中载荷，$f_w = \bar{f}_w \sin(\omega t)\delta(\varphi - \varphi_A)\delta(\theta - \theta_A)$（$\varphi_A = 0, \theta_A = 0$），载荷幅值为 $\bar{f}_w = 1\text{N}$；对于分布式载荷，其作用区域为 $\bar{\varphi}_1 = 0, \bar{\varphi}_2 = \pi/12, \theta = \pi/3$，载荷幅值为 $\bar{f}_w = 1\text{Pa}$。采用 FDT 建立半球壳的力学模型，壳体子域 φ 方向的位移分量以第一类切比雪夫正交多项式展开，壳体子域位移函数阶数和分区数目取 $I \times N = 7 \times 3$，周向波数截取数目为 $\hat{N} = 9$。为了验证分区方法结果的有效性，在有限元软件 ANSYS 中采用 SHELL181 单元建立了球壳的有限元模型，根据响应结果收敛性分析，将球壳母线方向和周向分别划分为 80 和 320 个单元。图 4-32（a）和（b）中的频率计算步长分别为 1.4Hz 和 1Hz。结果表明，分区方法计算出的球壳频域响应与有限元结果非常吻合，这说明采用分区方法来计算不同载荷作用下的壳体响应是非常准确的。

图 4-33 给出了矩形波集中载荷和分布载荷作用下半球壳 B 点（$\varphi_B = \pi/4$，$\theta_B = 0$）处 φ 方向和法向瞬态位移响应。壳体的几何参数、材料参数以及边界条件同前。对于矩形波集中载荷，$f_0 = -1\text{N}, T_0 = 1 \times 10^{-3}\text{s}$；对于分布载荷，

$f_0=1\mathrm{Pa}, T_0=1.5\times10^{-3}\mathrm{s}$。两种载荷的作用位置与上一算例相同。壳体的初始位移和速度均为零。这里仍采用 FDT 建立半球壳的力学模型，壳体子域函数阶数和分区数目取 $I\times N=7\times3$，周向波数截取数目为 $\widehat{N}=9$。为了验证分区方法的有效性，采用有限元软件 ANSYS 建立了壳体的有限元模型，网格划分模式同前。在计算壳体的瞬态振动响应时，本书采用了 Newmark 方法。图 4-33(a)和(b)中的计算时间步长分别取为 0.01ms 和 0.015ms。从图 4-33 中可以看出，分区方法计算的壳体瞬态振动响应与有限元法几乎是一致的。

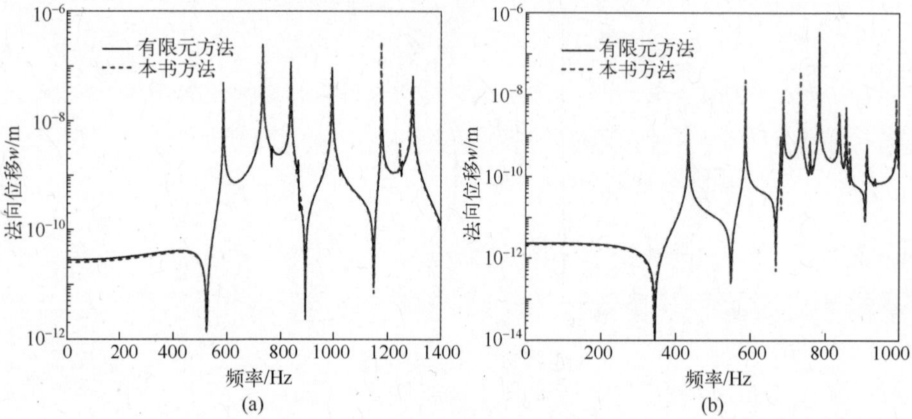

图 4-32　层合球壳法向位移响应
(a) 集中载荷；(b) 分布载荷。

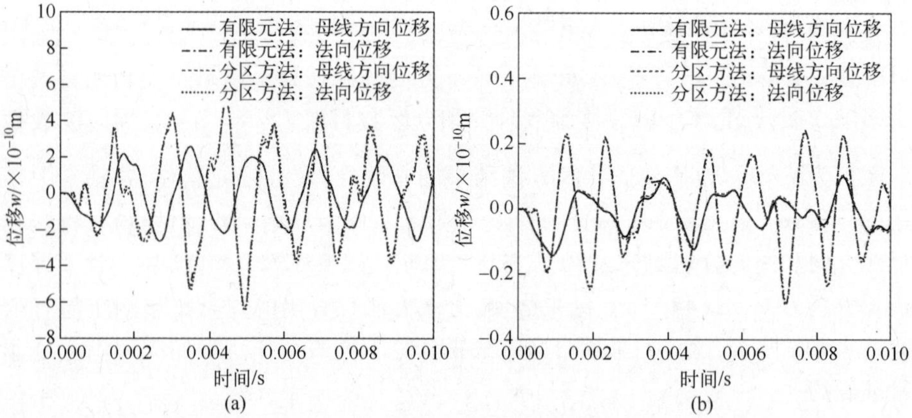

图 4-33　层合球壳瞬态位移响应
(a) 集中载荷；(b) 分布载荷。

二、层合壳理论适用性

图 4-34 给出了由不同薄壳理论计算得到的正交铺设[0°/90°/0°]圆柱壳无量纲频率 $\Omega_{n,m}=\omega R\sqrt{\rho/E_2}$ 对比，其中轴向模态阶数 $m=1$。壳体的参数：$R=1\text{m}$，$h/R=0.002$，$L/R=1,5,10,20$；$E_1=19\text{GPa}$，$E_2=7.6\text{GPa}$，$G_{12}=4.1\text{GPa}$，$\mu_{12}=0.26$，$\rho=1643\text{kg/m}^3$。壳体两端边界条件为简支I(S1)。结果表明，对于不同长径比的薄壁层合圆柱壳，由各种薄壳理论得到的壳体频率差别很小。在这几种薄壳理论中，除了 Donnell 壳体理论外，其他四种薄壳理论得到的结果几乎一致，而 Donnell 壳体理论计算得到的壳体频率要高于其他壳体理论结果。随着壳体周向波数变大及壳体长径比变大，Donnell 壳体理论结果与其他壳体理论结果之间的偏差变大，例如当 $L/R=1$，壳体周向波数分别取 $n=1$ 和 $n=6$ 时，Donnell 理论与 Sanders 理论结果相对误差分别为 0.0001% 和 0.03%，而当 $L/R=20$，周向波数为 $n=1$ 和 $n=6$ 时，Donnell 与 Sanders 理论结果相对误差分别为 0.02% 和 2.9%。

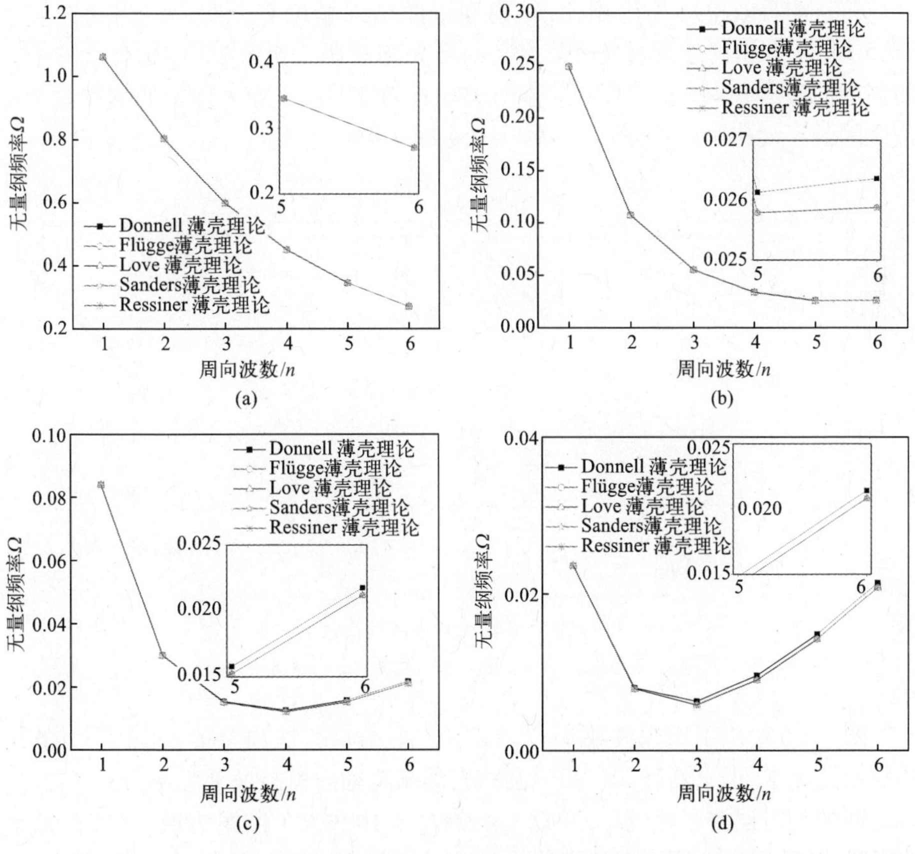

图 4-34　[0°/90°/0°]圆柱壳无量纲频率对比

(a) $L/R=1$；(b) $L/R=5$；(c) $L/R=10$；(d) $L/R=20$。

图 4-35 给出了不同壳体理论对应的正交铺设[0°/90°]圆柱壳无量纲频率 $\Omega_{n,m}=\omega L^2/h\sqrt{\rho/E_2}$ 随壳体周向波数 n 的变化曲线，其中壳体的轴向模态阶数取 $m=1$。壳体的几何参数为 $L/R=5$，$h/R=0.05$，$R=1\text{m}$；材料参数为 $E_1=25E_2$，$E_2=2\text{GPa}$，$G_{12}/E_2=G_{13}/E_2=0.5$，$G_{23}/E_2=0.2$，$\mu_{12}=0.25$，$\rho=1500\text{kg/m}^3$；边界条件为两端简支Ⅰ(S1)。为考察各类壳体理论的计算精度，图中给出了 Matsunaga[122] 利用一种具有 29 个变量的高阶剪切理论计算得到的频率结果，该结果非常接近于三维弹性理论解。结果表明，当周向波数较小时（$n\leqslant5$），各种等效单层理论给出的频率值与文献结果几乎一致；当周向波数较大时，除 $\text{HDT}_{[\text{VE1}]}$、$\text{HDT}_{[\text{VE2}]}$ 和 $\text{HDT}_{[\text{G}]}$ 外，其他剪切理论结果与文献值均较为符合。通过对比数据发现，当周向波数 $n\leqslant5$ 时，所有等效单层理论结果与文献值之间的最大相对误差为 4%（$\text{HDT}_{[\text{G}]}$ 理论），而当周向波数 $n=10$ 时，$\text{HDT}_{[\text{VE1}]}$、$\text{HDT}_{[\text{VE2}]}$ 和 $\text{HDT}_{[\text{G}]}$ 剪切理论的结果与文献值之间的最大相对误差分别为 10.3%、10.3% 和 14.2%。与等效单层理论相比，锯齿理论的结果精度有所提高。当周向波数 $n\leqslant5$ 时，所有锯齿理论与文献值之间的最大相对误差为 3.2%（$\text{HDT}_{\text{Z}[\text{G}]}$ 理论），而当周向波数 $n=10$ 时，$\text{HDT}_{\text{Z}[\text{VE1}]}$、$\text{HDT}_{\text{Z}[\text{VE2}]}$ 和 $\text{HDT}_{\text{Z}[\text{G}]}$ 锯齿理论的结果与文献值之间的最大相对误差分别 7.1%、7.1% 和 9.4%。

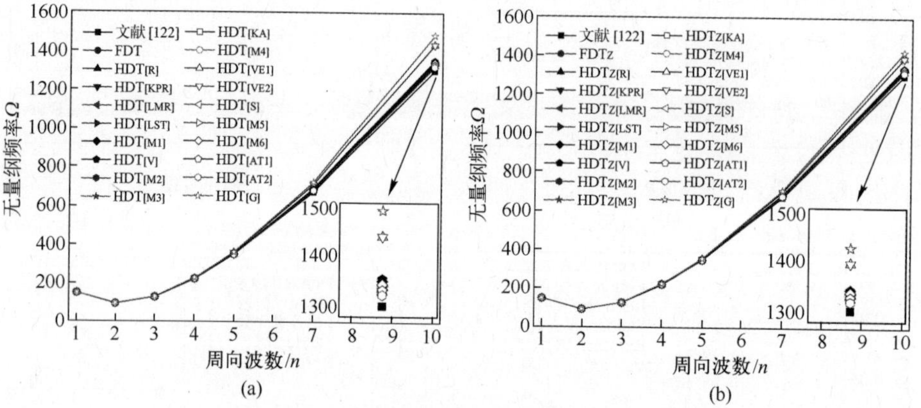

图 4-35 [0°/90°]圆柱壳频率随周向波数变化曲线

(a) 不考虑 Zig - zag 效应；(b) 考虑 Zig - zag 效应。

图 4-36 给出了周向波数 $n=2,5,7,10$ 时，分区方法和 Matsunaga[122] 计算出的两端简支Ⅰ、正交铺设[0°/90°]圆柱壳前 4 阶轴向模态振动频率（$m=1,2,3,4$）之间的相对误差（$=|\Omega_{本书}-\Omega_{文献}|/\Omega_{文献}\times100\%$）。结果表明，当周向波数较小时，各种锯齿理论给出的壳体前 4 阶模态频率与文献值之间的相对误差很小，如当 $n=2$ 时，所有锯齿理论结果与文献值相对误差小于 0.6%。随着周向

波数增大,各种锯齿理论与文献结果的相对误差呈增大趋势。另外从图还可发现,与其他锯齿理论相比,$HDT_{Z[VE1]}$、$HDT_{Z[VE2]}$ 和 $HDT_{Z[G]}$ 的计算精度很差。

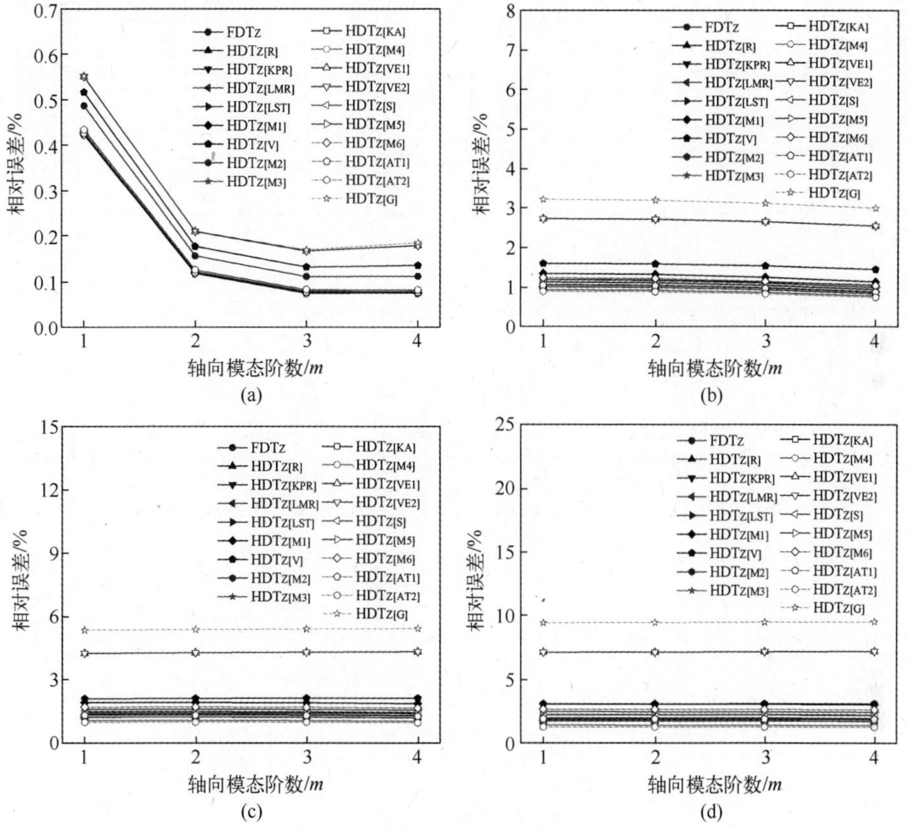

图 4-36 [0°/90°]圆柱壳前 4 阶轴向模态频率相对误差

(a) $n=2$;(b) $n=5$;(c) $n=7$;(d) $n=10$。

针对不同长径比(L/R)和厚径比(h/R)的两端简支Ⅰ、正交铺设[0°/90°]圆柱壳,图 4-37 给出了不同锯齿理论对应的壳体无量纲基频 $\Omega=\omega L^2/h\sqrt{\rho/E_2}$。结果表明,对于厚径比较小的壳体(如 $h/R\leqslant0.2$),各种锯齿理论给出的基频数据与 Matsunaga[122] 计算的结果非常吻合,而当壳体的厚径比较大时(如 $h/R=0.5$),采用各种锯齿理论计算的壳体基频值与文献值相对误差较大,特别是对于 L/R 比值较小的壳体。另外,无论是对于薄壳还是厚壳,随着壳体 L/R 比值的增大,各种锯齿理论结果与文献值均趋于一致。这说明,即使对于厚径比很大的壳体(如 $h/R=0.5$),只要其长径比也较大($L/R\geqslant5$),采用书中的各种锯齿理论均可以给出较为准确的基频结果。

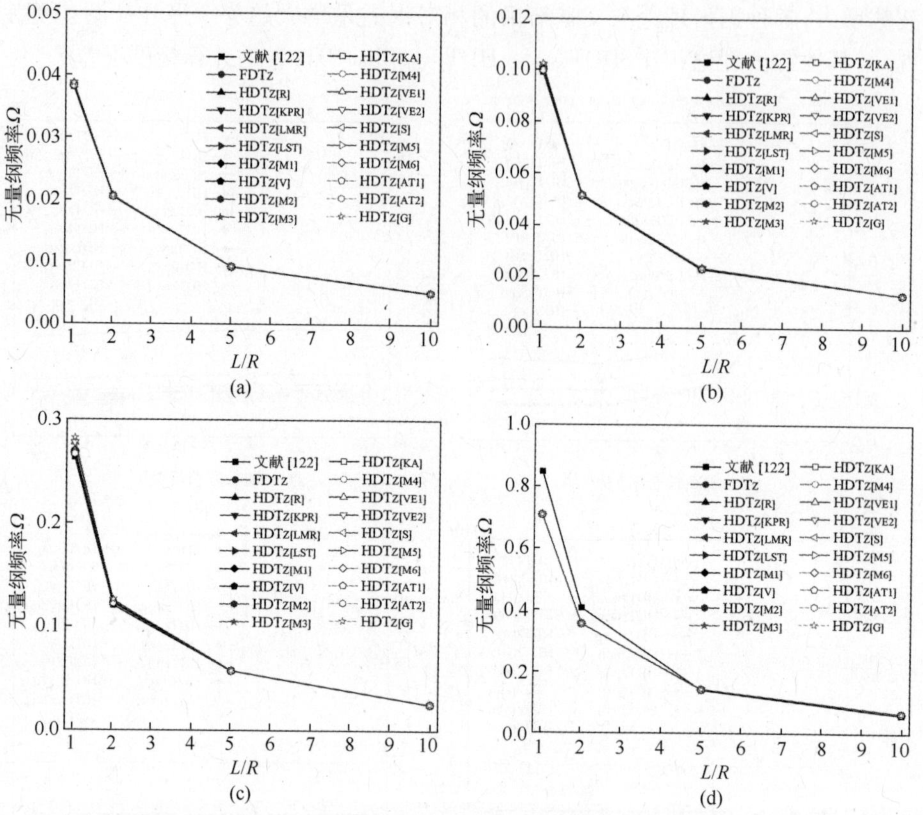

图 4-37 两端简支[0°/90°]圆柱壳无量纲基频

(a) $h/R=0.05$;(b) $h/R=0.1$;(c) $h/R=0.2$;(d) $h/R=0.5$。

第 5 章　层合梁、板及壳体三维弹性理论与振动

对于工程中厚垮比或厚径比较小的层合梁、板及壳体结构的低频振动问题，采用第 4 章介绍的各种简化结构理论可给出近似的解答。这些简化理论是通过引入各种力学假设，将三维弹性力学问题简化为一维或二维问题来分析，它们无法满足结构的所有弹性力学方程且不能计及所有的弹性常数。这意味着改变某些材料参数将对层合结构的计算结果不会产生影响，这显然与实际情况不符。由此产生的误差属于理论性误差，将随层合结构厚跨比和波数的增大而剧增。随着复合材料层合结构被应用于高速民用飞机、高速列车及航天工程等高科技领域，结构的噪声预测和控制成为人们关注的重要问题。在这些领域，人们关心的结构振动与噪声频率范围通常很宽，适用于低频范围的简化理论在预测结构振动与声学特性时将会受到很大的限制。此外，由于工程设计的需要，很多层合梁、板及壳体结构的厚垮比或厚径比已超出了各种简化理论的适用范围，再采用这些理论来分析结构的动态特性必然会带来较大的误差。

本章从三维弹性理论的基本方程出发，抛弃有关位移场或应力场函数的人为简化假设，将层合结构中每个铺层视为独立的三维弹性体，介绍了笛卡儿直角坐标系、柱坐标系和一般空间曲线坐标系下层合长方体、圆板和一般旋转体的分区建模方法，并给出了纤维增强复合材料和三明治夹层材料梁、矩形板、圆板、圆柱壳、圆锥壳和球壳结构的振动算例。本章提供的三维弹性理论解可用于检验各种简化理论（一维梁和二维板壳理论）的可靠性及适用范围。

5.1　层合长方体

5.1.1　基本方程

考虑一个沿厚度方向为任意铺层的复合材料长方体（长度 L、宽度 B 和高度 H），建立如图 5-1 所示的直角坐标系 (x,y,z)。层合板长方体的总层数为 N_l。这里选取层合长方体作为研究对象具有一般意义，若取不同的尺寸比值 H/L、H/B 及 L/B，则长方体对应于工程意义上的梁、板及实体结构。

对复合材料层合长方体引入以下限制：①铺层之间理想黏结无缝隙，黏结层的厚度可忽略不计，其本身不发生变形，各层之间变形连续；②每个铺层的厚度

都是均匀的,其材料为线弹性正交各向异性材料;③结构变形与结构尺寸相比为小量。根据三维弹性体的几何关系式(2-11),第 k 层内任意一点处的应变分量为

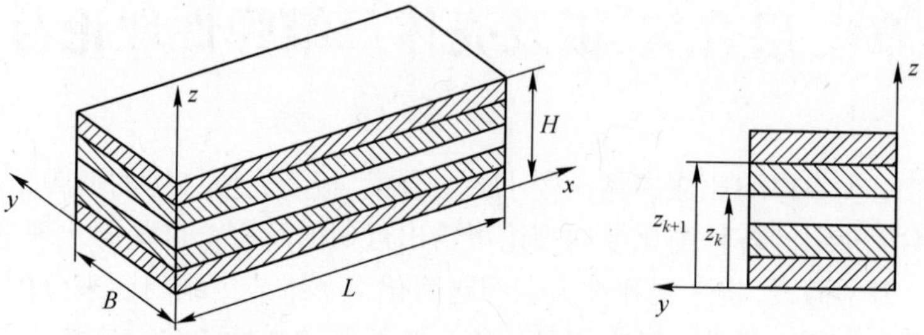

图 5-1　层合长方体几何模型和坐标系

$$\varepsilon_{xx}^{(k)}=\frac{\partial u^{(k)}}{\partial x},\quad \varepsilon_{yy}^{(k)}=\frac{\partial v^{(k)}}{\partial y},\quad \varepsilon_{zz}^{(k)}=\frac{\partial w^{(k)}}{\partial z},$$

$$\gamma_{yz}^{(k)}=\frac{\partial v^{(k)}}{\partial z}+\frac{\partial w^{(k)}}{\partial y},\quad \gamma_{xz}^{(k)}=\frac{\partial w^{(k)}}{\partial x}+\frac{\partial u^{(k)}}{\partial z},\quad \gamma_{xy}^{(k)}=\frac{\partial u^{(k)}}{\partial y}+\frac{\partial v^{(k)}}{\partial x}\tag{5-1}$$

式中:$u^{(k)}$,$v^{(k)}$和 $w^{(k)}$分别为层合长方体第 k 铺层内任意一点处 x,y 和 z 方向的位移分量。

根据复合材料的应力和应变转轴公式,可将第 k 层材料主方向的应力和应变分量转换至层合长方体的结构坐标系中,得到结构坐标系下应力和应变分量之间的关系。第 k 层复合材料的应力-应变关系服从以下方程:

$$\begin{bmatrix}\sigma_{xx}^{(k)}\\ \sigma_{yy}^{(k)}\\ \sigma_{zz}^{(k)}\\ \sigma_{yz}^{(k)}\\ \sigma_{xz}^{(k)}\\ \sigma_{xy}^{(k)}\end{bmatrix}=\begin{bmatrix}\overline{C}_{11}^{(k)} & \overline{C}_{12}^{(k)} & \overline{C}_{13}^{(k)} & 0 & 0 & \overline{C}_{16}^{(k)}\\ \overline{C}_{12}^{(k)} & \overline{C}_{22}^{(k)} & \overline{C}_{23}^{(k)} & 0 & 0 & \overline{C}_{26}^{(k)}\\ \overline{C}_{13}^{(k)} & \overline{C}_{23}^{(k)} & \overline{C}_{33}^{(k)} & 0 & 0 & \overline{C}_{36}^{(k)}\\ 0 & 0 & 0 & \overline{C}_{44}^{(k)} & \overline{C}_{45}^{(k)} & 0\\ 0 & 0 & 0 & \overline{C}_{45}^{(k)} & \overline{C}_{55}^{(k)} & 0\\ \overline{C}_{16}^{(k)} & \overline{C}_{26}^{(k)} & \overline{C}_{36}^{(k)} & 0 & 0 & \overline{C}_{66}^{(k)}\end{bmatrix}\begin{bmatrix}\varepsilon_{xx}^{(k)}\\ \varepsilon_{yy}^{(k)}\\ \varepsilon_{zz}^{(k)}\\ \gamma_{yz}^{(k)}\\ \gamma_{xz}^{(k)}\\ \gamma_{xy}^{(k)}\end{bmatrix}\tag{5-2}$$

式中:$\overline{C}_{ij}^{(k)}(i,j=1,2,3,4,5,6)$为第 k 层材料的偏轴弹性系数,它们由式(2-57)得到,即

$$\overline{C}_{11}^{(k)}=C_{11}^{(k)}\cos^4\theta^{(k)}+2(C_{12}^{(k)}+2C_{66}^{(k)})\cos^2\theta^{(k)}\sin^2\theta^{(k)}+C_{22}^{k}\sin^4\theta^{(k)}\tag{5-3a}$$

$$\overline{C}_{12}^{(k)}=(C_{11}^{(k)}+C_{22}^{(k)}-4C_{66}^{(k)})\cos^2\theta^{(k)}\sin^2\theta^{(k)}+C_{12}^{(k)}(\cos^4\theta^{(k)}+\sin^4\theta^{(k)})\tag{5-3b}$$

$$\overline{C}_{13}^{(k)}=C_{13}^{(k)}\cos^2\theta^{(k)}+C_{23}^{(k)}\sin^2\theta^{(k)} \tag{5-3c}$$

$$\overline{C}_{16}^{(k)}=(C_{11}^{(k)}-C_{12}^{(k)}-2C_{66}^{k})\sin\theta^{(k)}\cos^3\theta^{(k)}+(C_{12}^{(k)}-C_{22}^{(k)}+2C_{66}^{(k)})\sin^3\theta^{(k)}\cos\theta^{(k)} \tag{5-3d}$$

$$\overline{C}_{22}^{(k)}=C_{11}^{(k)}\sin^4\theta^{(k)}+2(C_{12}^{(k)}+2C_{66}^{(k)})\sin^2\theta^{(k)}\cos^2\theta^{(k)}+C_{22}^{(k)}\cos^4\theta^{(k)} \tag{5-3e}$$

$$\overline{C}_{23}^{(k)}=C_{23}^{(k)}\cos^2\theta^{(k)}+C_{13}^{(k)}\sin^2\theta^{(k)} \tag{5-3f}$$

$$\overline{C}_{26}^{(k)}=(C_{11}^{(k)}-C_{12}^{(k)}-2C_{66}^{(k)})\sin^3\theta^{(k)}\cos\theta^{(k)}+(C_{12}^{(k)}-C_{22}^{(k)}+2C_{66}^{(k)})\sin\theta^{(k)}\cos^3\theta^{(k)} \tag{5-3g}$$

$$\overline{C}_{33}^{(k)}=C_{33}^{(k)} \tag{5-3h}$$

$$\overline{C}_{36}^{(k)}=(C_{13}^{(k)}-C_{23}^{(k)})\sin\theta^{(k)}\cos\theta^{(k)} \tag{5-3i}$$

$$\overline{C}_{44}^{(k)}=C_{44}^{(k)}\cos^2\theta^{(k)}+C_{55}^{(k)}\sin^2\theta^{(k)} \tag{5-3j}$$

$$\overline{C}_{45}^{(k)}=(C_{55}^{(k)}-C_{44}^{(k)})\cos\theta^{(k)}\sin\theta^{(k)} \tag{5-3k}$$

$$\overline{C}_{55}^{k}=C_{55}^{(k)}\cos^2\theta^{(k)}+C_{44}^{(k)}\sin^2\theta^{(k)} \tag{5-3l}$$

$$\overline{C}_{66}^{(k)}=(C_{11}^{(k)}+C_{22}^{(k)}-2C_{12}^{(k)})\sin^2\theta^{(k)}\cos^2\theta^{(k)}+C_{66}^{(k)}(\cos^2\theta^{(k)}-\sin^2\theta^{(k)})^2 \tag{5-3m}$$

式中：$\theta^{(k)}$ 为复合材料纤维方向与 x 方向之间的夹角，以逆时针为正，如图 4-6 所示；$C_{ij}^{(k)}$ 为材料主轴方向弹性系数，它们与材料弹性模量、剪切模量以及泊松比之间的关系见式(2-36)。

需要指出，虽然式(5-3)中的弹性系数 $\overline{C}_{ij}^{(k)}$ 表达式在形式上与式(4-17)中某些 $\overline{Q}_{ij}^{(k)}$ 表达式是一致的，但由于三维弹性理论中包含了所有的弹性常数，实际上大部分弹性系数对应的值是不同的，如 $\overline{C}_{11}^{(k)}\neq\overline{Q}_{11}^{(k)}$。

如果不考虑体力，由式(2-58)可得到层合长方体内第 k 层材料的运动微分方程

$$\frac{\partial\sigma_{xx}^{(k)}}{\partial x}+\frac{\partial\sigma_{xy}^{(k)}}{\partial y}+\frac{\partial\sigma_{xz}^{(k)}}{\partial z}=\rho^{(k)}\frac{\partial^2u^{(k)}}{\partial t^2} \tag{5-4a}$$

$$\frac{\partial\sigma_{xy}^{(k)}}{\partial x}+\frac{\partial\sigma_{yy}^{(k)}}{\partial y}+\frac{\partial\sigma_{yz}^{(k)}}{\partial z}=\rho^{(k)}\frac{\partial^2v^{(k)}}{\partial t^2} \tag{5-4b}$$

$$\frac{\partial\sigma_{xz}^{(k)}}{\partial x}+\frac{\partial\sigma_{yz}^{(k)}}{\partial y}+\frac{\partial\sigma_{zz}^{(k)}}{\partial z}=\rho^{(k)}\frac{\partial^2w^{(k)}}{\partial t^2} \tag{5-4c}$$

式中：$\rho^{(k)}$ 为第 k 层材料的质量密度。

层合长方体内铺层界面上应满足位移协调条件和力平衡条件，即在第 k 和 $k+1$ 铺层界面($z=z_{k+1}$)上，有

$$u^{(k)}=u^{(k+1)},\quad v^{(k)}=v^{(k+1)},\quad w^{(k)}=w^{(k+1)} \tag{5-5}$$

$$\sigma_{zx}^{(k)}=\sigma_{zx}^{(k+1)},\quad \sigma_{zy}^{(k)}=\sigma_{zy}^{(k+1)},\quad \sigma_{zz}^{(k)}=\sigma_{zz}^{(k+1)} \tag{5-6}$$

在层合长方体的上下两个表面和4个端面还需给定一定的位移边界条件和力边界条件。在层合长方体的4个端面($x=0,L$ 和 $y=0,B$)上,常见的几种边界条件如下。

自由边界:

$$\text{在 } x=0,L \text{ 处},\quad \sigma_{xx}^{(k)}=\sigma_{xy}^{(k)}=\sigma_{xz}^{(k)}=0 \tag{5-7}$$

$$\text{在 } y=0,B \text{ 处},\quad \sigma_{yy}^{(k)}=\sigma_{yx}^{(k)}=\sigma_{yz}^{(k)}=0 \tag{5-8}$$

简支边界:

$$\text{在 } x=0,L \text{ 处},\quad \sigma_{xx}^{(k)}=v^{(k)}=w^{(k)}=0 \tag{5-9}$$

$$\text{在 } y=0,B \text{ 处},\quad \sigma_{yy}^{(k)}=u^{(k)}=w^{(k)}=0 \tag{5-10}$$

固支边界:

$$\text{在 } x=0,L \text{ 处},\quad u^{(k)}=v^{(k)}=w^{(k)}=0 \tag{5-11}$$

$$\text{在 } y=0,B \text{ 处},\quad u^{(k)}=v^{(k)}=w^{(k)}=0 \tag{5-12}$$

需要指出,对于层合梁问题,通常仅需要考虑其长度方向(x)两个端面的边界条件,宽度方向(y)的边界条件按自由边界处理,即在 $y=0,B$ 处,$\sigma_{yy}^{(k)}=\sigma_{yx}^{(k)}=\sigma_{yz}^{(k)}=0$。

层合长方体上下两个表面($z=0,H$)一般作为承载面,其对应的边界条件可按照应力边界条件式(2-61)处理。如果在上、下两个表面上给定部分位移和部分应力边界时,则需考虑混合边界条件。对于自由表面问题,不考虑结构外载荷作用,层合长方体上、下两个表面应满足如下应力边界条件

$$\text{在 } z=0 \text{ 处},\quad \sigma_{zz}^{(1)}=\sigma_{zx}^{(1)}=\sigma_{zy}^{(1)}=0 \tag{5-13}$$

$$\text{在 } z=H \text{ 处},\quad \sigma_{zz}^{(N_l)}=\sigma_{zx}^{(N_l)}=\sigma_{zy}^{(N_l)}=0 \tag{5-14}$$

5.1.2 分区力学模型

在三维弹性理论分析中,层合结构中的每一个铺层都被视为一个单独结构并具有独立的位移场。沿着 x 和 y 方向将层合长方体分解为 N_x 和 N_y 个子域,然后在每个子域内沿铺层界面将该子区分解为 N_l 个铺层子域,则整个层合长方体一共被分解为 $N_x \times N_y \times N_l$ 个子域,如图5-2所示。为了提高计算结果精度和收敛速度,可将每个物理铺层进一步分解为 N_f 个数值层,这样整个层合长方体共被分解为 $N_x \times N_y \times N_l \times N_f$ 个子域。图5-2中每个物理铺层中的虚线表示数值层界面。

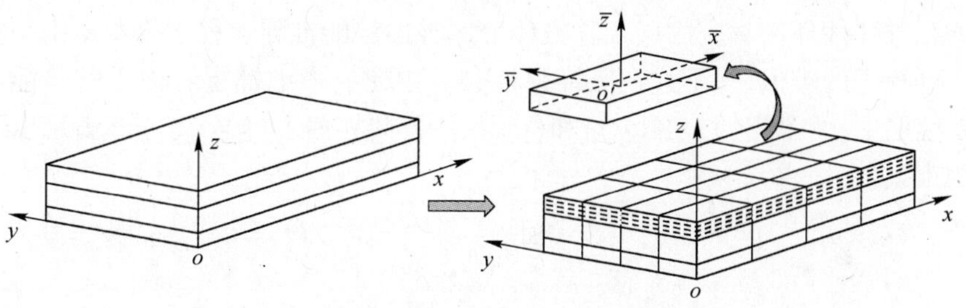

图 5-2 层合长方体分区模型

基于分区 Nitsche 变分法，构造出层合长方体的能量泛函 Π 为

$$\Pi=\int_{t_0}^{t_1}\sum_{i=1}^{N_x}\sum_{j=1}^{N_y}\sum_{k=1}^{N_l}(T_{ij}^{(k)}-U_{ij}^{(k)}+W_{ij}^{(k)})\,\mathrm{d}t+\int_{t_0}^{t_1}\sum\sum\sum(\overline{\Pi}_{i,i+1}+\widetilde{\Pi}_{j,j+1}+\hat{\Pi}_{k,k+1})\,\mathrm{d}t \tag{5-15}$$

式中：$T_{ij}^{(k)}$ 和 $U_{ij}^{(k)}$ 分别为层合长方体第 k 层内第(i,j)个子域的动能和应变能；$W_{ij}^{(k)}$ 为作用于该子域上的外力所做的功；$\overline{\Pi}_{i,i+1}$ 为第 k 层内第(i,j)和$(i+1,j)$分区界面$(x=x_{i+1})$上的界面势能；$\widetilde{\Pi}_{j,j+1}$为第 k 层内第(i,j)和$(i,j+1)$分区界面$(y=y_{i+1})$上的界面势能；$\hat{\Pi}_{k,k+1}$为与第(i,j)分区相关的第 k 和 $k+1$ 铺层界面$(z=z_{i+1})$势能。

第 k 层内第(i,j)子域的动能表达式为

$$T_{ij}^{(k)}=\frac{1}{2}\iiint_{V_{ij}^{(k)}}\rho^{(k)}[(\dot{u}^{(k)})^2+(\dot{v}^{(k)})^2+(\dot{w}^{(k)})^2]\,\mathrm{d}x\mathrm{d}y\mathrm{d}z \tag{5-16}$$

式中：$\dot{u}^{(k)}$，$\dot{v}^{(k)}$ 和$\dot{w}^{(k)}$分别为子域内任意一点沿着坐标 x，y 和 z 方向的速度分量；$V_{ij}^{(k)}$ 为子域的体积。

第 k 层内第(i,j)个子域的应变能为

$$U_{ij}^{(k)}=\frac{1}{2}\iiint_{V_{ij}^{(k)}}(\sigma_{xx}^{(k)}\varepsilon_{xx}^{(k)}+\sigma_{yy}^{(k)}\varepsilon_{yy}^{(k)}+\sigma_{zz}^{(k)}\varepsilon_{zz}^{(k)}+\sigma_{yz}^{(k)}\gamma_{yz}^{(k)}+\sigma_{xz}^{(k)}\gamma_{xz}^{(k)}+\sigma_{xy}^{(k)}\gamma_{xy}^{(k)})\,\mathrm{d}x\mathrm{d}y\mathrm{d}z \tag{5-17}$$

将式(5-1)和式(5-2)代入式(5-17)，可得到以位移变量 $u^{(k)}$，$v^{(k)}$和 $w^{(k)}$ 表示的应变能表达式。

假设层合长方体第 k 层内第(i,j)个子域上作用有任意方向的载荷，在该子域上外力所做的功 $W_{ij}^{(k)}$ 为

$$W_{ij}^{(k)}=\iint_{S_i^k}(f_u u^{(k)}+f_v v^{(k)}+f_w w^{(k)})\,\mathrm{d}S \tag{5-18}$$

式中：f_u，f_v 和 f_w 分别为沿着 x，y 和 z 方向的载荷分量；S_i^k 为载荷作用区域。集中载荷可由 Dirac Delta 函数引入到上述积分中。

三维弹性理论对应的层合长方体分区界面势能推导过程与第4章中一维梁和二维板壳的类似，只不过在三维弹性分析中还要考虑铺层界面上的势能。在第 k 铺层中，两个相邻分区 (i,j) 和 $(i+1,j)$ 公共界面上 $(x=x_{i+1})$ 要满足以下位移约束条件：

$$\overline{\Theta}_u = u_{i,j}^{(k)} - u_{i+1,j}^{(k)} = 0,\quad \overline{\Theta}_v = v_{i,j}^{(k)} - v_{i+1,j}^{(k)} = 0,\quad \overline{\Theta}_w = w_{i,j}^{(k)} - w_{i+1,j}^{(k)} = 0 \tag{5-19}$$

在两个相邻分区 (i,j) 和 $(i,j+1)$ 的公共界面上 $(y=y_{j+1})$ 要满足的位移约束条件为

$$\widetilde{\Theta}_u = u_{i,j}^{(k)} - u_{i,j+1}^{(k)} = 0,\quad \widetilde{\Theta}_v = v_{i,j}^{(k)} - v_{i,j+1}^{(k)} = 0,\quad \widetilde{\Theta}_w = w_{i,j}^{(k)} - w_{i,j+1}^{(k)} = 0 \tag{5-20}$$

在第 (i,j) 分区中两个相邻铺层 k 和 $k+1$ 公共界面 $(z=z_{k+1})$ 上处要满足的位移约束条件为

$$\hat{\Theta}_u = u_{i,j}^{(k)} - u_{i,j}^{(k+1)} = 0,\quad \hat{\Theta}_v = v_{i,j}^{(k)} - v_{i,j}^{(k+1)} = 0,\quad \hat{\Theta}_w = w_{i,j}^{(k)} - w_{i,j}^{(k+1)} = 0 \tag{5-21}$$

将式(5-19)~式(5-21)中的位移约束方程引入层合长方体界面势能泛函中，建立起 $\overline{\Pi}_{i,i+1}$，$\widetilde{\Pi}_{j,j+1}$ 和 $\hat{\Pi}_{k,k+1}$ 的表达式为

$$\overline{\Pi}_{i,i+1} = \int_{\overline{S}_i} (\overline{\lambda}_u \overline{\Theta}_u + \overline{\lambda}_v \overline{\Theta}_v + \overline{\lambda}_w \overline{\Theta}_w)\big|_{x=x_{i+1}} \mathrm{d}S \tag{5-22}$$

$$\widetilde{\Pi}_{j,j+1} = \int_{\widetilde{S}_j} (\widetilde{\lambda}_u \widetilde{\Theta}_u + \widetilde{\lambda}_v \widetilde{\Theta}_v + \widetilde{\lambda}_w \widetilde{\Theta}_w)\big|_{y=y_{j+1}} \mathrm{d}S \tag{5-23}$$

$$\hat{\Pi}_{k,k+1} = \int_{\hat{S}_k} (\hat{\lambda}_u \hat{\Theta}_u + \hat{\lambda}_v \hat{\Theta}_v + \hat{\lambda}_w \hat{\Theta}_w)\big|_{z=z_{k+1}} \mathrm{d}S \tag{5-24}$$

式中：$\overline{\lambda}_u$，$\overline{\lambda}_v$ 和 $\overline{\lambda}_w$ 为第 k 铺层中 (i,j) 和 $(i+1,j)$ 分区界面上与位移约束方程相关的未知变量；$\widetilde{\lambda}_u$，$\widetilde{\lambda}_v$ 和 $\widetilde{\lambda}_w$ 为第 k 铺层中分区 (i,j) 和 $(i,j+1)$ 界面上的未知变量；$\hat{\lambda}_u$，$\hat{\lambda}_v$ 和 $\hat{\lambda}_w$ 为第 k 和 $k+1$ 铺层界面 $(z=z_{k+1})$ 上的未知变量；$\overline{S}_i$、$\widetilde{S}_j$ 和 $\hat{S}_k$ 为子域分区界面和铺层界面。

将式(5-16)~式(5-18)和式(5-22)~式(5-24)代入式(5-15)，可以识别出分区界面上的未知量的具体表达式，即

$$\overline{\lambda}_u = \sigma_{xx},\quad \overline{\lambda}_v = \sigma_{xy},\quad \overline{\lambda}_w = \sigma_{xz} \tag{5-25}$$

$$\widetilde{\lambda}_u = \sigma_{yx},\quad \widetilde{\lambda}_v = \sigma_{yy},\quad \widetilde{\lambda}_w = \sigma_{yz} \tag{5-26}$$

$$\hat{\lambda}_u = \sigma_{zx},\quad \hat{\lambda}_v = \sigma_{zy},\quad \hat{\lambda}_w = \sigma_{zz} \tag{5-27}$$

显然，识别出来的分区界面未知量具有实际的物理意义，它们是分区界面相关位移约束方向上的应力分量，如图5-3所示。

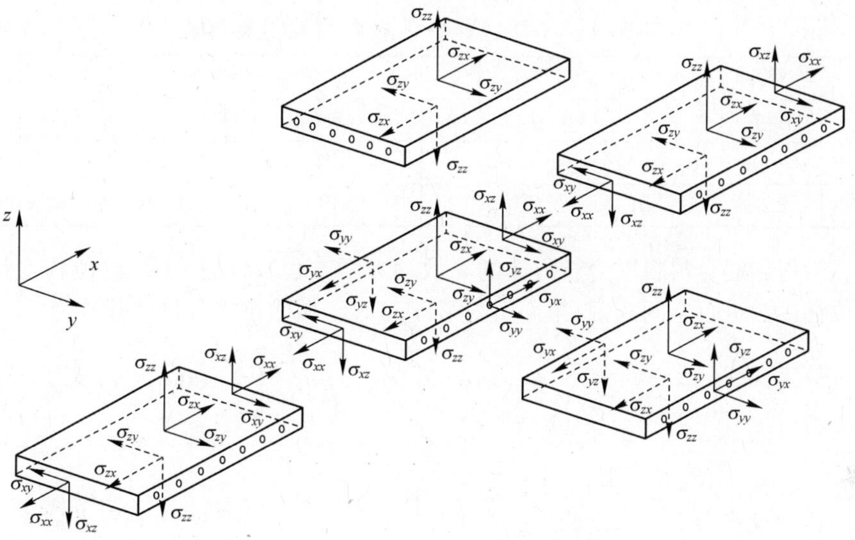

图 5-3　子域界面上的应力分量

将式(5-25)~式(5-27)分别代入式(5-22)~式(5-24),并将层合长方体位移边界视为一种特殊的分区界面,最后对分区界面势能$\overline{\Pi}_{i,i+1}$,$\widetilde{\Pi}_{j,j+1}$和$\hat{\Pi}_{k,k+1}$进行修正,得

$$\overline{\Pi}_{i,i+1}=\int_{\bar{S}_i}(\bar{\varsigma}_u\sigma_{xx}\overline{\Theta}_u+\bar{\varsigma}_v\sigma_{xy}\overline{\Theta}_v+\bar{\varsigma}_w\sigma_{xz}\overline{\Theta}_w)\mathrm{d}S-\frac{1}{2}\int_{\bar{S}_i}(\bar{\varsigma}_u\kappa_u\overline{\Theta}_u^2+\bar{\varsigma}_v\kappa_v\overline{\Theta}_v^2+\bar{\varsigma}_w\kappa_w\overline{\Theta}_w^2)\mathrm{d}S \tag{5-28}$$

$$\widetilde{\Pi}_{j,j+1}=\int_{\tilde{S}_j}(\tilde{\varsigma}_u\sigma_{yx}\widetilde{\Theta}_u+\tilde{\varsigma}_v\sigma_{yy}\widetilde{\Theta}_v+\tilde{\varsigma}_w\sigma_{yz}\widetilde{\Theta}_w)\mathrm{d}S-\frac{1}{2}\int_{\tilde{S}_j}(\tilde{\varsigma}_u\kappa_u\widetilde{\Theta}_u^2+\tilde{\varsigma}_v\kappa_v\widetilde{\Theta}_v^2+\tilde{\varsigma}_w\kappa_w\widetilde{\Theta}_w^2)\mathrm{d}S \tag{5-29}$$

$$\hat{\Pi}_{k,k+1}=\int_{\hat{S}_i}(\sigma_{zx}\hat{\Theta}_u+\sigma_{zy}\hat{\Theta}_v+\sigma_{zz}\hat{\Theta}_w)\mathrm{d}S-\frac{1}{2}\int_{\hat{S}_i}(\kappa_u\hat{\Theta}_u^2+\kappa_v\hat{\Theta}_v^2+\kappa_w\hat{\Theta}_w^2)\mathrm{d}S \tag{5-30}$$

式中:$\bar{\varsigma}_\nu(\nu=u,v,w)$为分区界面($x=x_{i+1}$)和边界界面($x=0,L$)上的位移约束方程控制参数;$\tilde{\varsigma}_\nu$为分区界面($y=y_{j+1}$)和边界界面($y=0,B$)上的位移约束方程控制参数;$\kappa_\nu$为分区界面上的权参数,$\kappa_\nu=10^3E$($E$为所有铺层中弹性模量的最大值)。

对于内部分区界面,$\varsigma_\nu=\tilde{\varsigma}_\nu=1$;而对于常见的 3 种边界条件,即自由、简支和固支,$\bar{\varsigma}_\nu$ 和 $\tilde{\varsigma}_\nu$的取值见表 5-1。若去掉$\overline{\Pi}_{i,i+1}$和$\widetilde{\Pi}_{j,j+1}$中的第一个积分项,则第二项可以处理弹性边界条件,此时权参数 κ_ν 可视为边界 $x=0,L$ 和 $y=0,B$ 处相关方向上的弹性刚度系数,相应地$\overline{\Pi}_{i,i+1}$和$\widetilde{\Pi}_{j,j+1}$为每个铺层边界处的弹性势能。

表 5-1 不同边界条件对应的控制参数值

	位移约束($x=0,L$)	$\bar{\varsigma}_u$	$\bar{\varsigma}_v$	$\bar{\varsigma}_w$	位移约束($y=0,B$)	$\tilde{\varsigma}_u$	$\tilde{\varsigma}_v$	$\tilde{\varsigma}_w$
自由	无约束	0	0	0	无约束	0	0	0
简支	$v^{(k)}=w^{(k)}=0$	0	1	1	$u^{(k)}=w^{(k)}=0$	1	0	1
固支	$u^{(k)}=v^{(k)}=w^{(k)}=0$	1	1	1	$u^{(k)}=v^{(k)}=w^{(k)}=0$	1	1	1

为得到复合材料层合长方体的离散动力学方程，将结构子域的位移变量采用位移函数进行空间离散，第 k 层内第(i,j)个子域的位移分量展开式为

$$u_{i,j}^{(k)}(\bar{x},\bar{y},\bar{z},t)=\sum_{i_x=0}^{I_x}\sum_{i_y=0}^{I_y}\sum_{i_z=0}^{I_z}\psi_{i_x}(\bar{x})\psi_{i_y}(\bar{y})\psi_{i_z}(\bar{z})\ \tilde{u}_{i_xi_yi_z}(t)=\boldsymbol{\psi}(\bar{x},\bar{y},\bar{z})\ \boldsymbol{u}_{i,j}^{(k)}(t) \tag{5-31a}$$

$$v_{i,j}^{(k)}(\bar{x},\bar{y},\bar{z},t)=\sum_{i_x=0}^{I_x}\sum_{i_y=0}^{I_y}\sum_{i_z=0}^{I_z}\psi_{i_x}(\bar{x})\psi_{i_y}(\bar{y})\psi_{i_z}(\bar{z})\ \tilde{v}_{i_xi_yi_z}(t)=\boldsymbol{\psi}(\bar{x},\bar{y},\bar{z})\ \boldsymbol{v}_{i,j}^{(k)}(t) \tag{5-31b}$$

$$w_{i,j}^{(k)}(\bar{x},\bar{y},\bar{z},t)=\sum_{i_x=0}^{I_x}\sum_{i_y=0}^{I_y}\sum_{i_z=0}^{I_z}\psi_{i_x}(\bar{x})\psi_{i_y}(\bar{y})\psi_{i_z}(\bar{z})\ \tilde{w}_{i_xi_yi_z}(t)=\boldsymbol{\psi}(\bar{x},\bar{y},\bar{z})\ \boldsymbol{w}_{i,j}^{(k)}(t) \tag{5-31c}$$

式中：$\psi_{i_x}(\bar{x})$，$\psi_{i_y}(\bar{y})$和 $\psi_{i_z}(\bar{z})$为位移函数展开式，其中$\bar{x}$，$\bar{y}$和$\bar{z}$为无量纲坐标（见图 5-2），下标 i_x、i_y 和 i_z 为位移函数的阶数；I_x，I_y 和 I_z 为截取的位移函数最高阶数；$\tilde{u}_{i_xi_yi_z}$，$\tilde{v}_{i_xi_yi_z}$ 和$\tilde{w}_{i_xi_yi_z}$ 为位移函数系数或广义位移；$\boldsymbol{\psi}(\bar{x},\bar{y},\bar{z})$为位移函数向量；$\boldsymbol{u}_{i,j}^{(k)}$，$\boldsymbol{v}_{i,j}^{(k)}$ 和$\boldsymbol{w}_{i,j}^{(k)}$ 为位移系数向量或广义位移向量。

可采用第 2 章给出的多项式对子域位移变量展开，如幂级数、第一类切比雪夫正交多项式、第二类切比雪夫正交多项式、第一类勒让德正交多项式和厄米特正交多项式等。采用上述级数或多项式作为层合长方体的位移展开函数时，需要考虑它们的收敛范围并引入相应的坐标变换（$x\to\bar{x}$，$y\to\bar{y}$和 $z\to\bar{z}$），这里不再赘述。

如果层合长方体 x 或 y 方向上的两个端面为简支边界时，可采用解析模态函数作为位移函数展开式。在这种情况下，分区建模方法退化为一种半解析方法。如果层合长方体在 $y=0$ 和 $y=B$ 处为简支边界条件，则可以将式(5-31)写为

$$u_{i,j}^{(k)}(\bar{x},y,\bar{z},t)=\sum_{i_x=0}^{I_x}\sum_{n=0}^{N}\sum_{i_z=0}^{I_z}\psi_{i_x}(\bar{x})\sin\left(\frac{n\pi y}{B}\right)\psi_{i_z}(\bar{z})\ \tilde{u}_{i_xni_z}(t)=\boldsymbol{\psi}(\bar{x},y,\bar{z})\ \boldsymbol{u}_{i,j}^{(k)}(t) \tag{5-32a}$$

$$v_{i,j}^{(k)}(\bar{x},y,\bar{z},t)=\sum_{i_x=0}^{I_x}\sum_{n=0}^{N}\sum_{i_z=0}^{I_z}\psi_{i_x}(\bar{x})\cos\left(\frac{n\pi y}{B}\right)\psi_{i_z}(\bar{z})\ \tilde{v}_{i_xni_z}(t)=\boldsymbol{\psi}(\bar{x},y,\bar{z})\ \boldsymbol{v}_{i,j}^{(k)}(t) \tag{5-32b}$$

$$w_{i,j}^{(k)}(\bar{x},y,\bar{z},t)=\sum_{i_x=0}^{I_x}\sum_{n=0}^{N}\sum_{i_z=0}^{I_z}\psi_{i_x}(\bar{x})\sin\left(\frac{n\pi y}{B}\right)\psi_{i_z}(\bar{z})\ \tilde{w}_{i_xni_z}(t)=\boldsymbol{\psi}(\bar{x},y,\bar{z})\ \boldsymbol{w}_{i,j}^{(k)}(t) \tag{5-32c}$$

式中：n 为振型沿 y 方向的半波数。

如果层合长方体在 $x=0,L$ 处为简支边界条件，可将式(5-31)写为

$$u_{i,j}^{(k)}(x,\bar{y},\bar{z},t)=\sum_{m=0}^{M}\sum_{i_y=0}^{I_y}\sum_{i_z=0}^{I_z}\cos\left(\frac{m\pi x}{L}\right)\psi_{i_y}(\bar{y})\psi_{i_z}(\bar{z})\ \tilde{u}_{mi_yi_z}(t)\ =\boldsymbol{\psi}(x,\bar{y},\bar{z})\boldsymbol{u}_{i,j}^{(k)}(t) \tag{5-33a}$$

$$v_{i,j}^{(k)}(x,y,\bar{z},t)=\sum_{m=0}^{M}\sum_{i_y=0}^{I_y}\sum_{i_z=0}^{I_z}\sin\left(\frac{m\pi x}{L}\right)\psi_{i_y}(\bar{y})\psi_{i_z}(\bar{z})\ \tilde{v}_{mi_yi_z}(t)\ =\boldsymbol{\psi}(x,\bar{y},\bar{z})\boldsymbol{v}_{i,j}^{(k)}(t) \tag{5-33b}$$

$$w_{i,j}^{(k)}(x,y,\bar{z},t)=\sum_{m=0}^{M}\sum_{i_y=0}^{I_y}\sum_{i_z=0}^{I_z}\sin\left(\frac{m\pi x}{L}\right)\psi_{i_y}(\bar{y})\psi_{i_z}(\bar{z})\ \tilde{w}_{mi_yi_z}(t)\ =\boldsymbol{\psi}(x,\bar{y},\bar{z})\boldsymbol{w}_{i,j}^{(k)}(t) \tag{5-33c}$$

式中，m 为振型沿 x 方向的半波数。

将式(5-16)～式(5-18)、式(5-28)～式(5-30)和式(5-31)代入式(5-15)，对 $\varPi$ 取一阶变分并令 $\delta\varPi=0$，得到层合长方体的离散动力学方程为

$$\boldsymbol{M}\ddot{\boldsymbol{q}}+(\boldsymbol{K}-\boldsymbol{K}_\lambda+\boldsymbol{K}_\kappa)\boldsymbol{q}=\boldsymbol{F} \tag{5-34}$$

式中：$\boldsymbol{q}$ 为层合长方体位移系数向量集合，记为 $\boldsymbol{q}=[\tilde{\boldsymbol{u}}_{1,1}^{1,\mathrm{T}},\tilde{\boldsymbol{v}}_{1,1}^{1,\mathrm{T}},\tilde{\boldsymbol{w}}_{1,1}^{1,\mathrm{T}},\cdots,\tilde{\boldsymbol{u}}_{N_x,N_y}^{N_l,\mathrm{T}},\tilde{\boldsymbol{v}}_{N_x,N_y}^{N_l,\mathrm{T}},\tilde{\boldsymbol{w}}_{N_x,N_y}^{N_l,\mathrm{T}}]^{\mathrm{T}}$，$\boldsymbol{q}$ 对应的自由度数目为 $3\times(I_x+1)\times(I_y+1)\times(I_z+1)\times N_x\times N_y\times N_l$，如果将每个物理铺层进一步分解为 N_f 个数值层，则自由度数目为 $3\times(I_x+1)\times(I_y+1)\times(I_z+1)\times N_x\times N_y\times N_l\times N_f$，任意一半波数 n 对应的对边简支层合长方体自由度数目为 $3\times(I_x+1)\times(I_z+1)\times N_x\times N_l$（考虑数值层时为 $3\times(I_x+1)\times(I_z+1)\times N_x\times N_l\times N_f$）；$\boldsymbol{M}$ 和 $\boldsymbol{K}$ 分别为子域广义质量矩阵和刚度矩阵的组装矩阵；$\boldsymbol{K}_\lambda$ 和 $\boldsymbol{K}_\kappa$ 为分区界面矩阵的组装矩阵；$\boldsymbol{F}$ 为广义外力向量。

5.1.3 数值算例

在三维弹性理论基础上，基于分区方法分析不同边界条件的正交铺设、角铺设以及三明治夹层长方体（包括梁、板及实体）的自由振动和强迫振动。为了便于讨论，采用 F、S、C 和 E 来描述自由、简支、固支和弹性边界条件，并以上述字符组合来描述层合长方体的边界条件，如 FSCE 表示长方体在 $x=0$ 处为自由，$y=0$ 处为简支，$x=L$ 处为固支和 $y=B$ 处为弹性支撑边界。

一、正交铺设层合梁、板及实体自由振动

下面以四端简支（SSSS）、正交铺设[0°/90°/0°]层合厚板为例来考察分区方法的收敛性。板的几何参数为 $H/B=0.5$，$L/B=1,5,10$，$B=1\mathrm{m}$，每个铺层的

厚度相等;材料参数为 $E_1=40E_2, E_2=E_3=2\text{GPa}, G_{23}/E_2=0.5, G_{13}=G_{12}=0.6E_2, \mu_{23}=\mu_{13}=\mu_{12}=0.25, \rho=1500\text{kg/m}^3$。当 $L/B=10$ 时,层合板可视为梁结构。由于在 $y=0$ 和 $y=B$ 两个端面处,层合板的边界条件为简支,通过指定 y 方向某一半波数 n 则可采用半解析区域分解法来计算板的自由振动频率。计算中,每个铺层内子域位移变量在 x 和 z 方向均以第一类切比雪夫正交多项式进行展开,截取阶次分别为 I_x 和 I_y。

表 5-2 给出了 y 方向半波数 $n=1$ 时,不同 $I_x\times I_z\times N_x$ 对应的层合板前 6 阶、第 10 阶和第 20 阶固有频率。结果表明,随着分域数目 N_x 和域内多项式项数 $I_x\times I_z$ 的增加,不同跨度比的层合板频率均是快速且稳定收敛的。分区方法的收敛速度与层合板的几何尺寸和模态阶次有关,如 $L/B=1$ 和 $L/B=10$ 时,$5\times5\times2$ 与 $11\times11\times6$ 计算出的前 5 阶频率最大相对误差仅为 0.01% 和 0.5%,而第 20 阶振动频率最大相对误差分别为 0.03% 和 47.5%。由于本例中层合板的厚度较大,每个铺层内厚度方向至少要取 5 阶多项式方能保证频率结果具有较高的精度。可以预见随着层合板模态阶数增大,板厚度方向的振动变形将会越来越复杂。若要保证频率结果收敛,则厚度方向的多项式项数也要相应地增加。对于 L/B 较大的层合板,可采用一定数目的多项式(如 $I_x=7$)对子域位移变量的 x 方向分量进行展开,通过增加 x 方向的分域数目 N_x 可使频率结果快速收敛。

表 5-2 [0°/90°/0°]厚壁层合板固有频率(边界条件:SSSS;$n=1$)(Hz)

L/B	$I_x\times I_z\times N_x$	模态阶数							
		1	2	3	4	5	6	10	20
1	5×2×2	447.203	479.396	885.617	955.917	1154.506	1299.307	1511.577	2163.801
	5×5×2	447.203	474.462	874.077	955.297	1148.699	1282.952	1496.633	2151.709
	5×7×2	447.203	474.461	874.030	955.297	1148.698	1282.952	1496.627	2151.542
	7×4×6	447.203	474.492	874.600	955.297	1148.717	1283.028	1496.729	2152.583
	11×11×6	447.203	474.461	874.022	955.297	1148.698	1282.952	1496.623	2151.064
5	5×2×2	260.703	292.439	343.684	407.726	447.211	483.898	811.279	1232.984
	5×5×2	256.341	288.515	339.944	403.629	447.211	478.895	800.673	1216.082
	5×7×2	256.341	288.515	339.944	403.629	447.211	478.894	800.568	1216.082
	7×5×4	256.341	288.515	339.910	403.469	447.211	474.473	735.030	1129.511
	7×5×6	256.341	288.515	339.910	403.469	447.211	474.473	735.030	1126.645
	11×11×6	256.341	288.515	339.910	403.469	447.211	474.473	735.030	1126.427
10	5×2×2	253.905	260.704	273.680	292.505	317.748	357.424	537.050	1110.576
	5×5×2	249.380	256.341	269.539	288.580	313.969	353.515	537.046	1107.193
	5×7×2	249.380	256.341	269.539	288.580	313.969	353.514	537.046	1107.191
	7×5×4	249.380	256.341	269.529	288.515	312.302	339.910	447.213	773.423
	7×5×6	249.380	256.341	269.529	288.515	312.302	339.910	447.213	750.493
	11×11×6	249.380	256.341	269.529	288.515	312.302	339.910	447.213	750.050

表 5-3 列出了不同厚跨比 H/B 对应的四端简支层合方板（$L/B=1$）固有频率。板的宽度为 $B=1\text{m}$，材料参数同前。当 $H/B=L/B=1$，层合板变为一正方体。结果表明，随着层合板厚跨比 H/B 的增大，为保证频率结果收敛，须增加铺层厚度方向的多项式项数，并且随着厚度方向多项式项数的增加，频率结果的收敛速度也增快。对于 $0.01\leqslant h/B\leqslant 0.05$ 的层合薄板，每个铺层厚度方向的多项式阶数取 $I_z=2$ 即可得到较高精度的频率结果，如 $H=0.01$ 时 $5\times2\times8$ 与 $11\times11\times6$ 计算出的前 20 阶振动频率的最大相对误差仅为 0.1%；对于 $0.05\leqslant H/B\leqslant 0.1$ 的中厚板，取 $I_z=3$；对于 $0.1\leqslant h/B\leqslant 1$ 的厚板（包括正方体结构），$I_z=5$。需要指出的是，对于特别厚的层合结构（$1<H/B$），为了保证结果收敛而一味地增加厚度方向多项式项数可能会导致质量矩阵和刚度矩阵的积分时间过长且会出现病态矩阵问题。适当地在厚度方向选取一定数目的多项式（如 $I_z=3$），通过将每个物理铺层进一步分解为若干个数值层，不仅能使频率结果快速收敛，还可以减小计算耗费。

表 5-3　[0°/90°/0°] 层合板和正方体频率（边界条件：SSSS；$n=1$）(Hz)

H/B	$I_x\times I_z\times N_x$	模态阶数							
		1	2	3	4	5	6	10	20
0.01	5×1×2	34.624	130.001	286.508	447.203	498.891	793.692	2336.974	6019.679
	5×2×2	34.601	129.836	285.783	447.203	496.830	788.340	2336.583	6017.103
	5×3×2	34.600	129.833	285.770	447.203	496.793	788.148	2336.583	6017.103
	5×2×8	34.601	129.817	285.324	447.203	494.948	751.767	2110.620	3443.852
	7×2×4	34.601	129.817	285.324	447.203	494.947	751.767	2110.799	3443.852
	11×11×6	34.600	129.815	285.312	447.203	494.912	751.684	2109.808	3443.851
0.05	5×2×2	160.653	447.203	506.451	924.320	1360.177	1826.064	2523.694	6337.259
	5×2×4	160.653	447.203	506.440	923.989	1358.220	1795.854	2523.575	4168.086
	5×2×6	160.653	447.203	506.440	923.989	1358.204	1795.764	2523.575	4167.347
	7×2×4	160.653	447.203	506.440	923.989	1358.204	1795.762	2523.575	4167.172
	7×3×4	160.627	447.203	506.225	923.130	1355.962	1791.146	2523.574	4167.168
	11×11×6	160.627	447.203	506.225	923.123	1355.929	1791.044	2523.574	4167.164
0.1	5×3×2	270.076	447.203	686.475	1119.443	1554.326	2014.652	2618.628	4514.590
	5×4×2	270.076	447.203	686.459	1119.322	1553.886	2013.508	2615.715	4514.547
	5×5×2	270.076	447.203	686.459	1119.318	1553.858	2013.375	2614.737	4514.547
	5×7×8	270.076	447.203	686.451	1119.051	1552.629	1986.747	2468.207	4160.260
	7×5×4	270.076	447.203	686.451	1119.051	1552.629	1986.746	2468.207	4160.745
	11×11×6	270.076	447.203	686.451	1119.051	1552.628	1986.743	2468.207	4159.840

（续）

H/B	$I_x \times I_z \times N_x$	模态阶数							
		1	2	3	4	5	6	10	20
1.0	5×5×2	447.203	524.764	614.932	719.700	912.241	930.567	1207.978	1566.884
	5×5×4	447.203	524.764	614.932	719.700	912.235	930.566	1207.973	1566.693
	5×7×2	447.203	524.744	614.932	719.685	911.722	930.550	1207.758	1566.030
	5×7×8	447.203	524.744	614.932	719.685	911.715	930.550	1207.752	1565.839
	7×7×4	447.203	524.744	614.932	719.685	911.715	930.550	1207.752	1565.839
	11×11×6	447.203	524.744	614.932	719.685	911.686	930.550	1207.740	1565.711

从表5-3中发现，不同厚度的层合板均存在一阶相同的频率，即447.203Hz，并且随着层合板厚度的增大该频率对应的模态阶次呈降低趋势。如 $H/B=0.01,0.05,0.1,1$ 时，该频率阶次分别为4，2，2和1。实际上，该频率是层合板（或实体）的面内剪切振动频率。为了研究这一振动频率对应的层合板变形特征，将四端简支层合板中第 k 铺层的位移展开为如下形式：

$$u^{(k)}(x,y,z,t)=\sum_{m=0}^{M}\sum_{n=0}^{N}U_{mn}(z)\cos\left(\frac{m\pi x}{L}\right)\sin\left(\frac{n\pi y}{B}\right)\tilde{u}_{mn}\mathrm{e}^{\mathrm{i}\omega t} \tag{5-35a}$$

$$v^{(k)}(x,y,z,t)=\sum_{m=0}^{M}\sum_{n=0}^{N}V_{mn}(z)\sin\left(\frac{m\pi x}{L}\right)\cos\left(\frac{n\pi y}{B}\right)\tilde{v}_{mn}\mathrm{e}^{\mathrm{i}\omega t} \tag{5-35b}$$

$$w^{(k)}(x,y,z,t)=\sum_{m=0}^{M}\sum_{n=0}^{N}W_{mn}(z)\sin\left(\frac{m\pi x}{L}\right)\sin\left(\frac{n\pi y}{B}\right)\tilde{w}_{mn}\mathrm{e}^{\mathrm{i}\omega t} \tag{5-35c}$$

式中：m 和 n 分别为四端简支层合板振型沿 x 和 y 方向的半波数。

薄壁层合板的基频振动一般都是弯曲振动，但当层合板厚度较大或材料横向和面内剪切模量较小时，层合板的基频振动有可能是剪切变形振动。去掉式(5-35)中的求和符号仅考虑(m,n)模态，不妨设 $m=0$，将$(0,n)$对应的模态函数代入层合板第 k 铺层的三维弹性体运动微分方程式(5-4)，化简，得

$$\overline{C}_{55}^{(k)}\frac{\partial^2 U_{0n}}{\partial z^2}+\left[\rho^{(k)}\omega^2-\overline{C}_{66}^{(k)}\left(\frac{n\pi}{B}\right)^2\right]U_{0n}=0 \tag{5-36}$$

式(5-36)表明，$(0,n)$模态对应的层合板振动仅具有 x 方向的振动变形，且其频率方程与弹性常数$\overline{C}_{55}^{(k)}$和$\overline{C}_{66}^{(k)}$，密度$\rho^{(k)}$以及 n 有关。这说明$(0,n)$模态具有剪切振动变形特征，这类模态具体可以分为两种情况：①$U_{0n}(z)$沿着铺层的厚度方向呈函数变化，即弹性板的 x 方向变形沿着厚度方向是变化的；②$U_{0n}(z)$为常数，即弹性板的 x 方向变形沿着厚度方向是不变的。对于第一种剪切振动模态，根据层合板铺层之间的位移协调条件、应力平衡条件以及板上下面表面应力为零条件，可以很容易地求出该类模态对应的振动频率，其与每个铺层的横向剪

切材料系数$\overline{C}_{55}^{(k)}$和面内剪切材料系数$\overline{C}_{66}^{(k)}$、密度$\rho^{(k)}$以及铺层厚度有关。对于第二类剪切振动模态,如果每个铺层的材料参数相同,根据式(5-36)和层合板上下表面应力为零条件,可以直接得到层合板的自由振动频率:

$$f_{0n}=n/(2B)\sqrt{C_{66}^{(k)}/\rho^{(k)}} \tag{5-37}$$

式(5-37)表明,若层合板中每个铺层的材料参数相同,该类模态仅与层合板面内剪切模量 G_{12}和密度 ρ 有关,而与板的厚度无关。

图 5-4 ~ 图 5-6 给出了表 5-3 中不同厚度层合板和层合实体前 8 阶模态振型和频率结果。图中还给出了采用 ANSYS SOLID46 单元计算出的频率结果(括号内数据)。数值算例表明,分区方法得到的结果与有限元解非常吻合。如,当 $H/B=0.01,0.1,1$ 时,采用 $I_x\times I_z\times N_x=11\times11\times6$ 计算出的前 8 阶频率与有限元解之间的最大相对误差分别为 0.09%,0.15% 和 0.05%。从图 5-4 中可看出,层合薄板($H/B=0.01$)的低阶模态振动全部为弯曲振动。当层合板的厚度增大后,板的低阶振动中出现面内剪切振动模态,如当 $H/B=0.1$ 时,层合板的第 3 阶振动即为面内剪切振动,该阶振动模态对应的层合板面内位移沿着板厚方向是不变的。当 $H/B=1$ 时,层合立方体的第 1 阶振动模态即为面内剪切振动,而第 4 阶振动模态虽然也为剪切振动模态,但其面内位移沿着厚度方向是变化的。因此,在讨论层合厚板的基频振动特性时,须特别注意区分弯曲振动和剪切振动。

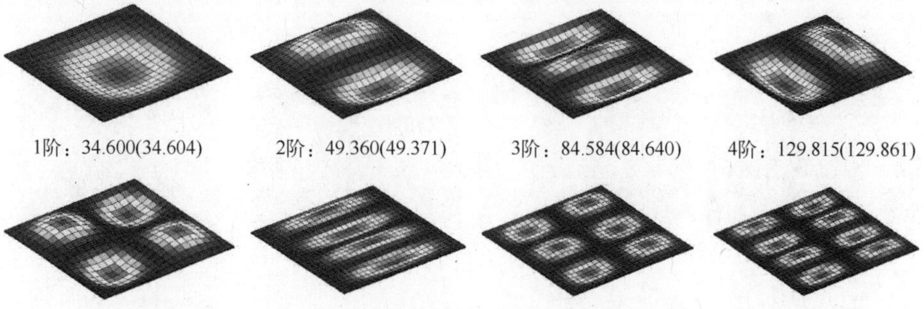

图 5-4　正交铺设[0°/90°/0°]层合板前 8 阶振动频率(Hz)与振型
($H/B=0.01$;边界条件: SSSS)

表 5-4 列出了四边简支[0°/90°]和[0°/90°/90°/0°]层合方板($L/B=1$)的无量纲基频 $\Omega=\omega B^2\sqrt{\rho/E_2}/H$。板的材料参数取无量纲形式,$E_1=40E_2$,$E_2=E_3=2$,$G_{23}/E_2=0.5$,$G_{13}=G_{12}=0.6E_2$,$\mu_{23}=\mu_{13}=\mu_{12}=0.25$。表中还给出了采用 ANSYS SOLID46 单元计算得到的三维弹性有限元解以及 Chen 和 Lü[59] 和 Nosier 等[107]采用三维弹性理论计算得到的精确解。结果表明,除 $B/H=2$ 情况外,分区方法得到的结果与 Chen 和 Lü[59] 的精确解之间的最大相对误差为仅为

0.002%。当 $B/H=2$ 时，Chen 和 Lü[59] 和 Nosier 等[107] 给出的频率值是层合板的最小弯曲振动频率，该频率并不是层合板的基频，而实际的基频振动为面内剪切变形振动。采用分区方法给出的[0°/90°]和[0°/90°/90°/0°]层合板最小弯曲振动频率分别为 $\Omega=4.95305$ 和 $\Omega=5.31452$，它们与表中的参考解是非常接近的。在所有算例中，分区方法计算出的剪切振动频率结果与有限元解非常吻合，两种方法对应的[0°/90°]和[0°/90°/90°/0°]层合板频率最大相对误差均小于0.02%。

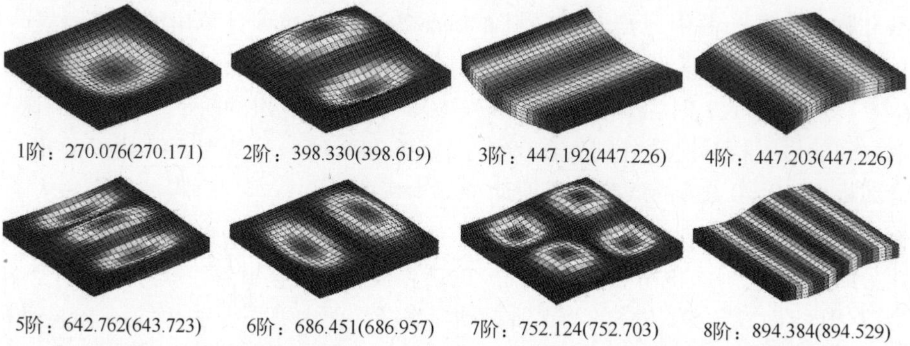

图 5-5 正交铺设[0°/90°/0°]层合板前 8 阶振动频率(Hz)与振型
($H/B=0.1$；边界条件：SSSS)

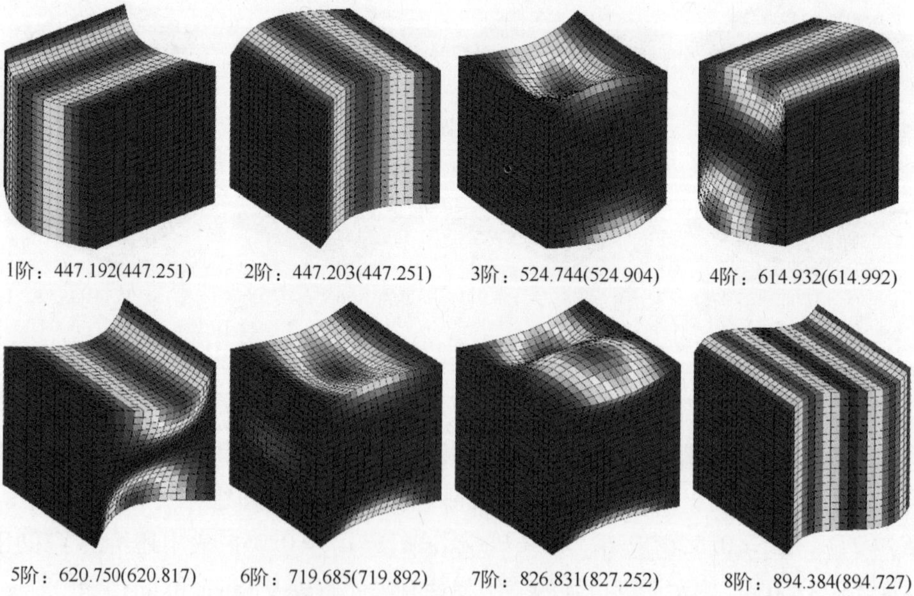

图 5-6 正交铺设[0°/90°/0°]层合立方体前 8 阶振动频率(Hz)与振型
($H/B=1$；边界条件：SSSS)

表 5-4　正交铺设[0°/90°]和[0°/90°/90°/0°]层合板无量纲基频 $\Omega=\omega B^2\sqrt{\rho/E_2}/H$(边界条件: SSSS)

铺层顺序		B/H						
		2	5	10	20	25	50	100
[0°/90°]	本书	4.86670	8.52675	10.33631	11.03665	11.13195	11.26346	11.29716
	文献[59]	4.95315	8.52688	10.33641	11.03674	11.13203	11.26354	11.29725
	文献[107]	4.935	8.518	10.333	11.036	11.131	11.263	11.297
	有限元法	4.86749	8.53094	10.34040	11.03918	11.13413	11.27120	11.30234
[0°/90°/90°/0°]	本书	4.86670	10.68189	15.06836	17.63538	18.05462	18.66988	18.83509
	文献[59]	5.31466	10.68214	15.06859	17.63551	18.05473	18.66994	18.83515
	有限元法	4.86749	10.68661	15.07436	17.63922	18.05800	18.67251	18.87180

表 5-5 给出了四种边界条件下不同反对称正交铺设层合方板的无量纲频率 $\Omega=\omega H\sqrt{\rho/E_2}$。板的厚跨比为 $H/B=0.1$,泊松比为 $\mu_{23}=0.49$,其他参数与上一算例相同。表中的参考解为 Chen 和 Lü[59] 基于三维弹性理论和状态空间-微分求积混合法得到的数值结果。结果表明,分区方法计算得到的频率结果与文献值非常吻合。随着 E_1/E_2 比值的增大,同一边界条件下层合板的基频是逐渐增大的,但这一结论仅适用于层合板基频振动为弯曲振动的情况。另外,对于同一种边界条件的反对称正交铺设层合板,若保持层合板的总厚度不变,反对称层合板的振动频率随着铺层数目的增大而增大。这是因为增加铺层数目可以有效地减小层合板的耦合效应,而减小耦合效应能提高板的总体刚度。

表 5-5　反对称正交铺设层合方板无量纲基频 $\Omega=\omega H\sqrt{\rho/E_2}$

边界条件	$E_1/E_2=2$		$E_1/E_2=10$		$E_1/E_2=20$		$E_1/E_2=40$	
	本书	文献[59]	本书	文献[59]	本书	文献[59]	本书	文献[59]
$[0°/90°]_2$								
CSCS	0.09495	0.09552	0.13602	0.13638	0.16123	0.16161	0.18752	0.18800
CSSS	0.07928	0.07952	0.11326	0.11334	0.13752	0.13757	0.16550	0.16554
SSSS	0.06719	0.06719	0.09438	0.09439	0.11653	0.11653	0.14501	0.14501
CSFS	0.04476	0.04264	0.06820	0.06889	0.08611	0.08265	0.10885	0.10925
$[0°/90°]_4$								
CSCS	0.09550	0.09605	0.14243	0.14274	0.17136	0.17171	0.20129	0.20178
CSSS	0.07971	0.07994	0.11842	0.11848	0.14608	0.14610	0.17782	0.17785
SSSS	0.06752	0.06752	0.09847	0.09847	0.12356	0.12356	0.15572	0.15572
CSFS	0.04501	0.04353	0.07133	0.07060	0.09149	0.09007	0.11703	0.11643

（续）

边界条件	$E_1/E_2=2$		$E_1/E_2=10$		$E_1/E_2=20$		$E_1/E_2=40$	
	本书	文献[59]	本书	文献[59]	本书	文献[59]	本书	文献[59]
$[0°/90°]_8$								
CSCS	0.09568	0.09561	0.14418	0.14419	0.17421	0.17436	0.20541	0.20576
CSSS	0.07983	0.07978	0.11976	0.11967	0.14834	0.14825	0.18120	0.18114
SSSS	0.06761	0.06758	0.09949	0.09945	0.12532	0.12528	0.15845	0.15839
CSFS	0.04507	0.04356	0.07211	0.07096	0.09283	0.09183	0.11911	0.11828
$[0°/90°]_{16}$								
CSCS	0.09572	0.09565	0.14464	0.14464	0.17498	0.17511	0.20654	0.20686
CSSS	0.07986	0.07981	0.12010	0.12001	0.14892	0.14883	0.18210	0.18202
SSSS	0.06763	0.06760	0.09974	0.09970	0.12577	0.12572	0.15913	0.15908
CSFS	0.04509	0.04357	0.07231	0.07110	0.09317	0.09202	0.11963	0.11878

二、角铺设层合梁、板自由振动

对于角铺设复合材料长方体，即使边界条件为对边简支也不存在解析形式的模态函数表达式。因此，采用分区方法计算时须将子域的位移变量以 3 个方向的位移函数进行展开。表 5-6 给出了不同跨度比 L/B 对应的角铺设 $[45°/-45°]$ 层合板前 6 阶、第 10 和 20 阶固有频率值。板的几何参数为 $L/B=1$、5、10，$H/B=0.4$，$B=1\text{m}$。当 $L/B=10$ 时，层合板可视为梁结构。板的材料参数为 $E_1=40E_2$，$E_2=E_3=2\text{GPa}$，$G_{23}/E_2=0.5$，$G_{13}=G_{12}=0.6E_2$，$\mu_{12}=\mu_{23}=\mu_{13}=0.25$，$\rho=1500\text{kg/m}^3$。表中还列出了采用 ANSYS 三维弹性单元 SOLID46 计算得到的频率值，其中括号中的数据表示层合板每个铺层的有限元单元数目，如 $100\times100\times15$ 表示沿每个铺层长度、宽度和厚度方向分别划分 100、100 和 15 个单元。在分区建模中，仅沿着 x 和 z 方向进行分区，y 方向不进行分区。结果表明，随着子域多项式项数和分区数目的增加，所有角铺设层合板的振动频率均很快收敛，并且分区方法计算得到的结果与有限元结果非常吻合。

表 5-6　不同 L/B 比值对应的角铺设 $[45°/-45°]$ 层合板频率（边界条件：FFFF）

（Hz）

L/B	$I_x\times I_y\times I_z\times N_x$	模态阶数							
		$m=1$	$m=2$	$m=3$	$m=4$	$m=5$	$m=6$	$m=10$	$m=20$
1	$5\times5\times2\times2$	387.394	391.731	529.822	607.757	608.493	632.467	820.281	1163.681
	$5\times5\times3\times2$	382.108	386.506	515.653	601.037	601.723	632.460	810.032	1156.900
	$5\times5\times5\times2$	381.827	386.426	515.239	600.415	601.050	632.449	809.359	1155.143
	$7\times7\times5\times2$	381.575	386.264	514.620	600.129	600.241	632.453	808.600	1146.382
	$9\times9\times5\times2$	381.539	386.252	514.581	600.102	600.133	632.455	808.626	1145.979

（续）

L/B	$I_x \times I_y \times I_z \times N_x$	模态阶数							
		$m=1$	$m=2$	$m=3$	$m=4$	$m=5$	$m=6$	$m=10$	$m=20$
有限元法（100×100×15）		381.822	386.337	515.001	600.398	600.398	632.489	809.217	1146.508
5	5×5×2×2	25.361	58.267	68.549	92.204	125.048	152.390	265.262	489.292
	5×5×4×2	25.220	58.003	68.136	89.878	123.846	151.968	258.686	481.305
	5×5×5×2	25.216	57.930	68.118	89.844	123.810	151.789	258.547	481.032
	5×5×5×4	25.215	57.927	68.088	89.838	123.313	151.565	258.345	459.781
	7×7×5×4	25.208	57.844	68.064	89.721	123.224	151.389	258.048	459.282
有限元法（180×150×12）		25.215	57.859	68.093	89.811	123.412	151.482	258.516	460.467
10	5×5×2×2	6.431	15.552	17.689	34.273	42.277	46.287	86.488	245.511
	5×5×4×2	6.397	15.473	17.594	34.036	42.093	45.103	85.713	245.279
	5×5×5×2	6.429	15.535	17.666	33.925	42.156	46.236	83.581	224.225
	5×5×5×4	6.397	15.474	17.575	33.700	42.018	45.060	83.525	211.702
	7×7×5×4	6.396	15.450	17.571	33.692	41.955	45.043	83.488	211.644
有限元法（240×50×24）		6.398	15.453	17.582	33.726	41.971	45.106	83.505	212.626

图 5－7 给出了 FFFF、SFSF 和 FFCF 三种边界条件对应的角铺设[45°/－45°/45°/－45°]层合方板前 4 阶模态振型和相应的固有频率值。为了验证分区方法计算结果的正确性，将采用 ANSYS 三维弹性单元 SOLID46 计算得到的频率值也列于图 5-7 中，其中在有限元模型中，$H/B=0.05$、0.2、0.5 对应的层合方板有限元网格模型分别为 100×100×24、100×100×24 和 80×80×40。结果表明，对于不同边界条件和不同厚度的角铺设层合板，分区方法（$I_x \times I_y \times I_z \times N_x = 7\times7\times5\times4$）计算出的频率结果与有限元解均非常吻合。另外，由于角铺设层合板材料刚度系数存在拉－弯、拉－剪等耦合现象，其低阶振动模态的振型特征比正交铺设层合板的复杂得多。

H/B=0.05; 边界条件：FFFF

1阶：73.607(73.579)　2阶：152.547(152.510)　3阶：197.472(197.504)　4阶：286.508(286.555)

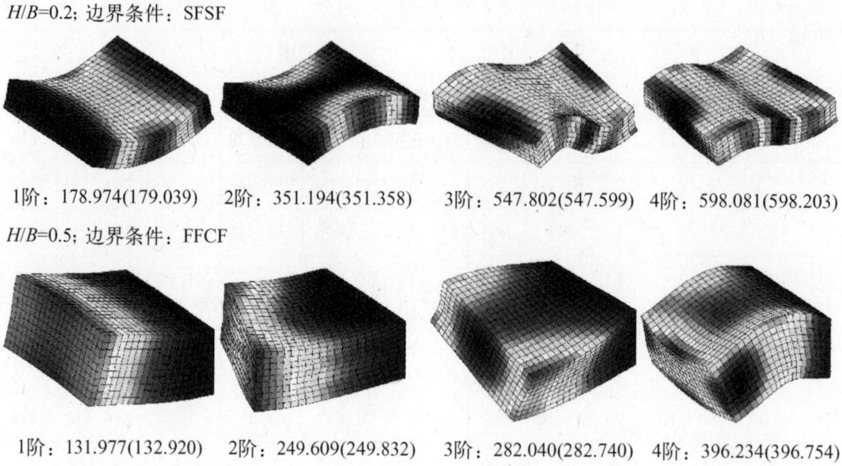

图 5-7　角铺设[45°/－45°/45°/－45°]层合方板振动频率(Hz)与振型
($L/B=1, B=1\text{m}$)

三、三明治夹层板自由振动

下面采用分区方法来分析三明治夹层[0°/90°/core/0°/90°]方板的自由振动。夹层板的面层材料参数为 $E_1=131\text{GPa}, E_2=E_3=10.34\text{GPa}, G_{12}=G_{23}=6.895\text{GPa}, G_{13}=6.205\text{GPa}, \mu_{12}=\mu_{13}=0.22, \mu_{23}=0.49, \rho=1627\text{kg/m}^3$；芯层材料参数为 $E_1=E_2=E_3=6.89\times10^{-3}\text{GPa}, G_{12}=G_{13}=G_{23}=3.45\times10^{-3}\text{GPa}, \mu_{12}=\mu_{13}=\mu_{23}=0, \rho=97\text{kg/m}^3$。板的总厚度为 H，表面层和芯层厚度分别为 H_f 和 H_c，取 $H_c/H_f=10$。表5-7 列出了夹层板的无量纲频率 $\Omega=\omega L^2(\rho/E_2)_f^{1/2}/H$。为了验证分区方法计算结果，将 Kant 和 Swaminathan[99] 基于 Reddy 高阶剪切理论和解析法得到的频率结果以及 Rao 和 Desai[111] 采用分层理论得到的频率值列入表中作为参考解进行对比；同时，表中还给出采用有限元软件 ANSYS 计算得到的三维弹性有限元解。结果表明，对于三明治夹层板结构的自由振动问题，分区方法的收敛速度也是非常快的；由分区方法得到的频率与三维弹性有限元结果非常吻合。本例中，在板的厚度方向取二阶多项式即可得到相当准确的频率结果。对于夹层薄板(即 $H/L=0.01$)，Reddy 高阶剪切理论和分层理论的计算精度均很低，其中 Reddy 高阶剪切理论和分层理论对应的频率结果与本书三维弹性理论解之间最大相对误差分别为 191.6% 和 16.9%，并且由这两种理论计算得到的频率均大于三维弹性理论结果。对于中等厚度的夹层板(即 $H/L=0.1$)，Reddy 高阶剪切理论及分层理论结果与三维弹性理论解相差更大，它们对应的频率与三维弹性理论解之间的最大相对误差分别为 258.2% 和 30.7%。

表 5-7　三明治夹层板[0°/90°/core/0°/90°]无量刚频率 $\Omega=\omega L^2(\rho/E_2)_f^{1/2}/H$(边界条件：SSSS)

H/L	(n,m)	$I_x \times I_z \times N$					文献[99]	文献[111]	有限元法
		5×2×2	5×5×2	7×5×2	7×7×2	11×11×4			
0.10	1,1	10.8047	10.8047	10.8047	10.8047	10.8046	15.9521	11.9401	10.8311
	1,2	20.2987	20.2987	20.2987	20.2987	20.2986	42.2271	23.4017	20.2986
	2,2	26.6540	26.6539	26.6537	26.6537	26.6537	60.1272	30.9432	26.7257
	1,3	30.9073	30.9072	30.9072	30.9072	30.9073	83.9982	36.1434	29.1857
	2,3	35.4726	35.4726	35.4724	35.4724	35.4726	96.7159	41.4475	34.5792
	3,3	42.5884	42.5884	42.5801	42.5801	42.5884	124.2047	49.7622	42.7019
0.01	1,1	1.8297	1.8297	1.8297	1.8297	1.8297	7.0473	1.8480	1.8329
	1,2	3.7865	3.7861	3.7861	3.7861	3.7861	11.9087	3.2196	3.7348
	2,2	5.3833	5.3827	5.3823	5.3823	5.3823	15.2897	4.2894	5.3900
	1,3	7.0890	7.0869	7.0869	7.0869	7.0869	17.3211	5.2236	7.0203
	2,3	8.4204	8.4183	8.4181	8.4181	8.4181	19.8121	6.0942	8.3916
	3,3	11.0863	11.0831	11.0734	11.0734	11.0734	23.5067	7.6762	11.0961

四、层合板强迫振动

本节研究横向分布式瞬态载荷作用下层合板的强迫振动问题。考虑了 4 种瞬态载荷，即矩形波、三角波、半正弦波以及指数波载荷(图 5-8)，其中矩形波和指数波的数学表达式见 4.1.4 节。三角波和半正弦波定义为

$$\text{三角波：} f_t(t)=f_0\left(1-\frac{t}{T_0}\right)\left[\widetilde{H}(t)-\widetilde{H}(t-T_0)\right] \tag{5-38}$$

$$\text{半正弦波：} f_s(t)=f_0\sin\left(\pi\frac{t}{T_0}\right)\left[\widetilde{H}(t)-\widetilde{H}(t-T_0)\right] \tag{5-39}$$

式中：$\widetilde{H}(t)$ 为 Heaviside 阶跃函数；T_0 为载荷作用时间。

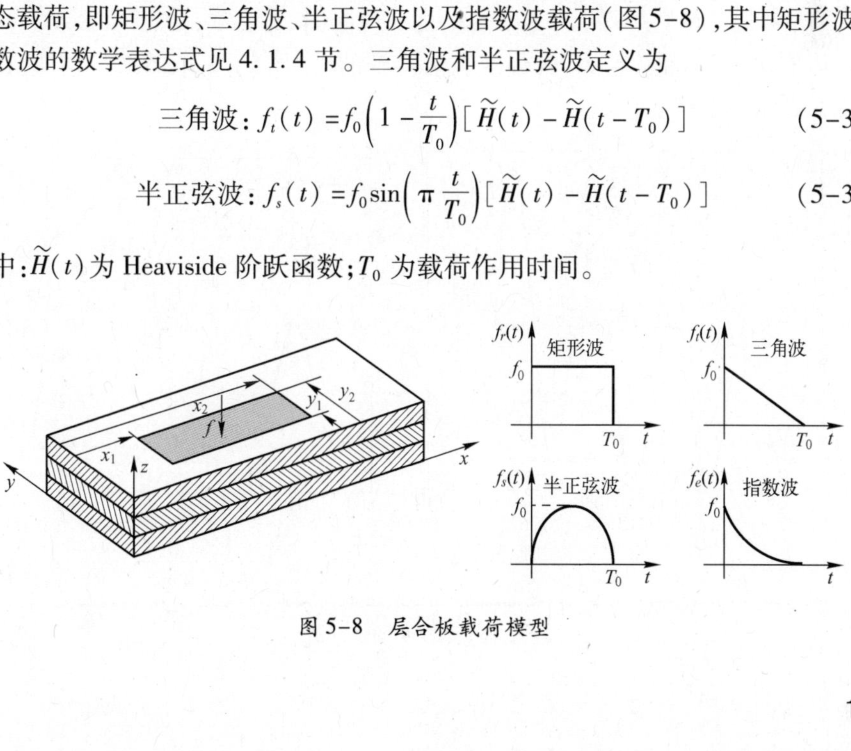

图 5-8　层合板载荷模型

本节所有算例中，板的初始位移和初始速度均为零，并且所有类型的载荷均作用于板的上表面（即 $z=H$），载荷幅值取 $f_0=-1\text{Pa}$（与 z 方向相反）。计算中仅沿着层合板 x 和 z 方向分区，每个子域的位移变量均采用第一类切比雪夫正交多项式展开。考虑一个三明治夹层方板[0°/core/0°]在矩形波载荷作用下的瞬态振动响应。板的几何尺寸为 $H/B=0.1$，$L/B=1$，$B=1\text{m}$，各层厚度相同；面板和芯层的材料参数与前面三明治夹层板算例一致。夹层板的边界条件为FFCF，板的上表面作用有空间均匀分布的矩形波面载荷，其作用于整个板的上表面，即 $x_1=0$，$x_2=L$，$y_1=0$，$y_2=B$，载荷的持续时间为：$T_0=0.05\text{s}$。夹层板芯层中点（$x=L/2$，$y=B/2$ 和 $z=H/2$）处的横向位移 w 与剪应力 σ_{xz} 随时间变化曲线，如图 5-9 所示。在计算壳体的瞬态振动响应时，采用了 Newmark 直接积分法，时间计算步长为 $\Delta t=0.5\times10^{-3}\text{s}$。采用有限元软件 ANSYS 的数值结果验证分区方法结果的准确性。在有限元模型中，采用 SOLID45 对该三明治夹层板进行网格划分，网格模型为 80×80×30（各层厚度方向的网格数目相同）。结果表明，分区方法计算出的夹层板位移和应力随着分区数目和多项式项数的增加均很快收敛，取 $I_x\times I_y\times I_z\times N=5\times5\times2\times2$ 得到的位移和应力结果与有限元解已非常吻合。这里之所以考虑芯层的剪应力 σ_{xz} 是因为夹层板在横向载荷作用下，芯层主要产生横向剪切变形。另外在横向载荷作用下，夹层板上下两个面板主要承拉或承压，即面板内的应力以拉压应力 σ_{xx} 为主。图 5-10 给出了夹层板的上下面板的拉压应力 σ_{xx} 随时间变化曲线，其中 σ_{xx} 取自板上下表面的中点位置，即上表面 $x=L/2$，$y=B/2$，$z\doteq H$；下表面 $x=L/2$，$y=B/2$ 和 $z=0$。从图中可以看出，对于面板应力，由分区方法得到的结果（5×5×2×2）与有限元结果也是非常符合的。

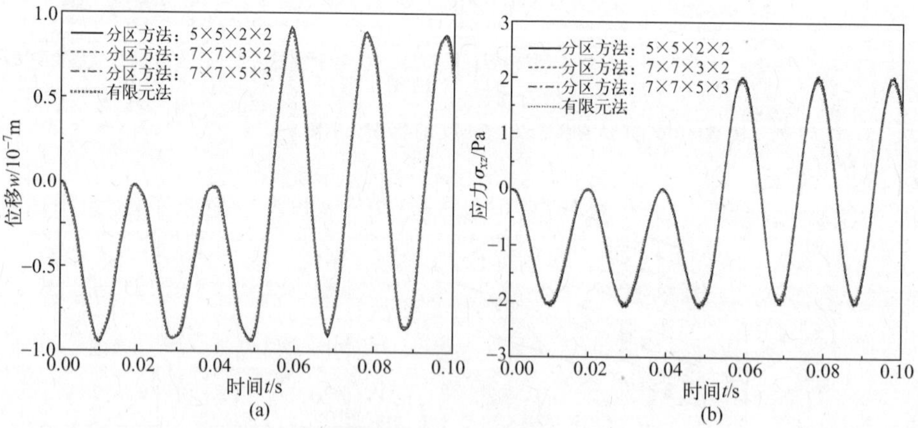

图 5-9 [0°/core/0°]夹层板的芯层瞬态响应

(a) 位移 w；(b) 剪切应力 σ_{xz}。

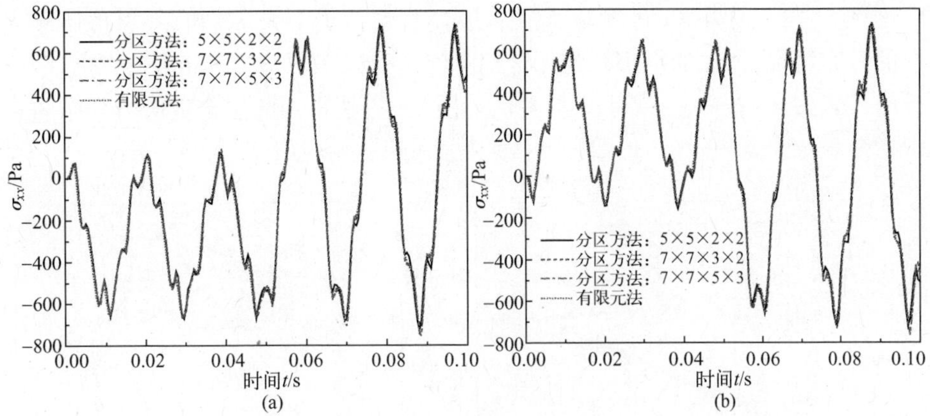

图 5-10　[0°/core/0°]夹层板面板拉压应力 σ_{xx}

(a) 下表面；(b) 上表面。

图 5-11 给出了不同边界条件下角铺设[-45°/0°/45°]层合板中心点处的横向振动位移随时间变化曲线。板的材料参数与前面夹层板面板的参数相同。板的几何尺寸为 $H/B=0.3$, $L/B=2$, $B=0.5\text{m}$,各层厚度相同。层合板的上表面($z=H$)作用有空间非对称分布的矩形波瞬态载荷,其作用区域为 $x_1=0.05\text{m}$、$x_2=0.2\text{m}$、$y_1=0.25\text{m}$, $y_2=0.5\text{m}$。板的边界条件为 SFSF 和 CFCF。图 5-11(a)和(b)中的载荷持续时间分别为 $T_0=0.01\text{s}$ 和 $T_0=0.005\text{s}$。与前面夹层板算例情况类似,分区方法计算出的角铺设层合板的瞬态响应结果也是快速收敛的,取 5×5×2×2 得到的结果与有限元解(SOLID46 单元 100×50×30)已非常吻合。

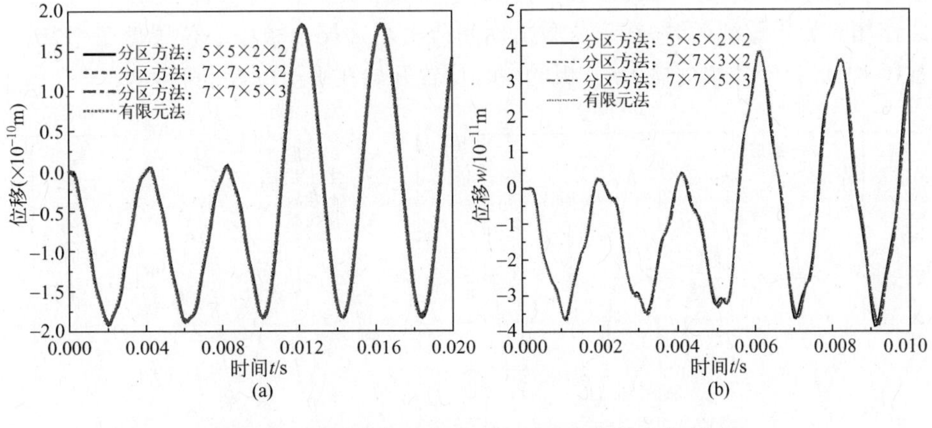

图 5-11　角铺设[-45°/0°/45°]层合板横向位移 w

(a) SFSF;(b) CFCF。

图 5-12 给出了 $t=0.004\mathrm{s}$ 时，CFCF 层合板应力分量 σ_{xx} 和 σ_{yy} 沿板厚度方向的分布情况，图中的纵坐标为无量纲厚度坐标 $z'/H(z'=(z-H/2)/H)$。应力提取位置为 $x=L/2, y=B/2, 0\leqslant z\leqslant H$。由分区方法得到的层合板应力分布与有限元结果是比较吻合的，但两种方法计算出的层间应力有一定的差异。

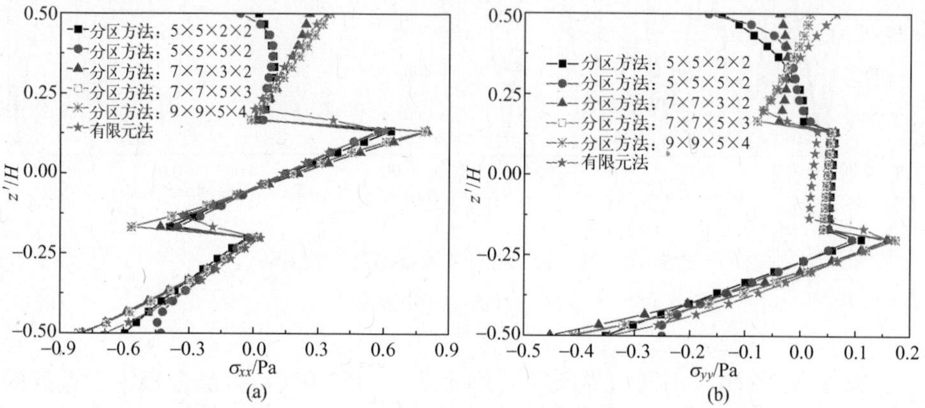

图 5-12　角铺设[-45°/0°/45°]层合板厚度方向应力分布

(a) σ_{xx}；(b) σ_{yy}。

图 5-13 给出了矩形波、三角波、半正弦波以及指数波载荷作用下角铺设[-45°/0°/45°]层合板的瞬态法向位移响应对比。板的所有参数及响应点位置与上一算例相同。结果表明，矩形波载荷对应的层合板位移幅值最大而半正弦波载荷对应的位移幅值最小；三角波和指数波载荷对应的位移幅值相差不大，它们介于矩形波载荷和半正弦载荷得到的位移幅值之间。特别地，当层合板的表面作用有半正弦载荷时，在载荷激励期间($t\leqslant T_0$)，层合板中心位置低于平衡位置($z<0$)，当外部载荷撤去后，板的中心位置开始在平衡位置上下移动。

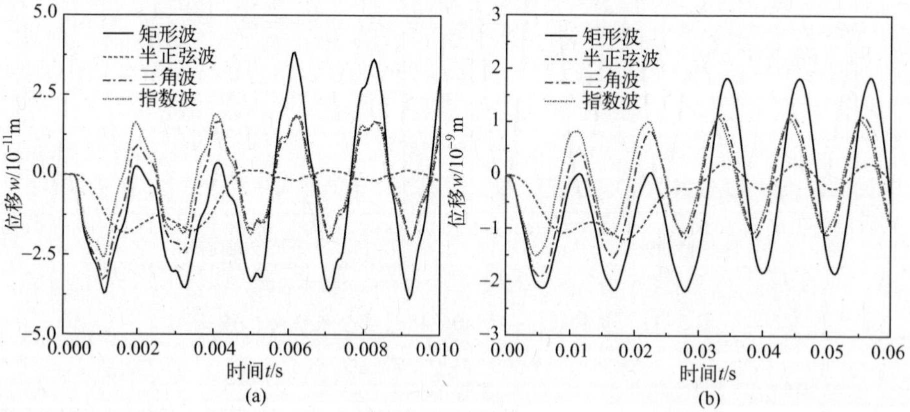

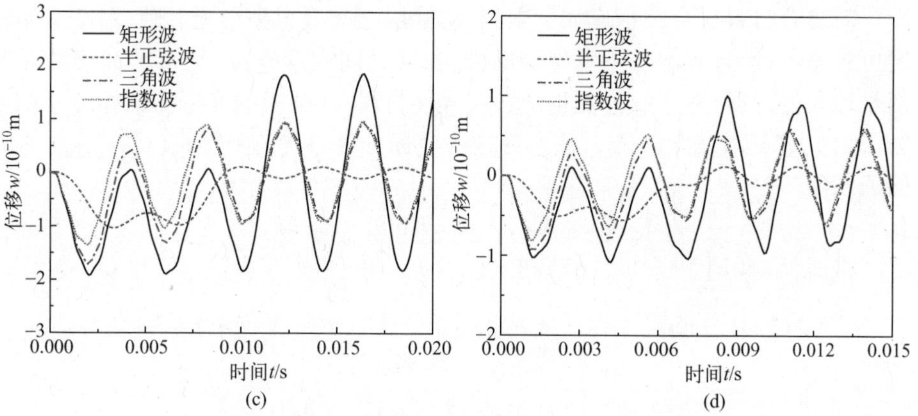

图 5-13　角铺设[-45°/0°/45°]层合板横向位移

(a) CFCF(T_0 =0.005s, τ =800); (b) FFCF(T_0 =0.03s, τ =150);

(c) SFSF(T_0 =0.01s, τ =400); (d) SFCF(T_0 =0.0075s, τ =500)。

5.2　层合圆板

除 5.1 节介绍的层合长方体外，工程中常遇到的还有曲线边界层合板的振动问题，包括层合圆板、层合圆环板、层合扇形板和层合椭圆板等。与建立在直角坐标系下的层合长方体不同，具有曲线边界的层合板将涉及正交曲线坐标系问题。本节关注层合圆板和圆环板的三维弹性振动问题。

5.2.1　基本方程

考虑一个沿厚度方向任意铺层的复合材料层合圆环板（内径 R_i、外径 R_o 和厚度 H），其厚度方向的铺层数目为 N_l。若取 $R_i=0$ 时，圆环板退化为圆板。对于几何边界为圆形的层合板，采用柱坐标系来描述板的基本方程较为方便。因此，在板的下表面几何中心处建立如图 5-14 所示的柱坐标系(r,θ,z)，其中坐标 r 沿圆板的径向方向，θ 沿周向坐标，z 沿厚度方向。

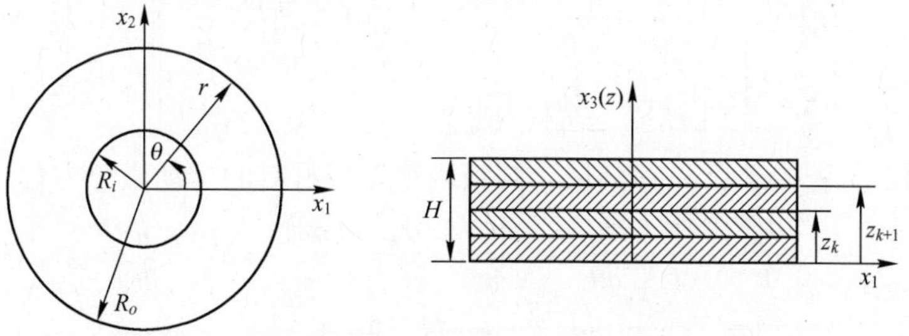

图 5-14　层合圆板几何模型和坐标系

对复合材料层合圆板作如下限制：①铺层之间理想黏结无缝隙，黏结层的厚度可忽略不计，且其本身不发生变形，即各层之间变形连续；②每个铺层的厚度都是均匀的，其材料为线弹性正交各向异性材料；③圆板的变形与结构尺寸相比为小量。取 $\alpha = r, \beta = \theta, \varsigma = z$，注意到这些坐标分量与直角坐标系 (x_1, x_2, x_3) 之间的关系为

$$x_1 = r\cos\theta,\quad x_2 = r\sin\theta,\quad x_3 = z \tag{5-40}$$

将式(5-40)代入式(2-65)和式(2-67)，得

$$H_\alpha = H_r = \sqrt{\left(\frac{\partial x_1}{\partial r}\right)^2 + \left(\frac{\partial x_2}{\partial r}\right)^2 + \left(\frac{\partial x_3}{\partial r}\right)^2} = 1 \tag{5-41a}$$

$$H_\beta = H_\theta = \sqrt{\left(\frac{\partial x_1}{\partial \theta}\right)^2 + \left(\frac{\partial x_2}{\partial \theta}\right)^2 + \left(\frac{\partial x_3}{\partial \theta}\right)^2} = r \tag{5-41b}$$

$$H_\varsigma = H_z = \sqrt{\left(\frac{\partial x_1}{\partial z}\right)^2 + \left(\frac{\partial x_2}{\partial z}\right)^2 + \left(\frac{\partial x_3}{\partial z}\right)^2} = 1 \tag{5-41c}$$

将式(5-41)代入式(2-81)，可得到三维弹性圆板第 k 层内任意一点处的应变分量，即

$$\begin{gathered}\varepsilon_{rr}^{(k)} = \frac{\partial u^{(k)}}{\partial r},\quad \varepsilon_{\theta\theta}^{(k)} = \frac{u^{(k)}}{r} + \frac{1}{r}\frac{\partial v^{(k)}}{\partial \theta},\quad \varepsilon_{zz}^{(k)} = \frac{\partial w^{(k)}}{\partial z},\\ \gamma_{\theta z}^{(k)} = \frac{\partial v^{(k)}}{\partial z} + \frac{1}{r}\frac{\partial w^{(k)}}{\partial \theta},\quad \gamma_{rz}^{(k)} = \frac{\partial u^{(k)}}{\partial z} + \frac{\partial w^{(k)}}{\partial r},\quad \gamma_{r\theta}^{(k)} = \frac{1}{r}\frac{\partial u^{(k)}}{\partial \theta} + \frac{\partial v^{(k)}}{\partial r} - \frac{v^{(k)}}{r}\end{gathered} \tag{5-42}$$

式中：$u^{(k)}$、$v^{(k)}$ 和 $w^{(k)}$ 分别为 r、θ 和 z 方向的位移分量。

第 k 层复合材料的应力－应变关系服从以下方程：

$$\begin{bmatrix}\sigma_{rr}^{(k)}\\ \sigma_{\theta\theta}^{(k)}\\ \sigma_{zz}^{(k)}\\ \sigma_{\theta z}^{(k)}\\ \sigma_{rz}^{(k)}\\ \sigma_{r\theta}^{(k)}\end{bmatrix} = \begin{bmatrix}\overline{C}_{11}^{(k)} & \overline{C}_{12}^{(k)} & \overline{C}_{13}^{(k)} & 0 & 0 & \overline{C}_{16}^{(k)}\\ \overline{C}_{12}^{(k)} & \overline{C}_{22}^{(k)} & \overline{C}_{23}^{(k)} & 0 & 0 & \overline{C}_{26}^{(k)}\\ \overline{C}_{13}^{(k)} & \overline{C}_{23}^{(k)} & \overline{C}_{33}^{(k)} & 0 & 0 & \overline{C}_{36}^{(k)}\\ 0 & 0 & 0 & \overline{C}_{44}^{(k)} & \overline{C}_{45}^{(k)} & 0\\ 0 & 0 & 0 & \overline{C}_{45}^{(k)} & \overline{C}_{55}^{(k)} & 0\\ \overline{C}_{16}^{(k)} & \overline{C}_{26}^{(k)} & \overline{C}_{36}^{(k)} & 0 & 0 & \overline{C}_{66}^{(k)}\end{bmatrix}\begin{bmatrix}\varepsilon_{rr}^{(k)}\\ \varepsilon_{\theta\theta}^{(k)}\\ \varepsilon_{zz}^{(k)}\\ \gamma_{\theta z}^{(k)}\\ \gamma_{rz}^{(k)}\\ \gamma_{r\theta}^{(k)}\end{bmatrix} \tag{5-43}$$

若忽略体力，由式(2-83)得到层合圆板内第 k 层材料的运动微分方程

$$\frac{\partial \sigma_{rr}^{(k)}}{\partial r} + \frac{1}{r}\frac{\partial \sigma_{\theta r}^{(k)}}{\partial \theta} + \frac{\partial \sigma_{rz}^{(k)}}{\partial z} + \frac{\sigma_{rr}^{(k)} - \sigma_{\theta\theta}^{(k)}}{r} = \rho^{(k)}\frac{\partial^2 u^{(k)}}{\partial t^2} \tag{5-44a}$$

$$\frac{\partial \sigma_{r\theta}^{(k)}}{\partial r} + \frac{1}{r}\frac{\partial \sigma_{\theta\theta}^{(k)}}{\partial \theta} + \frac{\partial \sigma_{\theta z}^{(k)}}{\partial z} + \frac{2\sigma_{r\theta}^{(k)}}{r} = \rho^{(k)}\frac{\partial^2 v^{(k)}}{\partial t^2} \tag{5-44b}$$

$$\frac{\partial\sigma_{rz}^{(k)}}{\partial r}+\frac{1}{r}\frac{\partial\sigma_{\theta z}^{(k)}}{\partial\theta}+\frac{\partial\sigma_{zz}^{(k)}}{\partial z}+\frac{\sigma_{rz}^{(k)}}{r}=\rho^{(k)}\frac{\partial^2 w^{(k)}}{\partial t^2} \tag{5-44c}$$

式中:$\rho^{(k)}$ 为第 k 层材料的质量密度。

在层合圆板内,第 k 和 $k+1$ 铺层界面($z=z_{k+1}$)上应满足位移协调条件和应力平衡条件

$$u^{(k)}=u^{(k+1)},\quad v^{(k)}=v^{(k+1)},\quad w^{(k)}=w^{(k+1)} \tag{5-45a}$$

$$\sigma_{rz}^{(k)}=\sigma_{rz}^{(k+1)},\quad \sigma_{\theta z}^{(k)}=\sigma_{\theta z}^{(k+1)},\quad \sigma_{zz}^{(k)}=\sigma_{zz}^{(k+1)} \tag{5-45b}$$

对于周向封闭的圆环板,其上下两个表面($z=0,H$)以及内径端面($r=R_i$)和外径端面($r=R_o$)需给定一定的位移边界条件和力边界条件,而考虑到圆板位移和内力在周向方向具有单值性或周期性,圆板周向的边界条件由周期性条件代替。在内外径端面上,工程上常见的几种边界条件如下。

自由边界:

$$\text{在 } r=R_i,R_o \text{ 处},\quad \sigma_{rr}^{(k)}=\sigma_{r\theta}^{(k)}=\sigma_{rz}^{(k)}=0 \tag{5-46}$$

简支边界:

$$\text{在 } r=R_i,R_o \text{ 处},\quad \sigma_{rr}^{(k)}=v^{(k)}=w^{(k)}=0 \tag{5-47}$$

固支边界:

$$\text{在 } r=R_i,R_o \text{ 处},\quad u^{(k)}=v^{(k)}=w^{(k)}=0 \tag{5-48}$$

通常,层合圆板上下两个表面($z=0,H$)为承载面,它们对应的边界条件可按照应力边界条件进行处理。若上下两个表面上给定了部分位移和部分应力,则需考虑混合边界条件。对于自由表面问题,不考虑结构外载荷作用,层合圆板上下两个表面应满足如下应力边界条件:

$$\text{在 } z=0 \text{ 处},\quad \sigma_{rz}^{(1)}=\sigma_{\theta z}^{(1)}=\sigma_{zz}^{(1)}=0 \tag{5-49}$$

$$\text{在 } z=H \text{ 处},\quad \sigma_{rz}^{(N_l)}=\sigma_{\theta z}^{(N_l)}=\sigma_{zz}^{(N_l)}=0 \tag{5-50}$$

5.2.2　分区力学模型

对于周向封闭的层合圆环板,沿着 r 方向将圆环板分解为 N_r 个子区,然后在每个子区内沿铺层界面将该子区分解为 N_l 个铺层子域,则整个层合圆板一共被分解为 $N_r\times N_l$ 个子域,如图 5-15 所示。还可将每个物理铺层进一步分解为 N_f 个数值层,这样整个层合圆板共被分解为 $N_r\times N_l\times N_f$ 个子域。

由分区方法建立层合圆板能量泛函 Π 为

$$\Pi=\int_{t_0}^{t_1}\sum_{i=1}^{N_r}\sum_{k=1}^{N_l}(T_i^{(k)}-U_i^{(k)}+W_i^{(k)})\,\mathrm{d}t+\int_{t_0}^{t_1}\sum\sum(\overline{\Pi}_{i,i+1}+\widetilde{\Pi}_{k,k+1})\,\mathrm{d}t \tag{5-51}$$

式中:$T_i^{(k)}$ 和 $U_i^{(k)}$ 分别为层合圆板第 k 层内第 i 个子域的动能和应变能;$W_i^{(k)}$ 为作用于该子域上的外力所做的功;$\overline{\Pi}_{i,i+1}$ 为第 k 层内第 i 和 $i+1$ 分区界面

$(r=r_{i+1})$上的界面势能；$\widetilde{\Pi}_{k,k+1}$为与第 i 个分区相关的第 k 和 $k+1$ 铺层界面$(z=z_{i+1})$势能。

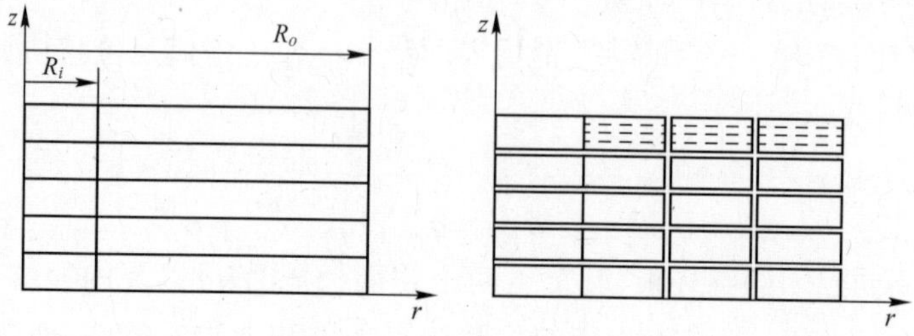

图 5-15　层合圆板分区

省略子域变量的上标 k 和下标 i，第 i 个子域的动能表达式为

$$T_i^{(k)}=\frac{1}{2}\iiint_{V_i^{(k)}}\rho^{(k)}(\dot{u}^2+\dot{v}^2+\dot{w}^2)r\mathrm{d}\theta\mathrm{d}r\mathrm{d}z \tag{5-52}$$

式中：$\dot{u}$、$\dot{v}$和$\dot{w}$分别为子域内任意一点沿着坐标 r,θ 和 z 方向的速度分量；$V_i^{(k)}$ 为子域的体积。

第 k 铺层内第 i 个子域的应变能为

$$U_i^{(k)}=\frac{1}{2}\iiint_{V_i^{(k)}}(\sigma_{rr}^{(k)}\varepsilon_{rr}^{(k)}+\sigma_{\theta\theta}^{(k)}\varepsilon_{\theta\theta}^{(k)}+\sigma_{zz}^{(k)}\varepsilon_{zz}^{(k)}+\sigma_{\theta z}^{(k)}\gamma_{\theta z}^{(k)}+\sigma_{rz}^{(k)}\gamma_{rz}^{(k)}+\sigma_{r\theta}^{(k)}\gamma_{r\theta}^{(k)})r\mathrm{d}\theta\mathrm{d}r\mathrm{d}z \tag{5-53}$$

将式(5-42)和式(5-43)代入式(5-53)，即可得到以位移变量 u,v 和 w 表示的圆板子域应变能表达式。

假设层合圆板第 k 层内第 i 个子域上作用有任意方向的载荷，在该子域上外力所做的功 $W_i^{(k)}$ 为

$$W_i^{(k)}=\iint_{S_i^{(k)}}(f_u u+f_v v+f_w w)\mathrm{d}S \tag{5-54}$$

式中：f_u、f_v 和 f_w 分别为沿着 r,θ 和 z 方向的载荷分量，它们可作用于层合圆板内任意位置(不限于上下表面)；$S_i^{(k)}$ 为载荷作用区域。

在层合圆板第 k 铺层中，两个相邻分区 i 和 $i+1$ 的公共界面上$(r=r_{i+1})$要满足以下位移约束方程：

$$\overline{\Theta}_u=u_i^{(k)}-u_{i+1}^{(k)}=0,\quad \overline{\Theta}_v=v_i^{(k)}-v_{i+1}^{(k)}=0,\quad \overline{\Theta}_w=w_i^{(k)}-w_{i+1}^{(k)}=0 \tag{5-55}$$

在第 i 分区中两个相邻铺层 k 和 $k+1$ 公共界面 $z=z_{k+1}$上处要满足的位移约束方程为

$$\widetilde{\Theta}_u=u_i^{(k)}-u_i^{(k+1)}=0,\quad \widetilde{\Theta}_v=v_i^{(k)}-v_i^{(k+1)}=0,\quad \widetilde{\Theta}_w=w_i^{(k)}-w_i^{(k+1)}=0 \tag{5-56}$$

将式(5-55)和式(5-56)中的位移约束方程引入层合圆板的能量泛函中，

则$\overline{\Pi}_{i,i+1}$和$\widetilde{\Pi}_{k,k+1}$的表达式为

$$\overline{\Pi}_{i,i+1}=\int_{\overline{S}_i}(\overline{\lambda}_u\overline{\Theta}_u+\overline{\lambda}_v\overline{\Theta}_v+\overline{\lambda}_w\overline{\Theta}_w)\big|_{r=r_{i+1}}\mathrm{d}S \tag{5-57a}$$

$$\widetilde{\Pi}_{k,k+1}=\int_{\overline{S}_k}(\widetilde{\lambda}_u\widetilde{\Theta}_u+\widetilde{\lambda}_v\widetilde{\Theta}_v+\widetilde{\lambda}_w\widetilde{\Theta}_w)\big|_{z=z_{k+1}}\mathrm{d}S \tag{5-57b}$$

式中：$\overline{\lambda}_u$，$\overline{\lambda}_v$ 和$\overline{\lambda}_w$ 为第 k 铺层中分区 i 和 $i+1$ 界面（$r=r_{i+1}$）上与位移约束方程相关的未知变量；$\widetilde{\lambda}_u$，$\widetilde{\lambda}_v$ 和$\widetilde{\lambda}_w$ 为第 i 个分区中第 k 和 $k+1$ 铺层界面（$z=z_{k+1}$）上的未知变量；$\overline{S}_i$ 和$\widetilde{S}_k$ 为子域分区界面和铺层界面。

将式(5-52)~式(5-54)和式(5-57)代入式(5-51)，根据 $\delta\Pi=0$ 驻值条件可识别出分区界面上的未知量的具体表达式，即

$$\overline{\lambda}_u=\sigma_{rr},\quad \overline{\lambda}_v=\sigma_{r\theta},\quad \overline{\lambda}_w=\sigma_{rz},\quad \widetilde{\lambda}_u=\sigma_{rz},\quad \widetilde{\lambda}_v=\sigma_{\theta z},\quad \widetilde{\lambda}_w=\sigma_{zz} \tag{5-58}$$

式(5-58)表明，分区界面上的未知量为分区界面相关位移约束方向上的应力分量，如图 5-16 所示。

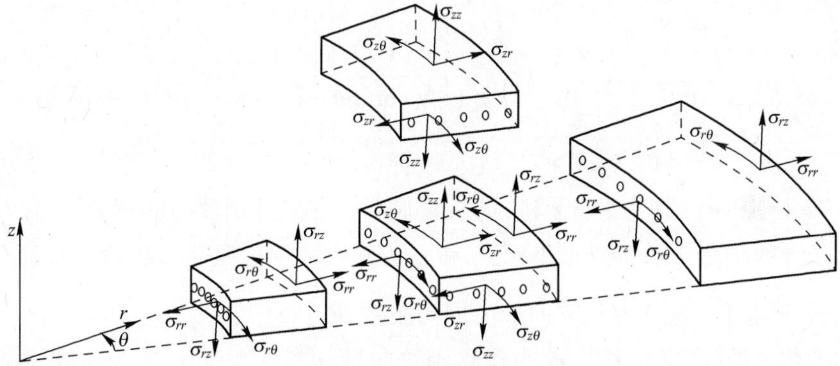

图 5-16　子域界面上的应力分量

将式(5-58)代入式(5-57)，将圆板内外径处的位移边界视为一种特殊的分区界面，最后对分区界面势能$\overline{\Pi}_{i,i+1}$和$\widetilde{\Pi}_{k,k+1}$进行修正，得

$$\overline{\Pi}_{i,i+1}=\int_{\overline{S}_i}(\varsigma_u\sigma_{rr}\overline{\Theta}_u+\varsigma_v\sigma_{r\theta}\overline{\Theta}_v+\varsigma_w\sigma_{rz}\overline{\Theta}_w)\big|_{r=r_{i+1}}\mathrm{d}S-\frac{1}{2}\int_{\overline{S}_i}(\varsigma_u\kappa_u\overline{\Theta}_u^2+\varsigma_v\kappa_v\overline{\Theta}_v^2+\varsigma_w\kappa_w\overline{\Theta}_w^2)\big|_{r=r_{i+1}}\mathrm{d}S \tag{5-59}$$

$$\widetilde{\Pi}_{k,k+1}^{z,i}=\int_{\widetilde{S}_k}(\sigma_{rz}\widetilde{\Theta}_u+\sigma_{\theta z}\widetilde{\Theta}_v+\sigma_{zz}\widetilde{\Theta}_w)\big|_{z=z_{k+1}}\mathrm{d}S-\frac{1}{2}\int_{\widetilde{S}_k}(\kappa_u\widetilde{\Theta}_u^2+\kappa_v\widetilde{\Theta}_v^2+\kappa_w\widetilde{\Theta}_w^2)\big|_{z=z_{k+1}}\mathrm{d}S \tag{5-60}$$

式中：$\varsigma_\nu(\nu=u,v,w)$为分区界面和边界界面（$r=R_i,R_o$）上的位移约束方程控制

参数；κ_ν 为分区界面上的权参数。

对于内部分区界面，$\varsigma_\nu=1$；而对于常见的三种边界条件，即自由、简支和固支，ς_ν 的取值见表 5-1。若将$\overline{\Pi}_{i,i+1}$中第一项积分去掉，第二项积分可以处理弹性边界条件，此时权参数 κ_ν 可视为边界 $r=R_i,R_o$ 处相关方向上的弹性刚度系数，相应地$\overline{\Pi}_{i,i+1}$为每个铺层边界处的弹性势能。

考虑到层合圆环板内任意一点的位移、变形和内力都单值的，板的位移、变形和内力都必须是周向坐标 θ 的周期函数。因此，可将层合圆板的位移分量沿着周向采用傅里叶级数进行展开。第 k 层圆板内第 i 个子域的位移展开式为

$$\begin{aligned}
u_i^{(k)}(\bar{r},\theta,\bar{z},t)&=\sum_{i_r=0}^{I_r}\sum_{n=0}^{\widehat{N}}\sum_{i_z=0}^{I_z}\psi_{i_r}(\bar{r})\psi_{i_z}(\bar{z})\left[\cos(n\theta)\,\tilde{u}_{i_rni_z}(t)+\sin(n\theta)\,\bar{u}_{i_rni_z}(t)\right]\\
&=\boldsymbol{\psi}(\bar{r},\theta,\bar{z})\,\boldsymbol{u}_i^{(k)}(t)\\
v_i^{(k)}(\bar{r},\theta,\bar{z},t)&=\sum_{i_r=0}^{I_r}\sum_{n=0}^{\widehat{N}}\sum_{i_z=0}^{I_z}\psi_{i_r}(\bar{r})\psi_{i_z}(\bar{z})\left[\sin(n\theta)\,\tilde{v}_{i_rni_z}(t)+\cos(n\theta)\,\bar{v}_{i_rni_z}(t)\right]\\
&=\boldsymbol{\psi}(\bar{r},\theta,\bar{z})\,\boldsymbol{v}_i^{(k)}(t)\\
w_i^{(k)}(\bar{r},\theta,\bar{z},t)&=\sum_{i_r=0}^{I_r}\sum_{n=0}^{\widehat{N}}\sum_{i_z=0}^{I_z}\psi_{i_r}(\bar{r})\psi_{i_z}(\bar{z})\left[\sin(n\theta)\,\widetilde{w}_{i_rni_z}(t)+\cos(n\theta)\,\overline{w}_{i_rni_z}(t)\right]\\
&=\boldsymbol{\psi}(\bar{r},\theta,\bar{z})\,\boldsymbol{w}_i^{(k)}(t)
\end{aligned}\tag{5-61}$$

式中：$\psi_r(\bar{r})$ 和 $\psi_{i_z}(\bar{z})$ 为沿着 r 和 z 方向的圆板位移展开函数，其中下标 i_r 和 i_z 为位移函数的阶次，$\bar{r}$和$\bar{z}$为局部坐标；I_r 和 I_z 为截取的位移展开函数的最高阶次；n 为圆板的周向波数；$\widehat{N}$为截取的最大周向波数；$\tilde{u}_{i_rni_z}$，$\tilde{v}_{i_rni_z}$，$\widetilde{w}_{i_rni_z}$，$\bar{u}_{i_rni_z}$，$\bar{v}_{i_rni_z}$ 和$\overline{w}_{i_rni_z}$为位移函数系数（广义位移）；$\boldsymbol{\psi}$ 为位移函数向量；$\boldsymbol{u}_i^{(k)}$，$\boldsymbol{v}_i^{(k)}$ 和$\boldsymbol{w}_i^{(k)}$ 为位移系数向量（广义位移向量）。

子域的位移变量可以采用幂级数、第一类切比雪夫正交多项式、第二类切比雪夫正交多项式、第一类勒让德正交多项式和厄米特正交多项式等进行展开。采用上述级数或多项式作为层合圆板的位移展开函数时，需要考虑它们的收敛范围并引入相应的坐标变换（$r\to\bar{r}$和 $z\to\bar{z}$）。

将式(5-52)~式(5-54)和式(5-59)~式(5-61)代入式(5-51)，对 Π 取一阶变分，并根据 $\delta\Pi=0$ 驻值条件得到三维层合圆板的离散动力学方程为

$$\boldsymbol{M}\ddot{\boldsymbol{q}}+(\boldsymbol{K}-\boldsymbol{K}_\lambda+\boldsymbol{K}_\kappa)\boldsymbol{q}=\boldsymbol{F}\tag{5-62}$$

式中：$\boldsymbol{q}$ 为层合圆板位移系数向量集合，记为 $\boldsymbol{q}=[\widetilde{\boldsymbol{u}}_1^{1,\mathrm{T}},\widetilde{\boldsymbol{v}}_1^{1,\mathrm{T}},\widetilde{\boldsymbol{w}}_1^{1,\mathrm{T}},\cdots,\widetilde{\boldsymbol{u}}_N^{N_l,\mathrm{T}},\widetilde{\boldsymbol{v}}_N^{N_l,\mathrm{T}},\widetilde{\boldsymbol{w}}_N^{N_l,\mathrm{T}}]^{\mathrm{T}}$；$\boldsymbol{M}$ 和 $\boldsymbol{K}$ 分别为子域广义质量矩阵和刚度矩阵的组装矩阵；$\boldsymbol{K}_\lambda$ 和$\boldsymbol{K}_\kappa$ 为分区界面矩阵的组装矩阵；$\boldsymbol{F}$ 为广义外力向量。

5.2.3　数值算例

采用分区方法来分析三明治夹层圆板的振动问题。圆板由两层很薄的面层和一层很厚的轻质柔性芯层叠合而成。面层的材料参数为 $E_f = 70.23\text{GPa}$，$\mu_f = 0.33$，$\rho_f = 2820\text{kg/m}^3$；芯层的材料参数为 $E_c = 6.89 \times 10^{-3}\ \text{GPa}$，$\mu_c = 0$，$\rho_c = 97\text{kg/m}^3$。表 5-8 给出了不同周向波数 n 对应的三明治夹层圆环板固有频率。圆板的几何尺寸为 $R_o = 1\text{m}$，$R_i = 0.3\text{m}$，$H = 0.1\text{m}$，面层和芯层的厚度分别为 $H_f = 0.1H$，$H_c = 0.8H$（下标 f 和 c 分别表示面层和芯层）。板的内径和外径处为自由边界条件。结果表明，随着分域数目 N 和域内多项式项数 $I_r \times I_z$ 的增加，不同周向波数对应的夹层圆板频率很快收敛。例如，当周向波数 $n = 0,1,2$ 时，$5 \times 5 \times 4$ 与 $11 \times 11 \times 6$ 计算出的前 8 阶固有频率最大相对误差分别为 0.014%、0.085% 和 0.13%。表 5-9 给出了自由 - 自由、自由（$r = R_i$）- 固支（$r = R_o$）和固支（$r = R_i$）- 自由（$r = R_o$）边界条件的三明治夹层圆板固有频率，其中周向波数取 $n = 0 \sim 9$，径向模态阶数为 $m = 1$。表中参考解是采用有限元软件 ANSYS 三维单元 SOLID45 计算得到的结果。夹层圆环板的材料参数和几何参数同前。结果表明，分区方法得到的结果与有限元结果非常符合。

表 5-8　三明治夹层圆环板固有频率　(Hz)

n	$I_r \times I_z \times N$	模态阶数							
		1	2	3	4	5	6	7	8
0	5×2×2	60.344	161.284	271.970	341.097	384.624	384.813	401.709	491.951
	5×3×2	60.303	161.140	271.917	340.837	384.549	384.734	401.609	491.726
	5×5×4	60.241	160.922	271.917	340.021	384.549	384.733	401.605	491.424
	7×7×2	60.243	160.928	271.917	340.033	384.549	384.733	401.605	491.424
	7×7×4	60.234	160.898	271.917	339.988	384.549	384.733	401.604	491.421
	7×7×8	60.233	160.893	271.915	339.981	384.549	384.733	401.604	491.422
	11×11×6	67.174	175.285	268.455	357.569	384.583	386.701	407.972	501.758
1	5×2×2	67.155	175.157	268.273	357.229	384.508	386.620	407.862	501.506
	5×3×2	67.109	174.919	268.129	356.218	384.508	386.614	407.825	501.070
	5×5×4	67.115	174.938	268.134	356.247	384.508	386.615	407.832	501.084
	7×7×2	67.076	174.833	268.112	356.093	384.508	386.609	407.789	500.996
	7×7×4	67.055	174.784	268.105	356.025	384.508	386.606	407.765	500.947
	7×7×8	67.052	174.776	268.105	356.017	384.508	386.605	407.762	500.940
	11×11×6	67.174	175.285	268.455	357.569	384.583	386.701	407.972	501.758

（续）

n	$I_r \times I_z \times N$	模态阶数							
		1	2	3	4	5	6	7	8
2	5 ×2 ×2	36. 559	107. 469	215. 100	384. 664	391. 997	392. 639	426. 493	530. 880
	5 ×3 ×2	36. 552	107. 423	214. 977	384. 587	391. 911	392. 372	426. 362	530. 555
	5 ×5 ×4	36. 542	107. 354	214. 734	384. 587	391. 153	391. 905	426. 292	529. 819
	7 ×7 ×2	36. 542	107. 360	214. 764	384. 587	391. 214	391. 906	426. 307	529. 865
	7 ×7 ×4	36. 541	107. 328	214. 584	384. 587	390. 860	391. 900	426. 215	529. 592
	7 ×7 ×8	36. 540	107. 313	214. 486	384. 587	390. 670	391. 897	426. 161	529. 436
	11 ×11 ×6	36. 540	107. 310	214. 472	384. 586	390. 642	391. 896	426. 153	529. 413

表 5-9　不同边界条件对应的夹层圆环板固有频率　（Hz）

n	自由 - 自由		自由 - 固支		固支 - 自由	
	本书	有限元	本书	有限元	本书	有限元
0	60. 233	60. 280	45. 782	45. 867	28. 416	30. 690
1	67. 052	67. 140	61. 861	62. 000	31. 727	33. 455
2	36. 540	36. 559	94. 718	94. 932	42. 324	43. 372
3	57. 408	57. 465	135. 162	135. 541	59. 108	59. 647
4	80. 685	80. 832	180. 922	181. 609	81. 156	81. 476
5	107. 892	107. 458	230. 985	232. 159	108. 013	108. 398
6	139. 546	140. 230	285. 484	287. 394	139. 576	140. 270
7	175. 861	177. 118	344. 771	347. 636	175. 868	177. 127
8	216. 919	219. 060	409. 027	413. 540	216. 921	219. 062
9	262. 744	266. 173	478. 275	484. 869	262. 744	266. 174

图 5-17 和图 5-18 中给出了不同边界条件下三明治夹层圆板（$H/R_o=0.1$）的部分振型。考虑了两种边界条件，即自由 - 自由和固支 - 固支（R_i 和 R_o 处固支）。

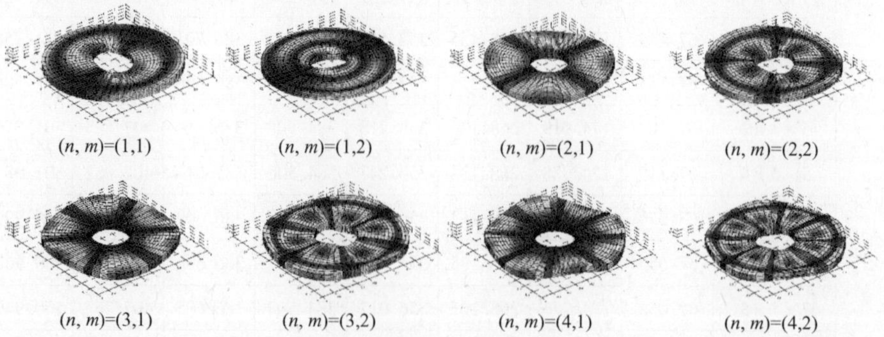

图 5-17　三明治夹层圆环板振型（自由 - 自由边界）

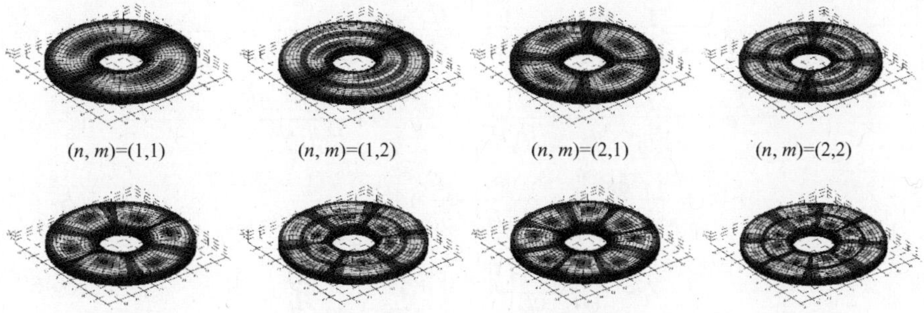

(n, m)=(1,1)　(n, m)=(1,2)　(n, m)=(2,1)　(n, m)=(2,2)

(n, m)=(3,1)　(n, m)=(3,2)　(n, m)=(4,1)　(n, m)=(4,2)

图 5-18　三明治夹层圆环板振型(固支－固支边界)

5.3 层合壳体

5.3.1 基本方程

考虑一个沿着厚度方向任意铺层的一般复合材料旋转体结构，建立如图 5-19所示的空间曲线坐标系 $o'-\alpha\beta\varsigma$。图中 α 坐标线和 β 坐标线沿着壳体的曲率线方向，ς与 α 和 β 垂直。

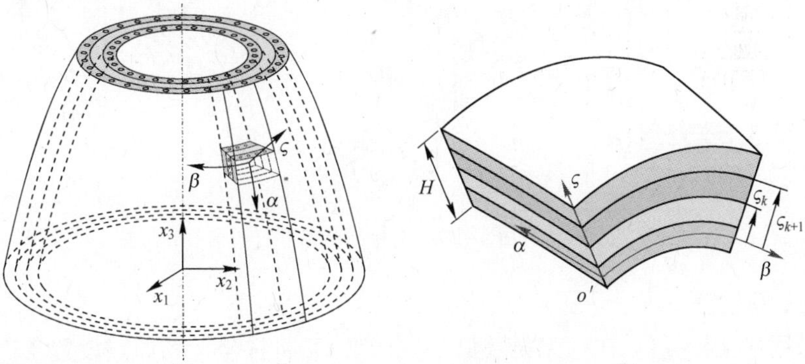

(a)　(b)

图 5-19　层合壳体与曲线坐标系

采用三维弹性理论建立层合壳体的力学模型时，对壳体引入以下假设：①壳体铺层之间理想黏结无缝隙，黏结层的厚度可忽略不计；②每个铺层的厚度都是均匀的，其材料为线弹性正交各向异性材料；③壳体的变形与厚度相比为小量。将壳体内每一铺层视为一个单独三维弹性体，假设第 k 层内任意一点 $P(\alpha,\beta,\varsigma)$ 处沿着 α,β 和ς方向的位移分量为 $u^{(k)}$,$v^{(k)}$ 和 $w^{(k)}$，则由式(2-81)可得到该点处的正应变 $\varepsilon_{\alpha\alpha}^{(k)}$,$\varepsilon_{\beta\beta}^{(k)}$,$\varepsilon_{\varsigma\varsigma}^{(k)}$ 和剪应变 $\gamma_{\beta\varsigma}^{(k)}$,$\gamma_{\alpha\varsigma}^{(k)}$,$\gamma_{\alpha\beta}^{(k)}$ 为

$$\varepsilon_{\alpha\alpha}^{(k)}=\frac{1}{H_\alpha}\frac{\partial u^{(k)}}{\partial\alpha}+\frac{1}{H_\alpha H_\beta}\frac{\partial H_\alpha}{\partial\beta}v^{(k)}+\frac{1}{H_\alpha H_\varsigma}\frac{\partial H_\alpha}{\partial\varsigma}w^{(k)} \tag{5-63a}$$

$$\varepsilon_{\beta\beta}^{(k)}=\frac{1}{H_\beta}\frac{\partial v^{(k)}}{\partial\beta}+\frac{1}{H_\beta H_\varsigma}\frac{\partial H_\beta}{\partial\varsigma}w^{(k)}+\frac{1}{H_\beta H_\alpha}\frac{\partial H_\beta}{\partial\alpha}u^{(k)} \tag{5-63b}$$

$$\varepsilon_{\varsigma\varsigma}^{(k)}=\frac{1}{H_\varsigma}\frac{\partial w^{(k)}}{\partial\varsigma}+\frac{1}{H_\varsigma H_\alpha}\frac{\partial H_\varsigma}{\partial\alpha}u^{(k)}+\frac{1}{H_\varsigma H_\beta}\frac{\partial H_\varsigma}{\partial\beta}v^{(k)} \tag{5-63c}$$

$$\gamma_{\beta\varsigma}^{(k)}=\frac{H_\varsigma}{H_\beta}\frac{\partial}{\partial\beta}\left(\frac{w^{(k)}}{H_\varsigma}\right)+\frac{H_\beta}{H_\varsigma}\frac{\partial}{\partial\varsigma}\left(\frac{v^{(k)}}{H_\beta}\right) \tag{5-63d}$$

$$\gamma_{\alpha\varsigma}^{(k)}=\frac{H_\alpha}{H_\varsigma}\frac{\partial}{\partial\varsigma}\left(\frac{u^{(k)}}{H_\alpha}\right)+\frac{H_\varsigma}{H_\alpha}\frac{\partial}{\partial\alpha}\left(\frac{w^{(k)}}{H_\varsigma}\right) \tag{5-63e}$$

$$\gamma_{\alpha\beta}^{(k)}=\frac{H_\beta}{H_\alpha}\frac{\partial}{\partial\alpha}\left(\frac{v^{(k)}}{H_\beta}\right)+\frac{H_\alpha}{H_\beta}\frac{\partial}{\partial\beta}\left(\frac{u^{(k)}}{H_\alpha}\right) \tag{5-63f}$$

式中：H_α，H_β 和 H_ς 为壳体的 Lamé 系数，它们的表达式见式(2-65)和式(2-67)。

给定壳体的空间曲线坐标系，根据式(2-65)和式(2-67)可以得到壳体内任意一点处的 Lamé 系数 H_α，H_β 和 H_ς，然后将它们代入式(5-63)即可到壳体的应变－位移关系。图 5-20 给出了几种常见壳体的几何模型和相应的曲线坐标系。

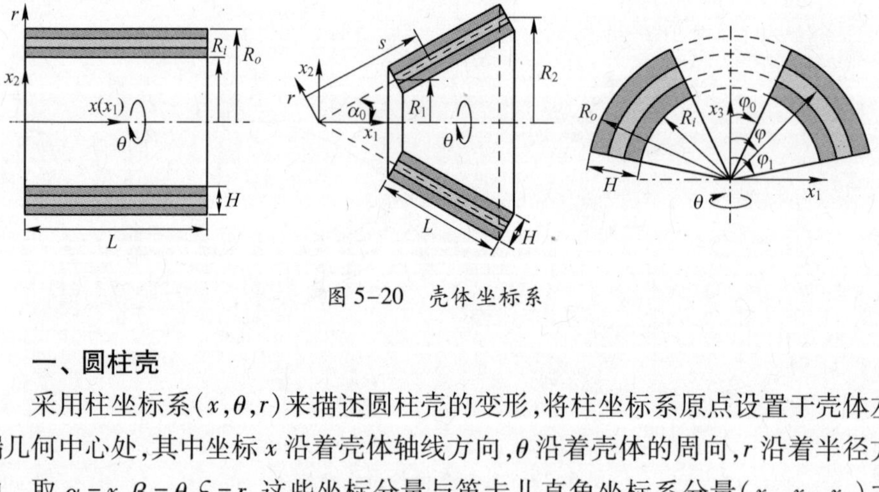

图 5-20 壳体坐标系

一、圆柱壳

采用柱坐标系(x,θ,r)来描述圆柱壳的变形，将柱坐标系原点设置于壳体左端几何中心处，其中坐标 x 沿着壳体轴线方向，θ 沿着壳体的周向，r 沿着半径方向。取 $\alpha=x,\beta=\theta,\varsigma=r$，这些坐标分量与笛卡儿直角坐标系分量$(x_1,x_2,x_3)$之间的关系为

$$x_1=x,\quad x_2=r\cos\theta,\quad x_3=r\sin\theta \tag{5-64}$$

将式(5-64)代入式(2-65)和式(2-67)，得

$$H_\alpha=H_x=\sqrt{\left(\frac{\partial x_1}{\partial x}\right)^2+\left(\frac{\partial x_2}{\partial x}\right)^2+\left(\frac{\partial x_3}{\partial x}\right)^2}=1 \tag{5-65a}$$

$$H_\beta = H_\theta = \sqrt{\left(\frac{\partial x_1}{\partial \theta}\right)^2 + \left(\frac{\partial x_2}{\partial \theta}\right)^2 + \left(\frac{\partial x_3}{\partial \theta}\right)^2} = r \tag{5-65b}$$

$$H_\varsigma = H_r = \sqrt{\left(\frac{\partial x_1}{\partial r}\right)^2 + \left(\frac{\partial x_2}{\partial r}\right)^2 + \left(\frac{\partial x_3}{\partial r}\right)^2} = 1 \tag{5-65c}$$

将式(5-65)代入式(5-63),得到三维弹性圆柱壳第 k 层内任意一点处的应变分量,即

$$\varepsilon_{xx}^{(k)} = \frac{\partial u^{(k)}}{\partial x},\quad \varepsilon_{\theta\theta}^{(k)} = \frac{w^{(k)}}{r} + \frac{1}{r}\frac{\partial v^{(k)}}{\partial \theta},\quad \varepsilon_{rr}^{(k)} = \frac{\partial w^{(k)}}{\partial r},$$
$$\gamma_{r\theta}^{(k)} = \frac{\partial w^{(k)}}{r\partial \theta} + \frac{\partial v^{(k)}}{\partial r} - \frac{v^{(k)}}{r},\quad \gamma_{xr}^{(k)} = \frac{\partial u^{(k)}}{\partial r} + \frac{\partial w^{(k)}}{\partial x},\quad \gamma_{x\theta}^{(k)} = \frac{\partial u^{(k)}}{r\partial \theta} + \frac{\partial v^{(k)}}{\partial x} \tag{5-66}$$

式中:$\varepsilon_{xx}^{(k)}$,$\varepsilon_{\theta\theta}^{(k)}$ 和 $\varepsilon_{rr}^{(k)}$ 为正应变分量;$\gamma_{r\theta}^{(k)}$,$\gamma_{xr}^{(k)}$ 和 $\gamma_{x\theta}^{(k)}$ 为剪应变分量。

二、圆锥壳

在锥壳顶点处建立锥坐标系(s,θ,r),其中坐标 s 沿着壳体中面母线方向,θ 沿着壳体的周向,r 沿着壳体法向。取 $\alpha = s$,$\beta = \theta$,$\varsigma = r$,锥坐标系与笛卡儿直角坐标系分量之间的关系为

$$x_1 = s\cos\alpha_0 - r\sin\alpha_0,\quad x_2 = (s\tan\alpha_0 + r)\cos\alpha_0\cos\theta,\quad x_3 = (s\tan\alpha_0 + r)\cos\alpha_0\sin\theta \tag{5-67}$$

将式(5-67)代入式(2-65)和式(2-67),得

$$H_\alpha = H_s = \sqrt{\left(\frac{\partial x_1}{\partial s}\right)^2 + \left(\frac{\partial x_2}{\partial s}\right)^2 + \left(\frac{\partial x_3}{\partial s}\right)^2} = 1 \tag{5-68a}$$

$$H_\beta = H_\theta = \sqrt{\left(\frac{\partial x_1}{\partial \theta}\right)^2 + \left(\frac{\partial x_2}{\partial \theta}\right)^2 + \left(\frac{\partial x_3}{\partial \theta}\right)^2} = (s\tan\alpha_0 + r)\cos\alpha_0 \tag{5-68b}$$

$$H_\varsigma = H_r = \sqrt{\left(\frac{\partial x_1}{\partial r}\right)^2 + \left(\frac{\partial x_2}{\partial r}\right)^2 + \left(\frac{\partial x_3}{\partial r}\right)^2} = 1 \tag{5-68c}$$

将式(5-68)代入式(5-63),得到圆锥壳内第 k 层的应变分量

$$\varepsilon_{ss}^{(k)} = \frac{\partial u^{(k)}}{\partial s} \tag{5-69a}$$

$$\varepsilon_{\theta\theta}^{(k)} = \frac{1}{r}\left(T_\alpha u^{(k)} + \frac{1}{C_\alpha}\frac{\partial v^{(k)}}{\partial \theta} + w^{(k)}\right) \tag{5-69b}$$

$$\varepsilon_{rr}^{(k)} = \frac{\partial w^{(k)}}{\partial r} \tag{5-69c}$$

$$\gamma_{r\theta}^{(k)} = \frac{1}{\bar{r}}\left(\frac{1}{C_\alpha}\frac{\partial w^{(k)}}{\partial \theta} - v^{(k)}\right) + \frac{\partial v^{(k)}}{\partial r} \tag{5-69d}$$

$$\gamma_{sr}^{(k)} = \frac{\partial u^{(k)}}{\partial r} + \frac{\partial w^{(k)}}{\partial s} \tag{5-69e}$$

$$\gamma_{s\theta}^{(k)} = \frac{1}{\bar{r}}\left(\frac{1}{C_\alpha}\frac{\partial u^{(k)}}{\partial \theta} - T_\alpha v^{(k)}\right) + \frac{\partial v^{(k)}}{\partial s} \tag{5-69f}$$

式中:$\bar{r} = sT_\alpha + r, T_\alpha = \tan\alpha_0, C_\alpha = \cos\alpha_0$;$\varepsilon_{ss}^{(k)}$,$\varepsilon_{\theta\theta}^{(k)}$和$\varepsilon_{rr}^{(k)}$为正应变分量;$\gamma_{r\theta}^{(k)}$,$\gamma_{sr}^{(k)}$和$\gamma_{s\theta}^{(k)}$为剪应变分量。

三、球壳

在球壳几何中心处建立球坐标系(φ,θ,r),取$\alpha=\varphi,\beta=\theta,\varsigma=r$,则球坐标系与笛卡儿直角坐标系分量存在以下关系式

$$x_1 = r\sin\varphi\cos\theta, \quad x_2 = r\sin\varphi\sin\theta, \quad x_3 = r\cos\varphi \tag{5-70}$$

将式(5-70)代入式(2-63)和式(2-67),得

$$H_\alpha = H_\varphi = \sqrt{\left(\frac{\partial x_1}{\partial \varphi}\right)^2 + \left(\frac{\partial x_2}{\partial \varphi}\right)^2 + \left(\frac{\partial x_3}{\partial \varphi}\right)^2} = 1 \tag{5-71a}$$

$$H_\beta = H_\theta = \sqrt{\left(\frac{\partial x_1}{\partial \theta}\right)^2 + \left(\frac{\partial x_2}{\partial \theta}\right)^2 + \left(\frac{\partial x_3}{\partial \theta}\right)^2} = r\sin\varphi \tag{5-71b}$$

$$H_\varsigma = H_r = \sqrt{\left(\frac{\partial x_1}{\partial r}\right)^2 + \left(\frac{\partial x_2}{\partial r}\right)^2 + \left(\frac{\partial x_3}{\partial r}\right)^2} = 1 \tag{5-71c}$$

将式(5-71)代入式(5-63),得到球壳内第k层任意一点处的应变分量为

$$\varepsilon_{\varphi\varphi}^{(k)} = \frac{1}{r}\left(\frac{\partial u^{(k)}}{\partial \varphi} + w^{(k)}\right) \tag{5-72a}$$

$$\varepsilon_{\theta\theta}^{(k)} = \frac{1}{r}\left(C_\varphi u^{(k)} + \frac{1}{S_\varphi}\frac{\partial v^{(k)}}{\partial \theta} + w^{(k)}\right) \tag{5-72b}$$

$$\varepsilon_{rr}^{(k)} = \frac{\partial w^{(k)}}{\partial r} \tag{5-72c}$$

$$\gamma_{r\theta}^{(k)} = \frac{\partial v^{(k)}}{\partial r} + \frac{1}{r}\left(\frac{1}{S_\varphi}\frac{\partial w^{(k)}}{\partial \theta} - v^{(k)}\right) \tag{5-72d}$$

$$\gamma_{r\varphi}^{(k)} = \frac{\partial u^{(k)}}{\partial r} + \frac{1}{r}\left(\frac{\partial w^{(k)}}{\partial \varphi} - u^{(k)}\right) \tag{5-72e}$$

$$\gamma_{\varphi\theta}^{(k)} = \frac{1}{r}\left(\frac{1}{S_\varphi}\frac{\partial u^{(k)}}{\partial \theta} + \frac{\partial v^{(k)}}{\partial \varphi} - C_\varphi v^{(k)}\right) \tag{5-72f}$$

式中:$S_\varphi = \sin\varphi$;$C_\varphi = \cot\varphi$。

根据复合材料的应力和应变转轴公式,可将第k层材料主方向的应力和应变分量转换至层合壳体坐标系$o'-\alpha\beta\varsigma$中,得到壳体坐标系下应力和应变分量之间的关系。第k层复合材料的应力-应变关系服从以下方程:

$$\begin{bmatrix}\sigma_{\alpha\alpha}^{(k)}\\\sigma_{\beta\beta}^{(k)}\\\sigma_{\varsigma\varsigma}^{(k)}\\\sigma_{\beta\varsigma}^{(k)}\\\sigma_{\alpha\varsigma}^{(k)}\\\sigma_{\alpha\beta}^{(k)}\end{bmatrix}=\begin{bmatrix}\overline{C}_{11}^{(k)}&\overline{C}_{12}^{(k)}&\overline{C}_{13}^{(k)}&0&0&\overline{C}_{16}^{(k)}\\\overline{C}_{12}^{(k)}&\overline{C}_{22}^{(k)}&\overline{C}_{23}^{(k)}&0&0&\overline{C}_{26}^{(k)}\\\overline{C}_{13}^{(k)}&\overline{C}_{23}^{(k)}&\overline{C}_{33}^{(k)}&0&0&\overline{C}_{36}^{(k)}\\0&0&0&\overline{C}_{44}^{(k)}&\overline{C}_{45}^{(k)}&0\\0&0&0&\overline{C}_{45}^{(k)}&\overline{C}_{55}^{(k)}&0\\\overline{C}_{16}^{(k)}&\overline{C}_{26}^{(k)}&\overline{C}_{36}^{(k)}&0&0&\overline{C}_{66}^{(k)}\end{bmatrix}\begin{bmatrix}\varepsilon_{\alpha\alpha}^{(k)}\\\varepsilon_{\beta\beta}^{(k)}\\\varepsilon_{\varsigma\varsigma}^{(k)}\\\gamma_{\beta\varsigma}^{(k)}\\\gamma_{\alpha\varsigma}^{(k)}\\\gamma_{\alpha\beta}^{(k)}\end{bmatrix}\tag{5-73}$$

式中：$\overline{C}_{ij}^{(k)}(i,j=1,2,3,4,5,6)$为第 k 层材料的偏轴弹性系数。

式(5-3)给出了$\overline{C}_{ij}^{(k)}$的表达式，这里定义复合材料纤维方向与 α 方向之间的夹角为 $\theta^{(k)}$，以逆时针为正。

5.3.2　分区力学模型

基于分区方法和三维弹性理论对层合壳进行力学分析时，首先沿着壳体母线坐标方向（不妨设为 α 方向）将壳体分解为 N 个壳段，然后沿厚度方向将每个壳段再划分为 N_l 个铺层子域，则整个层合壳体被分解为 $N\times N_l$ 个子域，如图 5-21 所示。在某些情况下，为了保证计算结果能快速收敛，并减少分区方法在厚度方向所采用的函数展开项数，可将每个物理铺层沿厚度方向进一步分解为 N_f 数值层。这种情况下，整个壳体被分解为 $N\times N_l\times N_f$ 个子域。

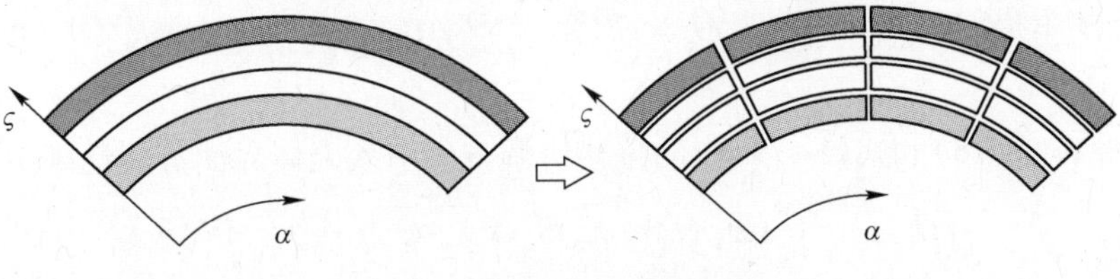

图 5-21　层合壳分区模型

对于任意铺层的三维层合壳体，根据分区方法构造出其能量泛函 Π 为

$$\Pi=\int_{t_0}^{t_1}\sum_{i=1}^{N}\sum_{k=1}^{N_l}(T_i^{(k)}-U_i^{(k)}+W_i^{(k)})\mathrm{d}t+\int_{t_0}^{t_1}\sum\sum(\overline{\Pi}_{i,i+1}+\widetilde{\Pi}_{k,k+1})\mathrm{d}t\tag{5-74}$$

式中：$T_i^{(k)}$ 和 $U_i^{(k)}$ 分别为层合壳体第 k 层内第 i 个子域的动能和应变能；$W_i^{(k)}$ 为作用在该子域上的外力所做的功；$\overline{\Pi}_{i,i+1}$ 为第 k 层内第 i 和 $i+1$ 分区界面 $(\alpha=\alpha_{i+1})$ 上的界面势能，而$\widetilde{\Pi}_{k,k+1}$为与第 i 分区相关的第 k 和 $k+1$ 铺层界面 $(\varsigma=\varsigma_{k+1})$ 势能。

第 k 层内第 i 个子域的动能为

$$T_i^{(k)} = \frac{1}{2}\iiint_{V_i^{(k)}} \rho^{(k)} (\dot{u}^2 + \dot{v}^2 + \dot{w}^2) H_\alpha H_\beta H_\varsigma \, \mathrm{d}\alpha \mathrm{d}\beta \mathrm{d}\varsigma \tag{5-75}$$

式中：$\dot{u}$，$\dot{v}$ 和 $\dot{w}$ 为壳体子域内一点沿着 α，β 和 ς 方向的速度分量；$V_i^{(k)}$ 为壳体子域的体积。

第 k 铺层内第 i 个壳体子域的应变能为

$$U_i^{(k)} = \frac{1}{2}\iiint_{V_i^{(k)}} (\sigma_{\alpha\alpha}^{(k)} \varepsilon_{\alpha\alpha}^{(k)} + \sigma_{\beta\beta}^{(k)} \varepsilon_{\beta\beta}^{(k)} + \sigma_{\varsigma\varsigma}^{(k)} \varepsilon_{\varsigma\varsigma}^{(k)} + \sigma_{\beta\varsigma}^{(k)} \gamma_{\beta\varsigma}^{(k)} + \sigma_{\alpha\varsigma}^{(k)} \gamma_{\alpha\varsigma}^{(k)} + \sigma_{\alpha\beta}^{(k)} \gamma_{\alpha\beta}^{(k)}) H_\alpha H_\beta H_\varsigma \, \mathrm{d}\alpha \mathrm{d}\beta \mathrm{d}\varsigma \tag{5-76}$$

假设层合壳体第 k 层内第 i 个子域上作用有任意方向的载荷，则在该子域上外力所做的功 $W_i^{(k)}$ 为

$$W_i^{(k)} = \iint_{S_i^{(k)}} (f_u u + f_v v + f_w w) \mathrm{d}S \tag{5-77}$$

式中：f_u，f_v 和 f_w 分别为沿着 α、β 和 ς 方向的载荷分量；$S_i^{(k)}$ 为载荷作用面积。

第 k 铺层中两个相邻分区 i 和 $i+1$ 的公共界面上（$\alpha = \alpha_{i+1}$处）要满足以下位移约束条件：

$$\overline{\Theta}_u = u_i^{(k)} - u_{i+1}^{(k)} = 0, \quad \overline{\Theta}_v = v_i^{(k)} - v_{i+1}^{(k)} = 0, \quad \overline{\Theta}_w = w_i^{(k)} - w_{i+1}^{(k)} = 0 \tag{5-78}$$

在第 i 个分区中两个相邻铺层 k 和 $k+1$ 的公共界面$\varsigma = \varsigma_{k+1}$处要满足以下约束条件：

$$\widetilde{\Theta}_u = u_i^{(k)} - u_i^{(k+1)} = 0, \quad \widetilde{\Theta}_v = v_i^{(k)} - v_i^{(k+1)} = 0, \quad \widetilde{\Theta}_w = w_i^{(k)} - w_i^{(k+1)} = 0 \tag{5-79}$$

将式(5-78)和式(5-79)中的位移协调方程引入壳体界面势能泛函中，得

$$\begin{aligned} \overline{\Pi}_{i,i+1} &= \int_{\bar{S}_i} (\overline{\lambda}_u \overline{\Theta}_u + \overline{\lambda}_v \overline{\Theta}_v + \overline{\lambda}_w \overline{\Theta}_w) \big|_{\alpha = \alpha_{i+1}} \mathrm{d}S, \\ \widetilde{\Pi}_{k,k+1} &= \int_{\tilde{S}_k} (\widetilde{\lambda}_u \widetilde{\Theta}_u + \widetilde{\lambda}_v \widetilde{\Theta}_v + \widetilde{\lambda}_w \widetilde{\Theta}_w) \big|_{\varsigma = \varsigma_{k+1}} \mathrm{d}S \end{aligned} \tag{5-80}$$

式中：$\overline{\lambda}_u$，$\overline{\lambda}_v$ 和$\overline{\lambda}_w$ 为第 k 铺层中分区 i 和 $i+1$ 界面上的未知变量；$\widetilde{\lambda}_u$，$\widetilde{\lambda}_v$ 和$\widetilde{\lambda}_w$ 为第 i 个分区中第 k 和 $k+1$ 铺层界面（$\varsigma = \varsigma_{i+1}$）上的待定变量；$\bar{S}_i$ 和 $\tilde{S}_k$ 分别为子域分区界面和铺层界面。

将式(5-75)～式(5-77)和式(5-78)代入式(5-74)，根据变分原理可以很容易地识别出分区界面和铺层界面上的未知量表达式，即

$$\overline{\lambda}_u = \sigma_{\alpha\alpha}^{(k)}, \quad \overline{\lambda}_v = \sigma_{\alpha\beta}^{(k)}, \quad \overline{\lambda}_w = \sigma_{\alpha\varsigma}^{(k)}, \quad \widetilde{\lambda}_u = \sigma_{\alpha\varsigma}^{(k)}, \quad \widetilde{\lambda}_v = \sigma_{\beta\varsigma}^{(k)}, \quad \widetilde{\lambda}_w = \sigma_{\varsigma\varsigma}^{(k)} \tag{5-81}$$

识别出来的分区界面未知量具有实际的物理意义，它们是分区界面和铺层界面上的应力分量，如图 5-22 所示。

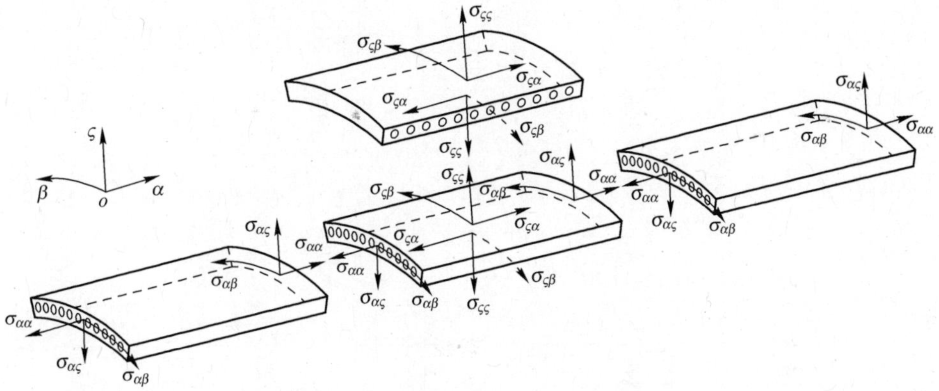

图 5-22　层合壳子域界面上的应力分量

将式(5-81)代入式(5-80)，并将层合壳体位移边界视为一种特殊的分区界面，对分区界面势能$\overline{\Pi}_{i,i+1}$和$\widetilde{\Pi}_{k,k+1}$进行修正，得

$$\overline{\Pi}_{i,i+1}=\int_{\bar{S}_i}(\xi_u\sigma_{\alpha\alpha}^{(k)}\overline{\Theta}_u+\xi_v\sigma_{\alpha\beta}^{(k)}\overline{\Theta}_v+\xi_w\sigma_{\alpha\varsigma}^{(k)}\overline{\Theta}_w)\big|_{\alpha=\alpha_{i+1}}\mathrm{d}S-\frac{1}{2}\int_{\bar{S}_i}(\xi_u\kappa_u\overline{\Theta}_u^2+\xi_v\kappa_v\overline{\Theta}_v^2+\xi_w\kappa_w\overline{\Theta}_w^2)\big|_{\alpha=\alpha_{i+1}}\mathrm{d}S \tag{5-82a}$$

$$\widetilde{\Pi}_{k,k+1}=\int_{\tilde{S}_i}(\sigma_{\alpha\varsigma}^{(k)}\widetilde{\Theta}_u+\sigma_{\beta\varsigma}^{(k)}\widetilde{\Theta}_v+\sigma_{\varsigma\varsigma}^{(k)}\widetilde{\Theta}_w)\big|_{\varsigma=\varsigma_{k+1}}\mathrm{d}S-\frac{1}{2}\int_{\tilde{S}_i}(\kappa_u\widetilde{\Theta}_u^2+\kappa_v\widetilde{\Theta}_v^2+\kappa_w\widetilde{\Theta}_w^2)\big|_{\varsigma=\varsigma_{k+1}}\mathrm{d}S \tag{5-82b}$$

式中：$\xi_\nu(\nu=u,v,w)$为层合壳体分区界面和铺层界面上的位移约束方程控制参数；κ_ν 为分区界面上的权参数，取 $\kappa_\nu=10^3E$（E 为壳体所有铺层中弹性模量最大值）。

对于内部分区界面，$\varsigma_\nu=1$；而对于常见三种边界条件，即自由($\sigma_{\alpha\alpha}^{(k)}=\sigma_{\alpha\beta}^{(k)}=\sigma_{\alpha\varsigma}^{(k)}=0$)、简支($\sigma_{\alpha\alpha}^{(k)}=v^{(k)}=w^{(k)}=0$)和固支($u^{(k)}=v^{(k)}=w^{(k)}=0$)，$\varsigma_\nu$ 的取值见表 5-1。去掉式(5-82a)等式右侧第一项，则第二项可以用于处理弹性边界条件，这时权参数 κ_ν 为边界上的弹性刚度系数，相应地$\overline{\Pi}_{i,i+1}$为壳体边界的弹性势能。

这里仅考虑周向封闭的层合壳体，根据壳体位移的周向连续性和周期性，可将壳体的位移分量沿着周向以傅里叶级数进行展开。不妨设 β 为周向坐标（令 $\beta=\theta$），则第 k 层壳体内第 i 个子域的位移展开式为

$$u_i^{(k)}(\bar{\alpha},\theta,\bar{\varsigma},t)=\sum_{i_\alpha=0}^{I_\alpha}\sum_{n=0}^{\hat{N}}\sum_{i_\varsigma=0}^{I_\varsigma}\psi_{i_\alpha}(\bar{\alpha})\psi_{i_\varsigma}(\bar{\varsigma})[\cos(n\theta)\tilde{u}_{i_\alpha n i_\varsigma}(t)+\sin(n\theta)\bar{u}_{i_\alpha n i_\varsigma}(t)]$$
$$=\boldsymbol{\psi}(\bar{\alpha},\theta,\bar{\varsigma})\boldsymbol{u}_i^{(k)}(t) \tag{5-83a}$$

$$v_i^{(k)}(\bar{\alpha},\theta,\bar{\varsigma},t)=\sum_{i_\alpha=0}^{I_\alpha}\sum_{n=0}^{\hat{N}}\sum_{i_\varsigma=0}^{I_\varsigma}\psi_{i_\alpha}(\bar{\alpha})\psi_{i_\varsigma}(\bar{\varsigma})[\sin(n\theta)\tilde{v}_{i_\alpha n i_\varsigma}(t)+\cos(n\theta)\bar{v}_{i_\alpha n i_\varsigma}(t)]$$
$$=\boldsymbol{\psi}(\bar{\alpha},\theta,\bar{\varsigma})\boldsymbol{v}_i^{(k)}(t) \tag{5-83b}$$

$$w_i^{(k)}(\bar{\alpha},\theta,\bar{\varsigma},t)=\sum_{i_\alpha=0}^{I_\alpha}\sum_{n=0}^{\hat{N}}\sum_{i_\varsigma=0}^{I_\varsigma}\psi_{i_\alpha}(\bar{\alpha})\psi_{i_\varsigma}(\bar{\varsigma})[\cos(n\theta)\tilde{w}_{i_\alpha n i_\varsigma}(t)+\sin(n\theta)\bar{w}_{i_\alpha n i_\varsigma}(t)]$$
$$=\boldsymbol{\psi}(\bar{\alpha},\theta,\bar{\varsigma})\boldsymbol{w}_i^{(k)}(t) \tag{5-83c}$$

式中:$\psi_{i_\alpha}(\bar{\alpha})$和$\psi_{i_\varsigma}(\bar{\varsigma})$为沿着$\alpha$和$\varsigma$方向的壳体位移展开函数,其中下标$i_\alpha$和$i_\varsigma$为位移函数的阶次,$\bar{\alpha}$和$\bar{\varsigma}$为局部坐标;$I_\alpha$和$I_\varsigma$为截取的位移展开函数最高阶次;$n$为壳体的周向波数;$\hat{N}$为截取的最大周向波数;$\tilde{u}_{i_\alpha n i_\varsigma}$,$\tilde{v}_{i_\alpha n i_\varsigma}$,$\tilde{w}_{i_\alpha n i_\varsigma}$,$\bar{u}_{i_\alpha n i_\varsigma}$,$\bar{v}_{i_\alpha n i_\varsigma}$和$\bar{w}_{i_\alpha n i_\varsigma}$为位移函数系数(广义位移);$\boldsymbol{\psi}$为位移函数向量;$\boldsymbol{u}_i^{(k)}$,$\boldsymbol{v}_i^{(k)}$和$\boldsymbol{w}_i^{(k)}$为位移系数向量(广义位移向量)。

壳体子域的位移变量可以采用幂级数、第一类切比雪夫正交多项式、第二类切比雪夫正交多项式、第一类勒让德正交多项式和厄米特正交多项式等进行展开。

将式(5-75)~式(5-77)、式(5-82)和式(5-83)代入式(5-74),根据$\delta\Pi=0$的驻值条件得到层合壳体的离散动力学方程为

$$\boldsymbol{M}\ddot{\boldsymbol{q}}+(\boldsymbol{K}-\boldsymbol{K}_\lambda+\boldsymbol{K}_\kappa)\boldsymbol{q}=\boldsymbol{F} \tag{5-84}$$

式中:$\boldsymbol{q}$为层合壳体位移系数向量集合,记为$\boldsymbol{q}=[\tilde{\boldsymbol{u}}_1^{1,\mathrm{T}},\tilde{\boldsymbol{v}}_1^{1,\mathrm{T}},\tilde{\boldsymbol{w}}_1^{1,\mathrm{T}},\cdots,\tilde{\boldsymbol{u}}_N^{N_l,\mathrm{T}},\tilde{\boldsymbol{v}}_N^{N_l,\mathrm{T}},\tilde{\boldsymbol{w}}_N^{N_l,\mathrm{T}}]^{\mathrm{T}}$;$\boldsymbol{M}$和$\boldsymbol{K}$分别为子域广义质量矩阵和刚度矩阵的组装矩阵;$\boldsymbol{K}_\lambda$和$\boldsymbol{K}_\kappa$为分区界面矩阵的组装矩阵;$\boldsymbol{F}$为广义外力向量。

5.3.3 数值算例

针对纤维增强复合材料以及三明治夹层圆柱壳、圆锥壳和球壳,采用分区方法分析它们的自由振动和瞬态振动响应,讨论分区方法的收敛性、计算精度和效

率，并分析壳体几何参数以及材料参数对壳体振动特性的影响。采用 F、S 和 C 来分别描述自由、简支和固支边界，并以上述字符组合来描述壳体的边界条件，如 S－C 表示圆柱壳在 $x=0$ 处（圆锥壳 $s=s_1$，球壳 $\varphi=\varphi_0$）为简支，$x=L$（圆锥壳 $s=s_2$，球壳 $\varphi=\varphi_1$）处为固支。

一、层合圆柱壳自由振动

以不同厚度、两端自由正交铺设[0°/90°/0°]层合圆柱壳为例来讨论分区方法的收敛特性。壳体的几何参数为 $H/R=0.05, 0.2, 0.5$，$L/R=2$，$R=1\text{m}$（R 为中面半径，$R=(R_o+R_i)/2$），每层厚度相等；材料参数为 $E_1=80E_2$，$E_2=E_3=2\text{GPa}$，$G_{23}/E_2=0.5$，$G_{12}=G_{13}=0.6E_2$，$\mu_{23}=\mu_{13}=\mu_{12}=0.25$，$\rho=1500\text{kg/m}^3$。在分区计算中，每个铺层内子域位移变量在 x 和 r 方向均以第一类切比雪夫正交多项式进行展开，展开阶数分别为 I_x 和 I_r。表 5－10 给出了周向波数 $n=1$ 时，不同 $I_x \times I_r \times N$ 对应的层合圆柱壳前 5 阶、第 10、第 20 阶和第 30 阶固有频率对比。考虑到壳体的轴对称特性，当 $n \geqslant 1$ 时频率成对出现，表 5－10 中仅给出了其中之一频率。对比表中数据可以得出，随着分域数目 N 和域内多项式阶数 $I_x \times I_r$ 的增加，不同厚度的层合圆柱壳频率均很快收敛。取层合壳厚径比为 $H/R=0.05$ 和 $H/R=0.5$ 时，$5\times5\times4$ 与 $11\times11\times4$ 计算出的前 5 阶频率最大相对误差分别为 0.005% 和 0.001%，然而对于第 30 阶模态，最大相对误差则为 7.4% 和 0.07%。这说明，对于薄壳和厚壳的低阶振动模态，分区方法均具有较好的收敛性；采用分区方法计算壳体的高阶振动模态时，厚壳比薄壳的收敛速度更快。另外，复合材料层合壳体本质上是一个三维结构且其材料刚度系数存在耦合项，采用三维弹性理论得到的单一周向波数下壳体的高阶模态振型通常比较复杂，特别是对于较厚的壳体，其高阶模态振型特征更为复杂。在这种情况下，若要求某一周向波数下的高阶频率能够收敛，不仅需要增加轴向分区数目，铺层厚度方向的多项式阶数也要适当地增加。

表 5－10　正交铺设[0°/90°/0°]圆柱壳频率

（边界条件：自由－自由；周向波数：$n=1$）　(Hz)

H/R	$I_x \times I_r \times N$	模态阶数							
		1	2	3	4	5	10	20	30
0.05	5×2×2	203.318	341.009	529.336	874.980	971.195	1515.790	8691.935	16618.773
	5×3×2	202.409	310.838	480.885	738.522	971.195	1354.986	8624.023	11146.688
	5×5×2	202.188	309.875	465.315	627.903	810.554	1112.299	2988.379	8623.950
	5×5×4	202.185	309.861	465.212	626.119	804.067	1110.248	1958.007	3206.504
	7×7×2	202.185	309.861	465.213	626.126	804.093	1110.397	2009.577	5863.742
	7×7×4	202.185	309.860	465.209	626.115	804.029	1110.219	1951.603	2987.192

（续）

H/R	$I_x \times I_r \times N$	模态阶数							
		1	2	3	4	5	10	20	30
0.05	7×7×8	202.185	309.860	465.208	626.113	804.024	1110.224	1951.566	2986.079
	11×11×4	202.185	309.860	465.208	626.113	804.023	1110.227	1951.562	2986.052
0.20	5×2×2	207.211	397.891	671.562	941.666	956.160	1484.274	2984.491	4400.529
	5×3×2	205.665	364.617	596.973	941.647	953.730	1379.692	2456.436	3114.293
	5×5×2	205.364	364.086	579.805	803.527	941.650	1238.717	2241.111	2931.143
	5×5×4	205.355	364.074	579.686	801.004	941.649	1228.363	2105.846	2464.773
	7×7×2	205.355	364.074	579.686	801.021	941.650	1228.454	2156.403	2573.022
	7×7×4	205.354	364.072	579.676	800.975	941.648	1228.165	2100.057	2464.767
	7×7×8	205.354	364.071	579.674	800.971	941.647	1228.155	2099.990	2464.768
	11×11×4	205.354	364.071	579.674	800.970	941.644	1228.138	2099.616	2464.810
0.50	5×2×2	209.640	447.750	664.838	746.153	775.954	1049.937	1485.726	2267.162
	5×3×2	208.024	408.126	616.902	746.138	761.401	1036.118	1420.868	1890.107
	5×5×2	207.710	407.766	602.532	746.132	759.817	1020.496	1300.535	1724.669
	5×5×4	207.699	407.744	602.446	746.123	759.761	1020.423	1296.901	1690.603
	7×7×2	207.699	407.741	602.436	746.126	759.755	1020.428	1296.873	1689.702
	7×7×4	207.699	407.742	602.442	746.122	759.749	1020.419	1296.848	1689.584
	7×7×8	207.697	407.741	602.442	746.073	759.753	1019.135	1296.806	1689.527
	11×11×4	207.698	407.742	602.440	746.116	759.749	1020.379	1296.850	1689.513

表5-11中给出了两端简支边界条件下对称和反对称正交铺设圆柱壳的无量纲频率 $\Omega = \omega H/\pi\sqrt{\rho/C_{66}}$。壳体的几何参数为 $H/R = 0.1, 0.2, 0.3$，$L/R = 1$。除了 $G_{12}/E_2 = 0.6$，$G_{13} = G_{23} = 0.5E_2$ 外，壳体的其他材料参数同前。为了验证分区方法的准确性，表中给出了Ye和Soldatos[131]采用三维弹性理论和状态空间法得到的无量纲频率。结果表明，由分区方法得到的频率结果与参考解非常吻合。

表5-11　层合圆柱壳无量纲频率 $\Omega = \omega H/\pi\sqrt{\rho/C_{66}}$ 对比

H/R	n	[0°/90°]		[0°/90°/0°/90°]		[0°/90°/90°/0°]		[90°/0°/0°/90°]	
		本文	文献[131]	本文	文献[131]	本文	文献[131]	本文	文献[131]
0.1	1	0.069363	0.069428	0.073783	0.073919	0.079078	0.079277	0.070661	0.070738
	2	0.049480	0.049630	0.057695	0.057957	0.065973	0.066335	0.052558	0.052748
	3	0.045627	0.045949	0.058550	0.059043	0.064088	0.064600	0.058678	0.059130

（续）

H/R	n	[0°/90°]		[0°/90°/0°/90°]		[0°/90°/90°/0°]		[90°/0°/0°/90°]	
		本文	文献[131]	本文	文献[131]	本文	文献[131]	本文	文献[131]
0.2	1	0.145895	0.146819	0.159771	0.160932	0.173938	0.175188	0.149644	0.150651
	2	0.118433	0.120255	0.141421	0.143589	0.160677	0.162844	0.128090	0.130168
	3	0.125356	0.128317	0.156404	0.159729	0.167664	0.170868	0.155634	0.158886
0.3	1	0.227217	0.230019	0.248125	0.250922	0.270109	0.272860	0.233330	0.236385
	2	0.197789	0.202861	0.230337	0.235457	0.258243	0.263048	0.213031	0.218779
	3	0.218986	0.226517	0.259849	0.267347	0.276419	0.283798	0.260333	0.268258

图 5-23 中给出了不同边界条件下，正交铺设[0°/90°]层合圆柱壳的部分振型和无量纲频率 $\Omega_{n,m}=\omega H/\pi\sqrt{\rho/C_{66}}$。壳体的几何参数为 $L/R=1$，$R=1\text{m}$；材料参数同前一算例参数一致。从图中可以看出，如果壳体的边界条件为自由－固支或两端固支，则壳体的低阶振动模态主要表现为弯曲振动变形。然而对于两端简支边界条件的圆柱壳，周向波数 $n\geqslant 1$ 对应的振型并不全是壳体弯曲振动模态，还存在轴向剪切振动模态。在很多情况下，轴向剪切模态对应的自由振动频率要比弯曲振动模态频率小，如 $\Omega_{1,0}<\Omega_{1,1}$。这与前面分析的层合板剪切振动模态情况类似。为了解释这一振动模态，我们将正交铺设层合圆柱壳第 k 铺层的位移分量展开成如下形式：

$$u^{(k)}(x,\theta,r,t)=\sum_{n=0}^{\hat{N}}\sum_{m=0}^{\hat{M}}U_{mn}(r)\cos\left(\frac{m\pi x}{L}\right)\left[\cos(n\theta)\,\tilde{u}_{mn}(t)+\sin(n\theta)\,\bar{u}_{mn}(t)\right]\tag{5-85a}$$

$$v^{(k)}(x,\theta,r,t)=\sum_{n=0}^{\hat{N}}\sum_{m=0}^{\hat{M}}V_{mn}(r)\sin\left(\frac{m\pi x}{L}\right)\left[\sin(n\theta)\,\tilde{v}_{mn}(t)+\cos(n\theta)\,\bar{v}_{mn}(t)\right]\tag{5-85b}$$

$$w^{(k)}(x,\theta,r,t)=\sum_{n=0}^{\hat{N}}\sum_{m=0}^{\hat{M}}W_{mn}(r)\sin\left(\frac{m\pi x}{L}\right)\left[\cos(n\theta)\,\tilde{w}_{mn}(t)+\sin(n\theta)\,\bar{w}_{mn}(t)\right]\tag{5-85c}$$

式中：$U_{mn}(r)$、$V_{mn}(r)$ 和 $W_{mn}(r)$ 为沿着铺层厚度方向的位移函数。

将 $m=0$ 代入式(5-85)，得

$$u^{(k)}=\sum_{n=0}^{\hat{N}}U_{0n}(r)\left[\cos(n\theta)\,\tilde{u}_{0n}(t)+\sin(n\theta)\,\bar{u}_{0n}(t)\right],\quad v^{(k)}=w^{(k)}=0\tag{5-86}$$

式(5-86)表明，圆柱壳仅具有轴向位移而周向位移和法向位移均为零。

式(5-86)仍然是满足两端简支边界条件的。

将式(5-65)代入式(2-83),得到圆柱壳中第 k 铺层的运动微分方程为

$$\frac{\partial \sigma_{xx}^{(k)}}{\partial x}+\frac{1}{r}\frac{\partial \sigma_{x\theta}^{(k)}}{\partial \theta}+\frac{\partial \sigma_{xr}^{(k)}}{\partial r}+\frac{\sigma_{xr}^{(k)}}{r}=\rho^{(k)}\frac{\partial^2 u^k}{\partial t^2} \tag{5-87a}$$

$$\frac{\partial \sigma_{x\theta}^{(k)}}{\partial x}+\frac{1}{r}\frac{\partial \sigma_{\theta\theta}^{(k)}}{\partial \theta}+\frac{\partial \sigma_{r\theta}^{(k)}}{\partial r}+\frac{2\sigma_{r\theta}^{(k)}}{r}=\rho^{(k)}\frac{\partial^2 v^{(k)}}{\partial t^2} \tag{5-87b}$$

$$\frac{\partial \sigma_{rx}^{(k)}}{\partial x}+\frac{1}{r}\frac{\partial \sigma_{r\theta}^{(k)}}{\partial \theta}+\frac{\partial \sigma_{rr}^{(k)}}{\partial r}+\frac{\sigma_{rr}^{(k)}-\sigma_{\theta\theta}^{(k)}}{r}=\rho^{(k)}\frac{\partial^2 w^k}{\partial t^2} \tag{5-87c}$$

假设壳体的振动是简谐振动,将式(5-86)代入(5-87),化简,得

$$C_{55}^{(k)}\frac{\mathrm{d}^2 U_{0n}}{\mathrm{d}r^2}+\frac{C_{55}^{(k)}}{r}\frac{\mathrm{d}U_{0n}}{\mathrm{d}r}+\left(\rho^{(k)}\omega^2-n^2\frac{C_{66}^{(k)}}{r^2}\right)U_{0n}=0 \tag{5-88}$$

式(5-88)表明,$m=0$ 对应的振动模态仅具有轴向变形,且与壳体的剪切弹性常数$\overline{C}_{55}^{(k)}$和$\overline{C}_{66}^{(k)}$、密度 $\rho^{(k)}$ 以及周向波数 n 有关,这里称为轴向剪切振动模态。根据式(5-88)以及圆柱壳内外表面应力边界条件可知,U_{0n}不能为常数,其沿着壳体铺层的厚度方向呈函数变化,即壳体的轴向变形沿着厚度方向是变化的。当壳体的长径比 L/R 或者横向剪切模量较小时,在低阶模态范围内甚至是基频处均有可能出现这种模态。

对式(5-88)作适当变换,得

$$\frac{\mathrm{d}^2 U_{0n}}{\mathrm{d}r^2}+\frac{1}{r}\frac{\mathrm{d}U_{0n}}{\mathrm{d}r}+\left(\hat{\alpha}^2-\hat{\beta}^2\frac{1}{r^2}\right)U_{0n}=0 \tag{5-89}$$

式中:$\hat{\alpha}^2=\rho^{(k)}\omega^2/C_{55}^{(k)}$;$\hat{\beta}^2=n^2C_{66}^{(k)}/C_{55}^{(k)}$。

式(5-89)对应于贝塞尔(Bessel)常微分方程,其通解为

$$U_{0n}=AJ_{\hat{\beta}}(\hat{\alpha}r)+BY_{\hat{\beta}}(\hat{\alpha}r) \tag{5-90}$$

式中:$J_{\hat{\beta}}(\hat{\alpha}r)$ 和 $Y_{\hat{\beta}}(\hat{\alpha}r)$ 分别为第一类和第二类贝塞尔函数;A 和 B 为待定系数。

根据层合圆柱壳铺层之间的位移协调条件、应力平衡条件式以及壳体上下面表面应力为零条件,可以求出圆柱壳轴向剪切振动模态频率。针对图 5-23 中两端简支圆柱壳,经计算得到周向波数 $n=0,1,2$ 对应的轴向剪切基频振动频率分别为 $\Omega_{1,0}=0.06376$,$\Omega_{2,0}=0.12752$ 和 $\Omega_{3,0}=0.19124$。对比图 5-23 中的结果可以发现,分区方法给出的数值结果与解析解几乎一致。

特别地,对于正交铺设层合圆柱壳,如果每个铺层的剪切材料常数满足 $G_{13}=G_{23}$,则所有铺层的材料参数值 $C_{55}^{(k)}$ 和 $C_{66}^{(k)}$ 均是相同的。在这种情况下,根据层合圆柱壳上下表面应力为零的条件,得

$$\begin{bmatrix} J_{\hat{\beta}-1}(\hat{\alpha}R_i)-J_{\hat{\beta}+1}(\hat{\alpha}R_i) & Y_{\hat{\beta}-1}(\hat{\alpha}R_i)-Y_{\hat{\beta}+1}(\hat{\alpha}R_i) \\ J_{\hat{\beta}-1}(\hat{\alpha}R_o)-J_{\hat{\beta}+1}(\hat{\alpha}R_o) & Y_{\hat{\beta}-1}(\hat{\alpha}R_o)-Y_{\hat{\beta}+1}(\hat{\alpha}R_o) \end{bmatrix}\begin{bmatrix} A \\ B \end{bmatrix}=0 \quad (5-91)$$

式(5-91)若有非零解，要求系数矩阵行列式必须为零的。由系数矩阵行列式为零这一条件，可求得不同周向波数对应的圆柱壳轴向剪切振动频率。

图 5-23　[0°/90°]层合圆柱壳振型和无量纲频率

表 5-12 给出了由分区方法计算得到的五种边界条件下夹层圆柱壳的自由振动频率。该壳体是由两层很薄的高强度面层以及一层很厚的轻质柔性芯层叠合而成。壳体的几何尺寸为 $L/R_o=2$，$R_o=1\text{m}$，$R_i=0.9\text{m}$，$H_c=8H_f$（f 和 c 分别表示内外层和夹层）；内外层的材料参数为 $E_f=70.23\text{GPa}$，$\mu_f=0.33$，$\rho_f=2820\text{kg/m}^3$；芯层的材料参数为 $E_c=6.89\times10^{-3}\text{GPa}$，$\mu_c=0$，$\rho_c=97\text{kg/m}^3$。为了验证分区方法的准确性，表中还给出了由 ANSYS 计算得到的数值结果。在有限元模型中，内外层和芯层均以 SOLID 45 单元进行网格划分，其中内层和外层的有限元网格数目均为 70×160×4（轴向×周向×厚度），芯层的有限元网格数目为 70×160×10。分区计算中取 $I_x\times I_r\times N=11\times11\times4$。结果表明，本书的计算结果与有限元法结果非常吻合，两种方法对应的所有频率之间的最大相对误差小于 1.5%。

表 5-12　不同边界条件对应的三明治夹层圆柱壳固有频率　(Hz)

n	F-F		F-S		S-S		S-C		C-C	
	本书	有限元法	本书	有限元法	本书	有限元法	本书	有限元法	本书	有限元法
0	269.286	269.519	270.710	270.854	272.131	272.185	552.469	552.847	698.449	698.865
1	295.936	296.101	315.320	315.413	444.797	445.284	445.687	446.098	454.957	455.621
2	16.887	16.895	18.347	18.355	251.513	251.823	270.535	270.901	292.591	293.586
3	35.880	35.918	37.298	37.338	152.483	152.726	178.968	179.365	203.791	205.041
4	57.544	57.666	58.863	58.986	112.226	112.479	134.992	135.418	156.895	158.213
5	82.846	83.149	84.093	84.400	108.595	108.970	123.364	123.876	139.307	140.579
6	112.324	112.964	113.534	114.178	126.425	127.103	134.657	135.424	144.565	145.874
7	146.254	147.454	147.453	148.660	155.888	157.110	160.429	161.707	166.179	167.815
8	184.746	186.813	185.953	188.027	192.646	194.723	195.313	197.429	198.683	201.037
9	227.801	231.127	229.016	232.352	235.040	238.367	236.739	240.095	238.814	242.339

二、层合圆锥壳自由振动

表 5-13 给出了不同厚度的正交铺设[0°/90°]圆锥壳周向波数 $n=1$ 对应的前 6 阶、第 10 阶和第 20 阶自由振动频率。壳体的几何参数为 $R_1=0.5\text{m}$，$R_2=1\text{m}$，$\alpha_0=30°$，各个铺层厚度相等；材料参数为 $E_1=15E_2$，$E_2=E_3=5\text{GPa}$，$G_{12}=0.5E_2$，$G_{13}/E_2=G_{23}/E_2=0.3846$，$\mu_{23}=0.25$，$\mu_{13}=\mu_{12}=0.3$，$\rho=1600\text{kg/m}^3$。壳体的边界条件为两端简支(S-S)。在分区计算中，每个铺层内的子域位移变量在 s 和 r 方向均以第一类切比雪夫正交多项式进行展开，展开阶数分别为 I_s 和 I_r。结果表明，随着分域数目 N 和域内多项式项数 $I_s \times I_r$ 的增加，不同厚度的圆锥壳频率很快收敛。当层合圆锥壳的厚径比为 $H/R_1=0.1$ 和 $H/R_1=0.5$ 时，$7\times5\times4$ 与 $11\times11\times4$ 对应的前 5 阶频率之间的最大相对误差分别为 0.02% 和 0.003%，对于第 20 阶模态，最大相对误差则分别为 3% 和 0.01%。这说明，对于薄壳和厚壳的低阶振动模态，分区方法具有非常快的收敛速度；然而采用分区方法计算层合锥壳的高阶振动模态时，厚壳的收敛速度要明显快于薄壳。

表 5-13　正交铺设[0°/90°]圆锥壳频率（边界条件：S-S；周向波数：$n=1$）　(Hz)

H/R_1	$I_s \times I_r \times N$	模态阶数							
		1	2	3	4	5	6	10	20
0.1	$5\times2\times4$	288.399	416.826	695.531	1009.989	1361.043	1516.562	2598.752	9397.969
	$5\times2\times8$	285.655	416.261	690.694	975.208	1312.865	1515.515	2265.926	5021.108
	$5\times3\times4$	285.588	416.239	690.393	973.751	1317.126	1515.477	2267.008	5296.532

（续）

H/R_1	$I_s \times I_r \times N$	模态阶数							
		1	2	3	4	5	6	10	20
0.1	5×3×8	285.205	416.183	690.267	971.922	1299.771	1515.406	2263.252	4725.563
	7×5×4	285.174	416.178	690.264	971.885	1299.537	1515.404	2263.218	4730.679
	7×5×8	285.125	416.171	690.262	971.882	1299.510	1515.403	2263.211	4593.165
	11×11×4	285.117	416.169	690.261	971.882	1299.510	1515.402	2263.209	4592.541
0.5	5×2×4	329.270	446.489	947.831	1456.976	1492.375	1649.135	2268.459	3666.695
	5×2×8	327.139	446.255	942.858	1455.104	1464.143	1645.325	2254.198	3483.505
	5×3×4	327.077	446.243	942.596	1454.863	1463.280	1645.197	2253.993	3487.725
	5×3×8	326.800	446.231	942.475	1454.535	1462.283	1644.963	2252.957	3476.539
	7×5×4	326.783	446.230	942.471	1454.523	1462.250	1644.949	2252.933	3476.372
	7×5×8	326.775	446.230	942.470	1454.522	1462.249	1644.945	2252.932	3476.344
	11×11×4	326.772	446.229	942.469	1454.522	1462.248	1644.944	2252.931	3476.342

图 5-24 给出了[0°/90°]圆锥壳厚径比为 $H/R_1=0.05$ 和 $H/R_1=0.6$ 时，自由-自由以及自由-固支两种边界条件下锥壳的部分无量纲频率 $\Omega_{n,m}=\omega R_1\sqrt{\rho/E_2}$ 和振型。壳体的几何参数为 $L/R_1=2$，$R_1=1\text{m}$，$\alpha_0=30°$；材料参数同前。从图 5-24 中可以看出，薄壁圆锥壳的前几阶振动模态主要为弯曲振动模态，而厚壁圆锥壳的低阶弯曲振动振型中存在较大的横截面剪切变形。

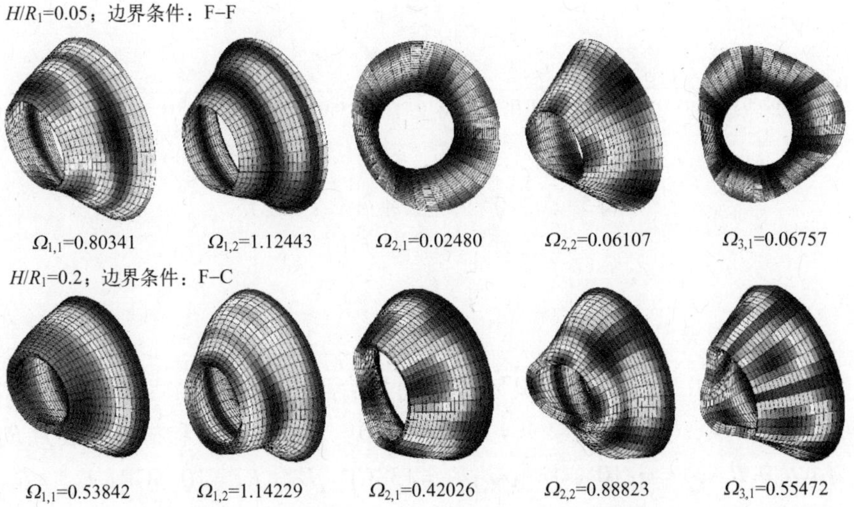

图 5-24　[0°/90°]圆锥壳无量纲频率和振型

图 5-25 中给出了不同厚径比 H/R_2 对应的[0°/90°]层合圆锥壳基频 $\Omega=\omega R_2\sqrt{\rho H/A_{11}}$，其中：$A_{11}$ 为壳体的弹性系数，$A_{11}=\sum_{k=1}^{N_l}\overline{Q}_{11}(z_{k+1}-z_k)$，$\overline{Q}_{11}$ 见式(4-17a)。壳体的几何参数为：$\alpha_0=30°$，$R_1=0.75\text{m}$，$R_2=1\text{m}$，$H/R_2=0.01\sim0.1$；材料参数同前。壳体的边界条件为简支-简支(S-S)和固支-固支(C-C)。为了验证本书结果，将 Wu 和 Lee[144] 基于一阶剪切理论得到的频率数据以及 Wu 和 Wu[143] 基于三维弹性理论得到的结果作为参考解进行对比。图中还给出了采用分区方法和一阶剪切壳体理论得到的频率结果。结果表明，由分区方法和三维弹性理论得到的频率结果与 Wu 和 Wu[143] 的三维弹性理论解几乎是一致的。对于 H/R_2 较小的情况，一阶剪切壳体理论与三维弹性理论解之间的差别较小，但随着壳体厚度的增大，一阶剪切理论与三维弹性理论结果之间的差别逐渐增大，且一阶剪切理论给出的频率值明显大于三维弹性理论解。这里只是对比了圆锥壳的基频结果，可以预见两种理论结果之间的差别会随着壳体模态阶数的增大而增大。

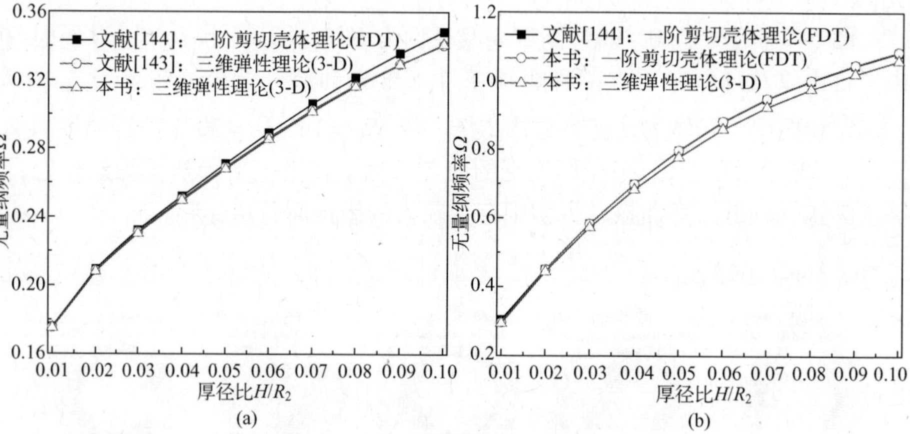

图 5-25 [0°/90°]圆锥壳无量纲基频

(a) S-S；(b) C-C。

三、层合球壳自由振动

表 5-14 给出了正交铺设[0°/90°/0°]层合球壳的自由振动频率。壳体的周向波数为 $n=1$，模态阶数取 $m=1\sim6,10,20$。球壳的几何和材料参数为 $R_o=1\text{m}$，$H=R_o-R_i$，$\varphi_0=\pi/10$，$\varphi_1=\pi/2$；$E_1=138\text{GPa}$，$E_2=E_3=10.6\text{GPa}$，$G_{23}=G_{13}=3.9\text{GPa}$，$G_{12}=6.0\text{GPa}$，$\mu_{23}=\mu_{13}=\mu_{12}=0.28$，$\rho=1500\text{kg/m}^3$。在分区计算中，每个铺层内子域位移变量在 φ 和 r 方向均以第一类切比雪夫正交多项式进行展

开，展开阶数分别取 I_φ 和 I_r。对比表中数据可以得出，不同厚度层合球壳的振动频率随着壳体分区数目 N 和多项式阶数 $I_\varphi \times I_r$ 的增加而很快收敛。当球壳的厚径比为 $H/R_o = 0.1$ 和 $H/R_o = 0.3$ 时，7×5×4 与 11×11×4 计算出的前 6 阶频率最大相对误差分别为 0.008% 和 0.004%，然而对于第 20 阶模态，最大相对误差则分别为 0.076% 和 0.014%。

表 5-14　正交铺设[0°/90°/0°]球壳频率(边界条件：F－C；周向波数：$n=1$)

(Hz)

H/R_o	$I_\varphi \times I_r \times N$	模态阶数							
		1	2	3	4	5	6	10	20
0.1	5×2×4	412.045	831.017	1384.214	1743.949	1953.719	2196.527	3586.450	8272.633
	5×2×8	411.516	826.791	1359.137	1741.869	1908.953	2127.913	3392.158	6651.596
	5×3×4	411.502	826.636	1358.002	1741.782	1907.435	2126.044	3418.093	7681.284
	5×3×8	411.417	826.117	1356.689	1741.603	1904.001	2123.377	3333.232	6531.093
	7×5×4	411.406	826.061	1356.587	1741.584	1903.844	2123.289	3331.409	6515.649
	7×5×8	411.396	826.009	1356.503	1741.566	1903.732	2123.246	3330.877	6510.714
	11×11×4	411.393	825.998	1356.480	1741.561	1903.702	2123.235	3330.800	6510.671
0.3	5×2×4	511.269	1100.655	1814.896	1863.163	2073.612	2620.726	3369.468	4914.263
	5×2×8	510.874	1097.219	1802.546	1853.661	2064.806	2553.618	3306.042	4810.730
	5×3×4	510.866	1097.080	1801.877	1853.311	2064.466	2551.382	3309.754	4849.301
	5×3×8	510.805	1096.758	1801.314	1852.962	2063.844	2547.431	3290.728	4739.890
	7×5×4	510.787	1096.691	1801.246	1852.875	2063.790	2547.186	3290.148	4738.197
	7×5×8	510.781	1096.667	1801.226	1852.854	2063.755	2547.142	3290.060	4737.621
	11×11×4	510.775	1096.652	1801.212	1852.829	2063.751	2547.108	3290.015	4737.547

图 5-26 给出了不同角度 φ_0 对应的[0°/90°/0°]球环无量纲频率 $\Omega_{n,m} = \omega R\sqrt{\rho/E_2}$ 对比，其中壳体的周向波数取 $n = 1 \sim 9$，模态阶数取 $m = 1$。图中的参考解为采用分区方法和一阶剪切壳体理论得到的频率结果。壳体的几何参数为 $H/R = 0.05$，$R = 1\text{m}$ ($R = (R_o + R_i)/2$)，$\varphi_1 = \pi/2$，每层厚度相等，材料参数同前一算例中的一致；壳体的边界条件为自由－固支和固支－简支。结果表明，对于中等厚度的壳体，一阶剪切理论结果与三维弹性解非常吻合；对于固支－简支球壳，当开口角度 φ_0 较大时(母线长度很短)，一阶剪切理论结果略大于三维弹性理论解。

表 5-15 列出了三明治夹层球壳的自由振动频率。球壳的几何参数为 $R_o = 1.05\text{m}$，$R_i = 0.95\text{m}$，$\varphi_0 = 0$，$\varphi_1 = \pi/2$，内外层和芯层的厚度分别为 H_f 和 H_c，$H_c =$

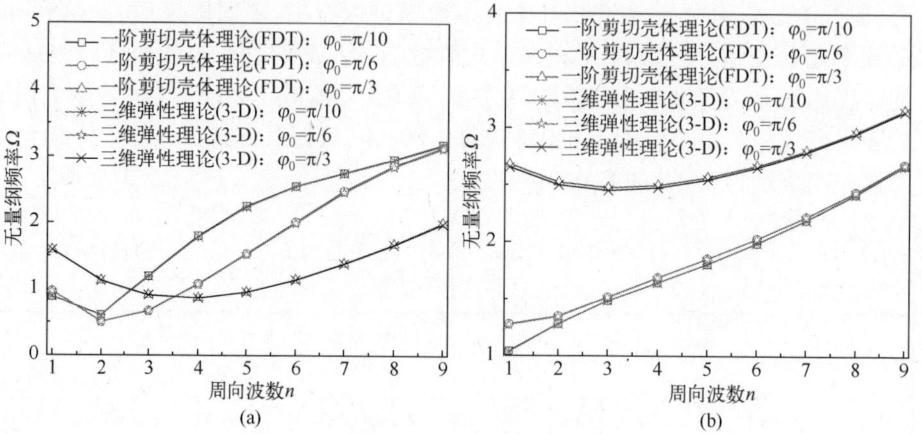

图 5-26 [0°/90°/0°]层合球环无量纲频率

(a) F-C;(b) C-S。

$8H_f$。壳体内外层的材料参数为 $E_f = 70.23$GPa,$\mu_f = 0.33$,$\rho_f = 2820$kg/m^3;芯层的材料参数为 $E_c = 6.89 \times 10^{-3}$GPa,$\mu_c = 0$,$\rho_c = 97$kg/m^3。表中给出了采用有限元软件 ANSYS 得到的数值解。在有限元模型中,采用 SOLID45 单元对夹层壳进行网格划分,其中内外层母线方向、周向和厚度方向划分的网格数目为 80×160×4,芯层的网格数目为 80×160×12。从表中可以看出,随着分域数目 N 和多项式阶数 $I_\varphi \times I_r$ 的增加,分区方法是快速收敛的,且收敛解与有限元结果非常吻合,两者之间的最大相对误差小于 0.08%。图 5-27 给出了自由-固支边界条件下三明治夹层球环和半球壳的部分振型和频率,壳体的尺寸参数同前。

表 5-15 三明治夹层球壳自由振动频率(边界条件:自由-固支) (Hz)

模态阶数		$I_\varphi \times I_r \times N$								有限元法
n	m	5×3×2	5×3×4	5×5×2	5×5×4	7×7×2	7×7×4	11×11×2	11×11×4	
0	1	582.920	563.567	556.338	555.729	555.704	555.582	555.562	555.527	555.858
	2	710.336	689.013	685.768	685.672	685.665	685.650	685.645	685.636	686.065
	3	720.054	700.156	692.890	692.318	692.287	692.173	692.143	692.102	692.354
	4	851.223	727.205	721.671	721.614	721.609	721.599	721.594	721.587	722.175
1	1	431.903	419.560	414.753	414.267	414.257	414.136	414.122	414.096	414.301
	2	560.750	548.423	543.581	543.091	543.076	542.954	542.933	542.903	543.082
	3	670.483	655.992	652.143	651.960	651.949	651.919	651.910	651.895	652.304
	4	775.568	710.572	707.048	707.001	706.996	706.987	706.982	706.974	707.494

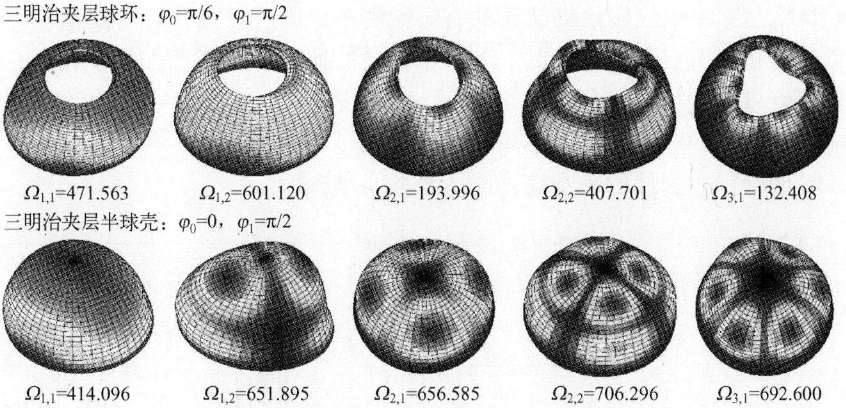

图 5-27　三明治球壳的部分振型与自由振动频率(Hz)

四、层合壳体强迫振动

考虑三明治夹层圆柱壳在径向面载荷作用下的稳态振动问题。壳体的几何参数和材料参数为 $R_o=1\text{m}$，$R_i=0.9\text{m}$，$L=2\text{m}$，$H_c=3H_f$；内外层的材料参数为 $E_f=70.23\text{GPa}$，$\mu_f=0.33$，$\rho_f=2820\text{kg/m}^3$；芯层的材料参数为 $E_c=56.96\times10^{-3}\text{GPa}$，$\mu_c=0.32$，$\rho_c=75\text{kg/m}^3$。圆柱壳外表面($r=R_o$)作用有空间上均匀分布的径向载荷 $f_w=\bar{f}_w\sin(\omega t)$(图 5-28)，其幅值为 $\bar{f}_w=1\text{Pa}$，作用区域为 $x_1=0\text{m}$，$x_2=0.2\text{m}$，$\theta=90°$。壳体的边界条件为自由－固支。

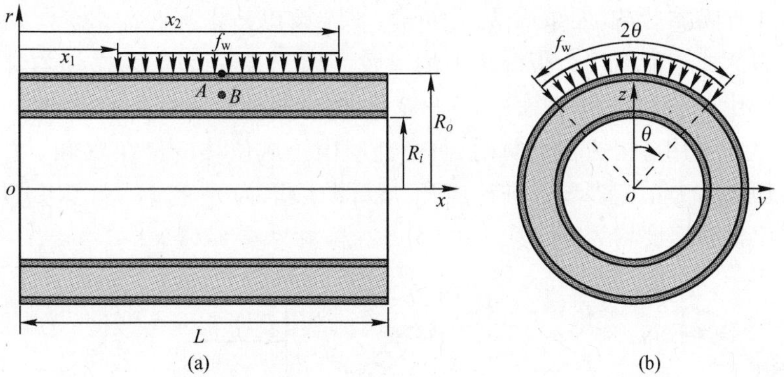

图 5-28　三明治夹层圆柱壳载荷模型

图 5-29 给出了夹层壳外层 A 点($x_A=1\text{m}$，$\theta_A=0$，$r_A=1\text{m}$)处的径向位移响应及芯层 B 点($x_B=1\text{m}$，$\theta_B=0$，$r_B=0.95\text{m}$)处的轴向位移响应，其中频率计算步长为 1.25Hz。采用分区法计算时，圆柱壳子域 x 和 r 方向的位移分量以第一类切比雪夫正交多项式进行展开，壳体子域位移函数阶数和分区数目取 $I_x\times I_r\times N=7\times5\times4$，周向波数截取数目为 $\widehat{N}=15$。为了验证结果的正确性，采用 ANSYS

SOLID45 建立了该三明治夹层壳的有限元模型。通过对圆柱壳的振动响应进行收敛性分析后,在母线和圆周方向将壳体分别划分为 80 和 200 个网格,面层和芯层厚度方向网格数目分别为 5 和 16。结果表明,分区方法计算出的圆柱壳频域响应在很宽的频率范围内都与有限元结果非常吻合,这说明采用分区方法来计算三明治夹层壳体的稳态振动响应是非常准确的。

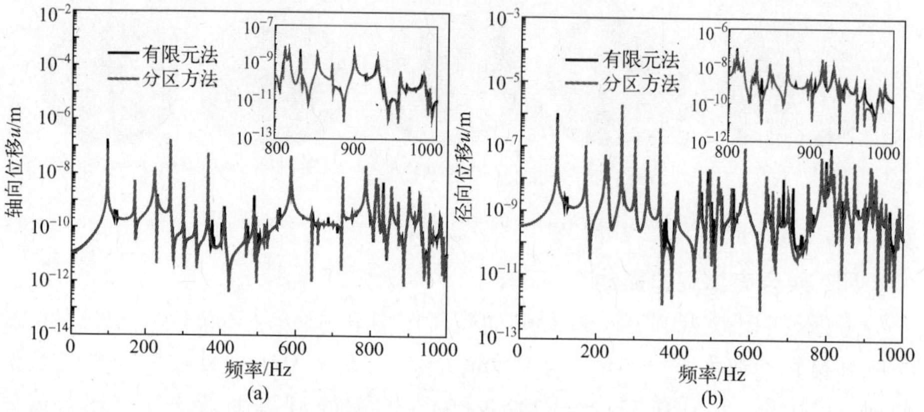

图 5-29　三明治夹层圆柱壳位移响应

(a) 芯层轴向位移 u;(b) 面层径向位移 w。

下面采用分区方法和三维弹性理论来分析层合球壳的瞬态振动问题。这里考虑了 4 种瞬态载荷,即矩形波、三角波、半正弦以及指数载荷(图 5-30),它们的数学表达式与前面层合板分析中的一致。如无特殊说明,本节所有算例中的载荷均作用于壳体的外表面(即 $r = R_o$),载荷幅值取 $f_0 = -1\text{Pa}$(与 r 方向相反),并且在采用分区方法计算时,每个铺层内子域位移变量在 φ 和 r 方向均以第一类切比雪夫正交多项式进行展开,展开阶数取为 I_φ 和 I_r。计算中假设壳体的初始位移和速度均为零。

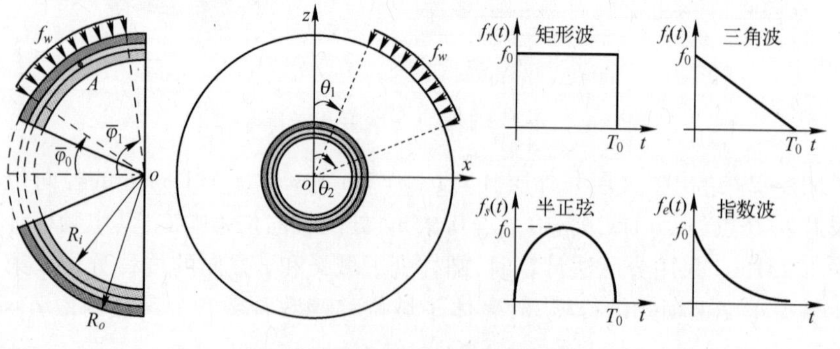

图 5-30　三维层合球壳载荷模型

图 5-31 给出了 4 种瞬态载荷作用下正交铺设[0°/90°/0°]球壳的法向位移响应对比。球壳的几何参数为 $R_o=1\text{m}$，$R_i=0.8\text{m}$，$\varphi_0=\pi/12$，$\varphi_1=\pi/2$；材料参数为 $E_1=138\text{GPa}$，$E_2=E_3=10.6\text{GPa}$，$G_{23}=G_{13}=3.9\text{GPa}$，$G_{12}=6.0\text{GPa}$，$\mu_{23}=\mu_{13}=\mu_{12}=0.28$，$\rho=1500\text{kg/m}^3$。这里考虑了两种壳体边界条件，即自由-固支和固支-固支。所有载荷的作用位置为 $\bar{\varphi}_0=\pi/12$，$\bar{\varphi}_1=\pi/6$，$\theta_1=-\pi/2$，$\theta_2=\pi/2$。计算中，壳体子域位移函数阶数和分区数目取 $I_\varphi\times I_r\times N=7\times5\times3$，周向波数截取数目为 $\widehat{N}=15$。壳体响应提取点 A 位于壳体的外表面，其坐标为 $\varphi_A=\pi/4$，$\theta_A=0$，$r_A=1\text{m}$。结果表明，矩形波载荷对应的层合球壳位移幅值最大，而半正弦波载荷对应的位移幅值最小；三角波和指数载荷对应的壳体位移幅值相差不大，它们都介于矩形波和正弦波得到的位移幅值之间。

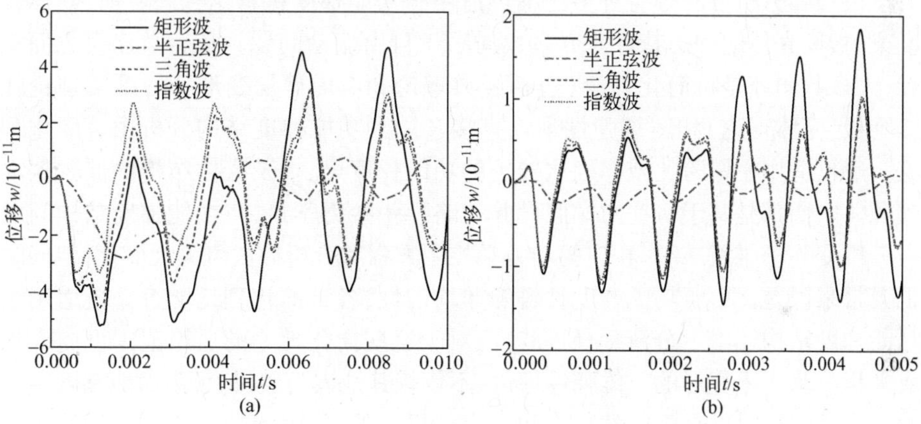

图 5-31　[0°/90°/0°]层合球壳法向瞬态位移响应

(a) F-C ($T_0=0.005$，$\tau=800$)；(b) C-C ($T_0=0.0025$，$\tau=1200$)。

第6章 功能梯度材料梁、板及壳体振动

功能梯度材料与传统均匀材料的主要区别在于它的宏观组分、结构及性能是非均匀的。由于功能梯度材料基本物理性能的描述方式与均质材料不同,相应的结构力学模型和分析方法也不同于均质结构。材料的固有不均匀性给功能梯度结构的力学分析带来了很大的困难,以往针对均匀材料结构引入和发展的力学模型和分析方法等有许多已不再适用于功能梯度材料结构。目前,功能梯度梁、板及壳体的动态特性研究多数局限于自由振动问题。从力学建模方面来看,大多数研究是将简化理论(包括经典理论和考虑剪切变形的一维梁理论或二维板、壳体理论)和三维弹性理论直接套用到功能梯度结构分析中。简化理论一般仅适用于厚跨比或厚径比较小的功能梯度梁、板及壳体结构的低频振动问题。它们都是基于一些力学假设并忽略掉一些力学量,将功能梯度结构问题由三维变为一维或二维,相应的动力学控制方程和分析方法可大大简化,但同时也会带来误差。由于功能梯度材料的非均匀性,各种简化理论能否完全适用于功能梯度结构还不十分清楚,研究者们对于这些简化理论的适用范围也尚未达成共识。基于小变形的三维弹性理论,不依赖其他人为假设,可为功能梯度结构的动力学问题提供高精度的频率和响应结果。然而,由于功能梯度材料的物理和力学参数与空间坐标是关联的,采用三维弹性理论建立的功能梯度结构动力学方程是变系数偏微分方程组,在数学上很难求解。

本章介绍功能梯度材料组分体积率分布规律和等效物性参数(如等效弹性模量、泊松比和密度)的估算方法;针对功能梯度材料梁、矩形板、圆板、壳体以及任意厚度的三维旋转体结构,介绍基于广义高阶剪切变形理论和三维弹性理论的功能梯度材料结构分区建模方法,讨论各种简化理论在功能梯度材料结构振动问题中的适用性。

6.1 功能梯度材料的物性参数

与一般均匀材料不同,功能梯度材料的物性参数是空间坐标的函数。对功能梯度材料结构进行力学分析时,需要首先确定随空间坐标变化的等效材料参数,如等效弹性模量、泊松比和密度等。通常可以借用细观力学已有的理论来预

测功能梯度材料的等效物性参数,常用的模型和方法有 Voigt 混合律[242]、Reuss 混合律[242]、改进的混合律[243,244]、Mori - Tanaka 模型[245]和自洽理论[246]等。上述细观力学模型都是建立在组分材料以及微结构为均匀分布的基础之上的,只有当某一相材料的体积含量明显低于其他组分材料的体积含量时,上述模型的有效性才能保证。实际上,由于功能梯度材料微结构的不均匀性以及组分材料体积含量的大范围变化,适合于功能梯度材料特点的细观力学模型还未建立。Voigt 混合律与 Mori - Tanaka 模型是功能梯度结构研究中最为常用的两种模型。一般来说,Voigt 混合律给出的等效物性参数是比较粗糙和近似的,特别是当功能梯度材料各组分材料体积率在很大范围内变化时,而 Mori - Tanaka 模型在一定程度上考虑了组分之间的相互影响,该模型对于预测功能梯度材料的性能有着很好的效果。

6.1.1　Voigt 混合律

对于由两种均匀各向同性组分材料 M_1 和 M_2(如陶瓷和金属)复合而成的功能梯度材料,根据 Voigt 混合律可将材料的等效物性参数 P_{eff} 表示为

$$P_{\mathrm{eff}}(T,\boldsymbol{x}) = P_1(T)V_1(\boldsymbol{x}) + P_2(T)V_2(\boldsymbol{x}) \tag{6-1}$$

式中:P_1 和 P_2 分别为 M_1 和 M_2 的材料物性参数(包括弹性模量、泊松比、质量密度、热膨胀系数、导热系数等),它们与温度 T 有关;$V_1(0 \leqslant V_1 \leqslant 1)$ 和 $V_2(0 \leqslant V_2 \leqslant 1)$ 分别为 M_1 和 M_2 的体积率,它们是关于空间位置 $\boldsymbol{x}$ 的函数。

一般来说,组分材料的物性参数将随温度的变化而发生改变,其中材料弹性模量随温度升高而降低,泊松比和热膨胀系数随温度升高而增大,而质量密度基本不随温度变化而变化。

组分材料的物性参数 P_i 可表示为[247]

$$P_i(T) = P_{0,i}(P_{-1,i}T^{-1} + 1 + P_{1,i}T + P_{2,i}T^2 + P_{3,i}T^3) \tag{6-2}$$

式中:$P_{0,i}$、$P_{-1,i}$、$P_{1,i}$、$P_{2,i}$ 和 $P_{3,i}$ 是与材料温度相关的系数,它们体现了材料的固有特性。

组分材料的体积率满足如下关系式

$$V_1 + V_2 = 1 \tag{6-3}$$

将式(6-3)代入式(6-1),则功能梯度材料的等效弹性模量 E_{eff}、泊松比 μ_{eff} 和密度 ρ_{eff} 可表示为

$$E_{\mathrm{eff}}(T,\boldsymbol{x}) = [E_1(T) - E_2(T)]V_1(\boldsymbol{x}) + E_2(T) \tag{6-4a}$$

$$\mu_{\mathrm{eff}}(T,\boldsymbol{x}) = [\mu_1(T) - \mu_2(T)]V_1(\boldsymbol{x}) + \mu_2(T) \tag{6-4b}$$

$$\rho_{\mathrm{eff}}(\boldsymbol{x}) = (\rho_1 - \rho_2)V_1(\boldsymbol{x}) + \rho_2 \tag{6-4c}$$

式中:E_1、μ_1 和 ρ_1 分别为组分材料 M_1 的弹性模量、泊松比和密度;E_2、μ_2 和 ρ_2 分别为组分材料 M_2 的弹性模量、泊松比和密度。

如果功能梯度材料内的温度梯度较小,温度对材料特性的影响可忽略,从而有

$$E_{\mathrm{eff}}(\boldsymbol{x}) = (E_1 - E_2)V_1(\boldsymbol{x}) + E_2 \tag{6-5a}$$

$$\mu_{\mathrm{eff}}(\boldsymbol{x}) = (\mu_1 - \mu_2)V_1(\boldsymbol{x}) + \mu_2 \tag{6-5b}$$

$$\rho_{\mathrm{eff}}(\boldsymbol{x}) = (\rho_1 - \rho_2)V_1(\boldsymbol{x}) + \rho_2 \tag{6-5c}$$

由式(6-4)或式(6-5)尚无法确定功能梯度材料的物性参数,还必须给出组分材料体积率的空间变化规律。一般来讲,功能梯度材料的物性参数在多个方向上都可以变化。对于由功能梯度材料制备而成的梁、板和壳体结构,材料属性一般都是沿厚度方向发生变化,即一维梯度变化。材料的梯度变化可以分为连续梯度变化和分段不连续梯度变化两种,如图 6-1 所示。图中的多层梯度材料可以看作是由多层连续梯度材料堆积而成的层合梯度材料。

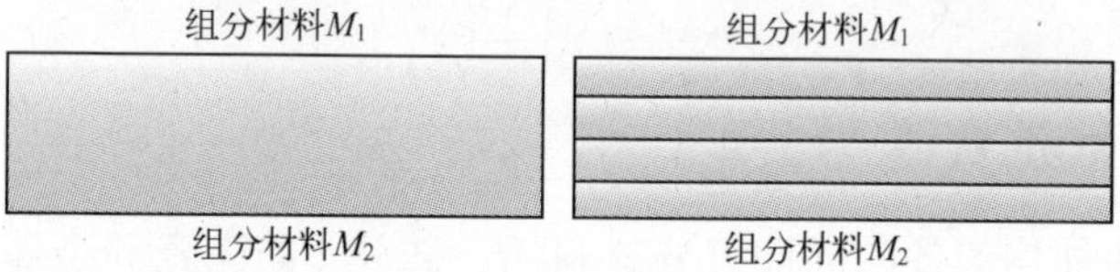

图 6-1　材料组分变化

对于材料特性为连续梯度变化的情况,通常将组分材料的体积率表示为与厚度坐标相关的连续函数,如幂函数[171,248]、指数函数[170]和三角函数[170]等。

一、幂函数

设组分材料 M_1 的体积率遵循幂函数分布,有

$$\mathrm{FGM}_{\mathrm{I}}: \quad V_1 = \left(\frac{1}{2} - \frac{z}{h}\right)^m \tag{6-6a}$$

$$\mathrm{FGM}_{\mathrm{II}}: \quad V_1 = \left(\frac{1}{2} + \frac{z}{h}\right)^m \tag{6-6b}$$

式中:z 为厚度方向坐标(坐标原点位于材料中面);h 为材料的厚度;m 为体积率指数,表征了组分材料的体积分布规律。

当 $m=0$ 时,功能梯度材料 $\mathrm{FGM}_{\mathrm{I}}$ 和 $\mathrm{FGM}_{\mathrm{II}}$ 对应的体积率 $V_1=1$,则由式(6-4) 和式(6-5)可知,此时功能梯度材料退化为均匀材料,即组分材料 M_1;当 $m=\infty$ 时,体积率 $V_1=0$,此时功能梯度材料 $\mathrm{FGM}_{\mathrm{I}}$ 和 $\mathrm{FGM}_{\mathrm{II}}$ 退化为均匀材料 M_2。图 6-2 给出了不同体积率指数 m 对应的体积率 V_1 沿材料厚度方向变化曲线,图中的横坐标为无量纲厚度参数 z/h。显然,改变 m 值的大小可以有效地控制组分材料体积率随空间的变化规律,因此通过改变上述参数可以设计出不同材料特性的功能梯度材料。

二、四参数幂函数[171]

设组分材料 M_1 遵循四参数幂函数分布,有

$$\mathrm{FGM}_{\mathrm{I}\,(a/b/c/m)}: \quad V_1 = \left[1 - a\left(\frac{1}{2} + \frac{z}{h}\right) + b\left(\frac{1}{2} + \frac{z}{h}\right)^c\right]^m \tag{6-7a}$$

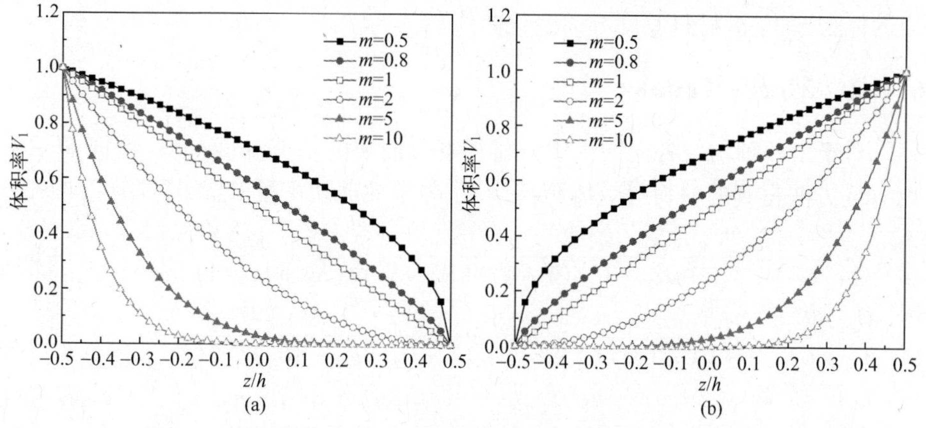

图 6-2　不同体积率指数 m 对应的体积率 V_1 变化

(a) $\mathrm{FGM}_{\mathrm{I}}$；(b) $\mathrm{FGM}_{\mathrm{II}}$。

$$\mathrm{FGM}_{\mathrm{II}\ (a/b/c/m)}:\quad V_1=\left[1-a\left(\frac{1}{2}-\frac{z}{h}\right)+b\left(\frac{1}{2}-\frac{z}{h}\right)^c\right]^m \tag{6-7b}$$

式中：a，b 和 c 为材料空间分布控制参数。

当 $a=1$，$b=0$ 时，式(6-7)可退化为式(6-6)。需要指出，a，b，c 和 m 的值不是任意选取的，必须满足 $0\leqslant V_1\leqslant 1$。当 $m=0$ 时，$\mathrm{FGM}_{\mathrm{I}\ (a/b/c/m=0)}$ 和 $\mathrm{FGM}_{\mathrm{II}\ (a/b/c/m=0)}$ 对应的体积率 $V_1=1$，此时功能梯度材料退化为均匀组分材料 M_1；当 $m=\infty$ 时，$\mathrm{FGM}_{\mathrm{I}\ (a/b/c/m=\infty)}$ 和 $\mathrm{FGM}_{\mathrm{II}\ (a/b/c/m=\infty)}$ 对应的体积率 $V_1=0$，此时功能梯度材料退化为均匀组分材料 M_2。改变 m，a，b 和 c 值的大小均可以有效地控制组分材料体积率随空间的变化规律。图 6-3 给出了不同体积率指数 m 对

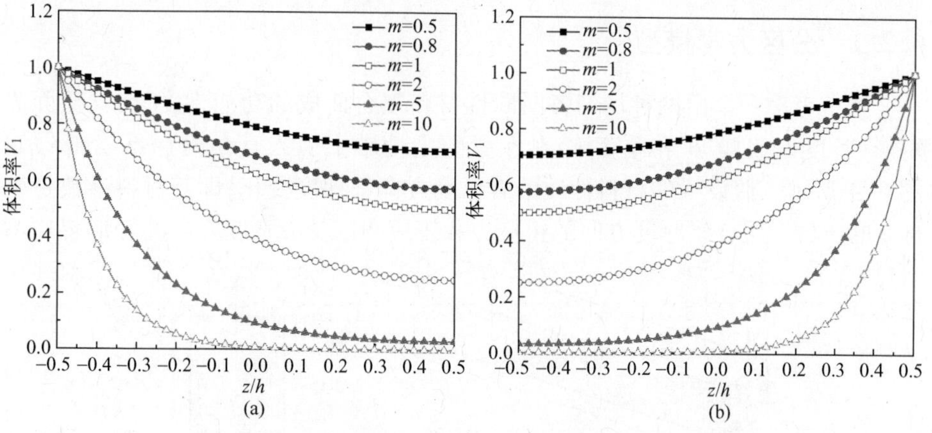

图 6-3　不同体积率指数 m 对应的体积率 V_1 变化

(a) $\mathrm{FGM}_{\mathrm{I}\ (a=1/b=0.5/c=2/m)}$；(b) $\mathrm{FGM}_{\mathrm{II}\ (a=1/b=0.5/c=2/m)}$。

应的体积率 V_1 沿材料厚度方向变化曲线。

6.1.2 Mori – Tanaka 模型

对于由两种均匀各向同性组分材料复合而成的功能梯度材料，根据 Mori – Tanaka 方法得到的材料等效体积模量 K_{eff} 与等效剪切模量 G_{eff} 为[248]

$$\frac{K_{\mathrm{eff}}-K_2}{K_1-K_2}=\frac{V_1}{1+(1-V_1)(K_1-K_2)/(K_2+4G_2/3)} \tag{6-8a}$$

$$\frac{G_{\mathrm{eff}}-G_2}{G_1-G_2}=\frac{V_1}{1+(1-V_1)(G_1-G_2)/\{G_2+G_2(9K_2+8G_2)/[6(K_2+2G_2)]\}} \tag{6-8b}$$

式中：K_1 和 G_1 分别为组分材料 M_1 的体积弹性模量与剪切弹性模量，它们与弹性模量及泊松比之间的关系为 $K_1=E_1/[3(1-2\mu_1)]$ 和 $G_1=E_1/[2(1+\mu_1)]$；K_2 和 G_2 分别为组分材料 M_2 的体积弹性模量与剪切弹性模量，$K_2=E_2/[3(1-2\mu_2)]$ 和 $G_2=E_2/[2(1+\mu_2)]$。

功能梯度材料的等效弹性模量 E_{eff} 和等效泊松比 μ_{eff} 为

$$E_{\mathrm{eff}}=\frac{9K_{\mathrm{eff}}G_{\mathrm{eff}}}{3K_{\mathrm{eff}}+G_{\mathrm{eff}}},\quad \mu_{\mathrm{eff}}=\frac{3K_{\mathrm{eff}}-2G_{\mathrm{eff}}}{6K_{\mathrm{eff}}+2G_{\mathrm{eff}}} \tag{6-9}$$

从式(6-8)中可求出 K_{eff} 和 G_{eff}，将它们代入式(6-9)可得 E_{eff} 和 μ_{eff}。在 Mori – Tanaka 模型中，功能梯度材料的等效密度 ρ_{eff} 仍由式(6-5c)计算。

6.2 功能梯度材料直梁

6.2.1 分区力学模型

本节考虑一个由两种均匀各向同性材料复合而成的功能梯度梁，其截面为矩形（长度 L，宽度 B 和厚度 h）。在梁的中性轴上引入直角坐标系 $o-xz$，如图 6-4 所示。假设梁的材料性质沿着厚度方向呈梯度变化，即其材料参数是坐标 z 的函数。层合梁厚度方向的正应力和正应变以及沿宽度方向的变形忽略不

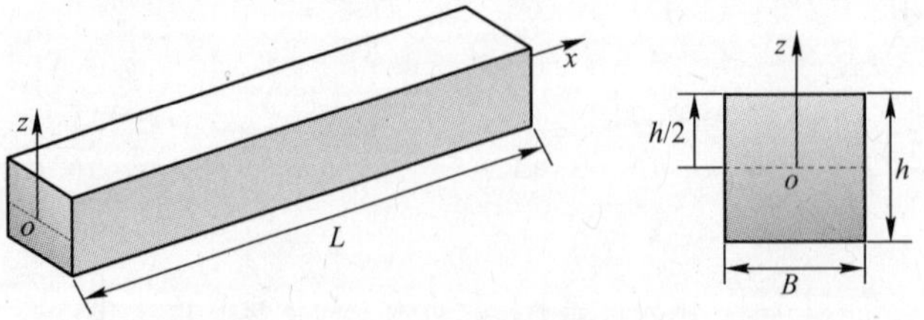

图 6-4 功能梯度梁几何模型与坐标系

计，梁的变形与结构尺寸相比为小量。

虽然功能梯度梁的材料特性沿厚度方向是变化的，但其几何方程及运动方程在形式上与均匀各向同性材料梁的相同。因此，只要对梁的本构方程做适当调整后，就可以将第 4 章的广义高阶剪切梁理论和分区变分法直接应用于功能梯度梁的振动问题。基于广义高阶剪切变形梁理论，功能梯度梁内任意一点 $P(x,z)$ 处的位移为

$$\tilde{u}(x,z,t)=u(x,t)+f(z)\frac{\partial w}{\partial x}+g(z)\vartheta(x,t) \tag{6-10a}$$

$$\tilde{w}(x,z,t)=w(x,t) \tag{6-10b}$$

式中：$\tilde{u}$ 和 $\tilde{w}$ 为梁内 P 点处 x 和 z 方向的位移分量；u,w 和 ϑ 为梁中性轴上的广义位移；f 和 g 是与坐标 z 有关的广义位移分布形函数。

选取 f 和 g 不同形式的表达式，由式(6-10)可得到不同梁理论对应的位移场函数。

将式(6-10)代入三维弹性体的几何关系式(2-11)，得到功能梯度梁的轴向正应变 ε_{xx} 和横向剪应变 γ_{xz} 为

$$\varepsilon_{xx}=\varepsilon_{xx}^{(0)}+f\varepsilon_{xx}^{(1)}+g\varepsilon_{xx}^{(2)},\quad \gamma_{xz}=\bar{f}\gamma_{xz}^{(0)}+\bar{g}\gamma_{xz}^{(1)} \tag{6-11}$$

式中

$$\varepsilon_{xx}^{(0)}=\frac{\partial u}{\partial x},\quad \varepsilon_{xx}^{(1)}=\frac{\partial^2 w}{\partial x^2},\quad \varepsilon_{xx}^{(2)}=\frac{\partial \vartheta}{\partial x},\quad \gamma_{xz}^{(0)}=\frac{\partial w}{\partial x},\quad \gamma_{xz}^{(1)}=\vartheta,\quad \bar{f}=1+\frac{\partial f}{\partial z},\quad \bar{g}=\frac{\partial g}{\partial z} \tag{6-12}$$

功能梯度梁的应力分量 σ_{xx} 和 σ_{xz} 为

$$\sigma_{xx}=\bar{Q}_{11}\varepsilon_{xx},\quad \sigma_{xz}=k_s\bar{Q}_{55}\gamma_{xz} \tag{6-13}$$

式中：$\bar{Q}_{11}$ 和 $\bar{Q}_{55}$ 为弹性系数；k_s 为剪切修正因子，对于 Euler - Bernoulli 梁理论，$k_s=0$，对于 Timoshenko 梁理论，$k_s=5/6$，对于高阶剪切变形梁理论，$k_s=1$。

$$\bar{Q}_{11}=E_{\text{eff}},\quad \bar{Q}_{55}=\frac{E_{\text{eff}}}{2(1+\mu_{\text{eff}})} \tag{6-14}$$

沿着 x 方向将功能梯度直梁分解为 N 个子域，构造出功能梯度梁的能量泛函为

$$\tilde{\Pi}=\int_{t_1}^{t_2}\sum_{i=1}^{N}(T_i-U_i+W_i)\,\mathrm{d}t+\int_{t_1}^{t_2}\sum_{i,i+1}(\Pi_\lambda-\Pi_\kappa)\big|_{x=x_{i+1}}\mathrm{d}t \tag{6-15}$$

式中：T_i 和 U_i 分别为功能梯度梁第 i 个子域的动能和应变能；W_i 为作用于第 i 个子域上外力所做的功；Π_λ 和 Π_κ 为分区界面势能。

第 i 个子域的动能为

$$T_i=\frac{1}{2}\int_{-h/2}^{h/2}\int_{l_i}\rho_{\text{eff}}\left[\left(\dot{u}+f\frac{\partial \dot{w}}{\partial x}+g\dot{\vartheta}\right)^2+\dot{w}^2\right]B\,\mathrm{d}x\mathrm{d}z \tag{6-16}$$

式中：l_i 为沿 x 方向的子域区域；ρ_{eff} 为功能梯度梁的等效密度。

第 i 个子域的应变能为

$$U_i=\frac{1}{2}\int_{l_i}\left(N_x\varepsilon_{xx}^{(0)}+M_x\varepsilon_{xx}^{(1)}+P_x\varepsilon_{xx}^{(2)}+Q_{xz}\gamma_{xz}^{(0)}+P_{xz}\gamma_{xz}^{(1)}\right)B\mathrm{d}x \tag{6-17}$$

式中：N_x,M_x,P_x,Q_{xz} 和 P_{xz} 为功能梯度梁的广义内力，它们的表达式为

$$N_x=\int_{-h/2}^{h/2}\sigma_{xx}\mathrm{d}z,\quad M_x=\int_{-h/2}^{h/2}f\sigma_{xx}\mathrm{d}z,\quad P_x=\int_{-h/2}^{h/2}g\sigma_{xx}\mathrm{d}z \tag{6-18}$$

$$Q_{xz}=\int_{-h/2}^{h/2}\bar{f}\sigma_{xz}\mathrm{d}z,\quad P_{xz}=\int_{-h/2}^{h/2}\bar{g}\sigma_{xz}\mathrm{d}z \tag{6-19}$$

将式(6-11)代入式(6-13)后，再将式(6-13)代入式(6-18)和式(6-19)，得到广义内力和中性轴广义应变分量之间的关系为

$$\begin{bmatrix}N_x\\M_x\\P_x\end{bmatrix}=\begin{bmatrix}A_{11}&B_{11}&E_{11}\\B_{11}&D_{11}&G_{11}\\E_{11}&G_{11}&I_{11}\end{bmatrix}\begin{bmatrix}\varepsilon_{xx}^{(0)}\\\varepsilon_{xx}^{(1)}\\\varepsilon_{xx}^{(2)}\end{bmatrix},\quad\begin{bmatrix}Q_{xz}\\P_{xz}\end{bmatrix}=\begin{bmatrix}D_{55}&G_{55}\\G_{55}&I_{55}\end{bmatrix}\begin{bmatrix}\gamma_{xz}^{(0)}\\\gamma_{xz}^{(1)}\end{bmatrix} \tag{6-20}$$

式中

$$(A_{11},B_{11},D_{11},E_{11},G_{11},I_{11})=\int_{-h/2}^{h/2}(1,f,f^2,g,fg,g^2)\,\overline{Q}_{11}\mathrm{d}z \tag{6-21a}$$

$$(D_{55},G_{55},I_{55})=\int_{-h/2}^{h/2}(\bar{f}^2,\bar{f}\bar{g},\bar{g}^2)\,\overline{Q}_{55}\mathrm{d}z \tag{6-21b}$$

第 i 和 $i+1$ 个子域之间的分区界面势能为

$$\Pi_\lambda=\xi_u N_x\Theta_u+\xi_w\widetilde{Q}_{xz}\Theta_w+\xi_r M_x\Theta_r+\xi_\vartheta P_x\Theta_\vartheta \tag{6-22a}$$

$$\Pi_\kappa=\frac{1}{2}\left(\xi_u\kappa_u\Theta_u^2+\xi_w\kappa_w\Theta_w^2+\xi_r\kappa_r\Theta_r^2+\xi_\vartheta\kappa_\vartheta\Theta_\vartheta^2\right) \tag{6-22b}$$

式中：$\Theta_\nu(\nu=u,w,r,\vartheta)$ 为广义位移约束方程，见式(4-40)；$\widetilde{Q}_{xz}=Q_{xz}-\partial M_x/\partial x$；$\kappa_\nu$ 为分区界面上的权参数；ξ_ν 为分区界面和边界界面控制参数，对于内部分区界面，$\xi_\nu=1$，而对于常见的几种边界条件，如自由，简支和固支边界，ξ_ν 的取值见表4-2。

在第 i 个子域上，外力所做的功 W_i 为

$$W_i=\int_{l_i}(f_{u,i}u_i+f_{w,i}w_i)B\mathrm{d}x \tag{6-23}$$

式中：$f_{u,i}$ 和 $f_{w,i}$ 分别为第 i 个子域上单位长度的轴向载荷分量和横向载荷分量。

功能梯度梁的子域位移展开函数及离散动力学方程的建立过程与第 4 章中的复合材料层合梁类似，这里不再赘述。

6.2.2 数值算例

本节考虑由陶瓷(氧化铝，Alumina)和铝(Aluminum)两种材料构造而成的功能梯度梁。氧化铝的弹性模量、泊松比和密度分别为 $E_1=380\mathrm{GPa}$，$\mu_1=0.3$ 和

$\rho_1=3960\text{kg/m}^3$；铝的材料参数为 $E_2=70\text{GPa}$、$\mu_2=0.3$ 和 $\rho_2=2702\text{kg/m}^3$。如无特殊说明，功能梯度梁的等效材料参数由 Voigt 混合律进行计算，梁的自由振动频率取无量纲形式，即 $\Omega=\omega L^2/h\sqrt{\rho_2/E_2}$，其中 ω 为圆频率（单位：rad/s）。为了便于讨论，以 F、S 和 C 分别表示梁的自由、简支和固支边界条件，在分区模型中将梁的广义位移变量以第一类切比雪夫正交多项式展开。

表6-1 给出了不同分区数目 N 对应的两端固支 $\text{FGM}_{\text{I}(a=1/b=0/c/m=0.5)}$ 和 $\text{FGM}_{\text{II}(a=1/b=0/c/m=0.5)}$ 功能梯度梁前4阶、第10阶和第20阶无量纲振动频率。梁的几何参数为 $L/h=5$，20。采用 Reddy 高阶剪切梁理论 $\text{HDT}_{[\text{R}]}$ 来描述梁的变形特征，每个子域内的位移展开多项式阶数取 $I_x=7$。结果表明，随着分区数目的增大，功能梯度梁的各阶振动频率均很快收敛，取少量分区即可得到较高精度的高阶振动频率结果。对于 $L/h=5$ 的功能梯度梁，取 $N=8$ 和 $N=10$ 计算得到的前20阶振动频率最大相对误差（$=|\Omega_{N=8}-\Omega_{N=10}|/\Omega_{N=10}\times100\%$）仅为0.09%。对于 L/h 值较小的梁，低阶振动频率收敛速度要高于 L/h 值较大的梁。由于 $\text{FGM}_{\text{I}(a=1/b=0/c/m=0.5)}$ 和 $\text{FGM}_{\text{II}(a=1/b=0/c/m=0.5)}$ 功能梯度梁沿着厚度方向的材料参数分布情况本质上是相同的，两种梁对应的频率结果是一致的。

表6-1　两端固支功能梯度梁无量纲振动频率

L/h	模态阶数	$\text{FGM}_{\text{I}(a=1/b=0/c/m=0.5)}$				$\text{FGM}_{\text{II}(a=1/b=0/c/m=0.5)}$			
		$N=2$	$N=4$	$N=8$	$N=10$	$N=2$	$N=4$	$N=8$	$N=10$
5	1	8.759	8.746	8.744	8.742	8.759	8.746	8.744	8.742
	2	20.444	20.380	20.369	20.362	20.444	20.380	20.369	20.362
	3	27.241	27.240	27.240	27.239	27.241	27.240	27.240	27.239
	4	34.547	34.387	34.361	34.344	34.547	34.387	34.361	34.344
	10	91.963	91.936	91.934	91.933	91.963	91.936	91.934	91.933
	20	167.730	157.697	157.691	157.677	167.730	157.697	157.691	157.677
20	1	10.431	10.429	10.428	10.428	10.431	10.429	10.428	10.428
	2	28.226	28.211	28.203	28.202	28.226	28.211	28.203	28.202
	3	54.051	53.984	53.958	53.953	54.051	53.984	53.958	53.953
	4	86.885	86.705	86.637	86.626	86.885	86.705	86.637	86.626
	10	281.807	268.592	267.966	267.874	281.807	268.592	267.966	267.874
	20	1285.620	653.051	653.008	653.006	1285.620	653.051	653.008	653.006

表6-2 给出了两端简支（S1－S1）$\text{FGM}_{\text{II}(a=1/b=0/c/m)}$ 梁的无量纲频率 Ω 对比。表中参考解为 Thai 和 Vo[87] 基于修正的剪切型 Reddy 高阶剪切梁理论得到的解析解。本书计算中采用 $\text{HDT}_{[\text{R}]}$ 理论来描述梁的变形特征，梁的位移变量多项式

展开阶数和分区数目取 $I_x \times N = 7 \times 8$。需要指出，当体积率指数 $m = 0$ 时，功能梯度梁退化为由氧化铝构成的均匀各向同性梁。数据对比表明，分区方法得到的频率结果与文献值非常符合。表6-3给出了自由-固支和固支-固支两种边界条件对应的 $FGM_{Ⅱ(a=1/b=0/c/m)}$ 梁无量纲基频。表中列出了Şimşek[88]采用Reddy梁理论和Ritz法计算得到的频率值。结果表明，本书结果与参考解非常吻合，最大相对误差小于0.05%。

表6-2 两端简支功能梯度梁无量纲自由振动频率 Ω ($HDT_{[R]}$)

L/h	模态阶数	本书				文献[87]			
		$m=0$	$m=0.5$	$m=1$	$m=10$	$m=0$	$m=0.5$	$m=1$	$m=10$
5	1	5.1525	4.4116	3.9904	3.2816	5.1527	4.4107	3.9904	3.2816
	2	17.8785	15.4601	14.0089	11.0238	17.8812	15.4588	14.0100	11.0240
	3	34.2013	29.8375	27.9276	20.5558	34.2097	29.8382	27.0979	20.5561
20	1	5.4603	4.6519	4.2051	3.5390	5.4603	4.6511	4.2051	3.5390
	2	21.5732	18.3991	16.6344	13.9262	21.5732	18.3962	16.6344	13.9263
	3	47.5929	40.6588	36.7679	30.5369	47.5930	40.6526	36.7679	30.5369

表6-3 不同边界条件对应的功能梯度梁无量纲振动基频 Ω ($HDT_{[R]}$)

L/h		F-C				C-C			
		$m=0$	$m=0.5$	$m=1$	$m=10$	$m=0$	$m=0.5$	$m=1$	$m=10$
5	本书	1.8952	1.6182	1.4633	1.2183	10.0656	8.7436	7.9476	6.1635
	文献[88]	1.8952	1.6182	1.4633	1.2183	10.0705	8.7467	7.9503	6.1652
20	本书	1.9496	1.6606	1.5010	1.2645	12.2225	10.4284	9.4307	7.8846
	文献[88]	1.9495	1.6605	1.5011	1.2645	12.2238	10.4287	9.4316	7.8858

图6-5给出了由不同梁理论得到的自由-固支边界条件 $FGM_{Ⅱ(a=1/b=0/c/m=1)}$ 梁前20阶无量纲振动频率 Ω 对比。梁的几何参数为 $L/h=5, 10, 20, 100$。计算中广义位移多项式展开阶数和梁的分区数目取 $I_x \times N = 7 \times 8$。图6-5中，CT和FDT分别表示Euler-Bernoulli梁理论和Timoshenko梁理论。结果表明：①对于 $L/h \geqslant 5$ 的功能梯度梁，除Euler-Bernoulli梁、$HDT_{[V]}$、$HDT_{[VE1]}$ 和 $HDT_{[VE2]}$ 外，由其他各种简化理论得到的功能梯度梁的前20阶振动频率相差很小，并且 $HDT_{[VE1]}$ 和 $HDT_{[VE2]}$ 两种理论对应的频率结果相同；②对于 L/h 值较大的细长梁($L/h \geqslant 100$)，不同理论给出的频率差别很小，如取 $L/h=100$ 时，由Euler-Bernoulli梁理论给出的自由-固支梁前20阶振动频率与 $HDT_{[R]}$ 理论结果之间最大相对误差小于2.85%；然而当 L/h 值较小时，Euler-Bernoulli梁、$HDT_{[V]}$、$HDT_{[VE1]}$ 和 $HDT_{[VE2]}$ 理论给出的频率结果与其他梁理论频率结果相差很大，并

且随着 L/h 值的减小或频率阶次的增高,上述 4 种理论与其他梁理论结果之间的差别呈增大趋势。

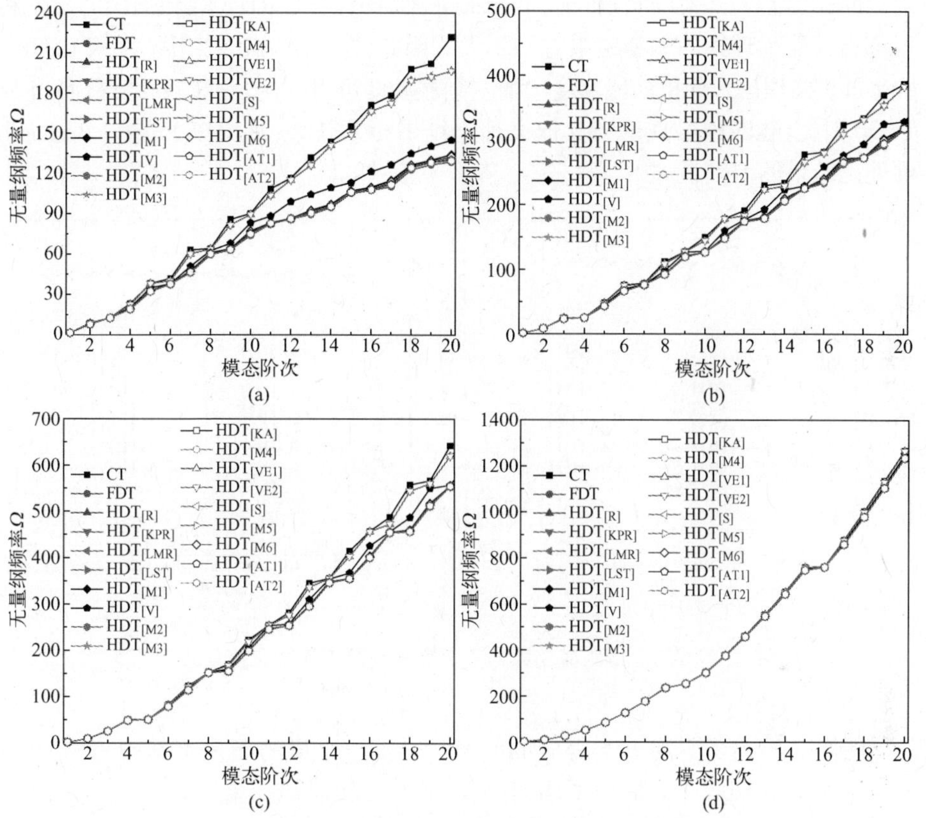

图 6-5　自由 - 固支功能梯度梁无量纲频率

(a) $L/h=5$;(b) $L/h=10$;(c) $L/h=20$;(d) $L/h=100$。

应当指出,对于大多数功能梯度梁(如 $L/h \geqslant 5$)的低阶振动问题,Timoshenko 梁理论能给出与高阶剪切理论精度相近的结果。这主要是因为金属 - 陶瓷功能梯度材料梁的弹性模量与横向剪切模量在量级上与均匀各向同性材料梁的相差不大,梁厚度方向的剪切变形较小,此时采用高阶剪切函数来精细地考虑梁的横向剪切效应并不能获得频率结果精度上的大幅提高。当然,如果关心功能梯度梁内部的应力分布情况时,则不宜采用 Timoshenko 梁理论而应采用高阶剪切梁理论。

图 6-6 给出了由各种简化梁理论计算出的$FGM_{Ⅱ(a=1/b=0/c/m=1)}$功能梯度梁无量纲基频 Ω 随 L/h 变化曲线对比。考虑了自由 - 固支和固支 - 固支两种边界条件,分区计算中取 $I_x \times N = 7 \times 8$。结果表明:①对于不同 $L/h(L/h \geqslant 5)$ 的功能

梯度梁，除 Euler - Bernoulli 梁、$HDT_{[V]}$、$HDT_{[VE1]}$和 $HDT_{[VE2]}$外，其他梁理论得到的基频结果几乎是一致的，并不是所有的高阶剪切理论的精度都比一阶剪切理论的高；②当 $L/h>40$ 时，Euler - Bernoulli 梁、$HDT_{[V]}$、$HDT_{[VE1]}$和 $HDT_{[VE2]}$ 4 种理论与其他梁理论的频率结果差别不大。因此，在 $L/h>40$ 范围内，采用 Euler - Bernoulli 梁理论来分析功能梯度梁的基频振动即可得到比较准确的结果；而当 $L/h<30$ 时，上述四种梁理论与其他梁理论结果相差较大，其中以 Euler - Bernoulli 梁理论结果的差别最大。

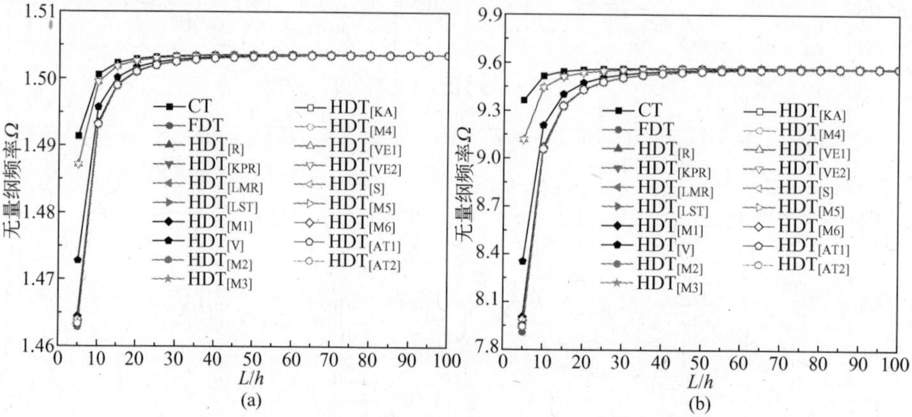

图 6-6　功能梯度梁无量纲基频 Ω 随 L/h 变化曲线

(a) 自由 - 固支；(b) 固支 - 固支。

图 6-7 给出了不同 L/h 对应的$FGM_{Ⅱ(a=1/b=0/c/m)}$梁的无量纲基频 Ω 随体积率指数 m 变化曲线。计算中采用 $HDT_{[R]}$来描述功能梯度梁的位移场。结果表明，功能梯度梁的基频随着 m 数值的增大而逐渐减小，$m=0$ 对应的基频最大。

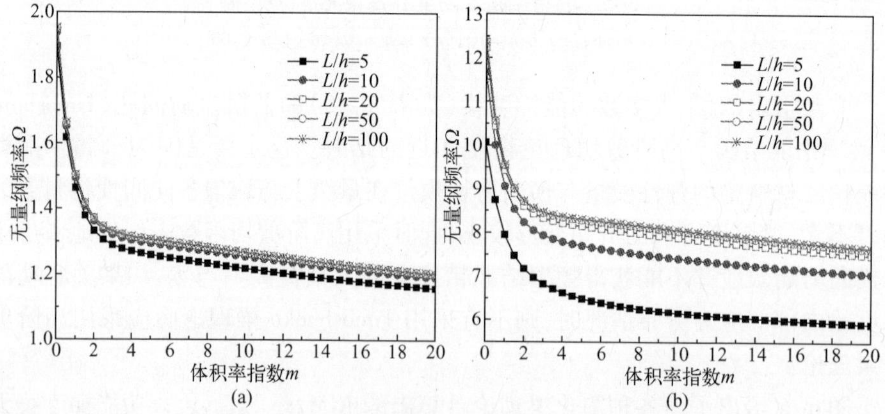

图 6-7　功能梯度梁基频 Ω 随体积率指数 m 变化曲线

(a) 自由 - 固支；(b) 固支 - 固支。

随着 m 的增大，氧化铝在功能梯度梁内所占的体积率不断减小，导致梁的弹性模量是逐渐减小的，从而梁的振动频率呈减小趋势且向由铝制成的均匀各向同性梁的频率靠近。

图 6-8 给出了由 Voigt 混合律与 Mori - Tanaka 模型得到的功能梯度梁无量纲基频 Ω 随体积率指数 m 的变化曲线对比。结果表明，当 $0 < m < \infty$ 时，由 Voigt 混合律得到的频率结果高于 Mori - Tanaka 模型的计算结果，并且当 m 较大时(如 $m > 20$)，随着 m 值的增大，两种方法得到的频率结果差别逐渐减小；特别地，当 $m > 200$ 时，两种模型得到的频率差别已非常小，几乎可以忽略。当 $m = 0$ 和 $m = \infty$ 时，功能梯度材料分别退化为各向同性材料氧化铝和铝，由 Voigt 混合律和 Mori - Tanaka 模型得到的材料参数相同，则两种模型对应的梁的基频也相等。

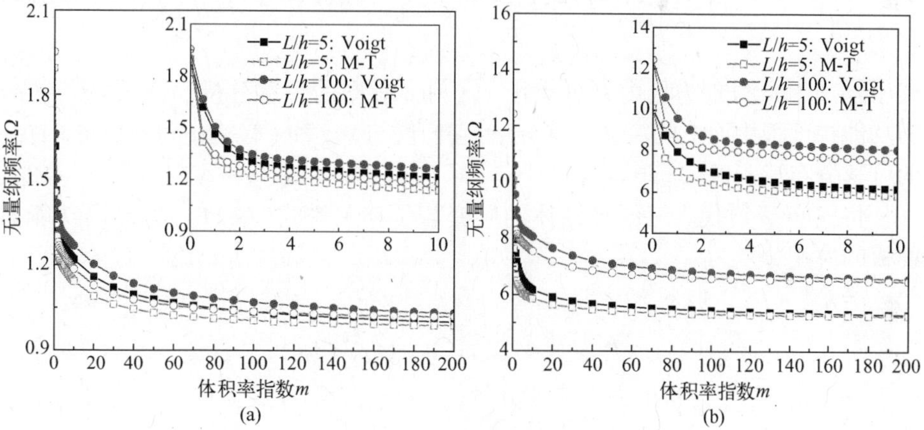

图 6-8　不同材料估算模型对应的梁无量纲基频 Ω

(a) 自由 - 固支；(b) 固支 - 固支。

6.3　功能梯度材料矩形板

6.3.1　基于高阶剪切理论的分区力学模型

考虑一个长度为 L、宽度为 B、厚度为 h 的功能梯度矩形板，在板的几何中面上建立如图 6-9 所示的笛卡儿直角坐标系 $o - xyz$。板的材料性质沿其厚度方向呈梯度变化。忽略板厚度方向的正应变和正应力，假设板的变形与结构尺寸相比为小量。功能梯度板内无体积力作用，其表面作用有任意方向的分布式或集中载荷。

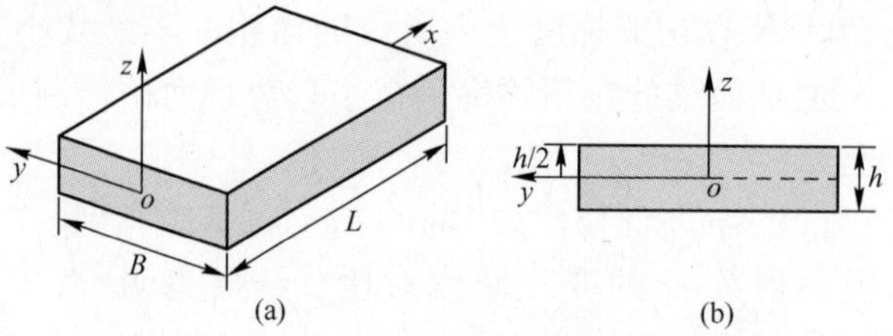

图 6-9 功能梯度板的几何尺寸及坐标系

令式(4-91)中 $\varphi(z,k)=0$,功能梯度板内任意一点 $P(x,y,z)$ 在 t 时刻的位移分量可表示为

$$\tilde{u}(x,y,z,t)=u(x,y,t)+f(z)\frac{\partial w}{\partial x}+g(z)\vartheta_1(x,y,t) \tag{6-24a}$$

$$\tilde{v}(x,y,z,t)=v(x,y,t)+f(z)\frac{\partial w}{\partial y}+g(z)\vartheta_2(x,y,t) \tag{6-24b}$$

$$\tilde{w}(x,y,z,t)=w(x,y,t) \tag{6-24c}$$

式中:$\tilde{u}$,$\tilde{v}$ 和 $\tilde{w}$ 分别为板内 P 处点沿 x,y 和 z 方向的位移分量;u,v,w,ϑ_1 和 ϑ_2 为功能梯度板中面上的广义位移分量,它们仅与 x,y 和 t 有关;f 和 g 是与 z 有关的位移分布形函数。

将式(6-24)代入三维弹性体的应变与位移关系式(2-11),可导出功能梯度板的应变分量为

$$\varepsilon_{xx}=\varepsilon_{xx}^{(0)}+f\varepsilon_{xx}^{(1)}+g\varepsilon_{xx}^{(2)},\quad \varepsilon_{yy}=\varepsilon_{yy}^{(0)}+f\varepsilon_{yy}^{(1)}+g\varepsilon_{yy}^{(2)},\quad \gamma_{xy}=\gamma_{xy}^{(0)}+f\gamma_{xy}^{(1)}+g\gamma_{xy}^{(2)},$$
$$\gamma_{xz}=\bar{f}\gamma_{xz}^{(0)}+\bar{g}\gamma_{xz}^{(1)},\quad \gamma_{yz}=\bar{f}\gamma_{yz}^{(0)}+\bar{g}\gamma_{yz}^{(1)} \tag{6-25}$$

式中:ε_{xx},ε_{yy}和 γ_{xy}为板的面内应变分量;γ_{xz}和 γ_{yz}为沿厚度方向的剪应变分量;$\bar{f}$和$\bar{g}$的表达式见式(6-12)。

$$\varepsilon_{xx}^{(0)}=\frac{\partial u}{\partial x},\quad \varepsilon_{xx}^{(1)}=\frac{\partial^2 w}{\partial x^2},\quad \varepsilon_{xx}^{(2)}=\frac{\partial \vartheta_1}{\partial x} \tag{6-26}$$

$$\varepsilon_{yy}^{(0)}=\frac{\partial v}{\partial y},\quad \varepsilon_{yy}^{(1)}=\frac{\partial^2 w}{\partial y^2},\quad \varepsilon_{yy}^{(2)}=\frac{\partial \vartheta_2}{\partial y} \tag{6-27}$$

$$\gamma_{xy}^{(0)}=\frac{\partial v}{\partial x}+\frac{\partial u}{\partial y},\quad \gamma_{xy}^{(1)}=2\frac{\partial^2 w}{\partial x\partial y},\quad \gamma_{xy}^{(2)}=\frac{\partial \vartheta_2}{\partial x}+\frac{\partial \vartheta_1}{\partial y} \tag{6-28}$$

$$\gamma_{xz}^{(0)}=\frac{\partial w}{\partial x},\quad \gamma_{xz}^{(1)}=\vartheta_1,\quad \gamma_{yz}^{(0)}=\frac{\partial w}{\partial y},\quad \gamma_{yz}^{(1)}=\vartheta_2 \tag{6-29}$$

功能梯度板内任意一点处的应力-应变关系为

$$\begin{bmatrix}\sigma_{xx}\\ \sigma_{yy}\\ \sigma_{xy}\end{bmatrix}=\begin{bmatrix}\bar{Q}_{11} & \bar{Q}_{12} & 0\\ \bar{Q}_{12} & \bar{Q}_{22} & 0\\ 0 & 0 & \bar{Q}_{66}\end{bmatrix}\begin{bmatrix}\varepsilon_{xx}\\ \varepsilon_{yy}\\ \varepsilon_{xy}\end{bmatrix},\quad \begin{bmatrix}\sigma_{yz}\\ \sigma_{xz}\end{bmatrix}=k_s\begin{bmatrix}\bar{Q}_{44} & 0\\ 0 & \bar{Q}_{55}\end{bmatrix}\begin{bmatrix}\varepsilon_{yz}\\ \varepsilon_{xz}\end{bmatrix} \tag{6-30}$$

式中：$\overline{Q}_{ij}(i,j=1,2,4,5,6)$为弹性系数；$k_s$ 为剪切修正因子，对于 Kirchhoff 薄板理论，$k_s=0$，对于 Mindlin - Reissner 一阶剪切变形板理论，$k_s=5/6$，对于高阶剪切变形板理论，$k_s=1$。

弹性系数$\overline{Q}_{ij}$与工程弹性常数之间关系为

$$\overline{Q}_{11}=\frac{E_{\text{eff}}}{1-\mu_{\text{eff}}^2},\quad \overline{Q}_{12}=\frac{\mu_{\text{eff}}E_{\text{eff}}}{1-\mu_{\text{eff}}^2},\quad \overline{Q}_{44}=\overline{Q}_{55}=\overline{Q}_{66}=\frac{E_{\text{eff}}}{2(1+\mu_{\text{eff}})} \tag{6-31}$$

为了简单起见，仅沿 x 方向将功能梯度板等距分解为 N 个子域，根据分区变分法构造出功能梯度板的能量泛函为

$$\Pi=\int_{t_1}^{t_2}\sum_{i=1}^{N}(T_i-U_i+W_i)\mathrm{d}t+\int_{t_1}^{t_2}\sum_{i,i+1}(\Pi_\lambda-\Pi_\kappa)\big|_{x=x_{i+1}}\mathrm{d}t \tag{6-32}$$

式中：T_i 和 U_i 分别为功能梯度板第 i 个子域的动能和应变能；W_i 为作用于第 i 个子域上的外力所做的功；Π_λ 和 Π_κ 为第 i 和 $i+1$ 个子域界面上的分区界面势能。

第 i 个子域的动能为

$$T_i=\frac{1}{2}\int_{-h/2}^{h/2}\int_{-B/2}^{B/2}\int_{x_i}^{x_{i+1}}\rho_{\text{eff}}\left[\left(\dot{u}+f\frac{\partial\dot{w}}{\partial x}+g\dot{\vartheta}_1\right)^2+\left(\dot{v}+f\frac{\partial\dot{w}}{\partial y}+g\dot{\vartheta}_2\right)^2+\dot{w}^2\right]\mathrm{d}x\mathrm{d}y\mathrm{d}z \tag{6-33}$$

第 i 个子域的应变能为

$$U_i=\frac{1}{2}\int_{-B/2}^{B/2}\int_{x_i}^{x_{i+1}}\begin{pmatrix}N_x\varepsilon_{xx}^{(0)}+M_x\varepsilon_{xx}^{(1)}+P_x\varepsilon_{xx}^{(2)}+N_y\varepsilon_{yy}^{(0)}+M_y\varepsilon_{yy}^{(1)}+P_y\varepsilon_{yy}^{(2)}\\+N_{xy}\gamma_{xy}^{(0)}+M_{xy}\gamma_{xy}^{(1)}+P_{xy}\gamma_{xy}^{(2)}+Q_{xz}\gamma_{xz}^{(0)}+P_{xz}\gamma_{xz}^{(1)}+Q_{yz}\gamma_{yz}^{(0)}+P_{yz}\gamma_{yz}^{(1)}\end{pmatrix}\mathrm{d}x\mathrm{d}y \tag{6-34}$$

式中：N_x,M_x,P_x,N_y 和 Q_{xz} 等为功能梯度板的广义内力和内力矩等。

$$N_x=\int_{-h/2}^{h/2}\sigma_x\mathrm{d}z,\quad M_x=\int_{-h/2}^{h/2}f\sigma_x\mathrm{d}z,\quad P_x=\int_{-h/2}^{h/2}g\sigma_x\mathrm{d}z \tag{6-35}$$

$$N_y=\int_{-h/2}^{h/2}\sigma_y\mathrm{d}z,\quad M_y=\int_{-h/2}^{h/2}f\sigma_y\mathrm{d}z,\quad P_y=\int_{-h/2}^{h/2}g\sigma_y\mathrm{d}z \tag{6-36}$$

$$N_{xy}=\int_{-h/2}^{h/2}\sigma_{xy}\mathrm{d}z,\quad M_{xy}=\int_{-h/2}^{h/2}f\sigma_{xy}\mathrm{d}z,\quad P_{xy}=\int_{-h/2}^{h/2}g\sigma_{xy}\mathrm{d}z \tag{6-37}$$

$$Q_{xz}=\int_{-h/2}^{h/2}\bar{f}\sigma_{xz}\mathrm{d}z,\quad P_{xz}=\int_{-h/2}^{h/2}\bar{g}\sigma_{xz}\mathrm{d}z,\quad Q_{yz}=\int_{-h/2}^{h/2}\bar{f}\sigma_{yz}\mathrm{d}z,\quad P_{yz}=\int_{-h/2}^{h/2}\bar{g}\sigma_{yz}\mathrm{d}z \tag{6-38}$$

将广义内力和广义应变分量之间的关系写成矩阵形式，得

$$\begin{bmatrix} N_x \\ N_y \\ N_{xy} \\ M_x \\ M_y \\ M_{xy} \\ P_x \\ P_y \\ P_{xy} \end{bmatrix} = \begin{bmatrix} A_{11} & A_{12} & 0 & B_{11} & B_{12} & 0 & E_{11} & E_{12} & 0 \\ A_{12} & A_{22} & 0 & B_{12} & B_{22} & 0 & E_{12} & E_{22} & 0 \\ 0 & 0 & A_{66} & 0 & 0 & B_{66} & 0 & 0 & E_{66} \\ B_{11} & B_{12} & 0 & D_{11} & D_{12} & 0 & G_{11} & G_{12} & 0 \\ B_{12} & B_{22} & 0 & D_{12} & D_{22} & 0 & G_{12} & G_{22} & 0 \\ 0 & 0 & B_{66} & 0 & 0 & D_{66} & 0 & 0 & G_{66} \\ E_{11} & E_{12} & 0 & G_{11} & G_{12} & 0 & I_{11} & I_{12} & 0 \\ E_{12} & E_{22} & 0 & G_{12} & G_{22} & 0 & I_{12} & I_{22} & 0 \\ 0 & 0 & E_{66} & 0 & 0 & G_{66} & 0 & 0 & I_{66} \end{bmatrix} \begin{bmatrix} \varepsilon_{xx}^{(0)} \\ \varepsilon_{yy}^{(0)} \\ \varepsilon_{xy}^{(0)} \\ \varepsilon_{xx}^{(1)} \\ \varepsilon_{yy}^{(1)} \\ \varepsilon_{xy}^{(1)} \\ \varepsilon_{xx}^{(2)} \\ \varepsilon_{yy}^{(2)} \\ \varepsilon_{xy}^{(2)} \end{bmatrix} \tag{6-39a}$$

$$\begin{bmatrix} Q_{yz} \\ Q_{xz} \\ P_{yz} \\ P_{xz} \end{bmatrix} = \begin{bmatrix} D_{44} & 0 & G_{44} & 0 \\ 0 & D_{55} & 0 & G_{55} \\ G_{44} & 0 & I_{44} & 0 \\ 0 & G_{55} & 0 & I_{55} \end{bmatrix} \begin{bmatrix} \gamma_{yz}^{(0)} \\ \gamma_{xz}^{(0)} \\ \gamma_{yz}^{(1)} \\ \gamma_{xz}^{(1)} \end{bmatrix} \tag{6-39b}$$

式中

$$(A_{ij}, B_{ij}, D_{ij}, E_{ij}, G_{ij}, I_{ij}) = \int_{-h/2}^{h/2} (1, f, f^2, g, fg, g^2)\ \overline{Q}_{ij} \mathrm{d}z, \quad i,j = 1,2,6 \tag{6-40a}$$

$$(D_{ij}, G_{ij}, I_{ij}) = \int_{-h/2}^{h/2} (\bar{f}^2, \bar{f}\bar{g}, \bar{g}^2)\ \overline{Q}_{ij} \mathrm{d}z, \quad i,j = 4,5 \tag{6-40b}$$

功能梯度板的分区界面势能为

$$\Pi_\lambda = \xi_u N_x \Theta_u + \xi_v N_{xy} \Theta_v + \xi_w \overline{Q}_{xz} \Theta_w + \xi_r M_x \Theta_r + \xi_{\vartheta 1} P_x \Theta_{\vartheta 1} + \xi_{\vartheta 2} P_{xy} \Theta_{\vartheta 2} \tag{6-41a}$$

$$\Pi_\kappa = \frac{1}{2}(\xi_u \kappa_u \Theta_u^2 + \xi_v \kappa_v \Theta_v^2 + \xi_w \kappa_w \Theta_w^2 + \xi_r \kappa_r \Theta_r^2 + \xi_{\vartheta 1} \kappa_{\vartheta 1} P_x \Theta_{\vartheta 1}^2 + \xi_{\vartheta 2} \kappa_{\vartheta 2} \Theta_{\vartheta 2}^2) \tag{6-41b}$$

式中：Θ_ν（$\nu = u、v、w、r、\vartheta 1、\vartheta 2$）为功能梯度板相邻子域（$i$）和（$i+1$）分区界面 $x = x_{i+1}$ 处的广义位移协调方程；$\overline{Q}_{xz}$ 的表达式见式（4-131）；ξ_ν 为分区界面和边界界面上的位移约束方程控制参数，见表 4-9；κ_ν 为权参数。

第 i 子域上外力所做的功 W_i 为

$$W_i = \iint_{\bar{S}_i} (f_{u,i} u + f_{v,i} v + f_{w,i} w) \mathrm{d}S \tag{6-42}$$

式中：$f_{u,i}$和$f_{v,i}$分别为沿着 x 和 y 方向的面内载荷分量；$f_{w,i}$为沿 z 方向的横向作用力；$\bar{S}_i$ 为载荷作用面积。

功能梯度板的子域位移展开函数及离散动力学方程的建立过程与第 4 章中的复合材料层合板类似，这里不再赘述。

6.3.2　基于三维弹性理论的分区力学模型

由三维弹性体的几何关系式(2-11)，功能梯度板内任意一点处的应变分量为

$$\varepsilon_{xx}=\frac{\partial u}{\partial x},\quad \varepsilon_{yy}=\frac{\partial v}{\partial y},\quad \varepsilon_{zz}=\frac{\partial w}{\partial z},\quad \gamma_{yz}=\frac{\partial v}{\partial z}+\frac{\partial w}{\partial y},\quad \gamma_{xz}=\frac{\partial w}{\partial x}+\frac{\partial u}{\partial z},\quad \gamma_{xy}=\frac{\partial u}{\partial y}+\frac{\partial v}{\partial x} \tag{6-43}$$

功能梯度板应力分量和应变分量之间的关系为

$$\begin{bmatrix}\sigma_{xx}\\ \sigma_{yy}\\ \sigma_{zz}\\ \sigma_{yz}\\ \sigma_{xz}\\ \sigma_{xy}\end{bmatrix}=\begin{bmatrix}C_{11}&C_{12}&C_{13}&0&0&0\\ C_{12}&C_{22}&C_{23}&0&0&0\\ C_{13}&C_{23}&C_{33}&0&0&0\\ 0&0&0&C_{44}&0&0\\ 0&0&0&0&C_{55}&0\\ 0&0&0&0&0&C_{66}\end{bmatrix}\begin{bmatrix}\varepsilon_{xx}\\ \varepsilon_{yy}\\ \varepsilon_{zz}\\ \varepsilon_{yz}\\ \varepsilon_{xz}\\ \varepsilon_{xy}\end{bmatrix} \tag{6-44}$$

式中：$C_{ij}(i,j=1,2,3,4,5,6)$为弹性刚度系数。

$$C_{11}=C_{22}=C_{33}=\frac{E_{\text{eff}}(1-\mu_{\text{eff}})}{(1+\mu_{\text{eff}})(1-2\mu_{\text{eff}})} \tag{6-45a}$$

$$C_{12}=C_{13}=C_{23}=\frac{\mu_{\text{eff}}E_{\text{eff}}}{(1+\mu_{\text{eff}})(1-2\mu_{\text{eff}})} \tag{6-45b}$$

$$C_{44}=C_{55}=C_{66}=\frac{E_{\text{eff}}}{2(1+\mu_{\text{eff}})} \tag{6-45c}$$

沿着 x 和 y 方向将功能梯度板分别分解为 N_x 和 N_y 个子区，则整个功能梯度板一共有 $N_x\times N_y$ 个子域。为了提高计算结果精度和收敛速度，可沿厚度方向将功能梯度板进一步分解为 N_f 个数值层，则整个功能梯度板被分解为 $N_x\times N_y\times N_f$ 个子域。功能梯度板的能量泛函表达式 Π 为

$$\Pi=\int_{t_1}^{t_2}\sum_{i=1}^{N_x}\sum_{j=1}^{N_y}\sum_{k=1}^{N_f}(T_{ij}^k-U_{ij}^k+W_{ij}^k)\,\mathrm{d}t+\int_{t_1}^{t_2}\sum_{k,k+1}\sum_{n,n+1}\sum_{m,m+1}(\widetilde{\Pi}_{i,i+1}-\overline{\Pi}_{j,j+1}+\hat{\Pi}_{k,k+1})\,\mathrm{d}t \tag{6-46}$$

式中：T_{ij}^k和 U_{ij}^k分别为第 k 数值层内第(i,j)子域的动能和应变能；W_{ij}^k为作用于该子域上的外力所做的功；$\widetilde{\Pi}_{i,i+1}$为第 k 数值层内第(i,j)和$(i+1,j)$分区界面$(x=x_{i+1})$

上的界面势能；$\overline{\Pi}_{j,j+1}$为第 k 数值层内第(i,j)和$(i,j+1)$分区界面$(y=y_{j+1})$上的界面势能；$\hat{\Pi}_{k,k+1}$为与第(i,j)分区相关的第 k 和 $k+1$ 数值层界面$(z=z_{i+1})$势能。

第 k 数值层内第(i,j)个子域的动能为

$$T_{ij}^{k}=\frac{1}{2}\iiint_{V_i^k}\rho_{\mathrm{eff}}(\dot{u}^2+\dot{v}^2+\dot{w}^2)\,\mathrm{d}x\mathrm{d}y\mathrm{d}z \tag{6-47}$$

式中：ρ_{eff}为功能梯度板的等效质量密度。

功能梯度板子域的应变能 U_i、外载荷所做的功 W_i 及子域之间的分区界面势能$\widetilde{\Pi}_{i,i+1}$、$\widetilde{\Pi}_{j,j+1}$和$\hat{\Pi}_{k,k+1}$仍可分别由式(5-17)、式(5-18)和式(5-28)～式(5-30)描述。功能梯度矩形板的离散动力学方程建立过程与第5章中的复合材料层合矩形板类似，这里不再赘述。

6.3.3 数值算例

本节基于广义高阶剪切板和三维弹性理论来分析功能梯度板的振动问题。功能梯度板是由陶瓷(氧化锆，Zirconia)和铝两种材料制成。氧化锆的弹性模量、泊松比和密度分别为 $E_1=200\mathrm{GPa}$、$\mu_1=0.3$ 和 $\rho_1=5700\mathrm{kg/m^3}$；铝的材料参数为 $E_2=70\mathrm{GPa}$、$\mu_2=0.3$ 和 $\rho_2=2702\mathrm{kg/m^3}$。如无特殊说明，功能梯度板的等效物性参数由 Mori－Tanaka 模型计算，板的自由振动频率取无量纲形式，即 $\Omega=\omega L^2/h\sqrt{\rho_2/E_2}$，其中 ω 为圆频率。采用 F，S，C 和 E 来描述功能梯度板的自由、简支、固支和弹性边界条件，并以上述字符组合来描述板的边界条件，如 FSCE 表示板在 $x=0$ 处为自由，$y=-B/2$ 处为简支，$x=L$ 处为固支和 $y=B/2$ 处为弹性支撑边界。计算中，功能梯度板所有方向的位移变量均由第一类切比雪夫正交多项式展开。

首先基于三维弹性理论分析不同跨度比 L/B 对应的$\mathrm{FGM}_{\mathrm{II}(a=1/b=0/c/m=1)}$板自由振动问题。板的几何参数为 $L/B=1, 5, 10$，$h/B=0.2$，$B=1\mathrm{m}$；边界条件为四边简支(SSSS)。对于四边简支功能梯度板，分区方法可退化为半解析方法，即仅需要沿着 x 方向将板进行分区离散，y 方向位移分量可由解析模态函数进行展开。将功能梯度板沿着 x 方向等距分为 N 个子域，每个子域位移变量在 x 和 z 方向的多项式截取阶次分别为 I_x 和 I_z。表6-4 给出了 y 方向半波数 $n=1$ 时，不同 $I_x\times I_z\times N$ 对应的功能梯度板前6阶、第10阶和第20阶无量纲固有频率 Ω。结果表明，随着分域数目 N 和域内多项式阶数 $I_x\times I_z$ 的增加，所有功能梯度板的频率均是快速且稳定收敛的。分区方法的收敛速度与板的几何尺寸及模态阶次有关；当 $L/B=1$ 和 $L/B=5$ 时，$7\times5\times2$ 与 $11\times11\times6$ 计算出 y 方向半波数 $n=1$ 对应的前20阶频率最大相对误差分别为0.31%和17.71%。

表6-4　$FGM_{II(a=1/b=0/c/m=1)}$板无量纲频率 Ω（3-D；边界条件：SSSS；$n=1$）

L/B	$I_x \times I_z \times N$	模态阶数							
		1	2	3	4	5	6	10	20
1	5×2×2	5.528	10.284	12.261	14.550	21.239	22.987	38.116	64.989
	5×5×2	5.475	10.284	12.045	14.549	20.701	22.984	38.056	60.680
	7×5×2	5.475	10.284	12.044	14.549	20.693	22.984	38.056	60.676
	7×5×6	5.475	10.284	12.044	14.549	20.692	22.983	38.056	60.499
	11×11×6	5.475	10.283	12.043	14.549	20.691	22.982	38.054	60.490
5	5×2×2	75.396	83.567	96.993	115.416	140.924	188.036	277.019	552.303
	5×5×2	74.972	83.051	96.309	114.470	139.526	184.661	277.010	552.188
	5×7×2	74.972	83.050	96.289	114.377	136.959	164.106	262.278	465.261
	7×5×4	74.972	83.050	96.289	114.376	136.920	163.485	262.278	429.372
	7×5×6	74.972	83.050	96.289	114.376	136.920	163.485	262.278	427.067
	11×11×6	74.972	83.050	96.289	114.376	136.920	163.485	262.276	427.042
10	5×2×2	293.353	301.586	315.267	334.330	361.079	411.328	1033.984	1763.114
	5×5×2	291.743	299.889	313.420	332.265	358.675	407.632	1033.954	1762.925
	5×7×2	291.743	299.888	313.405	332.207	356.213	385.849	705.361	1259.558
	7×5×4	291.743	299.888	313.405	332.207	356.176	385.167	547.855	1049.203
	7×5×6	291.743	299.888	313.405	332.207	356.176	385.167	547.701	1049.203
	11×11×6	291.743	299.888	313.405	332.207	356.176	385.167	547.699	1049.202

表6-5列出了不同厚度$FGM_{II(a=1/b=0/c/m=1)}$方板（$L/B=1$，$B=1$m）的无量纲固有频率 Ω。当 $h/B=L/B=1$ 时，功能梯度板变为立方体结构。结果表明，不同厚度功能梯度板的频率随着板分区数目 N 和多项式阶数 $I_x \times I_z$ 的增加而很快收敛；随着 h/B 值增大，为保证频率结果收敛须增加厚度方向的多项式项数。对于厚度较小的功能梯度板（如 $h/B \leqslant 0.1$），取 $I_z=2$ 即可以得到较为准确的低阶振动频率，如对于 $h/B=0.01$ 的功能梯度板，7×2×6 与 11×11×6 计算出 y 方向半波数 $n=1$ 对应的前6阶频率最大相对误差仅为0.06%；对于较厚的功能梯度板（包括实体），取 $I_z=7$ 可得到 y 方向半波数 $n=1$ 对应的前20阶固有频率的收敛解。

表6-5　$FGM_{II(a=1/b=0/c/m=1)}$板无量纲频率 Ω（3-D；边界条件：SSSS；$n=1$）

h/B	$I_x \times I_z \times N$	模态阶数							
		1	2	3	4	5	6	10	20
0.01	5×2×2	6.152	15.378	30.802	52.385	85.452	164.161	342.178	1604.225

（续）

h/B	$I_x \times I_z \times N$	模态阶数							
		1	2	3	4	5	6	10	20
0.01	7×2×2	6.152	15.375	30.728	52.184	79.820	114.985	291.072	1048.719
	7×2×6	6.152	15.375	30.728	52.183	79.699	113.228	249.234	673.356
	7×3×6	6.152	15.373	30.723	52.169	79.667	113.163	248.924	671.156
	7×5×6	6.152	15.373	30.723	52.168	79.666	113.162	248.917	671.111
	11×11×6	6.152	15.373	30.722	52.168	79.666	113.161	248.916	670.392
0.1	5×2×2	5.973	14.338	20.571	27.045	29.105	42.955	65.034	161.304
	7×2×2	5.973	14.338	20.571	27.024	29.105	42.821	65.020	145.947
	7×2×6	5.973	14.337	20.570	27.023	29.105	42.820	65.018	142.271
	7×3×6	5.955	14.245	20.570	26.727	29.105	42.154	65.013	140.829
	7×5×6	5.955	14.243	20.570	26.719	29.105	42.132	65.013	140.821
	11×11×6	5.955	14.243	20.568	26.718	29.105	42.130	65.006	140.819
1	5×2×2	2.050	2.528	2.891	3.046	3.679	3.804	5.145	7.672
	5×5×2	2.049	2.421	2.887	2.901	3.396	3.560	4.568	6.597
	7×5×2	2.049	2.421	2.887	2.901	3.396	3.560	4.568	6.597
	7×5×4	2.049	2.421	2.887	2.901	3.396	3.560	4.568	6.597
	7×7×4	2.049	2.421	2.887	2.901	3.396	3.560	4.555	6.442
	11×11×6	2.048	2.420	2.887	2.900	3.396	3.560	4.555	6.432

表6-6给出了 y 方向半波数 $n=1$ 时，$FGM_{Ⅱ(a=1/b=0/c/m)}$ 方板（$L/B=1$，$B=1m$）无量纲基频 Ω 对比，其中Vel和Batra[117]采用Mori－Tanaka模型估算功能梯度板的材料参数并基于三维弹性理论和Navier方法给出了功能梯度板的频率解析解，Matsunaga[249]也根据Navier法得到了板的振动解析解但在计算中采用了Voigt混合律和高阶剪切板理论。本书结果基于三维弹性理论，计算中取 $I_x \times I_z \times N = 11 \times 11 \times 5$。结果表明，本书结果与文献值非常吻合，其中与Vel和Batra[117]值相比，所有频率最大相对误差小于0.1%，而与Matsunaga[249]结果相比，频率最大相对误差则仅为0.04%，这说明了本书理论与方法的正确性。另外，基于Voigt混合律的功能梯度板无量纲频率要高于Mori－Tanaka模型结果。

表6-6 $FGM_{Ⅱ(a=1/b=0/c/m)}$板无量纲基频Ω对比(边界条件: SSSS; $n=1$)

	估算模型	$L/h=5$				$m=1$	
		$m=1$	$m=2$	$m=3$	$m=5$	$L/h=10$	$L/h=20$
本书	Voigt	5.7099	5.6578	5.6738	5.7002	6.1908	6.3367
	M-T	5.4751	5.4879	5.5247	5.5600	5.9551	6.1017
文献[117]	M-T	5.4806	5.4923	5.5285	5.5632	5.9609	6.1076
文献[249]	Voigt	5.7123	5.6599	5.6757	5.7020	6.1932	6.3390

图6-10给出了由各种结构理论计算得到的$FGM_{Ⅱ(a=1/b=0/c/m)}$方板($L/B=1$)基频Ω随跨厚比L/h变化曲线。板的边界条件为FFCF。图中CT、FDT和3-D分别表示Kirchhoff薄板理论、一阶剪切板理论和三维弹性理论。结果表明:①对于跨厚比$L/h\geqslant 2$的功能梯度板,除Kirchhoff薄板理论、$HDT_{[V]}$、$HDT_{[VE1]}$和$HDT_{[VE2]}$高阶剪切板理论外,其他剪切理论与三维弹性理论对应的基频结果相差很小,并且所有剪切理论与三维弹性理论结果差别随L/h的增大而逐渐减小;②对于跨厚比为$L/h>10$的功能梯度板,Kirchhoff理论能给出较准确的基频结果;其与三维弹性理论解之间的相对误差小于0.6%,然而无论是对于薄板还是厚板(如$L/h=2$),一阶剪切板理论均能给出与三维弹性理论相近的基频结果,与一阶剪切板理论相比,高阶剪切板理论的基频结果精度并无明显提高;③简化结构理论对应的基频结果精度与板的体积率指数m有关。这是因为各种简化理论在厚度方向采用了不同的位移分布形函数,而功能梯度板厚度方向的材料特性是非均匀的,因此这些位移分布函数在描述功能梯度板的变形特征时会有所不同。

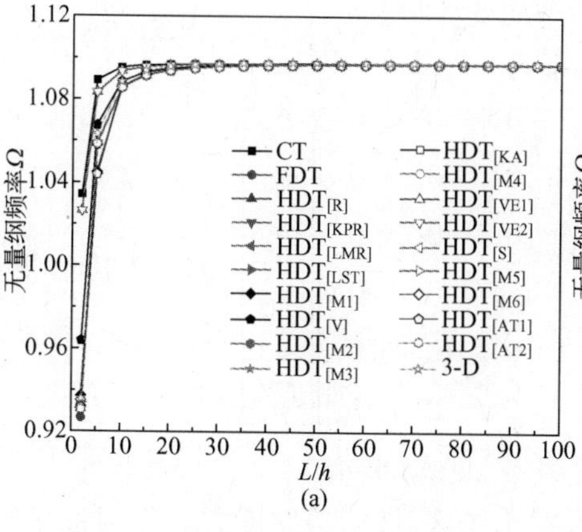

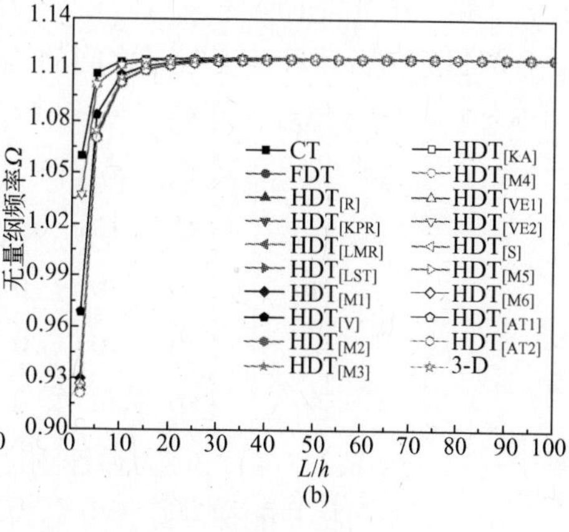

图6-10 FFCF功能梯度板无量纲基频Ω随跨厚比L/h变化

(a) $m=0.5$;(b) $m=10$。

6.4 功能梯度材料圆板

6.4.1 分区力学模型

本节考虑一个内径 R_i,外径 R_o 和厚度为 h 的功能梯度圆环板($R_i=0$ 退化为圆板)。在板的几何中心建立柱坐标系 r,θ,z,如图 6-11 所示。假设功能梯度圆板的材料参数仅沿厚度发生变化,板的变形与其几何尺寸相比为小量。

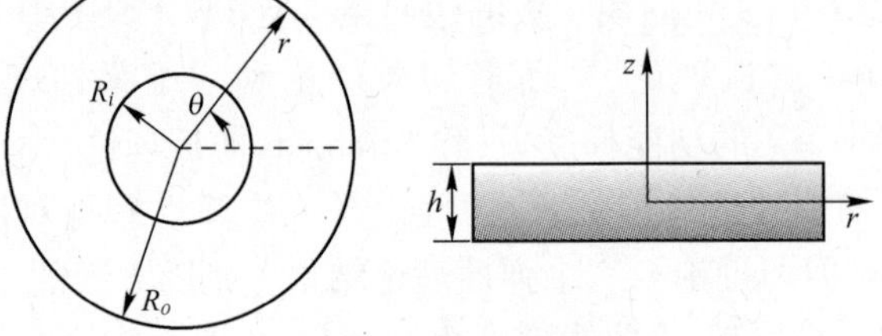

图 6-11 功能梯度圆板几何模型与坐标系

根据圆柱坐标系下三维弹性体的几何关系,圆板内任意一点处的应变分量为

$$\varepsilon_{rr}=\frac{\partial u}{\partial r},\quad \varepsilon_{\theta\theta}=\frac{u}{r}+\frac{1}{r}\frac{\partial v}{\partial \theta},\quad \varepsilon_{zz}=\frac{\partial w}{\partial z},$$

$$\gamma_{\theta z}=\frac{\partial v}{\partial z}+\frac{1}{r}\frac{\partial w}{\partial \theta},\quad \gamma_{rz}=\frac{\partial u}{\partial z}+\frac{\partial w}{\partial r},\quad \gamma_{r\theta}=\frac{1}{r}\frac{\partial u}{\partial \theta}+\frac{\partial v}{\partial r}-\frac{v}{r} \tag{6-48}$$

式中:u,v 和 w 分别为沿着 r,θ 和 z 坐标方向的圆板位移分量;$\varepsilon_{rr},\varepsilon_{\theta\theta}$ 和 ε_{zz} 为沿着 r,θ 和 z 方向的正应变;$\gamma_{\theta z},\gamma_{rz}$ 和 $\gamma_{r\theta}$ 为剪应变分量。

圆板应力分量和应变分量之间的关系为

$$\begin{bmatrix}\sigma_{rr}\\ \sigma_{\theta\theta}\\ \sigma_{zz}\\ \sigma_{\theta z}\\ \sigma_{rz}\\ \sigma_{r\theta}\end{bmatrix}=\begin{bmatrix}C_{11}&C_{12}&C_{13}&0&0&0\\ C_{12}&C_{22}&C_{23}&0&0&0\\ C_{13}&C_{23}&C_{33}&0&0&0\\ 0&0&0&C_{44}&0&0\\ 0&0&0&0&C_{55}&0\\ 0&0&0&0&0&C_{66}\end{bmatrix}\begin{bmatrix}\varepsilon_{rr}\\ \varepsilon_{\theta\theta}\\ \varepsilon_{zz}\\ \gamma_{\theta z}\\ \gamma_{rz}\\ \gamma_{r\theta}\end{bmatrix} \tag{6-49}$$

式中:$C_{ij}(i,j=1,2,3,4,5,6)$ 为弹性刚度系数,见式(6-45)。

沿着 r 方向将功能梯度圆板分解为 N_r 个子区,然后沿厚度方向将圆板子域进一步分解为 N_f 个数值层,则整个功能梯度板被分解为 $N_r\times N_f$ 个子域。功能梯度板的能量泛函 Π 的表达式为

$$\Pi = \int_{t_1}^{t_2} \sum_{i=1}^{N_r} \sum_{k=1}^{N_z} (T_i^k - U_i^k + W_i^k)\,\mathrm{d}t + \int_{t_1}^{t_2} \sum \sum (\overline{\Pi}_{i,i+1} + \widetilde{\Pi}_{k,k+1})\,\mathrm{d}t \quad (6-50)$$

式中：T_i^k 和 U_i^k 分别为第 k 数值层内第 i 个圆板子域的动能和应变能；W_i^k 为作用于该子域上的外力所做的功；$\overline{\Pi}_{i,i+1}$ 为第 k 数值层内第 i 和 $i+1$ 分区界面（$r = r_{i+1}$）上的界面势能；$\widetilde{\Pi}_{k,k+1}$ 为与第 i 分区相关的第 k 和 $k+1$ 数值层界面（$z = z_{i+1}$）势能。

第 k 数值层内第 i 个圆板子域的动能为

$$T_i^k = \frac{1}{2} \iiint_{V_i^k} \rho_{\mathrm{eff}} (\dot{u}^2 + \dot{v}^2 + \dot{w}^2)\, r\mathrm{d}r\mathrm{d}\theta\mathrm{d}z \quad (6-51)$$

式中：ρ_{eff} 为功能梯度圆板的等效质量密度，由式（6-4c）得到。

功能梯度圆板子域的应变能 U_i^k、外载荷功 W_i^k 及子域之间的分区界面势能（$\overline{\Pi}_{i,i+1}$、$\widetilde{\Pi}_{k,k+1}$）可由式（5-53）、式（5-54）、式（5-59）和式（5-60）得到。功能梯度圆板的离散动力学方程建立过程与第 5 章中的复合材料层合圆板类似，这里不再赘述。

6.4.2 数值算例

表 6-7 给出了不同周向波数下均匀各向同性材料实心圆板无量纲频率 $\Omega = \omega R_o\sqrt{\rho/G}$，其中 G 为剪切模量。圆板几何尺寸为 $h/R_o = 0.4$；材料泊松比为 $\mu = 0.3$。圆板外侧（$r = R_o$）边界条件为固支边界条件。采用第一类切比雪夫正交多项式对功能梯度板的位移变量进行展开，r 和 z 方向的展开阶数分别为 I_r 和 I_z。结果表明，随着多项式阶数和分区数目的增大，圆板的固有频率很快收敛。表 6-8 给出了具有自由边界条件的实心圆板无量纲固有频率结果对比，其中表中的参考解是基于三维弹性理论和 Ritz 法得到的结果。本书计算中，取 $I_r \times I_z \times N = 11 \times 11 \times 6$。分区方法计算结果与参考解几乎一致。

表 6-7　实心圆板无量纲固有频率 $\Omega = \omega R_o\sqrt{\rho/G}$
（$h/R_o = 0.4$，$\mu = 0.3$；固支边界条件）

n	$I_r \times I_z \times N$	模态阶数							
		1	2	3	4	5	6	7	8
0	3×3×2	1.4899	3.8319	4.1190	6.4237	7.0541	7.2629	8.7409	10.2754
	3×3×4	1.4878	3.8317	4.1083	6.4200	7.0160	7.0862	8.7408	10.0564
	5×5×2	1.4837	3.8317	4.0902	6.4156	7.0156	7.0376	8.7388	9.9725
	7×7×4	1.4827	3.8317	4.0880	6.4139	7.0156	7.0342	8.7388	9.9659
	11×11×6	1.4823	3.8317	4.0873	6.3883	7.0156	7.0334	8.7388	9.9656

（续）

n	$I_r \times I_z \times N$	模态阶数							
		1	2	3	4	5	6	7	8
1	3×3×2	2.6024	3.3334	5.3734	5.5486	8.4701	8.5082	8.8699	9.0239
	3×3×4	2.5994	3.3317	5.3704	5.4935	8.4136	8.4175	8.7846	8.8109
	5×5×2	2.5906	3.3297	5.3703	5.4642	8.3795	8.4108	8.7390	8.8040
	7×7×4	2.5891	3.3289	5.3702	5.4618	8.3770	8.4100	8.7356	8.8021
	11×11×6	2.5886	3.3172	5.3697	5.4610	8.3768	8.3993	8.7349	8.7758
2	3×3×2	3.7304	5.1804	6.9147	6.9519	9.4672	9.9520	10.4575	10.6396
	3×3×4	3.7242	5.1768	6.8374	6.8912	9.4290	9.8285	10.1188	10.5366
	5×5×2	3.7095	5.1734	6.7939	6.8900	9.4058	9.8238	10.0250	10.5170
	7×7×4	3.7077	5.1720	6.7910	6.8897	9.4047	9.8228	10.0159	10.5155
	11×11×6	3.7071	5.1518	6.7903	6.8853	9.4047	9.8177	10.0149	10.4793

表 6-8 实心圆板无量纲固有频率 $\Omega=\omega R_o\sqrt{\rho/G}$
（$h/R_o=0.4,\mu=0.3$；自由边界条件）

n		模态阶数							
		1	2	3	4	5	6	7	8
1	文献[250]	2.7308	2.7796	5.8443	5.8639	6.8123	8.0376	8.2965	9.1685
	本书	2.7308	2.7796	5.8443	5.8639	6.8122	8.0376	8.2965	9.1685
2	文献[250]	0.9078	2.3455	4.0893	4.2296	7.0875	7.5012	8.5599	8.8811
	本书	0.9078	2.3455	4.0893	4.2296	7.0875	7.5012	8.5599	8.8811
3	文献[250]	1.8600	3.6000	5.3530	5.7935	8.1546	8.8324	9.7232	10.069
	本书	1.8600	3.6000	5.3530	5.7935	8.1546	8.8324	9.7232	10.069

表 6-9 给出了$FGM_{II(a=1/b=0/c/m=1)}$圆环板无量纲振动频率 $\Omega=\omega R_o\sqrt{\rho/G_1}$，$G_1$ 为材料 M_1 的剪切模量。板的几何参数为 $R_o/R_i=2.5$，$h/R_o=0.5$。材料参数为 $E_1=70\text{GPa}$，$\mu_1=0.3$，$\rho_1=3800\text{kg/m}^3$；$E_2=380\text{GPa}$，$\mu_2=0.3$，$\rho_2=3800\text{kg/m}^3$。板的边界条件为自由－自由和自由－固支。计算中采用第一类切比雪夫正交多项式对功能梯度板的位移变量进行展开。结果表明，本书计算结果与文献解符合很好。

表 6-9　$FGM_{II\,(a=1/b=0/c/m)}$ 圆环板的无量纲振动频率 $\Omega=\omega R_o\sqrt{\rho/G_1}\,(m=1)$

		n	模态阶数							
			1	2	3	4	5	6	7	8
F-F	文献[251]	1	3.652	5.119	10.784	11.036	11.587	12.433	14.496	15.236
		2	1.437	2.219	6.084	7.192	11.233	11.959	13.056	13.557
		3	3.287	4.921	8.645	9.477	11.894	12.759	14.488	15.112
	本书	1	3.6519	5.1187	10.7836	11.0287	11.5903	12.4308	14.4967	15.2371
		2	1.4370	2.2182	6.0837	7.1926	11.2362	11.9614	13.0588	13.5594
		3	3.2871	4.9202	8.6451	9.4785	11.8968	12.7614	14.4908	15.1154
F-C	文献[251]	1	4.453	7.298	9.226	10.632	13.633	14.193	15.255	16.608
		2	6.259	7.756	10.543	11.550	14.542	15.775	16.152	17.094
		3	8.406	8.910	12.313	13.265	15.338	16.602	17.519	18.275
	本书	1	4.4524	7.2987	9.2268	10.6323	13.6354	14.1950	15.2570	16.6113
		2	6.2581	7.7565	10.5437	11.5508	14.5442	15.7767	16.1543	17.0967
		3	8.4048	8.9103	12.3129	13.2662	15.3402	16.6047	17.5221	18.2778

6.5　功能梯度材料壳体

6.5.1　分区力学模型

考虑一个具有任意厚度的功能梯度旋转体(空心或实心),在旋转体上建立如图 6-12 所示的空间曲线坐标系 $o'-\alpha\beta\gamma$,其中 α 和 β 沿旋转体曲率线方向,γ 与 α 和 β 相互垂直。旋转壳体可视为厚度较小的空心旋转体。假设旋转体的材料性质沿着厚度方向呈梯度变化,旋转体内无体积力但其所有表面可承受任意方向的分布或集中载荷作用。

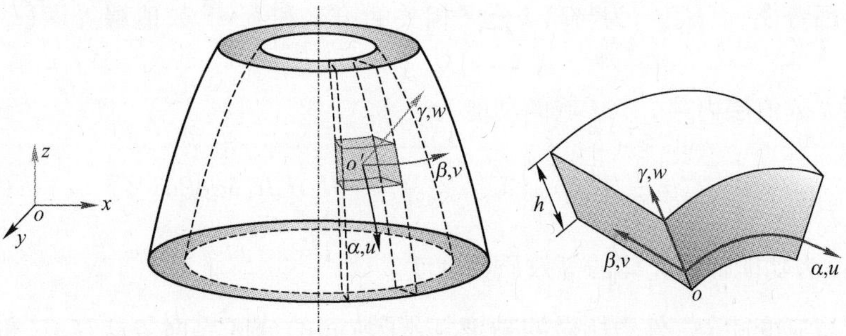

图 6-12　功能梯度旋转体曲线坐标系

根据要求的计算精度不同,建立功能梯度旋转体的力学模型可基于简化壳体理论和三维弹性理论。对于厚度较小的旋转体(壳体)的低频振动问题,简化理论可以给出较为准确的解答,但对于特别厚的旋转体,若采用简化理论进行分析,将可能产生较大的误差,此时需要采用三维弹性理论。考虑到将第 4 章广义高阶剪切壳体理论应用于功能梯度壳体时对应的公式推导过程与前面功能梯度板的类似,这里不再赘述。需要指出的是,由于广义高阶剪切壳体理论本质上是二维理论,采用该理论时需要将图 6-12 中的曲线坐标系置于旋转体的几何中面上。

若按照三维弹性理论对功能梯度旋转体进行分析,结构的几何方程仍由式(5-63)描述。旋转体应力分量和应变分量之间的关系为

$$\begin{bmatrix} \sigma_{\alpha\alpha} \\ \sigma_{\beta\beta} \\ \sigma_{\gamma\gamma} \\ \sigma_{\beta\gamma} \\ \sigma_{\alpha\gamma} \\ \sigma_{\alpha\beta} \end{bmatrix} = \begin{bmatrix} C_{11} & C_{12} & C_{13} & 0 & 0 & 0 \\ C_{12} & C_{22} & C_{23} & 0 & 0 & 0 \\ C_{13} & C_{23} & C_{33} & 0 & 0 & 0 \\ 0 & 0 & 0 & C_{44} & 0 & 0 \\ 0 & 0 & 0 & 0 & C_{55} & 0 \\ 0 & 0 & 0 & 0 & 0 & C_{66} \end{bmatrix} \begin{bmatrix} \varepsilon_{\alpha\alpha} \\ \varepsilon_{\beta\beta} \\ \varepsilon_{\gamma\gamma} \\ \varepsilon_{\beta\gamma} \\ \varepsilon_{\alpha\gamma} \\ \varepsilon_{\alpha\beta} \end{bmatrix} \tag{6-52}$$

式中:$C_{ij}(i,j=1,2,3,4,5,6)$为弹性刚度系数,见式(6-45)。

沿着壳体母线坐标方向(不妨设为 α 方向)将壳体分解为 N 个壳段,然后沿厚度方向将每个壳段划分为 N_f 个数值层,则整个层合壳体被分解为 $N\times N_f$ 个子域。根据分区方法构造出功能梯度旋转体的能量泛函 Π 为

$$\Pi=\int_{t_1}^{t_2}\sum_{i=1}^{N}\sum_{k=1}^{N_f}(T_i^k-U_i^k+W_i^k)\mathrm{d}t+\int_{t_1}^{t_2}\sum\sum(\overline{\Pi}_{i,i+1}+\widetilde{\Pi}_{k,k+1})\mathrm{d}t \tag{6-53}$$

式中:T_i^k 和 U_i^k 分别为壳体第 k 数值层内第 i 个子域的动能和应变能;W_i^k 为作用在该子域上的外力所做的功;$\overline{\Pi}_{i,i+1}$为第 k 层内第 i 和 $i+1$ 分区界面($\alpha=\alpha_{i+1}$)上的界面势能,而$\widetilde{\Pi}_{k,k+1}$为与第 i 分区相关的第 k 和 $k+1$ 数值层界面($z=z_{i+1}$)势能。

第 k 数值层内第 i 个子域的动能为

$$T_i^k=\frac{1}{2}\iiint_{V_i^k}\rho_{\mathrm{eff}}(\dot{u}^2+\dot{v}^2+\dot{w}^2)H_\alpha H_\beta H_\gamma\mathrm{d}\alpha\mathrm{d}\beta\mathrm{d}\gamma \tag{6-54}$$

式中:ρ_{eff}为功能梯度壳体的等效质量密度。

子域应变能 U_i^k、外力所做的功 W_i^k 及子域间的分区界面势能$\overline{\Pi}_{i,i+1}$和$\widetilde{\Pi}_{k,k+1}$仍分别由式(5-76)、式(5-77)和式(5-82)描述。

由于在三维弹性理论中,有时为了建模方便而不将空间曲线坐标系设置于旋转体的几何中面上,因此功能梯度材料的体积率公式需要作适当地调整。如果材料组分满足四参数幂函数,则有

$$\mathrm{FGM}_{\mathrm{I}\,(a/b/c/m)}:\quad V_1=\left[1-a\left(\frac{1}{2}+\frac{\xi}{h}\right)+b\left(\frac{1}{2}+\frac{\xi}{h}\right)^c\right]^m \tag{6-55a}$$

$$\mathrm{FGM}_{\mathrm{II}\,(a/b/c/m)}:\quad V_1=\left[1-a\left(\frac{1}{2}-\frac{\xi}{h}\right)+b\left(\frac{1}{2}-\frac{\xi}{h}\right)^c\right]^m \tag{6-55b}$$

式中:ξ 为与旋转体坐标系有关的变量。

根据图 5-20 所示的空间曲线坐标系,对于圆柱和球坐标系,$\xi=r-(R_o+R_i)/2$,其中 R_o 和 R_i 分别表示圆柱(或球)的外径和内径;对于锥坐标系,$\xi=r$。需要提及的是,在简化壳体理论中坐标系是建立在旋转体的几何中面上的,因此体积率仍由式(6-7)计算。

6.5.2 数值算例

本节针对功能梯度圆柱(壳)、圆锥(壳)和球(壳),分析它们的自由振动及在不同外载荷作用下的稳态及瞬态振动响应,并讨论分区方法的收敛性、计算精度和效率等。如无特殊说明,本节中的所有功能梯度结构都是由陶瓷(氧化锆)和铝两种材料构造而成的,材料的等效物性参数由 Mori - Tanaka 模型计算得到。氧化锆的材料参数为 $E_1=168\mathrm{GPa}$,$\mu_1=0.3$,$\rho_1=5700\mathrm{kg/m^3}$;铝的材料参数为 $E_2=70\mathrm{GPa}$,$\mu_2=0.3$,$\rho_2=2707\mathrm{kg/m^3}$。采用 F,S,C 和 E 分别描述自由、简支、固支和弹性边界条件,并以上述字符组合来描述功能梯度旋转体的边界条件,如 S - C 表示圆柱在 $x=0$ 处(圆锥 $s=s_1$,球 $\varphi=\varphi_0$)为简支,$x=L$(圆锥 $s=s_2$,球 $\varphi=\varphi_1$)处为固支。书中功能梯度旋转体的位移变量以第一类切比雪夫正交多项式进行展开。

一、功能梯度圆柱壳自由振动

表 6 - 10 中给出了周向波数 $n=1,2$ 对应的 $\mathrm{FGM}_{\mathrm{I}\,(a=1/b=0/c/m=1)}$ 和 $\mathrm{FGM}_{\mathrm{II}\,(a=1/b=0/c/m=1)}$ 功能梯度厚壁圆柱壳前 3 阶及第 15 阶固有频率,其中 q 为模态阶次。圆柱壳的几何参数为 $L/R=2$,$R_i=0.6$ m,$R_o=1$m (图 5-20)。计算中采用三维弹性理论建立圆柱壳的力学模型,并将圆柱壳沿着坐标 x 方向分为 N 个子域,每个子域内位移变量在 x 和 r 方向的多项式展开阶数分别取 I_x 和 I_r。数据表明,随着分域数目 N 和域内多项式阶数 $I_x\times I_r$ 的增加,功能梯度圆柱壳的固有频率均很快收敛,由 $5\times5\times4$ 和 $11\times11\times8$ 得到的两类壳体频率结果最大相对误差均小于 0.04%。

表6-10 自由-固支功能梯度厚壁圆柱壳固有频率 (Hz)

n	$I_x \times I_r \times N$	$FGM_{I(a=1/b=0/c/m=1)}$				$FGM_{II(a=1/b=0/c/m=1)}$			
		$q=1$	$q=2$	$q=3$	$q=15$	$q=1$	$q=2$	$q=3$	$q=15$
1	3×3×4	242.83	674.40	980.03	4141.23	395.42	739.02	1271.37	4244.64
	3×3×8	242.66	674.21	979.66	4059.46	395.24	738.52	1270.81	4128.43
	5×5×4	242.54	674.04	979.36	4040.15	394.58	737.47	1269.93	4107.24
	5×5×8	242.50	673.99	979.28	4039.22	394.55	737.37	1269.81	4106.10
	7×7×4	242.48	673.97	979.25	4038.83	394.54	737.32	1269.75	4105.67
	7×7×6	242.47	673.95	979.21	4038.75	394.53	737.28	1269.70	4105.58
	11×11×8	242.45	673.93	979.18	4038.62	394.52	737.24	1269.65	4105.45
2	3×3×4	422.98	756.56	1320.05	4217.57	502.42	826.49	1358.04	3868.62
	3×3×8	422.83	756.10	1319.41	4134.12	502.27	826.16	1357.58	3847.22
	5×5×4	422.39	755.23	1318.22	4113.99	500.49	824.19	1355.92	3843.81
	5×5×8	422.37	755.14	1318.10	4113.15	500.47	824.13	1355.83	3843.72
	7×7×4	422.36	755.09	1318.02	4112.77	500.44	824.04	1355.74	3843.65
	7×7×6	422.36	755.05	1317.97	4112.71	500.43	824.02	1355.71	3843.63
	11×11×8	422.35	755.01	1317.91	4112.60	500.42	823.97	1355.64	3843.58

表6-11给出了$FGM_{I(a=1/b=0.5/c=2/m=0.6)}$和$FGM_{II(a=1/b=0.5/c=2/m=0.6)}$功能梯度圆柱壳前10阶固有频率对比，其中壳体的几何尺寸为$L=2\text{m}$，$R_o=1.05\text{m}$，$R_i=0.95\text{m}$，边界条件为自由-固支。为了验证本书结果的正确性，表中还列出了Tornabene[171]基于一阶剪切壳体理论和Voigt混合律模型得到的频率结果。为了与文献解进行对比，本书计算中也采用了Voigt混合律来计算功能梯度壳体的材料参数，并采用Reissner薄壳理论(CT)、一阶剪切壳体理论(FDT)和三维弹性理论来建立壳体的力学模型。结果表明：由一阶剪切理论和三维弹性理论得到的频率结果均与文献值非常符合；Reissner薄壳体理论与三维弹性理论结果差别较大，前10阶频率最大相对误差为3.4%，而一阶剪切理论和三维弹性理论频率之间的最大相对误差仅为0.8%。

表6-11 自由-固支功能梯度圆柱壳前10阶固有频率对比 (Hz)

	模态阶数									
	1	2	3	4	5	6	7	8	9	10
	$FGM_{I(a=1/b=0.5/c=2/m=0.6)}$									
文献[171]	152.25	152.25	219.86	219.86	252.17	252.17	383.39	383.40	417.71	430.02
CT	153.13	153.13	223.90	223.90	252.34	252.34	395.46	395.46	417.16	440.39
FDT	152.02	152.02	219.54	219.54	251.91	251.91	382.87	382.87	417.66	429.50
3-D	150.98	150.98	218.78	218.78	252.13	252.13	383.43	383.43	417.66	426.10

（续）

	模态阶数									
	1	2	3	4	5	6	7	8	9	10
$FGM_{II\ (a=1/b=0.5/c=2/m=0.6)}$										
文献[171]	151.82	151.82	218.74	218.74	251.74	251.74	381.29	381.29	417.18	428.70
CT	152.70	152.70	222.56	222.56	252.38	252.38	392.72	392.72	418.78	439.13
FDT	151.85	151.85	218.79	218.79	251.91	251.91	381.42	381.42	417.84	428.92
3 - D	151.00	151.00	217.97	217.97	252.33	252.33	381.75	381.75	417.93	425.51

图 6-13 给出了由简化理论（包括 Reissner 薄壳理论和一阶剪切壳体理论）和三维弹性理论计算出的$FGM_{II\ (a=1/b=0/c/m=1)}$圆柱壳频率随周向波数 n 变化曲线对比（取模态阶次 $q=1$）。壳体的几何尺寸为 $L=2\text{m}, R=1\text{m}, h=R_o-R_i, R=(R_o+R_i)/2$；边界条件为自由 - 固支。结果表明：当壳体的厚度及周向波数均

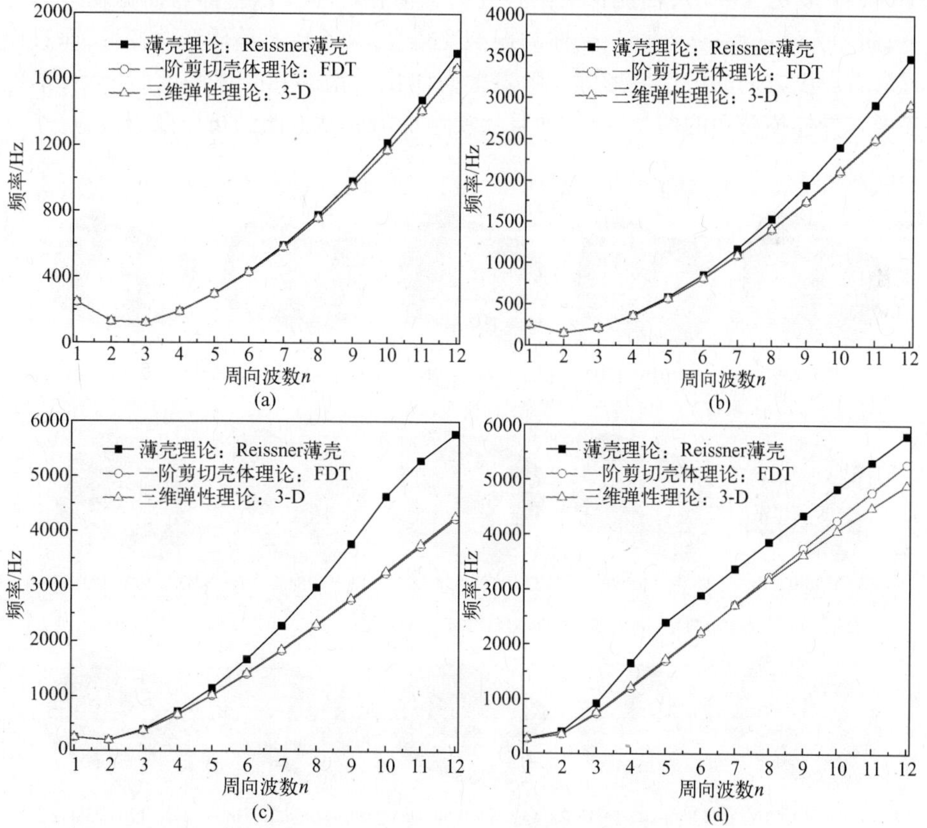

图 6-13　$FGM_{II\ (a=1/b=0/c/m=1)}$圆柱壳频率随周向波数 n 变化曲线

（a）$h/R=0.05$；（b）$h/R=0.1$；（c）$h/R=0.2$；（d）$h/R=0.5$。

较小时(如 $h/R<0.05,n<8$),Reissner 薄壳理论给出的结果与三维弹性理论解吻合较好,但随着壳体厚度或周向波数增大,Reissner 理论与三维弹性理论结果相差越来越大。这说明,薄壳理论仅适用于功能梯度薄壳的低阶振动问题。一阶剪切理论的适用范围要比 Reissner 薄壳理论的大得多,即使对于厚壁功能梯度圆柱壳(如 $h/R=0.2$),该理论仍能给出很高精度的频率结果。从图 6-13(c)中可以看出,一阶剪切壳体理论与三维弹性理论结果几乎是一致的。但对于特别厚的壳体(如 $h/R=0.5$),当周向波数较大时($n\geqslant7$),一阶剪切理论与三维弹性理论的结果差别较大。因此对于工程中大多数中等厚度的功能梯度壳体低频振动问题,一阶剪切理论能给出比较准确的结果。

图 6-14 给出了不同边界条件和几何尺寸的功能梯度圆柱壳和圆柱固有频率及振型。在自由-弹性支撑边界条件(F-E)中,仅考虑了圆柱端面的轴向弹性,弹性刚度系数取 $k_u=2.7\times10^7\mathrm{N/m^2}$。从图 6-14 中可以看出,当壳体厚度较小时(如 $h/R_o=0.1$),功能梯度圆柱壳的低阶振动主要以整体弯曲振动模态为主;而当壳体的厚度较大时,壳体的振型变得复杂,不仅有整体弯曲变形,而且还有沿着厚度方向的剪切变形等。随着模态阶次的增高和壳体厚度的增大,不仅要考虑壳体横截面的剪切变形,而且还要考虑沿厚度方向的挤压变形效应。

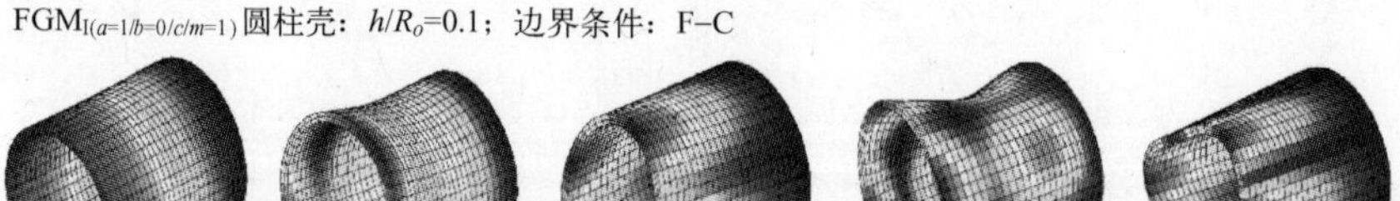

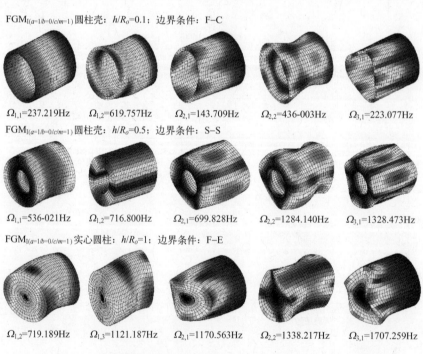

图 6-14 不同边界条件功能梯度圆柱(壳)固有频率 $\Omega_{n,q}$(Hz)及振型

($R_o=1\mathrm{m},L=2\mathrm{m},h=R_o-R_i$)

二、功能梯度圆锥壳自由振动

表6-12中列出了两端简支$FGM_{I(a=1/b=0/c/m=0.5)}$和$FGM_{II(a=1/b=0/c/m=0.5)}$功能梯度圆锥壳周向波数$n=1,2$对应的前3阶及第20阶固有频率。圆锥壳的几何参数为$R_1=1,h/R_1=0.2,L\cos\alpha_0=2m,\alpha_0=30^{\circ}$（图5-20）。采用三维弹性理论建立圆锥壳的力学模型，并将圆锥壳沿着母线坐标s方向分为N个子域，每个子域内位移变量在s和r方向的多项式展开阶数分别取I_s和I_r。数据表明，随着分域数目N和域内多项式阶数$I_s\times I_r$的增加，两类功能梯度圆锥壳的固有频率均很快收敛。$5\times5\times4$和$11\times11\times8$得到的壳体频率结果最大相对误差小于0.04%。

表6-12 两端简支厚壁功能梯度圆锥壳固有频率 (Hz)

n	$I_s\times I_r\times N$	$FGM_{I(a=1/b=0/c/m=0.5)}$				$FGM_{II(a=1/b=0/c/m=0.5)}$			
		$q=1$	$q=2$	$q=3$	$q=20$	$q=1$	$q=2$	$q=3$	$q=20$
1	$3\times3\times4$	292.74	405.18	549.42	5111.11	289.40	404.22	545.97	5135.95
	$3\times3\times8$	292.62	405.12	549.21	4700.43	289.28	404.16	545.76	4710.86
	$5\times5\times4$	292.61	405.11	549.18	4700.11	289.26	404.15	545.73	4710.53
	$5\times5\times8$	292.59	405.09	549.18	4700.10	289.24	404.13	545.73	4710.51
	$7\times7\times4$	292.59	405.09	549.17	4700.12	289.24	404.13	545.72	4710.54
	$7\times7\times6$	292.58	405.06	549.17	4700.11	289.23	404.10	545.72	4710.52
	$11\times11\times8$	292.55	404.96	549.14	4700.09	289.19	404.00	545.70	4710.50
2	$3\times3\times4$	272.11	525.96	600.50	5164.67	271.76	523.60	595.41	5188.31
	$3\times3\times8$	272.10	525.78	600.41	4803.22	271.76	523.41	595.31	4812.52
	$5\times5\times4$	272.10	525.74	600.40	4802.91	271.75	523.37	595.30	4812.19
	$5\times5\times8$	272.09	525.73	600.39	4802.87	271.75	523.36	595.28	4812.15
	$7\times7\times4$	272.09	525.72	600.39	4802.90	271.74	523.36	595.28	4812.18
	$7\times7\times6$	272.08	525.70	600.38	4802.86	271.74	523.34	595.26	4812.13
	$11\times11\times8$	272.05	525.61	600.34	4802.72	271.72	523.29	595.21	4811.99

表6-13给出了自由-固支$FGM_{I(a=0/b=-0.5/c=2/m=0.6)}$和$FGM_{II(a=0/b=-0.5/c=2/m=0.6)}$功能梯度圆锥壳前10阶固有频率对比，壳体几何尺寸为$R_1=0.5m,h=0.1m,L\cos\alpha_0=2m,\alpha_0=40^{\circ}$。这里将Tornabene[171]采用一阶剪切壳体理论、Voigt混合律并结合微分求积法计算的振动频率作为参考解。从表中可以看出，本文一阶剪切理论和三维弹性理论得到的频率结果均与文献值是十分吻合的，而Reissner薄壳理论（CT）给出的结果要高于一阶剪切理论和三维弹性理论结果。图6-15给出了不同边界条件和几何尺寸的功能梯度圆

锥壳固有频率和振型。结果表明，当锥壳厚度较小时，壳体的低阶振动主要以弯曲振动模态为主，而当壳体厚度较大时，壳体低阶振动不仅有弯曲振动变形而且还有沿着厚度方向的剪切变形。

表 6-13　自由－固支功能梯度圆锥壳前 10 阶固有频率对比　(Hz)

	模态阶数									
	1	2	3	4	5	6	7	8	9	10
	$FGM_{I\,(a=0/b=-0.5/c=2/m=0.6)}$									
文献[171]	208.92	208.92	230.11	230.11	284.73	284.74	321.51	321.51	354.94	354.94
CT	210.19	210.19	232.69	232.69	290.16	290.16	321.92	321.92	358.64	358.64
FDT	208.75	208.75	229.96	229.96	284.60	284.60	321.33	321.33	354.68	354.68
3 - D	208.67	208.67	229.74	229.74	284.51	284.51	321.41	321.41	353.47	353.47
	$FGM_{II\,(a=0/b=-0.5/c=2/m=0.6)}$									
文献[171]	208.49	208.49	229.65	229.65	284.17	284.17	321.18	321.18	354.30	354.30
CT	209.66	209.66	232.09	232.09	289.40	289.40	321.71	321.71	358.09	358.09
FDT	208.54	208.54	229.70	229.70	284.25	284.25	321.30	321.30	354.44	354.44
3 - D	208.35	208.35	229.41	229.41	284.08	284.08	321.05	321.05	353.08	353.08

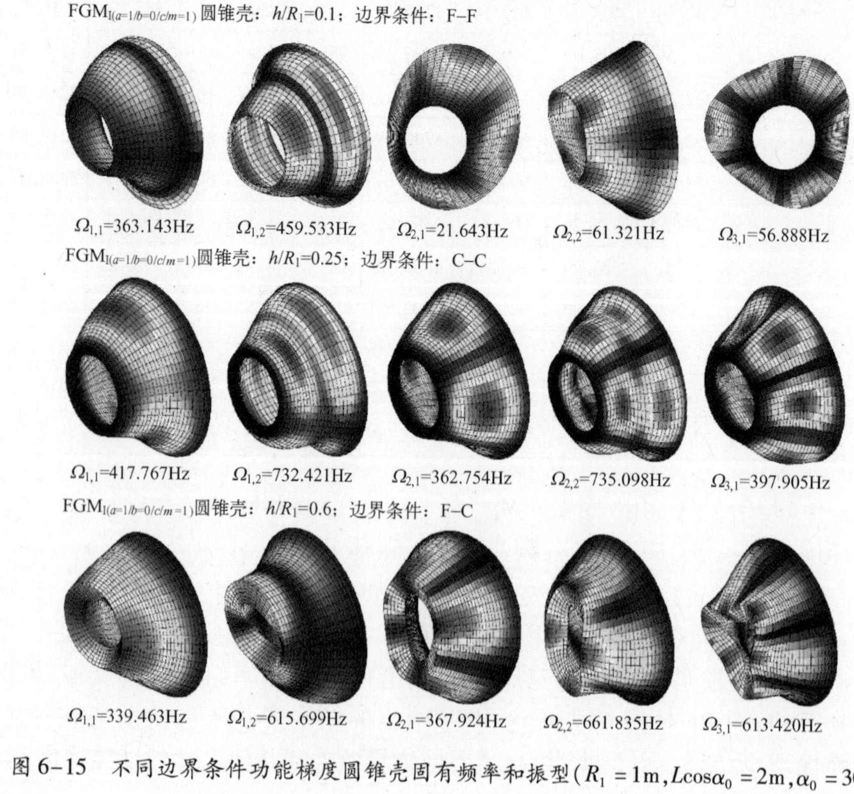

图 6-15　不同边界条件功能梯度圆锥壳固有频率和振型（$R_1=1\text{m}, L\cos\alpha_0=2\text{m}, \alpha_0=30°$）

三、功能梯度球壳自由振动

表6-14中给出了自由-固支$FGM_{I(a=1/b=0/c/m=1)}$和$FGM_{II(a=1/b=0/c/m=1)}$功能梯度半球壳周向波数$n=1,2$对应的前3阶及第20阶固有频率。壳体的几何参数为$\varphi_0=0$，$\varphi_1=90°$，$R_o=1m$，$R_i=0.9m$；壳体在$\varphi_1=90°$处为固支边界条件。以三维弹性理论建立球壳的力学模型，并沿着坐标φ方向将壳体分为N个子域，每个子域内位移变量在φ和r方向的多项式展开阶数分别取I_φ和I_r。数据表明，随着分域数目N和域内多项式阶数$I_\varphi \times I_r$的增加，功能梯度球壳的固有频率均很快收敛，由$5\times5\times4$和$11\times11\times8$得到的结果最大相对误差小于0.06%。

表6-14　自由-固支功能梯度半球壳固有频率　(Hz)

n	$I_\varphi \times I_r \times N$	$FGM_{I(a=1/b=0/c/m=1)}$				$FGM_{II(a=1/b=0/c/m=1)}$			
		$q=1$	$q=2$	$q=3$	$q=20$	$q=1$	$q=2$	$q=3$	$q=20$
1	3×3×4	610.45	1223.53	1614.88	8361.68	592.40	1180.19	1569.65	8485.88
	3×3×8	609.75	1222.07	1613.69	8231.21	591.67	1178.55	1568.51	8394.84
	5×5×4	609.47	1221.36	1613.29	8219.69	591.34	1177.57	1567.96	8369.44
	5×5×8	609.30	1221.10	1613.15	8219.62	591.15	1177.23	1567.85	8352.18
	7×7×4	609.28	1221.05	1613.12	8219.57	591.12	1177.16	1567.82	8351.93
	7×7×6	609.21	1220.94	1613.08	8219.56	591.05	1177.03	1567.78	8351.70
	11×11×8	609.16	1220.86	1613.04	8219.56	590.99	1176-92	1567.75	8351.56
2	3×3×4	1048.93	1710.45	2073.77	8799.82	1011.09	1645.67	2026.01	9033.66
	3×3×8	1048.12	1707.42	2072.21	8489.79	1010.36	1642.52	2024.40	8719.57
	5×5×4	1047.72	1705.74	2071.71	8470.78	1009.86	1640.38	2023.77	8694.78
	5×5×8	1047.53	1705.27	2071.54	8469.54	1009.69	1639.86	2023.61	8691.69
	7×7×4	1047.50	1705.18	2071.50	8469.43	1009.66	1639.74	2023.57	8691.58
	7×7×6	1047.43	1704.99	2071.44	8469.35	1009.60	1639.54	2023.52	8691.50
	11×11×8	1047.38	1704.85	2071.39	8469.29	1009.55	1639.38	2023.46	8691.49

Tornabene和Viola[165]基于一阶剪切壳体理论和微分求积法求得了自由-固支边界条件下$FGM_{I(a=1/b=0/c/m=0.6)}$和$FGM_{II(a=1/b=0/c/m=0.6)}$球环振动频率，采用了Voigt混合律计算了壳体的等效材料参数。本书对其中部分算例进行了重新计算，结果对比见表6-15。球环的几何尺寸为$\varphi_0=30°$，$\varphi_1=90°$，$R_i=1.95m$和

$R_o=2.05\text{m}$。结果表明，本书结果与文献解吻合较好。

表 6-15 自由-固支功能梯度球环前 10 阶固有频率对比 (Hz)

	模态阶数									
	1	2	3	4	5	6	7	8	9	10
$FGM_{I\,(a=1/b=0/c/m=0.6)}$										
文献[165]	143.49	143.49	205.78	205.78	288.21	288.21	336.99	336.99	381.83	414.23
FDT	143.16	143.16	205.29	205.29	287.55	287.55	336.16	336.16	380.77	413.13
3-D	143.54	143.54	205.89	205.89	288.22	288.22	337.00	337.00	381.75	414.07
$FGM_{II\,(a=1/b=0/c/m=0.6)}$										
文献[165]	142.56	142.56	204.01	204.01	286.77	286.77	334.14	334.14	379.53	411.83
FDT	142.90	142.90	204.48	204.48	287.47	287.47	334.88	334.88	380.25	412.67
3-D	142.61	142.61	204.18	204.18	286.77	286.77	334.31	334.31	379.44	411.66

图 6-16 给出了不同边界条件的自由-固支功能梯度球壳和半球固有频率和振型，其中球壳和半球在 $\varphi_1=90°$ 处为固支。从图中结果可以看出，当壳体厚度较小时，壳体的低阶振动主要以弯曲振动模态为主，而当壳体厚度较大时，壳体的振型变的复杂，不仅有弯曲振动模态，而且还有沿着厚度方向的变形。

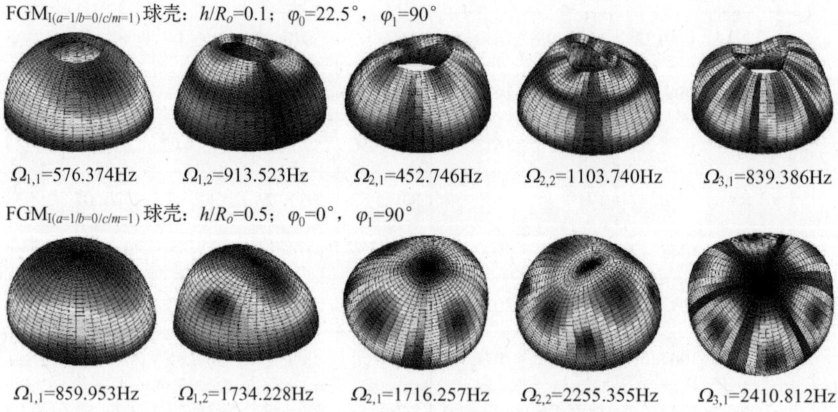

图 6-16 功能梯度球壳和半球固有频率和振型 ($R_o=1\text{m}$)

四、功能梯度壳体强迫振动

本节分析法向面载荷激励下功能梯度圆锥壳的瞬态振动响应，考虑了四种瞬态载荷，即矩形波、三角波、半正弦波及指数波载荷（图 6-17），它们的数学表达式见书中第 4 章。如无其他说明，所有算例中圆锥壳的初始位移和速度均为零，并且所有外载荷均作用于壳体的外表面，载荷幅值为单位 1。在求解壳体的瞬态响应时采用了三维弹性理论和 Newmark 直接积分法。

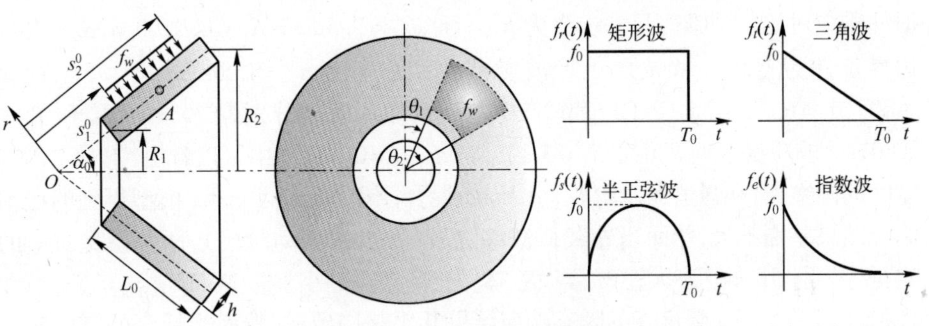

图 6-17 功能梯度圆锥壳载荷模型

图 6-18 给出了自由 - 固支及两端固支圆锥壳在矩形波载荷作用下 A 点处的母线方向及法向位移瞬态响应。圆锥壳的材料为铝，几何尺寸为 $R_1=1\text{m}$，$R_2=3\text{m}$，$h=0.5\text{m}$，$\alpha_0=30°$。载荷作用位置为 $s_1^0=2\text{m}$，$s_2^0=2.3\text{m}$，$\theta_1=-30°$，$\theta_2=30°$。A 点的坐标为 $s_A=4\text{m}$，$r_A=0\text{m}$，$\theta_A=0$。分区计算参数取 $I_s\times I_r\times N=7\times7\times4$，壳体的周向波数取 $\widehat{N}=8$。为了验证本书结果，在 ANSYS 中采用 SOLID45 建立了圆锥壳有限元模型，其中锥壳母线方向、周向和径向划分的网格数目为 $41\times160\times10$。图 6-18(a)和(b)中的载荷作用时间分别为 $T_0=0.0125\text{s}$ 和 $T_0=0.01\text{s}$，时间计算步长分别取 $\Delta t=1\times10^{-4}\text{s}$ 和 $\Delta t=8\times10^{-5}\text{s}$。从图中可以看出，本文结果与有限元结果非常符合，说明分区方法在分析不同边界条件下的圆锥壳瞬态振动问题时是非常准确的。

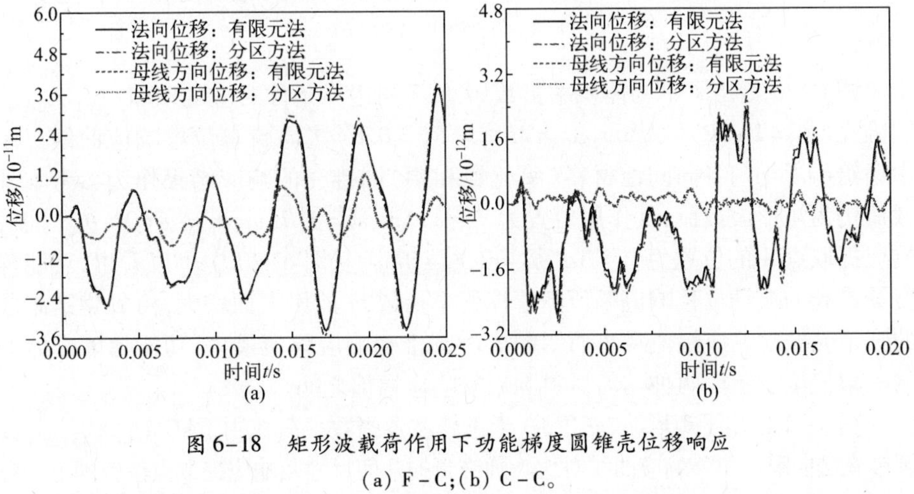

图 6-18 矩形波载荷作用下功能梯度圆锥壳位移响应
(a) F - C；(b) C - C。

图 6-19 给出了采用 Voigt 混合律和 Mori - Tanaka 模型预测出的 $\text{FGM}_{\text{I}\,(a=1/b=0/c/m=1)}$ 和 $\text{FGM}_{\text{II}\,(a=1/b=0/c/m=1)}$ 圆锥壳在矩形波载荷作用下的法向瞬态

振动响应对比。圆锥壳尺寸参数为 $R_1=1\text{m}, R_2=2.5\text{m}, h/R_1=0.05, 0.6, \alpha_0=45°$；边界条件为自由－固支。矩形波载荷作用位置为 $s_1^0=1.5\text{m}, s_2^0=1.75\text{m}, \theta_1=-60°, \theta_2=60°$。图6-19(a)和(b)中的载荷作用时间分别取 $T_0=0.02\text{s}$ 和 $T_0=0.007\text{s}$。响应提取点 A 位于 $s_A=3\text{m}, r_A=0\text{m}, \theta_A=0$。从图中可以看出：①对于不同厚度的圆锥壳，在强迫振动阶段，由 Voigt 混合律和 Mori－Tanaka 模型得到的振动响应结果差别不大，然而当外载荷被移除后(即自由振动阶段)，两种模型对应的响应差别开始变大；② 当壳体的厚度较小时，$\text{FGM}_{\text{I}(a=1/b=0/c/m=1)}$ 和 $\text{FGM}_{\text{II}(a=1/b=0/c/m=1)}$ 圆锥壳的瞬态响应结果几乎是一致的，然而当锥壳的厚度变大时，两种壳体的响应结果差别变大，特别是在外载荷被移除以后的阶段。

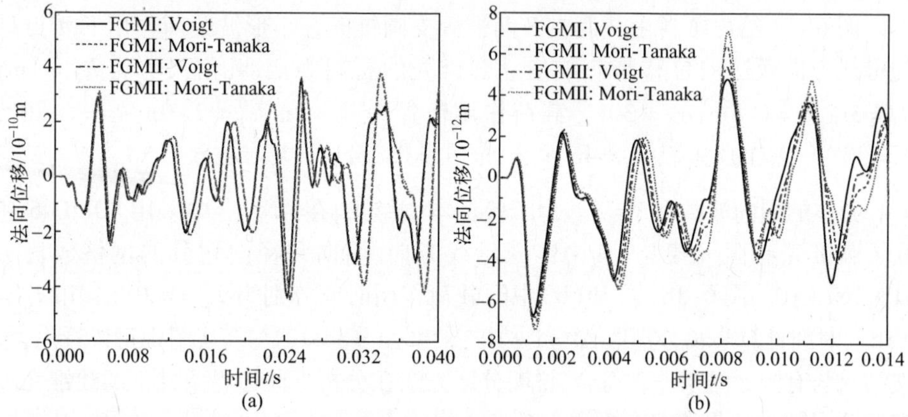

图 6-19 自由－固支功能梯度圆锥壳瞬态响应

(a) $h/R_1=0.05$；(b) $h/R_1=0.6$。

图 6-20 给出了不同体积率指数 m 和不同边界条件对应的 $\text{FGM}_{\text{I}(a=1/b=0/c/m)}$ 圆锥壳($R_1=1\text{m}, R_2=2.5\text{m}, \alpha_0=45°, h/R_1=0.6$)法向瞬态位移响应曲线。图中还给出了均匀各向同性材料(氧化锆和铝)圆锥壳的响应结果作为参考。外载荷仍为矩形波载荷，其作用位置为 $s_1^0=1.5\text{m}, s_2^0=1.75\text{m}, \theta_1=-60°, \theta_2=60°$；响应提取点 A 的位置为 $s_A=3\text{m}, \theta_A=0, r_A=0\text{m}$。从图 6-20 中可以看出，功能梯度圆锥壳的振动位移响应幅值随着体积率指数 m 的增大而增大；由氧化锆制成的圆锥壳振动响应幅值最小而铝制成的圆锥壳响应幅值最大，功能梯度壳体的响应幅值位于上面两种均匀材料圆锥壳响应幅值之间。

图 6-21 给出了矩形波、三角波、半正弦波及指数载荷作用下 $\text{FGM}_{\text{I}(a=1/b=0/c/m=1)}$ 圆锥壳法向瞬态位移响应曲线对比。圆锥壳的几何尺寸及响应提取点位置同上一算例一致，载荷的作用位置为 $s_1^0=1.5\text{m}, s_2^0=1.75\text{m}, \theta_1=-30°, \theta_2=30°$。矩形波、三角波和半正弦波的作用时间取 $T_0=0.0075\text{s}$，而对于指数载荷，载荷作用时间和时间算子 τ 有关，这里取 $\tau=600$。从图 6-21 中可以看出，对于不同边界条件的圆锥壳，矩形

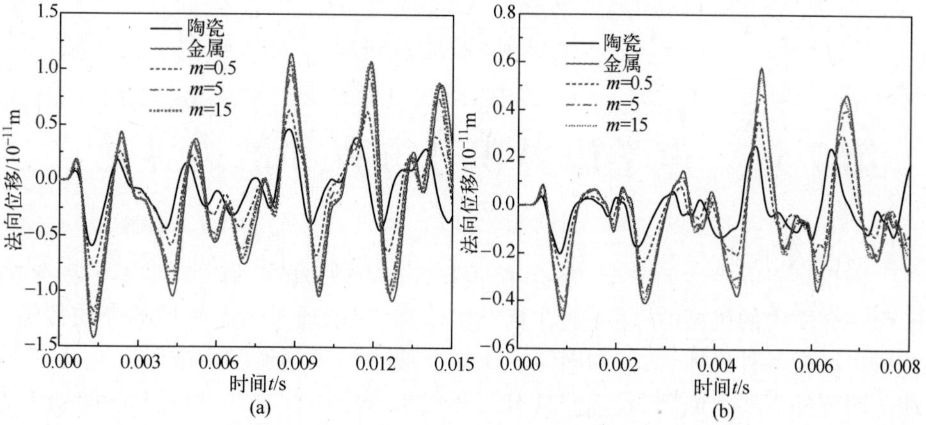

图 6-20 $FGM_{I(a=1/b=0/c/m=1)}$ 圆锥壳瞬态响应
(a) F-C (T_0 = 0.0075s);(b) C-C (T_0 = 0.004s)。

波载荷作用下的壳体瞬态响应幅值最大,半正弦波载荷对应的响应幅值最小。当外载荷被移除以后,三角波载荷和指数载荷对应的锥壳振动响应结果相差较小。

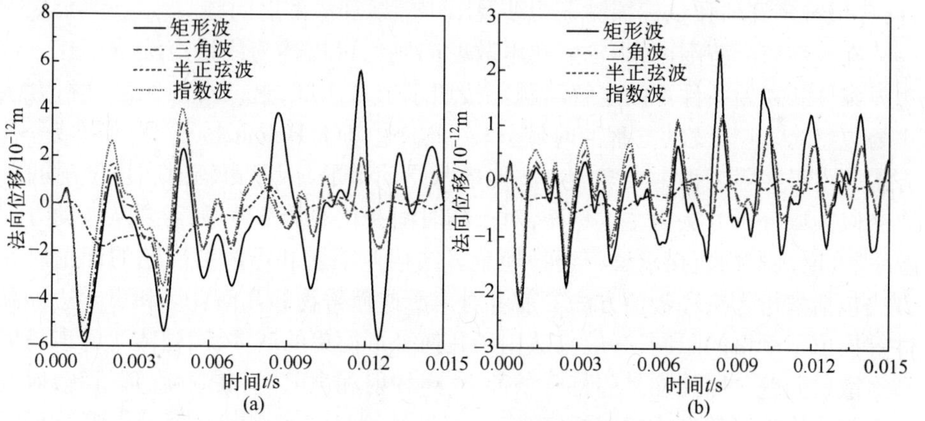

图 6-21 $FGM_{I(a=1/b=0/c/m=1)}$ 圆锥壳瞬态响应
(a) F-C;(b) C-C。

第7章 声学边界积分方程和谱边界元法

声学是研究声波的产生、传播、接收和各种声效应的学科。声波是一种存在于弹性介质中的机械波,其不能在真空中传播,只能通过具有弹性的介质传播。介质可以是各种气体、液体和固体。流体介质中的声辐射和声散射问题是声学理论研究的重要组成部分,它们具有实际的工程应用背景。声辐射是指因声源振动而在流体介质中产生的声波传播,辐射声场的各种规律与声源的特性密切相关。声散射是指声波在其传播途径中遇到障碍物或者流体介质不均匀、不连续时产生的一种物理现象,即在障碍物和不均匀处声波会改变原来的传播方向,产生散射声场。散射声波包含了障碍物和流体介质的信息。声辐射和声散射计算在声学领域中至关重要,航空航天、船舶舰艇、汽车等领域中的低噪声结构设计,环境噪声评估和目标探测等均涉及了声辐射和声散射问题。

在线性声学范围内,声辐射和声散射问题均可描述为线性声波方程在一定边界条件和初始条件下的定解问题。按照求解域不同,这两类问题的分析方法主要包括:①基于波动方程的时域分析方法;②基于 Helmholtz 方程的频域分析方法。由于实际工程中大多数声波传播都是简谐的,因此声辐射和声散射问题研究以频域分析方法为主。然而,对于随时间变化的瞬态声场,需要从波动方程着手,在时间域内直接求解声场物理量。结构声辐射和声散射问题的理论研究方法包括解析方法和数值方法。前者对声源或障碍物的几何外形和声学边界条件等提出了严格的限制,一般仅适用于几何外形简单的球体、圆柱体等的声辐射和声散射问题。即使在某些特定条件下,声辐射和声散射问题存在解析解,但一般也仅能给出级数形式的解析解表达式,且计算过程大多非常繁琐。多数工程实际中的声辐射和声散射问题涉及的声场边界是非常复杂的,难以采用解析方法解决。随着各种数值方法的发展,数值计算在声学计算中的作用和地位不断提高,并在解决实际工程问题中发挥着越来越大的作用。边界元法是求解声学问题的一种高精度数值方法,其主要思想是将声辐射和声散射问题对应的微分控制方程转化为等效的边界积分方程来求解。该方法具有许多优点:首先,边界元法将声场域内的计算转化到声场边界上,使问题的维数降低了一维,从而减少了问题的自由度;其次,边界元法利用了声学微分控制方程的基本解作为边界积分方程的核函数,具有半解析半数值方法的特点,因而具有较高的精度;最后,对于无限域或半无限域声学问题,该方法能自动满足无穷远处的边界条件,无须对无穷远处边界进行离散,所有计算都在声源或障碍物表面进行,有利于减小计算量。由于边界元法的上述优点,该方法在声学计算的数值方法中占据了重要地位。

本章介绍理想流体介质的时域和频域声波基本方程和边界条件等,给出了一般声辐射和声散射问题的频域边界积分方程和谱边界元离散方法;针对轴对称声源的声辐射问题,介绍轴对称频域声场边界积分方程和半解析形式的谱边界离散方法;最后给出了时域声场边界积分方程及其数值离散方法。

7.1　理想流体介质的声波方程

声场的特征可以用流体介质的压强$\tilde{p}$、质点速度$\tilde{v}$和密度$\tilde{\rho}$来表示。在声波传播过程中,这些声场物理量在同一时刻不同位置具有不同的数值,同时在同一位置的物理量随时间变化而变化,即各声场物理量是空间位置和时间的函数。另外,在声传播中,$\tilde{p}$,$\tilde{v}$和$\tilde{\rho}$这几个物理量的变化并不是独立的,它们之间存在一定的联系。描述声波在流体中的传播过程,需要采用三个基本物理定律,即质量守恒定律、动量守恒定律(或牛顿第二定律)、以及描述压强和密度等参数关系的状态方程。

为了简化分析,这里对流体介质和声波的传播过程引入以下几个基本假设:

(1) 声波传播介质为理想流体,不考虑流体介质的黏性,忽略声波在流体中的能量传播损耗。

(2) 流体介质是均匀的、原本静止的,没有声波时流体介质的流速 v_0 为零,静态压强 p_0 和静态密度 ρ_0 为常数。

(3) 声波在流体介质中的传播过程为绝热过程。

(4) 声波为小振幅声波,各声场物理量的变化都是一阶微量,声压 $p(p=\tilde{p}-p_0)$、质点振动速度 $v(v=\tilde{v}-v_0)$、质点的振动位移 U、介质的密度变化量 $\rho(\rho=\tilde{\rho}-\rho_0)$分别远小于静态压强 p_0、声速 c_0、声波波长 λ 和静态密度 ρ_0,即 $p\ll p_0$,$v\ll c_0$,$U\ll\lambda$ 和 $\rho\ll\rho_0$。

上述假设虽然使得分析结果的应用存在一定的局限性,但引入这些假设不仅可以在很大程度上简化理论分析的难度,同时还便于阐述声波传播的基本规律和特性。实践证明,上述假设对于工程中大部分声学问题都是适用的。下面基于上述假设来推导理想流体介质的线性声波方程。

7.1.1　连续性方程

本节从质量守恒定律出发来推导流体的连续性方程。质量守恒定律要求流体介质的质量在声波传播过程中不生不灭，即单位时间内流入流体介质的质量与流出该流体的质量之差等于介质内质量的变化。假设没有声源注入或抽取流体，在流体中取出由一定流体质点组成的流体域 Ω，如图 7-1 所示。图中 Γ 为流体域的边界，$\boldsymbol{n}$ 为边界单位外法向向量。

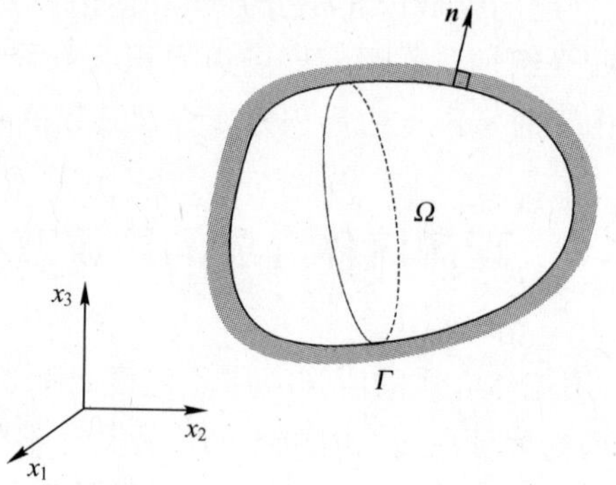

图 7-1　流体域

流体 Ω 的质量为

$$M(t)=\iiint_{\Omega}\tilde{\rho}(\boldsymbol{x},t)\,\mathrm{d}\Omega \tag{7-1}$$

式中：t 为时间；$\tilde{\rho}$ 为介质密度；$\boldsymbol{x}$ 为流体内任一质点的空间位置向量，$\boldsymbol{x}=x_1\boldsymbol{e}_1+x_2\boldsymbol{e}_2+x_3\boldsymbol{e}_3$；$\boldsymbol{e}_i(i=1,2,3)$ 为沿着 x_i 轴的单位向量。

采用拉格朗日观点来推导连续性方程。根据质量守恒定律，下式在任意时刻均成立：

$$\frac{\mathrm{d}}{\mathrm{d}t}M(t)=\frac{\mathrm{d}}{\mathrm{d}t}\iiint_{\Omega}\tilde{\rho}(\boldsymbol{x},t)\,\mathrm{d}\Omega=\iiint_{\Omega}\left[\frac{\mathrm{d}}{\mathrm{d}t}\tilde{\rho}(\boldsymbol{x},t)+\tilde{\rho}(\boldsymbol{x},t)\nabla\cdot\boldsymbol{v}\right]\mathrm{d}\Omega=0 \tag{7-2}$$

式中：$\boldsymbol{v}$ 为流体质点的速度向量，$\boldsymbol{v}=v_1\boldsymbol{e}_1+v_2\boldsymbol{e}_2+v_3\boldsymbol{e}_3$；$\nabla$ 为梯度算子，在直角坐标系中定义为 $\nabla=(\partial/\partial x_1)\boldsymbol{e}_1+(\partial/\partial x_2)\boldsymbol{e}_1+(\partial/\partial x_3)\boldsymbol{e}_3$。

考虑到

$$\begin{aligned}\frac{\mathrm{d}}{\mathrm{d}t}\tilde{\rho}(\boldsymbol{x},t)+\tilde{\rho}(\boldsymbol{x},t)\nabla\cdot\boldsymbol{v}&=\frac{\partial}{\partial t}\tilde{\rho}(\boldsymbol{x},t)+\boldsymbol{v}\cdot\nabla\tilde{\rho}(\boldsymbol{x},t)+\tilde{\rho}(\boldsymbol{x},t)\nabla\cdot\boldsymbol{v}\\&=\frac{\partial}{\partial t}\tilde{\rho}(\boldsymbol{x},t)+\nabla\cdot[\tilde{\rho}(\boldsymbol{x},t)\boldsymbol{v}]\end{aligned} \tag{7-3}$$

将式(7-3)代入式(7-2)，得

$$\frac{\mathrm{d}}{\mathrm{d}t}M(t)=\iiint_{\Omega}\left\{\frac{\partial}{\partial t}\tilde{\rho}(\boldsymbol{x},t)+\nabla\cdot[\tilde{\rho}(\boldsymbol{x},t)\boldsymbol{v}]\right\}\mathrm{d}\Omega=0 \tag{7-4}$$

假设式(7-4)中的被积函数是连续的，由于流体域 Ω 是任意选取的，由此推出式(7-4)中的被积函数必须恒等于零，于是有

$$\frac{\partial}{\partial t}\tilde{\rho}(\boldsymbol{x},t)+\nabla\cdot[\tilde{\rho}(\boldsymbol{x},t)\boldsymbol{v}]=0 \tag{7-5}$$

考虑到流体介质的密度$\tilde{\rho}=\rho_0+\rho$，由于静态密度 ρ_0 不随时间和空间变化，将$\tilde{\rho}$代入式(7-5)，并忽略二阶以上的微量，得

$$\frac{\partial\rho(\boldsymbol{x},t)}{\partial t}+\rho_0\ \nabla\cdot\boldsymbol{v}=0 \tag{7-6}$$

上式即为线性化的流体介质连续性方程。

7.1.2　运动方程

流体的运动方程可由动量守恒定律或牛顿第二定律出发推导得到。由动量守恒定律可知，流体域 Ω 的动量变化率等于作用于该流体域上的体力和面力之和。假设$\boldsymbol{\chi}(\boldsymbol{x},t)(\boldsymbol{x}\in\Omega)$为单位质量流体上的体力（如重力），边界上作用有相邻介质的流体压力$\tilde{p}(\boldsymbol{x},t)(\boldsymbol{x}\in\Gamma)$，方向为 $-\boldsymbol{n}$。作用于流体域 Ω 和边界 Γ 上总的外力为

$$\boldsymbol{F}=\iiint_{\Omega}\tilde{\rho}(\boldsymbol{x},t)\boldsymbol{\chi}(\boldsymbol{x},t)\,\mathrm{d}\Omega-\iint_{\Gamma}\tilde{p}(\boldsymbol{x},t)\boldsymbol{n}\,\mathrm{d}\Gamma \tag{7-7}$$

式中:$\boldsymbol{F}$ 为作用于流体上的合力向量。

流体域 Ω 的动量 $\boldsymbol{P}$ 定义为

$$\boldsymbol{P}=\iiint_{\Omega}\tilde{\rho}(\boldsymbol{x},t)\boldsymbol{v}(\boldsymbol{x},t)\,\mathrm{d}\Omega \tag{7-8}$$

对动量 $\boldsymbol{P}$ 关于时间求导，考虑到式(7-5)，得

$$\frac{\mathrm{d}\boldsymbol{P}}{\mathrm{d}t}=\iiint_{\Omega}\left[\tilde{\rho}\frac{\partial\boldsymbol{v}}{\partial t}+\tilde{\rho}(\boldsymbol{v}\cdot\nabla)\boldsymbol{v}\right]\mathrm{d}\Omega \tag{7-9}$$

根据动量守恒定律，有

$$\frac{\mathrm{d}\boldsymbol{P}}{\mathrm{d}t}=\boldsymbol{F} \tag{7-10}$$

将式(7-7)和式(7-9)代入式(7-10)，得

$$\iiint_{\Omega}\left[\tilde{\rho}\frac{\partial\boldsymbol{v}}{\partial t}+\tilde{\rho}(\boldsymbol{v}\cdot\nabla)\boldsymbol{v}\right]\mathrm{d}\Omega=\iiint_{\Omega}\tilde{\rho}(\boldsymbol{x},t)\boldsymbol{\chi}(\boldsymbol{x},t)\,\mathrm{d}\Omega-\iint_{\Gamma}\tilde{p}(\boldsymbol{x},t)\boldsymbol{n}\,\mathrm{d}\Gamma \tag{7-11}$$

根据高斯公式，有

$$\iiint_{\Omega}\nabla\tilde{p}\,\mathrm{d}\Omega=\iint_{\Gamma}\tilde{p}(\boldsymbol{x},t)\boldsymbol{n}\,\mathrm{d}\Gamma \tag{7-12}$$

将上式代入式(7-11)，整理，得

$$\iiint_{\Omega}\left[\tilde{\rho}\frac{\partial\boldsymbol{v}}{\partial t}+\tilde{\rho}(\boldsymbol{v}\cdot\nabla)\boldsymbol{v}-\tilde{\rho}\boldsymbol{\chi}+\nabla\tilde{p}\right]\mathrm{d}\Omega=0 \tag{7-13}$$

假设式(7-13)中被积函数是连续的，由于选取的积分域 Ω 是任意的，则被

积函数恒为零,即

$$\tilde{\rho}\frac{\partial \boldsymbol{v}}{\partial t}+\tilde{\rho}(\boldsymbol{v}\cdot\nabla)\boldsymbol{v}-\tilde{\rho}\boldsymbol{\chi}+\nabla\tilde{p}=0 \tag{7-14}$$

式(7-14)即为流体的欧拉方程,也即流体的运动方程,该式也可以由牛顿第二定律得到。等式左侧前两项表示单位体积流体的惯性力,$\tilde{\rho}\boldsymbol{\chi}$ 表示作用于单位体积流体的体力,最后一项为与压力等效的单位体积体力。由于欧拉方程中存在非线性项 $\tilde{\rho}(\boldsymbol{v}\cdot\nabla)\boldsymbol{v}$,因此欧拉方程是非线性方程。

考虑到 $\tilde{\rho}=\rho_0+\rho$ 和 $\tilde{p}=p_0+p$,将它们代入式(7-14)并去掉高阶微项,得

$$\rho_0\frac{\partial \boldsymbol{v}}{\partial t}-\rho_0\boldsymbol{\chi}+\nabla p=0 \tag{7-15}$$

式(7-15)为线性化的欧拉方程。

如果流体中没有体力分布,则式(7-15)退化为

$$\rho_0\frac{\partial \boldsymbol{v}}{\partial t}+\nabla p=0 \tag{7-16}$$

式(7-16)就是无体力时的线性化欧拉方程,它描述了流体中声压 p 与质点速度 $\boldsymbol{v}$ 之间的关系。

7.1.3 状态方程

声波在流体介质中传播时,流体介质的压强、密度和温度都会发生变化,但是这 3 个物理量的变化并不是独立的,而是相互关联的。流体介质状态的变化规律可利用热力学状态方程来描述。前面已经引入了声波传播过程为绝热过程这一假设,因此可认为压强 $\tilde{p}$ 仅是密度 $\tilde{\rho}$ 的函数,即

$$\tilde{p}=\tilde{p}(\tilde{\rho}) \tag{7-17}$$

由声扰动引起的压强和密度的微小增量则满足

$$\mathrm{d}\tilde{p}=\left(\frac{\partial\tilde{p}}{\partial\tilde{\rho}}\right)_s\mathrm{d}\tilde{\rho} \tag{7-18}$$

式中:下标 s 为绝热过程。

考虑到压强和密度的变化有相同的方向,即当流体被压缩时,压强和密度都增加,有 $\mathrm{d}\tilde{p}>0$ 和 $\mathrm{d}\tilde{\rho}>0$,而流体膨胀时压强和密度都降低,有 $\mathrm{d}\tilde{p}<0$ 和 $\mathrm{d}\tilde{\rho}<0$。因而,$(\partial\tilde{p}/\partial\tilde{\rho})_s$ 恒大于零,如果以 c_0^2 来表示,即得到理想流体介质中有声扰动时的状态方程:

$$\mathrm{d}\tilde{p}=c_0^2\mathrm{d}\tilde{\rho} \tag{7-19}$$

式中:c_0 为声波传播的速度(简称声速),定义为 $c_0=\sqrt{(\partial\tilde{p}/\partial\tilde{\rho})_s}$。

在线性情况下,c_0 是决定于流体介质平衡态参数的一个常数。如在地面上 0℃的空气中声速为 331.6m/s,在 20℃的水介质中声速为 1480m/s。

对于小振幅声波，压强的微分 $\mathrm{d}\tilde{p}$ 即声压 p，密度的微分 $\mathrm{d}\tilde{\rho}$ 即密度变化量 ρ，因而流体介质的状态方程可以简化为

$$p = c_0^2\rho \tag{7-20}$$

式(7-20)描述了声压与密度变化之间的关系。

7.1.4　声场波动方程与边界条件

前面式(7-6)、式(7-16)以及式(7-20)分别描述了流体质点速度 $\boldsymbol{v}$ 与密度变化量 ρ、声压 p 与质点速度 $\boldsymbol{v}$ 以及 p 与 ρ 之间的关系。利用上述 3 个关系式，可以得到理想均匀流体介质中小振幅声波对应的三维波动方程。

对式(7-20)两侧关于时间求两次导数，得

$$\frac{\partial^2 p}{\partial t^2} = c_0^2 \frac{\partial^2 \rho}{\partial t^2} \tag{7-21}$$

对连续性方程式(7-6)两侧关于时间进行求导，得

$$\frac{\partial^2 \rho(\boldsymbol{x},t)}{\partial t^2} = -\rho_0 \frac{\partial}{\partial t}(\nabla \cdot \boldsymbol{v}) = -\rho_0 \nabla \cdot \left(\frac{\partial \boldsymbol{v}}{\partial t}\right) \tag{7-22}$$

将式(7-22)代入式(7-21)，得

$$\frac{\partial^2 p}{\partial t^2} = -\rho_0 c_0^2\ \nabla \cdot \left(\frac{\partial \boldsymbol{v}}{\partial t}\right) \tag{7-23}$$

考虑到(7-15)，有

$$\frac{1}{c_0^2}\frac{\partial^2 p}{\partial t^2} - \nabla^2 p = -\rho_0 \nabla \cdot \boldsymbol{\chi} \tag{7-24}$$

式(7-24)就是均匀理想流体介质中，以声压 p 描述的时域三维波动方程。∇^2 为三维拉普拉斯算子(Laplace operator)，在直角坐标系中，$\nabla^2 = \nabla \cdot \nabla = \partial^2/\partial x_1^2 + \partial^2/\partial x_2^2 + \partial^2/\partial x_3^2$。

如果流体中没有体力分布，则式(7-24)退化为三维齐次波动方程：

$$\frac{1}{c_0^2}\frac{\partial^2 p}{\partial t^2} - \nabla^2 p = 0 \tag{7-25}$$

如果只考虑声的传播，即不考虑体力($\boldsymbol{\chi}=0$)或者体力是无旋的($\nabla \times \boldsymbol{\chi} = 0$)，则均匀理想流体介质中的小振幅声场为无旋场，有 $\nabla \times \boldsymbol{v} = 0$。根据向量分析可知，若存在一向量，其旋度为零，则该向量必为某一标量函数的梯度，而该向量的分量是该标量函数对相应坐标的偏导数。这里引入一个标量函数 φ，有

$$\boldsymbol{v} = -\nabla\varphi \tag{7-26}$$

式中：φ 为速度势函数，它在物理上反映了由于声扰动使流体介质单位质量具有的冲量。

声压与速度势存在如下关系，即

$$p=\rho_0\frac{\partial\varphi}{\partial t} \tag{7-27}$$

对流体介质的状态方程式(7-20)两侧关于时间进行一次求导,得

$$\frac{\partial p}{\partial t}=c_0^2\frac{\partial\rho}{\partial t} \tag{7-28}$$

将连续性方程式(7-6)代入式(7-28),有

$$\frac{\partial p}{\partial t}=-c_0^2\rho_0\nabla\cdot\boldsymbol{v} \tag{7-29}$$

将(7-26)和式(7-27)代入式(7-29),得

$$\frac{1}{c_0^2}\frac{\partial^2\varphi}{\partial t^2}-\nabla^2\varphi=0 \tag{7-30}$$

因此,速度势 φ 也具有与式(7-25)形式上类似的波动方程。由于速度势 φ 类似于声压,也是一个标量,所以由它来描述声场也非常方便。求得 φ 后,由式(7-26)和式(7-27)可以分别求出流体质点的速度和该点处的声压。

对式(7-24)或式(7-25)进行求解时,需要给定初始条件,还要在声场边界上指定相应的声学边界条件。下面先讨论声场边界条件,初始条件详见 7.4 节。根据流体域与边界的空间位置关系,可将声场问题分为内声场、外声场和内外混合声场问题。如果流体域被边界所包围,由声源或边界运动在封闭的流体空间中产生的声场称为内声场。如果流体域位于封闭边界的外部,且流体所占据的空间由边界一直延伸至无穷远处,声波在此类流体空间中传播产生的声场为外声场。有些情况下,边界并非是完全封闭的,这样内外声场问题不能严格区分,即所谓的内外混合声场问题。这里仅给出边界封闭的内、外声场边界条件。

对于内声场问题(如图 7-2),在声场边界 $\Gamma(=\Gamma_p+\Gamma_q+\Gamma_r)$ 上,可指定以下几种边界条件。

$$\text{Dirichlet 边界条件: } p(\boldsymbol{x},t)=\bar{p}(\boldsymbol{x},t),\quad \boldsymbol{x}\in\Gamma_p \tag{7-31}$$

$$\text{Neumann 边界条件: } q=\frac{\partial p(\boldsymbol{x},t)}{\partial n}=\bar{q}(\boldsymbol{x},t),\quad \boldsymbol{x}\in\Gamma_q \tag{7-32}$$

$$\text{Robin 边界条件: } \alpha_0 p(\boldsymbol{x},t)+\alpha_1\frac{\partial p(\boldsymbol{x},t)}{\partial n}=\bar{\gamma}(\boldsymbol{x},t),\quad \boldsymbol{x}\in\Gamma_r \tag{7-33}$$

式中:$\bar{p}(\boldsymbol{x},t)$,$\bar{q}(\boldsymbol{x},t)$ 和 $\bar{\gamma}(\boldsymbol{x},t)$ 表示声场边界上给定的分布函数。

Dirichlet 边界条件表示在声场边界上给定声压分布。Neumann 边界条件表示给定声压法向导数分布。将式(7-15)沿着边界法向投影后可知,给定了声场边界上的声压法向导数分布相当于给定了边界上流体质点的法向加速度分布。Robin 边界条件是混合型边界条件,由 Dirichlet 型边界条件和 Neumann 型边界条件组合而来,α_0 和 α_1 为给定的系数。

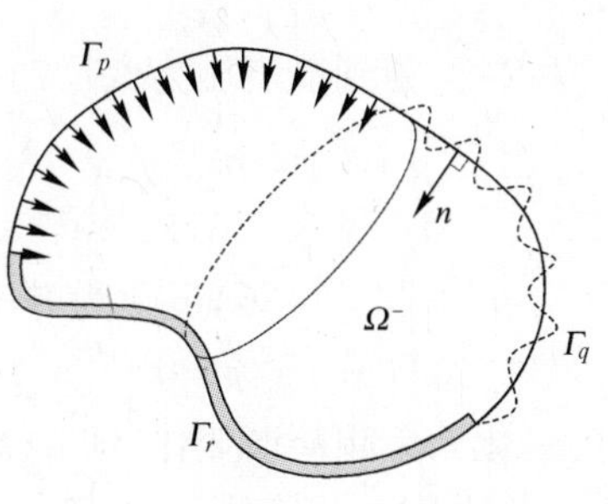

图 7-2　内声场

对于外声场问题(图 7-3),声场边界上也可给定类似于式(7-31)~式(7-33)中的几种边界条件。除此以外,在无穷远处边界 Γ_∞($r\to\infty$ 球面)上,还要满足无反射边界条件

$$\lim_{r\to\infty}\left[r\left(\frac{\partial p(\boldsymbol{x},t)}{\partial r}+\frac{1}{c_0}\frac{\partial p(\boldsymbol{x},t)}{\partial t}\right)\right]=0,\quad \boldsymbol{x}\in\Gamma_\infty \tag{7-34}$$

式(7-34)为时域 Sommerfeld 辐射条件,要求声波在无穷远处应消失。

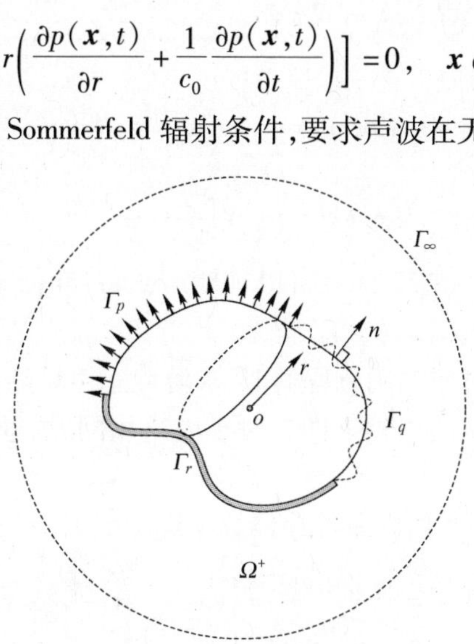

图 7-3　外声场

7.1.5　声场 Helmholtz 方程与边界条件

工程中有不少问题属于简谐激励下的稳态声场问题。假设声压 p 和体力分布函数 $\boldsymbol{\chi}$ 随时间变化为单频简谐变化,于是有

$$p(\boldsymbol{x},t)=\mathrm{Re}[\hat{p}(\boldsymbol{x})\mathrm{e}^{\mathrm{i}\omega t}], \tag{7-35a}$$

$$\boldsymbol{\chi}(\boldsymbol{x},t)=\mathrm{Re}[\hat{\boldsymbol{\chi}}(\boldsymbol{x})\mathrm{e}^{\mathrm{i}\omega t}] \tag{7-35b}$$

式中:Re 为取实部;$\hat{p}(\boldsymbol{x})$ 和 $\hat{\boldsymbol{\chi}}(\boldsymbol{x})$ 分别为声压和体力分布函数的幅值;ω 为圆频率,单位为 rad/s;i 为虚数单位,$\mathrm{i}=\sqrt{-1}$。为了书写方便,后面省去 Re。

将式(7-35)代入式(7-24),得到以声压为变量的 Helmholtz 方程为

$$\nabla^2 \hat{p} + k^2 \hat{p} = \rho_0 \nabla \cdot \hat{\boldsymbol{\chi}} \tag{7-36}$$

式中:k 为波数,$k = \omega / c_0$。

如果声场中没有体力分布,则式(7-36)退化为齐次 Helmholtz 方程

$$\nabla^2 \hat{p} + k^2 \hat{p} = 0 \tag{7-37}$$

如果速度势 φ 随时间变化为单频简谐变化,即 $\varphi(\boldsymbol{x},t) = \hat{\varphi}(\boldsymbol{x}) \mathrm{e}^{\mathrm{i}\omega t}$,也可以得到以速度势幅值$\hat{\varphi}(\boldsymbol{x})$表示的 Helmholtz 方程。

如果声压 p 和 $\boldsymbol{\chi}$ 随时间变化不是单频简谐变化的,采用傅里叶变换,则有

$$p(\boldsymbol{x},t) = \frac{1}{2\pi} \int_{-\infty}^{+\infty} \hat{p}(\boldsymbol{x},\omega) \mathrm{e}^{\mathrm{i}\omega t} \mathrm{d}\omega \tag{7-38a}$$

$$\boldsymbol{\chi}(\boldsymbol{x},t) = \frac{1}{2\pi} \int_{-\infty}^{+\infty} \hat{\boldsymbol{\chi}}(\boldsymbol{x},\omega) \mathrm{e}^{\mathrm{i}\omega t} \mathrm{d}\omega \tag{7-38b}$$

式中

$$\hat{p}(\boldsymbol{x},\omega) = \int_{-\infty}^{+\infty} p(\boldsymbol{x},t) \mathrm{e}^{-\mathrm{i}\omega t} \mathrm{d}t \tag{7-39a}$$

$$\hat{\boldsymbol{\chi}}(\boldsymbol{x},\omega) = \int_{-\infty}^{+\infty} \boldsymbol{\chi}(\boldsymbol{x},t) \mathrm{e}^{-\mathrm{i}\omega t} \mathrm{d}t \tag{7-39b}$$

将式(7-38)代入式(7-24),可以证明$\hat{p}(\boldsymbol{x},\omega)$和$\hat{\boldsymbol{\chi}}(\boldsymbol{x},\omega)$也满足 Helmholtz 方程。

与 7.1.4 节中的时域波动方程类似,求解稳态声场的 Helmholtz 方程也需要在声场边界上指定相应的边界条件。对于内声场问题,通常指定的边界条件有以下 3 种。

$$\text{Dirichlet 边界条件}: \hat{p}(\boldsymbol{x},\omega) = \bar{p}(\boldsymbol{x},\omega), \quad \boldsymbol{x} \in \Gamma_p \tag{7-40}$$

$$\text{Neumann 边界条件}: \hat{q} = \frac{\partial \hat{p}(\boldsymbol{x},\omega)}{\partial n} = \bar{q}(\boldsymbol{x},\omega) = -\mathrm{i}\omega\rho_0 \bar{v}_n(\boldsymbol{x},\omega), \quad \boldsymbol{x} \in \Gamma_q \tag{7-41}$$

$$\text{Robin 边界条件}: \hat{p}(\boldsymbol{x},\omega) = \bar{Z}(\boldsymbol{x},\omega) \bar{v}_n(\boldsymbol{x},\omega), \quad \boldsymbol{x} \in \Gamma_r \tag{7-42}$$

式中:$\bar{p}(\boldsymbol{x},\omega)$和$\bar{q}(\boldsymbol{x},\omega)$为边界上给定的声压值和声压法向导数值;$\bar{v}_n(\boldsymbol{x},\omega)$为边界上给定的流体质点法向速度幅值。

对于 Neumann 边界条件,由式(7-16)可以得到声压法向导数和流体质点法向速度之间的关系,即指定了边界声压法向导数相当于给定了边界上的法向速度分布。Robin 边界条件也称为阻抗边界条件,$\bar{Z}(\boldsymbol{x},\omega)$为指定的声学阻抗。

对于外部声场问题,除了在边界上指定式(7-40)~式(7-42)中的 3 类边界条件外,还要在无穷远边界 Γ_∞($r \to \infty$ 球面)上满足 Sommerfeld 条件。将 $p(\boldsymbol{x},t) = \hat{p}(\boldsymbol{x}) \mathrm{e}^{\mathrm{i}\omega t}$代入式(7-34),得

$$\lim_{r\to\infty}\left[r\left(\frac{\partial\hat{p}}{\partial r}+\mathrm{i}k\,\hat{p}\right)\right]=0,\quad \boldsymbol{x}\in\Gamma_\infty \tag{7-43}$$

式(7-43)为频域 Sommerfeld 辐射条件。

7.2　频域声场边界积分方程

7.1 节给出了理想流体中声波传播的基本控制方程,即时域声波波动方程和频域 Helmholtz 方程,它们都是以偏微分方程的形式出现的。对于给定初始条件和边界条件的声辐射和声散射问题,其求解归结为数学上的偏微分方程的初边值问题。若能找到满足声场域内偏微分方程,同时还满足声场初始条件和边界条件的函数,则该函数就是所寻求的解。对于实际工程中的声辐射和声散射问题,想要得到满足时域波动方程或频域 Helmholtz 方程以及相应初始条件和边界条件的解析解是十分困难的,采用数值方法求出这些问题的近似解是十分必要的。对于声场的初边值问题,已发展了很多数值解法。本节讨论以 Helmholtz 方程为基础的频域声场边界积分方程及数值离散方法。

7.2.1　基本解

将声场 Helmholtz 方程转化为等效的声场边界积分方程来求解,需要用到声场 Helmholtz 方程的基本解,这种解是满足微分方程而在某一点具有奇异性的解。在数学上,声场 Helmholtz 方程的基本解对应于下面方程的解,即

$$\nabla^2 G(\boldsymbol{x},\boldsymbol{y})+k^2 G(\boldsymbol{x},\boldsymbol{y})=-\delta(\boldsymbol{x}-\boldsymbol{y}),\quad \boldsymbol{x},\boldsymbol{y}\in\Omega \tag{7-44}$$

式中:$\boldsymbol{x}$ 和 $\boldsymbol{y}$ 为无限域声场 Ω 中的任意两点,分别称为场点和源点;$\delta(\boldsymbol{x}-\boldsymbol{y})$ 为 Dirac delta 函数,当 $\boldsymbol{x}\neq\boldsymbol{y}$ 时,$\delta(\boldsymbol{x}-\boldsymbol{y})=0$,当 $\boldsymbol{x}=\boldsymbol{y}$ 时,$\delta(\boldsymbol{x}-\boldsymbol{y})=\infty$;$G(\boldsymbol{x},\boldsymbol{y})$ 为格林(Green)函数或基本解(也称为奇异解),其物理意义表示在 $\boldsymbol{y}$ 点处存在单位强度的集中点源时,声场中 $\boldsymbol{x}$ 点产生的响应。

式(7-44)等号右边表示在空间 $\boldsymbol{y}$ 点处有一单位集中点源,除 $\boldsymbol{y}$ 点外,其他任何点均无源密度。

在直角坐标系中,对坐标进行平移并引入坐标系$(\bar{x}_1,\bar{x}_2,\bar{x}_3)$,有

$$\bar{x}_i=x_i(\boldsymbol{x})-x_i(\boldsymbol{y}) \tag{7-45}$$

式中:$x_i(\boldsymbol{x})$ 和 $x_i(\boldsymbol{y})$ 分别表示 $\boldsymbol{x}$ 和 $\boldsymbol{y}$ 点处的坐标分量。

现将点源 $\boldsymbol{y}$ 所在的点取为新坐标原点(图 7-4),并令 $G(\boldsymbol{x},\boldsymbol{y})=\mathcal{G}(\bar{x}_1,\bar{x}_2,\bar{x}_3)$,于是有

$$\nabla^2_{\bar{x}_1\bar{x}_2\bar{x}_3}\mathcal{G}(\bar{x}_1,\bar{x}_2,\bar{x}_3)+k^2\mathcal{G}(\bar{x}_1,\bar{x}_2,\bar{x}_3)=-\delta(\bar{x}_1)\delta(\bar{x}_2)\delta(\bar{x}_3) \tag{7-46}$$

式中:$\nabla^2_{\bar{x}_1\bar{x}_2\bar{x}_3}$ 为基于直角坐标分量 $\bar{x}_i$ 的拉普拉斯算符,$\nabla^2_{\bar{x}_1\bar{x}_2\bar{x}_3}=\partial^2/\partial\bar{x}_1^2+\partial^2/\partial\bar{x}_2^2+$

$\partial^2/\partial\bar{x}_3^2$。

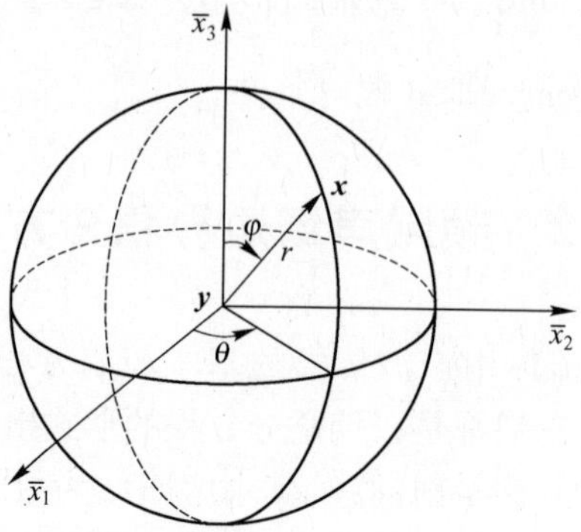

图 7-4　坐标系平移

容易证明,式(7-46)是旋转不变的,即 $\mathcal{G}(\bar{x}_1,\bar{x}_2,\bar{x}_3)$ 仅是 $r=\sqrt{\bar{x}_1^2+\bar{x}_2^2+\bar{x}_3^2}$ 的函数,有 $\mathcal{G}(\bar{x}_1,\bar{x}_2,\bar{x}_3)=\mathcal{G}(r)$。如果将 $\bar{x}_1,\bar{x}_2,\bar{x}_3$ 转换为球坐标系 (r,θ,φ),在球坐标系下和 $r\neq0$ 处,式(7-46)可以写为

$$\frac{1}{r^2}\frac{\mathrm{d}}{\mathrm{d}r}\left[r^2\frac{\mathrm{d}}{\mathrm{d}r}\mathcal{G}(r)\right]+k^2\mathcal{G}(r)=0 \tag{7-47}$$

式(7-47)为零阶球贝塞尔方程,其通解为

$$\mathcal{G}(r)=A_0(k)\frac{\mathrm{e}^{\mathrm{i}kr}}{r}+A_1(k)\frac{\mathrm{e}^{-\mathrm{i}kr}}{r} \tag{7-48}$$

式中:$A_0(k)$ 和 $A_1(k)$ 为待定参数。

由于声学 Helmholtz 方程是由时域声波波动方程经分离时间变量得到的,考虑到式(7-35)中引入的时间因子 $\mathrm{e}^{\mathrm{i}\omega t}$,则上式右侧第一项表示表示向球心反射的会聚波,第二项表示向外辐射的波。由于这里无会聚波,因此有 $A_0(k)=0$ 和 $A_1(k)\neq0$。$A_1(k)$ 由 $r=0$ 处的边界条件确定,更确切地说,由 $r=0$ 处的点源强度确定。需要注意,这时不能将式(7-48)代入式(7-46)得到 $A_1(k)$,原因是 $\mathcal{G}(r)$ 在 $r=0$ 处的导数不存在。另外,若式(7-35)中引入的时间因子为 $\mathrm{e}^{-\mathrm{i}\omega t}$,则有 $A_0(k)\neq0$ 和 $A_1(k)=0$。

在源点附近微体 Ω 内对式(7-46)进行积分,根据 Dirac delta 函数的积分性质,得

$$\iiint_\Omega \nabla^2\mathcal{G}(r)\,\mathrm{d}\bar{x}_1\mathrm{d}\bar{x}_2\mathrm{d}\bar{x}_3+k^2\iiint_\Omega\mathcal{G}(r)\,\mathrm{d}\bar{x}_1\mathrm{d}\bar{x}_2\mathrm{d}\bar{x}_3=-1 \tag{7-49}$$

取这个微体 Ω 为半径为 R 的小球体,式(7-49)等号左边的两项分别为

$$\begin{aligned}\iiint_\Omega \nabla^2\mathcal{G}(r)\,\mathrm{d}\bar{x}_1\mathrm{d}\bar{x}_2\mathrm{d}\bar{x}_3&=\int_0^{2\pi}\int_0^{\pi}\left[\frac{\mathrm{d}}{\mathrm{d}r}\mathcal{G}(r)\right]_{r=R}R^2\sin\varphi\mathrm{d}\varphi\mathrm{d}\theta\\&=-4\pi A_1(k)(1+\mathrm{i}kR)\mathrm{e}^{-\mathrm{i}kR}\end{aligned} \tag{7-50a}$$

$$\iiint_{\Omega} \mathcal{G}(r)\,\mathrm{d}\bar{x}_1\,\mathrm{d}\bar{x}_2\,\mathrm{d}\bar{x}_3 = 4\pi A_1(k)\int_0^R \mathrm{e}^{-\mathrm{i}kr} r\,\mathrm{d}r = -4\pi A_1(k)\frac{1}{k^2}\left[1-(1+\mathrm{i}kR)\mathrm{e}^{-\mathrm{i}kR}\right] \tag{7-50b}$$

将(7-50)代入式(7-49),得

$$A_1(k) = \frac{1}{4\pi} \tag{7-51}$$

将式(7-51)代入式(7-48),得到直角坐标系下三维自由空间的格林函数为

$$G(\boldsymbol{x},\boldsymbol{y}) = \frac{\mathrm{e}^{-\mathrm{i}kr}}{4\pi r} = \frac{\mathrm{e}^{-\mathrm{i}k|\boldsymbol{x}-\boldsymbol{y}|}}{4\pi|\boldsymbol{x}-\boldsymbol{y}|} \tag{7-52}$$

式中:r 为两点距离函数,$r = |\boldsymbol{x}-\boldsymbol{y}|$。

需要指出,式(7-52)给出的格林函数是在时间因子取 $\mathrm{e}^{\mathrm{i}\omega t}$ 的条件下得到的。如果式(7-35)中的时间因子为 $\mathrm{e}^{-\mathrm{i}\omega t}$,相应的格林函数为 $G(\boldsymbol{x},\boldsymbol{y}) = \mathrm{e}^{\mathrm{i}kr}/(4\pi r)$。

7.2.2　声辐射边界积分方程

为了便于统一描述内、外声场对应的声场边界积分方程,这里考虑一个声场边界 Γ,该声场边界将流体介质分为内部和外部流体域两部分,分别记为 Ω^- 和 Ω^+,它们分别对应于内声场和外声场,如图 7-5 所示。在声场边界上,内声场 Ω^- 和外声场 Ω^+ 的单位法向向量分别取为 $\boldsymbol{n}^-$ 和 $\boldsymbol{n}^+$,它们均由声场边界指向流体。无穷远边界处的法向向量为 $\boldsymbol{n}^\infty$。需要指出,有些文献选取的边界法向可能与本书中的不同,但这不影响分析问题的本质。

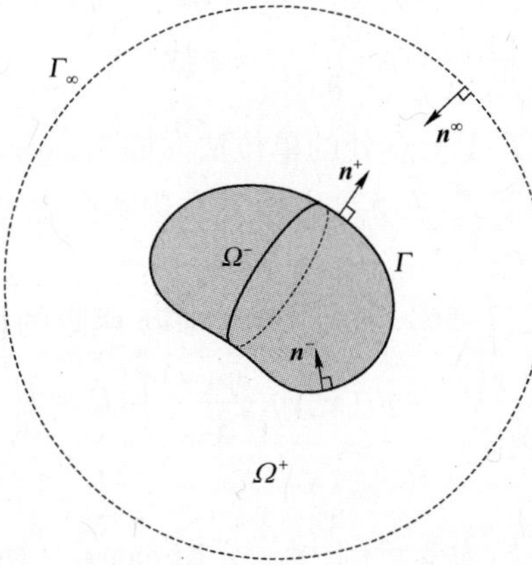

图 7-5　内外声场模型

首先来建立内声场对应的声场边界积分方程。假设在声场 Ω^- 中存在体声源和体力,根据式(7-36),得

$$\nabla^2 p(\boldsymbol{y}) + k^2 p(\boldsymbol{y}) = -Q(\boldsymbol{y}) \tag{7-53}$$

式中:p 为 $\boldsymbol{y}$ 点处的声压幅值。这里为了描述方便,以 p 代替声压幅值$\hat{p}$。$Q(\boldsymbol{y})$ 为体声源和体力的强度,$Q(\boldsymbol{y}) = \mathrm{i}\rho_0\omega\gamma(\boldsymbol{y}) - \rho_0 \nabla \cdot \hat{\boldsymbol{\chi}}$,其中 $\gamma(\boldsymbol{y})$ 为单位体积的体声源强度幅值。

将式(7-53)两侧乘以格林函数 $G(\boldsymbol{x},\boldsymbol{y})$,并将得到的方程沿 Ω^- 进行积分,有

$$\iiint_{\Omega^-} [G(\boldsymbol{x},\boldsymbol{y}) \nabla^2 p(\boldsymbol{y}) + k^2 G(\boldsymbol{x},\boldsymbol{y}) p(\boldsymbol{y})] \mathrm{d}\Omega = -\iiint_{\Omega^-} G(\boldsymbol{x},\boldsymbol{y}) Q(\boldsymbol{y}) \mathrm{d}\Omega \tag{7-54}$$

类似地,将式(7-44)两侧乘以 $p(\boldsymbol{y})$,沿 Ω^- 进行积分,得

$$\iiint_{\Omega^-} [\nabla^2 G(\boldsymbol{x},\boldsymbol{y}) p(\boldsymbol{y}) + k^2 G(\boldsymbol{x},\boldsymbol{y}) p(\boldsymbol{y})] \mathrm{d}\Omega = -\iiint_{\Omega^-} \delta(\boldsymbol{x}-\boldsymbol{y}) p(\boldsymbol{y}) \mathrm{d}\Omega \tag{7-55}$$

将式(7-54)和式(7-55)两式相减,整理,得

$$\begin{aligned}&\iiint_{\Omega^-} \delta(\boldsymbol{x}-\boldsymbol{y}) p(\boldsymbol{y}) \mathrm{d}\Omega \\ &= \iiint_{\Omega^-} [G(\boldsymbol{x},\boldsymbol{y}) \nabla^2 p(\boldsymbol{y}) - \nabla^2 G(\boldsymbol{x},\boldsymbol{y}) p(\boldsymbol{y})] \mathrm{d}\Omega + \iiint_{\Omega^-} G(\boldsymbol{x},\boldsymbol{y}) Q(\boldsymbol{y}) \mathrm{d}\Omega\end{aligned} \tag{7-56}$$

根据格林第二等式变换,则有

$$\begin{aligned}&\iiint_{\Omega^-} [G(\boldsymbol{x},\boldsymbol{y}) \nabla^2 p(\boldsymbol{y}) - \nabla^2 G(\boldsymbol{x},\boldsymbol{y}) p(\boldsymbol{y})] \mathrm{d}\Omega \\ &= -\iint_{\Gamma} \left[G(\boldsymbol{x},\boldsymbol{y}) \frac{\partial p(\boldsymbol{y})}{\partial n_y^-} - p(\boldsymbol{y}) \frac{\partial G(\boldsymbol{x},\boldsymbol{y})}{\partial n_y^-} \right] \mathrm{d}\Gamma\end{aligned} \tag{7-57}$$

式中:n_y^- 为内声场边界 Γ 上 $\boldsymbol{y}$ 点处的单位法向向量;$\partial f/\partial n_y^-$ 为函数 f 的法向偏导数,$\partial f/\partial n_y^- = \nabla f \cdot \boldsymbol{n}_y^-$。式(7-57)中等号右边积分符号外的负号是由于取了内法向而引入的。

将式(7-57)代入式(7-56),根据 Dirac delta 函数的积分性质,得

$$p(\boldsymbol{x}) = \iint_{\Gamma} \left[p(\boldsymbol{y}) \frac{\partial G(\boldsymbol{x},\boldsymbol{y})}{\partial n_y^-} - G(\boldsymbol{x},\boldsymbol{y}) \frac{\partial p(\boldsymbol{y})}{\partial n_y^-} \right] \mathrm{d}\Gamma + \iiint_{\Omega^-} G(\boldsymbol{x},\boldsymbol{y}) Q(\boldsymbol{y}) \mathrm{d}\Omega \tag{7-58}$$

式(7-58)即为以声压为变量的内声场 Kirchhoff - Helmholtz 积分方程。由于$\partial p(\boldsymbol{y})/\partial n_y = -\mathrm{i}\omega\rho_0 v_n(\boldsymbol{y})$,式(7-58)等号右边的面积分项表示边界 Γ 上的声压和法向速度对 $\boldsymbol{x}$ 点处声压的贡献,表面法向速度的贡献相当于点源,表面声压的贡献相当于偶极子源;等式右侧的体积分项表示体声源和体力的贡献。由式(7-58)可知,如果边界上的声压和声压法向导数是已知的,即可得到声场内

任意一点处的声压。然而,在声场边界上只能知道两者之一,不能同时知道两者。这是因为声学 Helmholtz 方程式(7-36)为二阶偏微分方程,边界上只能给定一个条件。如果在声场边界上给定了声压,可确定边界的声压法向导数分布;同理,给定了声场边界上的声压法向导数分布,则边界上的声压分布也可确定。因此,式(7-58)对应的 Kirchhoff - Helmholtz 积分方程并不是声场问题的解,而是声场应满足的积分方程。

若声场内没有体声源和体力,则式(7-58)退化为

$$p(\boldsymbol{x}) = \iint_{\Gamma}\left[p(\boldsymbol{y})\frac{\partial G(\boldsymbol{x},\boldsymbol{y})}{\partial n_y^-} - G(\boldsymbol{x},\boldsymbol{y})\frac{\partial p(\boldsymbol{y})}{\partial n_y^-}\right]\mathrm{d}\Gamma \tag{7-59}$$

声场边界积分方程式(7-58)和式(7-59)适用于根据声场边界上已知的声压和声压法向导数来求解域内任意一点 $\boldsymbol{x}$ 处的声压,即 $\boldsymbol{x}\in\Omega^-,\boldsymbol{x}\notin\Gamma$。然而,在求解之前,声场边界上的声压和法向导数不是全部已知的,因而需要建立求解边界上未知量的声场边界积分方程。

为了得到场点在边界上取值的边界积分方程,需要把 $\boldsymbol{x}$ 移到声学边界 Γ 上。当 $\boldsymbol{x}\to\boldsymbol{y}$ 时,Kirchhoff - Helmholtz 边界积分方程中的积分核函数是奇异的。为了考虑积分方程的奇异性,将 $\boldsymbol{y}$ 附近的边界进行拓展,即在边界的外部建立一个半径为 r 的半球面 S^ε,如图 7-6 所示。半球面 S^ε 与声学边界 Γ 所包围的体积域为 Ω^ε,$\Gamma-\Gamma^\varepsilon$ 表示去掉半球包围的声场边界部分,整个声场域变为 $\widetilde{\Omega}=\Omega^-\cup\Omega^\varepsilon$。

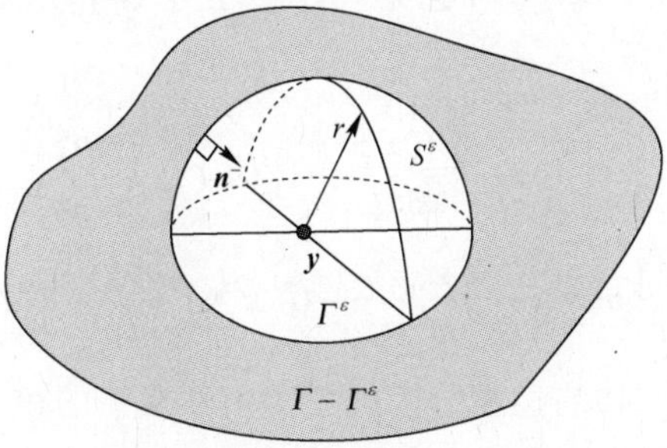

图 7-6　边界附近的拓展半球面

由于 $\boldsymbol{x}\to\boldsymbol{y}$,$\boldsymbol{x}$ 属于声场域 $\widetilde{\Omega}$ 内部,对式(7-57)的积分取极限,则有

$$\begin{aligned} p(\boldsymbol{x}) = &\lim_{r\to 0}\iint_{(\Gamma-\Gamma^\varepsilon)\cup S^\varepsilon}\left[p(\boldsymbol{y})\frac{\partial G(\boldsymbol{x},\boldsymbol{y})}{\partial n_y^-} - G(\boldsymbol{x},\boldsymbol{y})\frac{\partial p(\boldsymbol{y})}{\partial n_y^-}\right]\mathrm{d}\Gamma + \\ &\lim_{r\to 0}\iiint_{\Omega^-\cup\Omega^\varepsilon} G(\boldsymbol{x},\boldsymbol{y})Q(\boldsymbol{y})\,\mathrm{d}\Omega \end{aligned} \tag{7-60}$$

首先来考虑上式中 S^ε 边界上的积分。考虑到 $\boldsymbol{y}$ 位于 S^ε 上,注意到球坐标系的径向与 n_y^- 方向相反,在球坐标系下得

$$\iint_{S^\varepsilon}\left[p(\boldsymbol{y})\frac{\partial G(\boldsymbol{x},\boldsymbol{y})}{\partial n_y^-}-G(\boldsymbol{x},\boldsymbol{y})\frac{\partial p(\boldsymbol{y})}{\partial n_y^-}\right]\mathrm{d}\Gamma$$

$$=-\int_0^{2\pi}\int_0^{\pi/2}\left[p(r,\theta,\varphi)\frac{\partial}{\partial r}\left(\frac{\mathrm{e}^{-\mathrm{i}kr}}{4\pi r}\right)-\frac{\mathrm{e}^{-\mathrm{i}kr}}{4\pi r}\frac{\partial p(r,\theta,\varphi)}{\partial r}\right]r^2\sin\varphi\mathrm{d}\varphi\mathrm{d}\theta$$

$$=\int_0^{2\pi}\int_0^{\pi/2}\left[p(r,\theta,\varphi)(1+\mathrm{i}kr)\frac{\mathrm{e}^{-\mathrm{i}kr}}{4\pi}+\frac{r\mathrm{e}^{-\mathrm{i}kr}}{4\pi}\frac{\partial p(r,\theta,\varphi)}{\partial r}\right]\sin\varphi\mathrm{d}\varphi\mathrm{d}\theta \tag{7-61}$$

当 r 趋近于零时，$\boldsymbol{y}\to\boldsymbol{x}$，则 $p(\boldsymbol{y})$ 趋近于 $p(\boldsymbol{x})$，由式(7-61)，得

$$\lim_{r\to0}\iint_{S^\varepsilon}\left[p(\boldsymbol{y})\frac{\partial G(\boldsymbol{x},\boldsymbol{y})}{\partial n_y^-}-G(\boldsymbol{x},\boldsymbol{y})\frac{\partial p(\boldsymbol{y})}{\partial n_y^-}\right]\mathrm{d}\Gamma$$

$$=\lim_{r\to0}\int_0^{2\pi}\int_0^{\pi/2}\left[p(r,\theta,\varphi)(1+\mathrm{i}kr)\frac{\mathrm{e}^{-\mathrm{i}kr}}{4\pi}+\frac{r\mathrm{e}^{-\mathrm{i}kr}}{4\pi}\frac{\partial p(r,\theta,\varphi)}{\partial r}\right]\sin\varphi\mathrm{d}\varphi\mathrm{d}\theta$$

$$=p(\boldsymbol{x})\int_0^{2\pi}\int_0^{\pi/2}\frac{1}{4\pi}\sin\varphi\mathrm{d}\varphi\mathrm{d}\theta$$

$$=\frac{1}{2}p(\boldsymbol{x}) \tag{7-62}$$

由于当 $r\to0$ 时，$G(\boldsymbol{x},\boldsymbol{y})(=O(1/r))$ 是弱奇异的，式(7-60)中的体源和体力项为

$$\lim_{r\to0}\iiint_{\Omega^-\cup\Omega^\varepsilon}G(\boldsymbol{x},\boldsymbol{y})Q(\boldsymbol{y})\mathrm{d}\Omega=\iiint_{\Omega^-}G(\boldsymbol{x},\boldsymbol{y})Q(\boldsymbol{y})\mathrm{d}\Omega \tag{7-63}$$

另外，有

$$\lim_{r\to0}\iint_{(\Gamma-\Gamma^\varepsilon)}\left[p(\boldsymbol{y})\frac{\partial G(\boldsymbol{x},\boldsymbol{y})}{\partial n_y^-}-G(\boldsymbol{x},\boldsymbol{y})\frac{\partial p(\boldsymbol{y})}{\partial n_y^-}\right]\mathrm{d}\Gamma=$$

$$\iint_{\Gamma}\left[p(\boldsymbol{y})\frac{\partial G(\boldsymbol{x},\boldsymbol{y})}{\partial n_y^-}-G(\boldsymbol{x},\boldsymbol{y})\frac{\partial p(\boldsymbol{y})}{\partial n_y^-}\right]\mathrm{d}\Gamma \tag{7-64}$$

需要注意，式(7-64)右边积分为柯西主值意义下的积分。

将式(7-62)～式(7-64)代入式(7-60)，得

$$\frac{1}{2}p(\boldsymbol{x})=\iint_{\Gamma}\left[p(\boldsymbol{y})\frac{\partial G(\boldsymbol{x},\boldsymbol{y})}{\partial n_y^-}-G(\boldsymbol{x},\boldsymbol{y})\frac{\partial p(\boldsymbol{y})}{\partial n_y^-}\right]\mathrm{d}\Gamma+\iiint_{\Omega^-}G(\boldsymbol{x},\boldsymbol{y})Q(\boldsymbol{y})\mathrm{d}\Omega \tag{7-65}$$

式(7-65)即为 $\boldsymbol{x}$ 位于光滑声学边界 Γ 上时所对应的内声场边界积分方程。

如果 $\boldsymbol{x}$ 位于声场边界外部，以 $\boldsymbol{x}$ 点为球心作一半径为 r 的球体。球面 S^ε 所包围的体积域为 Ω^ε，声场边界为 $\Gamma\cup S^\varepsilon$，声场域变为 $\widetilde{\Omega}=\Omega^-\cup\Omega^\varepsilon$。由式(7-58)，得

$$p(\boldsymbol{x})=\lim_{r\to0}\iint_{\Gamma\cup S^\varepsilon}\left[p(\boldsymbol{y})\frac{\partial G(\boldsymbol{x},\boldsymbol{y})}{\partial n_y^-}-G(\boldsymbol{x},\boldsymbol{y})\frac{\partial p(\boldsymbol{y})}{\partial n_y^-}\right]\mathrm{d}\Gamma+$$

$$\lim_{r \to 0} \iiint_{\Omega^- \cup \Omega^\varepsilon} G(\boldsymbol{x},\boldsymbol{y}) Q(\boldsymbol{y}) \mathrm{d}\Omega \tag{7-66}$$

由于 $\boldsymbol{x}$ 不在声场内，该点处的声压为零，即 $p(\boldsymbol{x})=0$，同时考虑到球面上任意一点 $\boldsymbol{y}$ 处的声压和声压法向导数也为零，并且 Ω^ε 内没有声源，因此

$$\lim_{r \to 0} \iint_{S^\varepsilon} \left[p(\boldsymbol{y}) \frac{\partial G(\boldsymbol{x},\boldsymbol{y})}{\partial n_y^-} - G(\boldsymbol{x},\boldsymbol{y}) \frac{\partial p(\boldsymbol{y})}{\partial n_y^-} \right] \mathrm{d}\Gamma = 0 \tag{7-67}$$

$$\lim_{r \to 0} \iiint_{\Omega^\varepsilon} G(\boldsymbol{x},\boldsymbol{y}) Q(\boldsymbol{y}) \mathrm{d}\Omega = 0 \tag{7-68}$$

将式(7-67)和式(7-68)代入式(7-66)，得

$$\iint_{\Gamma} \left[p(\boldsymbol{y}) \frac{\partial G(\boldsymbol{x},\boldsymbol{y})}{\partial n_y^-} - G(\boldsymbol{x},\boldsymbol{y}) \frac{\partial p(\boldsymbol{y})}{\partial n_y^-} \right] \mathrm{d}\Gamma + \iiint_{\Omega^-} G(\boldsymbol{x},\boldsymbol{y}) Q(\boldsymbol{y}) \mathrm{d}\Omega = 0 \tag{7-69}$$

根据 $\boldsymbol{x}$ 在声场中所处的位置不同，综合式(7-58)、式(7-65)和式(7-69)可给出内声场问题对应的声场边界积分方程一般关系式，即

$$\alpha^-(\boldsymbol{x}) p(\boldsymbol{x}) = \iint_{\Gamma} \left[p(\boldsymbol{y}) \frac{\partial G(\boldsymbol{x},\boldsymbol{y})}{\partial n_y^-} - G(\boldsymbol{x},\boldsymbol{y}) \frac{\partial p(\boldsymbol{y})}{\partial n_y^-} \right] \mathrm{d}\Gamma + \iiint_{\Omega^-} G(\boldsymbol{x},\boldsymbol{y}) Q(\boldsymbol{y}) \mathrm{d}\Omega \tag{7-70}$$

式中：$\alpha^-(\boldsymbol{x})$ 为与 $\boldsymbol{x}$ 位置有关的一个参量，定义为

$$\alpha^-(\boldsymbol{x}) = \begin{cases} 1, & \boldsymbol{x} \in \Omega_- \\ 0, & \boldsymbol{x} \notin \Omega_- \quad \text{且}\ \boldsymbol{x} \notin \Gamma \\ 1/2, & \boldsymbol{x} \in \Gamma \end{cases} \tag{7-71}$$

需要指出，当 $\boldsymbol{x}$ 位于非光滑声学边界 Γ 上时($\boldsymbol{x} \in \Gamma$)，可以证明

$$\alpha^-(\boldsymbol{x}) = 1 - \lim_{\varepsilon \to 0} \iint_{S^\varepsilon} \frac{1}{4\pi} \frac{\partial}{\partial n_y^-} \left(\frac{1}{|\boldsymbol{x}-\boldsymbol{y}|} \right) \mathrm{d}\Gamma \tag{7-72}$$

对于外声场问题，流体域为 Ω_+，总的声场边界由边界 Γ 和 Γ_∞ 组成。这里假设 Γ_∞ 是以 $\boldsymbol{x}$ 为球心，半径 $R=\infty$ 的球面。根据前面推导内声场边界积分方程的思路，直接给出外声场对应的边界积分方程

$$p(\boldsymbol{x}) = \iint_{\Gamma+\Gamma_\infty} \left[p(\boldsymbol{y}) \frac{\partial G(\boldsymbol{x},\boldsymbol{y})}{\partial n_y^+} - G(\boldsymbol{x},\boldsymbol{y}) \frac{\partial p(\boldsymbol{y})}{\partial n_y^+} \right] \mathrm{d}\Gamma + \iiint_{\Omega^+} G(\boldsymbol{x},\boldsymbol{y}) Q(\boldsymbol{y}) \mathrm{d}\Omega \tag{7-73}$$

当 $\boldsymbol{y}$ 位于无穷远边界 Γ_∞ 上时，注意到 n^∞ 与球坐标径向方向相反，有

$$\iint_{\Gamma\infty} \left[p(\boldsymbol{y}) \frac{\partial G(\boldsymbol{x},\boldsymbol{y})}{\partial n^\infty} - G(\boldsymbol{x},\boldsymbol{y}) \frac{\partial p(\boldsymbol{y})}{\partial n^\infty} \right] \mathrm{d}\Gamma$$

$$= -\int_0^{2\pi} \int_0^{\pi} \left[p(r,\theta,\varphi) \frac{\partial}{\partial r} \left(\frac{\mathrm{e}^{-ikr}}{4\pi r} \right) - \frac{\mathrm{e}^{-ikr}}{4\pi r} \frac{\partial p(r,\theta,\varphi)}{\partial r} \right]_{r=R} R^2 \sin\theta \mathrm{d}\theta \mathrm{d}\varphi$$

$$=\int_0^{2\pi}\int_0^{\pi}\left\{p(R,\theta,\varphi)+R\left[\frac{\partial p(r,\theta,\varphi)}{\partial r}+\mathrm{i}kp(r,\theta,\varphi)\right]_{r=R}\right\}\frac{\mathrm{e}^{-\mathrm{i}kR}}{4\pi}\sin\theta\mathrm{d}\theta\mathrm{d}\varphi \quad (7-74)$$

根据 Sommerfeld 声辐射条件式(7-43),并考虑到无穷远边界处的声压 $p(R,\theta,\varphi)=0$,有

$$\iint_{\Gamma^\infty}\left[p(\boldsymbol{y})\frac{\partial G(\boldsymbol{x},\boldsymbol{y})}{\partial n^\infty}-G(\boldsymbol{x},\boldsymbol{y})\frac{\partial p(\boldsymbol{y})}{\partial n^\infty}\right]\mathrm{d}\Gamma=0 \quad (7-75)$$

将式(7-75)代入式(7-73),得

$$p(\boldsymbol{x})=\iint_{\Gamma}\left[p(\boldsymbol{y})\frac{\partial G(\boldsymbol{x},\boldsymbol{y})}{\partial n_y^+}-G(\boldsymbol{x},\boldsymbol{y})\frac{\partial p(\boldsymbol{y})}{\partial n_y^+}\right]\mathrm{d}\Gamma+\iiint_{\Omega^+}G(\boldsymbol{x},\boldsymbol{y})Q(\boldsymbol{y})\mathrm{d}\Omega \quad (7-76)$$

根据 $\boldsymbol{x}$ 与声场边界的位置关系,可得到外部声辐射问题对应的边界积分方程,其推导过程与前面内声场的类似。这里不再重复推导过程,直接给出外声场的边界积分方程:

$$\alpha^+(\boldsymbol{x})p(\boldsymbol{x})=\iint_{\Gamma}\left[p(\boldsymbol{y})\frac{\partial G(\boldsymbol{x},\boldsymbol{y})}{\partial n_y^+}-G(\boldsymbol{x},\boldsymbol{y})\frac{\partial p(\boldsymbol{y})}{\partial n_y^+}\right]\mathrm{d}\Gamma+\iiint_{\Omega^+}G(\boldsymbol{x},\boldsymbol{y})Q(\boldsymbol{y})\mathrm{d}\Omega \quad (7-77)$$

式中

$$\alpha^+(\boldsymbol{x})=\begin{cases}1, & \boldsymbol{x}\in\Omega^+\\ 0, & \boldsymbol{x}\notin\Omega^+ \quad 且\ \boldsymbol{x}\notin\Gamma\\ 1/2, & \boldsymbol{x}\in\Gamma\end{cases} \quad (7-78)$$

当 $\boldsymbol{x}$ 位于非光滑声学边界上($\boldsymbol{x}\in\Gamma$)时,有

$$\alpha^+(\boldsymbol{x})=1-\lim_{\varepsilon\to0}\iint_{S\varepsilon}\frac{1}{4\pi}\frac{\partial}{\partial n_y^+}\left(\frac{1}{|\boldsymbol{x}-\boldsymbol{y}|}\right)\mathrm{d}\Gamma \quad (7-79)$$

对于声场内任意一点 $\boldsymbol{x}$,恒有 $\alpha^-(\boldsymbol{x})+\alpha^+(\boldsymbol{x})=1$。

7.2.3 声散射边界积分方程

声波在流体介质中传播时遇到障碍物会发生相互作用,障碍物会改变原来入射波的传播方向,产生散射波。入射波和散射波叠加形成总声场,总声场要满足散射体表面的各类边界条件。声散射问题与声辐射问题有着紧密的联系。例如,对于刚性散射体,散射体表面的法向速度为零,即入射波和散射波的法向速度之和为零。如果入射波的法向速度已知,则散射波的法向速度即已确定。因此,散射场的求解变成一个声辐射问题,即根据散射场在散射体表面的法向速度确定声场。另外,表面声压为零的自由表面的声散射问题相当于给定表面声压的声辐射问题。本节建立声散射问题对应的声场边界积分方程。

考虑一个无穷大声场内存在一个散射体 Ω^-,其边界为 Γ,如图 7-7 所示。

散射体边界 Γ 与无穷远处边界 Γ_∞ 包围的流体为 Ω^+。忽略流体介质中的体声源和体力，假设入射波的声压为 p_{inc}，入射波与散射体表面作用后，产生了散射声场，其声压为 p_{sc}。声场中总的声压为

$$p = p_{\mathrm{inc}} + p_{\mathrm{sc}} \tag{7-80}$$

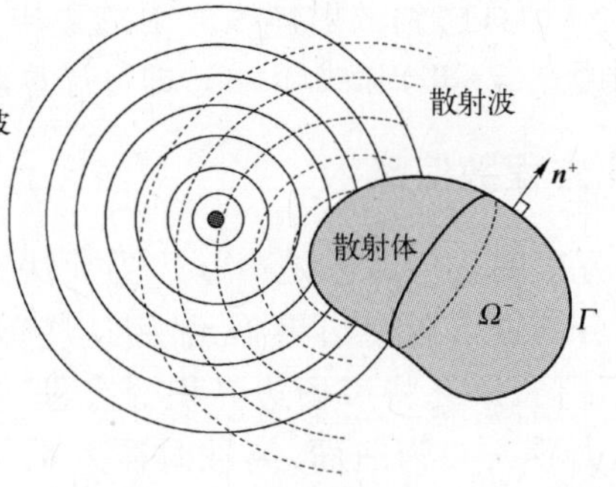

图 7-7　声散射模型

工程中声散射问题涉及的入射声波有很多形式，如平面入射波、球面入射波和其他形式的入射波。平面波的散射问题常用于声源与散射体距离比较大的情况。当声源与散射体的距离较小时，入射波不能近似为平面波，必须考虑其具体形式。平面入射波可以描述为

$$p_{\mathrm{inc}} = p_{\mathrm{inc}}^0 \mathrm{e}^{-\mathrm{i}k(l_1x_1 + l_2x_2 + l_3x_3)} \tag{7-81}$$

式中：p_{inc}^0 为平面入射波幅值；$l_i(i=1,2,3)$ 为入射波方向与坐标轴 x_i 之间的方向余弦。

球面入射波可描述为

$$p_{\mathrm{inc}} = p_{\mathrm{inc}}^0 \frac{\mathrm{e}^{-\mathrm{i}kR}}{R} \tag{7-82}$$

式中：p_{inc}^0 为球面入射波幅值；R 为声源到入射波面的距离。

散射声波在无穷远处要满足 Sommerfeld 辐射条件，散射声场的声压满足外部声辐射边界积分方程，即

$$\alpha^+(\boldsymbol{x})p_{\mathrm{sc}}(\boldsymbol{x}) = \iint_\Gamma \left[p_{\mathrm{sc}}(\boldsymbol{y}) \frac{\partial G(\boldsymbol{x},\boldsymbol{y})}{\partial n_y^+} - G(\boldsymbol{x},\boldsymbol{y}) \frac{\partial p_{\mathrm{sc}}(\boldsymbol{y})}{\partial n_y^+} \right] \mathrm{d}\Gamma \tag{7-83}$$

对于入射声场，可假设为由散射体不存在时产生的声场。这时散射体边界 Γ 是一个虚假的面，Ω^- 内也存在声场。注意到 $\boldsymbol{n}_y^-$ 和 $\boldsymbol{n}_y^+$ 方向相反（图 7-5），则由式(7-70)可知入射场声压满足

$$\alpha^-(\boldsymbol{x})p_{\mathrm{inc}}(\boldsymbol{x}) = \iint_\Gamma \left[-p_{\mathrm{inc}}(\boldsymbol{y}) \frac{\partial G(\boldsymbol{x},\boldsymbol{y})}{\partial n_y^+} + G(\boldsymbol{x},\boldsymbol{y}) \frac{\partial p_{\mathrm{inc}}(\boldsymbol{y})}{\partial n_y^+} \right] \mathrm{d}\Gamma \tag{7-84}$$

式(7-83)减式(7-84)，考虑到 $\alpha^+(\boldsymbol{x}) + \alpha^-(\boldsymbol{x}) = 1$，整理，得

$$\alpha^{+}(\boldsymbol{x})p(\boldsymbol{x})=\iint_{\Gamma}\left[p(\boldsymbol{y})\frac{\partial G(\boldsymbol{x},\boldsymbol{y})}{\partial n_y^{+}}-G(\boldsymbol{x},\boldsymbol{y})\frac{\partial p(\boldsymbol{y})}{\partial n_y^{+}}\right]\mathrm{d}\Gamma+p_{\mathrm{inc}}(\boldsymbol{x}) \tag{7-85}$$

式(7-85)就是声散射问题对应的声场边界积分方程,其中入射声场是已知的声源。由式(7-85)计算得到散射体表面上的声压 $p(\boldsymbol{y})$ 及其法向导数分布($\partial p(\boldsymbol{y})/\partial n_y$)后,利用式(7-80)和式(7-83)即可计算散射声场。

7.2.4 边界积分方程数值离散

声场边界积分方程的数值离散是声学边界元法的一个重要环节,其主要目的是将声场边界分割成有限个边界单元,用这些单元来表示边界的形状和单元上的声学物理量值,最终将声场边界积分方程转化为代数方程组来进行求解。三维声场的边界一般为曲面,离散时需要采用二维面单元,如图 7-8 所示。一般来说,单元类型和形状的选择依赖于声场边界的几何特点以及所希望的结果精度等因素。常用的二维边界单元主要有三角形单元和四边形单元两类。这里仅以三维外部声辐射问题为例来讨论声场边界积分方程的数值离散与求解。

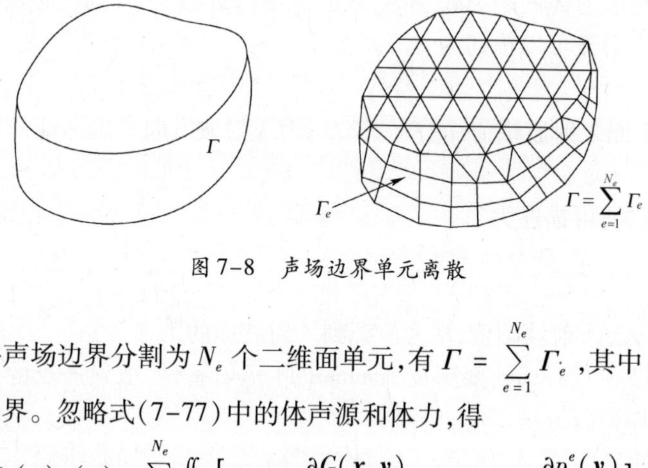

图 7-8 声场边界单元离散

假设将声场边界分割为 N_e 个二维面单元,有 $\Gamma=\sum_{e=1}^{N_e}\Gamma_e$,其中 Γ_e 为第 e 个单元所占边界。忽略式(7-77)中的体声源和体力,得

$$\alpha^{+}(\boldsymbol{x})p(\boldsymbol{x})=\sum_{e=1}^{N_e}\iint_{\Gamma_e}\left[p^{e}(\boldsymbol{y})\frac{\partial G(\boldsymbol{x},\boldsymbol{y})}{\partial n_y^{e}}-G(\boldsymbol{x},\boldsymbol{y})\frac{\partial p^{e}(\boldsymbol{y})}{\partial n_y^{e}}\right]\mathrm{d}\Gamma \tag{7-86}$$

式中:$\boldsymbol{n}_y^e$ 为单元 e 上 $\boldsymbol{y}$ 点处的单位法向向量,其方向由声场边界指向流体内部;$\partial/\partial n_y^e$ 表示法向导数;$p^e(\boldsymbol{y})$ 表示单元 e 上的声压。

本书主要考虑四边形单元,常见的两种四边形单元,如图 7-9 和 7-10 所示。为了便于数值积分,在每个单元上引入无量纲自然坐标$(\varsigma,\boldsymbol{\eta})$,并通过单元坐标插值函数建立边界单元整体坐标$(x_1,x_2,x_3)$与自然坐标$(\varsigma,\boldsymbol{\eta})$之间的关系。单元内一任意一点 $\boldsymbol{y}=[y_1,y_2,y_3]^{\mathrm{T}}$,可以由单元的自然坐标和边界节点整体坐

标来描述,即

$$y_i(\varsigma,\eta)=\sum_{j=1}^{J}N_j^e(\varsigma,\eta)y_{i,j}^e=\boldsymbol{N}(\varsigma,\eta)\,\boldsymbol{y}_i^e \tag{7-87}$$

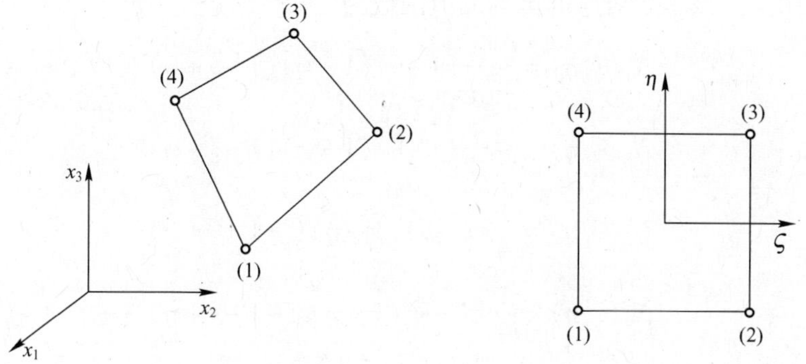

图 7-9　四节点四边形单元

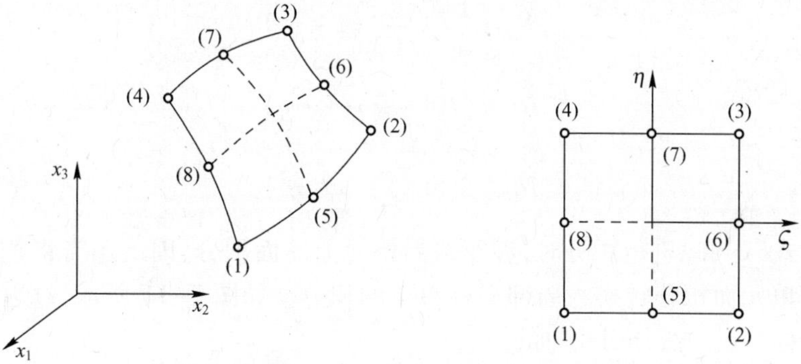

图 7-10　八节点四边形单元

式中:J 为边界单元的节点数目;$N_j(\varsigma,\eta)$ 为单元坐标插值函数;$y_{i,j}^e$ 为第 j 个边界节点的 x_i 坐标值;$\boldsymbol{N}(\varsigma,\eta)$ 为插值函数向量,$\boldsymbol{N}(\varsigma,\eta)=[N_1^e,N_1^e,\cdots,N_J^e]$;$\boldsymbol{y}_i^e$ 为所有边界节点 x_i 方向坐标值集合向量,$\boldsymbol{y}_i^e=[y_{i,1}^e,y_{i,2}^e,\cdots,y_{i,J}^e]^{\mathrm{T}}$。

图 7-9 中的四节点四边形单元为线性单元,其边界节点为四边形的 4 个顶点。该单元对应的坐标插值函数为

$$N_1(\varsigma,\eta)=\frac{1}{4}(1-\varsigma)(1-\eta) \tag{7-88a}$$

$$N_2(\varsigma,\eta)=\frac{1}{4}(1+\varsigma)(1-\eta) \tag{7-88b}$$

$$N_3(\varsigma,\eta)=\frac{1}{4}(1+\varsigma)(1+\eta) \tag{7-88c}$$

$$N_4(\varsigma,\eta)=\frac{1}{4}(1-\varsigma)(1+\eta) \tag{7-88d}$$

图 7-10 中的八节点四边形单元为二次单元,其边界节点包括 4 个顶点和 4 条边的中点。该单元对应的坐标插值函数为

$$N_1(\varsigma,\eta)=-\frac{1}{4}(1-\varsigma)(1-\eta)(1+\varsigma+\eta) \tag{7-89a}$$

$$N_2(\varsigma,\eta)=-\frac{1}{4}(1+\varsigma)(1-\eta)(1-\varsigma+\eta) \tag{7-89b}$$

$$N_3(\varsigma,\eta)=\frac{1}{4}(1+\varsigma)(1+\eta)(-1+\varsigma+\eta) \tag{7-89c}$$

$$N_4(\varsigma,\eta)=\frac{1}{4}(1-\varsigma)(1+\eta)(-1-\varsigma+\eta) \tag{7-89d}$$

$$N_5=\frac{1}{2}(1-\varsigma^2)(1-\eta) \tag{7-89e}$$

$$N_6=\frac{1}{2}(1+\varsigma)(1-\eta^2) \tag{7-89f}$$

$$N_7=\frac{1}{2}(1-\varsigma^2)(1+\eta) \tag{7-89g}$$

$$N_8=\frac{1}{2}(1-\varsigma)(1-\eta^2) \tag{7-89h}$$

对式(7-86)进行积分时,涉及边界单元上的面积分,因此还需将整体坐标系下的单元面积分转换为局部坐标系下的积分。如图 7-11 所示,过边界单元自然坐标原点的微分切线向量为

$$\mathrm{d}\boldsymbol{\varsigma}=\frac{\partial y_1}{\partial\varsigma}\mathrm{d}\varsigma\,\boldsymbol{e}_1+\frac{\partial y_2}{\partial\varsigma}\mathrm{d}\varsigma\,\boldsymbol{e}_2+\frac{\partial y_3}{\partial\varsigma}\mathrm{d}\varsigma\,\boldsymbol{e}_3,\ \mathrm{d}\boldsymbol{\eta}=\frac{\partial y_1}{\partial\eta}\mathrm{d}\eta\boldsymbol{e}_1+\frac{\partial y_2}{\partial\eta}\mathrm{d}\eta\boldsymbol{e}_2+\frac{\partial y_3}{\partial\eta}\mathrm{d}\eta\,\boldsymbol{e}_3 \tag{7-90}$$

式中:$\mathrm{d}\boldsymbol{\varsigma}$和 $\mathrm{d}\boldsymbol{\eta}$ 分别是沿着ς和 η 方向的微分向量。

面积微元为

$$\mathrm{d}\Gamma=|\mathrm{d}\boldsymbol{\varsigma}\times\mathrm{d}\boldsymbol{\eta}|=\begin{vmatrix}\boldsymbol{e}_1 & \boldsymbol{e}_2 & \boldsymbol{e}_3\\ \dfrac{\partial y_1}{\partial\varsigma} & \dfrac{\partial y_2}{\partial\varsigma} & \dfrac{\partial y_3}{\partial\varsigma}\\ \dfrac{\partial y_1}{\partial\eta} & \dfrac{\partial y_2}{\partial\eta} & \dfrac{\partial y_3}{\partial\eta}\end{vmatrix}\mathrm{d}\varsigma\,\mathrm{d}\eta \tag{7-91}$$

简写为

$$\mathrm{d}\Gamma=|\boldsymbol{J}^e|\,\mathrm{d}\varsigma\,\mathrm{d}\eta \tag{7-92}$$

式中:$|\boldsymbol{J}^e|$ 为雅可比行列式,$|\boldsymbol{J}^e|=\sqrt{(g_1^e)^2+(g_2^e)^2+(g_3^e)^2}$,$g_1^e$,$g_2^e$ 和 g_3^e 定

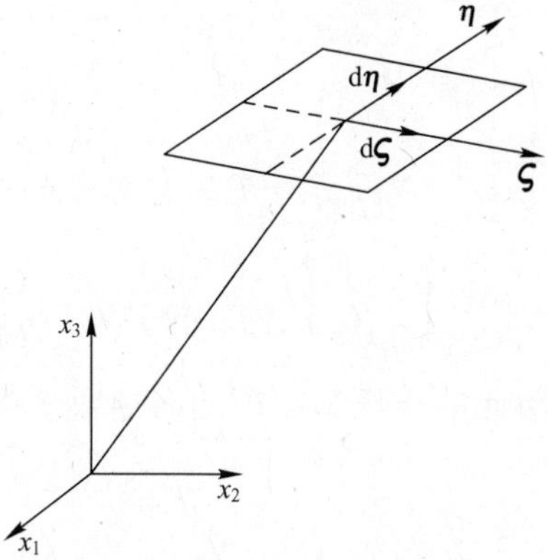

图 7-11　单元切向向量

义为

$$g_1^e(\varsigma,\boldsymbol{\eta}) = \frac{\partial y_2}{\partial \varsigma}\frac{\partial y_3}{\partial \boldsymbol{\eta}} - \frac{\partial y_3}{\partial \varsigma}\frac{\partial y_2}{\partial \boldsymbol{\eta}} \tag{7-93a}$$

$$g_2^e(\varsigma,\boldsymbol{\eta}) = \frac{\partial y_3}{\partial \varsigma}\frac{\partial y_1}{\partial \boldsymbol{\eta}} - \frac{\partial y_1}{\partial \varsigma}\frac{\partial y_3}{\partial \boldsymbol{\eta}} \tag{7-93b}$$

$$g_3^e(\varsigma,\boldsymbol{\eta}) = \frac{\partial y_1}{\partial \varsigma}\frac{\partial y_2}{\partial \boldsymbol{\eta}} - \frac{\partial y_2}{\partial \varsigma}\frac{\partial y_1}{\partial \boldsymbol{\eta}} \tag{7-93c}$$

将单元内的声压 $p(\boldsymbol{y})$ 和声压法向导数 $q(\boldsymbol{y}) = \partial p(\boldsymbol{y})/\partial n_y^e$ 以正交多项式展开，有

$$p(\boldsymbol{y}) = \sum_{i=0}^{I_0}\sum_{j=0}^{I_1}\psi_i(\varsigma)\psi_j(\boldsymbol{\eta})p_{ij} = \sum_{j=1}^{\bar{J}}\bar{N}_j(\varsigma,\boldsymbol{\eta})\,\tilde{p}_j = \bar{\boldsymbol{N}}(\varsigma,\boldsymbol{\eta})\boldsymbol{p} \tag{7-94}$$

$$q(\boldsymbol{y}) = \sum_{i=0}^{I_0}\sum_{j=0}^{I_1}\psi_i(\varsigma)\psi_j(\boldsymbol{\eta})q_{ij} = \sum_{j=1}^{\bar{J}}\bar{N}_j(\varsigma,\boldsymbol{\eta})\,\tilde{q}_j = \bar{\boldsymbol{N}}(\varsigma,\boldsymbol{\eta})\boldsymbol{q} \tag{7-95}$$

式中：$\psi_i(\varsigma)$ 和 $\psi_j(\boldsymbol{\eta})$ 为沿着ς和 $\boldsymbol{\eta}$ 方向的正交多项式，可取切比雪夫多项式和勒让德多项式等；I_0 和 I_1 为截取的多项式最高阶次；$\bar{N}_j(\varsigma,\boldsymbol{\eta})$ 为多项式乘积函数；$\bar{J}$ 为 $\bar{N}_j(\varsigma,\boldsymbol{\eta})$ 的项数，$\bar{J} = (I_0+1)(I_1+1)$；p_{ij}，q_{ij}，$\tilde{p}_j$ 和 $\tilde{q}_j$ 为声压 $p(\boldsymbol{y})$ 和声压法向导数 $q(\boldsymbol{y})$ 的多项式展开系数；$\bar{\boldsymbol{N}}(\varsigma,\boldsymbol{\eta})$ 为多项式函数向量，$\bar{\boldsymbol{N}} = [\psi_0\psi_0,\cdots,\psi_0\psi_{I_1},\cdots,\psi_{I_0}\psi_0,\cdots,\psi_{I_0}\psi_{I_1}]$；$\boldsymbol{p}$ 和 $\boldsymbol{q}$ 为多项式展开系数向量，$\boldsymbol{p} = [p_{00},\cdots,p_{0I_1},\cdots,p_{I_00},\cdots,p_{I_0I_1}]^{\mathrm{T}}$，$\boldsymbol{q} = [q_{00},\cdots,q_{0I_1},\cdots,q_{I_00},\cdots,q_{I_0I_1}]^{\mathrm{T}}$。

需要指出，对声压 $p(\boldsymbol{y})$ 和声压法向导数 $q(\boldsymbol{y})$ 进行展开时，可不必采用相同阶数的正交多项式。

将式(7-92)、式(7-94)和式(7-95)代入式(7-86)，得

$$\alpha^+(\boldsymbol{x})p(\boldsymbol{x}) = \sum_{e=1}^{N_e}\iint_{\Gamma_e}\left[\bar{\boldsymbol{N}}(\varsigma,\boldsymbol{\eta})\,\frac{\partial}{\partial n_y^e}G(\boldsymbol{x},\boldsymbol{y}(\varsigma,\boldsymbol{\eta}))\,\boldsymbol{p}^e - G(\boldsymbol{x},\boldsymbol{y}(\varsigma,\boldsymbol{\eta}))\,\bar{\boldsymbol{N}}(\varsigma,\boldsymbol{\eta})\,\boldsymbol{q}^e\right]$$

$$| \boldsymbol{J}^e | \mathrm{d}\varsigma \, \mathrm{d}\eta \qquad (7-96)$$

将$\boldsymbol{p}^e$ 和 $\boldsymbol{q}^e$ 移至积分符号外，有

$$\alpha^+(\boldsymbol{x})p(\boldsymbol{x}) = \sum_{e=1}^{N_e}\left[\iint_{\Gamma_e}\overline{\boldsymbol{N}}(\varsigma,\eta)\frac{\partial}{\partial n_y^e}G(\boldsymbol{x},\boldsymbol{y}(\varsigma,\eta)) \,|\, \boldsymbol{J}^e \,|\, \mathrm{d}\varsigma\,\mathrm{d}\eta\right]\boldsymbol{p}^e - \sum_{e=1}^{N_e}\left[\iint_{\Gamma_e}G(\boldsymbol{x},\boldsymbol{y}(\varsigma,\eta))\,\overline{\boldsymbol{N}}(\varsigma,\eta) \,|\, \boldsymbol{J}^e \,|\, \mathrm{d}\varsigma\,\mathrm{d}\eta\right]\boldsymbol{q}^e \quad (7-97)$$

式中：$\boldsymbol{p}^e$ 和$\boldsymbol{q}^e$ 为第 e 个单元的声压和声压法向导数多项式展开系数向量，它们都是$\bar{J}\times 1$ 列向量。

因此，式(7-97)中总共含有 $N_e\times\bar{J}=N_e\times(I_0+1)\times(I_1+1)$个未知变量。前面指出，在声场边界上可指定三种类型的边界，即声压边界 Γ_p，声压法向导数边界 Γ_q 和声阻抗边界 Γ_r。如果在整个边界上给定了声压边界条件，所有边界单元上的声压展开系数向量$\boldsymbol{p}^e$ 为已知量，因此若要确定声场内一点 $\boldsymbol{x}$ 处的声压，需将边界单元上的$\boldsymbol{q}^e$ 值求出。如果边界上给定的是声压法向导数，则所有边界单元上的$\boldsymbol{q}^e$ 为已知量，为了计算域内 $\boldsymbol{x}$ 点处的声压，需事先确定边界单元上的声压展开系数向量 $\boldsymbol{p}^e$。对于声阻抗边界，则是给定部分单元的$\boldsymbol{p}^e$ 和$\boldsymbol{q}^e$，需要根据式(7-97)来确定边界单元上未知的$\boldsymbol{p}^e$ 和$\boldsymbol{q}^e$。

为了满足式(7-97)的定解条件并确定边界上的未知量，在每个四边形边界单元中设置$(I_0+1)\times(I_1+1)$个配置点。在自然坐标系(ς,η)下，可将单元的配置点设置于正交多项式函数的零点位置，如切比雪夫多项式和勒让德多项式的零点。不同阶次单元中的配置点分布如图 7-12 所示。采用这样的边界单元后，相邻单元间的物理量不能保证是连续的。然而，边界元法对单元之间声场物理量的连续性要求不是必要的，这一点从传统常值边界元的成功应用中可以得到证实。由于采用了内部配置点，这种边界单元克服了普通边界元在单元节点(角点)处法线方向不连续的问题，非常适宜于非光滑边界的声场问题。

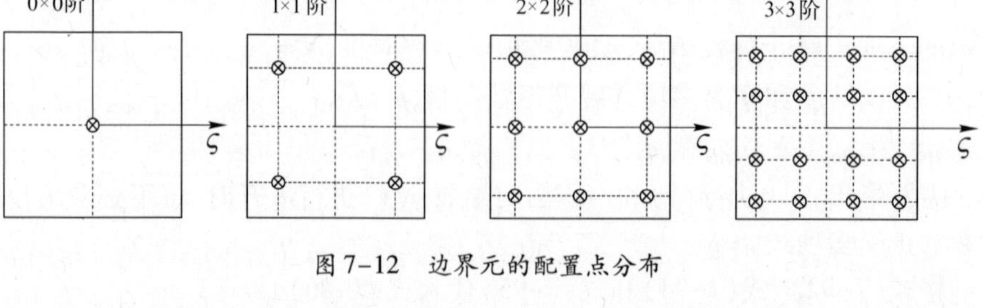

图 7-12　边界元的配置点分布

记第 i 个单元中第 j 个配置点为$\hat{\boldsymbol{y}}_j^i$。将 $\boldsymbol{x}$ 移动到边界上的配置点$\hat{\boldsymbol{y}}_j^i$ 处时，由式(7-94)和式(7-99)，得

$$\alpha^+(\hat{\boldsymbol{y}}_j^i)\,\overline{\boldsymbol{N}}(\varsigma,\eta)\,|_{\hat{y}_j^i}\,\boldsymbol{p}^i=\sum_{e=1}^{N_e}\left[\iint_{\Gamma_e}\overline{\boldsymbol{N}}(\varsigma,\eta)\,\frac{\partial}{\partial n_y^e}G(\hat{\boldsymbol{y}}_j^i,\boldsymbol{y}(\varsigma,\eta))\,|\,\boldsymbol{J}^e\,|\,\mathrm{d}\varsigma\,\mathrm{d}\eta\right]\boldsymbol{p}^e$$
$$-\sum_{e=1}^{N_e}\left[\iint_{\Gamma_e}G(\hat{\boldsymbol{y}}_j^i,\boldsymbol{y}(\varsigma,\eta))\,\overline{\boldsymbol{N}}(\varsigma,\eta)\,|\,\boldsymbol{J}^e\,|\,\mathrm{d}\varsigma\,\mathrm{d}\eta\right]\boldsymbol{q}^e \tag{7-98}$$

写成矩阵形式,有

$$-\alpha^+\,\overline{\boldsymbol{N}}\,\boldsymbol{p}^i+\sum_{e=1}^{N_e}\overline{\boldsymbol{H}}_j^e\,\boldsymbol{p}^e=\sum_{e=1}^{N_e}\boldsymbol{G}_j^e\,\boldsymbol{q}^e \tag{7-99}$$

式中:$\overline{\boldsymbol{H}}_j^e$ 和$\boldsymbol{G}_j^e$ 为第 i 个单元中第 j 个配置点与第 e 个边界单元进行积分运算后得到的影响系数向量,也称为影响系数向量。

$$\overline{\boldsymbol{H}}_j^e=\iint_{\Gamma_e}\overline{\boldsymbol{N}}(\varsigma,\eta)\,\frac{\partial}{\partial n_y^e}G(\hat{\boldsymbol{y}}_j^i,\boldsymbol{y}(\varsigma,\eta))\,|\,\boldsymbol{J}^e\,|\,\mathrm{d}\varsigma\,\mathrm{d}\eta \tag{7-100a}$$

$$\boldsymbol{G}_j^e=\iint_{\Gamma_e}G(\hat{\boldsymbol{y}}_j^i,\boldsymbol{y}(\varsigma,\eta))\,\overline{\boldsymbol{N}}(\varsigma,\eta)\,|\,\boldsymbol{J}^e\,|\,\mathrm{d}\varsigma\,\mathrm{d}\eta \tag{7-100b}$$

式(7-99)可以进一步写成

$$\sum_{e=1}^{N_e}\boldsymbol{H}^e\,\boldsymbol{p}^e=\sum_{e=1}^{N_e}\boldsymbol{G}_j^e\,\boldsymbol{q}^e \tag{7-101}$$

式中

$$\boldsymbol{H}_j^e=\overline{\boldsymbol{H}}_j^e-\delta_i^e\alpha^+\overline{\boldsymbol{N}} \tag{7-102}$$

式中:δ_i^e 为 Kronecker delta 函数,当 $i=e$ 时,$\delta_i^e=1$,当 $i\neq e$ 时,$\delta_i^e=0$。

现将 $\boldsymbol{x}$ 依次置于所有边界单元的配置点上,最终得到 $N_e\times(I_0+1)\times(I_1+1)$ 个线性代数方程组。将式(7-101)写成矩阵形式,有

$$\boldsymbol{Hp}=\boldsymbol{Gq} \tag{7-103}$$

式中:$\boldsymbol{H}$ 和 $\boldsymbol{G}$ 为所有边界单元的影响系数矩阵;$\boldsymbol{p}$ 和 $\boldsymbol{q}$ 分别为所有边界单元的声压多项式系数向量集合和声压法向导数多项式系数向量集合。

在计算式(7-103)中影响系数矩阵元素时,如果配置点不属于当前的积分单元时($i\neq e$),则$\overline{\boldsymbol{H}}_j^e$ 和$\boldsymbol{G}_j^e$ 可由高斯积分进行计算。高斯积分点数的选取与配置点$\hat{\boldsymbol{y}}_j^i$ 和源点 $\boldsymbol{y}$ 之间的距离有关,距离越大,高斯积分点数可以取得越少,反之则越多。如果配置点位于当前积分单元时,则该单元上的积分存在奇异性。如果仍然直接使用高斯积分,由于式(7-100)中奇异积分项存在,导致计算精度大大降低,甚至得不到正确结果。对于式(7-100)中奇异积分的处理,目前已经有很多方法,比较有效的处理方法是极坐标变换法[252,253]。下面简要介绍这一方法。

如图 7-13 所示,在单元配置点处将被积四边形单元划分为 M 个三角形单

元,并在该点处建立极坐标$(\hat{r},\theta)$。

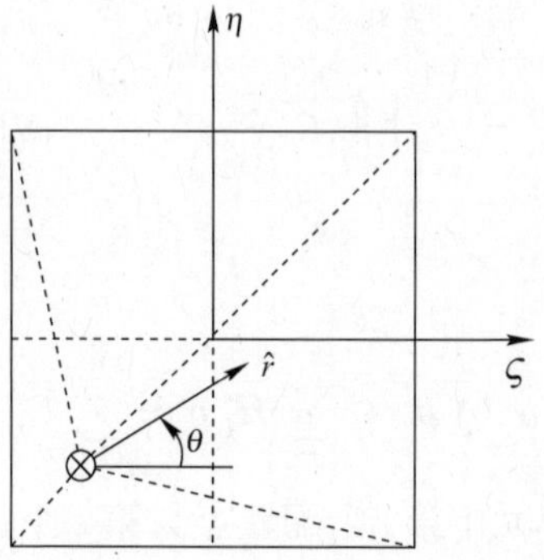

图 7-13 四边形单元划分成三角形单元

该单元内任意一点的自然坐标$(\varsigma,\boldsymbol{\eta})$与极坐标$(\hat{r},\theta)$之间的对应关系为

$$\varsigma=\varsigma_0+\hat{r}\cos\theta,\quad \eta=\eta_0+\hat{r}\sin\theta \tag{7-104}$$

式中:ς_0 和 η_0 为配置点的自然坐标值。

将式(7-104)代入式(7-100),得

$$\overline{\boldsymbol{H}}_j^e=\sum_{m=1}^{M}\int_{\theta_1}^{\theta_2}\int_{0}^{\hat{r}(\theta)}\overline{\boldsymbol{N}}(\hat{r},\theta)\frac{\partial}{\partial n_y^e}G(\hat{\boldsymbol{y}}_j^i,\boldsymbol{y}(\hat{r},\theta))\mid \boldsymbol{J}^e\mid \hat{r}\mathrm{d}\,\hat{r}\mathrm{d}\theta \tag{7-105a}$$

$$\boldsymbol{G}_j^e=\sum_{m=1}^{M}\int_{\theta_1}^{\theta_2}\int_{0}^{\hat{r}(\theta)}G(\hat{\boldsymbol{y}}_j^i,\boldsymbol{y}(\hat{r},\theta))\,\overline{\boldsymbol{N}}(\hat{r},\theta)\mid \boldsymbol{J}^e\mid \hat{r}\mathrm{d}\,\hat{r}\mathrm{d}\theta \tag{7-105b}$$

由于$\hat{r}$出现在式(7-105)的积分核中,因此$\overline{\boldsymbol{H}}_j^e$ 和$\boldsymbol{G}_j^e$ 的积分核至多是弱奇异性的,可以直接采用高斯积分进行计算。

求解声场问题时,在某些特征频率处,利用式(7-103)无法得到合理的数值计算结果,即产生解的非唯一性问题。这种非唯一解并不是实际的物理本质,而是由于采用边界积分方程所带来的数学问题。目前处理声场边界积分方程非唯一解问题比较有效的方法有 CHIEF(Combined Helmholtz Integral Equation Formulation)法[211] 和 Burton - Miller 法[212]。CHIEF 法是通过在声场外部选取若干个内点(CHIEF 点),在这些内点处建立相应的 Helmohltz 边界积分方程并与原方程进行联立,形成超定方程系统,然后求该系统的最小二乘解。Burton - Miller 法则是将 Helmholtz 积分方程与其法向导数方程进行组合,若组合方式合理,得到的新方程可具有唯一解。

CHIEF 法的优点在于其不需要处理超奇异积分问题,计算量增加不大而且易于实现,因而在工程界较受欢迎。根据 CHIEF 法,在声场外部取 M_e 个 CHIEF 点。对于第 i 个 CHIEF 点$\hat{\boldsymbol{y}}_c^i$($\hat{\boldsymbol{y}}_c^i\notin\boldsymbol{\varOmega}^+$ 且$\hat{\boldsymbol{y}}_c^i\notin\boldsymbol{\varGamma}$),式(7-98)中$\alpha^+(\hat{\boldsymbol{y}}_c^i)=0$,得

$$\sum_{e=1}^{N_e}\left[\iint_{\Gamma_e}\overline{\boldsymbol{N}}(\varsigma,\eta)\frac{\partial}{\partial n_y^e}G(\hat{\boldsymbol{y}}_c^i,\boldsymbol{y}(\varsigma,\eta))\mid\boldsymbol{J}^e\mid \mathrm{d}\varsigma\,\mathrm{d}\eta\right]\boldsymbol{p}^e-$$

$$\sum_{e=1}^{N_e}\left[\iint_{\Gamma_e}G(\hat{\boldsymbol{y}}_c^i,\boldsymbol{y}(\varsigma,\eta))\,\overline{\boldsymbol{N}}(\varsigma,\eta)\mid\boldsymbol{J}^e\mid \mathrm{d}\varsigma\,\mathrm{d}\eta\right]\boldsymbol{q}^e=0 \tag{7-106}$$

写成矩阵形式,有

$$\sum_{e=1}^{N_e}\overline{\boldsymbol{H}}_{c,i}^e\boldsymbol{p}^e=\sum_{e=1}^{N_e}\boldsymbol{G}_{c,i}^e\boldsymbol{q}^e \tag{7-107}$$

式中:$\overline{\boldsymbol{H}}_{c,i}^e$和$\boldsymbol{G}_{c,i}^e$为第 i 个 CHIEF 点与第 e 个边界单元进行积分运算后得到的影响系数向量。

$$\overline{\boldsymbol{H}}_{c,i}^e=\iint_{\Gamma_e}\overline{\boldsymbol{N}}(\varsigma,\eta)\frac{\partial}{\partial n_y^e}G(\hat{\boldsymbol{y}}_c^i,\boldsymbol{y}(\varsigma,\eta))\mid\boldsymbol{J}^e\mid \mathrm{d}\varsigma\,\mathrm{d}\eta \tag{7-108a}$$

$$\boldsymbol{G}_{c,i}^e=\iint_{\Gamma_e}G(\hat{\boldsymbol{y}}_c^i,\boldsymbol{y}(\varsigma,\eta))\,\overline{\boldsymbol{N}}(\varsigma,\eta)\mid\boldsymbol{J}^e\mid \mathrm{d}\varsigma\,\mathrm{d}\eta \tag{7-108b}$$

将所有 CHIEF 点形成的方程写成矩阵形式,有

$$\boldsymbol{H}_c\boldsymbol{p}=\boldsymbol{G}_c\boldsymbol{q} \tag{7-109}$$

式中:$\boldsymbol{H}_c$ 和$\boldsymbol{G}_c$ 为所有 CHIEF 点对应的影响系数矩阵。

将式(7-103)与式(7-109)联立即得 CHIEF 方程:

$$\widetilde{\boldsymbol{H}}\boldsymbol{p}=\widetilde{\boldsymbol{G}}\boldsymbol{q} \tag{7-110}$$

式(7-110)为超定方程组,其中$\widetilde{\boldsymbol{H}}=[\boldsymbol{H}^{\mathrm{T}},\boldsymbol{H}_c^{\mathrm{T}}]^{\mathrm{T}}$,$\widetilde{\boldsymbol{G}}=[\boldsymbol{G}^{\mathrm{T}},\boldsymbol{G}_c^{\mathrm{T}}]^{\mathrm{T}}$。根据已知的边界条件,可采用最小二乘法对式(7-110)进行求解。如果边界上给定了声压系数向量$\boldsymbol{p}$,由上式可求出声压法向导数系数向量$\boldsymbol{q}$;如果边界上给定$\boldsymbol{q}$,则可求出$\boldsymbol{p}$;对于边界上给定了部分$\boldsymbol{p}$和$\boldsymbol{q}$的情况,可将式(7-110)中的未知量移至方程一侧,而已知量移至方程另一侧,进而可求出未知的$\boldsymbol{p}$和$\boldsymbol{q}$。一旦$\boldsymbol{p}$和$\boldsymbol{q}$均已知,由式(7-97)可求出声场中任意一点$\boldsymbol{x}$处的声压。

对于一些高频的声学问题,CHIEF 法中配置点的数目和位置不易确定,存在一定的局限性。这时可以考虑采用 Burton - Miller 法,该方法是利用边界积分方程及其导数方程,通过将两个方程进行适当的组合来消除边界积分方程的非唯一解问题。若不考虑式(7-77)中的体声源和体力,将$\boldsymbol{x}$移至边界上时,该式在$\boldsymbol{x}$点处的法向导数为

$$\alpha^+(\boldsymbol{x})\frac{\partial p(\boldsymbol{x})}{\partial n_x^+}=\iint_\Gamma\left[p(\boldsymbol{y})\frac{\partial^2G(\boldsymbol{x},\boldsymbol{y})}{\partial n_x^+\partial n_y^+}-\frac{\partial G(\boldsymbol{x},\boldsymbol{y})}{\partial n_x^+}\frac{\partial p(\boldsymbol{y})}{\partial n_y^+}\right]\mathrm{d}\Gamma \tag{7-111}$$

式中:$\partial^2G/\partial n_x^+\partial n_y^+$ 为超强奇异积分核,具有 $1/r^3$ 奇异性;$\partial G/\partial n_x^+$ 为强奇异积分核,具有 $1/r^2$ 奇异性。

忽略式(7-77)中的体力和体声源,将式(7-77)与式(7-111)进行线性组

合,得到 Burton – Miller 法对应的声场边界积分方程

$$\alpha^{+}(\boldsymbol{x})\left[p(\boldsymbol{x})+\beta\frac{\partial p(\boldsymbol{x})}{\partial n_x^{+}}\right]=\iint_{\Gamma}\left[\frac{\partial G(\boldsymbol{x},\boldsymbol{y})}{\partial n_y^{+}}+\beta\frac{\partial^2 G(\boldsymbol{x},\boldsymbol{y})}{\partial n_x^{+}\partial n_y^{+}}\right]p(\boldsymbol{y})\mathrm{d}\Gamma-\iint_{\Gamma}\left[G(\boldsymbol{x},\boldsymbol{y})+\beta\frac{\partial G(\boldsymbol{x},\boldsymbol{y})}{\partial n_x^{+}}\right]\frac{\partial p(\boldsymbol{y})}{\partial n_y^{+}}\mathrm{d}\Gamma \tag{7-112}$$

式中:β 为非零耦合系数,取为复数,如当 $k\leqslant 1$ 时,取 $\beta=\mathrm{i}$,当 $k>1$ 时,取 $\beta=\mathrm{i}/k$[254]。

对声场边界进行离散,将 $\boldsymbol{x}$ 移动到声场边界单元的配置点上,得

$$\alpha^{+}(\hat{\boldsymbol{y}}_j^i)\left(\overline{\boldsymbol{N}}+\beta\frac{\partial\overline{\boldsymbol{N}}}{\partial n_x^{+}}\right)\bigg|_{\hat{\boldsymbol{y}}_j^i}\boldsymbol{p}^i=\sum_{e=1}^{N_e}\left[\iint_{\Gamma^e}\left(\frac{\partial G}{\partial n_y^{+}}+\beta\frac{\partial^2 G}{\partial n_x^{+}\partial n_y^{+}}\right)\overline{\boldsymbol{N}}(\varsigma,\eta)\mid\boldsymbol{J}^e\mid\mathrm{d}\varsigma\,\mathrm{d}\eta\right]\boldsymbol{p}^e-\sum_{e=1}^{N_e}\left[\iint_{\Gamma}\left(G+\beta\frac{\partial G}{\partial n_x^{+}}\right)\overline{\boldsymbol{N}}(\varsigma,\eta)\mid\boldsymbol{J}^e\mid\mathrm{d}\varsigma\,\mathrm{d}\eta\right]\boldsymbol{q}^e \tag{7-113}$$

写成矩阵形式,有

$$-\alpha^{+}\left(\overline{\boldsymbol{N}}+\beta\frac{\partial\overline{\boldsymbol{N}}}{\partial n_x^{+}}\right)\boldsymbol{p}^i+\sum_{e=1}^{N_e}\hat{\boldsymbol{H}}_j^e\boldsymbol{p}^e=\sum_{e=1}^{N_e}\hat{\boldsymbol{G}}_j^e\boldsymbol{q}^e \tag{7-114}$$

式中:$\hat{\boldsymbol{H}}_j^e$ 和 $\hat{\boldsymbol{G}}_j^e$ 为第 i 个边界单元中第 j 个配置点与第 e 个边界单元进行积分运算后得到的影响系数向量。

$$\hat{\boldsymbol{H}}_j^e=\iint_{\Gamma^e}\frac{\partial G}{\partial n_y^{+}}\overline{\boldsymbol{N}}(\varsigma,\eta)\mid\boldsymbol{J}^e\mid\mathrm{d}\varsigma\,\mathrm{d}\eta+\beta\iint_{\Gamma^e}\frac{\partial^2 G}{\partial n_x^{+}\partial n_y^{+}}\overline{\boldsymbol{N}}(\varsigma,\eta)\mid\boldsymbol{J}^e\mid\mathrm{d}\varsigma\,\mathrm{d}\eta \tag{7-115a}$$

$$\hat{\boldsymbol{G}}_j^e=\iint_{\Gamma}G\,\overline{\boldsymbol{N}}(\varsigma,\eta)\mid\boldsymbol{J}^e\mid\mathrm{d}\varsigma\,\mathrm{d}\eta+\beta\iint_{\Gamma}\frac{\partial G}{\partial n_x^{+}}\overline{\boldsymbol{N}}(\varsigma,\eta)\mid\boldsymbol{J}^e\mid\mathrm{d}\varsigma\,\mathrm{d}\eta \tag{7-115b}$$

式(7-114)可进一步写成

$$\sum_{e=1}^{N_e}\widetilde{\boldsymbol{H}}_j^e\boldsymbol{p}^e=\sum_{e=1}^{N_e}\hat{\boldsymbol{G}}_j^e\boldsymbol{q}^e \tag{7-116}$$

式中

$$\widetilde{\boldsymbol{H}}_j^e=\hat{\boldsymbol{H}}_j^e-\delta_i^e\alpha^{+}\left(\overline{\boldsymbol{N}}+\beta\frac{\partial\overline{\boldsymbol{N}}}{\partial n_x^{+}}\right) \tag{7-117}$$

现将 $\boldsymbol{x}$ 依次置于所有边界单元的配置点上,最终得到 $N_e\times(I_0+1)\times(I_1+1)$ 个线性代数方程组。将式(7-116)写成矩阵形式,有

$$\widetilde{\boldsymbol{H}}\boldsymbol{p}=\hat{\boldsymbol{G}}\boldsymbol{q} \tag{7-118}$$

式中:$\widetilde{\boldsymbol{H}}$和$\hat{\boldsymbol{G}}$为 Burton – Miller 声场边界积分方程对应的的边界单元影响系数矩阵。

采用式(7-118)计算声场问题,能有效地克服声场边界积分方程的非唯一解问题,并在所有频率处得到正确的结果。在计算$\widetilde{\boldsymbol{H}}$和$\hat{\boldsymbol{G}}$的矩阵元素时,如果配置点不属于当前的积分单元时($i\neq e$),则式(7-115)中的$\hat{\boldsymbol{H}}_j^e$ 和$\hat{\boldsymbol{G}}_j^e$ 可由高斯积分进行计算。如果配置点位于当前积分单元时,该式中的积分核都是奇异的。对于式(7-115a)等号右边第一项积分和式(7-115b)中的两项奇异积分,可按照前面的极坐标转换方法进行处理。式(7-115a)等号右边第二项积分为超强奇异积分,采用极坐标变化无法消除其超奇异性。对于超强奇异积分,也已发展了很多处理方法,其中 Hardamard 有限部分积分法[255,256]是非常有效的一种方法。下面对这一方法进行简要介绍,详细内容见文献[255,256]。

将式(7-52)代入式(7-115a)中的超奇异积分核,得

$$\frac{\partial^2 G}{\partial n_x^+\ \partial n_y^+}=\frac{1}{4\pi r^3}\left[(3+\mathrm{i}kr-k^2r^2)\frac{\partial r}{\partial n_x^+}\frac{\partial r}{\partial n_y^+}+(1+\mathrm{i}kr)n_{i,x}^+n_{i,y}^+\right]\mathrm{e}^{-\mathrm{i}kr} \tag{7-119}$$

式中:$n_{i,x}^+$和 $n_{i,y}^+$分别表示 $\boldsymbol{x}$ 和 $\boldsymbol{y}$ 点处的法向余弦分量。

当 $\boldsymbol{x}\to\boldsymbol{y}$ 时,有 $r=|\boldsymbol{x}-\boldsymbol{y}|\to 0$,式(7-119)可写为

$$\frac{\partial^2 G}{\partial n_x^+\ \partial n_y^+}=\frac{1}{4\pi r^3}\left(3\frac{\partial r}{\partial n_x^+}\frac{\partial r}{\partial n_y^+}+n_{i,x}^+n_{i,y}^+\right)+O\left(\frac{1}{r}\right) \tag{7-120}$$

现在以 $\boldsymbol{x}$ 点为球心,在边界上拓展一个半径为 ε 的半球面,则式(7-112)中的超奇异积分可写为

$$\iint_\Gamma \frac{\partial^2 G(\boldsymbol{x},\boldsymbol{y})}{\partial n_x^+\ \partial n_y^+}p(\boldsymbol{y})\,\mathrm{d}\Gamma=\iint_{\Gamma-\Gamma_x}\frac{\partial^2 G(\boldsymbol{x},\boldsymbol{y})}{\partial n_x^+\ \partial n_y^+}p(\boldsymbol{y})\,\mathrm{d}\Gamma+\lim_{\varepsilon\to 0}\iint_{\Gamma_x-\overline{\Gamma}_\varepsilon}\frac{\partial^2 G(\boldsymbol{x},\boldsymbol{y})}{\partial n_x^+\ \partial n_y^+}p(\boldsymbol{y})\,\mathrm{d}\Gamma$$
$$+\lim_{\varepsilon\to 0}\iint_{\Gamma_\varepsilon}\frac{\partial^2 G(\boldsymbol{x},\boldsymbol{y})}{\partial n_x^+\ \partial n_y^+}p(\boldsymbol{y})\,\mathrm{d}\Gamma \tag{7-121}$$

式中:Γ_x为包含 $\boldsymbol{x}$ 点的局部边界区域;$\overline{\Gamma}_\varepsilon$ 为在 Γ_x上被半球所包围的边界部分;Γ_ε 为半球面。

式(7-121)等号右边第一项积分是无奇异的,可采用高斯积分法进行计算,其余的两项极限积分项都是奇异的。

在球坐标系下,$r_i(\boldsymbol{y})=y_i-x_i=\varepsilon n_{i,y}^+$,因此

$$\frac{\partial r}{\partial n_y^+}=-\frac{y_i-x_i}{\varepsilon}n_{i,y}^+=-1,\quad \frac{\partial r}{\partial n_x^+}=\frac{y_i-x_i}{\varepsilon}n_{i,x}^+=n_{i,x}^+n_{i,y}^+ \tag{7-122}$$

将式(7-122)代入式(7-120),则式(7-121)右侧最后一项积分为

$$\lim_{\varepsilon\to 0}\iint_{\Gamma_\varepsilon}\frac{\partial^2 G(\boldsymbol{x},\boldsymbol{y})}{\partial n_x^+\ \partial n_y^+}p(\boldsymbol{y})\,\mathrm{d}\Gamma=-\frac{1}{2\pi}\lim_{\varepsilon\to 0}\int_0^\pi\frac{n_{i,x}^+n_{i,y}^+}{\varepsilon}p(\boldsymbol{y})\,\mathrm{d}\theta \tag{7-123}$$

对于式(7-121)等号右边的第二项积分,将其转换到局部自然坐标系

(ς,η)下，有

$$\lim_{\varepsilon\to 0}\iint_{\Gamma_x-\bar{\Gamma}_\varepsilon}\frac{\partial^2 G(\boldsymbol{x},\boldsymbol{y})}{\partial n_x^+\ \partial n_y^+}p(\boldsymbol{y})\,\mathrm{d}\Gamma=$$
$$\lim_{\varepsilon\to 0}\sum_{j=1}^{\bar{J}}\left[\iint_{\Gamma_x-\bar{\Gamma}_\varepsilon}\frac{\partial^2 G(\varsigma_y,\eta_y)}{\partial n_x^+\ \partial n_y^+}\bar{\boldsymbol{N}}_j(\varsigma_y,\eta_y)\ |\ \boldsymbol{J}^e\ |\ \mathrm{d}\varsigma\,\mathrm{d}\eta\right]p_j(\varsigma_y,\eta_y) \tag{7-124}$$

在 $\boldsymbol{x}$ 点建立一个极坐标系$(\hat{r},\theta)$，根据局部坐标(ς,η)和极坐标$(\hat{r},\theta)$之间的关系式(7-104)，式(7-124)中的积分在极坐标系下可写为

$$\lim_{\varepsilon\to 0}\left[\iint_{\Gamma_x-\bar{\Gamma}_\varepsilon}\frac{\partial^2 G(\varsigma_y,\eta_y)}{\partial n_x^+\ \partial n_y^+}\bar{\boldsymbol{N}}_j(\varsigma_y,\eta_y)\ |\ \boldsymbol{J}^e\ |\ \mathrm{d}\varsigma\,\mathrm{d}\eta\right]=\lim_{\varepsilon\to 0}\int_0^{2\pi}\int_{\hat{r}_1(\theta)}^{\hat{r}_2(\theta)}\mathcal{F}(\hat{r},\theta)\,\mathrm{d}\hat{r}\mathrm{d}\theta \tag{7-125}$$

式中：$\hat{r}_1(\theta)$和$\hat{r}_2(\theta)$为径向坐标值，它们与单元尺寸和配点位置有关。

$$\mathcal{F}(\hat{r},\theta)=\frac{\partial^2 G(\varsigma_y,\eta_y)}{\partial n_x^+\ \partial n_y^+}\bar{\boldsymbol{N}}_j(\varsigma_y,\eta_y)\ |\boldsymbol{J}^e|\ \hat{r} \tag{7-126}$$

式中，奇异性最强的项为

$$\mathcal{G}(\hat{r},\theta)=\frac{n_{i,x}^+ n_{i,y}^+}{4\pi r^3}\bar{\boldsymbol{N}}_j(\varsigma_y,\eta_y)\ |\boldsymbol{J}^e|\ \hat{r} \tag{7-127}$$

当$\hat{r}$非常小时，可采用洛朗级数展开式(7-127)，即

$$\mathcal{G}(\hat{r},\theta)=\frac{1}{\hat{r}^2}\mathcal{G}_{-2}(\theta)+\frac{1}{\hat{r}}\mathcal{G}_{-1}(\theta)+O(1) \tag{7-128}$$

显然，$\mathcal{F}(\hat{r},\theta)$的奇异性就是因为包含了上式右侧两项才出现的。如果在$\mathcal{F}(\hat{r},\theta)$中去除这两个奇异项，就可以避免奇异性。为此，将式(7-125)重新写为

$$\begin{aligned}\lim_{\varepsilon\to 0}\int_0^{2\pi}\int_{\hat{r}_1(\theta)}^{\hat{r}_2(\theta)}\mathcal{F}(\hat{r},\theta)\,\mathrm{d}\hat{r}\mathrm{d}\theta&=\lim_{\varepsilon\to 0}\int_0^{2\pi}\int_{\hat{r}_1(\theta)}^{\hat{r}_2(\theta)}\left[\mathcal{F}(\hat{r},\theta)-\frac{1}{\hat{r}^2}\mathcal{G}_{-2}(\theta)-\frac{1}{\hat{r}}\mathcal{G}_{-1}(\theta)\right]\mathrm{d}\hat{r}\mathrm{d}\theta\\&+\lim_{\varepsilon\to 0}\int_0^{2\pi}\int_{\hat{r}_1(\theta)}^{\hat{r}_2(\theta)}\frac{1}{\hat{r}^2}\mathcal{G}_{-2}(\theta)\,\mathrm{d}\hat{r}\mathrm{d}\theta\\&+\lim_{\varepsilon\to 0}\int_0^{2\pi}\int_{\hat{r}_1(\theta)}^{\hat{r}_2(\theta)}\frac{1}{\hat{r}}\mathcal{G}_{-1}(\theta)\,\mathrm{d}\hat{r}\mathrm{d}\theta\end{aligned} \tag{7-129}$$

现在定义式(7-129)等号右边的三项积分为$\mathcal{I}_0$、$\mathcal{I}_1$和$\mathcal{I}_2$。注意到$\mathcal{I}_0$是非奇异的，可采用高斯积分对其进行计算。因此，可将$\mathcal{I}_0$写为

$$\mathcal{I}_0=\int_0^{2\pi}\int_0^{\hat{r}_2(\theta)}\left[\mathcal{F}(\hat{r},\theta)-\frac{1}{\hat{r}^2}\mathcal{G}_{-2}(\theta)-\frac{1}{\hat{r}}\mathcal{G}_{-1}(\theta)\right]\mathrm{d}\hat{r}\mathrm{d}\theta \tag{7-130}$$

将$\hat{r}(\varepsilon,\theta)$进行泰勒展开，得

$$\hat{r}(\varepsilon,\theta)=\varepsilon\beta(\theta)+\varepsilon^2\gamma(\theta)+O(\varepsilon^3) \tag{7-131}$$

将式(7-131)代入 $\mathcal{I}_1$ 和 $\mathcal{I}_2$，化简，得

$$\mathcal{I}_1 = \int_0^{2\pi} \mathcal{G}_{-1}(\theta)\ln\left|\frac{\hat{r}_2(\theta)}{\beta(\theta)}\right| \mathrm{d}\theta \tag{7-132a}$$

$$\mathcal{I}_2 = -\int_0^{2\pi} \mathcal{G}_{-2}(\theta)\left[\frac{\gamma(\theta)}{\beta^2(\theta)} + \frac{1}{\hat{r}_2(\theta)}\right]\mathrm{d}\theta + \lim_{\varepsilon\to 0}\left[\frac{1}{\varepsilon}\int_0^{2\pi}\frac{\mathcal{G}_{-2}(\theta)}{\beta(\theta)}\right]\mathrm{d}\theta \tag{7-132b}$$

将式(7-130)～式(7-132)代入式(7-129)，则式(7-124)等号右边的积分项为

$$\begin{aligned}\lim_{\varepsilon\to 0}\iint_{\Gamma_x-\bar{\Gamma}_\varepsilon}\frac{\partial^2 G(\boldsymbol{x},\boldsymbol{y})}{\partial n_x^+\ \partial n_y^+}p(\boldsymbol{y})\,\mathrm{d}\Gamma = &\sum_{j=1}^{\bar{J}}\left[\int_0^{2\pi}\int_0^{\hat{r}_2(\theta)}\left(\mathcal{F} - \frac{1}{\hat{r}^2}\mathcal{G}_{-2}(\theta) - \frac{1}{\hat{r}}\mathcal{G}_{-1}(\theta)\right)\mathrm{d}\hat{r}\mathrm{d}\theta\right]p_j + \\ &\sum_{j=1}^{\bar{J}}\left[\int_0^{2\pi}\mathcal{G}_{-1}(\theta)\ln\left|\frac{\hat{r}_2(\theta)}{\beta(\theta)}\right|\mathrm{d}\theta\right]p_j - \\ &\sum_{j=1}^{\bar{J}}\left[\int_0^{2\pi}\mathcal{G}_{-2}(\theta)\left[\frac{\gamma(\theta)}{\beta^2(\theta)} + \frac{1}{\hat{r}_2(\theta)}\right]\mathrm{d}\theta\right]p_j + \\ &\lim_{\varepsilon\to 0}\sum_{j=1}^{\bar{J}}\left[\frac{1}{\varepsilon}\int_0^{2\pi}\frac{\mathcal{G}_{-2}(\theta)}{\beta(\theta)}\mathrm{d}\theta\right]p_j\end{aligned} \tag{7-133}$$

以上已给出了式(7-121)等号右边所有的积分项算式，其中第一项是非奇异的，可采用高斯积分计算，第二项和第三项都是奇异性的。实际上，若要满足光滑连续性要求，第二项和第三项中的极限积分项应相互抵消。最后，将式(7-123)和式(7-133)代入式(7-121)，得

$$\begin{aligned}\iint_\Gamma\frac{\partial^2 G(\boldsymbol{x},\boldsymbol{y})}{\partial n_x^+\ \partial n_y^+}p(\boldsymbol{y})\mathrm{d}\Gamma = &\iint_{\Gamma-\Gamma_x}\frac{\partial^2 G}{\partial n_x^+\ \partial n_y^+}p\mathrm{d}\Gamma + \sum_{j=1}^{\bar{J}}\left\{\int_0^{2\pi}\int_0^{\hat{r}_2(\theta)}\left[\mathcal{F} - \frac{\mathcal{G}_{-2}(\theta)}{\hat{r}^2} - \frac{\mathcal{G}_{-1}(\theta)}{\hat{r}}\right]\mathrm{d}\hat{r}\mathrm{d}\theta\right\}p_j + \\ &\sum_{j=1}^{\bar{J}}\left[\int_0^{2\pi}\mathcal{G}_{-1}(\theta)\ln\left|\frac{\hat{r}_2(\theta)}{\beta(\theta)}\right|\mathrm{d}\theta\right]p_j - \\ &\sum_{j=1}^{\bar{J}}\left\{\int_0^{2\pi}\mathcal{G}_{-2}(\theta)\left[\frac{\gamma(\theta)}{\beta^2(\theta)} + \frac{1}{\hat{r}_2(\theta)}\right]\mathrm{d}\theta\right\}p_j\end{aligned} \tag{7-134}$$

式(7-134)等号右边的四项积分都是无奇异的，均可采用高斯积分进行计算。在积分之前，还需要确定 $\mathcal{G}_{-2}(\theta)$、$\mathcal{G}_{-1}(\theta)$、$\beta(\theta)$ 和 $\gamma(\theta)$ 的表达式。

在极坐标系下，将 $y_i - x_i$ 进行泰勒展开，得

$$\begin{aligned}y_i - x_i = &\hat{r}\left[\cos(\theta)\frac{\partial x_i}{\partial\varsigma}\bigg|_x + \sin(\theta)\frac{\partial x_i}{\partial\eta}\bigg|_x\right] + \\ &\hat{r}^2\left[\frac{1}{2}\cos^2(\theta)\frac{\partial^2 x_i}{\partial\varsigma^2}\bigg|_x + \sin(\theta)\cos(\theta)\frac{\partial^2 x_i}{\partial\varsigma\partial\eta}\bigg|_x + \frac{1}{2}\sin^2(\theta)\frac{\partial^2 x_i}{\partial\eta^2}\bigg|_x\right] + O(\hat{r}^3)\end{aligned} \tag{7-135}$$

或写为

$$y_i - x_i = \hat{r}A_i(\theta) + \hat{r}^2 B_i(\theta) + O(\hat{r}^3) \tag{7-136}$$

另外，$r = |\boldsymbol{y} - \boldsymbol{x}|$ 的任意次幂 r^n 的泰勒展开式为

$$r^n = \hat{r}^n A^n(\theta)\left[1 + n\hat{r}\frac{A_m(\theta)B_m(\theta)}{A^n(\theta)}\right] + O(\hat{r}^{n+2}) \tag{7-137}$$

式中

$$A(\theta) = [A_m(\theta)A_m(\theta)]^{1/2},\quad B(\theta) = [B_m(\theta)B_m(\theta)]^{1/2} \tag{7-138}$$

在$\overline{\Gamma}_\varepsilon$ 附近区域，取 $r = \varepsilon$ 并令 $n = 1$，由式(7-137)，得

$$\varepsilon = \hat{r}A(\theta) + \hat{r}^2\frac{A_k(\theta)B_k(\theta)}{A(\theta)} + O(\hat{r}^3) \tag{7-139}$$

将式(7-131)代入式(7-139)，得到$\beta(\theta)$和$\gamma(\theta)$的表达式为

$$\beta(\theta) = A^{-1}(\theta),\quad \gamma(\theta) = -\frac{A_k(\theta)B_k(\theta)}{A^4(\theta)} \tag{7-140}$$

在式(7-137)中，令 $n = -3$，可得到 r^{-3} 的泰勒展开式

$$r^{-3} = \frac{1}{\hat{r}^3}\mathcal{S}_{-3}(\theta) + \frac{1}{\hat{r}^2}\mathcal{S}_{-2}(\theta) + O\left(\frac{1}{\hat{r}}\right) \tag{7-141}$$

式中

$$\mathcal{S}_{-3}(\theta) = A^{-3}(\theta),\quad \mathcal{S}_{-2}(\theta) = -\frac{3A_k(\theta)B_k(\theta)}{A^5(\theta)} \tag{7-142}$$

在$\overline{\Gamma}_\varepsilon$ 附近区域，将插值函数$\overline{\boldsymbol{N}}_j(\varsigma_y, \boldsymbol{\eta}_y)$在 $\boldsymbol{x}$ 处进行泰勒展开，有

$$\overline{\boldsymbol{N}}_j(\varsigma_y, \boldsymbol{\eta}_y) = \hat{\boldsymbol{N}}_0 + \hat{r}\hat{\boldsymbol{N}}_1(\theta) + O(\hat{r}^2) \tag{7-143}$$

式中

$$\hat{\boldsymbol{N}}_0 = \overline{\boldsymbol{N}}_j\Big|_x,\quad \hat{\boldsymbol{N}}_1 = \cos(\theta)\frac{\partial\overline{\boldsymbol{N}}}{\partial\varsigma}\Big|_x + \sin(\theta)\frac{\partial\overline{\boldsymbol{N}}}{\partial\boldsymbol{\eta}}\Big|_x \tag{7-144}$$

下面再对雅克比矩阵行列式 $|\boldsymbol{J}^e|$ 进行泰勒展开。令 $\mathcal{J}_i = n^+_{i,y}|\boldsymbol{J}^e|$，将 $\mathcal{J}_i$ 在 $\boldsymbol{x}$ 处进行泰勒展开，得

$$\mathcal{J}_i = \mathcal{J}_{i0} + \hat{r}\mathcal{J}_{i1}(\theta) + O(\hat{r}^2) \tag{7-145}$$

式中

$$\mathcal{J}_{i0} = \mathcal{J}_i|_x,\ \mathcal{J}_{i1} = \cos(\theta)\frac{\partial\mathcal{J}_i}{\partial\varsigma}\Big|_x + \sin(\theta)\frac{\partial\mathcal{J}_i}{\partial\boldsymbol{\eta}}\Big|_x \tag{7-146}$$

将式(7-141)、式(7-143)和式(7-145)代入式(7-127)，考虑到式(7-128)，得

$$\mathcal{G}_{-1}(\theta) = \frac{1}{4\pi}[\mathcal{S}_{-2}(\theta)\hat{\boldsymbol{N}}_0\mathcal{J}_{i0}n^+_{i,x} + \mathcal{S}_{-3}(\theta)(\hat{\boldsymbol{N}}_1\mathcal{J}_{i0} + \hat{\boldsymbol{N}}_0\mathcal{J}_{i1})n^+_{i,x}] \tag{7-147a}$$

$$\mathcal{G}_{-2}(\theta) = \frac{1}{4\pi}\mathcal{S}_{-3}(\theta)\hat{\boldsymbol{N}}_0\mathcal{J}_{i0}n^+_{i,x} \tag{7-147b}$$

将式(7-140)、式(7-147)代入式(7-134)后，采用高斯积分即可得到精确

的超奇异边界积分结果。

7.2.5 数值算例

为了验证边界元法的准确性,本节给出了几个具有解析解的三维球体声辐射和声散射算例。首先考虑脉动球源的声辐射问题。图 7-14 中给出了一个置于无限大声场中的脉动球声源,半径为 R。球表面作球对称的周期膨胀和收缩运动,表面的法向振动速度为 $v_n = V_0 e^{i\omega t}$。

球声源的辐射声场为球面辐射波,其辐射声场的声压解析解[257]为

$$p(r) = \frac{iZ_0 kR}{1 + ikR}\frac{R}{r}V_0 e^{-ik(r-R)} \quad (7-148)$$

式中:$p(r)$为半径 r 处的声压;k 为流体波数;Z_0 为特征阻抗,$Z_0 = \rho_0 c_0$。

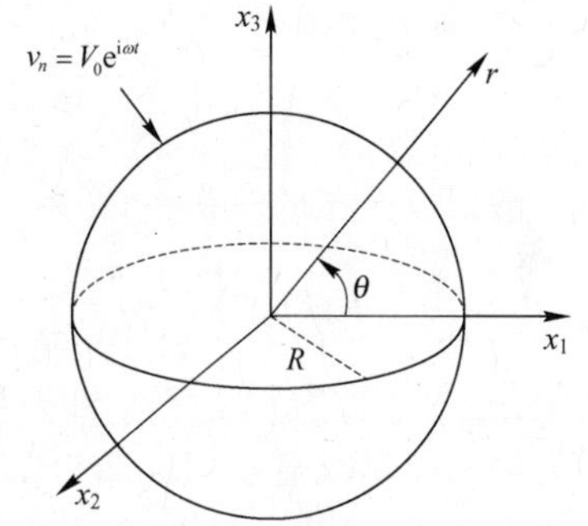

图 7-14　脉动球声源

图 7-15 给出了由 CHIEF 边界元法计算得到的球体表面辐射声压实部和虚部随波数变化曲线。图中还给出了由式(7-148)得到的计算结果。在边界元模型中,整个球表面离散为 1260 个四节点四边形单元,每个单元内声压变量以零阶切比雪夫多项式展开。为了克服边界积分方程的非唯一解问题,在球心处设置了一个 CHIEF 点。结果表明,CHIEF 边界元法给出的声压实部和虚部与解析解结果符合很好,克服了在特征频率($kR = \pi$)处的非唯一解现象。

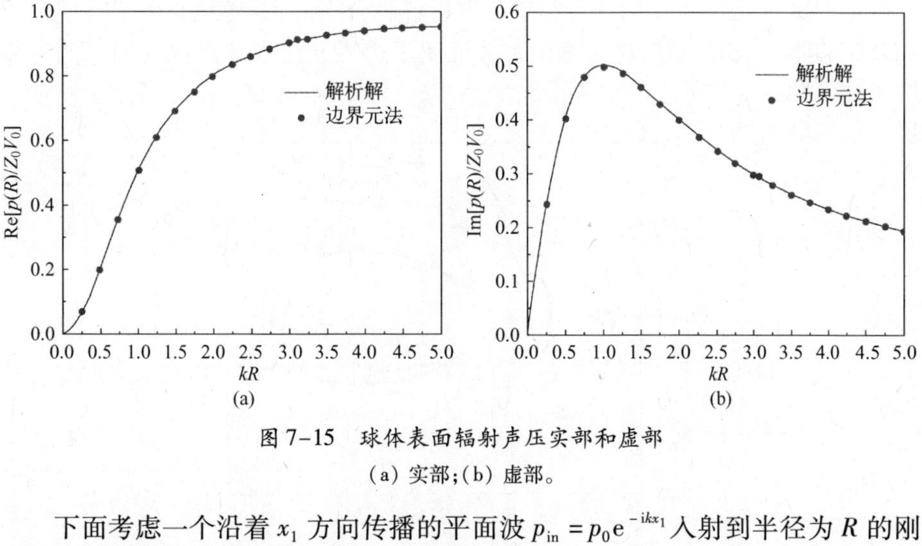

图 7-15　球体表面辐射声压实部和虚部

(a) 实部;(b) 虚部。

下面考虑一个沿着 x_1 方向传播的平面波 $p_{in} = p_0 e^{-ikx_1}$ 入射到半径为 R 的刚性圆球表面后产生的散射声场问题,如图 7-16 所示,球心位于坐标原点。

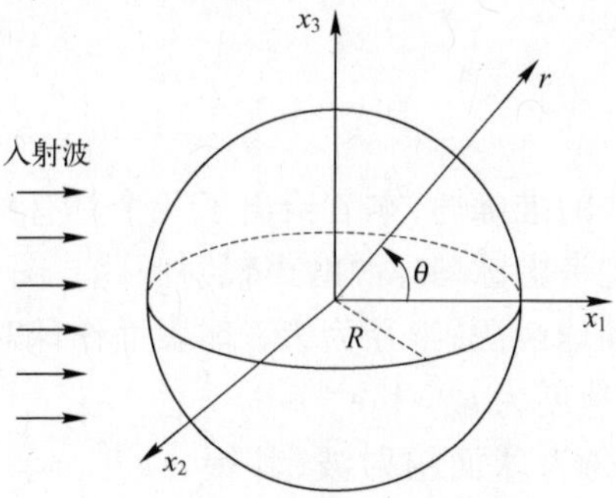

图 7-16　刚性球体声散射

散射场声压的解析解[257]为

$$p_{sc}(r,\theta) = -p_0 \sum_{l=0}^{\infty} \frac{(2l+1)\mathrm{i}^l J_l'(kR)}{h_l'(kR)} P_l(\cos\theta) h_l(kr) \tag{7-149}$$

式中：p_{sc}为半径为 r 且与 x_1 轴夹角为 θ 处的散射声压；P_l 为第一类勒让德函数；h_l 为第一类球汉克尔(Hankel)函数；J_l 为球贝塞尔函数。

图 7-17 给出了波数满足 $kR=2\pi$ 时，由 Burton - Miller 边界元法和常规边界元法计算得到的夹角 $0\leqslant\theta\leqslant2\pi$ 之间且距离 $r=3R$ 处的 p_{sc}/p_{in} 对比。整个球表面离散为 1260 个四节点四边形单元，每个单元内的声压变量以零阶切比雪夫多项式展开。由于这里选取的波数恰好好位于特征频率点处，常规边界元法将出现解的非唯一性问题。图 7-17 中的结果表明，传统边界元法计算结果与解析解差别很大，难以在特征频率附近准确地预测刚性球体的散射声场特性，而 Burton - Miller 边界元法的计算结果与解析解吻合很好，有效地克服了传统边界元方法的非唯一解问题，这个算例有效证明了边界元法求解声散射问题的可靠性和准确性。

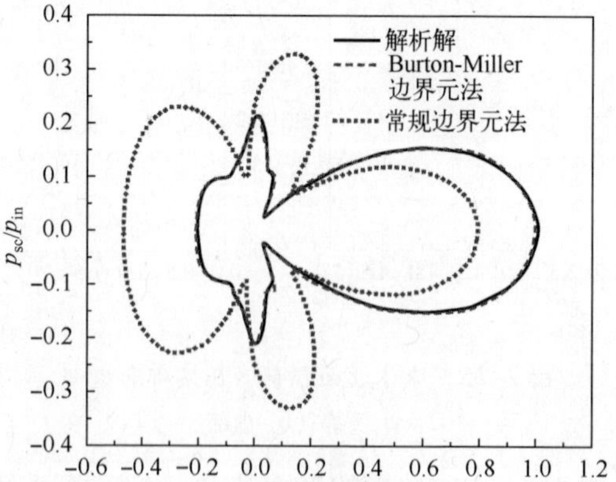

图 7-17　刚性球体声散射结果对比($kR=2\pi, r=3R$)

7.3　频域轴对称声场边界积分方程

工程中有很多声源或障碍物在几何上是轴对称的。对于轴对称体的声辐射和声散射问题,可根据声场变量(如声压、流体质点速度等)的轴对称性质,在柱坐标系中将声场变量沿着周向以解析形式的傅里叶级数进行展开计算,这样可进一步将声场问题进行简化降维,得到一维形式的半解析声场边界积分方程。与常规的二维声场边界积分方程相比,这种半解析的声场边界积分方程不仅能有效地提高计算效率,还特别适宜于对声辐射和声散射问题进行机理性研究。本节以轴对称体的外部声辐射为例,讨论轴对称声场边界积分方程及其数值离散方法。

7.3.1　轴对称声场边界积分方程

考虑一个轴对称体的外部辐射问题,如图 7-18 所示。为了建立轴对称形式的声场边界积分方程,在轴对称体几何轴线上建立一个柱坐标系($o-r\theta z$),其中 r,θ 和 z 分别表示径向、周向和轴向。声场中任意一点 $\boldsymbol{x}$ 与声场边界上点 $\boldsymbol{y}$ 在柱坐标下分别记为 r,θ,z 和 r_y,θ_y,z_y。

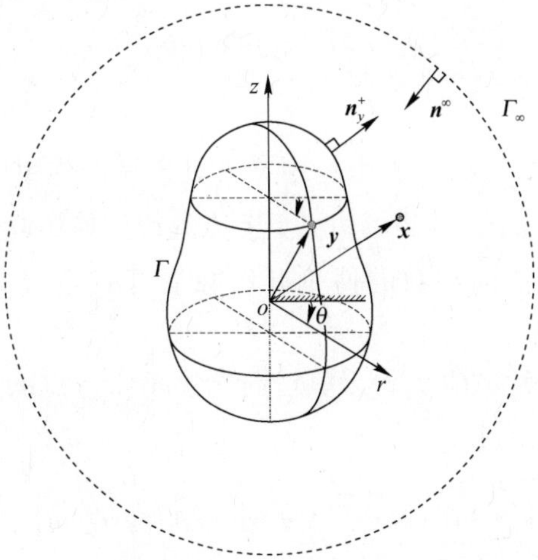

图 7-18　轴对称声场坐标系

若声场内没有体声源和体力,在柱坐标系下,边界积分方程式(7-77)可改写为

$\alpha^+(\boldsymbol{x})p(r,\theta,z)=$

$$\iint_{\Gamma}\left[p(r_y,\theta_y,z_y)\frac{\partial}{\partial n_y^+}G(r,\theta,z,r_y,\theta_y,z_y)-G(r,\theta,z,r_y,\theta_y,z_y)\frac{\partial}{\partial n_y^+}p(r_y,\theta_y,z_y)\right]\mathrm{d}\Gamma \tag{7-150}$$

式中:$G(r,\theta,z,r_y,\theta_y,z_y)$为柱坐标系下的三维自由格林函数。

$$G(r,\theta,z,r_y,\theta_y,z_y)=\frac{\mathrm{e}^{-\mathrm{i}k\tilde{r}}}{4\pi\tilde{r}} \tag{7-151}$$

式中:$\tilde{r}$为 $\boldsymbol{x}$ 与 $\boldsymbol{y}$ 之间的距离,$\tilde{r}=|\boldsymbol{x}-\boldsymbol{y}|$。

在柱坐标系下,$\tilde{r}$表示为

$$\tilde{r}(\boldsymbol{x},\boldsymbol{y})=\sqrt{r^2+r_y^2-2rr_y\cos(\theta-\theta_y)+(z-z_y)^2} \tag{7-152}$$

沿柱坐标周向,将式(7-150)中的声压 p 和声压法向导数 $q=\partial p/\partial n_y^+$ 以傅里叶级数进行展开,有

$$p(\boldsymbol{x})=p(r,\theta,z)=\sum_{n=0}^{\infty}\left[p_n^s(r,n,z)\sin(n\theta)+p_n^c(r,n,z)\cos(n\theta)\right] \tag{7-153a}$$

$$p(\boldsymbol{y})=p(r_y,\theta_y,z_y)=\sum_{n=0}^{\infty}\left[p_n^s(r_y,n_y,z_y)\sin(n\theta_y)+p_n^c(r_y,n_y,z_y)\cos(n\theta_y)\right] \tag{7-153b}$$

$$q(\boldsymbol{y})=q(r_y,\theta_y,z_y)=\sum_{n=0}^{\infty}\left[q_n^s(r_y,n_y,z_y)\sin(n\theta_y)+q_n^c(r_y,n_y,z_y)\cos(n\theta_y)\right] \tag{7-153c}$$

式中:$p_n^s(r,n,z)$和 $p_n^c(r,n,z)$为声场中 $\boldsymbol{x}$ 点处声压的傅里叶级数展开式系数;$p_n^s(r_y,n,z_y)$和 $p_n^c(r_y,n,z_y)$为声场边界上 $\boldsymbol{y}$ 点处声压傅里叶级数展开式系数;q_n^s 和 q_n^c 为边界上声压法向导数的傅里叶级数展开式系数;n 为谐波数或周向波数。

类似地,将格林函数 $G(\boldsymbol{x},\boldsymbol{y})$及其法向导数$\partial G(\boldsymbol{x},\boldsymbol{y})/\partial n_y$ 沿周向以傅里叶级数进行展开后得到

$$G(r,\theta,z,r_y,\theta_y,z_y)=\sum_{n=0}^{\infty}\left[G_n^s(n,r,z,r_y,z_y)\sin(n\theta_y)+G_n^c(n,r,z,r_y,z_y)\cos(n\theta_y)\right] \tag{7-154a}$$

$$\frac{\partial G}{\partial n_y^+}(r,\theta,z,r_y,\theta_y,z_y)=\sum_{n=0}^{\infty}\left[\overline{G}_n^s(n,r,z,r_y,z_y)\sin(n\theta_y)+\overline{G}_n^c(n,r,z,r_y,z_y)\cos(n\theta_y)\right] \tag{7-154b}$$

式中

$$G_n^s = \frac{1}{\pi}\int_0^{2\pi} \frac{\mathrm{e}^{-\mathrm{i}k\tilde{r}}}{4\pi \tilde{r}} \sin(n\theta_y)\,\mathrm{d}\theta_y \tag{7-155a}$$

$$G_n^c = \frac{1}{\pi}\int_0^{2\pi} \frac{\mathrm{e}^{-\mathrm{i}k\tilde{r}}}{4\pi \tilde{r}} \cos(n\theta_y)\,\mathrm{d}\theta_y \tag{7-155b}$$

$$\overline{G}_n^s = \frac{1}{\pi}\int_0^{2\pi} \frac{\partial}{\partial n_y}\left(\frac{\mathrm{e}^{-\mathrm{i}k\tilde{r}}}{4\pi \tilde{r}}\right) \sin(n\theta_y)\,\mathrm{d}\theta_y \tag{7-155c}$$

$$\overline{G}_n^c = \frac{1}{\pi}\int_0^{2\pi} \frac{\partial}{\partial n_y}\left(\frac{\mathrm{e}^{-\mathrm{i}k\tilde{r}}}{4\pi \tilde{r}}\right) \cos(n\theta_y)\,\mathrm{d}\theta_y \tag{7-155d}$$

令$\overline{\theta} = \theta_y - \theta$，将 $\theta_y = \overline{\theta} + \theta$ 和 $\mathrm{d}\theta_y = \mathrm{d}\,\overline{\theta}$代入式(7-155)，并考虑到$\tilde{r}(\boldsymbol{x},\boldsymbol{y})$和$\cos(n\,\overline{\theta})$是关于$\overline{\theta}$的偶函数而$\sin(n\,\overline{\theta})$则是关于$\overline{\theta}$的奇函数，则式(7-155)可简化为

$$G_n^s = \frac{H_n}{\pi}\sin(n\theta),\quad G_n^c = \frac{H_n}{\pi}\cos(n\theta),\quad \overline{G}_n^s = \frac{\overline{H}_n}{\pi}\sin(n\theta),\quad \overline{G}_n^c = \frac{\overline{H}_n}{\pi}\cos(n\theta) \tag{7-156}$$

式中

$$H_n = \int_0^{2\pi} \frac{\mathrm{e}^{-\mathrm{i}k\tilde{r}}}{4\pi \tilde{r}}\cos(n\overline{\theta})\,\mathrm{d}\overline{\theta},\quad \overline{H}_n = \int_0^{2\pi} \frac{\partial}{\partial n_y}\left(\frac{\mathrm{e}^{-\mathrm{i}k\tilde{r}}}{4\pi \tilde{r}}\right)\cos(n\overline{\theta})\,\mathrm{d}\overline{\theta} \tag{7-157}$$

式中：$\tilde{r}(\boldsymbol{x},\boldsymbol{y}) = \sqrt{r^2 + r_y^2 - 2rr_y\cos\overline{\theta} + (z - z_y)^2}$。

将式(7-156)代入式(7-154)，得

$$G(r,\theta,z,r_y,\theta_y,z_y) = \sum_{n=0}^{\infty} \frac{1}{\pi}H_n[\sin(n\theta)\sin(n\theta_y) + \cos(n\theta)\cos(n\theta_y)] \tag{7-158a}$$

$$\frac{\partial G}{\partial n_y^+}(r,\theta,z,r_y,\theta_y,z_y) = \sum_{n=0}^{\infty} \frac{1}{\pi}\overline{H}_n[\sin(n\theta)\sin(n\theta_y) + \cos(n\theta)\cos(n\theta_y)] \tag{7-158b}$$

将式(7-153)和式(7-158)代入式(7-150)，并考虑到面积微元 $\mathrm{d}\Gamma = r_y\mathrm{d}\theta_y\mathrm{d}l$，有

$$\begin{aligned}
&\alpha^+(\boldsymbol{x})\sum_{n=0}^{\infty}[p_n^s\sin(n\theta) + p_n^c\cos(n\theta)] \\
&= \int_0^{2\pi}\int_l \left\{\begin{aligned} &\sum_{n=0}^{\infty}[p_n^s\sin(n\theta_y) + p_n^c\cos(n\theta_y)]\sum_{n=0}^{\infty}\frac{\overline{H}_n}{\pi}[\sin(n\theta)\sin(n\theta_y) + \cos(n\theta)\cos(n\theta_y)] \\ &- \sum_{n=0}^{\infty}[q_n^s\sin(n\theta_y) + q_n^c\cos(n\theta_y)]\sum_{n=0}^{\infty}\frac{H_n}{\pi}[\sin(n\theta)\sin(n\theta_y) + \cos(n\theta)\cos(n\theta_y)]\end{aligned}\right\} r_y\mathrm{d}\theta_y\mathrm{d}l
\end{aligned} \tag{7-159}$$

根据三角函数的正交性对式(7-159)进行简化,得

$$\alpha^{+}(\boldsymbol{x})p_n^s=\int_l(\overline{H}_n p_n^s-H_n q_n^s)r_y\mathrm{d}l \tag{7-160a}$$

$$\alpha^{+}(\boldsymbol{x})p_n^c=\int_l(\overline{H}_n p_n^c-H_n q_n^c)r_y\mathrm{d}l \tag{7-160b}$$

注意:式(7-160)等号左边和右边的 p_n^s、p_n^c 意义是不同的,它们分别表示声场中 $\boldsymbol{x}$ 点和边界上 $\boldsymbol{y}$ 点处声压傅里叶级数展开式系数。如果声场边界上的傅里叶级数展开式系数 p_n^s,p_n^c,q_n^s 和 q_n^c 均为已知量,则根据式(7-160)可以求出声场中任意一点 $\boldsymbol{x}$ 处的声压系数 p_n^s 和 p_n^c,然后将它们代入式(7-153a)则可得到声场中该点处的实际声压值。然而声场边界上的傅里叶级数展开系数 p_n^s,p_n^c,q_n^s 和 q_n^c 并不是全部已知的,只有部分变量已知。7.3.2 节将介绍如何用谱边界元离散技术将式(7-160)转化为代数方程来求解边界上的未知量。

7.3.2 边界积分方程数值离散

将轴对称声场边界母线划分为 N_e 个一维边界单元,如图 7-19 所示。一维单元可以是直线单元,也可以是曲线单元。式(7-160)可写为

$$\alpha^{+}(\boldsymbol{x})p_n^s=\sum_{e=1}^{N_e}\int_{l_e}(\overline{H}_n p_n^{s,e}-H_n q_n^{s,e})r_y\mathrm{d}l \tag{7-161a}$$

$$\alpha^{+}(\boldsymbol{x})p_n^c=\sum_{e=1}^{N_e}\int_{l}(\overline{H}_n p_n^{c,e}-H_n q_n^{c,e})r_y\mathrm{d}l \tag{7-161b}$$

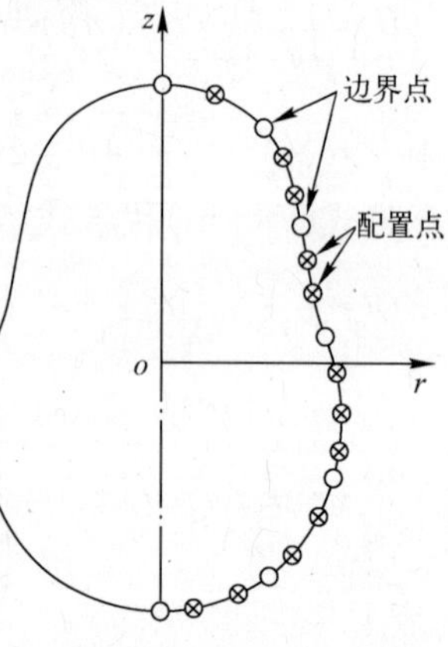

图 7-19 轴对称声场边界单元

式中:$p_n^{s,e}$ 和 $p_n^{c,e}$ 为边界单元 e 上的声压傅里叶级数展开式系数;$q_n^{s,e}$ 和 $q_n^{c,e}$ 为边界单元 e 上声压法向导数对应的傅里叶级数系数。

为了便于实施边界单元上的数值积分,在每个边界单元上引入无量纲自然坐标 ς,并通过坐标插值函数建立单元整体坐标(r,z)与自然坐标 ς 之间的关系。单元内任意一点的坐标可由单元的自然坐标和边界节点整体坐标值来表示,即

$$r(\varsigma)=\sum_{i=1}^{I}N_i(\varsigma)r_i,\quad z(\varsigma)=\sum_{i=1}^{I}N_i(\varsigma)z_i \tag{7-162}$$

式中:$N_i(\varsigma)$ 为坐标插值函数;r_i 和 z_i 为边界节点的整体坐标值;I 为插值函数的数目。

常见的一维单元包括线性单元、二次单元,三次单元和高次单元等。图 7-20

中的线性单元有两个边界节点,对应的插值函数为

$$N_1(\varsigma)=\frac{1}{2}(1-\varsigma),\quad N_2(\varsigma)=\frac{1}{2}(1+\varsigma) \tag{7-163a,b}$$

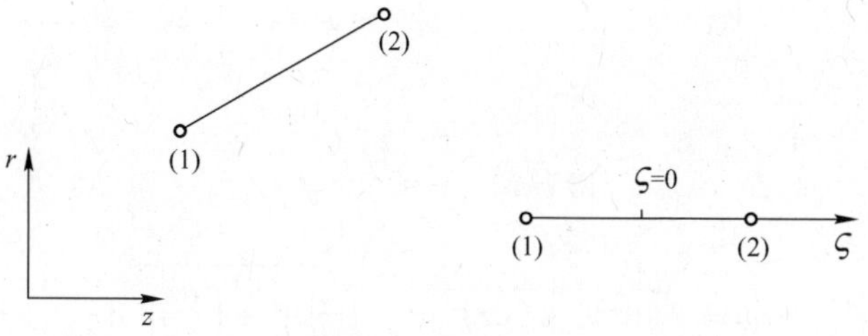

图 7-20 一维线性单元

二次边界单元有 3 个边界节点,其中两个位于单元的两侧,中间节点位于单元中心,如图 7-21 所示。二次单元的插值函数为

$$N_1(\varsigma)=\frac{1}{2}\varsigma^2-\frac{1}{2}\varsigma,\quad N_2(\varsigma)=1-\varsigma^2,\quad N_3(\varsigma)=\frac{1}{2}\varsigma+\frac{1}{2}\varsigma^2 \tag{7-164}$$

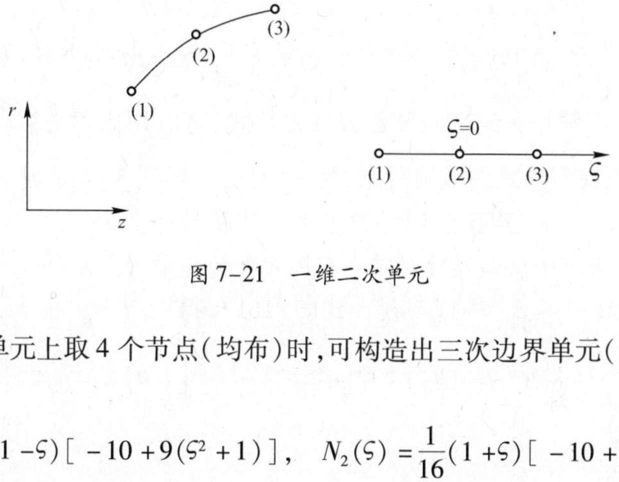

图 7-21 一维二次单元

在边界单元上取 4 个节点(均布)时,可构造出三次边界单元(图 7-22),其插值函数为

$$N_1(\varsigma)=\frac{1}{16}(1-\varsigma)[-10+9(\varsigma^2+1)],\quad N_2(\varsigma)=\frac{1}{16}(1+\varsigma)[-10+9(\varsigma^2+1)],$$

$$N_3(\varsigma)=\frac{9}{16}(1-\varsigma^2)(1-3\varsigma),\quad N_4(\varsigma)=\frac{9}{16}(1-\varsigma^2)(1+3\varsigma) \tag{7-165}$$

根据式(7-162),边界上任意一点的位置是自然坐标 ς 的函数,对式(7-161)进行积分运算时需要把边界单元积分变换到自然坐标系下。单元整体坐标 (r,z) 与自然坐标 ς 之间的微分关系为

$$\mathrm{d}r=\frac{\mathrm{d}r}{\mathrm{d}\varsigma}\mathrm{d}\varsigma,\quad \mathrm{d}z=\frac{\mathrm{d}z}{\mathrm{d}\varsigma}\mathrm{d}\varsigma \tag{7-166a,b}$$

则微元 $\mathrm{d}l$ 为

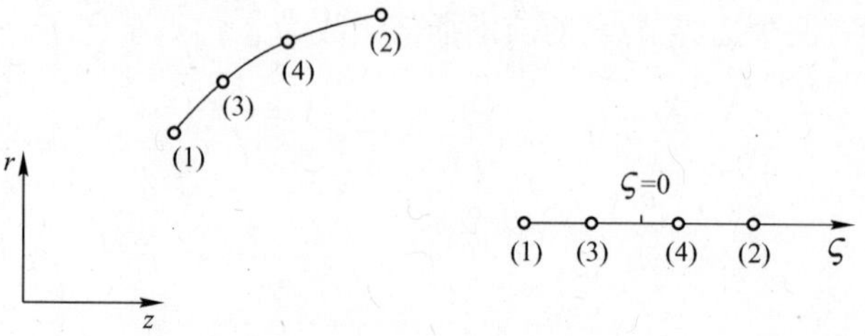

图 7-22 一维三次单元

$$dl=\sqrt{(dr)^2+(dz)^2}=\sqrt{\left(\frac{dr}{d\varsigma}\right)^2+\left(\frac{dz}{d\varsigma}\right)^2}\,d\varsigma \tag{7-167}$$

或写成

$$dl=|J^e|\,d\varsigma \tag{7-168}$$

式中：$|J^e|=\sqrt{(dr/d\varsigma)^2+(dz/d\varsigma)^2}$。

在单元内将声压 p_n^s,p_n^c,q_n^s 和 q_n^c 以正交多项式进行展开，得

$$p_n^s=\sum_{j=0}^{J}\overline{N}_j(\varsigma)p_{n,j}^s=\overline{\boldsymbol{N}}(\varsigma)\,\boldsymbol{p}_n^s,\quad p_n^c=\sum_{j=0}^{J}\overline{N}_j(\varsigma)p_{n,j}^c=\overline{\boldsymbol{N}}(\varsigma)\,\boldsymbol{p}_n^c \tag{7-169}$$

$$q_n^s=\sum_{j=0}^{J}\overline{N}_j(\varsigma)q_{n,j}^s=\overline{\boldsymbol{N}}(\varsigma)\,\boldsymbol{q}_n^s,\quad q_n^c=\sum_{j=0}^{J}\overline{N}_j(\varsigma)q_{n,j}^c=\overline{\boldsymbol{N}}(\varsigma)\,\boldsymbol{q}_n^c \tag{7-170}$$

式中：$\overline{N}_j(\varsigma)$ 为声压和声压法向导数展开多项式，可取切比雪夫多项式和勒让德多项式；J 为正交多项式的最高阶数；$\overline{\boldsymbol{N}}(\varsigma)$ 为正交多项式向量；$p_{n,j}^s$ 和 $p_{n,j}^c$ 为声压多项式系数；$q_{n,j}^s$ 和 $q_{n,j}^c$ 声压法向导数的多项式系数；$\boldsymbol{p}_n^s$ 和 $\boldsymbol{p}_n^c$ 为声压多项式系数向量；$\boldsymbol{q}_n^s$ 和 $\boldsymbol{q}_n^c$ 为声压法向导数对应的多项式系数向量。

将式(7-168)~式(7-170)代入式(7-161)，得

$$\alpha^+(\boldsymbol{x})p_n^s=\sum_{e=1}^{N_e}\left[\int_{l_e}\overline{H}_n\,\overline{\boldsymbol{N}}(\varsigma)r(\varsigma)\,|J^e|\,d\varsigma\right]\boldsymbol{p}_n^{s,e}-\sum_{e=1}^{N_e}\left[\int_{l_e}H_n\,\overline{\boldsymbol{N}}(\varsigma)r(\varsigma)\,|J^e|\,d\varsigma\right]\boldsymbol{q}_n^{s,e} \tag{7-171a}$$

$$\alpha^+(\boldsymbol{x})p_n^c=\sum_{e=1}^{N_e}\left[\int_{l_e}\overline{H}_n\,\overline{\boldsymbol{N}}(\varsigma)r(\varsigma)\,|J^e|\,d\varsigma\right]\boldsymbol{p}_n^{c,e}-\sum_{e=1}^{N_e}\left[\int_{l_e}H_n\,\overline{\boldsymbol{N}}(\varsigma)r(\varsigma)\,|J^e|\,d\varsigma\right]\boldsymbol{q}_n^{c,e} \tag{7-171b}$$

式(7-171)中每个方程共有 $N_e(J+1)$ 个未知量，为了确定这些未知量，在每个边界单元内设置 $J+1$ 个配置点。这里将配置点设置于正交多项式零点，如切比雪夫多项式和勒让德多项式的零点。图 7-23 给出了不同阶数第一类切比雪夫正交多项式对应的边界单元配置点。

记第 i 个单元中第 j 个配置点为 $\hat{\boldsymbol{y}}_j^i$。将 $\boldsymbol{x}$ 移动到边界上的配置点 $\hat{\boldsymbol{y}}_j^i$ 处时，由

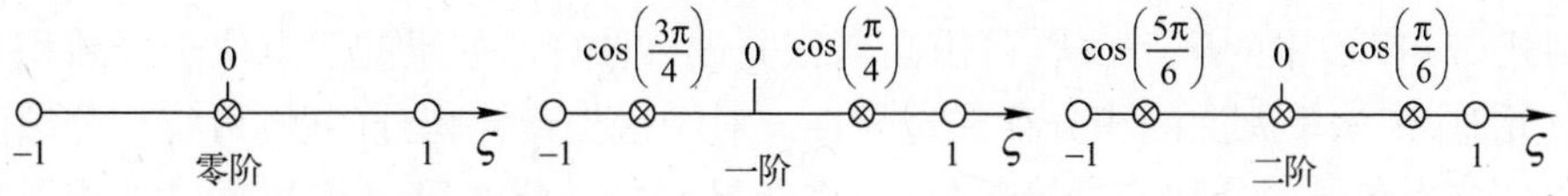

图 7-23　不同阶数第一类切比雪夫正交多项式的零点位置

式(7-170)和式(7-171),得

$$\alpha^{+}(\hat{\boldsymbol{y}}_j^i)\,\overline{\boldsymbol{N}}(\varsigma)\mid_{\hat{y}_j^i}\boldsymbol{p}_n^{s,i}=\sum_{e=1}^{N_e}\left[\int_{l_e}\overline{H}_n\,\overline{\boldsymbol{N}}(\varsigma)r_y(\varsigma)\mid J^e\mid\mathrm{d}\varsigma\right]\boldsymbol{p}_n^{s,e}-\sum_{e=1}^{N_e}\left[\int_{l_e}H_n\,\overline{\boldsymbol{N}}(\varsigma)r_y(\varsigma)\mid J^e\mid\mathrm{d}\varsigma\right]\boldsymbol{q}_n^{s,e}\tag{7-172a}$$

$$\alpha^{+}(\hat{\boldsymbol{y}}_j^i)\,\overline{\boldsymbol{N}}(\varsigma)\mid_{\hat{y}_j^i}\boldsymbol{p}_n^{c,i}=\sum_{e=1}^{N_e}\left[\int_{l_e}\overline{H}_n\,\overline{\boldsymbol{N}}(\varsigma)r_y(\varsigma)\mid J^e\mid\mathrm{d}\varsigma\right]\boldsymbol{p}_n^{c,e}-\sum_{e=1}^{N_e}\left[\int_{l_e}H_n\,\overline{\boldsymbol{N}}(\varsigma)r_y(\varsigma)\mid J^e\mid\mathrm{d}\varsigma\right]\boldsymbol{q}_n^{c,e}\tag{7-172b}$$

写成矩阵形式,有

$$-\alpha^{+}\,\overline{\boldsymbol{N}}\boldsymbol{p}_n^{s,i}+\sum_{e=1}^{N_e}\overline{\boldsymbol{H}}_{n,j}^e\,\boldsymbol{p}_n^{s,e}=\sum_{e=1}^{N_e}\boldsymbol{G}_{n,j}^e\,\boldsymbol{q}_n^{s,e},\quad -\alpha^{+}\,\overline{\boldsymbol{N}}\boldsymbol{p}_n^{c,i}+\sum_{e=1}^{N_e}\overline{\boldsymbol{H}}_{n,j}^e\,\boldsymbol{p}_n^{c,e}=\sum_{e=1}^{N_e}\boldsymbol{G}_{n,j}^e\,\boldsymbol{q}_n^{c,e}\tag{7-173}$$

式中:$\overline{\boldsymbol{H}}_{n,j}^e$和$\boldsymbol{G}_{n,j}^e$为第 i 个边界单元中第 j 个配置点与第 e 个边界单元积分运算后得到的影响系数向量。

$$\overline{\boldsymbol{H}}_{n,j}^e=\int_{l_e}\overline{H}_n\,\overline{\boldsymbol{N}}(\varsigma)r_y(\varsigma)\mid J^e\mid\mathrm{d}\varsigma,\quad \boldsymbol{G}_{n,j}^e=\int_{l_e}H_n\,\overline{\boldsymbol{N}}(\varsigma)r_y(\varsigma)\mid J^e\mid\mathrm{d}\varsigma\tag{7-174}$$

式(7-173)可进一步写成

$$\sum_{e=1}^{N_e}\boldsymbol{H}_{n,j}^e\,\boldsymbol{p}_n^{s,i}=\sum_{e=1}^{N_e}\boldsymbol{G}_{n,j}^e\,\boldsymbol{q}_n^{s,e},\quad \sum_{e=1}^{N_e}\boldsymbol{H}_{n,j}^e\,\overline{\boldsymbol{p}}_n^{c,i}=\sum_{e=1}^{N_e}\boldsymbol{G}_{n,j}^e\,\boldsymbol{q}_n^{c,e}\tag{7-175}$$

式中:$\boldsymbol{H}_j^e=\overline{\boldsymbol{H}}_j^e-\delta_i^e\alpha^{+}\overline{\boldsymbol{N}}$;$\delta_i^e$ 为 Kronecker delta 函数,当 $i=e$ 时,$\delta_i^e=1$,当 $i\neq e$ 时,$\delta_i^e=0$。

现将 $\boldsymbol{x}$ 依次置于所有边界单元的配置点上,最终得到 $2N_e\times(J+1)$ 个线性代数方程组,写成矩阵形式,有

$$\boldsymbol{H}_n\,\boldsymbol{p}_n=\boldsymbol{G}_n\,\boldsymbol{q}_n\tag{7-176}$$

式中:$\boldsymbol{H}_n$ 和$\boldsymbol{G}_n$ 为所有边界单元组装后的影响系数矩阵;$\boldsymbol{p}_n$ 和$\boldsymbol{q}_n$ 为所有边界单元的声压多项式系数向量和声压法向导数多项式系数向量集合。

在计算$\boldsymbol{H}_n$ 和$\boldsymbol{G}_n$ 矩阵元素时,如果配置点不属于当前的积分单元时($i\neq e$),

则式(7-174)中的$\overline{\boldsymbol{H}}_{n,j}^{e}$和$\boldsymbol{G}_{n,j}^{e}$可由高斯积分进行计算。如果配置点位于当前积分单元时,则该单元上的积分存在奇异性。对于这类奇异积分问题,可将积分核函数分解为奇异部分和非奇异部分,并将奇异部分转化为第一类和第二类椭圆积分问题来处理,详见文献[213]。

需要指出,式(7-176)在特征频率处也存在非唯一解问题。对于轴对称声场边界积分方程的非唯一解问题,仍可采用 CHIEF 方法和 Burton - Miller 法。这里仅介绍 CHIEF 方法,有关轴对称声场的 Burton - Miller 边界积分方程见文献[215]。在声场外部选取 M_e 个 CHIEF 点,由式(7-173)中 $\alpha^{+}=0$,得

$$\sum_{e=1}^{N_e} \overline{\boldsymbol{H}}_{nc,j}^{e}\,\boldsymbol{p}_n^{s,i}=\sum_{e=1}^{N_e} \boldsymbol{G}_{nc,j}^{e}\,\boldsymbol{q}_n^{s,e},\quad \sum_{e=1}^{N_e} \overline{\boldsymbol{H}}_{nc,j}^{e}\,\boldsymbol{p}_n^{c,i}=\sum_{e=1}^{N_e} \boldsymbol{G}_{nc,j}^{e}\,\boldsymbol{q}_n^{c,e} \tag{7-177a,b}$$

式中:$\overline{\boldsymbol{H}}_{nc,j}^{e}$和$\boldsymbol{G}_{nc,j}^{e}$为第 j 个 CHIEF 点与第 e 个边界单元进行积分运算后得到的影响系数向量。

将所有 CHIEF 点形成的方程写成矩阵形式,有

$$\boldsymbol{H}_{nc}\boldsymbol{p}_n=\boldsymbol{G}_{nc}\boldsymbol{q}_n \tag{7-178}$$

将式(7-176)与式(7-178)联立即得 CHIEF 方程:

$$\widetilde{\boldsymbol{H}}\boldsymbol{p}_n=\widetilde{\boldsymbol{G}}\boldsymbol{q}_n \tag{7-179}$$

式中:$\widetilde{\boldsymbol{H}}=[\boldsymbol{H}_n^{\mathrm{T}},\boldsymbol{H}_{nc}^{\mathrm{T}}]^{\mathrm{T}}$;$\widetilde{\boldsymbol{G}}=[\boldsymbol{G}_n^{\mathrm{T}},\boldsymbol{G}_{nc}^{\mathrm{T}}]^{\mathrm{T}}$。

式(7-179)为超定方程组,可采用最小二乘法进行求解。

如果在整个声场边界上给定 $q(\boldsymbol{y})$ 的分布情况,则$\boldsymbol{q}_n$ 为已知量,由式(7-179)得

$$\boldsymbol{p}_n=\widetilde{\boldsymbol{H}}^{-1}\widetilde{\boldsymbol{G}}\,\boldsymbol{q}_n \tag{7-180}$$

式中:$\widetilde{\boldsymbol{H}}^{-1}$为 $\widetilde{\boldsymbol{H}}$ 的为广义逆矩阵。

如果在声场边界上给定声压 $p(\boldsymbol{y})$,则$\boldsymbol{p}_n$ 是已知量,由式(7-179),得

$$\boldsymbol{q}_n=\widetilde{\boldsymbol{G}}^{-1}\widetilde{\boldsymbol{H}}\,\boldsymbol{p}_n \tag{7-181}$$

式中:$\widetilde{\boldsymbol{G}}^{-1}$为$\widetilde{\boldsymbol{G}}$的为广义逆矩阵。

如果在声场边界上给定部分 $q(\boldsymbol{y})$ 和 $p(\boldsymbol{y})$,通过对式(7-179)中的矩阵和向量进行调整,可将所有的未知量移动到方程的一侧,进而求出未知的$\boldsymbol{p}_n$和$\boldsymbol{q}_n$。

一旦声场边界上所有的$\boldsymbol{p}_n$ 和$\boldsymbol{q}_n$ 确定后,由式(7-171)和式(7-153a)可计算出声场中任意一点处的实际声压。

7.3.3　数值算例

图7-24给出了一个做简谐振动的刚性小球的声辐射算例。设小球的半径为R,沿着x_1方向的振动速度为V_0。小球表面的法向振动速度为$v_n = V_0\cos\theta$。

振动小球产生的辐射声场声压为[257]

$$p(r,\theta) = \left(\frac{R}{r}\right)^2 (V_0\cos\theta)\frac{\mathrm{i}Z_0kR(1+\mathrm{i}kr)}{2(1+\mathrm{i}kR)-k^2R^2}\mathrm{e}^{-\mathrm{i}k(r-R)} \tag{7-182}$$

图7-25给出由边界元数值方法计算得到的球体表面($\theta=0$)辐射声压的实部和虚部随波数变化曲线,图中还给出了相应的解析解进行对比。在边界元模型中,将球的母线离散为18个单元,每个单元上的声压和法向速度以第一类切比雪夫正交多项式进行展开,展开阶数取$J=1$。为了克服边界积分方程的非唯一解问题,在球心处设置了一个CHIEF点。从图7-25中可以看出,边界元法给出的声压实部和虚部与解析解结果符合很好,并且克服了在特征频率($kR=4.49$、7.73)处的非唯一解现象。

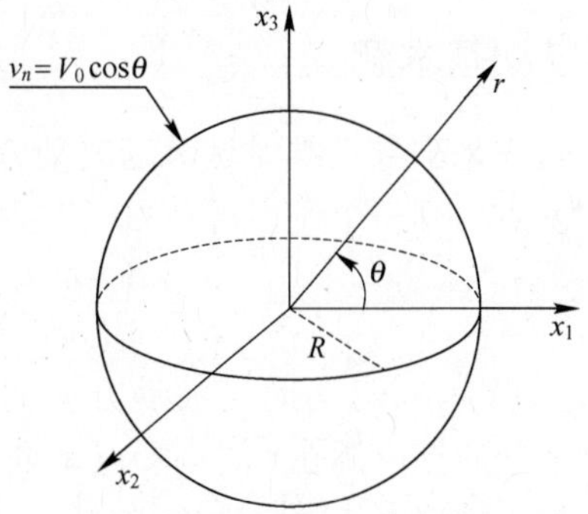

图7-24　振动小球声辐射

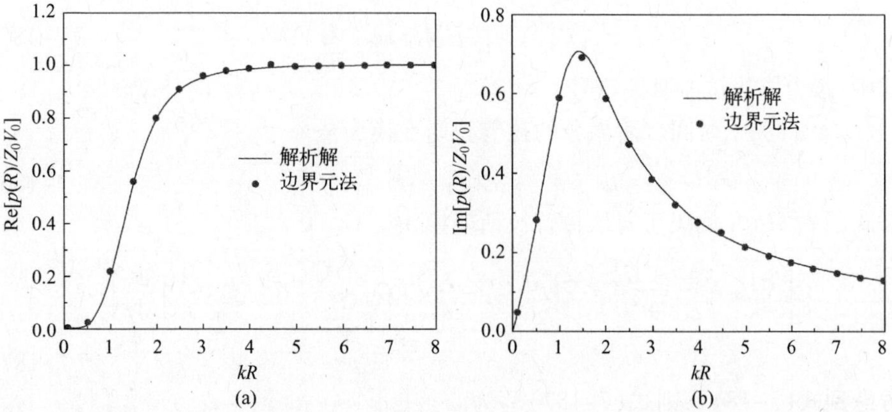

图7-25　振动小球表面辐射声压
(a)实部;(b)虚部。

7.4 时域声场边界积分方程

7.2 节和7.3 节介绍的基于 Helmholtz 方程的声场边界元法适用于稳态声场计算,如果要全面分析声场的响应特征,必须得到每个频率点处的声场响应,计算量很大,难以得到全频域内的声场响应信息。对于随时间变化的瞬态声场以及非线性声场边界产生的辐射声场等问题,Helmholtz 方程难以或甚至无法应用,此时必须从波动方程着手,在时间域内直接求解声场物理量。本节讨论时域声场边界积分方程及其数值离散方法。

7.4.1 基本解

首先来推导三维时域声场波动方程的基本解。假设在 $t=\tau$ 时刻无限大声场中 $\boldsymbol{y}$ 点处有一个点声源,由式(7-24)可知时域波动方程满足

$$\nabla^2 G(\boldsymbol{x},t,\boldsymbol{y},\tau)-\frac{1}{c^2}\frac{\partial^2}{\partial t^2}G(\boldsymbol{x},t,\boldsymbol{y},\tau)=-\delta(\boldsymbol{x}-\boldsymbol{y})\delta(t-\tau) \tag{7-183}$$

式中:$G(\boldsymbol{x},t,\boldsymbol{y},\tau)$为时域波动方程的格林函数(或基本解),其物理意义为在 τ 时刻 $\boldsymbol{y}$ 处的点声源在 t 时刻场点 $\boldsymbol{x}$ 处产生的响应。

设 $G(\boldsymbol{x},t,\boldsymbol{y},\tau)$满足以下条件:

$$G(\boldsymbol{x},t,\boldsymbol{y},\tau)=0,\quad t<\tau \tag{7-184a}$$

$$\frac{\partial}{\partial t}G(\boldsymbol{x},t,\boldsymbol{y},\tau)=0,\quad t<\tau \tag{7-184b}$$

采用拉普拉斯变换来求得 $G(\boldsymbol{x},t,\boldsymbol{y},\tau)$,这里先对拉普拉斯变换作一简单介绍。设$f(\boldsymbol{y},t)$为原函数,其拉普拉斯变换定义为

$$\mathcal{L}[f]=\int_0^\infty f(\boldsymbol{y},\tau)\mathrm{e}^{-s\tau}\mathrm{d}\tau \tag{7-185}$$

式中:$\mathcal{L}$ 为拉普拉斯变换符号。

$f(\boldsymbol{y},t)$关于时间二阶微分的拉普拉斯变换为

$$\mathcal{L}[\ddot{f}]=s^2\mathcal{L}[f]-sf|_{t=0}-\dot{f}|_{t=0} \tag{7-186}$$

对式(7-183)左侧关于 τ 取拉普拉斯变换,有

$$\mathcal{L}\left[\nabla^2 G-\frac{1}{c^2}\frac{\partial^2 G}{\partial t^2}\right]=\nabla^2\mathcal{L}[G]-\frac{s^2}{c^2}\mathcal{L}[G]+\frac{s}{c^2}[G]_{\tau=0}+\frac{1}{c^2}\left[\frac{\partial G}{\partial\tau}\right]_{\tau=0} \tag{7-187}$$

考虑到式(7-184),则式(7-187)写为

$$\mathcal{L}\left[\nabla^2 G-\frac{1}{c^2}\frac{\partial^2 G}{\partial t^2}\right]=\nabla^2\mathcal{L}[G]-\frac{s^2}{c^2}\mathcal{L}[G] \tag{7-188}$$

对式(7-183)右侧关于τ取拉普拉斯变换,得

$$\mathcal{L}[-\delta(\boldsymbol{x}-\boldsymbol{y})\delta(t-\tau)]=-\int_0^{\infty}\mathrm{e}^{-s\tau}\delta(\boldsymbol{x}-\boldsymbol{y})\delta(t-\tau)\mathrm{d}\tau$$

$$=-\mathrm{e}^{-st}\delta(\boldsymbol{x}-\boldsymbol{y}) \tag{7-189}$$

由式(7-188)和式(7-189),得

$$\nabla^2\mathcal{L}[G]-\frac{s^2}{c^2}\mathcal{L}[G]=-\mathrm{e}^{-st}\delta(\boldsymbol{x}-\boldsymbol{y}) \tag{7-190}$$

令$\mathcal{G}=\mathcal{L}[G]$,式(7-190)可写为

$$\left(\nabla^2-\frac{s^2}{c^2}\right)\mathcal{G}=-\mathrm{e}^{-st}\delta(\boldsymbol{x}-\boldsymbol{y}) \tag{7-191}$$

从式(7-191)可以看出,$\mathcal{G}$等价于e^{-st}乘以$\overline{\mathcal{G}}$,其中$\mathcal{G}$由$(\nabla^2-s^2/c^2)\overline{\mathcal{G}}=-\delta(\boldsymbol{x}-\boldsymbol{y})$计算得出。计算$\overline{\mathcal{G}}$可以借鉴于 7.2.1 节中采用的方法,这里直接给出$\mathcal{G}$的最终表达式:

$$\mathcal{G}(\boldsymbol{x},t,\boldsymbol{y},s)=-\mathrm{e}^{-st}\left[\frac{-\mathrm{e}^{-sr/c}}{4\pi r}\right]=\frac{1}{4\pi r}\mathrm{e}^{-s\left(t+\frac{r}{c}\right)} \tag{7-192}$$

考虑到$\mathrm{e}^{-s\tau}$的拉普拉斯逆变换为$\delta(t-\tau)$,对式(7-192)作拉普拉斯逆变换,得到时域声场波动方程的基本解

$$G(\boldsymbol{x},\boldsymbol{y},t,\tau)=\frac{1}{4\pi r}\delta\left(t-\frac{r}{c}-\tau\right) \tag{7-193}$$

式中:r为源点$\boldsymbol{y}$和场点$\boldsymbol{x}$之间的距离,$r=|\boldsymbol{x}-\boldsymbol{y}|$;$r/c$为声波从$\boldsymbol{y}$到达$\boldsymbol{x}$的传播时间。

在源点$\boldsymbol{y}$处,对基本解$G(\boldsymbol{x},\boldsymbol{y},t,\tau)$求法向导数,得

$$G^*(\boldsymbol{x},\boldsymbol{y},t,\tau)=\frac{\partial G(\boldsymbol{x},\boldsymbol{y},t,\tau)}{\partial n_y}=-\frac{1}{4\pi r^2}\frac{\partial r}{\partial n_y}\left[\delta\left(t-\frac{r}{c}-\tau\right)+\frac{r}{c}\dot{\delta}\left(t-\frac{r}{c}-\tau\right)\right] \tag{7-194}$$

式中:$\dot{\delta}=\partial\delta/\partial\tau$。

显然,$G(\boldsymbol{x},\boldsymbol{y},t,\tau)$和$G^*(\boldsymbol{x},\boldsymbol{y},t,\tau)$在$r=0$处是奇异的,它们分别具有$1/r$和$1/r^2$的奇异性。容易证明,$G(\boldsymbol{x},\boldsymbol{y},t,\tau)$和$G^*(\boldsymbol{x},\boldsymbol{y},t,\tau)$具有以下几个重要特性[258]。

时间平移不变性:

$$G(\boldsymbol{x},\boldsymbol{y},t,\tau)=G(\boldsymbol{x},\boldsymbol{y},t+\Delta t,\tau+\Delta t),\quad G^*(\boldsymbol{x},\boldsymbol{y},t,\tau)=G^*(\boldsymbol{x},\boldsymbol{y},t+\Delta t,\tau+\Delta t) \tag{7-195}$$

因果性:

$$G(\boldsymbol{x},\boldsymbol{y},t,\tau)=G^*(\boldsymbol{x},\boldsymbol{y},t,\tau)=0,\quad c(t-\tau)<r \tag{7-196}$$

互易性:

$$G(\boldsymbol{x},\boldsymbol{y},t,\tau)=G(\boldsymbol{x},\boldsymbol{y},-t,-\tau),\quad G^*(\boldsymbol{x},\boldsymbol{y},t,\tau)=G^*(\boldsymbol{x},\boldsymbol{y},-t,-\tau) \tag{7-197}$$

7.4.2 时域边界积分方程

有多种方法可以建立与三维时域波动方程等效的声场边界积分方程。一种方法是根据互易性原理,采用拉普拉斯变换将时域波动方程转化到拉普拉斯域,然后再采用拉普拉斯逆变换将控制方程从拉普拉斯域变换到时域[259-261]。另一种常用的方法是采用加权余量法来建立时域声场边界积分方程,详见文献[262]。

采用互易性原理建立时域声场边界积分方程时,需假设存在两个声场状态,即$\mathrm{ST}_1=(p,q,\chi)$和$\mathrm{ST}_2=(p^*,q^*,\chi^*)$,其中$q=\partial p/\partial n$,$q^*=\partial p^*/\partial n$。两个声场状态对应的初始条件为

$$\mathrm{ST}_1\text{ 状态:}\quad p(\boldsymbol{y},t)\big|_{t=0}=p_0(\boldsymbol{y}),\quad \left.\frac{\partial p(\boldsymbol{y},t)}{\partial t}\right|_{t=0}=\dot{p}_0(\boldsymbol{y}) \tag{7-198a}$$

$$\mathrm{ST}_2\text{ 状态:}\quad p^*(\boldsymbol{y},t)\big|_{t=0}=p_0^*(\boldsymbol{y}),\quad \left.\frac{\partial p^*(\boldsymbol{y},t)}{\partial t}\right|_{t=0}=\dot{p}_0^*(\boldsymbol{y}) \tag{7-198b}$$

对上述两种声学状态对应的声学控制方程式(7-24)进行拉普拉斯变换,将时域波动方程变换至拉普拉斯域,得

$$\mathcal{L}[\nabla^2 p]+\mathcal{L}[\chi]=\frac{1}{c_0^2}(s^2\mathcal{L}[p]-sp_0-\dot{p}_0) \tag{7-199a}$$

$$\mathcal{L}[\nabla^2 p^*]+\mathcal{L}[\chi^*]=\frac{1}{c_0^2}(s^2\mathcal{L}[p^*]-sp_0^*-\dot{p}_0^*) \tag{7-199b}$$

式中:χ为体声源和体力,$\chi=\rho_0\partial Q(\boldsymbol{y},t)/\partial t-\rho_0\nabla\cdot\boldsymbol{\chi}$,其中$Q(\boldsymbol{y},t)$表示声源注入的体积速度密度。

式(7-199a)和式(7-199b)等号两侧分别乘以$\mathcal{L}[p^*]$和$\mathcal{L}[p]$,两式相减,得

$$\begin{aligned}&\mathcal{L}[\nabla^2 p]\mathcal{L}[p^*]-\mathcal{L}[\nabla^2 p^*]\mathcal{L}[p]+\mathcal{L}[\chi]\mathcal{L}[p^*]-\mathcal{L}[\chi^*]\mathcal{L}[p]\\&=\frac{1}{c_0^2}\{sp_0^*\mathcal{L}[p]+\dot{p}_0^*\mathcal{L}[p]-sp_0\mathcal{L}[p^*]-\dot{p}_0\mathcal{L}[p^*]\}\end{aligned} \tag{7-200}$$

注意到

$$\mathcal{L}[\dot{p}]=s\mathcal{L}[p]-p_0,\ \mathcal{L}[\dot{p}^*]=s\mathcal{L}[p^*]-p_0^* \tag{7-201}$$

将式(7-201)代入式(7-200),得

$$\begin{aligned}&\mathcal{L}[\nabla^2 p]\mathcal{L}[p^*]-\mathcal{L}[\nabla^2 p^*]\mathcal{L}[p]+\mathcal{L}[\chi]\mathcal{L}[p^*]-\mathcal{L}[\chi^*]\mathcal{L}[p]\\&=\frac{1}{c_0^2}\{p_0^*\mathcal{L}[\dot{p}]+\dot{p}_0^*\mathcal{L}[p]-p_0\mathcal{L}[\dot{p}^*]-\dot{p}_0\mathcal{L}[p^*]\}\end{aligned} \tag{7-202}$$

根据卷积定理,有

$$\mathcal{L}[\hat{\alpha}(t)]\mathcal{L}[\hat{\beta}(t)]=\mathcal{L}\left[\int_0^t \hat{\alpha}(t-\tau)\hat{\beta}(\tau)\mathrm{d}\tau\right]=\mathcal{L}[\hat{\alpha}*\hat{\beta}] \tag{7-203}$$

式中:$\hat{\alpha}(t)$和$\hat{\beta}(t)$两个可积函数;$*$为卷积符号。

根据式(7-203),式(7-202)可以进一步化简为

$$\begin{aligned}&\mathcal{L}[\nabla^2 p*p^*]-\mathcal{L}[\nabla^2 p^* *p]+\mathcal{L}[\chi*p^*]-\mathcal{L}[\chi^* *p]\\&=\frac{1}{c_0^2}\{p_0^*\mathcal{L}[\dot{p}]+\dot{p}_0^*\mathcal{L}[p]-p_0\mathcal{L}[\dot{p}^*]-\dot{p}_0\mathcal{L}[p^*]\}\end{aligned} \tag{7-204}$$

采用拉普拉斯逆变换将式(7-204)变换至时域,并将方程沿着空间域进行积分,得

$$\begin{aligned}&\iiint_\Omega(\nabla^2 p*p^*-\nabla^2 p^* *p+\chi*p^*-\chi^* *p)\mathrm{d}\Omega\\&=\frac{1}{c_0^2}\iiint_\Omega(p_0^*\dot{p}+\dot{p}_0^* p)\mathrm{d}\Omega-\frac{1}{c_0^2}\iiint_\Omega(p_0\dot{p}^*+\dot{p}_0 p^*)\mathrm{d}\Omega\end{aligned} \tag{7-205}$$

根据格林第二等式,并注意到图7-5中外声场的法向方向,有

$$\iiint_\Omega(\nabla^2 p*p^*-\nabla^2 p^* *p)\mathrm{d}\Omega=-\iint_\Gamma p^* *\frac{\partial p}{\partial n_y}\mathrm{d}\Gamma+\iint_\Gamma p*\frac{\partial p^*}{\partial n_y}\mathrm{d}\Gamma \tag{7-206}$$

式中:$\partial/\partial n_y$ 表示变量的法向导数。

将式(7-206)代入式(7-205),得

$$\begin{aligned}&\iiint_\Omega(\chi*p^*)\mathrm{d}\Omega+\iint_\Gamma p*\frac{\partial p^*}{\partial n_y}\mathrm{d}\Gamma+\frac{1}{c_0^2}\iiint_\Omega(p_0\dot{p}^*+\dot{p}_0 p^*)\mathrm{d}\Omega\\&=\iiint_\Omega(\chi^* *p)\mathrm{d}\Omega+\iint_\Gamma p^* *\frac{\partial p}{\partial n_y}\mathrm{d}\Gamma+\frac{1}{c_0^2}\iiint_\Omega(p_0^*\dot{p}+\dot{p}_0^* p)\mathrm{d}\Omega\end{aligned} \tag{7-207}$$

如果取声场状态$\mathrm{ST}_2=[p^*,q^*,\chi^*]$中的源项$\chi^*(\boldsymbol{y},t)$为$\chi^*(\boldsymbol{y},t)=\delta(\boldsymbol{x}-\boldsymbol{y})\delta(t-\tau)$,初始条件为$p_0^*=\dot{p}_0^*=0$。注意:这里之所以没有取$\chi^*(\boldsymbol{y},t)=-\delta(\boldsymbol{x}-\boldsymbol{y})\delta(t-\tau)$,是因为考虑了式(7-183)和式(7-24)在形式上相差一个负号。由式(7-193)可知,p^*和q^*分别对应于$G(\boldsymbol{x},\boldsymbol{y},t,\tau)$和$G^*(\boldsymbol{x},\boldsymbol{y},t,\tau)$,则有

$$\iiint_\Omega(\chi^* *p)\mathrm{d}\Omega=\iiint_\Omega\left[\int_0^t p(\boldsymbol{y},\tau)\delta(\boldsymbol{x}-\boldsymbol{y})\delta(t-\tau)\mathrm{d}\tau\right]\mathrm{d}\Omega=p(\boldsymbol{x},t) \tag{7-208a}$$

$$\frac{1}{c_0^2}\iiint_\Omega(p_0^*\dot{p}+\dot{p}_0^* p)\mathrm{d}\Omega=0 \tag{7-208b}$$

将式(7-208)代入式(7-207),得

$$p(\boldsymbol{x},t)+\iint_\Gamma G*\frac{\partial p}{\partial n_y}\mathrm{d}\Gamma=\iint_\Gamma p*\frac{\partial G}{\partial n_y}\mathrm{d}\Gamma+\iiint_\Omega(\chi*G)\mathrm{d}\Omega+\frac{1}{c_0^2}\iiint_\Omega(p_0\dot{G}+\dot{p}_0 G)\mathrm{d}\Omega \tag{7-209}$$

利用卷积性质,得

$$p(\boldsymbol{x},t)+\iint_{\Gamma}\left[\int_{0}^{t}G(\boldsymbol{x},\boldsymbol{y},t,\tau)\frac{\partial p(\boldsymbol{y},\tau)}{\partial n_{y}}\mathrm{d}\tau\right]\mathrm{d}\Gamma$$
$$=\iint_{\Gamma}\left[\int_{0}^{t}p(\boldsymbol{y},\tau)G^{*}(\boldsymbol{x},\boldsymbol{y},t,\tau)\mathrm{d}\tau\right]\mathrm{d}\Gamma+\iiint_{\Omega}\left[\int_{0}^{t}\chi(\boldsymbol{y},\tau)G(\boldsymbol{x},\boldsymbol{y},t,\tau)\mathrm{d}\tau\right]\mathrm{d}\Omega+$$
$$\frac{1}{c_0^2}\iiint_{\Omega}[p_0(\boldsymbol{y})\dot{G}(\boldsymbol{x},\boldsymbol{y},t,0)+\dot{p}_0(\boldsymbol{y})G(\boldsymbol{x},\boldsymbol{y},t,0)]\mathrm{d}\Omega \tag{7-210}$$

如果知道空间分布的声源和体力项以及声场边界 Γ 上的声压和声压法向导数,由式(7-210)就可以得到声场中任意一点 $\boldsymbol{x}$ 在 t 时刻的声压。然而,实际上声场边界上的声压和声压法向导数并不是同时已知的,因此上式并不是声场初边值问题的解,而是声场应满足的积分方程。将 $\boldsymbol{x}$ 移至边界 Γ 后获得的方程才是时域声场边界积分方程。

当 $\boldsymbol{x}$ 被移至边界 Γ 上时,必然遇到 $\boldsymbol{x}$ 和 $\boldsymbol{y}$ 重合的情况,即 $r=|\boldsymbol{x}-\boldsymbol{y}|=0$,导致 $G(\boldsymbol{x},\boldsymbol{y},t,\tau)$ 和 $G^{*}(\boldsymbol{x},\boldsymbol{y},t,\tau)$ 产生奇异,这时需要在柯西主值意义进行积分。在位于光滑声学边界 Γ 上,构造以 $\boldsymbol{x}$ 为圆心且半径为 ε 的半球面,如图7-6所示。半球面的边界记为 ς^{ε},半球与声场边界包围的体积域为 Ω_{ε},声场边界 Γ 被半球截取的边界为 Γ_{ε}。整个声场边界现在为 $(\Gamma-\Gamma_{\varepsilon})\cup\varsigma^{\varepsilon}$,声场域为 $\Omega\cup\Omega_{\varepsilon}$。

由于 $\boldsymbol{x}$ 在域内,因此式(7-210)仍是成立的,即

$$p(\boldsymbol{x},t)+\lim_{\varepsilon\to 0}\iint_{(\Gamma-\Gamma_{\varepsilon})\cup\varsigma^{\varepsilon}}\left[\int_{0}^{t}G(\boldsymbol{x},\boldsymbol{y},t,\tau)\frac{\partial p(\boldsymbol{y},\tau)}{\partial n_{y}}\mathrm{d}\tau\right]\mathrm{d}\Gamma$$
$$=\lim_{\varepsilon\to 0}\iint_{(\Gamma-\Gamma_{\varepsilon})\cup\varsigma^{\varepsilon}}\left[\int_{0}^{t}p(\boldsymbol{y},\tau)G^{*}(\boldsymbol{x},\boldsymbol{y},t,\tau)\mathrm{d}\tau\right]\mathrm{d}\Gamma$$
$$+\lim_{\varepsilon\to 0}\iiint_{\Omega\cup\Omega_{\varepsilon}}\left[\int_{0}^{t}\chi(\boldsymbol{y},\tau)G(\boldsymbol{x},\boldsymbol{y},t,\tau)\mathrm{d}\tau\right]\mathrm{d}\Omega$$
$$+\frac{1}{c_0^2}\lim_{\varepsilon\to 0}\left[\iiint_{\Omega\cup\Omega_{\varepsilon}}[p_0(\boldsymbol{y})\dot{G}(\boldsymbol{x},\boldsymbol{y},t,0)+\dot{p}_0(\boldsymbol{y})G(\boldsymbol{x},\boldsymbol{y},t,0)]\mathrm{d}\Omega\right] \tag{7-211}$$

首先考查式(7-211)中等号右边的第一项积分:

$$\lim_{\varepsilon\to 0}\iint_{(\Gamma-\Gamma_{\varepsilon})\cup\varsigma^{\varepsilon}}\left[\int_{0}^{t}p(\boldsymbol{y},\tau)G^{*}(\boldsymbol{x},\boldsymbol{y},t,\tau)\mathrm{d}\tau\right]\mathrm{d}\Gamma$$
$$=\lim_{\varepsilon\to 0}\iint_{\Gamma-\Gamma_{\varepsilon}}\left[\int_{0}^{t}p(\boldsymbol{y},\tau)G^{*}(\boldsymbol{x},\boldsymbol{y},t,\tau)\mathrm{d}\tau\right]\mathrm{d}\Gamma+\lim_{\varepsilon\to 0}\iint_{\varsigma^{\varepsilon}}\left[\int_{0}^{t}p(\boldsymbol{y},\tau)G^{*}(\boldsymbol{x},\boldsymbol{y},t,\tau)\mathrm{d}\tau\right]\mathrm{d}\Gamma \tag{7-212}$$

式中:$G^{*}(\boldsymbol{x},\boldsymbol{y},t,\tau)$ 中含有 $1/r^2$ 项,当 $r\to 0$ 时,积分核函数是奇异的。

如果式(7-212)中的积分核在奇异点附近的无限小球上积分时,该积分为

柯西主值积分。此类积分存在的前提是 $p(\boldsymbol{x},t)$ 在奇异点处满足 Hölder 连续条件,即[263]

$$\| p(\boldsymbol{x},t) - p(\boldsymbol{y},t) \| \leqslant \vartheta r^{\alpha}, \quad r = |\boldsymbol{x}-\boldsymbol{y}| \leqslant c \tag{7-213}$$

式中:ϑ、α 和 c 为常数,均为正值。

根据柯西主值积分的存在前提假设,满足 $\alpha<1$,则有

$$\lim_{\varepsilon\to 0} \| p(\boldsymbol{x},t) - p(\boldsymbol{y},t) \| \leqslant \lim_{\varepsilon\to 0}(\vartheta\varepsilon^{\alpha}) = 0 \tag{7-214}$$

则

$$\begin{aligned}
&\lim_{\varepsilon\to 0}\iint_{\varsigma^{\varepsilon}}\left[\int_0^t p(\boldsymbol{y},\tau)G^*(\boldsymbol{x},\boldsymbol{y},t,\tau)\mathrm{d}\tau\right]\mathrm{d}\Gamma \\
&= \lim_{\varepsilon\to 0}\iint_{\varsigma^{\varepsilon}}\left\{\int_0^t [p(\boldsymbol{y},\tau) - p(\boldsymbol{x},\tau)]G^*(\boldsymbol{x},\boldsymbol{y},t,\tau)\mathrm{d}\tau\right\}\mathrm{d}\Gamma \\
&\quad + \lim_{\varepsilon\to 0}\iint_{\varsigma^{\varepsilon}}\left[\int_0^t p(\boldsymbol{x},\tau)G^*(\boldsymbol{x},\boldsymbol{y},t,\tau)\mathrm{d}\tau\right]\mathrm{d}\Gamma \\
&= \lim_{\varepsilon\to 0}\iint_{\varsigma^{\varepsilon}}\left[\int_0^t p(\boldsymbol{x},\tau)G^*(\boldsymbol{x},\boldsymbol{y},t,\tau)\mathrm{d}\tau\right]\mathrm{d}\Gamma
\end{aligned} \tag{7-215}$$

将式(7-194)代入式(7-215),得

$$\begin{aligned}
&\lim_{\varepsilon\to 0}\iint_{\varsigma^{\varepsilon}}\left[\int_0^t p(\boldsymbol{x},\tau)G^*(\boldsymbol{x},\boldsymbol{y},t,\tau)\mathrm{d}\tau\right]\mathrm{d}\Gamma \\
&= -\lim_{\varepsilon\to 0}\iint_{\varsigma^{\varepsilon}}\left\{\int_0^t p(\boldsymbol{x},\tau)\frac{1}{4\pi\varepsilon^2}\frac{\partial\varepsilon}{\partial n_y}\left[\delta\left(t-\frac{\varepsilon}{c}-\tau\right)+\frac{\varepsilon}{c}\dot{\delta}\left(t-\frac{\varepsilon}{c}-\tau\right)\right]\mathrm{d}\tau\right\}\mathrm{d}\Gamma
\end{aligned} \tag{7-216}$$

根据 Dirac delta 函数的性质,有

$$\int_0^t p(\boldsymbol{x},\tau)\delta\left(t-\frac{\varepsilon}{c}-\tau\right)\mathrm{d}\tau = p\left(\boldsymbol{x},t-\frac{\varepsilon}{c}\right) \tag{7-217a}$$

$$\int_0^t p(\boldsymbol{x},\tau)\dot{\delta}\left(t-\frac{\varepsilon}{c}-\tau\right)\mathrm{d}\tau = \dot{p}\left(\boldsymbol{x},t-\frac{\varepsilon}{c}\right) \tag{7-217b}$$

将式(7-216)的空间积分域转换到球坐标系下,注意到球坐标系的径向与边界外法向方向相反,并考虑到式(7-217),得

$$\begin{aligned}
&\lim_{\varepsilon\to 0}\iint_{T_{\varepsilon}}\left[\int_0^t p(\boldsymbol{x},\tau)G^*(\boldsymbol{x},\boldsymbol{y},t,\tau)\mathrm{d}\tau\right]\mathrm{d}\Gamma \\
&= \lim_{\varepsilon\to 0}\int_0^{2\pi}\int_0^{\varphi}\left\{\frac{1}{4\pi}\left[p\left(\boldsymbol{x},t-\frac{\varepsilon}{c}\right)+\frac{\varepsilon}{c}\dot{p}\left(\boldsymbol{x},t-\frac{\varepsilon}{c}\right)\right]\right\}\sin\varphi\mathrm{d}\varphi\mathrm{d}\theta \\
&= \frac{1}{4\pi}p(\boldsymbol{x},t)\left[\lim_{\varepsilon\to 0}\int_0^{2\pi}\int_0^{\varphi}\sin\varphi\mathrm{d}\varphi\mathrm{d}\theta\right]
\end{aligned} \tag{7-218}$$

将式(7-193)代入式(7-211)等号左边的积分项,得

$$\lim_{\varepsilon\to 0}\iint_{(\Gamma-\Gamma_{\varepsilon})\cup\varsigma^{\varepsilon}}\left[\int_0^t G(\boldsymbol{x},\boldsymbol{y},t,\tau)\frac{\partial p(\boldsymbol{y},\tau)}{\partial n_y}\mathrm{d}\tau\right]\mathrm{d}\Gamma$$

$$= \lim_{\varepsilon\to 0}\iint_{\Gamma-\Gamma_\varepsilon}\frac{1}{4\pi\varepsilon}\frac{\partial}{\partial n_y}\left[p\left(\boldsymbol{y},t-\frac{\varepsilon}{c}\right)\right]\mathrm{d}\Gamma + \lim_{\varepsilon\to 0}\iint_{\varsigma^\varepsilon}\frac{1}{4\pi\varepsilon}\frac{\partial}{\partial n_y}\left[p\left(\boldsymbol{y},t-\frac{\varepsilon}{c}\right)\right]\mathrm{d}\Gamma \tag{7-219}$$

在球坐标系下，有

$$\lim_{\varepsilon\to 0}\iint_{\varsigma^\varepsilon}\frac{1}{4\pi\varepsilon}\frac{\partial}{\partial n_y}\left[p\left(\boldsymbol{y},t-\frac{\varepsilon}{c}\right)\right]\mathrm{d}\Gamma$$

$$= -\lim_{\varepsilon\to 0}\int_0^{2\pi}\int_0^{\varphi(\theta)}\frac{1}{4\pi\varepsilon}\frac{\partial}{\partial n_y}\left[p\left(\boldsymbol{y},t-\frac{\varepsilon}{c}\right)\right]\varepsilon^2\sin\varphi\mathrm{d}\varphi\mathrm{d}\theta = 0 \tag{7-220}$$

将式(7-218)代入式(7-212)，同时将式(7-220)代入式(7-219)，注意到$\varepsilon\to 0$时，$\Gamma-\Gamma_\varepsilon\to\Gamma$，将新得到的式(7-212)和式(7-219)代入式(7-211)，得

$$\alpha(\boldsymbol{x})p(\boldsymbol{x},t) + \iint_\Gamma\left[\int_0^t G(\boldsymbol{x},\boldsymbol{y},t,\tau)\frac{\partial p(\boldsymbol{y},\tau)}{\partial n_y}\mathrm{d}\tau\right]\mathrm{d}\Gamma$$

$$= \iint_\Gamma\left[\int_0^t p(\boldsymbol{y},\tau)G^*(\boldsymbol{x},\boldsymbol{y},t,\tau)\mathrm{d}\tau\right]\mathrm{d}\Gamma + \iiint_\Omega\left[\int_0^t \chi(\boldsymbol{y},\tau)G(\boldsymbol{x},\boldsymbol{y},t,\tau)\mathrm{d}\tau\right]\mathrm{d}\Omega$$

$$+ \frac{1}{c_0^2}\iiint_\Omega[p_0(\boldsymbol{y})\dot{G}(\boldsymbol{x},\boldsymbol{y},t,0) + \dot{p}_0(\boldsymbol{y})G(\boldsymbol{x},\boldsymbol{y},t,0)]\mathrm{d}\Omega \tag{7-221}$$

式中

$$\alpha(\boldsymbol{x}) = 1 - \frac{1}{4\pi}\lim_{\varepsilon\to 0}\int_0^{2\pi}\int_0^{\varphi}\sin\varphi\mathrm{d}\varphi\mathrm{d}\theta \tag{7-222}$$

式中：当$\boldsymbol{x}\in\Omega$时，$\alpha(\boldsymbol{x})=1$；当$\boldsymbol{x}\in\Gamma$且Γ是光滑的，$\alpha(\boldsymbol{x})=0.5$，当$\boldsymbol{x}\notin\Omega$且$\boldsymbol{x}\notin\Gamma$，$\alpha(\boldsymbol{x})=0$。式(7-221)即为三维时域波动方程的等效边界积分方程。下面给出几种特殊形式的时域声场边界积分方程。

(1) 初始条件为零：$p_0(\boldsymbol{y})=0$，$\dot{p}_0(\boldsymbol{y})=0$，式(7-221)转化为

$$\alpha(\boldsymbol{x})p(\boldsymbol{x},t) + \iint_\Gamma\left[\int_0^t G(\boldsymbol{x},\boldsymbol{y},t,\tau)\frac{\partial p(\boldsymbol{y},\tau)}{\partial n_y}\mathrm{d}\tau\right]\mathrm{d}\Gamma$$

$$= \iint_\Gamma\left[\int_0^t p(\boldsymbol{y},\tau)G^*(\boldsymbol{x},\boldsymbol{y},t,\tau)\mathrm{d}\tau\right]\mathrm{d}\Gamma + \iiint_\Omega\left[\int_0^t \chi(\boldsymbol{y},\tau)G(\boldsymbol{x},\boldsymbol{y},t,\tau)\mathrm{d}\tau\right]\mathrm{d}\Omega \tag{7-223}$$

(2) 初始条件为零：$p_0(\boldsymbol{y})=0$，$\dot{p}_0(\boldsymbol{y})=0$，且域内无声源和体力，有

$$\alpha(\boldsymbol{x})p(\boldsymbol{x},t) + \iint_\Gamma\left[\int_0^t G(\boldsymbol{x},\boldsymbol{y},t,\tau)\frac{\partial p(\boldsymbol{y},\tau)}{\partial n_y}\mathrm{d}\tau\right]\mathrm{d}\Gamma$$

$$= \iint_\Gamma\left[\int_0^t p(\boldsymbol{y},\tau)G^*(\boldsymbol{x},\boldsymbol{y},t,\tau)\mathrm{d}\tau\right]\mathrm{d}\Gamma \tag{7-224}$$

式(7-224)的物理意义：在声场边界Γ上，每个面积微元$\mathrm{d}\Gamma$都可以看成是声源，它们向空间发出声波，空间中某一点处的声波是由边界Γ上所有面积微元所发出的声波在该点处的迭加。

将式(7-193)和式(7-194)代入式(7-221),利用 Dirac delta 函数的性质,有

$$\iint_{\Gamma}\left[\int_{0}^{t}G(\boldsymbol{x},\boldsymbol{y},t,\tau)\frac{\partial p(\boldsymbol{y},\tau)}{\partial n_{y}}\mathrm{d}\tau\right]\mathrm{d}\Gamma=\frac{1}{4\pi}\iint_{\Gamma}\frac{1}{r}\frac{\partial p(\boldsymbol{y},t_{r})}{\partial n_{y}}\mathrm{d}\Gamma \tag{7-225a}$$

$$\iint_{\Gamma}\left[\int_{0}^{t}p(\boldsymbol{y},\tau)G^{*}(\boldsymbol{x},\boldsymbol{y},t,\tau)\mathrm{d}\tau\right]\mathrm{d}\Gamma=-\frac{1}{4\pi}\iint_{\Gamma}\frac{\partial r}{\partial n_{y}}\left[\frac{p(\boldsymbol{y},t_{r})}{r^{2}}+\frac{\dot{p}(\boldsymbol{y},t_{r})}{rc}\right]\mathrm{d}\Gamma \tag{7-225b}$$

$$\iiint_{\Omega}\left[\int_{0}^{t}\chi(\boldsymbol{y},\tau)G(\boldsymbol{x},\boldsymbol{y},t,\tau)\mathrm{d}\tau\right]=\frac{1}{4\pi}\iint_{\Gamma}\frac{1}{r}\chi(\boldsymbol{y},t_{r})\mathrm{d}\Gamma \tag{7-225c}$$

式中:t_r 为延迟时间,$t_r=t-r/c$;$\dot{p}(\boldsymbol{y},t_r)=[\partial p(\boldsymbol{y},\tau)/\partial\tau]|_{\tau=t_r}$。

将式(7-225)代入式(7-221)后,可以将时间积分去除,进而得到时域声场 Kirchhoff 边界积分方程,即

$$\alpha(\boldsymbol{x})p(\boldsymbol{x},t)+\frac{1}{4\pi}\iint_{\Gamma}\frac{1}{r}\frac{\partial p(\boldsymbol{y},t_{r})}{\partial n_{y}}\mathrm{d}\Gamma=-\frac{1}{4\pi}\iint_{\Gamma}\frac{\partial r}{\partial n_{y}}\left[\frac{p(\boldsymbol{y},t_{r})}{r^{2}}+\frac{\dot{p}(\boldsymbol{y},t_{r})}{rc}\right]\mathrm{d}\Gamma+\frac{1}{4\pi}\iint_{\Gamma}\frac{1}{r}\chi(\boldsymbol{y},t_{r})\mathrm{d}\Gamma+t\,\overline{N}_{O}+\frac{\partial}{\partial t}(t\,\overline{M}_{O}) \tag{7-226}$$

式中:$\overline{N}_O$ 和 $\overline{M}_O$ 表示以 $\boldsymbol{x}$ 为球心和 ct 为半径的球面上的 $p_0(\boldsymbol{y})$ 和 $\dot{p}_0(\boldsymbol{y})$ 均值[262]。

如果初始条件为零,即 $p_0(\boldsymbol{y})=0$ 和 $\dot{p}_0(\boldsymbol{y})=0$,则由式(7-226),得

$$\alpha(\boldsymbol{x})p(\boldsymbol{x},t)+\frac{1}{4\pi}\iint_{\Gamma}\frac{1}{r}\frac{\partial p(\boldsymbol{y},t_{r})}{\partial n_{y}}\mathrm{d}\Gamma=-\frac{1}{4\pi}\iint_{\Gamma}\frac{\partial r}{\partial n_{y}}\left[\frac{p(\boldsymbol{y},t_{r})}{r^{2}}+\frac{\dot{p}(\boldsymbol{y},t_{r})}{rc}\right]\mathrm{d}\Gamma+\frac{1}{4\pi}\iiint_{\Omega}\frac{\chi(\boldsymbol{y},t_{r})}{r}\mathrm{d}\Omega \tag{7-227}$$

若域内无声源和体力,即 $\chi(\boldsymbol{y},t)=0$,得

$$\alpha(\boldsymbol{x})p(\boldsymbol{x},t)+\frac{1}{4\pi}\iint_{\Gamma}\frac{1}{r}\frac{\partial p(\boldsymbol{y},t_{r})}{\partial n_{y}}\mathrm{d}\Gamma=-\frac{1}{4\pi}\iint_{\Gamma}\frac{\partial r}{\partial n_{y}}\left[\frac{p(\boldsymbol{y},t_{r})}{r^{2}}+\frac{\dot{p}(\boldsymbol{y},t_{r})}{rc}\right]\mathrm{d}\Gamma \tag{7-228}$$

7.4.3　边界积分方程数值离散

本节以式(7-224)为例来考虑时域声场边界积分方程的数值离散问题。将时间轴等分为 N 份,时间步长为 Δt,则 $t_n=n\Delta t$,$n=0,1,\cdots,N$。在第 m 时间步,对声场物理量进行时间插值离散,得

$$p^m(\boldsymbol{y},\tau)=\sum_{i=1}^{I_p}T_i^m(\tau)p_i^m(\boldsymbol{y}),\quad q^m(\boldsymbol{y},\tau)=\frac{\partial p^m(\boldsymbol{y},\tau)}{\partial n_y}=\sum_{i=1}^{I_q}\overline{T}_i^m(\tau)q_i^m(\boldsymbol{y}) \tag{7-229}$$

式中:I_p 和 I_q 为第 m 时间步的时间插值函数阶数;$T_i^m(\tau)$ 和 $\overline{T}_i^m(\tau)$ 为时间插值函数;$p_i^m(\boldsymbol{y})$ 和 $q_i^m(\boldsymbol{y})$ 分别为声压和声压法向导数的空间分布函数。

如果 $I_p=I_q=2$,$T_i^m(\tau)$ 和 $\overline{T}_i^m(\tau)$ 取相同的插值函数,有

$$T_1^m(\tau)=\overline{T}_1^m(\tau)=1-\tau/\Delta t,\quad T_2^m(\tau)=\overline{T}_2^m(\tau)=\tau/\Delta t \tag{7-230}$$

式(7-230)表示声学物理量在相邻时间节点内为线性分布。

将式(7-229)代入式(7-224)可知,在 t_n 时刻声场中 $\boldsymbol{x}$ 点处的声压应满足

$$\alpha(\boldsymbol{x})p(\boldsymbol{x},t_n)+\iint_\Gamma\sum_{m=1}^{N}\left[\int_{t_{m-1}}^{t_m}G(\boldsymbol{x},\boldsymbol{y},t_n,\tau)\sum_{i=1}^{I_q}\overline{T}_i^m(\tau)\mathrm{d}\tau\right]q_i^m(\boldsymbol{y})\mathrm{d}\Gamma$$

$$=\iint_\Gamma\sum_{m=1}^{N}\left[\int_{t_{m-1}}^{t_m}\sum_{i=1}^{I_p}T_i^m(\tau)G^*(\boldsymbol{x},\boldsymbol{y},t_n,\tau)\mathrm{d}\tau\right]p_i^m(\boldsymbol{y})\mathrm{d}\Gamma \tag{7-231}$$

上式简写为

$$\alpha(\boldsymbol{x})p(\boldsymbol{x},t_n)+\sum_{m=1}^{N}\sum_{i=1}^{I_q}\iint_\Gamma[\widetilde{G}_{nm}^i(\boldsymbol{x},\boldsymbol{y})q_i^m(\boldsymbol{y})]\mathrm{d}\Gamma=\sum_{m=1}^{N}\sum_{i=1}^{I_p}\iint_\Gamma[H_{nm}^i(\boldsymbol{x},\boldsymbol{y})p_i^m(\boldsymbol{y})]\mathrm{d}\Gamma \tag{7-232}$$

式中

$$\widetilde{G}_{nm}^i(\boldsymbol{x},\boldsymbol{y})=\int_{t_{m-1}}^{t_m}\overline{T}_i^m(\tau)G(\boldsymbol{x},\boldsymbol{y},t_n,\tau)\mathrm{d}\tau,H_{nm}^i(\boldsymbol{x},\boldsymbol{y})=\int_{t_{m-1}}^{t_m}T_i^m(\tau)G^*(\boldsymbol{x},\boldsymbol{y},t_n,\tau)\mathrm{d}\tau \tag{7-233}$$

考虑到基本解的时间平移不变性,即式(7-195),可知 $H_{nm}^i(\boldsymbol{x},\boldsymbol{y})$ 和 $\widetilde{G}_{nm}^i(\boldsymbol{x},\boldsymbol{y})$ 具有以下性质:

$$\widetilde{G}_{nm}^i(\boldsymbol{x},\boldsymbol{y})=\widetilde{G}_{(n-1)(m-1)}^i(\boldsymbol{x},\boldsymbol{y})=\widetilde{G}_{(n-2)(m-2)}^i(\boldsymbol{x},\boldsymbol{y})=\cdots=\widetilde{G}_{(n-m+1)(1)}^i(\boldsymbol{x},\boldsymbol{y}) \tag{7-234a}$$

$$H_{nm}^i(\boldsymbol{x},\boldsymbol{y})=H_{(n-1)(m-1)}^i(\boldsymbol{x},\boldsymbol{y})=H_{(n-2)(m-2)}^i(\boldsymbol{x},\boldsymbol{y})=\cdots=H_{(n-m+1)(1)}^i(\boldsymbol{x},\boldsymbol{y}) \tag{7-234b}$$

式(7-234)表明,对式(7-232)进行积分运算时,只需计算第一时间步($m=1$)的积分核 $\widetilde{G}_{(n-m+1)(1)}^i(\boldsymbol{x},\boldsymbol{y})$ 和 $H_{(n-m+1)(1)}^i(\boldsymbol{x},\boldsymbol{y})$ 即可,而 $m>1$ 对应的积分核可在 $t<t_n$ 的积分结果中找到。

对于第 n 个时间步 t_n,只需要计算以下积分核:

$$\widetilde{G}_{(n-m+1)(1)}^i(\boldsymbol{x},\boldsymbol{y})=\int_0^{\Delta t}\overline{T}_i(\tau)G(\boldsymbol{x},\boldsymbol{y},t_n,\tau)\mathrm{d}\tau,$$

$$H_{(n-m+1)(1)}^i(\boldsymbol{x},\boldsymbol{y})=\int_0^{\Delta t}T_i(\tau)G^*(\boldsymbol{x},\boldsymbol{y},t_n,\tau)\mathrm{d}\tau \tag{7-235}$$

如果将(7-193)和式(7-194)代入式(7-235),则根据 Dirac delta 函数的积分性质,得

$$\begin{cases}\widetilde{G}^{i}_{(n-m+1)(1)}(\boldsymbol{x},\boldsymbol{y})=\dfrac{1}{4\pi r}\overline{T}_i\left(t_n-\dfrac{r}{c}\right), & c(t_n-\Delta t)\leqslant r\leqslant ct_n\\ \widetilde{G}^{i}_{(n-m+1)(1)}(\boldsymbol{x},\boldsymbol{y})=0, & \text{其他}\end{cases} \tag{7-236a}$$

$$\begin{cases}H^{i}_{(n-m+1)(1)}(\boldsymbol{x},\boldsymbol{y})=-\dfrac{1}{4\pi r^2}\dfrac{\partial r}{\partial n}\left[T_i\left(t_n-\dfrac{r}{c}\right)+\dfrac{r}{c}\dot{T}_i\left(t_n-\dfrac{r}{c}\right)\right], & c(t_n-\Delta t)\leqslant r\leqslant ct_n\\ H^{i}_{(n-m+1)(1)}(\boldsymbol{x},\boldsymbol{y})=0, & \text{其他}\end{cases} \tag{7-236b}$$

式中:$\dot{T}_i(t_n-r/c)=(\partial T_i/\partial\tau)\big|_{\tau=t_n-r/c}$。

将式(7-234)代入式(7-232),得

$$\alpha(\boldsymbol{x})p(\boldsymbol{x},t_n)+\sum_{m=1}^{N}\sum_{i=1}^{I_q}\iint_{\Gamma}[\widetilde{G}^{i}_{(n-m+1)(1)}(\boldsymbol{x},\boldsymbol{y})q_i^m(\boldsymbol{y})]\mathrm{d}\Gamma$$
$$=\sum_{m=1}^{N}\sum_{i=1}^{I_p}\iint_{\Gamma}[H^{i}_{(n-m+1)(1)}(\boldsymbol{x},\boldsymbol{y})p_i^m(\boldsymbol{y})]\mathrm{d}\Gamma \tag{7-237}$$

式(7-237)是将时间域进行离散后的时域声场边界积分方程。下一步是将声场边界分割为若干单元,对声场物理量的空间分布以多项式进行展开,最终将时域声场边界积分方程转化为为代数方程来求解。

采用前面 7.2 节中给出的二维面单元对声场边界进行空间离散,将边界离散为 N_e 个四边形面单元,则式(7-237)写为

$$\alpha(\boldsymbol{x})p(\boldsymbol{x},t_n)+\sum_{e=1}^{N_e}\sum_{m=1}^{N}\sum_{i=1}^{I_q}\iint_{\Gamma_e}[\widetilde{G}^{i}_{(n-m+1)(1)}(\boldsymbol{x},\boldsymbol{y})q_i^{m,e}(\boldsymbol{y})]\mathrm{d}\Gamma$$
$$=\sum_{e=1}^{N_e}\sum_{m=1}^{N}\sum_{i=1}^{I_p}\iint_{\Gamma_e}[H^{i}_{(n-m+1)(1)}(\boldsymbol{x},\boldsymbol{y})p_i^{m,e}(\boldsymbol{y})]\mathrm{d}\Gamma \tag{7-238}$$

式中:$p_i^{m,e}(\boldsymbol{y})$ 和 $q_i^{m,e}(\boldsymbol{y})$ 分别为单元 e 上的声压和声压法向导数分布函数;Γ_e 为单元 e 所占的声场边界。

在前面频域声场边界元法中,将二维声场面单元上的物理量采用正交多项式进行展开,如切比雪夫多项式和勒让德多项式。对于时域问题,仍然采用这一方法,将 $p_i^{m,e}(\boldsymbol{y})$ 和 $q_i^{m,e}(\boldsymbol{y})$ 展开为

$$p_i^{m,e}(\boldsymbol{y})=\sum_{j=0}^{I_0}\sum_{k=0}^{I_1}T_j(\varsigma)T_k(\eta)p_{jk,i}^{m,e}=\sum_{l=1}^{\bar{J}}N_l(\varsigma,\eta)\,\tilde{p}_{l,i}^{\,m,e}=\overline{\boldsymbol{N}}(\varsigma,\eta)\boldsymbol{p}_i^{m,e} \tag{7-239a}$$

$$q_i^{m,e}(\boldsymbol{y})=\sum_{j=0}^{I_0}\sum_{k=0}^{I_1}T_j(\varsigma)T_k(\eta)q_{jk,i}^{m,e}=\sum_{l=1}^{\bar{J}}N_l(\varsigma,\eta)\,\tilde{q}_{l,i}^{\,m,e}=\overline{\boldsymbol{N}}(\varsigma,\eta)\boldsymbol{q}_i^{m,e} \tag{7-239b}$$

式中：$T_j(\varsigma)$和$T_k(\eta)$为沿着单元局部坐标ς和η方向的正交多项式；I_0和I_1为截取的正交多项式最高阶次；$N_l(\varsigma,\eta)$为ς和η方向正交多项式乘积函数；$\bar{J}$为$N_l(\varsigma,\eta)$的项数，$\bar{J}=(I_0+1)(I_1+1)$；$\bar{\boldsymbol{N}}(\varsigma,\eta)$为正交多项式函数向量；$\boldsymbol{p}_i^{m,e}$和$\boldsymbol{q}_i^{m,e}$分别为单元上的声压和声压法向导数系数向量。

将式(7–92)和式(7–239)代入式(7–238)，得

$$\alpha(\boldsymbol{x})p(\boldsymbol{x},t_n)+\sum_{e=1}^{N_e}\sum_{m=1}^{N}\sum_{i=1}^{I_q}\left[\iint_{\Gamma_e}\widetilde{G}^i_{(n-m+1)(1)}(\boldsymbol{x},\boldsymbol{y})\,\bar{\boldsymbol{N}}(\varsigma,\eta)\,|\boldsymbol{J}^e|\,\mathrm{d}\varsigma\,\mathrm{d}\eta\right]\boldsymbol{q}_i^{m,e}$$

$$=\sum_{e=1}^{N_e}\sum_{m=1}^{N}\sum_{i=1}^{I_p}\left[\iint_{\Gamma_e}H^i_{(n-m+1)(1)}(\boldsymbol{x},\boldsymbol{y})\,\bar{\boldsymbol{N}}(\varsigma,\eta)\,|\boldsymbol{J}^e|\,\mathrm{d}\varsigma\,\mathrm{d}\eta\right]\boldsymbol{p}_i^{m,e} \tag{7-240}$$

为了满足式(7–240)的定解条件并确定边界上的未知量，在每个四边形边界单元中设置$(I_0+1)\times(I_1+1)$个配置点。在自然坐标系(ς,η)下，单元的配置点被置于正交多项式函数的零点位置(图7–12)，如切比雪夫多项式和勒让德多项式的零点。记第l个单元中第j个配置点为$\hat{\boldsymbol{y}}_j^l$。将$\boldsymbol{x}$移动到边界上的配置点$\hat{\boldsymbol{y}}_j^l$处时，由式(7–239a)和式(7–240)，得

$$\alpha(\hat{\boldsymbol{y}}_j^l)\sum_{k=1}^{I_p}T_k^n(t_n)\,\bar{\boldsymbol{N}}(\varsigma,\eta)\big|_{\hat{y}_j^l}\boldsymbol{p}_k^{n,l}+\sum_{m=1}^{N}\sum_{i=1}^{I_q}$$

$$\left[\sum_{e=1}^{N_e}\iint_{\Gamma_e}\widetilde{G}^i_{(n-m+1)(1)}(\hat{\boldsymbol{y}}_j^l,\boldsymbol{y})\,\bar{\boldsymbol{N}}(\varsigma,\eta)\,|\boldsymbol{J}^e|\,\mathrm{d}\varsigma\,\mathrm{d}\eta\right]\boldsymbol{q}_i^{m,e}$$

$$=\sum_{m=1}^{N}\sum_{i=1}^{I_p}\left[\sum_{e=1}^{N_e}\iint_{\Gamma_e}H^i_{(n-m+1)(1)}(\hat{\boldsymbol{y}}_j^l,\boldsymbol{y})\,\bar{\boldsymbol{N}}(\zeta,\eta)\,|\boldsymbol{J}^e|\,\mathrm{d}\varsigma\,\mathrm{d}\eta\right]\boldsymbol{p}_i^{m,e}$$

(7–241)

写成矩阵形式为

$$\boldsymbol{C}\boldsymbol{p}^{n,l}+\sum_{m=1}^{N}\sum_{i=1}^{I_q}\hat{\boldsymbol{G}}^i_{(n-m+1)(1)}\,\boldsymbol{q}_i^m=\sum_{m=1}^{N}\sum_{i=1}^{I_p}\hat{\boldsymbol{H}}^i_{(n-m+1)(1)}\,\boldsymbol{p}_i^m \tag{7-242}$$

式中：$\boldsymbol{p}^{n,l}$为第l个单元上的广义声压向量；$\boldsymbol{p}_i^m$和$\boldsymbol{q}_i^m$为所有边界单元广义声压和声压导数向量集合；$\hat{\boldsymbol{H}}^i_{(n-m+1)(1)}$和$\hat{\boldsymbol{G}}^i_{(n-m+1)(1)}$为影响系数矩阵。

$$\hat{\boldsymbol{G}}^i_{(n-m+1)(1)}=\sum_{e=1}^{N_e}\iint_{\Gamma_e}\widetilde{G}^i_{(n-m+1)(1)}(\hat{\boldsymbol{y}}_j^l,\boldsymbol{y})\,\bar{\boldsymbol{N}}(\varsigma,\eta)\,|\boldsymbol{J}^e|\,\mathrm{d}\varsigma\,\mathrm{d}\eta \tag{7-243a}$$

$$\hat{\boldsymbol{H}}^i_{(n-m+1)(1)}=\sum_{e=1}^{N_e}\iint_{\Gamma_e}H^i_{(n-m+1)(1)}(\hat{\boldsymbol{y}}_j^l,\boldsymbol{y})\,\bar{\boldsymbol{N}}(\varsigma,\eta)\,|\boldsymbol{J}^e|\,\mathrm{d}\varsigma\,\mathrm{d}\eta \tag{7-243b}$$

如果配置点不属于当前的积分单元时($l\neq e$)，则式(7–243)中的积分核都是非奇异的，因此可由高斯积分来计算$\hat{\boldsymbol{G}}^i_{(n-m+1)(1)}$和$\hat{\boldsymbol{H}}^i_{(n-m+1)(1)}$。如果配置点位于当前积分单元时，则式(7–243)中的积分核均是奇异的，可采用7.2节中的极

坐标变换法来计算$\hat{\boldsymbol{G}}^i_{(n-m+1)(1)}$和$\hat{\boldsymbol{H}}^i_{(n-m+1)(1)}$。

将 $\boldsymbol{x}$ 依次置于所有边界单元的配置点上,最终得到 $N_e\times(I_0+1)\times(I_1+1)$ 个线性代数方程组。根据给定的边界条件,由式(7-242)可求出 $t=t_n$ 时刻声场边界上未知的$\boldsymbol{p}_i^m$ 和$\boldsymbol{q}_i^m$。一旦所有单元上的$\boldsymbol{p}_i^m$ 和$\boldsymbol{q}_i^m$ 已知,则 $t=t_n$ 时刻声场内任意一点 $\boldsymbol{x}$ 处的声压可以由下式来计算,即

$$p(\boldsymbol{x},t_n)=\sum_{m=1}^{N}\sum_{i=1}^{I_p}\hat{\boldsymbol{H}}^i_{(n-m+1)(1)}\,\boldsymbol{p}_i^m-\sum_{m=1}^{N}\sum_{i=1}^{I_q}\hat{\boldsymbol{G}}^i_{(n-m+1)(1)}\,\boldsymbol{q}_i^m \qquad (7-244)$$

第 8 章　复合材料结构声振耦合系统

弹性结构受到外部激励后会产生振动，振动对周围的流体介质产生作用，导致流体产生压缩和伸张运动并产生声场，同时声场又反作用于结构，引起结构振动的变化，这样就形成了一个结构声振耦合系统。对于这类问题，无法单独求解结构方程和声场方程，必须在结构与声场方程基础上，考虑结构与声场耦合界面的协调条件和平衡关系，通过求解声振耦合方程组，方可得到结构振动和声场响应的正确结果。

复合材料结构的声振耦合理论分析包括解析法和数值解法。解析法局限于可用分离变量法或积分变换法求解的简单结构（如层合矩形板、球壳和圆柱壳），对结构的边界条件、载荷情况和铺层角度等有严格的限制，通常结构的振动和声学解析解由级数和特殊函数来表示。Skelton 和 James[192] 介绍了复合材料层合板、圆柱壳和球壳的振动与声辐射解析解。解析法为复合材料结构的声振问题研究奠定了坚实的理论基础，能深入地揭示研究对象的物理本质。然而，对于复杂的复合材料结构，由于无法得到结构振动及声场方程的解析解，需要利用数值方法来求解其声振耦合问题。

本章介绍一般弹性体、轴对称弹性体频域声振耦合分析的分区变分 - 谱边界元法，讨论轻、重流体介质中均匀各向同性材料和复合材料圆柱壳、圆锥壳、球壳、加筋壳体以及梁 - 弹性支撑 - 加筋组合壳体等的声振耦合问题。另外，本章还介绍弹性体时域声振耦合分析的分区变分 - 谱边界元法，并给出了夹层板的时域声振耦合算例。

8.1　弹性体频域声振耦合系统

图 8-1 给出了一个由弹性体和内、外声场所构成的声振耦合系统。弹性体记为 Ω_s，内声场和外声场分别为 Ω_f^- 和 Ω_f^+。弹性体的边界包括位移边界 Γ_u、力边界 Γ_σ 和结构 - 声场耦合边界。内、外声场与弹性体的耦合边界分别为 Γ_{sf}^- 和 Γ_{sf}^+。$\boldsymbol{n}$（$\boldsymbol{n}^+$ 和 $\boldsymbol{n}^-$）为弹性体声场边界上一点处的单位外法向向量，由弹性体表面指向声场。对于外声场问题，无穷远处边界为 Γ_∞。假设结构外载荷及其声振响应均是简谐的，时间算子为 $e^{i\omega t}$。如无特殊说明，本章在频域分析中省略了

结构和声场物理量的时间算子 $e^{i\omega t}$。

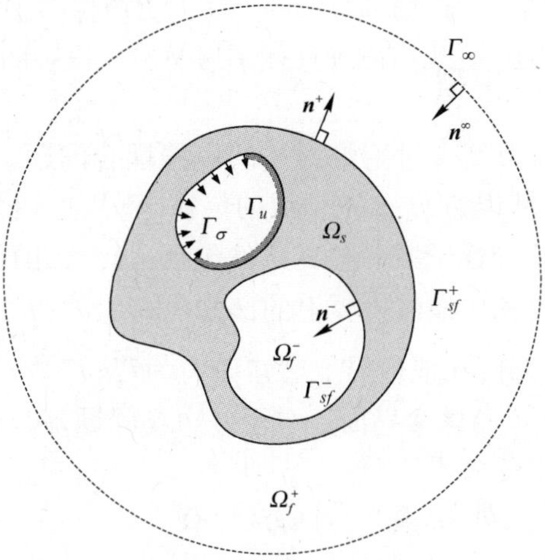

图 8-1　弹性体和内、外声场耦合系统

弹性体的控制方程和边界条件为

$$\sigma_{ij,j} + f_i = -\rho_s \omega^2 u_i, \quad 在\ \Omega_s\ 中 \tag{8-1a}$$

$$u_i = \bar{u}_i, \quad 在\ \Gamma_u\ 上 \tag{8-1b}$$

$$\sigma_{ij} n_j = \bar{T}_i, \quad 在\ \Gamma_\sigma\ 上 \tag{8-1c}$$

式中：u_i、σ_{ij}和 f_i 分别为弹性体位移分量、应力分量和体力分量；ρ_s 为弹性体质量密度；n_j 为弹性边界上一点的法向方向余弦；$\bar{u}_i$ 和$\bar{T}_i$ 分别为弹性体边界上给定的位移分量和面力分量。

假设声场内没有体力和体声源，声场的控制方程和边界条件为

$$\nabla^2 p + k^2 p = 0, \quad 在\ \Omega_f^-\ 和\ \Omega_f^+\ 中 \tag{8-2a}$$

$$\lim_{r\to\infty}\left[r\left(\frac{\partial p}{\partial r} + \mathrm{i}kp\right)\right] = 0, \quad 在\ \Gamma_\infty\ 上 \tag{8-2b}$$

对于内声场问题，不需要考虑无穷远处的 Sommerfeld 辐射条件，即式(8-2b)。

在结构－声场耦合界面上，要满足运动学边界条件和力平衡条件

$$\frac{\partial p}{\partial n} = \rho_0 \omega^2 u_j n_j, \quad 在\ \Gamma_{sf}^-\ 或\ \Gamma_{sf}^+\ 上 \tag{8-3a}$$

$$\sigma_{ij} n_j = -p n_i, \quad 在\ \Gamma_{sf}^-\ 或\ \Gamma_{sf}^+\ 上 \tag{8-3b}$$

式(8-3a)由流体的运动方程式(7-16)得到，称为运动学边界条件，要求耦合边界任意一点 $\boldsymbol{y}$ 处的结构法向速度（或加速度）与该点处的流体质点法向速度（或加速度）相等，即

$$\boldsymbol{v}_{\mathrm{s}}(\boldsymbol{y}) \cdot \boldsymbol{n}(\boldsymbol{y}) = \boldsymbol{v}_{\mathrm{f}}(\boldsymbol{y}) \cdot \boldsymbol{n}(\boldsymbol{y})$$

式中:$\boldsymbol{v}_{\mathrm{s}}(\boldsymbol{y})$和$\boldsymbol{v}_{\mathrm{f}}(\boldsymbol{y})$为弹性体和流体质点的速度向量。

式(8-3b)要求结构-声场耦合边界上法向力应保持平衡。

8.1.1 弹性体分区模型

本小节以外声场为例来讨论弹性体的声振耦合问题。将弹性体分解为N个子区域,第m个子域记为$\Omega_{s,m}$,该子域的位移为u_i^m,应变为ε_{ij}^m,应力为σ_{ij}^m,所受的体力为f_i^m。每个弹性子域的边界条件包括:弹性体的位移边界Γ_u分解到子域m上的部分Γ_u^m,相应地该边界上的已知位移为$\bar{u}_i^m$;Γ_σ^m为弹性体的力边界分解到子域m上的部分,在该边界上已知面力为$\bar{T}_i^m$;$\Gamma_b^{m,m+1}$是由弹性体分区而产生的子域m和$m+1$分区交界面。对于外声场问题,弹性体-声场耦合界面分解到子域m上的部分为$\Gamma_{sf}^{+,m}$。

将惯性力视为广义外力,基于分区方法,有

$$\delta\widetilde{\Pi}=\delta U-\delta W_{\mathrm{s}}-\delta W_{\mathrm{f}}+\delta\Pi_{\mathrm{b}}=0 \tag{8-4}$$

式中:δU为所有弹性子域的虚应变能;δW_{s}为所有弹性子域上结构外力所做的虚功;δW_{f}为声压所做的虚功;Π_{b}为所有子域之间的分区界面势能。

$$\delta U=\sum_{m=1}^{N}\iiint_{\Omega_{s,m}}\delta U(\varepsilon_{ij}^m)\mathrm{d}\Omega=\sum_{m=1}^{N}\iiint_{\Omega_{s,m}}\sigma_{ij}^m\delta\varepsilon_{ij}^m\mathrm{d}\Omega \tag{8-5a}$$

$$\delta W_{\mathrm{s}}=\sum_{m=1}^{N}\iiint_{\Omega_{s,m}}[\delta u_i^m(\rho_i^m\omega^2u_i^m+f_i^m)]\mathrm{d}\Omega+\sum_{m=1}^{N}\iint_{\Gamma_\sigma^m}\delta u_i^m\,\bar{T}_i^m\mathrm{d}S \tag{8-5b}$$

$$\delta W_{\mathrm{f}}=\sum_{m=1}^{N}\iint_{\Gamma_{sf}^{+,m}}\delta u_i^m(-pn_i)\mathrm{d}\Gamma \tag{8-5c}$$

$$\delta\Pi_{\mathrm{b}}=-\sum_{m,m+1}\delta\iint_{\Gamma_B^{m,m+1}}\xi_i\sigma_{ij}^m n_j^m\Theta_i^m\mathrm{d}S+\iint_{\Gamma_B^{m,m+1}}\xi_i\kappa_i^m\delta\Theta_i^m\Theta_i^m\mathrm{d}S \tag{8-5d}$$

式中:Θ_i^m为子域m和$m+1$界面上的位移协调方程,$\Theta_i^m=u_i^m-u_i^{m+1}=0$。

理论上,在子域分区界面上,应严格满足$\Theta_i^m=u_i^m-u_i^{m+1}=0$,但在分区Nitsche变分法中,这些方程都是近似满足的。式(8-5)中引入实际表达式是$\Theta_i^m=u_i^m-u_i^{m+1}$。

将子域的位移分量采用第一类切比雪夫正交多项式进行展开,得

$$u_i(\boldsymbol{y})=\sum_{j=0}^{J}\psi_j(\boldsymbol{y})q_{i,j}=\boldsymbol{\psi}\boldsymbol{q}_i \tag{8-6}$$

式中:$\psi_j(\boldsymbol{y})$为j阶切比雪夫正交多项式;J为截取的多项式最高阶数;$q_{i,j}$为弹性体位移分量的多项式展开系数;$\boldsymbol{\psi}$为切比雪夫多项式向量;$\boldsymbol{q}_i$为多项式系数向量(或广义位移向量)。

先将式(8-5)中的应变和应力分量以位移来表示,然后将式(8-6)代入式(8-5),再将式(8-5)代入式(8-4),由$\delta\widetilde{\Pi}=0$得到弹性体的离散动力学方

程为

$$-\omega^2\boldsymbol{M}_s\boldsymbol{q}_s+(\boldsymbol{K}_s-\boldsymbol{K}_\lambda+\boldsymbol{K}_\kappa)\boldsymbol{q}_s=\boldsymbol{F}_s+\boldsymbol{F}_p \tag{8-7}$$

式中：$\boldsymbol{q}_s$ 为所有弹性体子域装配后得到的广义位移向量；$\boldsymbol{M}_s$ 和$\boldsymbol{K}_s$ 分别为未考虑分区界面位移协调关系的弹性体广义质量矩阵和刚度矩阵；$\boldsymbol{K}_\lambda$ 和$\boldsymbol{K}_\kappa$ 为弹性体分区界面附加刚度矩阵；$\boldsymbol{F}_s$ 为弹性体的结构广义外力向量；$\boldsymbol{F}_p$ 为声压引入的广义外力向量，由于弹性体边界上的声压是未知的，因此$\boldsymbol{F}_p$ 是一个未知载荷向量。

8.1.2　声场谱边界元离散

根据式(8-2)以及第 7 章介绍的内容，弹性体外部声辐射问题对应的声场边界积分方程为

$$\alpha^+(\boldsymbol{x})p(\boldsymbol{x})=\iint_{\Gamma_{sf}^+}\left[p(\boldsymbol{y})\frac{\partial G(\boldsymbol{x},\boldsymbol{y})}{\partial n_y^+}-G(\boldsymbol{x},\boldsymbol{y})\frac{\partial p(\boldsymbol{y})}{\partial n_y^+}\right]\mathrm{d}\Gamma \tag{8-8}$$

由式(8-3a)可知，声场边界 Γ_{sf}^+ 上任意一点 $\boldsymbol{y}$ 处的声压法向导数可由该点处的弹性体法向位移表示，即

$$\frac{\partial p(\boldsymbol{y})}{\partial n_y^+}=\rho_0\omega^2\boldsymbol{u}(\boldsymbol{y})\cdot\boldsymbol{n}_y^+(\boldsymbol{y}),\quad \boldsymbol{y}\in\Gamma_{sf}^+ \tag{8-9}$$

式中：$\boldsymbol{u}(\boldsymbol{y})$ 为 $\boldsymbol{y}$ 点处的弹性体位移向量，$\boldsymbol{u}(\boldsymbol{y})=u_1(\boldsymbol{y})\boldsymbol{e}_1+u_2(\boldsymbol{y})\boldsymbol{e}_2+u_3(\boldsymbol{y})\boldsymbol{e}_3$。

将式(8-9)代入式(8-8)，得

$$\alpha^+(\boldsymbol{x})p(\boldsymbol{x})=\iint_{\Gamma_{sf}^+}\left[p(\boldsymbol{y})\frac{\partial G(\boldsymbol{x},\boldsymbol{y})}{\partial n_y^+}-\rho_0\omega^2G(\boldsymbol{x},\boldsymbol{y})\boldsymbol{u}(\boldsymbol{y})\cdot\boldsymbol{n}_y^+(\boldsymbol{y})\right]\mathrm{d}\Gamma \tag{8-10}$$

为了将声场边界积分方程转化为代数方程，将声场边界 Γ_{sf}^+ 离散成 N_e 个二维面单元。这些二维单元在几何上不需要与弹性体子域完全匹配，如图 8-2 所示。但为了讨论方便，假设在结构－声场耦合边界上结构子域在声场边界上形成的二维面域即为声场边界单元。

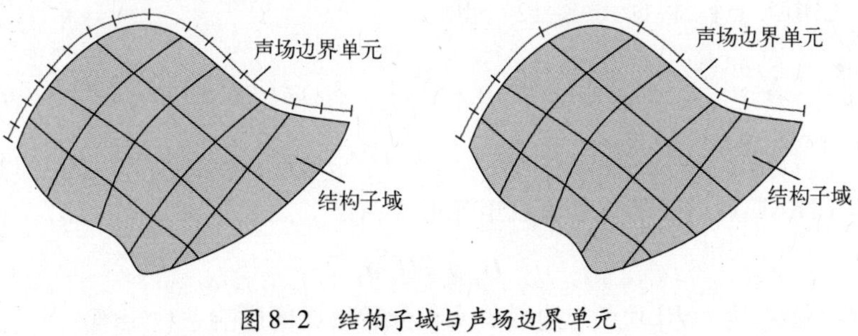

图 8-2　结构子域与声场边界单元

将弹性体位移展开式(8-6)和声场边界上的声压展开式(7-94)代入式(8-10)，有

$$\alpha^{+}(\boldsymbol{x})p(\boldsymbol{x})=\sum_{e=1}^{N_e}\iint_{\Gamma_{sf}^{+,e}}\left[\overline{\boldsymbol{N}}\boldsymbol{p}^{e}\frac{\partial G(\boldsymbol{x},\boldsymbol{y})}{\partial n_{y}^{+,e}}-\rho_0\omega^2 G(\boldsymbol{x},\boldsymbol{y})\,\overline{\boldsymbol{\psi}}|_{y}\,\boldsymbol{q}^{e}\right]|\boldsymbol{J}^{e}|\mathrm{d}\varsigma\,\mathrm{d}\eta \tag{8-11}$$

式中:$\overline{\boldsymbol{\psi}}|_y$为弹性子域位移函数向量,$\overline{\boldsymbol{\psi}}|_y=[n_{y,1}^{+}\boldsymbol{\psi}(\boldsymbol{y}),n_{y,2}^{+}\boldsymbol{\psi}(\boldsymbol{y}),n_{y,3}^{+}\boldsymbol{\psi}(\boldsymbol{y})]$,其中 $n_{y,i}^{+}$($i=1$, 2, 3)为法向余弦分量;$\boldsymbol{q}^e$ 为子域广义位移向量,$\boldsymbol{q}^e=[\boldsymbol{q}_1^{e,\mathrm{T}},\boldsymbol{q}_2^{e,\mathrm{T}},\boldsymbol{q}_3^{e,\mathrm{T}}]^{\mathrm{T}}$。

设第 i 个声场边界单元中第 j 个配置点为$\hat{\boldsymbol{y}}_j^i$,根据配点法将 $\boldsymbol{x}$ 移动到边界上的配置点$\hat{\boldsymbol{y}}_j^i$ 处,由式(8-11),得

$$\begin{aligned}&\sum_{e=1}^{N_e}\iint_{\Gamma_{sf}^{+,e}}\left[\overline{\boldsymbol{N}}\frac{\partial G(\hat{\boldsymbol{y}}_j^i,\boldsymbol{y})}{\partial n_y^{+,e}}|\boldsymbol{J}^e|\mathrm{d}\varsigma\,\mathrm{d}\eta\right]\boldsymbol{p}^e-\alpha^{+}\overline{\boldsymbol{N}}|_{\hat{y}_j^i}\boldsymbol{p}^i\\&=\sum_{e=1}^{N_e}\iint_{\Gamma_{sf}^{+,e}}[\rho_0\omega^2 G(\hat{\boldsymbol{y}}_j^i,\boldsymbol{y})\,\overline{\boldsymbol{\psi}}|_y|\boldsymbol{J}^e|\mathrm{d}\varsigma\,\mathrm{d}\eta]\,\boldsymbol{q}^e\end{aligned} \tag{8-12}$$

写成矩阵形式为

$$\boldsymbol{Hp}=\boldsymbol{G}\,\overline{\boldsymbol{q}}_s \tag{8-13}$$

式中:$\boldsymbol{H}$ 和 $\boldsymbol{G}$ 为影响系数矩阵,它们的矩阵元素为复数且均与 ω 有关,当$\hat{\boldsymbol{y}}_j^i$ 接近于 $\boldsymbol{y}$ 时,$\boldsymbol{H}$ 和 $\boldsymbol{G}$ 中的矩阵元素均是奇异的,可采用7.2节介绍的坐标变换法来计算这些奇异积分;$\boldsymbol{p}$ 为结构-声场耦合边界上所有边界单元对应的声压多项式系数向量集合;$\overline{\boldsymbol{q}}_s$ 为结构-声场边界上的弹性结构子域广义位移向量集合。

采用式(8-13)求解弹性体的声振耦合响应时,得到的计算结果在某些频率附近会出现非唯一解问题。第7章已介绍了克服声场边界积分方程非唯一解问题常用的两种方法,即 CHIEF 法和 Burton-Miller 法。如果采用 CHIEF 法来克服式(8-13)的非唯一解问题,需要在弹性体的内部设置 M_e 个 CHIEF 点。对于第 i 个 CHIEF 点$\hat{\boldsymbol{y}}_c^i$,根据式(8-12),得

$$\sum_{e=1}^{N_e}\iint_{\Gamma_{sf}^{+,e}}[\overline{\boldsymbol{N}}\frac{\partial G(\hat{\boldsymbol{y}}_c^i,\boldsymbol{y})}{\partial n_y^{+,e}}|\boldsymbol{J}^e|\mathrm{d}\varsigma\,\mathrm{d}\eta]\,\boldsymbol{p}^e=\sum_{e=1}^{N_e}\iint_{\Gamma_{sf}^{+,e}}[\rho_0\omega^2G(\hat{\boldsymbol{y}}_c^i,\boldsymbol{y})\,\overline{\boldsymbol{\psi}}|_y|\boldsymbol{J}^e|\mathrm{d}\varsigma\,\mathrm{d}\eta]\,\boldsymbol{q}^e \tag{8-14}$$

将所有 CHIEF 点形成的方程写成矩阵形式,有

$$\boldsymbol{H}_c\,\boldsymbol{p}=\boldsymbol{G}_c\,\overline{\boldsymbol{q}}_s \tag{8-15}$$

式中:$\boldsymbol{H}_c$ 和$\boldsymbol{G}_c$ 为 CHIEF 点与边界单元积分后形成的影响系数矩阵。

将式(8-13)与式(8-15)联立即得 CHIEF 方程为

$$\widetilde{\boldsymbol{H}}\boldsymbol{p}=\widetilde{\boldsymbol{G}}\,\overline{\boldsymbol{q}}_s \tag{8-16}$$

式中：$\widetilde{\boldsymbol{H}}$ 和 $\widetilde{\boldsymbol{G}}$ 为 CHIEF 法对应的总影响系数矩阵，$\widetilde{\boldsymbol{H}} = [\boldsymbol{H}^{\mathrm{T}}, \boldsymbol{H}_c^{\mathrm{T}}]^{\mathrm{T}}$，$\widetilde{\boldsymbol{G}} = [\boldsymbol{G}^{\mathrm{T}}, \boldsymbol{G}_c^{\mathrm{T}}]^{\mathrm{T}}$。

引入广义位移转换矩阵 $\boldsymbol{T}$，将边界上的结构子域广义位移向量 $\overline{\boldsymbol{q}}_s$ 用弹性体总体广义位移向量 $\boldsymbol{q}_s$ 来表示，有

$$\overline{\boldsymbol{q}}_s = \boldsymbol{T}\boldsymbol{q}_s \tag{8-17}$$

将式(8-17)代入式(8-16)，得

$$\widetilde{\boldsymbol{H}}\boldsymbol{p} = \widetilde{\boldsymbol{G}}\boldsymbol{T}\boldsymbol{q}_s \tag{8-18}$$

则声压系数向量为

$$\boldsymbol{p} = \widetilde{\boldsymbol{H}}^{-1}\widetilde{\boldsymbol{G}}\boldsymbol{T}\boldsymbol{q}_s \tag{8-19}$$

式中：$\widetilde{\boldsymbol{H}}^{-1}$ 为 $\widetilde{\boldsymbol{H}}$ 的广义逆矩阵。

如果采用 Burton – Miller 法来消除边界积分方程的非唯一解问题，将弹性体位移展开式(8-6)和声场边界上的声压展开式(7-94)代入式(7-112)，有

$$\begin{aligned}\alpha^{+}\left[p(\boldsymbol{x}) + \beta\rho_0\omega^2\boldsymbol{u}(\boldsymbol{x})\cdot\boldsymbol{n}_x^{+}(\boldsymbol{x})\right] = &\sum_{e=1}^{N_e}\left\{\iint_{\Gamma_{sf}^{+,e}}\left[\beta\frac{\partial^2 G(\boldsymbol{x},\boldsymbol{y})}{\partial n_x^{+}\,\partial n_y^{+,e}} + \frac{\partial G(\boldsymbol{x},\boldsymbol{y})}{\partial n_y^{+,e}}\right]\overline{\boldsymbol{N}}\mathrm{d}\Gamma\right\}\boldsymbol{p}^e \\ &- \sum_{e=1}^{N_e}\left\{\iint_{\Gamma_{sf}^{+,e}}\left[\beta\frac{\partial G(\boldsymbol{x},\boldsymbol{y})}{\partial n_x^{+}} + G(\boldsymbol{x},\boldsymbol{y})\right]\rho_0\omega^2\,\overline{\boldsymbol{\psi}}|_y\mathrm{d}\Gamma\right\}\boldsymbol{q}^e\end{aligned} \tag{8-20}$$

设第 i 个声场单元中第 j 个配置点为 $\hat{\boldsymbol{y}}_j^i$，将 $\boldsymbol{x}$ 移动到边界上的配置点 $\hat{\boldsymbol{y}}_j^i$ 处时，由式(8-20)，得

$$\begin{aligned}&\sum_{e=1}^{N_e}\left\{\iint_{\Gamma_{sf}^{+,e}}\left[\beta\frac{\partial^2 G}{\partial n_x^{+}\,\partial n_y^{+,e}} + \frac{\partial G}{\partial n_y^{+,e}}\right]\overline{\boldsymbol{N}}\mathrm{d}\Gamma\right\}\boldsymbol{p}^e - \alpha^{+}(\hat{\boldsymbol{y}}_j^i)\,\overline{\boldsymbol{N}}|_{\hat{y}_j^i}\boldsymbol{p}^i \\ &= \sum_{e=1}^{N_e}\left\{\iint_{\Gamma_{sf}^{+,e}}\left[\beta\frac{\partial G}{\partial n_x^{+}} + G\right]\rho_0\omega^2\,\overline{\boldsymbol{\psi}}|_y\mathrm{d}\Gamma\right\}\boldsymbol{q}^e + \alpha^{+}\beta\rho_0\omega^2\,\overline{\boldsymbol{\psi}}|_{\hat{y}_j^i}\boldsymbol{q}^i\end{aligned} \tag{8-21}$$

写成矩阵形式为

$$\hat{\boldsymbol{H}}\boldsymbol{p} = \hat{\boldsymbol{G}}\overline{\boldsymbol{q}}_s \tag{8-22}$$

式中：$\hat{\boldsymbol{H}}$ 和 $\hat{\boldsymbol{G}}$ 为 Burton – Miller 法对应的影响系数矩阵。

考虑到式(8-17)，由式(8-22)得到声压系数向量为

$$\boldsymbol{p} = \hat{\boldsymbol{H}}^{-1}\hat{\boldsymbol{G}}\boldsymbol{T}\boldsymbol{q}_s \tag{8-23}$$

由式(8-19)和式(8-23)可知，CHIEF 法和 Burton – Miller 法得到的声压系数向量 $\boldsymbol{p}$ 和位移系数向量 $\boldsymbol{q}_s$ 表达式在形式上是一致的。由于广义位移向量 $\boldsymbol{q}_s$ 为未知向量，因此单独由式(8-19)或式(8-23)无法计算出边界单元的声压系数向量 $\boldsymbol{p}$。

8.1.3 弹性体声振耦合方程

弹性体声振耦合系统的特点在于声场声压会影响弹性体的振动,而弹性体的振动反过来又会影响声场并改变声场的分布。具体表现为弹性体的动力学方程式(8-7)和声场边界积分方程式(8-18)或式(8-22)是相互耦合的,单独采用其中任何一个方程都无法确定弹性体的振动和声学响应。然而,并不是所有的声振耦合问题都需要对弹性体的动力学方程和声场方程进行耦联求解,在有些情况下可以做一些近似处理。

按是否考虑弹性体与声场之间的相互影响,可以将弹性体的声振耦合问题分为两类,即弱耦合问题和强耦合问题。在弱耦合问题中,认为声场产生的声压对弹性体的振动影响很小,如弹性体在轻质流体介质(如空气)中的声辐射和声散射问题。对于这类弹性体的声振问题,可采用弱耦合计算方法,即首先忽略式(8-7)中的由声压引入的载荷向量$\boldsymbol{F}_{\mathrm{p}}$,由该式求出弹性体的结构响应,然后将耦合边界上的结构响应作为声场已知边界条件,由式(8-18)或式(8-22)求出声场边界未知量。

当声学介质是重流体时,流体对弹性体的振动会产生重要影响。对于这类强耦合问题,必须将弹性体动力学方程式(8-7)和声场方程式(8-18)或式(8-22)进行联立求解才能获得准确的弹性体声振响应。将弹性体子域位移展开式(8-6)和声场声压展开式(7-94)代入式(8-5c),得

$$\delta W_{\mathrm{f}} = \sum_{e=1}^{N_e} \iint_{\Gamma_{sf}^{+,e}} \delta u_i^e(-p^e n_i)\mathrm{d}\Gamma = -\sum_{e=1}^{N_e} \delta \boldsymbol{q}^{e,\mathrm{T}}\left[\iint_{\Gamma_{sf}^{+,e}} \overline{\boldsymbol{\psi}}^{\mathrm{T}}\big|_y \overline{\boldsymbol{N}}\mathrm{d}\Gamma\right]\boldsymbol{p}^e = -\delta\,\overline{\boldsymbol{q}}_{\mathrm{s}}^{\mathrm{T}}\boldsymbol{C}\boldsymbol{p} \tag{8-24}$$

式中:$\boldsymbol{C}$ 为结构-声场界面耦合矩阵。

将式(8-17)代入式(8-24),得到声场声压对应的广义载荷向量为

$$\boldsymbol{F}_{\mathrm{p}} = -\boldsymbol{T}^{\mathrm{T}}\boldsymbol{C}\boldsymbol{p} \tag{8-25}$$

将式(8-25)代入式(8-7),有

$$-\omega^2\boldsymbol{M}_{\mathrm{s}}\boldsymbol{q}_{\mathrm{s}} + (\boldsymbol{K}_s - \boldsymbol{K}_\lambda + \boldsymbol{K}_\kappa)\boldsymbol{q}_{\mathrm{s}} + \boldsymbol{T}^{\mathrm{T}}\boldsymbol{C}\boldsymbol{p} = \boldsymbol{F}_{\mathrm{s}} \tag{8-26}$$

下面讨论不同形式的弹性体声振耦合方程。声场边界积分方程的非唯一解问题可由 CHIEF 法或 Burton-Miller 法来消除,这里对两种方法不作具体区分,统一以式(8-18)进行描述。

一、两类变量声振耦合方程

联立式(8-18)和式(8-26),得到以广义位移$\boldsymbol{q}_{\mathrm{s}}$和广义声压$\boldsymbol{p}$两类变量表示的声振耦合方程,即

$$\begin{bmatrix} -\omega^2\boldsymbol{M}_{\mathrm{s}} + \boldsymbol{K}_s - \boldsymbol{K}_\lambda + \boldsymbol{K}_\kappa & \boldsymbol{T}^{\mathrm{T}}\boldsymbol{C} \\ \widetilde{\boldsymbol{G}}\boldsymbol{T} & -\widetilde{\boldsymbol{H}} \end{bmatrix}\begin{bmatrix} \boldsymbol{q}_{\mathrm{s}} \\ \boldsymbol{p} \end{bmatrix} = \begin{bmatrix} \boldsymbol{F}_{\mathrm{s}} \\ \boldsymbol{0} \end{bmatrix} \tag{8-27}$$

式中,等号左边的矩阵与频率有关,给定某一频率 ω,该矩阵是已知的。由式(8-27)可以同时求出给定频率下的 $\boldsymbol{q}_{\mathrm{s}}$ 和 $\boldsymbol{p}$。一旦求出 $\boldsymbol{p}$,可根据式(8-11)计算出声场内任意一点处的声压。如果令 $\boldsymbol{F}_{\mathrm{s}}=\boldsymbol{0}$,则式(8-27)对应于弹性体声振耦合系统的自由振动问题,可求得耦合系统的自由振动频率和振型。由于式(8-27)等号左侧的矩阵是频率的函数,相应的特征值问题需要通过迭代的方法进行求解。另外,式(8-27)对应的矩阵维数通常较大且等式左侧矩阵为非对称矩阵,直接求解该耦合方程组会导致计算时间很长,且存储该矩阵也是非常耗内存的。

二、单变量(位移)声振耦合方程

对式(8-27)变换后可以将两组方程中的任意一类未知量消除,得到仅含一类未知量的弹性体声振耦合方程。将式(8-18)代入式(8-25),得

$$\boldsymbol{F}_{\mathrm{p}}=-\boldsymbol{T}^{\mathrm{T}}\boldsymbol{C}\widetilde{\boldsymbol{H}}^{-1}\widetilde{\boldsymbol{G}}\boldsymbol{T}\boldsymbol{q}_{s} \tag{8-28}$$

由于$\widetilde{\boldsymbol{H}}$和$\widetilde{\boldsymbol{G}}$均与 ω 相关,且均为复数矩阵,式(8-28)可以进一步分解为

$$\boldsymbol{F}_{\mathrm{p}}=-\boldsymbol{T}^{\mathrm{T}}\boldsymbol{C}\widetilde{\boldsymbol{H}}^{-1}\widetilde{\boldsymbol{G}}\boldsymbol{T}\boldsymbol{q}_{s}=-[\boldsymbol{M}_{f}(\omega)+\mathrm{i}\boldsymbol{C}_{f}(\omega)]\boldsymbol{q}_{s} \tag{8-29}$$

式中:$\boldsymbol{M}_{f}(\omega)$ 和 $\boldsymbol{C}_{f}(\omega)$ 分别为复数矩阵 $\boldsymbol{T}^{\mathrm{T}}\boldsymbol{C}\widetilde{\boldsymbol{H}}^{-1}\widetilde{\boldsymbol{G}}\boldsymbol{T}$ 的实部和虚部。

将式(8-29)代入式(8-7),得

$$[-\omega^{2}\boldsymbol{M}_{\mathrm{s}}+\boldsymbol{M}_{f}(\omega)]\boldsymbol{q}_{\mathrm{s}}+\mathrm{i}\boldsymbol{C}_{f}(\omega)\boldsymbol{q}_{s}+(\boldsymbol{K}_{s}-\boldsymbol{K}_{\lambda}+\boldsymbol{K}_{\kappa})\boldsymbol{q}_{\mathrm{s}}=\boldsymbol{F}_{\mathrm{s}} \tag{8-30}$$

从式(8-30)可以看出,$\boldsymbol{M}_{f}(\omega)$和$\boldsymbol{C}_{f}(\omega)$具有实际的物理意义,它们分别为流体的附加质量矩阵和阻尼矩阵。求解上式可得到结构广义位移向量 $\boldsymbol{q}_{\mathrm{s}}$,根据式(8-19)可解出结构表面的声压系数向量 $\boldsymbol{p}$,再由式(8-11)可以得到声场内任意一点处的声压。

三、单变量(声压)声振耦合方程

由式(8-26),得

$$\boldsymbol{q}_{\mathrm{s}}=\boldsymbol{Z}^{-1}(\omega)(\boldsymbol{F}_{\mathrm{s}}-\boldsymbol{T}^{\mathrm{T}}\boldsymbol{C}\boldsymbol{p}) \tag{8-31}$$

式中:$\boldsymbol{Z}$ 为弹性体的广义位移阻抗矩阵,$\boldsymbol{Z}(\omega)=-\omega^{2}\boldsymbol{M}_{\mathrm{s}}+\boldsymbol{K}_{s}-\boldsymbol{K}_{\lambda}+\boldsymbol{K}_{\kappa}$。

将式(8-31)代入式(8-18),有

$$(\widetilde{\boldsymbol{H}}+\widetilde{\boldsymbol{G}}\boldsymbol{T}\boldsymbol{Z}^{-1}\boldsymbol{T}^{\mathrm{T}}\boldsymbol{C})\boldsymbol{p}=\widetilde{\boldsymbol{G}}\boldsymbol{T}\boldsymbol{Z}^{-1}\boldsymbol{F}_{\mathrm{s}} \tag{8-32}$$

给定某一频率 ω,由式(8-32)可以求出 $\boldsymbol{p}$,将 $\boldsymbol{p}$ 代入式(8-18)即可得到弹性体的位移向量 $\boldsymbol{q}_{\mathrm{s}}$。由式(8-11)可以得到声场内任意一点处的声压。

基于上述弹性体声振耦合方程,就可以对弹性体的声振响应进行求解。在考察弹性体的声辐射特性时,除了采用声压这一物理量外,还常采用声功率这一指标。声功率表示单位时间内声波通过垂直于传播方向某指定面积的声能量。弹性体振动产生的辐射声功率采用复数形式,复声功率的实部表征了辐射进入流体中的声能量,复声功率的虚部只在近场有作用,距离振动体越远复声功率虚

部值迅速降低。因此,考察辐射声功率实部才有实际意义。围绕弹性体任意面上的辐射声功率可由下式得到,即

$$W = \frac{1}{2}\iint_{\Gamma} \mathrm{Re}[p(\boldsymbol{x},\omega)v^{*}(\boldsymbol{x},\omega)]\mathrm{d}\Gamma \tag{8-33}$$

式中:W 为声功率,单位为 W(瓦);Γ 为包围弹性体的边界;$p(\boldsymbol{x},\omega)$ 为边界 Γ 上一点 $\boldsymbol{x}$ 处的声压;$v^{*}(\boldsymbol{x},\omega)$ 为 $v(\boldsymbol{x},\omega)$ 的共轭复数,$v(\boldsymbol{x},\omega)$ 为流体质点振动速度;Re[ ]为取复数的实部。

由于声压和声功率的变化范围很大,在声学中普遍使用对数坐标来度量声压和声功率,分别称为声压级和声功率级。选取参考声压 p_{Ref} 和参考声功率 W_{Ref},定义声压级 SPL 为声压与参考声压比值的对数,声功率级 SWL 为声功率和参考声功率 W_{Ref} 比值的对数,即

$$\mathrm{SPL} = 20\lg\left(\frac{p}{p_{\mathrm{Ref}}}\right), \quad \mathrm{SWL} = 10\lg\left(\frac{W}{W_{\mathrm{Ref}}}\right) \tag{8-34}$$

式中:声压级 SPL 和声功率级 SWL 的单位都是分贝(dB)。

对于不同场合,参考声压可取不同的值,如当声学介质为空气时,$p_{\mathrm{Ref}} = 2\times10^{-5}\mathrm{Pa}$;声学介质为水时,$p_{\mathrm{Ref}} = 1\times10^{-6}\mathrm{Pa}$。对于空气和水,声功率级参考值均取为 $W_{\mathrm{Ref}} = 10^{-12}\mathrm{W}$。

8.1.4 数值算例

本节分析三明治夹层板在空气中的声辐射问题,如图 8-3 所示。夹层板的几何尺寸为 $L = B = 1\mathrm{m}$,总厚度 $H = 0.1$,表面层和芯层厚度分别为 H_f 和 H_c,取 $H_c/H_f = 1$。夹层板的面层和芯层均由各向同性材料制成,面层的材料参数为 $E_f = 70\mathrm{GPa}$,$\mu = 0.3$,$\rho = 2707\mathrm{kg/m^3}$;芯层材料参数为 $E_c = 6.89\times10^{-3}\mathrm{GPa}$,$\mu_c = 0$,$\rho_c = 97\mathrm{kg/m^3}$。夹层板的边界条件为 CFFF($x = 0$ 处固支,其余自由),板的上表面作用有均匀分布的压力载荷 $p_w = p_{w0}e^{\mathrm{i}\omega t}$,其中压力载荷幅值 $p_{w0} = 1\mathrm{Pa}$,作用区域为 $x_1 = 2L/3$,$x_2 = L$,$y_1 = 2B/3$,$y_2 = B$。空气的密度和声速分别为 $\rho_0 = 1.23\mathrm{kg/m^3}$ 和 $c_0 = 340\mathrm{m/s}$。

由于空气为轻质流体,计算夹层板的声辐射响应时可将结构和声场方程进行解耦处理,即根据分区变分法计算得到夹层板的振动响应后,将夹层板的振动响应作为声场边界条件,再由谱边界元法计算夹层板的辐射声场。采用三维弹性理论来建立夹层板的力学模型,将夹层板每层材料沿着 x 和 y 方向等距分为 $N_x = 12$ 和 $N_y = 12$ 个子域,在厚度方向沿铺层界面进行分区,每个铺层子域内位移变量由第一类切比雪夫正交多项式进行展开,多项式阶数取为 $I_x = I_y = I_z = 4\times4\times3$。对于声场模型,夹层板上下表面每个分区子域表面均分为 16 个声场边界单元,如图 8-4 所示。每个边界单元中的声压变量也采用第一类切比雪夫

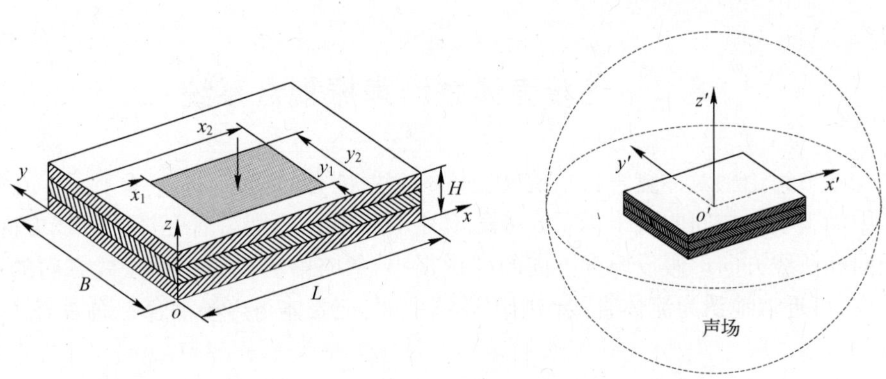

图 8-3　夹层板与声场

正交多项式展开,多项式阶数为 $I_0 \times I_1 = 1 \times 1$。

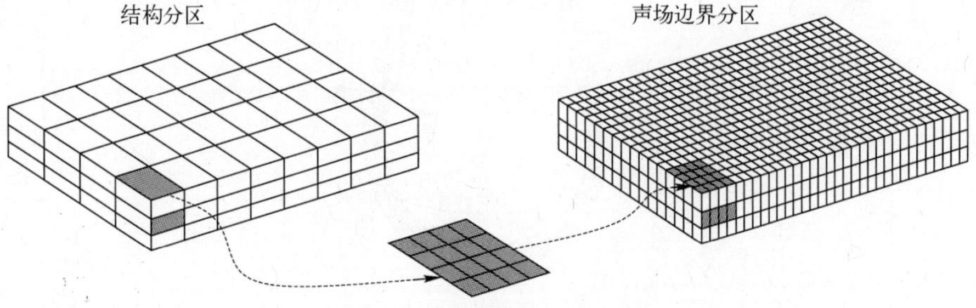

图 8-4　夹层板和声场边界离散

图 8-5 给出了夹层板的辐射声功率随频率变化曲线。为了考察芯层对夹层板声辐射的影响,考虑了三种不同弹性模量的芯层,即 E_c、$10E_c$ 和10^2E_c。结果表明,夹层板芯层的弹性模量对板的辐射声功率有重要的影响。随着芯层弹性模量的增大,夹层板的刚度增大,夹层板的振动频率提高,因此夹层板的声辐射响应峰值位置随着芯层弹性模量增大而沿频率轴右移。降低芯板的弹性模量可以使低频段的夹层板辐射声功率水平整体降低。因此,不改变结构尺寸,仅通过调整面层和芯层的材料设计参数,就可以有效地改变夹层板的振动和声辐射性能。

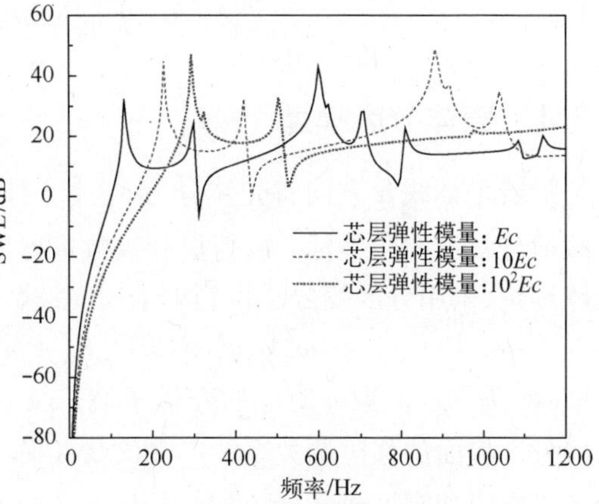

图 8-5　夹层板辐射声功率

8.2 旋转壳体频域声振耦合系统

本节讨论轴对称复合材料旋转壳体的声振耦合问题,如图 8-6 所示。在壳体中面上引入空间曲线坐标系 α,θ,z,其中 α,θ 和 z 分别沿着壳体的母线方向、周向和法线方向。假设厚度方向的变形很小,忽略沿着壳体中面法线方向的正应变,可近似地认为流体直接作用于壳体中面,记壳体与声场耦合界面为 Γ_{sf}。

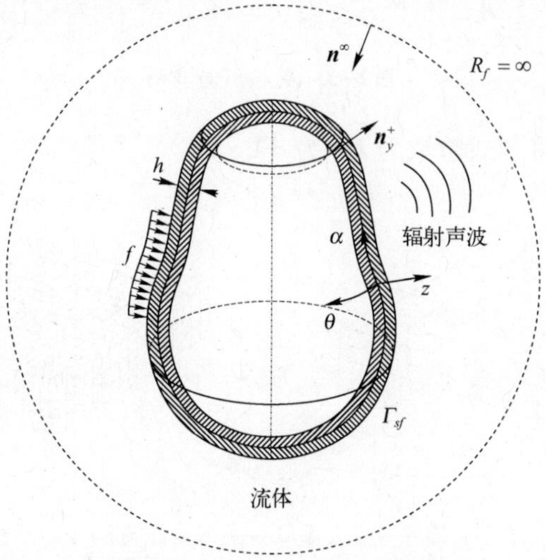

图 8-6 壳体声振耦合系统

8.2.1 壳体分区模型

沿着坐标线 α 方向将壳体分为 N_e 个壳体子域,并将每个子域的位移分量和外载荷分量沿周向坐标 θ 以傅里叶级数进行展开。基于广义高阶剪切 Zig - zag 壳体理论,采用分区变分法得到单个周向波数 n 对应的壳体离散动力学方程为

$$-\omega^2\boldsymbol{M}_{\mathrm{s}}^n\boldsymbol{q}_{\mathrm{s}}^n+(\boldsymbol{K}_{\mathrm{s}}^n-\boldsymbol{K}_{\lambda}^n+\boldsymbol{K}_{\kappa}^n)\boldsymbol{q}_{\mathrm{s}}^n=\boldsymbol{F}_{\mathrm{s}}^n+\boldsymbol{F}_{\mathrm{p}}^n \tag{8-35}$$

式中:$\boldsymbol{q}_{\mathrm{s}}^n$ 为周向波数 n 对应的壳体子域广义位移向量;$\boldsymbol{M}_{\mathrm{s}}^n$ 和 $\boldsymbol{K}_{\mathrm{s}}^n$ 分别为未考虑壳体分区界面位移协调关系的广义质量矩阵和刚度矩阵;$\boldsymbol{K}_{\lambda}^n$ 和 $\boldsymbol{K}_{\kappa}^n$ 分别为壳体分区界面附加刚度矩阵;$\boldsymbol{F}_{\mathrm{s}}^n$ 为作用于壳体中面上的结构广义外载荷向量;$\boldsymbol{F}_{\mathrm{p}}^n$ 为由声压引入的广义外载荷向量。

如果去掉广义高阶剪切 Zig - zag 壳体理论中的锯齿函数项,式(8-35)还适用于各向同性材料和功能梯度材料壳体问题。

由式(8-5(c))可知,声场声压对壳体引入的虚功为

$$\delta W_{\mathrm{f}} = -\iint_{\Gamma_{sf}} \delta w(\boldsymbol{y}) p(\boldsymbol{y}) \mathrm{d}\Gamma \tag{8-36}$$

式中：$w(\boldsymbol{y})$为壳体中面 $\boldsymbol{y}$ 点处的法向位移分量；$p(\boldsymbol{y})$为作用于壳体中面的声压。

沿着周向坐标 θ 将壳体中面上的法向位移和声压以傅里叶级数进行展开，得

$$w = \sum_{n=0}^{\infty} [\sin(n\theta) w_n^{\mathrm{s}} + \cos(n\theta) w_n^{\mathrm{c}}], \quad p = \sum_{n=0}^{\infty} [\sin(n\theta) p_n^{\mathrm{s}} + \cos(n\theta) p_n^{\mathrm{c}}] \tag{8-37}$$

式中：w_n^{s} 和 w_n^{c} 为壳体法向位移的傅里叶级数展开系数；p_n^{s} 和 p_n^{c} 为声压的傅里叶级数展开系数。上标 s 和 c 分别表示与 $\sin(n\theta)$和 $\cos(n\theta)$相关的展开系数。

将式(8-37)代入式(8-36)，得

$$\delta W_{\mathrm{f}} = -\sum_{e=1}^{N_e} \int_{l_e} \int_0^{2\pi} \left\{ \sum_{n=0}^{\infty} [\sin(n\theta) \delta w_n^{e,\mathrm{s}} + \cos(n\theta) \delta w_n^{e,\mathrm{c}}] \sum_{n=0}^{\infty} [\sin(n\theta) p_n^{e,\mathrm{s}} + \cos(n\theta) p_n^{e,\mathrm{c}}] \right\} \mathrm{d}l \tag{8-38}$$

式中：l_e 为沿 α 方向第 e 个子域的积分区域；$w_n^{e,\mathrm{s}}$ 和 $w_n^{e,\mathrm{c}}$ 为第 e 个子域的法向位移傅里叶级数展开系数；$p_n^{e,\mathrm{s}}$ 和 $p_n^{e,\mathrm{c}}$ 为第 e 个子域的声压傅里叶级数展开系数。

根据三角函数的正交性，式(8-38)可简化为

$$\delta W_{\mathrm{f}} = -\sum_{n=0}^{\infty} \left[S_n^{\theta} \sum_{e=1}^{N_e} \int_{l_e} (\delta w_n^{e,\mathrm{s}} p_n^{e,\mathrm{s}}) \mathrm{d}l \right] - \sum_{n=0}^{\infty} \left[C_n^{\theta} \sum_{e=1}^{N_e} \int_{l_e} (\delta w_n^{e,\mathrm{c}} p_n^{e,\mathrm{c}}) \mathrm{d}l \right] \tag{8-39}$$

式中

$$S_n^{\theta} = \int_0^{2\pi} \sin^2(n\theta) \mathrm{d}\theta, \quad C_n^{\theta} = \int_0^{2\pi} \cos^2(n\theta) \mathrm{d}\theta \tag{8-40}$$

由式(8-39)可知，声场声压对壳体引入的虚功是所有周向波数对应的虚功之和，各个周向波数对应的虚功都是解耦的。因此，单个周向波数 n 对应的虚功为

$$\delta W_{\mathrm{f}}^n = -S_n^{\theta} \left(\sum_{e=1}^{N_e} \int_{l_e} \delta w_n^{e,\mathrm{s}} p_n^{e,\mathrm{s}} \mathrm{d}l \right) - C_n^{\theta} \left(\sum_{e=1}^{N_e} \int_{l_e} \delta w_n^{e,\mathrm{c}} p_n^{e,\mathrm{c}} \mathrm{d}l \right) \tag{8-41}$$

对式(8-41)中的法向位移系数和声压系数离散后，就可得到式(8-35)中的广义载荷向量 $\boldsymbol{F}_{\mathrm{p}}^n$。

8.2.2　声场谱边界元离散

为了建立声场计算模型，在壳体几何轴线上建立柱坐标系 r',θ,z'(图 8-7)，其中 r',θ 和 z'分别表示径向、周向和轴向。声场中任意一点 $\boldsymbol{x}$ 和声场边界上一

点 $\boldsymbol{y}$ 在柱坐标下的坐标分量分别记为 r'_x,θ_x,z'_x 和 r'_y,θ_y,z'_y。

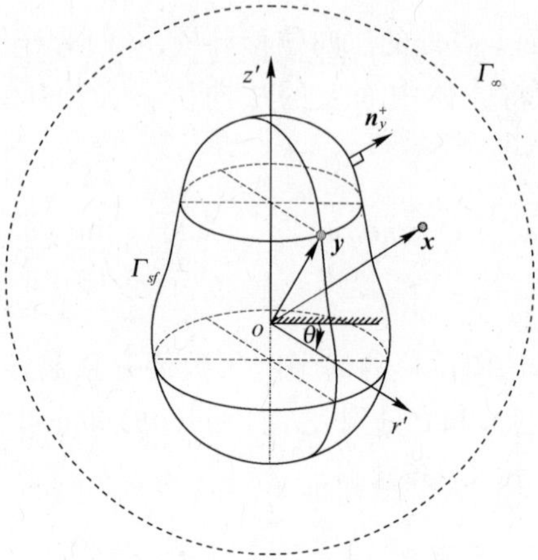

图 8-7 壳体声场坐标系

若外部声场内没有体力和体声源，在柱坐标系(r',θ,z')下，外部声场的边界积分方程为

$$\alpha^+(r'_x,\theta_x,z'_x)p(r'_x,\theta_x,z'_x)=\iint_{\Gamma_{sf}}\Big[p(r'_y,\theta_y,z'_y)\frac{\partial}{\partial n_y^+}G(r'_x,\theta_x,z'_x,r'_y,\theta_y,z'_y)-G(r'_x,\theta_x,z'_x,r'_y,\theta_y,z'_y)\frac{\partial}{\partial n_y^+}p(r'_y,\theta_y,z'_y)\Big]\mathrm{d}\Gamma \tag{8-42}$$

式中：$G(r'_x,\theta_x,z'_x,r'_y,\theta_y,z'_y)$为柱坐标系下的三维自由格林函数，见式(7-151)。

由式(8-9)可知，壳体中面上任意一点 $\boldsymbol{y}$ 处的声压法向导数与壳体中面法向位移之间的关系为

$$\frac{\partial}{\partial n_y^+}p(r'_y,\theta_y,z'_y)=\rho_0\omega^2 w(r'_y,\theta_y,z'_y) \tag{8-43}$$

将式(8-43)代入式(8-42)，得

$$\alpha^+(r'_x,\theta_x,z'_x)p(r'_x,\theta_x,z'_x)=\iint_{\Gamma_{sf}}\Big[p(r'_y,\theta_y,z'_y)\frac{\partial}{\partial n_y^+}G(r'_x,\theta_x,z'_x,r'_y,\theta_y,z'_y)-\rho_0\omega^2 G(r'_x,\theta_x,z'_x,r'_y,\theta_y,z'_y)w(r'_y,\theta_y,z'_y)\Big]\mathrm{d}\Gamma \tag{8-44}$$

将式(8-37)和式(7-158)代入式(8-44)，考虑到面积微元 $\mathrm{d}S=r'\mathrm{d}\theta\mathrm{d}l$，有

$$\alpha^+\sum_{n=0}^{\infty}\left[\sin(n\theta_x)p_n^{\mathrm{s}}+\cos(n\theta_x)p_n^{\mathrm{c}}\right]=\int_0^{2\pi}\int_l$$

$$\begin{Bmatrix} \sum_{n=0}^{\infty}[\sin(n\theta_y)p_n^s + \cos(n\theta_y)p_n^c]\sum_{n=0}^{\infty}\frac{\overline{H}_n}{\pi}[\sin(n\theta)\sin(n\theta_y) + \cos(n\theta)\cos(n\theta_y)] \\ -\rho_0\omega^2\sum_{n=0}^{\infty}[\sin(n\theta_y)w_n^s + \cos(n\theta_y)w_n^c]\sum_{n=0}^{\infty}\frac{H_n}{\pi}[\sin(n\theta)\sin(n\theta_y) + \cos(n\theta)\cos(n\theta_y)] \end{Bmatrix} r_y' \mathrm{d}\theta \mathrm{d}l \tag{8-45}$$

根据三角函数的正交性,式(8-45)化简为

$$\alpha^+ p_n^s = \int_l (\overline{H}_n p_n^s - \rho_0\omega^2 H_n w_n^s) r_y' \mathrm{d}l \tag{8-46a}$$

$$\alpha^+ p_n^c = \int_l (\overline{H}_n p_n^c - \rho_0\omega^2 H_n w_n^c) r_y' \mathrm{d}l \tag{8-46b}$$

式中:等号左侧的 p_n^s 和 p_n^c 为 $\boldsymbol{x}$ 点处的声压傅里叶级数系数;等号右侧的 p_n^s 和 p_n^c 为壳体 - 声场耦合边界上 $\boldsymbol{y}$ 点处的声压傅里叶级数系数。

如果壳体中面上的法向位移和声压均为已知量,根据式(8-46)可以求出声场中任意一点 $\boldsymbol{x}$ 处的声压系数 p_n^s 和 p_n^c,然后将其代入式(7-153a)则可得到声场中该点处的实际声压值。然而在壳体的声振耦合问题中,壳体表面的傅里叶级数展开系数 p_n^s, p_n^c, w_n^s 和 w_n^c 全都是未知的。

将声场边界划分为若干个子域,这些边界子域不需要与壳体子域重合。但为了公式推导方便,这里不妨假设声场边界子域与壳体子域几何上是重合的,则式(8-46)可写为

$$\alpha^+ p_n^s = \sum_{e=1}^{N_e}\int_{l_e} (\overline{H}_n p_n^{s,e} - \rho_0\omega^2 H_n w_n^{s,e}) r_y' \mathrm{d}l \tag{8-47a}$$

$$\alpha^+ p_n^c = \sum_{e=1}^{N_e}\int_{l_e} (\overline{H}_n p_n^{c,e} - \rho_0\omega^2 H_n w_n^{c,e}) r_y' \mathrm{d}l \tag{8-47b}$$

式中:$p_n^{s,e}$ 和 $p_n^{c,e}$ 为第 e 个声场边界子域的声压傅里叶级数系数;$w_n^{s,e}$ 和 $w_n^{c,e}$ 为第 e 个壳体子域的法向位移系数。

将声压系数 p_n^s, p_n^c 和法向位移系数 w_n^s, w_n^c 以第一类切比雪夫正交多项式进行展开,得

$$p_n^s = \sum_{j=0}^{J-1}\overline{N}_j(\varsigma)p_{n,j}^s = \overline{\boldsymbol{N}}(\varsigma)\boldsymbol{p}_n^s, \quad p_n^c = \sum_{j=0}^{J-1}\overline{N}_j(\varsigma)p_{n,j}^c = \overline{\boldsymbol{N}}(\varsigma)\boldsymbol{p}_n^c \tag{8-48}$$

$$w_n^s = \sum_{i=0}^{I-1}\psi_i(\varsigma)\tilde{w}_{n,i}^s = \boldsymbol{\psi}(\varsigma)\boldsymbol{w}_n^s, \quad w_n^c = \sum_{i=0}^{I-1}\psi_i(\varsigma)\tilde{w}_{n,i}^c = \boldsymbol{\psi}(\varsigma)\boldsymbol{w}_n^c \tag{8-49}$$

式中:$\overline{N}_j(\varsigma)$ 和 $\psi_i(\varsigma)$ 分别为声压和法向位移系数的切比雪夫多项式展开函数;J 和 I 为切比雪夫多项式的项数;$\overline{\boldsymbol{N}}(\varsigma)$ 和 $\boldsymbol{\psi}(\varsigma)$ 为切比雪夫多项式向量;$\boldsymbol{p}_n^s$ 和 $\boldsymbol{p}_n^c$ 为声压多项式系数向量(或广义声压向量);$\boldsymbol{w}_n^s$ 和 $\boldsymbol{w}_n^c$ 为法向位移多项式系数向量(或广义位移向量)。

需要指出,在广义高阶剪切 Zig - zag 理论中,层合壳体中面上的广义位移分量有 $u,v,w,\vartheta_1,\vartheta_2,\eta_1$ 和 η_2,对于其他位移分量的傅里叶级数展开系数也有类似于式(8-49)的表达式。

将式(8-48)和式(8-49)代入式(8-47),得

$$\alpha^{+}(\boldsymbol{x})\,\overline{\boldsymbol{N}}(\varsigma)\,\boldsymbol{p}_n^{\mathrm{s}}=\sum_{e=1}^{N_e}\left[\int_{l_e}\overline{H}_n\,\overline{\boldsymbol{N}}(\varsigma)r_y'(\varsigma)\,|J^e|\mathrm{d}\varsigma\right]\boldsymbol{p}_n^{\mathrm{s},e}-\rho_0\omega^2\sum_{e=1}^{N_e}\left[\int_{l_e}H_n\boldsymbol{\psi}(\varsigma)r_y'(\varsigma)\,|J^e|\mathrm{d}\,\varsigma\right]\boldsymbol{w}_n^{\mathrm{s},e} \tag{8-50a}$$

$$\alpha^{+}(\boldsymbol{x})\,\overline{\boldsymbol{N}}(\varsigma)\,\boldsymbol{p}_n^{\mathrm{c}}=\sum_{e=1}^{N_e}\left[\int_{l_e}\overline{H}_n\,\overline{\boldsymbol{N}}(\varsigma)r_y'(\varsigma)\,|J^e|\mathrm{d}\varsigma\right]\boldsymbol{p}_n^{\mathrm{c},e}-\rho_0\omega^2\sum_{e=1}^{N_e}\left[\int_{l_e}H_n\boldsymbol{\psi}(\varsigma)r_y'(\varsigma)\,|J^e|\mathrm{d}\varsigma\right]\boldsymbol{w}_n^{\mathrm{c},e} \tag{8-50b}$$

记第 i 个声场边界子域中第 j 个配置点为$\hat{\boldsymbol{y}}_j^i$,将 $\boldsymbol{x}$ 移动到边界上配置点$\hat{\boldsymbol{y}}_j^i$处,根据式(8-50)得到

$$-\alpha^{+}\,\overline{\boldsymbol{N}}\boldsymbol{p}_n^{\mathrm{s},i}+\sum_{e=1}^{N_e}\overline{\boldsymbol{H}}_n^e\boldsymbol{p}_n^{\mathrm{s},e}=\sum_{e=1}^{N_e}\boldsymbol{G}_n^e\boldsymbol{w}_n^{\mathrm{s},e} \tag{8-51a}$$

$$-\alpha^{+}\,\overline{\boldsymbol{N}}\boldsymbol{p}_n^{\mathrm{c},i}+\sum_{e=1}^{N_e}\overline{\boldsymbol{H}}_n^e\boldsymbol{p}_n^{\mathrm{c},e}=\sum_{e=1}^{N_e}\boldsymbol{G}_n^e\boldsymbol{w}_n^{\mathrm{c},e} \tag{8-51b}$$

式中:$\overline{\boldsymbol{H}}_n^e$ 和$\boldsymbol{G}_n^e$ 为第 i 个边界单元中第 j 个配置点与第 e 个边界单元进行积分运算后得到的影响系数向量。

现将 $\boldsymbol{x}$ 依次置于所有边界单元的配置点上,最终得到 $2N_e\times J$ 个线性代数方程。将式(8-51)组合后写成矩阵形式,有

$$\boldsymbol{H}_n\,\boldsymbol{p}_n=\boldsymbol{G}_n\,\boldsymbol{w}_n \tag{8-52}$$

式中:$\boldsymbol{H}_n$ 和$\boldsymbol{G}_n$ 为所有边界单元组装后的影响系数矩阵;$\boldsymbol{p}_n$ 和$\boldsymbol{w}_n$ 为所有边界单元的声压多项式系数向量和广义法向位移向量集合。

需要指出,式(8-52)在特征频率处也存在非唯一解问题,可采用 CHIEF 方法和 Burton - Miller 法来消除该式的非唯一解,这里不再赘述。

8.2.3 壳体声振耦合方程

将式(8-48)和式(8-49)代入式(8-41),得

$$\begin{aligned}\delta W_{\mathrm{f}}^n&=-\sum_{e=1}^{N_e}\delta\left(\boldsymbol{w}_n^{e,\mathrm{s}}\right)^{\mathrm{T}}\left[S_n^\theta\int_{l_e}\boldsymbol{\psi}^{\mathrm{T}}\,\overline{\boldsymbol{N}}\mathrm{d}l\right]\boldsymbol{p}_n^{e,\mathrm{s}}-\sum_{e=1}^{N_e}\delta\left(\boldsymbol{w}_n^{e,\mathrm{c}}\right)^{\mathrm{T}}\left[C_n^\theta\int_{l_e}\boldsymbol{\psi}^{\mathrm{T}}\,\overline{\boldsymbol{N}}\mathrm{d}l\right]\boldsymbol{p}_n^{e,\mathrm{c}}\\&=-\delta\,\boldsymbol{w}_n^{\mathrm{T}}\boldsymbol{C}_n\boldsymbol{p}_n\end{aligned} \tag{8-53}$$

式中:$\boldsymbol{C}_n$ 为周向波数 n 对应的壳体 - 声场耦合矩阵。

壳体中面广义法向位移向量$\boldsymbol{w}_n$ 和总体广义位移向量$\boldsymbol{q}_n$ 存在如下关系

$$\boldsymbol{w}_n = \boldsymbol{T}\boldsymbol{q}_s^n \tag{8-54}$$

式中：$\boldsymbol{T}$ 为广义位移向量转换矩阵。

将式(8-54)代入式(8-53)，得到声场声压对应的广义外力向量$\boldsymbol{F}_p^n$ 为

$$\boldsymbol{F}_p^n = -\boldsymbol{T}^T\boldsymbol{C}_n\boldsymbol{p}_n \tag{8-55}$$

将式(8-55)代入式(8-35)，得

$$-\omega^2\boldsymbol{M}_s^n\boldsymbol{q}_s^n + (\boldsymbol{K}_s^n - \boldsymbol{K}_\lambda^n + \boldsymbol{K}_\kappa^n)\boldsymbol{q}_s^n + \boldsymbol{T}^T\boldsymbol{C}_n\boldsymbol{p}_n = \boldsymbol{F}_s^n \tag{8-56}$$

一、两类变量声振耦合方程

将式(8-54)代入式(8-52)，联立式(8-52)和式(8-56)，可得到以壳体广义位移$\boldsymbol{q}_s$ 和声场广义声压 $\boldsymbol{p}$ 两类变量表示的壳体声振耦合方程

$$\begin{bmatrix} -\omega^2\boldsymbol{M}_s^n + \boldsymbol{K}_s^n - \boldsymbol{K}_\lambda^n + \boldsymbol{K}_\kappa^n & \boldsymbol{T}^T\boldsymbol{C}_n \\ \boldsymbol{G}_n\boldsymbol{T} & \boldsymbol{H}_n \end{bmatrix}\begin{bmatrix} \boldsymbol{q}_s^n \\ \boldsymbol{p}_n \end{bmatrix} = \begin{bmatrix} \boldsymbol{F}_s^n \\ \boldsymbol{0} \end{bmatrix} \tag{8-57}$$

由式(8-57)可以求出给定频率下所有周向波数对应的$\boldsymbol{q}_s^n$ 和$\boldsymbol{p}_n$。然后根据式(8-50)和式(7-153)可计算出声场内任意一点处的声压。如果令 $\boldsymbol{F}_s = \boldsymbol{0}$，则式(8-57)对应于单个周向波数下壳体声振耦合系统的自由振动问题。

二、单类变量(位移)声振耦合方程

将式(8-54)代入式(8-52)，再将式(8-52)求逆后代入式(8-55)，得

$$\boldsymbol{F}_p^n = -\boldsymbol{T}^T\boldsymbol{C}_n\boldsymbol{H}_n^{-1}\boldsymbol{G}_n\boldsymbol{T}\boldsymbol{q}_s^n \tag{8-58}$$

式中：$\boldsymbol{H}_n$和 $\boldsymbol{G}_n$均与 ω 相关，且均为复数矩阵。

式(8-58)可以进一步分解为

$$\boldsymbol{F}_p^n = -\boldsymbol{T}^T\boldsymbol{C}_n\boldsymbol{H}_n^{-1}\boldsymbol{G}_n\boldsymbol{T}\boldsymbol{q}_s^n = -[\boldsymbol{M}_f^n(\omega) + \mathrm{i}\,\boldsymbol{C}_f^n(\omega)]\boldsymbol{q}_s^n \tag{8-59}$$

式中：$\boldsymbol{M}_f^n(\omega)$和$\boldsymbol{C}_f^n(\omega)$分别为复数矩阵$\boldsymbol{T}^T\boldsymbol{C}_n\boldsymbol{H}_n^{-1}\boldsymbol{G}_n\boldsymbol{T}$ 的实部和虚部。

将式(8-59)代入式(8-35)，得到以壳体广义位移向量$\boldsymbol{q}_s^n$ 作为未知量的声振耦合方程

$$[-\omega^2\boldsymbol{M}_s^n + \boldsymbol{M}_f^n(\omega)]\boldsymbol{q}_s^n + \mathrm{i}\,\boldsymbol{C}_f^n(\omega)\boldsymbol{q}_s^n + (\boldsymbol{K}_s^n - \boldsymbol{K}_\lambda^n + \boldsymbol{K}_\kappa^n)\boldsymbol{q}_s^n = \boldsymbol{F}_s^n \tag{8-60}$$

式中：$\boldsymbol{M}_f^n(\omega)$和$\boldsymbol{C}_f^n(\omega)$分别为流体广义附加质量矩阵和阻尼矩阵。

求解式(8-60)可得到所有周向波数下的结构广义位移向量$\boldsymbol{q}_s^n$，根据式(8-52)可解出结构表面的广义声压向量 $\boldsymbol{p}$，再由式(8-50)和式(7-153)可以得到声场内任意一点处的声压。

三、单类变量(声压)声振耦合方程

由式(8-56)，得

$$\boldsymbol{q}_s^n = \boldsymbol{Z}_n^{-1}(\omega)(\boldsymbol{F}_s^n - \boldsymbol{T}^T\boldsymbol{C}_n\boldsymbol{p}_n) \tag{8-61}$$

式中：$\boldsymbol{Z}_n(\omega)$为周向波数 n 对应的壳体广义位移阻抗矩阵，$\boldsymbol{Z}_n(\omega) = -\omega^2\boldsymbol{M}_s^n + \boldsymbol{K}_s^n - \boldsymbol{K}_\lambda^n + \boldsymbol{K}_\kappa^n$。

将式(8-54)代入式(8-52)，考虑到式(8-61)，有

$$(\boldsymbol{H}_n+\boldsymbol{G}_n\boldsymbol{T}\boldsymbol{Z}_n^{-1}\boldsymbol{T}^{\mathrm{T}}\boldsymbol{C}_n)\boldsymbol{p}_n=\boldsymbol{G}_n\boldsymbol{T}\boldsymbol{Z}_n^{-1}\boldsymbol{F}_{\mathrm{s}}^{n} \tag{8-62}$$

式(8-62)是以声压系数向量 $\boldsymbol{p}_n$ 作为未知量的单个周向波数壳体声振耦合方程。

给定某一频率 ω,由式(8-62)可以求出所有周向波数对应的广义声压向量$\boldsymbol{p}_n$。一旦$\boldsymbol{p}_n$ 已知,根据式(8-52)可得到壳体的广义法向位移向量 $\boldsymbol{w}_n$,再由式(8-50)和式(7-153)可以得到声场内任意一点处的声压。

8.3 复合材料壳体频域声振耦合问题

8.3.1 圆柱壳振动与声辐射

一、各向同性材料圆柱壳

首先考虑一个均匀、各向同性材料圆柱壳的声辐射问题。壳体长度 $L=2\mathrm{m}$,中面半径 $R=1\mathrm{m}$,厚度 $h=0.01\mathrm{m}$;弹性模量 $E=210\mathrm{GPa}$,泊松比 $\mu=0.3$,密度 $\rho=7800\mathrm{kg/m^3}$。壳体内表面承受一个法向简谐面载荷$f_w=\bar{f}_w\mathrm{e}^{\mathrm{i}\omega t}$,其幅值为 $\bar{f}_w=1\mathrm{Pa}$,作用位置为 $x_0=0\mathrm{m}$,$x_1=0.2\mathrm{m}$,$\theta_0=-\pi/3$,$\theta_1=\pi/3$,如图 8-8 所示。壳体的左侧边界为自由,右侧边界为固支,两端有两个虚拟的刚性声学障板。壳体外围流体为空气,其密度和声速分别为 $\rho_0=1.225\mathrm{kg/m^3}$和 $c_0=340\mathrm{m/s}$。

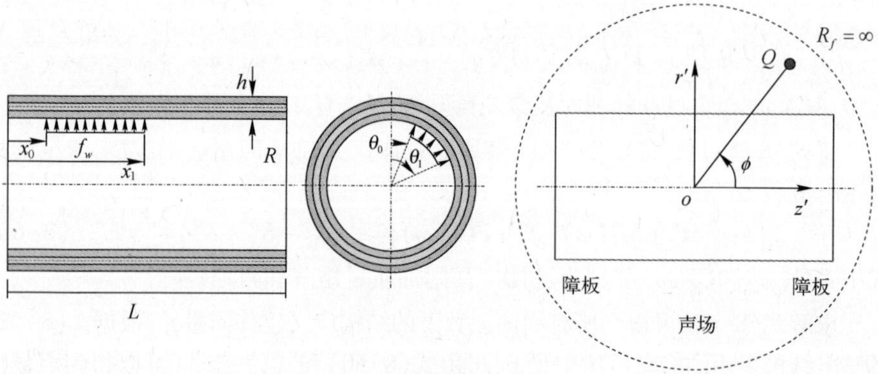

图 8-8 圆柱壳与声场

由于空气为轻质流体,计算壳体的声辐射响应时可将结构和流体进行解耦处理,即根据分区变分法计算得到壳体的法向位移后,再由轴对称谱边界元法计算壳体的辐射声场。采用一阶剪切壳体理论来建立壳体的力学模型,将圆柱壳沿着轴向等距分为 $N_e=9$ 个子域,每个子域内位移变量由第一类切比雪夫正交多项式展开,多项式展开项数为 $I=8$。对于声场模型,壳体的边界单元离散方式与结构分区相同(即 9 个轴对称边界单元),两侧障板均由 3 个轴对称声学边界单元进行离散(图 8-9),采用 J 项多项式对每个边界单元中的声压变量进行展开。刚性障板上任意一点处的法向位移为零。壳体位移和声压周向波数截取数目均取 $n=0:12$。

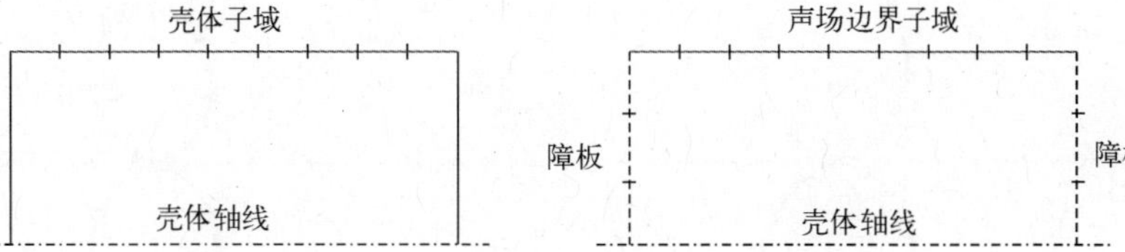

图 8-9　圆柱壳结构和声场边界离散

图 8-10 给出了声场中 Q_1 和 Q_2 点处的辐射声压及壳体的辐射声功率随频率变化曲线。Q_1 点的坐标位置 (r',θ,z') 为(30m,0,5m),Q_2 点坐标位置为(5m,0,5m)。图 8-10 中还给出了由 ANSYS 和 Virtual. Lab Acoustics 计算得到的数值收敛解,其中壳体的有限元模型由 ANSYS 中的 SHELL181 单元进行建立。结果表明,轴对称边界元法给出的场点声压和壳体辐射声功率收敛速度很快,每个轴对称声学边界单元内的多项式数目取 $J=1$(常单元)即可得到几乎与参考解精度一致的结果。与 Q_1 点相比,Q_2 点更靠近壳体,Q_2 点处的辐射声压级高于 Q_1 点声压级约为 10dB。

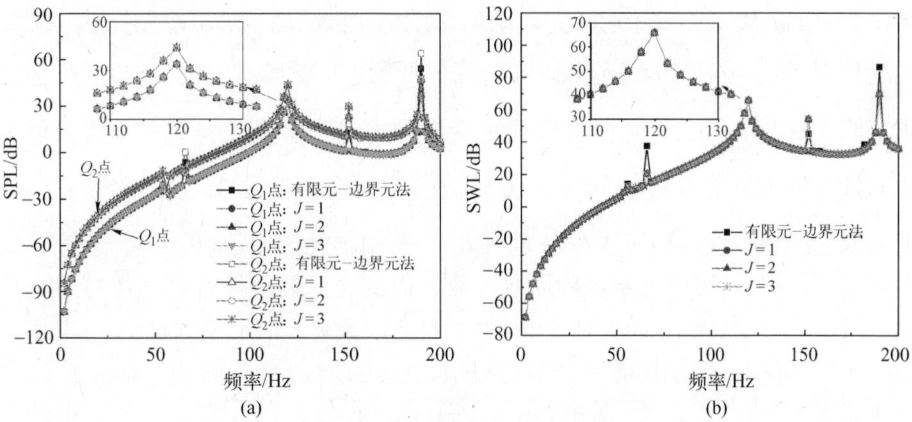

图 8-10　辐射声压级和声功率级

(a)场点辐射声压级;(b)辐射声功率级。

图 8-11 给出了以圆柱壳中心 O 为原点,半径为 $R_f=15$m 和 $R_f=30$m 处的声辐射指向性曲线($\phi\in[0°,360°]$),计算频率为 100Hz。结果表明,边界单元内的多项式数目取 $J=1$ 时得到的声辐射指向性曲线与参考解已非常符合。另外,从图 8-11 中还可以看出,在该平面内声压场几乎是对称分布的,声能由壳体中间向上下及两侧扩散,壳体两端声压最小。对于同一角度 ϕ,$R_f=30$m 处的

辐射声压明显小于 $R_f=15\text{m}$ 处的声压值。

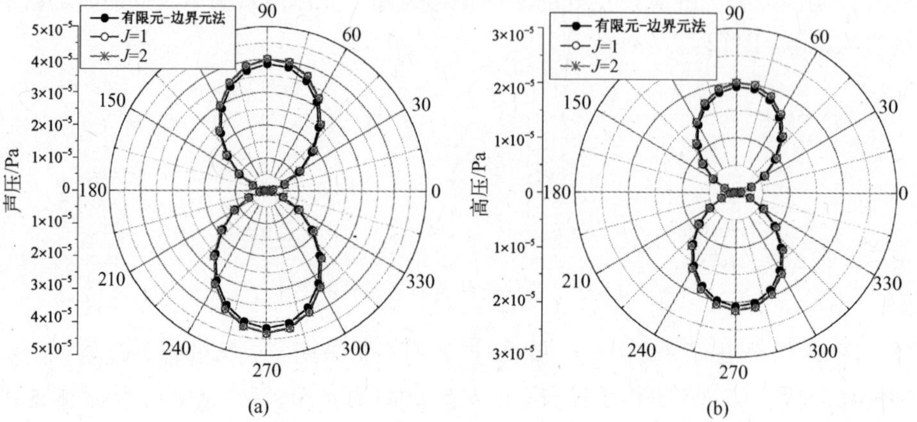

图 8-11　辐射声压指向性曲线

(a) $R_f=15\text{m}$;(b) $R_f=30\text{m}$。

二、复合材料层合圆柱壳

图 8-12 给出了两种边界条件的正交铺设[0°/90°]圆柱壳辐射声功率结果。壳体尺寸为 $L=2\text{m}, R=1\text{m}, h=0.05\text{m}$,所有铺层厚度相同;材料参数为 $E_1=131\text{GPa}, E_2=E_3=10.34\text{GPa}, G_{12}=G_{23}=6.895\text{GPa}, G_{13}=6.205\text{GPa}, \mu_{12}=\mu_{13}=0.22, \mu_{23}=0.49, \rho=1627\text{kg/m}^3$。壳体两侧由声学障板封闭,边界条件为自由-固支或两端简支。壳体内表面承受法向简谐面载荷 $f_w=\bar{f}_w e^{i\omega t}$,其幅值为 $\bar{f}_w=1\text{Pa}$,作用位置为 $x_0=0\text{m}, x_1=0.2\text{m}, \theta_0=-\pi/3, \theta_1=\pi/3$。为了考虑壳体的阻尼效应,取 $\overline{\boldsymbol{K}}^n=(1+i\tilde{\eta})(\boldsymbol{K}_s^n-\boldsymbol{K}_\lambda^n+\boldsymbol{K}_\kappa^n)$,其中损耗因子 $\tilde{\eta}=0.005$。通过截取不同的周向波数,可以考察各种周向波数对应的壳体振动模态对壳体辐射声功率的贡献。对于自由-固支圆柱壳,声压周向波数 $n=1$ 时,壳体的辐射声功率曲线在 0~400Hz 范围内有一个响应峰值(图 8-12(a)中的 C 点),该响应峰值对应壳体的一阶“梁式”弯曲模态振动,即 $(n,m)=(1,1)$。图 8-12(a)中的峰值点 A 和 F 对应的结构振动模态分别为 $(n,m)=(2,1)$ 和 $(n,m)=(2,2)$,其他几处辐射声功率峰值则对应周向波数 $n\geqslant 3$ 的壳体振动。对于两端简支圆柱壳,结构振动模态 $(n,m)=(1,1)$ 对应的声功率曲线峰值 F 点,$(n,m)=(2,1)$ 对应图 8-12(b)中的 B 点,其他峰值点则由周向波数 $n\geqslant 3$ 对应的壳体振动模态激起。

图 8-13 和图 8-14 给出了不同频率点处复合材料圆柱壳的表面辐射声压云图,从图中可以识别出壳体的声压周向波数特征。为了考察非共振频率点处的壳体辐射特征,还给出了自由-固支圆柱壳在 150Hz 时的表面辐射声压云

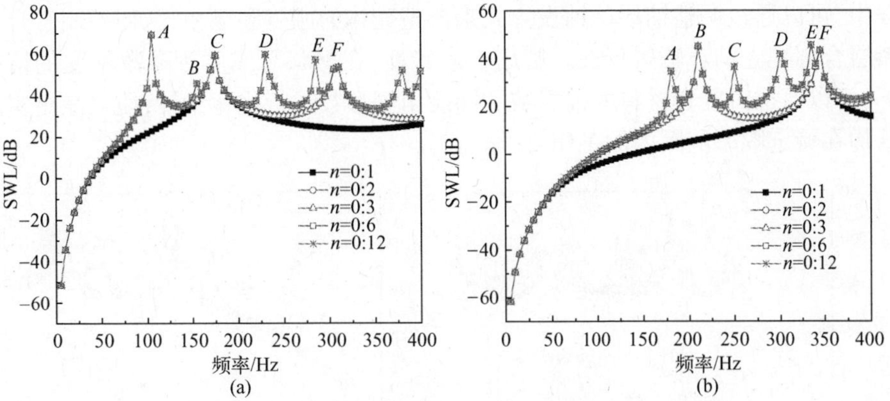

图 8-12 反对称正交铺设[0°/90°]圆柱壳辐射声功率
(a)自由 - 固支;(b) 简支 - 简支。

图。由于壳体的非共振振动响应是由不同模态振动叠加得到的,显然该频率点处对应的壳体表面声压云图特征也比较复杂。

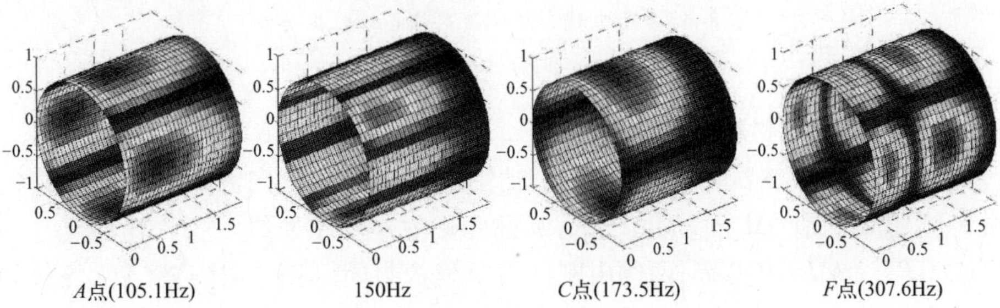

图 8-13 [0°/90°]圆柱壳表面声压云图(自由 - 固支)

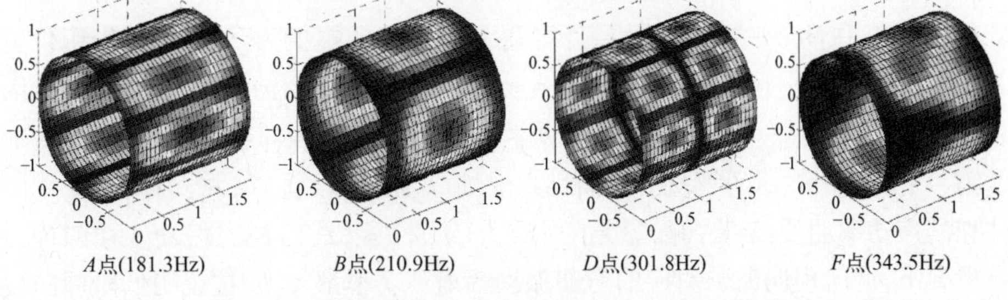

图 8-14 [0°/90°]圆柱壳表面声压云图(简支 - 简支)

图 8-15 给出了不同铺层数目对应的反对称正交铺设圆柱壳在法向面载荷作用下的辐射声功率对比。壳体的总体几何尺寸及载荷与前一算例的相同。由于正交铺设[0°/90°]层合壳体对应的拉 - 弯耦合刚度最大,其对应的频率是最小的,随着铺层数目的增大,则壳体的频率和辐射声功率级趋于一致。在实际工

程中,可以通过调整铺层的铺设方式来调整壳体的刚度和频率,从而控制复合材料层合圆柱壳的声辐射特性。利用上述特性,在材料总厚度等参数不变的情况下,可以通过对复合材料的铺层数和铺层角等参数进行优化设计,使之满足实际结构在特定频率范围内的工作要求。

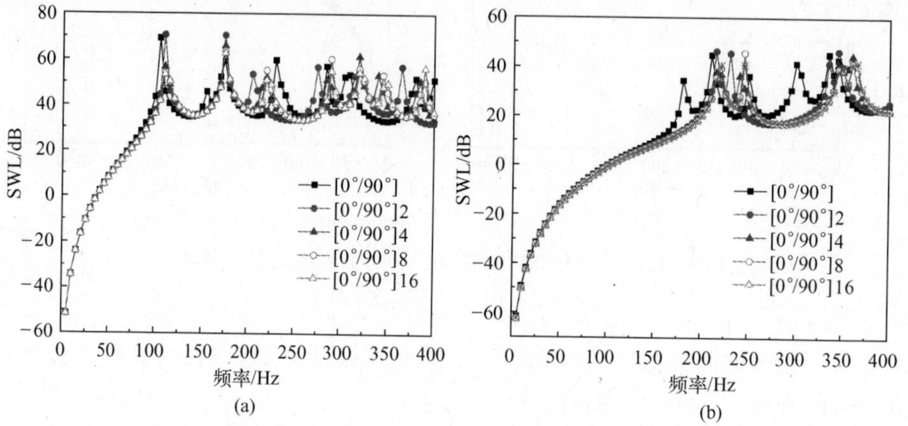

图 8-15　反对称正交铺设圆柱壳辐射声功率
(a)自由－固支;(b)简支－简支。

三、功能梯度材料圆柱壳

图 8-16 给出了法向面载荷激励作用下,不同声压周向波数对应的自由－固支和两端简支 $FGM_{I(a=1/b=0/c/m=0.5)}$ 圆柱壳辐射声功率曲线。壳体几何尺寸为 $L=5m$, $R=1m$, $h=0.05m$;两侧由刚性声学障板封闭。壳体由陶瓷(氧化锆)和铝两种材料复合而成,其中氧化锆的材料参数为 $E_1=168GPa$、$\mu_1=0.3$ 和 $\rho_1=5700kg/m^3$,铝的材料参数为 $E_2=70GPa$, $\mu_2=0.3$ 和 $\rho_2=2707kg/m^3$。壳体的等效材料参数由 Mori－Tanaka 模型计算得到。载荷的幅值为 $\bar{f}_w=1Pa$,作用位置为 $x_0=0m$, $x_1=0.4m$, $\theta_0=-\pi/3$, $\theta_1=\pi/3$。为了考虑壳体的阻尼效应,损耗因子取 $\tilde{\eta}=0.005$。对于自由－固支边界条件的功能梯度圆柱壳,其声辐射功率曲线第一个峰值由壳体的“梁式”弯曲模态振动 $(n,m)=(1,1)$ 引起,而两端简支圆柱壳的声功率曲线第一个响应峰值对应为 $(n,m)=(2,1)$ 模态振动。在两种边界情况下,低阶周向波数对应的弯曲振动辐射声功率都较大,这说明低阶周向波数对应的振动具有很高的辐射效率。

图 8-17 给出了不同材料参数估算方法对应的壳体辐射声功率对比。壳体的几何参数、材料参数、载荷形式和其他计算参数与上一算例相同。壳体位移和声压变量周向波数均取 $n=0:12$。在第 6 章中已经得出,由 Voigt 方法得到的壳体频率要高于 Mori－Tanaka 模型结果。通过图 8-17 中的响应峰值位置,也能

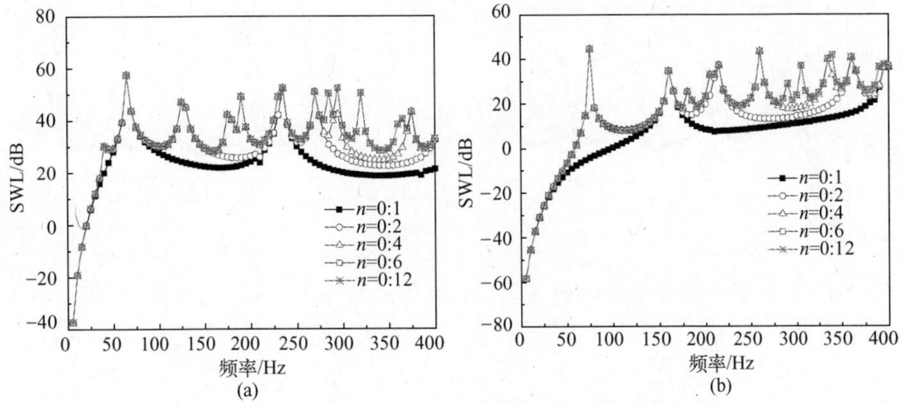

图 8-16 $FGM_{I\,(a=1/b=0/c/m=0.5)}$ 圆柱壳辐射声功率

(a) 自由 - 固支；(b) 简支 - 简支。

印证这一结论。两种模型给出的壳体声辐射功率结果相差较大，表现为声辐射功率峰值大小和共振频率位置均不相同。

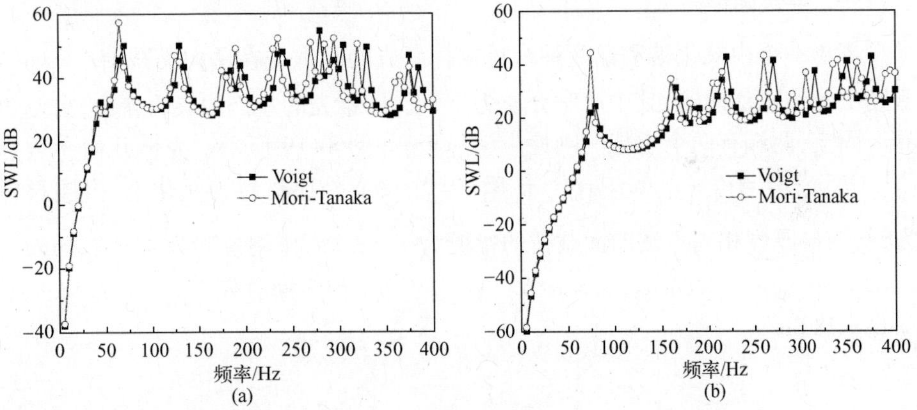

图 8-17 $FGM_{I\,(a=1/b=0/c/m=0.5)}$ 圆柱壳辐射声功率

(a) 自由 - 固支；(b) 简支 - 简支。

图 8-18 给出了不同材料体积率指数 m 对应 $FGM_{I\,(a=1/b=0/c/m)}$ 和 $FGM_{II\,(a=1/b=0/c/m)}$ 圆柱壳辐射声功率随频率变化曲线。壳体的几何参数为 $L=5\text{m}, R=1\text{m}, h=0.1\text{m}$；材料参数与前面算例的一致。壳体边界条件为自由 - 固支，外载荷形式同前。为了考察体积率指数对壳体声功率的影响，图 8-18 中还给出了均匀各向同性组分材料（陶瓷和金属）壳体的辐射声功率曲线。结果表明，改变材料体积率指数能有效地改变壳体的声辐射特性。总体而言，功能梯度壳体的辐射声功率值介于由组分材料构成的壳体的辐射声功率之间。

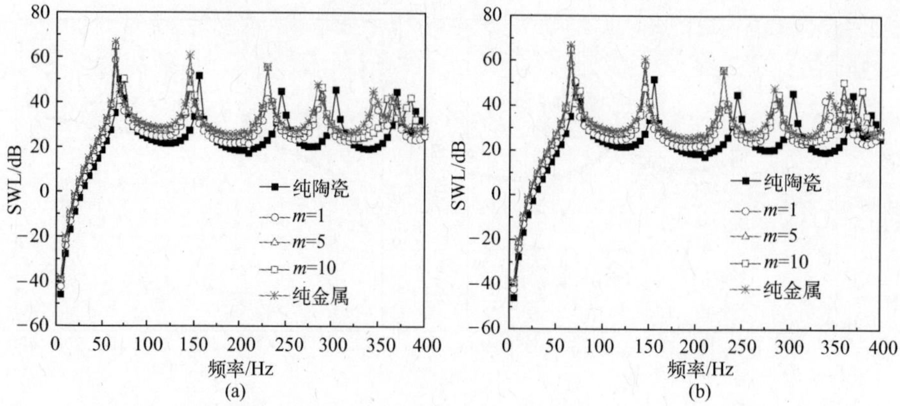

图 8-18 体积率指数 m 对圆柱壳辐射声功率影响

(a) $FGM_{I(a=1/b=0/c/m)}$；(b) $FGM_{II(a=1/b=0/c/m)}$。

8.3.2 圆锥壳振动与声辐射

一、层合圆锥壳

考虑一个由氧化锆和铝两种材料复合而成的圆锥壳在法向面载荷$f_w=\bar{f}_w e^{i\omega t}$激励下的声辐射问题，其中声学介质为空气。圆锥壳的左侧边界为自由，右侧边界为固支，两端有两个虚拟的刚性声学障板，如图 8-19 所示。壳体几何参数为$R_1=0.5m$，$R_2=R_1+2\tan\alpha_0$，$\alpha_0=\pi/8$，$h=0.02m$；外层材料为氧化锆，内层材料为铝，两层厚度相同。法向面载荷的幅值为$\bar{f}_w=1Pa$，作用位置为$s_1=R_1/\sin\alpha_0$，$s_2=R_1/\sin\alpha_0+0.2/\cos\alpha_0$，$\theta_0=\pi/6$。空气的密度和声速分别为$\rho_0=1.225kg/m^3$和$c_0=340m/s$。

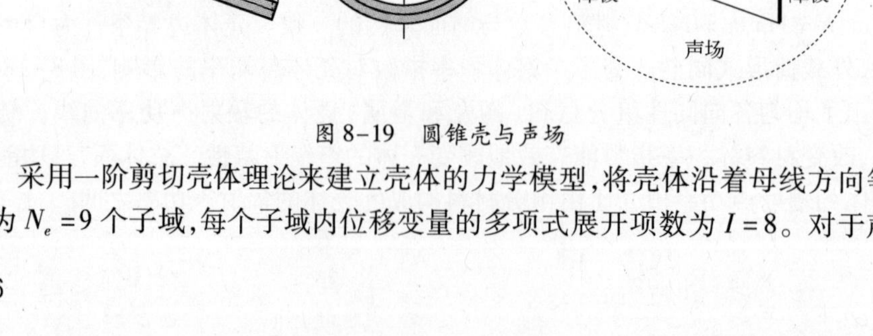

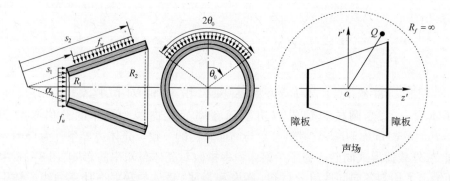

图 8-19 圆锥壳与声场

采用一阶剪切壳体理论来建立壳体的力学模型，将壳体沿着母线方向等距分为$N_e=9$个子域，每个子域内位移变量的多项式展开项数为$I=8$。对于声学模型，壳体和障板分别采用 9 个和 3 个轴对称边界单元进行离散（图 8-20），每个边界单元中采用 J 项多项式进行展开。壳体位移和声压周向波数截取数目取 $n = 0:9$。

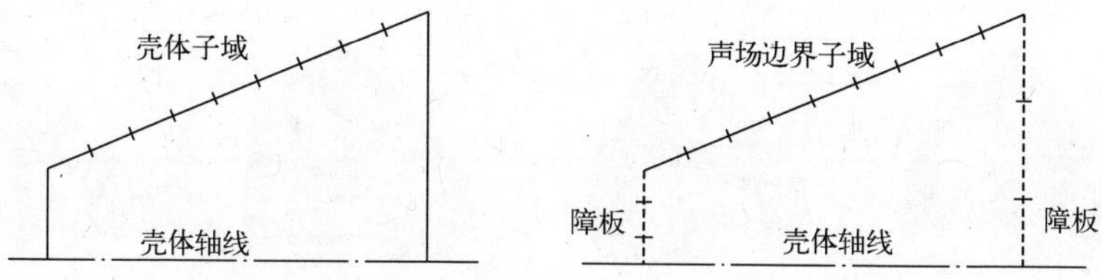

图 8-20　圆锥壳和声场边界离散

图 8-21 给出了不同场点（$Q_1: r' = 10\text{m}, \theta = 0, z' = 5\text{m}$；$Q_2: r' = 5\text{m}, \theta = 0, z' = 1\text{m}$）处的声压和壳体的辐射声功率结果。为了验证分区变分－谱边界元法的正确性，图中还给出了采用有限元软件 ANSYS 和声学边界元软件 Virtual. Lab Acoustics 计算得到的收敛解，其中壳体结构由 SHELL181 单元进行离散。结果表明，分区变分－谱边界元法给出的声压和声辐射功率结果收敛速度均很快，每个边界单元内的多项式数目取 $J = 1$（常单元）得到的结果与参考解就已符合很好。

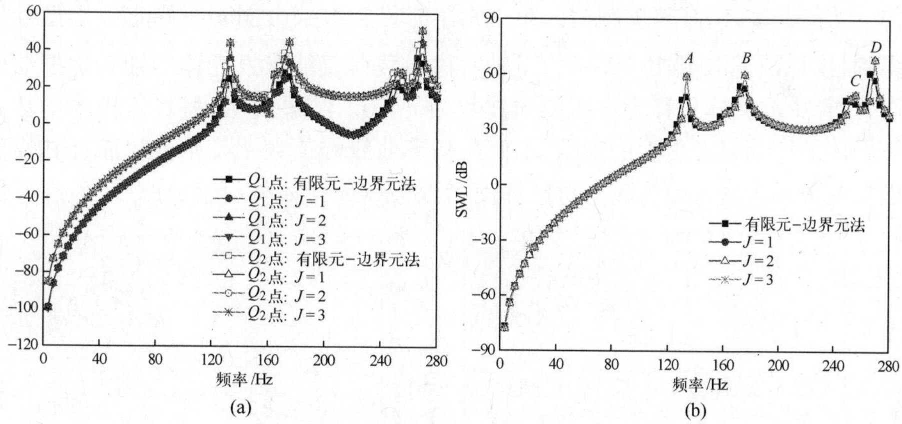

图 8-21　圆锥壳辐射声压和声功率
（a）场点辐射声压级；（b）辐射声功率级。

图 8-22 中给出了上图中几处峰值点（A、B、C 和 D）处壳体的表面声压云图。频率点 A 对应的壳体振动模态为 $(n,m) = (3,1)$，频率点 B 对应的壳体振动模态为 $(n,m) = (2,1)$，频率点 C 对应的壳体振动模态为 $(n,m) = (4,2)$，而频率点 D 对应的壳体振动模态为 $(n,m) = (3,2)$。另外在频率范围 0～280Hz 之间，圆锥壳体的结构共振模态还有 $(n,m) = (4,1)$（158. 8Hz），$(n,m) = (6,1)$

(217.6Hz)和$(n,m)=(7,1)$(259.6Hz)。从图8-22中并没有发现上述共振模态对应的声辐射响应峰值,因此并不是所有低阶弯曲振动模态对声辐射都有很大的贡献。壳体振动模态对声场响应的贡献与壳体的载荷作用形式有关。

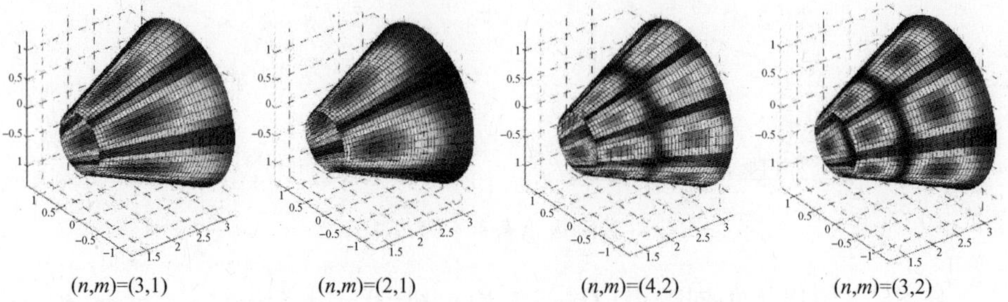

图8-22　自由-固支边界圆锥壳表面辐射声压云图

二、功能梯度材料圆锥壳

图8-23给出了轴向线载荷$f_u=\bar{f}_u e^{iwt}$作用下,不同材料体积率指数m对应的$FGM_{I(a=1/b=0/c/m)}$和$FGM_{II(a=1/b=0/c/m)}$圆锥壳辐射声功率曲线。壳体的几何参数、材料参数和边界条件同前。轴向线载荷的幅值为$\bar{f}_u=1N/m$,轴向作用位置为$s=R_1/\sin\alpha_0$,沿着整个圆周分布。壳体的材料参数由Mori-Tanaka模型计算得到,损耗因子取$\tilde{\eta}=0.005$。由于轴对称线载荷仅能激发壳体的轴对称振动模态,计算中取壳体位移和声压周向波数为$n=0$。结果表明,材料体积率指数m对壳体的声辐射有很大的影响,不仅声功率曲线峰值频率发生偏移而且其幅值也相差很大。这是因为改变材料梯度指数会导致壳体材料组分改变,引起壳体

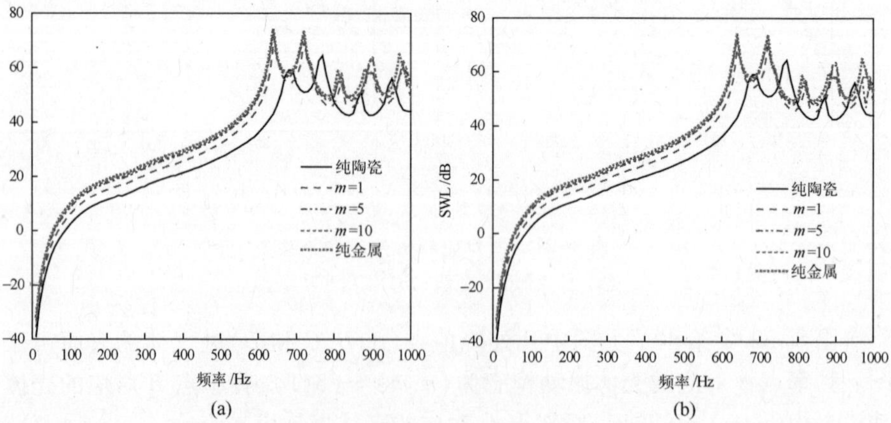

图8-23　体积率指数m对圆锥壳辐射声功率影响

(a) $FGM_{I(a=1/b=0/c/m)}$;(b) $FGM_{II(a=1/b=0/c/m)}$。

刚度发生变化，势必影响壳体的振动响应，从而引起壳体声辐射峰值频率偏移以及幅值变化。

8.3.3　球壳振动与声辐射

一、层合球壳

首先考虑一个沉浸于无限大声学介质中的层合球壳声振耦合问题，如图 8-24 所示。球壳的几何参数和材料参数为内径 $R_i = 0.995$m，外径 $R_o = 1.005$m。球壳内层和外层材料参数为 $E = 168$GPa，$\mu = 0.3$，$\rho = 5700$kg/m^3；中间层材料参数为 $E = 70$GPa，$\mu = 0.3$，$\rho = 2707$kg/m^3。球壳外部的流体为空气或水，其中空气的密度和声速分别为 $\rho_0 = 1.225$kg/m^3 和 $c_0 = 340$m/s；水的密度和声速分别为 $\rho_0 = 1000$kg/m^3 和 $c_0 = 1428$m/s。整个球壳内表面承受一个均匀分布压力，压力幅值为 $P_0 = 1$Pa。

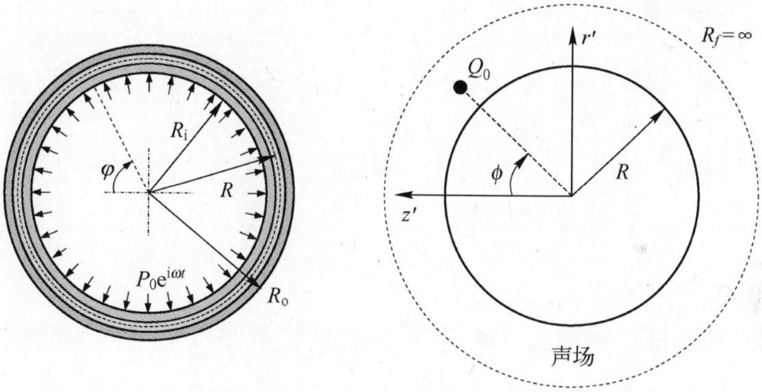

图 8-24　弹性球壳与声场

在均布压力作用下，弹性球壳的声振耦合问题存在解析解。这里考虑一般情况，假设球壳是由 N_i 个均匀各向同性材料铺层构成的。由于壳体的作用力是轴对称的且沿着球壳法向方向，因此球壳内同一半径球面上任意一点的法向位移相同，而且声场中同一半径球面上的声压也相同。第 k 层壳体的位移场可以表示为

$$\boldsymbol{u}^{(k)} = \nabla \hat{\phi}^{(k)} \tag{8-63}$$

式中：$\hat{\phi}^{(k)}$ 为第 k 层壳体的位移势函数。

考虑到球壳内各层材料的位移具有球对称性，有 $\boldsymbol{u}^{(k)} = (\partial \hat{\phi}^{(k)} / \partial r)\boldsymbol{e}_r$。在球坐标系下，第 k 层壳体的位移势函数满足

$$\frac{\mathrm{d}^2 \hat{\phi}^{(k)}}{\mathrm{d}r^2} + \frac{2}{r}\frac{\mathrm{d}\hat{\phi}^{(k)}}{\mathrm{d}r} + (k_s^{(k)})^2 \hat{\phi}^{(k)} = 0 \tag{8-64}$$

式中：$k_s^{(k)}$ 为第 k 层壳体的波数，$k_s^{(k)}=\omega/c_s^{(k)}$；$c_s^{(k)}$ 为第 k 层壳体的膨胀波（或压缩波）波速，$c_s^{(k)}=\sqrt{(\lambda^{(k)}+2G^{(k)})/\rho^{(k)}}$，其中 $\lambda^{(k)}$ 和 $G^{(k)}$ 分别为 Lamé 常数和剪切模量。

由式(8-64)，得

$$\hat{\phi}^{(k)}(r)=H_0^{(k)}\frac{\mathrm{e}^{-\mathrm{i}k_s^{(k)}r}}{r}+H_1^{(k)}\frac{\mathrm{e}^{\mathrm{i}k_s^{(k)}r}}{r} \tag{8-65}$$

式中：$H_0^{(k)}$ 和 $H_1^{(k)}$ 为待定系数。

将式(8-65)代入式(8-63)，得到第 k 层壳体的法向位移分量为

$$u_3^{(k)}=-H_0^{(k)}\frac{\mathrm{e}^{-\mathrm{i}k_s^{(k)}r}}{r^2}(\mathrm{i}k_s^{(k)}r+1)+H_1^{(k)}\frac{\mathrm{e}^{\mathrm{i}k_s^{(k)}r}}{r^2}(\mathrm{i}k_s^{(k)}r-1) \tag{8-66}$$

根据三维弹性理论，在球坐标系下第 k 层球壳的法向应力分量为

$$\sigma_3^{(k)}=(\lambda^{(k)}+2G^{(k)})\frac{\mathrm{d}u_3^{(k)}}{\mathrm{d}r}+2\lambda^{(k)}\frac{u_3^{(k)}}{r} \tag{8-67}$$

将式(8-66)代入式(8-67)，有

$$\begin{aligned}\sigma_3^{(k)}=&H_0^{(k)}\{\widetilde{\lambda}^{(k)}[-(k_s^{(k)}r)^2+\mathrm{i}2k_s^{(k)}r+2]-2\lambda^{(k)}(\mathrm{i}k_s^{(k)}r+1)\}\frac{\mathrm{e}^{-\mathrm{i}k_s^{(k)}r}}{r^3}\\&+H_1^{(k)}\{\widetilde{\lambda}^{(k)}[-(k_s^{(k)}r)^2-\mathrm{i}2k_s^{(k)}r+2]+2\lambda^{(k)}(\mathrm{i}k_s^{(k)}r-1)\}\frac{\mathrm{e}^{\mathrm{i}k_s^{(k)}r}}{r^3}\end{aligned} \tag{8-68}$$

式中：$\widetilde{\lambda}^{(k)}=\lambda^{(k)}+2G^{(k)}$。

在球壳相邻铺层界面上，存在如下位移连续条件和应力平衡条件，即

$$u_3^{(k-1)}\big|_{r=r^{(k)}}=u_3^{(k)}\big|_{r=r^{(k)}},\quad \sigma_3^{(k-1)}\big|_{r=r^{(k)}}=\sigma_3^{(k)}\big|_{r=r^{(k)}},\quad k=2,3,\cdots,N_l \tag{8-69}$$

在球壳内表面上，壳体的法向应力与给定的压力平衡，有

$$\sigma_3^{(k)}(r)\big|_{r=r^{(k)},k=1}=-P_0 \tag{8-70}$$

式中：P_0 为球壳内表面上给定的压力幅值。

在球壳外表面上，有

$$\sigma_3^{(k)}(r)\big|_{r=r^{(k+1)},k=N_l}=-p(r)\big|_{r=r^{(k+1)},k=N_l} \tag{8-71}$$

式中：$p(r)\big|_{r=r^{(k+1)},k=N_l}$ 为球壳外表面上的声压。

由式(7-148)可知，均匀脉动球体辐射声场内 r 处的声压为

$$p(r)=V_r\frac{\mathrm{i}\rho_f\omega R_o^2}{\mathrm{i}k_fR_o+1}\frac{\mathrm{e}^{-\mathrm{i}k_f(r-R_o)}}{r} \tag{8-72}$$

式中：V_r 为球壳外表面的法向振动速度；k_f 为流体波数，$k_f=\omega/c_0$。

球壳外表面的法向振动速度为

$$V_r=\mathrm{i}\omega u_3^{(k)}(r)\big|_{r=r^{(k+1)},k=N_l} \tag{8-73}$$

将式(8-73)代入式(8-72),得到球壳的辐射声压为

$$p(r)=[H_0^{(k)}\mathrm{e}^{-\mathrm{i}k_s^{(N_l)}R_o}(\mathrm{i}k_s^{(N_l)}R_o+1)-H_1^{(k)}\mathrm{e}^{\mathrm{i}k_s^{(N_l)}R_o}(\mathrm{i}k_s^{(N_l)}R_o-1)]\frac{\rho_f\omega^2}{\mathrm{i}k_fR_o+1}\frac{\mathrm{e}^{-\mathrm{i}k_f(r-R_o)}}{r} \tag{8-74}$$

对于含有3个铺层的球壳,由式(8-69)~式(8-71)得到其声振耦合方程为

$$\begin{bmatrix} H_{11} & H_{12} & 0 & 0 & 0 & 0 \\ H_{21} & H_{22} & H_{23} & H_{24} & 0 & 0 \\ H_{31} & H_{32} & H_{33} & H_{34} & 0 & 0 \\ 0 & 0 & H_{43} & H_{44} & H_{45} & H_{46} \\ 0 & 0 & H_{53} & H_{54} & H_{55} & H_{56} \\ 0 & 0 & 0 & 0 & H_{65} & H_{66} \end{bmatrix}\begin{bmatrix} H_0^{(1)} \\ H_1^{(1)} \\ H_0^{(2)} \\ H_1^{(2)} \\ H_0^{(3)} \\ H_1^{(3)} \end{bmatrix}=\begin{bmatrix} -P_0 \\ 0 \\ 0 \\ 0 \\ 0 \\ 0 \end{bmatrix} \tag{8-75}$$

式中:$H_0^{(k)}$ 和 $H_1^{(k)}(k=1,2,3)$为各铺层的待定系数。

$$H_{11}=\{\widetilde{\lambda}^{(1)}[-(k_s^{(1)}R_1)^2+\mathrm{i}2k_s^{(1)}R_1+2]-2\lambda^{(1)}(\mathrm{i}k_s^{(1)}R_1+1)\}\frac{\mathrm{e}^{-\mathrm{i}k_s^{(1)}R_1}}{R_1^3} \tag{8-76a}$$

$$H_{12}=\{\widetilde{\lambda}^{(1)}[-(k_s^{(1)}R_1)^2-\mathrm{i}2k_s^{(1)}R_1+2]+2\lambda^{(1)}(\mathrm{i}k_s^{(1)}R_1-1)\}\frac{\mathrm{e}^{\mathrm{i}k_s^{(1)}R_1}}{R_1^3} \tag{8-76b}$$

$$H_{21}=-\frac{\mathrm{e}^{-\mathrm{i}k_s^{(1)}R_2}}{R_2^2}(\mathrm{i}k_s^{(1)}R_2+1) \tag{8-76c}$$

$$H_{22}=\frac{\mathrm{e}^{\mathrm{i}k_s^{(1)}R_2}}{R_2^2}(\mathrm{i}k_s^{(1)}R_2-1) \tag{8-76d}$$

$$H_{23}=\frac{\mathrm{e}^{-\mathrm{i}k_s^{(2)}R_2}}{R_2^2}(\mathrm{i}k_s^{(2)}R_2+1) \tag{8-76e}$$

$$H_{24}=-\frac{\mathrm{e}^{\mathrm{i}k_s^{(2)}R_2}}{R_2^2}(\mathrm{i}k_s^{(2)}R_2-1) \tag{8-76f}$$

$$H_{31}=\{\widetilde{\lambda}^{(1)}[-(k_s^{(1)}R_2)^2+\mathrm{i}2k_s^{(1)}R_2+2]-2\lambda^{(1)}(\mathrm{i}k_s^{(1)}R_2+1)\}\frac{\mathrm{e}^{-\mathrm{i}k_s^{(1)}R_2}}{R_2^3} \tag{8-76g}$$

$$H_{32}=\{\widetilde{\lambda}^{(1)}[-(k_s^{(1)}R_2)^2-\mathrm{i}2k_s^{(1)}R_2+2]+2\lambda^{(1)}(\mathrm{i}k_s^{(1)}R_2-1)\}\frac{\mathrm{e}^{\mathrm{i}k_s^{(1)}R_2}}{R_2^3} \tag{8-76h}$$

$$H_{33}=-\{\tilde{\lambda}^{(2)}[-(k_s^{(2)}R_2)^2+\mathrm{i}2k_s^{(2)}R_2+2]-2\lambda^{(2)}(\mathrm{i}k_s^{(2)}R_2+1)\}\frac{\mathrm{e}^{-\mathrm{i}k_s^{(2)}R_2}}{R_2^3} \tag{8-76i}$$

$$H_{34}=-\{\tilde{\lambda}^{(2)}[-(k_s^{(2)}R_2)^2-\mathrm{i}2k_s^{(2)}R_2+2]+2\lambda^{(2)}(\mathrm{i}k_s^{(2)}R_2-1)\}\frac{\mathrm{e}^{\mathrm{i}k_s^{(2)}R_2}}{R_2^3} \tag{8-76j}$$

$$H_{43}=-\frac{\mathrm{e}^{-\mathrm{i}k_s^{(2)}R_3}}{R_3^2}(\mathrm{i}k_s^{(2)}R_3+1) \tag{8-76k}$$

$$H_{44}=\frac{\mathrm{e}^{\mathrm{i}k_s^{(2)}R_3}}{R_3^2}(\mathrm{i}k_s^{(2)}R_3-1) \tag{8-76l}$$

$$H_{45}=\frac{\mathrm{e}^{-\mathrm{i}k_s^{(3)}R_3}}{R_3^2}(\mathrm{i}k_s^{(3)}R_3+1) \tag{8-76m}$$

$$H_{46}=-\frac{\mathrm{e}^{\mathrm{i}k_s^{(3)}R_3}}{R_3^2}(\mathrm{i}k_s^{(3)}R_3-1) \tag{8-76n}$$

$$H_{53}=\{\tilde{\lambda}^{(2)}[-(k_s^{(2)}R_3)^2+\mathrm{i}2k_s^{(2)}R_3+2]-2\lambda^{(2)}(\mathrm{i}k_s^{(2)}R_3+1)\}\frac{\mathrm{e}^{-\mathrm{i}k_s^{(2)}R_3}}{R_3^3} \tag{8-76o}$$

$$H_{54}=\{\tilde{\lambda}^{(2)}[-(k_s^{(2)}R_3)^2-\mathrm{i}2k_s^{(2)}R_3+2]+2\lambda^{(2)}(\mathrm{i}k_s^{(2)}R_3-1)\}\frac{\mathrm{e}^{\mathrm{i}k_s^{(2)}R_3}}{R_3^3} \tag{8-76p}$$

$$H_{55}=-\{\tilde{\lambda}^{(3)}[-(k_s^{(3)}R_3)^2+\mathrm{i}2k_s^{(3)}R_3+2]-2\lambda^{(3)}(\mathrm{i}k_s^{(3)}R_3+1)\}\frac{\mathrm{e}^{-\mathrm{i}k_s^{(3)}R_3}}{R_3^3} \tag{8-76q}$$

$$H_{56}=-\{\tilde{\lambda}^{(3)}[-(k_s^{(3)}R_3)^2-\mathrm{i}2k_s^{(3)}R_3+2]+2\lambda^{(3)}(\mathrm{i}k_s^{(3)}R_3-1)\}\frac{\mathrm{e}^{\mathrm{i}k_s^{(3)}R_3}}{R_3^3} \tag{8-76r}$$

$$H_{65}=\left\{\tilde{\lambda}^{(3)}[-(k_s^{(3)}R_4)^2+\mathrm{i}2k_s^{(3)}R_4+2]-\left(2\lambda^{(3)}-\frac{\rho_f\omega^2R_4^2}{\mathrm{i}k_fR_4+1}\right)(\mathrm{i}k_s^{(3)}R_4+1)\right\}\frac{\mathrm{e}^{-\mathrm{i}k_s^{(3)}R_4}}{R_4^3} \tag{8-76s}$$

$$H_{66}=\left\{\tilde{\lambda}^{(3)}[-(k_s^{(3)}R_4)^2-\mathrm{i}2k_s^{(3)}R_4+2]+\left(2\lambda^{(3)}-\frac{\rho_f\omega^2R_4^2}{\mathrm{i}k_fR_4+1}\right)(\mathrm{i}k_s^{(3)}R_4-1)\right\}\frac{\mathrm{e}^{\mathrm{i}k_s^{(3)}R_4}}{R_4^3} \tag{8-76t}$$

由式(8-75)求出 $H_0^{(k)}$ 和 $H_1^{(k)}$ 后，将它们代入式(8-66)和式(8-74)可以分别得到球壳内任意一点处的法向位移和声场内任意一点处的声压。

基于一阶剪切锯齿壳体理论来建立前面含 3 个铺层的球壳力学模型，将壳体沿着母线方向等距分为 $N_e = 10$ 个子域，如图 8-25 所示。图 8-26 和图 8-27 给出了声学介质为空气和水时，层合球壳中面（$r = 1$m）上任意一点位移和声场中 $r = 3$m 球面上任意一点的声压。每个子域上位移和声压展开多项式项数分别取 $I = 8$ 和 $J = 2$。由于球壳的外载荷是轴对称均匀分布的，仅周向波数 $n = 0$ 的位移分量和声压分量对层合球壳的声振耦合响应产生贡献，因此计算中截取壳体位移和声压周向波数为 $n = 0$。当声学介质为空气时，采用弱耦合方法计算球壳的声辐射，即先由分区变分法计算球壳的振动响应，然后将壳体的振动位移作为声场已知的边界条件，再由谱边界元法计算球壳辐射声场。当声学介质为水时，计算中采用强耦合算法。结果表明，无论对于轻质流体还是重流体介质问题，由分区变分－谱边界元法计算出的球壳振动和声辐射结果与解析解均非常吻合。由于水的阻抗比空气阻抗大很多，当球壳外部声学介质为水时，球壳中面位移及耦合系统的共振频率均比声学介质为空气时的小很多。

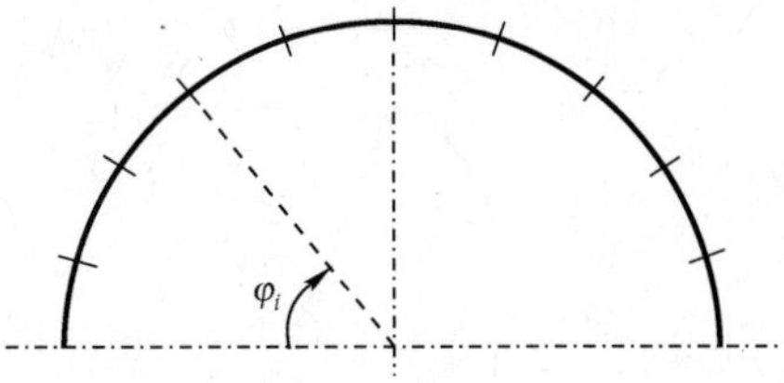

图 8-25　球壳和声场边界离散

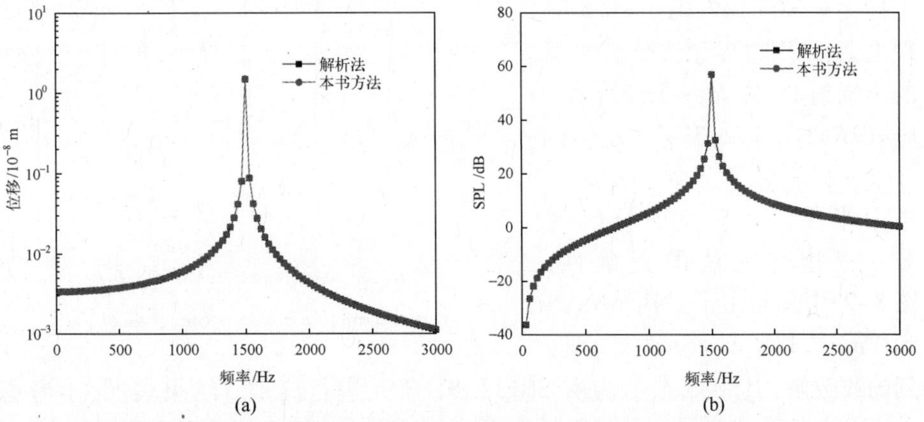

图 8-26　球壳中面（$r = 1$m）法向位移和声场中 $r = 3$ 处声压（空气）

（a）法向位移；（b）辐射声压。

二、各向同性材料球壳

在各向同性材料球壳的顶点（$r = R_o, \theta = 0, \varphi = 0$）处施加一法向集中载荷，球壳外围声学介质为空气，采用分区变分－谱边界元法来分析壳体的振动和声辐射问题。球壳的几何尺寸和材料参数为内径 $R_i = 0.95$m，外径 $R_o = 1.05$m；弹性模量 $E = 210$GPa，泊松比 $\mu = 0.3$，密度 $\rho = 7800$kg/m^3。图 8-28 中给出了声场

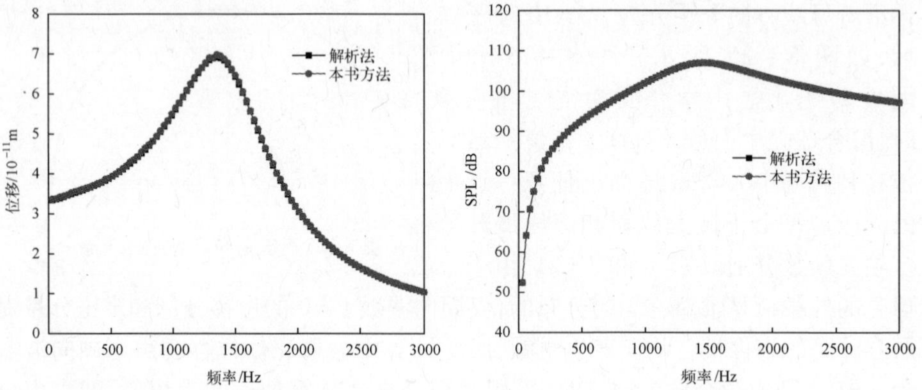

(a) (b)

图 8-27　球壳中面($r=1$m)法向位移和声场中 $r=3$m 声压(水)

(a)法向位移;(b)辐射声压。

中 $Q_0(r'=6\text{m},\theta=0,z'=-6\text{m})$ 点处的辐射声压级,声压周向波数截取数目为 $n=0:12$。在球壳内部设置一个 CHIEF 点,其位置坐标为 $r=0\text{m},\theta=0,z=0.5\text{m}$。理论上,采用边界元法分析球壳的声辐射时,在 $kR=j\pi$(或 $f=jc_0/(2R),j=1,2,3,\cdots$)处存在非唯一解现象,这里 R 为球壳的中面半径。为了验证分区变分-谱边界元法的正确性,图 8-28中还给出了采用 ANSYS 和 Virtual. Lab Acoustics 计算得到的收敛解,其中球壳结构由 SHELL181 单元进行离散。结果表明,不考虑 CHIEF 点的数值解与 Virtual. Lab Acoustics 结果在大部分频段内是非常符合的,然而在特征频率处分区变分-谱边界元法计算结果中存在伪共振响应。考虑 CHIEF 点后的数值结果与参考解非常吻合,采用 CHIEF 法来克服特征频率处的非唯一解问题是很有效的。

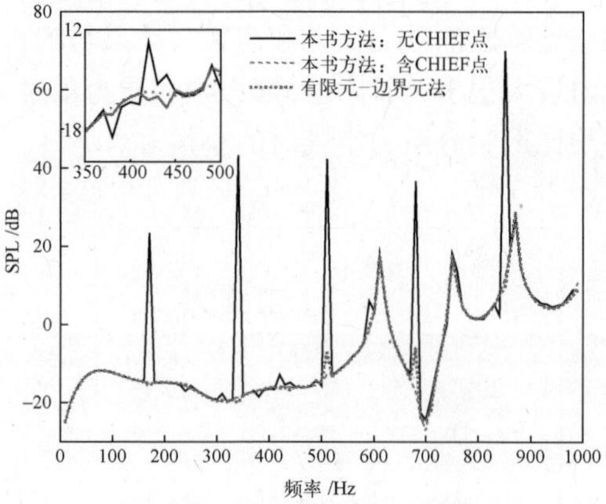

图 8-28　球壳辐射声场中 Q_0 点($r'=6\text{m},\theta=0,z'=-6\text{m}$)声压

8.4　加筋壳体频域声振耦合问题

在现代工程设计中,大多数航空、航天及船舶工程结构都是加强筋和壳体构

成的复杂组合结构,如飞机机身、固体火箭发动机壳体及鱼雷、潜射导弹与潜艇等水下航行器外壳等。为了满足系统功能要求,加筋组合壳体不仅在几何构造形式上呈现多样化,而且它们的材料选择也十分广泛。特别是复合材料在结构中的应用为结构系统设计提供了更大的自由度,使以往许多难以实现的系统性能要求可通过子结构的材料设计加以满足。在很多结构系统设计中,加筋组合壳体的振动与声辐射分析是不可缺少的一部分工作。本节采用分区变分法和谱边界元法来分析均匀各向同性材料和复合材料加肋壳体的声振耦合问题。

8.4.1　加筋壳体声振模型

图 8-29 给出了 3 种加肋组合壳体,它们在潜艇、火箭及导弹的外壳设计中有着非常广泛的应用。组合壳体中的圆柱壳、圆锥壳和球壳子结构由纤维增强复合材料或功能梯度材料制成。均匀各向同性材料组合壳体看作是复合材料组合壳体的一种特殊形式。组合壳体中圆柱壳子结构内布置有环肋骨和(或)纵肋骨。

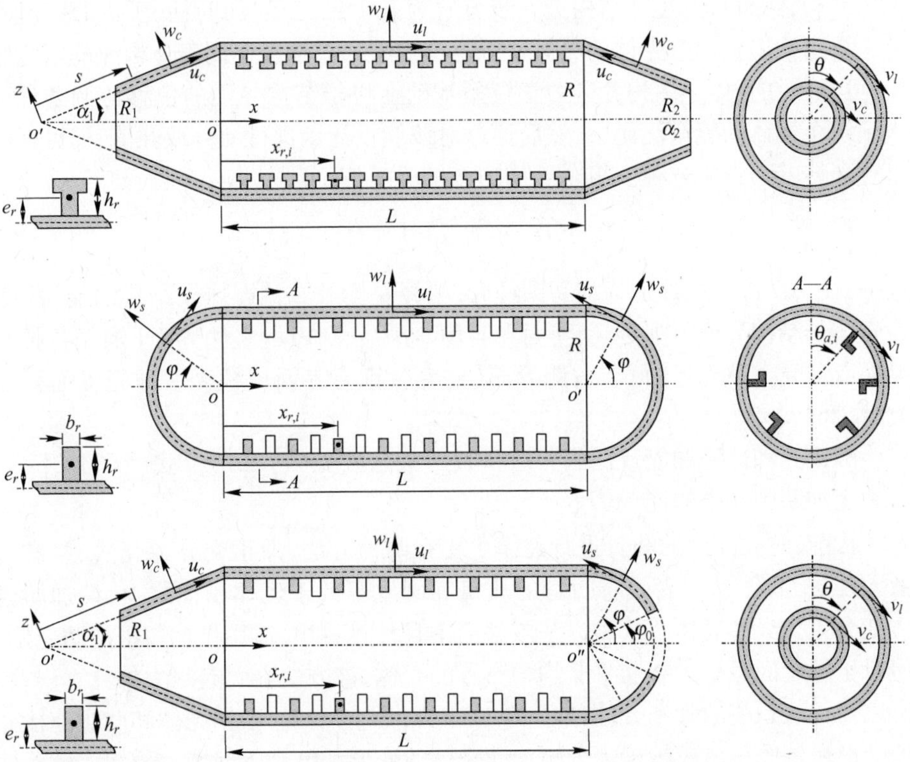

图 8-29　加肋组合壳体

基于不考虑 Zig - zag 效应的 Reissner 薄壳理论来建立组合壳体的动力学模型,采用柱坐标系、锥坐标系和球坐标系分别描述圆柱壳、圆锥壳和球壳子结构的变形特征。图 8-29 中的 u_ν,v_ν 和 w_ν($\nu = l,c,s$)为壳体中面上任意一点处的母线方向(圆柱壳为 x 方向,圆锥壳为 s 方向,球壳为 φ 方向)、周向及法向位移分量,下标 l,c 和 s 分别表示圆柱壳、圆锥壳及球壳。沿着组合壳体轴向和周向方向,在圆柱壳子结构内分别布置 N_r 根环肋骨和 N_a 根纵肋骨,它们的截面形状及沿轴向和周向的布置方式均是任意的。肋骨也可以由纤维增强复合材料或功能梯度材料制成。为了简化计算,这里假设所有肋骨都由均匀各向同性材料制成。在圆柱壳局部坐标系下,第 i 根环肋骨的轴向位置为 $x_{r,i}$,其弹性模量、泊松比和密度分别为 $E_{r,i}$,$\mu_{r,i}$ 和 $\rho_{r,i}$。环肋骨的质心与圆柱壳中面之间的偏心距为 $e_{r,i}$,其中 $e_{r,i}$ 取正值和负值分别表示外肋骨和内肋骨,$e_{r,i}=0$ 表示肋骨质心与圆柱壳中面重合。第 i 根纵肋骨在圆柱壳中的位置为 $\theta=\theta_{a,i}$,其弹性模量、泊松比和密度分别为 $E_{a,i}$,$\mu_{a,i}$ 和 $\rho_{a,i}$。所有纵肋骨均贯穿于整个圆柱壳的轴向方向,即在圆柱壳局部坐标系下 $0 \leqslant x_{a,i} \leqslant L$。

沿着壳体子结构连接界面,将组合壳体首先分解为圆锥壳、加肋圆柱壳和球壳子结构,然后将上述子结构进一步分解为若干锥壳段、加肋柱壳段和球壳段。第 4 章已给出了单个壳体的分区变分力学模型。对于由不同壳体构成的组合结构,可直接在壳体子结构分区力学模型基础上将子结构界面的位移协调条件引入到组合壳体的能量泛函中,然后通过对该能量泛函进行变分取驻值,即可得到组合壳体的动力学方程。组合壳体的能量泛函 Π_{Tol} 为

$$\Pi_{\mathrm{Tol}} = \Pi_{\mathrm{cy}} + \Pi_{\mathrm{cl}} + \Pi_{\mathrm{cr}} + \int_{t_0}^{t_1} (\Pi_{\mathrm{B1}} + \Pi_{\mathrm{B2}})\,\mathrm{d}t \tag{8-77}$$

式中:Π_{cy},Π_{cl} 和 Π_{cr} 分别为加肋圆柱壳、柱壳左侧及右侧壳体子结构的能量;Π_ν 为壳体子结构界面附加势能,下标 ν = B1, B2 分别表示左侧界面(锥壳 - 柱壳界面或球壳 - 柱壳界面)和右侧界面(柱壳 - 锥壳界面或柱壳 - 球壳界面),见文献[264,265]。

圆锥壳和球壳的能量泛函(Π_{cl} 和 Π_{cr})表达式见(4-201)。式(8-77)中,还需确定加肋圆柱壳的能量 Π_{cy}。

目前,对壳体内的肋骨进行建模主要有两种方法,即正交异性壳法[266]和离散元件法[267,268]。前者是将肋骨的质量和刚度等效于壳体中面之上,使加肋壳体变为正交异性壳体。这种方法求解简单且计算量小,适用于均匀密加肋壳体,但对于肋骨间距较大和肋骨非均匀布置的壳体,该方法会引起很大的计算误差。离散元件法是将肋骨和壳体分开,单独计及肋骨的变形,根据壳体和肋骨连接处的变形协调关系可较精确地分析加肋壳体的变形和振动等问题。采用离散元件法建立加肋圆柱壳的力学模型时,对环肋骨引入以下假设:①肋骨可简化为曲

梁;②在接触界面处,肋骨和圆柱壳的位移分量是连续的;③肋骨宽度远小于两根肋骨之间的间距,肋骨和圆柱壳的接触界面可看作是线接触。

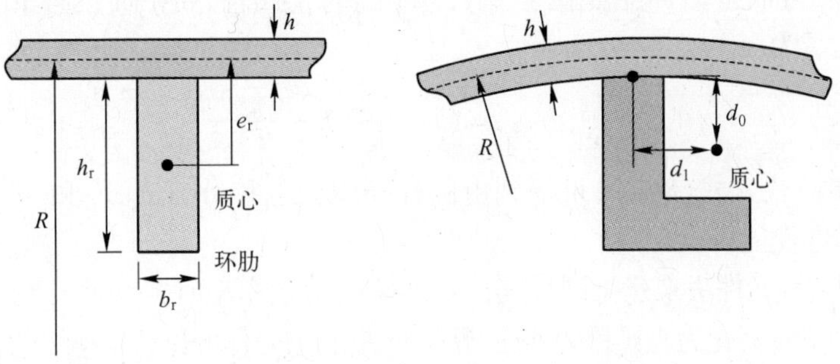

图 8-30　肋骨与壳体位置关系

在圆柱壳子结构的分区力学模型基础上,将所有肋骨的动能和应变能附加于圆柱壳子结构能量泛函中,得到 Π_{cy} 的表达式为

$$\Pi_{cy}=\Pi_l+\sum_{i=1}^{N_r}\int_{t_0}^{t_0}(T_{r,i}-U_{r,i})\mathrm{d}t+\sum_{j=1}^{N_l}\sum_{i=1}^{N_a}\int_{t_0}^{t_0}(T^{j}_{a,i}-U^{j}_{a,i})\mathrm{d}t \quad (8\text{-}78)$$

式中:Π_l 为无肋圆柱壳的能量泛函,见式(4-201);$T_{r,i}$ 和 $U_{r,i}$ 分别为第 i 根环肋骨的动能和应变能;$T^{j}_{a,i}$ 和 $U^{j}_{a,i}$ 分别为圆柱壳第 j 分区中第 i 根纵肋骨的动能和应变能。

$T_{r,i}$ 和 $U_{r,i}$ 的表达式为[267]

$$T_{r,i}=\frac{1}{2}\rho_{r,i}\int_l\left\{A_{r,i}(\dot{u}_{r,i}^2+\dot{v}_{r,i}^2+\dot{w}_{r,i}^2)+(I_{xr,i}+I_{zr,i})\left(\frac{\partial\dot{w}_{r,i}}{\partial x}\right)^2\right\}\mathrm{d}l \quad (8\text{-}79\mathrm{a})$$

$$U_{r,i}=\frac{1}{2}\int_l E_{r,i}I_{zr,i}\kappa_1^2\mathrm{d}l+\frac{1}{2}\int_l E_{r,i}I_{xr,i}\kappa_2^2\mathrm{d}l+\frac{1}{2}\int_l E_{r,i}A_{r,i}\varepsilon_{sr,i}^2\mathrm{d}l+\frac{1}{2}\int_l G_{r,i}J_{r,i}\gamma_{r,i}^2\mathrm{d}l \quad (8\text{-}79\mathrm{b})$$

式中:$u_{r,i}$,$v_{r,i}$ 和 $w_{r,i}$ 为第 i 根环肋骨截面质心的轴向(沿壳体轴向)、周向和径向位移分量;$A_{r,i}$ 为肋骨的截面积;$\gamma_{r,i}$ 和 $\varepsilon_{sr,i}$ 分别为单位长度肋骨的扭角和周向应变;κ_1 和 κ_2 为单位长度肋骨对截面的两主轴的弯曲变化率;$I_{zr,i}$,$I_{xr,i}$ 分别为环肋骨截面对截面主轴的惯性矩;$G_{r,i}$ 为剪切模量;$J_{r,i}$ 为环肋骨截面的扭转常数;l 为肋骨的周向长度,$l=(R+e_{r,i})\theta(\theta\in[0,2\pi])$,则 $\mathrm{d}l=(R+e_{r,i})\mathrm{d}\theta$。

$$\kappa_1=\frac{1}{R+e_{r,i}}\left(\frac{\partial w_{r,i}}{\partial x}+\frac{1}{R+e_{r,i}}\frac{\partial^2 u_{r,i}}{\partial\theta^2}\right) \quad (8\text{-}80\mathrm{a})$$

$$\kappa_2=\frac{1}{(R+e_{r,i})^2}\left(w_{r,i}+\frac{1}{R+e_{r,i}}\frac{\partial^2 w_{r,i}}{\partial\theta^2}\right) \quad (8\text{-}80\mathrm{b})$$

$$\varepsilon_{sr,i}=\frac{1}{R+e_{r,i}}\left(\frac{\partial v_{r,i}}{\partial\theta}-w_{r,i}\right) \quad (8\text{-}80\mathrm{c})$$

$$\gamma_{r,i}=\frac{1}{R+e_{r,i}}\left(-\frac{\partial^2 w_{r,i}}{\partial x\partial\theta}-\frac{1}{R+e_{r,i}}\frac{\partial u_{r,i}}{\partial\theta}\right) \tag{8-80d}$$

第 i 根环肋骨截面质心位移 $u_{r,i}$，$v_{r,i}$ 和 $w_{r,i}$ 与圆柱壳中面位移 u_l，v_l 和 w_l 之间的关系为

$$u_{r,i}=u_l+e_{r,i}\frac{\partial w_l}{\partial x},\quad v_{r,i}=\left(1+\frac{e_{r,i}}{R}\right)v_l+\frac{e_{r,i}}{R}\frac{\partial w_l}{\partial\theta},\quad w_{r,i}=w_l \tag{8-81}$$

将式(8-81)代入式(8-79)可得到由圆柱壳中面位移分量 u_l,v_l 和 w_l 表示的肋骨动能和应变能。

采用离散元件法来建立圆柱壳内纵肋骨的力学模型时,对纵肋骨引入以下假设:①纵肋骨可简化为直梁;②在接触界面处,肋骨与壳体的位移是连续的;③肋骨宽度远小于两根肋骨之间的间距,肋骨和圆柱壳的接触界面可看作是线接触。需要指出,采用分区变分法建立纵肋圆柱壳的力学模型时,同一根纵肋骨在壳体分区界面上的位移协调关系是自动满足的。这是由于壳体内纵肋骨的位移是由圆柱壳的中面位移来表示的,而圆柱壳壳段分区界面上的位移协调关系是由分区变分法满足的。

根据纵肋骨与圆柱壳之间的位移协调条件,考虑肋骨对壳体的偏心作用,则圆柱壳第 j 分区内第 i 根纵肋骨的动能为[268]

$$\begin{aligned}T^j_{a,i}=&\frac{1}{2}\int_{l_j}\rho_{a,i}\left\{A_{a,i}(\dot{u}_l^2+\dot{v}_l^2+\dot{w}_l^2)+I_{yy,i}\beta_0+I_{zz,i}\beta_1-2I_{yz,i}\frac{\partial\dot{w}_l}{\partial x}\right.\\&\left.\frac{\partial\dot{v}_l}{\partial x}-2A_{a,i}d_{0,i}\beta_2+2A_{a,i}d_{1,i}\beta_3\right\}\mathrm{d}l\end{aligned} \tag{8-82}$$

式中:$\rho_{a,i}$ 和 $A_{a,i}$ 分别为纵肋骨的质量密度和截面面积;$I_{yy,i}$,$I_{zz,i}$ 和 $I_{yz,i}$ 分别为纵肋骨截面的弯曲惯性矩和惯性积;$d_{0,i}$ 和 $d_{1,i}$ 为肋骨质心与壳体之间偏心距;l_j 为圆柱壳第 j 分区区域。

$$\beta_0=\left(\frac{\partial\dot{w}_l}{\partial x}\right)^2+\frac{1}{R^2}\left(\frac{\partial\dot{w}_l}{\partial\theta}\right)^2,\quad \beta_1=\left(\frac{\partial\dot{v}_l}{\partial x}\right)^2+\frac{1}{R^2}\left(\frac{\partial\dot{w}_l}{\partial\theta}\right)^2,$$

$$\beta_2=\frac{\partial\dot{w}_l}{\partial x}\dot{u}_l+\frac{\dot{v}_l}{R}\frac{\partial\dot{w}_l}{\partial\theta},\quad \beta_3=\frac{\partial\dot{v}_l}{\partial x}\dot{u}_l+\frac{\dot{w}_l}{R}\frac{\partial\dot{w}_l}{\partial\theta} \tag{8-83}$$

圆柱壳第 j 分区内中第 i 根纵肋骨的应变能为[268]

$$U^j_{a,i}=\frac{1}{2}\int_{l_j}\left\{\begin{aligned}&E_{a,i}\left[\begin{aligned}&A_{a,i}\left(\frac{\partial u_l}{\partial x}\right)^2+I_{yy,i}\left(\frac{\partial^2 w_l}{\partial x^2}\right)^2-2I_{yz,i}\frac{\partial^2 w_l}{\partial x^2}\frac{\partial^2 v_l}{\partial x^2}\\&+I_{zz,i}\left(\frac{\partial^2 v_l}{\partial x^2}\right)^2-2A_{a,i}d_{0,i}\frac{\partial u_l}{\partial x}\frac{\partial^2 w_l}{\partial x^2}+2A_{a,i}d_{1,i}\frac{\partial u_l}{\partial x}\frac{\partial^2 v_l}{\partial x^2}\end{aligned}\right]\\&+\frac{G_{a,i}J_{a,i}}{R^2}\left(\frac{\partial^2 w_l}{\partial x\,\partial\theta}\right)^2+\frac{E_{a,i}\widetilde{\omega}_{a,i}}{R^2}\left(\frac{\partial^3 w_l}{\partial x^2\partial\theta}\right)^2\end{aligned}\right\}\mathrm{d}l \tag{8-84}$$

式中：$E_{a,i}$和 $G_{a,i}$分别为纵肋骨的弹性模量和剪切模量；$J_{a,i}$为纵肋骨的截面扭转常数；$\widetilde{\omega}_{a,i}$为肋骨的 Wagner 扭转弯曲参数。

将圆锥壳、圆柱壳和球壳的离散位移表达式（4－209）代入式（8-77），根据 $\delta \Pi_{\mathrm{Tol}}=0$ 的驻值条件得到加肋组合壳体的离散动力学方程为

$$\boldsymbol{M}\ddot{\boldsymbol{q}}+(\boldsymbol{K}-\boldsymbol{K}_{\lambda}+\boldsymbol{K}_{\kappa})\boldsymbol{q}=\boldsymbol{F} \tag{8-85}$$

式中：$\boldsymbol{q}$ 为组合壳体中所有壳段广义位移系数向量集合；$\boldsymbol{M}$ 为组合壳体的广义质量矩阵；$\boldsymbol{K}$ 为未考虑分区界面协调关系的组合壳体广义刚度矩阵；$\boldsymbol{K}_{\lambda}$ 和 $\boldsymbol{K}_{\kappa}$ 分别为各壳段分区界面及壳体子结构界面附加广义刚度矩阵。

假设加筋组合壳体沉浸于无限大声场中，由式（8-39）可以得到声场声压对壳体所作的功。假设壳体的外载荷是简谐的，根据 8.2 节介绍的内容，可得到加筋组合壳体的声振耦合方程，其形式上与式（8-57）、式（8-60）和式（8-62）是一致的，这里不再展开讨论。

8.4.2　圆锥壳－加筋圆柱壳－圆锥壳

一、组合壳体自由振动

考虑均匀、各向同性材料圆锥壳－加肋圆柱壳－圆锥壳的自由振动问题。圆柱壳尺寸为 $L=45\mathrm{m}, R=3.25\mathrm{m}, h_l=0.03\mathrm{m}$；两侧圆锥壳具有相同的几何尺寸，即 $R_1=R_2=0.5\mathrm{m}, \alpha_1=\alpha_2=18°, h_1=h_2=0.03\mathrm{m}$。圆柱壳内布置 90 根矩形截面环肋骨（内肋骨），这些肋骨被均匀地布置于 6 个柱壳段中（沿整个圆柱壳为非均匀布置）。肋骨的宽度为 $b_r=0.08\mathrm{m}$，高度为 $h_r=0.15\mathrm{m}$。组合壳体中所有壳体子结构及肋骨具有相同的材料参数，即 $E=210\mathrm{GPa}, \mu=0.3, \rho=7800\mathrm{kg/m^3}$。沿轴线（或母线）方向将圆锥壳和圆柱壳子结构分别等距分为 N_c 个锥壳段和 N_l 个柱壳段。所有圆柱壳段和圆锥壳段的轴向（或母线方向）位移分量均采用第一类切比雪夫正交多项式展开，其项数为 $I=8$。表 8-1 给出了周向波数 $n=1,2$ 所对应的两端自由边界条件下加筋组合壳体无量纲振动频率 $\Omega_{n,m}=\omega R\sqrt{\rho(1-\mu^2)/E}$，其中 m 为组合壳体的轴向模态阶数。为验证分区变分法的计算精度，在有限元软件 ANSYS 中建立了两种组合壳体有限元模型，即"壳模型"和"梁模型"。在"壳模型"中，壳体和环肋骨均采用四节点壳单元 SHELL63 进行网格划分，共划分为 28320 个单元（28440 个节点）；而在"梁模型"中壳体采用 SHELL63 单元进行网格划分，环肋骨则采用梁单元 BEAM188 来模拟，共划分为 28320 个单元（17640 个节点）。

表 8-1 圆锥壳-加肋圆柱壳-圆锥壳无量纲频率

模态阶数		$N_c=2$				$N_l=6$		有限元法	
n	m	$N_l=6$	$N_l=10$	$N_l=15$	$N_l=18$	$N_c=3$	$N_c=4$	梁模型	壳模型
1	1	0.0406	0.0405	0.0405	0.0405	0.0406	0.0405	0.0403	0.0404
	2	0.0935	0.0934	0.0933	0.0933	0.0935	0.0934	0.0928	0.0932
	3	0.1531	0.1529	0.1526	0.1525	0.1529	0.1528	0.1514	0.1520
	12	0.5305	0.5305	0.5305	0.5304	0.5304	0.5304	0.5270	0.5289
	13	0.5710	0.5308	0.5708	0.5708	0.5710	0.5710	0.5690	0.5699
	14	0.5853	0.5838	0.5835	0.5832	0.5848	0.5847	0.5787	0.5781
2	1	0.0455	0.0453	0.0449	0.0448	0.0455	0.0455	0.0226	0.0402
	2	0.0517	0.0515	0.0512	0.0510	0.0517	0.0517	0.0337	0.0473
	3	0.0607	0.0605	0.0603	0.0602	0.0606	0.0605	0.0512	0.0582
	21	0.5459	0.5448	0.5445	0.5443	0.5459	0.5459	0.5482	0.5449
	22	0.5670	0.5639	0.5635	0.5633	0.5669	0.5669	0.5690	0.5649
	23	0.5875	0.5849	0.5822	0.5807	0.5874	0.5873	0.5888	0.5840

结果表明，随着圆柱壳和圆锥壳分区数目的增大，环肋骨组合壳体的频率很快收敛，且分区变分法与有限元法计算出的壳体频率结果非常吻合。在大多数情况下，有限元“梁模型”计算出的频率略小于“壳模型”结果。将圆锥壳和圆柱壳分别等距分为 $N_c=2$ 个锥壳段和 $N_l=6$ 个柱壳段，分区变分法即可得到较高精度的高阶频率结果，如 $n=2,m=23$（周向波数 $n=2$ 对应的第 23 阶壳体振动模态）。当圆柱壳分区数目一定时，增大圆锥壳的分区数目，整个组合结构振动频率变化不明显。这是因为本例中圆柱壳子结构相对较长，周向波数 n 较小时对应的组合壳体低阶振动模态主要表现为圆柱壳段的弯曲振动，而圆锥壳的振动变形较小。

图 8-31 给出了两端自由边界条件的复合材料加筋组合壳体的部分振型。组合壳体中圆柱壳的几何尺寸为 $L=1.4\text{m}, R=0.16\text{m}, h_l=0.003\text{m}$；两侧锥壳尺寸相同，$R_1=R_2=0.04\text{m}, h_c=0.003m, \alpha_1=\alpha_2=18°$。所有壳体子结构由相同的纤维增强复合材料制成，材料参数为 $E_1=131\text{GPa}$，$E_2=10.34\text{GPa}$，$G_{12}=6.895\text{GPa}, \mu_{12}=0.22, \rho=1627\text{kg/m}^3$。壳体的材料铺设方式为[0°/90°]，两层厚度相等。沿着壳体的轴线方向，圆柱壳被等距分为 4 个圆柱壳段，每个圆柱壳段内均布 3 根矩形环肋骨（内肋骨），即总共有 12 根肋骨。所有肋骨尺寸相同，宽度为 $b_r=0.004\text{m}$，高度为 $h_r=0.006\text{m}$。肋骨的材料为铝，材料参数为

$E=70\mathrm{GPa}$，$\mu=0.3$，$\rho=2700\mathrm{kg/m^3}$。计算中，圆柱壳和圆锥壳的分区数目分别取 $N_c=3$ 和 $N_l=6$，每个壳体子域位移变量第一类切比雪夫正交多项式展开，展开的项数为$I=8$。图中给出的 4 阶振动模态包含了壳体整体振动和子结构局部振动，如$(n,m)=(2,1)$对应的振动模态为圆柱壳子结构振动，而当$(n,m)=(2,2)$时，壳体的变形为整体变形。对于中间圆柱壳变形不显著的壳体振动模态，改变肋骨的参数对这种模态频率影响很小。

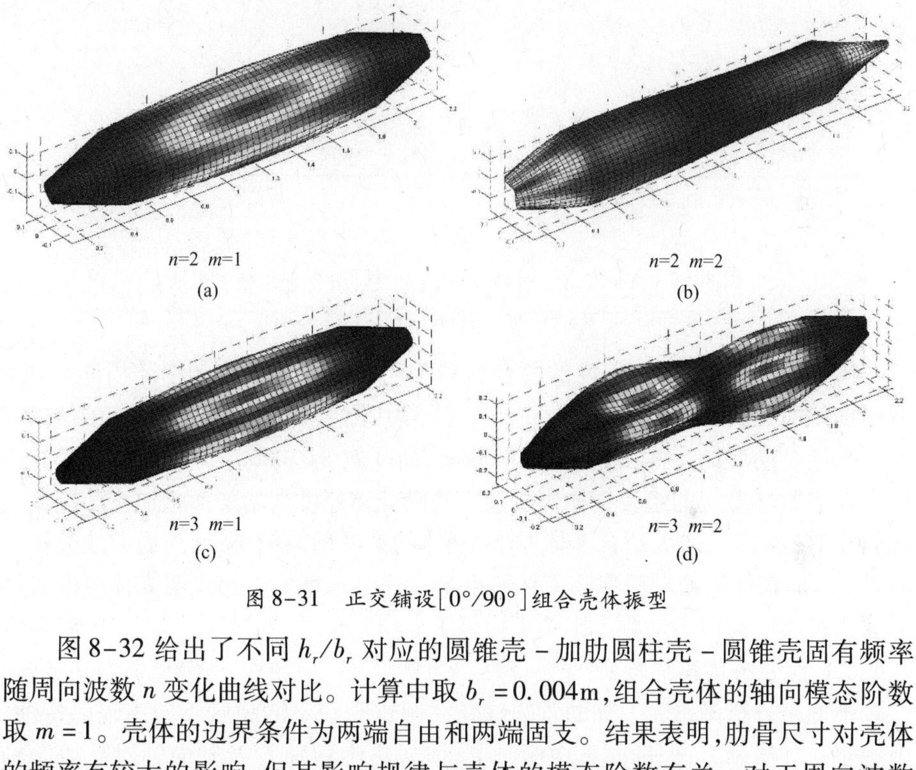

$n=2$ $m=1$ (a)　$n=2$ $m=2$ (b)

$n=3$ $m=1$ (c)　$n=3$ $m=2$ (d)

图 8-31　正交铺设[0°/90°]组合壳体振型

图 8-32 给出了不同 h_r/b_r 对应的圆锥壳－加肋圆柱壳－圆锥壳固有频率随周向波数 n 变化曲线对比。计算中取 $b_r=0.004\mathrm{m}$，组合壳体的轴向模态阶数取 $m=1$。壳体的边界条件为两端自由和两端固支。结果表明，肋骨尺寸对壳体的频率有较大的影响，但其影响规律与壳体的模态阶数有关。对于周向波数 $n=1$情况，增大肋骨的高度，组合壳体的频率是逐渐降低的，但降低的幅度很小。这是因为 $n=1$ 对应的组合壳体振动模态主要表现为壳体的整体弯曲变形，环肋骨变形很小，其对组合壳体的应变能贡献较小。然而肋骨的质量对组合壳体的动能项影响较大，增大肋骨的高度相当于增加了壳体的质量。当壳体的周向波数 $n>2$ 时，壳体的变形模式较为复杂，环肋骨变形较大；此时与肋骨的质量相比，肋骨刚度对壳体起主要作用，增大肋骨的高度将会使组合壳体的振动频率增大。另外，当周向波数为一定数值时壳体固有频率的增加幅度随着 h_r/b_r 比值增大而变得不明显。从图 8-32 中可以看出，当周向波数较大时($n\geqslant8$)，不同 h_r/b_r 的肋骨对应的壳体频率曲线趋于一致。这是因为在这些周向波数下，$m=1$ 对应的组合壳体的振动主要表现为两侧锥壳的局部振动，而中间圆柱壳变形很小，

因此在这种情况下改变肋骨的高度对频率影响很小。这说明在实际工程设计中,通过改变环肋骨的尺寸来提高组合壳体的固有频率,有时并不能取得预期的效果。

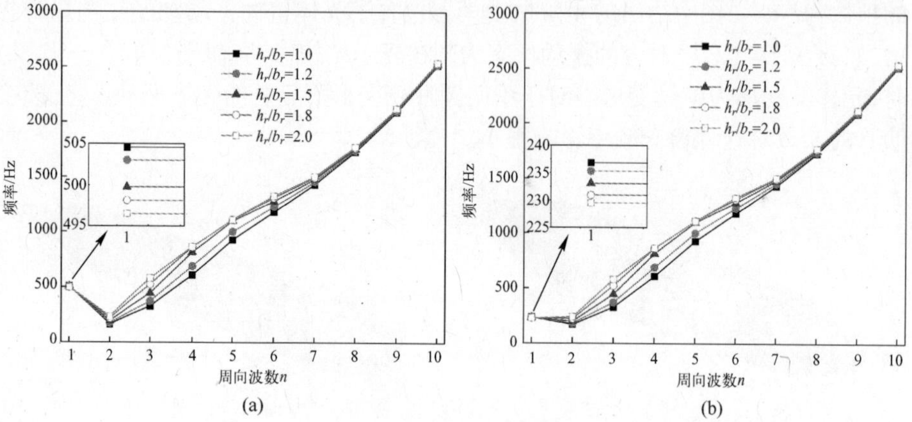

图 8-32 不同 h_r/b_r 的肋骨对[0°/90°]组合壳体频率影响

(a) 两端自由;(b) 两端固支。

图 8-33 给出了不同厚度的复合材料加肋组合壳体固有频率随周向波数 n 变化曲线对比,轴向模态阶数取 $m=1$。算例中取 $R=0.16$m,所有壳体子结构的厚度相同。肋骨的尺寸:宽度 $b_r=0.004$m,高度 $h_r=0.006$m。从图可以看出,不同周向波数 n 对应的组合壳体固有频率均随壳体厚度的增加而增加。当周向波数较小时($n\leqslant3$),增大组合壳体厚度,壳体的频率增幅较小;而当周向波数较大时($n>4$),壳体的振动频率随壳体厚度增大而迅速增大。这说明壳体厚度对周向波数较高的弯曲振动频率影响更为显著。

二、组合壳体声振耦合

下面来分析圆锥壳-加肋骨圆柱壳-圆锥壳在不同激励下的声辐射特性。考虑了 3 种激励力,即轴向集中激励 f_p、横向集中激励 f_r 及轴向轴对称线激励 f_a,其中轴对称线激励作用于整个壳体圆周。组合壳体沉浸于无限大的声学介质中,其声辐射计算模型如图 8-34 所示。壳体的结构边界条件为两端自由,两侧锥壳有两个虚拟的刚性声学障板。在建立组合壳体的声场模型时,采用了柱坐标系 r',θ,z',其原点位于壳体几何中心处。组合壳体中圆柱壳尺寸为$L=45$m,$R=3.25$m,$h_l=0.03$m;两侧圆锥壳尺寸为 $R_1=R_2=0.5$m,$\alpha_1=\alpha_2=18°$,$h_1=h_2=0.03$m。圆柱壳内布置 90 根矩形截面环肋骨(内肋骨),这些肋骨被均匀地布置于 6 个柱壳段中(沿整个圆柱壳为非均匀布置)。肋骨的宽度为 $b_r=0.08$m,高度为 $h_r=0.15$m。组合壳体中所有壳体子结构及肋骨具有相同的材料参数,即 $E=210$GPa,$\mu=0.3$,$\rho=7800\text{kg/m}^3$。壳体外部声学介质为水,其特性参数:密度 $\rho=1000\text{kg/m}^3$和声速 $c_0=1500$m/s。

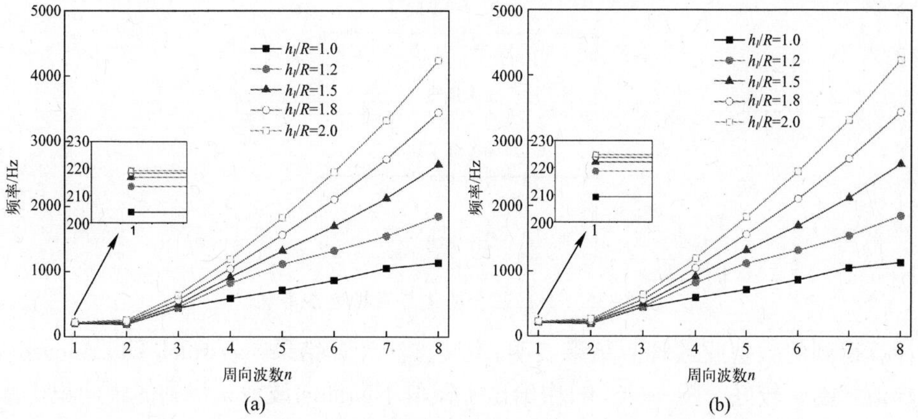

图 8-33　厚径比 h_l/R 对[0°/90°]环肋组合壳体固有频率影响

(a) 两端简支;(b) 两端固定。

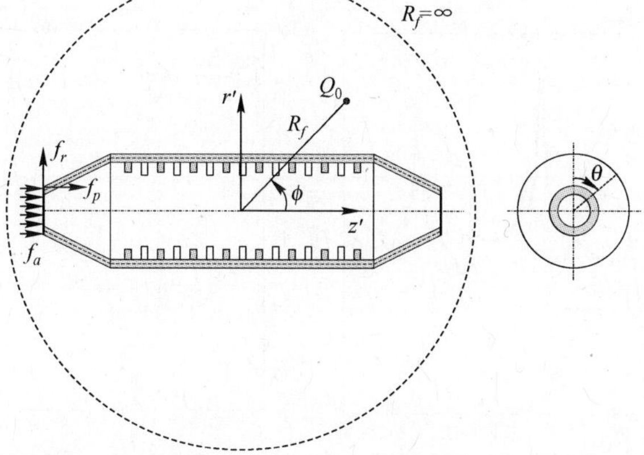

图 8-34　加肋组合壳体与声场

首先考虑在左侧圆锥壳 $s=s_1(s_1=R_1/\sin\alpha_1)$ 项,$\theta=\pi/2$ 处施加一个轴向偏心集中载荷 $f_p=f_0\mathrm{e}^{\mathrm{i}\omega t}$,其幅值取 $f_0=1\mathrm{N}$。圆柱壳和圆锥壳的分区数目分别取 $N_l=9$ 和 $N_c=4$(图 8-35),每个子域内位移变量以第一类切比雪夫正交多项式进行展开,多项式项数为 $I=8$。对于声场模型,壳体的边界单元离散方式与结构分区相同,障板采用 3 个轴对称声学边界单元进行离散,每个边界单元中的声压变量采用 $J=2$ 项切比雪夫正交多项式进行展开。壳体位移和声压周向波数截取数目均为 $n=0:10$。

图 8-36(a)给出了声场中 Q_0 点($r'=z'=1000\mathrm{m},\theta=\pi/2$)处的辐射声压随频率变化曲线。在计算中忽略了流体对结构的反作用,即采用了非耦合算法。图中还给出了采用有限元软件 ANSYS 和声学边界元软件 Virtual. Lab Acoustics

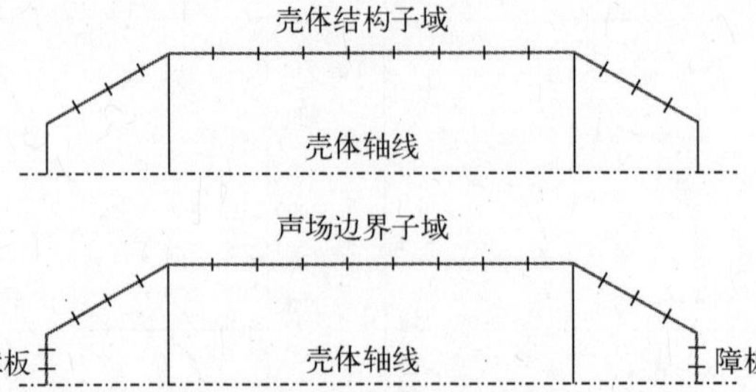

图 8-35 加肋组合壳体与声场边界离散

计算得到的数值收敛解。结果表明,本文方法计算结果与 Virtual. Lab Acoustics 数值解吻合较好。图 8-36(b)中给出了截取不同周向波数 n 得到的轴向集中激励下,组合壳体辐射声场中 Q_0 点的声压随频率变化曲线对比。结果表明,取周向波数 $n=0:2$ 和 $n=0:10$ 时得到的辐射声压级曲线几乎是一致的,这说明在 0~80Hz 频率范围内,壳体的声辐射主要由周向波数 $n\leqslant 2$ 的壳体振动模态分量所贡献。

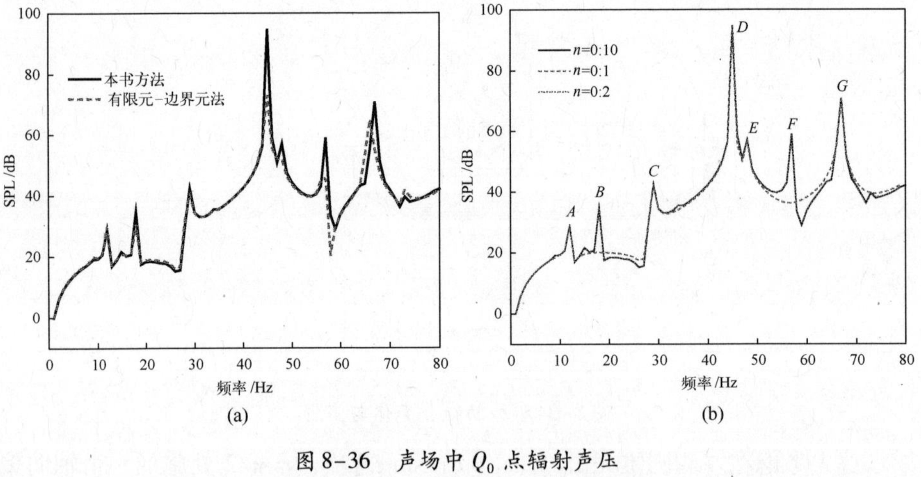

图 8-36 声场中 Q_0 点辐射声压

(a) 结果对比;(b) 不同声压周向波数影响。

图 8-37 中给出了轴向集中载荷 f_p、横向集中载荷 f_r、轴向轴对称线载荷 f_a 以及上述三种载荷共同作用下组合壳体辐射声场中 Q_0 点处的辐射声压级随频率变化曲线对比。f_p,f_r 和 f_a 的幅值均取单位 1。结果表明,在轴对称线载荷 f_a 作用下,组合壳体的辐射声压峰值频率对应于 $n=0$ 的壳体振动模态频率。在轴向集中载荷 f_p 作用下,壳体的声辐射响应中不仅包含了壳体 $n=0$ 模态响应,还包含了壳体的非轴对称模态($n>0$)响应,然而非轴对称模态主要为周向波数 $n=1,2$对应的组合壳体弯曲振动模态。在横向集中载荷 f_r 作用下,组合壳体的声辐射响应中包含了 $n>0$ 非轴对称振动模态响应;在低频段,壳体的声辐射主

要由$n=0\sim2$振动模态所贡献，而周向波数 $n=3\sim10$ 对应的壳体振动模态对声辐射贡献非常小。对比单个载荷和组合载荷作用下的壳体声辐射响应可发现，当载荷幅值相同时，横向集中载荷产生的壳体声辐射响应要比轴向集中载荷产生的声辐射响应大。

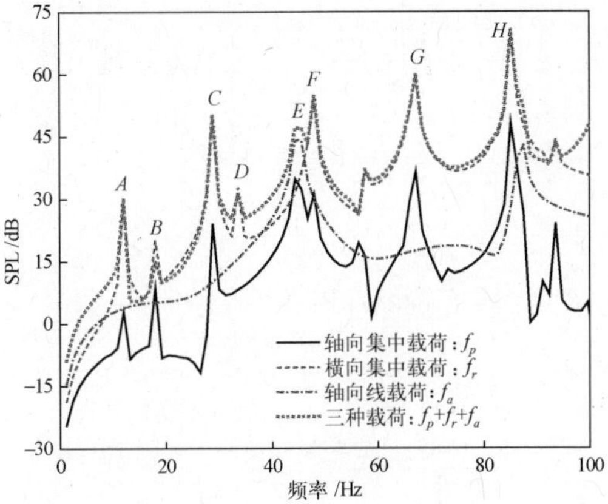

图 8-37　声场中 Q_0 点辐射声压对比

8.4.3　半球壳－加筋圆柱壳－半球壳

一、均匀各向同性材料组合壳体

本节采用分区变分法－谱边界元混合法来分析均匀各向同性材料半球－正交加肋圆柱壳－半球壳在不同外部激励下的声振耦合问题。组合壳体沉浸于无限大的声学介质中，其声辐射计算模型如图 8-38 所示。组合壳体中圆柱壳的几何尺寸（图 8-29）：长度 $L=45\text{m}$，半径 $R=3.25\text{m}$，厚度 $h_l=0.04\text{m}$。两侧半球壳的半径和厚度与圆柱壳的相同。沿着圆柱壳轴向方向均匀布置 49 根矩形截面的环肋骨；在柱壳坐标系中，第 i 根环肋骨的位置为 $x_{r,i}=0.9i(i=1,2,\cdots,49)$。除环肋骨外，沿着圆柱壳的周向还非均匀地布置了 5 根矩形截面的纵肋骨，第 i 根纵肋骨在圆柱壳中的位置为 $\theta_{a,i}=\pi(i+1)/4(i=1,2,\cdots,5)$。环肋骨的几何尺寸：宽度 $b_r=0.08\text{m}$，高度 $h_r=0.08\text{m}$。纵肋骨的尺寸：宽度 $b_a=0.1\text{m}$，高度 $h_a=0.1\text{m}$。所有环肋骨和纵肋骨的质心均与圆柱壳中面重合。组合壳体中圆柱壳、半球壳和肋骨的材料参数相同，弹性模量为 $E=210\text{GPa}$，泊松比为 $\mu=0.3$，密度为 $\rho=7860\text{kg/m}^3$。为了考虑组合壳体的结构阻尼特性，计算中引入了复弹性模量 $E=E(1+\tilde{\eta}\text{i})$，其中$\tilde{\eta}$为损耗因子。

考虑了三种外载荷激励，即轴向集中载荷 $f_p=f_{p,0}e^{\text{i}\omega t}$、轴向线载荷 $f_a=f_{a,0}e^{\text{i}\omega t}$ 和横向线载荷 $f_t=f_{t,0}e^{\text{i}\omega t}$，如图 8-39 所示。轴向集中载荷的幅值为 $f_{p,0}=1\text{N}$，轴向和横向线载荷的幅值取 $f_{a,0}=f_{t,0}=1\text{N/m}$。在圆柱壳坐标系中，集中载

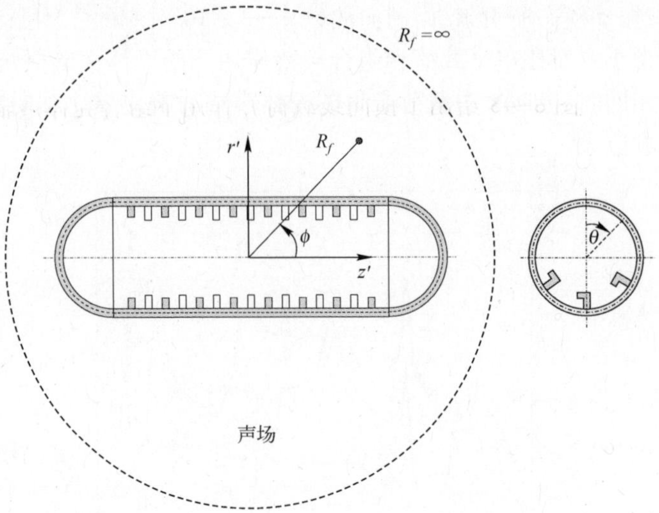

图 8-38　半球 - 正交加肋圆柱 - 半球壳与声场

荷 f_p 的作用位置为 $x=0\text{m}$，$\theta=0$；线载荷 f_a 和 f_t 的作用位置均为 $x=0\text{m}$，$0\leqslant\theta\leqslant2\pi$。在柱坐标系中，横向线载荷 f_t 可以分解为 $f_u=0$，$f_v=f_t\cos\theta$ 和 $f_w=f_t\sin\theta$，其中 f_u，f_v 和 f_w 分别为轴向、周向和法向载荷分量。

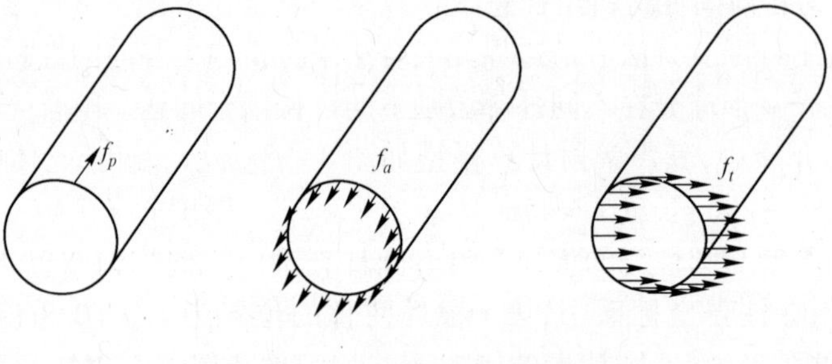

图 8-39　组合壳体载荷模型

首先来考察组合壳体在空气中的振动问题。建立组合壳体的分区力学模型时，沿组合壳体轴向将圆柱壳分为 $N_l=12$ 个壳段，并沿着 φ 方向将每个半球壳分为 $N_s=4$ 个壳段，如图 8-40 所示。

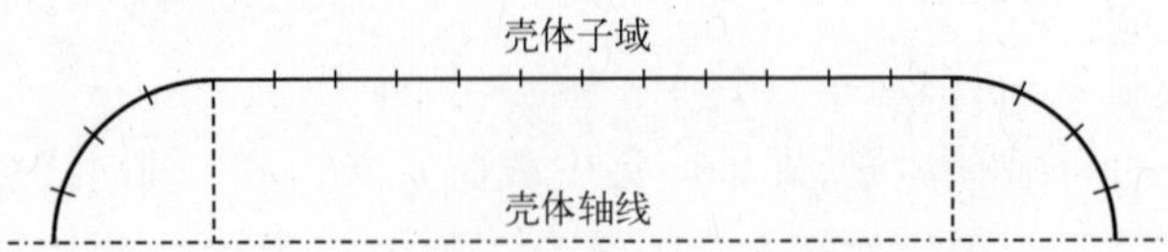

图 8-40　组合壳体子域

图 8-41 给出了轴向线载荷 f_a 作用下组合壳体中圆柱壳 $Q_0(x_{Q_0}=13.5\text{m},\theta_{Q_0}=0)$ 点处的轴向位移和法向位移随频率变化曲线。每个壳段内所有位移变量的多项式展开项数取 $I=8$；损耗因子取 $\tilde{\eta}=0.01$。计算中，截取了不同的壳体位移周向波数以考察各类壳体振动模态对组合壳体振动响应的贡献。结果表明，取周向波数 $n=0:14$ 时，分区变分法与有限元法得到的壳体响应结果非常吻合，其中在有限元法中壳体和肋骨分别由 SEHLL63 单元和 BEAM188 单元进行离散。在轴向线载荷作用下，周向波数 $n=0$ 对应的壳体纵向振动模态对壳体的轴向位移响应贡献最大；$n\geqslant1$ 对应的弯曲振动模态响应非常小，可以忽略。组合壳体的法向位移响应中不仅包含了 $n=0$ 对应的纵向振动模态响应，而且还包含了 $n\geqslant1$ 对应的弯曲振动模态响应，并且由 $n=0$ 纵向振动模态产生的法向位移响应幅值与周向波数 $n=1$ 对应的弯曲振动响应幅值以及 $n=2:14$ 对应的弯曲振动响应幅值之和均处于同一量级。实际上，如果组合壳体内不存在纵肋骨仅有环肋骨，则在轴向线载荷 f_a 作用下，环肋骨组合壳体的法向振动响应中仅包含$n=0$振动模态响应。然而，如果在组合壳体中引入纵肋骨，壳体所有的周向波数将产生耦合。因此，对于正交加肋组合壳体，如果其外部激励力为轴向轴对称线载荷，所有周向波数对应的壳体振动模态响应将可能会被激发出来。

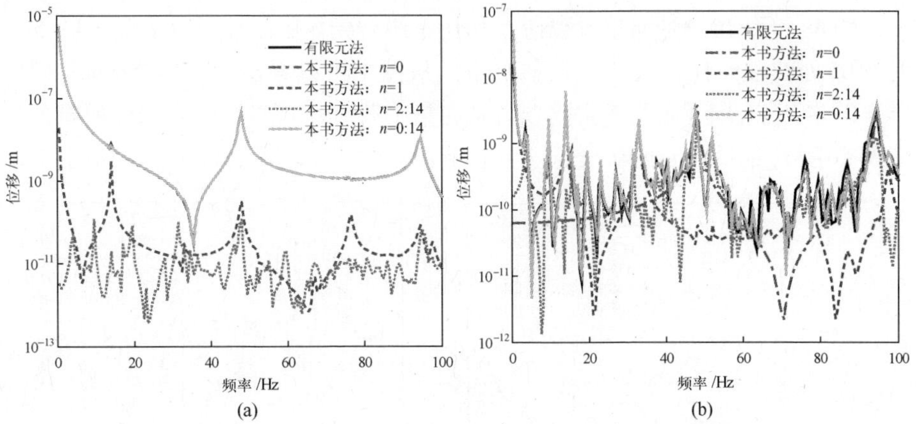

图 8-41　轴向线载荷 f_a 作用下组合壳体 Q_0 点处的位移响应
(a) 轴向位移；(b) 法向位移。

在横向线载荷 f_t 作用下，组合壳体中圆柱壳 $Q_1(x_{Q_1}=13.5\text{m},\theta_{Q_1}=\pi/2)$ 点处的轴向位移和法向位移响应曲线，如图 8-42 所示。从图中可以看出，在横向线载荷作用下，组合壳体的轴向位移响应以周向波数 $n=1$ 对应的弯曲振动响应为主要分量，其他周向波数对应的振动模态响应贡献可以忽略；组合壳体的法向位移响应也以周向波数 $n=1$ 对应的弯曲振动响应为主,但其他周向波数($n>1$)对应的弯曲振动模态响应在某些频率段处也有较大的贡献。如果组合壳体中不存在纵肋骨,则在横向线载荷 f_t 作用下,组合壳体的法向位移响应中仅包含 $n=1$ 对应的弯曲振动模态响应。

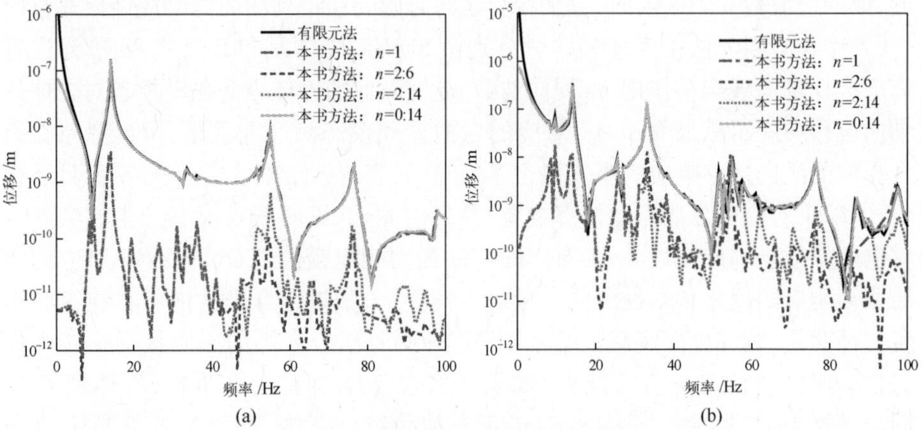

图 8-42　横向线载荷 f_t 作用下组合壳体 Q_1 点处的位移响应

(a) 轴向位移;(b) 法向位移。

图 8-43 给出了轴向集中载荷 f_p 作用下组合壳体中圆柱壳 Q_0($x_{Q_0}=13.5\text{m}$, $\theta_{Q_0}=0$)处的轴向位移和法向位移响应。从图中可以看出,分区方法的收敛解($n=0:14$)与有限元结果非常吻合。轴向集中载荷 f_p 可激起组合壳体所有的振动模态响应,包括纵向振动模态($n=0$)响应和弯曲振动模态($n\geqslant1$)响应。周向

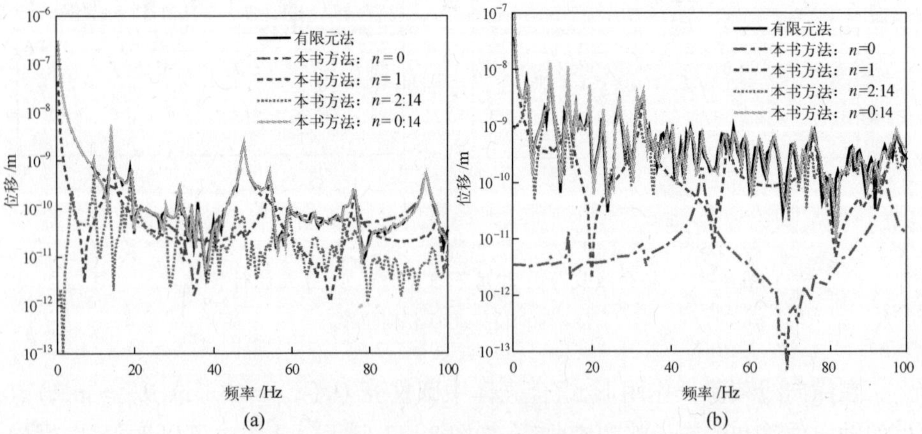

图 8-43　轴向集中载荷 f_p 作用下组合壳体上 Q_0 点处的位移响应

(a) 轴向位移; (b) 法向位移。

波数 $n=0$ 对应的组合壳体纵向振动模态响应和 $n=1$ 对应的弯曲振动模态响应在组合壳体的轴向位移响应中贡献最大;在某些频率段处,高阶周向波数对应的弯曲振动模态响应对组合壳体的轴向位移也有一定的贡献。对于组合壳体的法向位移响应,$n\geqslant 1$ 对应的弯曲振动模态响应贡献最大,而 $n=0$ 对应的振动模态响应对壳体的法向位移响应贡献很小,几乎可以忽略,这与前面分析的组合壳体在轴向线载荷作用下的情况有所不同。

下面来研究不同纵肋骨布置方式对正交加肋组合壳体振动的影响。这里考虑了 4 种类型的纵肋骨布置形式(图 8-44),纵肋骨在圆柱壳内的位置定义如下:

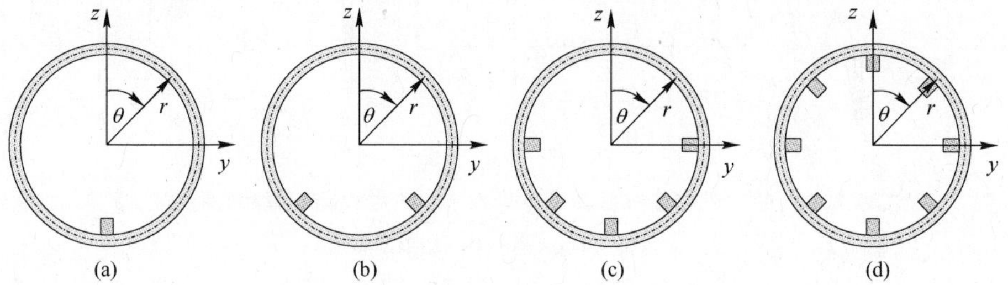

图 8-44　纵肋骨布置方式

(a) 1 根纵肋;(b) 2 根纵肋;(c) 5 根纵肋;(d) 8 根纵肋。

(1) 1 根纵肋骨情况,肋骨的位置: $\theta_{a,1}=\pi$。

(2) 2 根纵肋骨情况,肋骨的位置: $\theta_{a,1}=3\pi/4,\theta_{a,2}=5\pi/4$。

(3) 5 根纵肋骨情况,肋骨的位置: $\theta_{a,i}=\pi(i+1)/4,i=1,2,\cdots,5$。

(4) 8 根纵肋骨情况,肋骨的位置: $\theta_{a,i}=\pi(i-1)/4,i=1,2,\cdots,8$。

组合壳体内圆柱壳的轴向方向仍均匀布置 49 根矩形截面的环肋骨,肋骨的位置和几何尺寸同前。纵肋骨的几何尺寸仍取宽度 $b_a=0.1\text{m}$,高度 $h_a=0.1\text{m}$。所有环肋骨和纵肋骨的质心均与圆柱壳中面重合。组合壳体中壳体子结构和肋骨的材料参数同前。计算中考虑壳体子结构和肋骨的结构阻尼效应,损耗因子取 $\tilde{\eta}=0.01$。

图 8-45 中给出了轴向线载荷 f_a 作用下组合壳体中圆柱壳 Q_0($x_{Q_0}=13.5\text{m}$, $\theta_{Q_0}=0$)点处的轴向位移和法向位移响应。壳体的分区计算参数同前,周向波数取 $n=0:14$。从图中可以看出,4 种正交加肋组合壳体的轴向位移响应几乎一致。随着纵肋骨数目的增大,壳体的纵向振动频率略有增大,但增大的幅度很小。这说明纵肋骨布置方式和数目对组合壳体的轴向位移响应影响很小。然而在轴向线载荷作用下,4 种正交加肋组合壳体的法向位移响应差别很大;特别是对于含有 8 根纵肋骨的组合壳体,该壳体是一个近似的轴对称壳体结构,则在轴

向线载荷作用下，其法向位移响应中包含了两个主要的振动响应峰值，它们对应于周向波数 $n=0$ 的壳体纵向振动模态并且这些模态对应的响应幅值与其他加肋壳体的响应幅值差别很小。

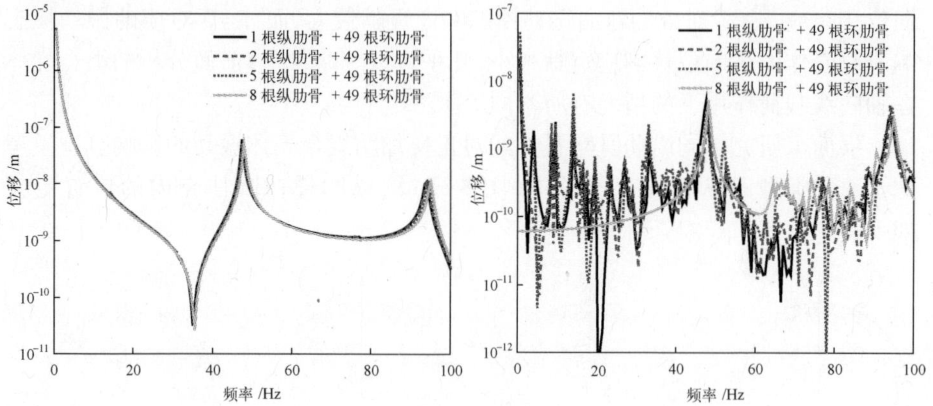

图 8-45 纵肋骨对组合壳体位移响应的影响（轴向线载荷 f_a）

（a）轴向位移；（b）法向位移。

图 8-46 中给出了集中载荷 f_p 作用下 4 种组合壳体中圆柱壳 Q_0（$x_{Q_0}=13.5\text{m},\theta_{Q_0}=0$）点处的轴向位移和法向位移响应对比。结果表明，在轴向集中载荷作用下，组合壳体中的纵肋骨主要影响壳体的法向振动响应，而对纵向振动响应影响较小。通过对单个周向波数 n 对应的振动模态响应进行分析后发现，纵肋骨对组合壳体的纵向模态振动（$n=0$）响应以及低阶周向波数（$n\leqslant4$）对应的弯曲振动模态响应影响均较小，但对周向波数较大的弯曲振动模态响应有很大的影响。

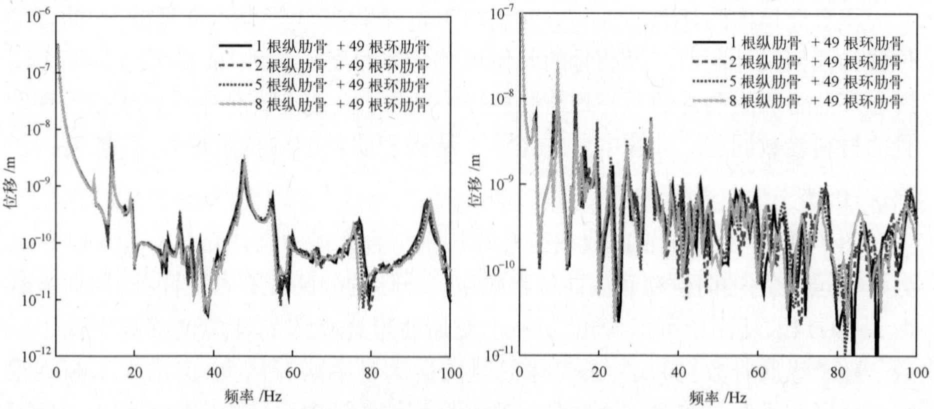

图 8-46 纵肋骨对组合壳体位移响应的影响（轴向集中载荷 f_p）

（a）轴向位移；（b）法向位移。

图 8-47 中给出了不同壳体分区数目对应的轴向线载荷 f_a(幅值 $f_{a,0}=1/(2\pi R)$ N/m)和横向线载荷 f_t(幅值 $f_{t,0}=1/(2\pi R)$ N/m)作用下不加筋组合壳体的声辐射功率随频率变化曲线。壳体的外围流体为空气,其密度和声速分别取为 $\rho_0=1.204\text{kg/m}^3$ 和 $c_0=340\text{m/s}$。圆柱壳和球壳的分区数目分别取 N_l 和 N_s,每个子域内位移变量以第一类切比雪夫正交多项式进行展开,多项式项数 $I=8$。这里不考虑结构的阻尼效应,即结构损耗因子取 $\tilde{\eta}=0$。对于声场模型,壳体的边界单元离散方式与结构分区方式相同,每个边界单元中的声压变量采用 $J=2$ 项切比雪夫多项式进行展开。考虑到空气为轻质流体,在计算时采用了结构 - 声场非耦合算法,即忽略声场对结构响应的影响。另外,由于轴向线载荷仅能激起周向波数 $n=0$ 对应的壳体纵向振动模态响应,而横向线载荷 f_t 仅能激起周向波数 $n=1$ 对应的壳体弯曲振动模态响应,因此在计算中,对于轴向线载荷激励情况,壳体位移变量和声压变量周向波数均取 $n=0$,而对于横向线载荷情况,壳体位移和声压周向波数取 $n=1$。为了验证本文方法的计算精度,图中还给出了 Peters 等[269]采用有限元/边界元数值方法计算得到的声辐射响应结果。

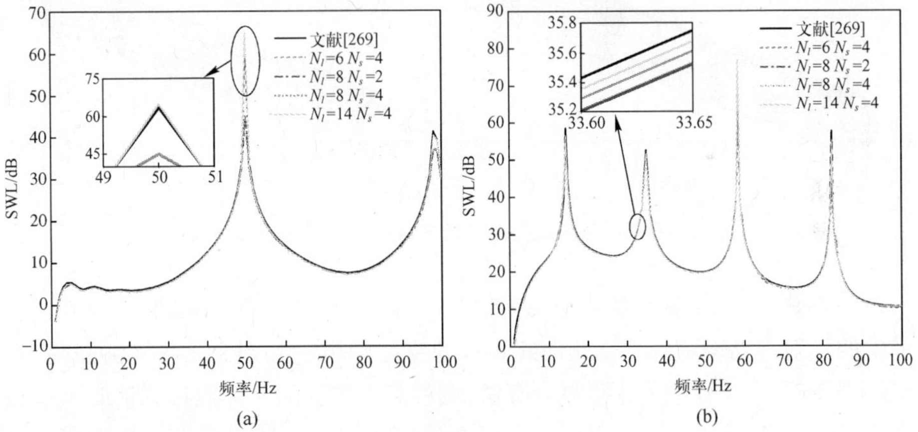

图 8-47　半球壳 - 不加肋圆柱壳 - 半球壳声辐射功率
(a) 轴向线载荷 f_a;(b) 横向线载荷 f_t。

结果表明,随着壳体分区数目的增大,由分区变分 - 谱边界元混合法计算得到的组合壳体声辐射功率结果很快收敛,取壳体子结构的分区数目 $N_l=14$ 和 $N_s=4$ 得到的结果与参考解非常符合。这也说明采用分区变分 - 谱边界元混合法分析复杂组合壳体结构的声辐射问题能给出非常准确的结果。图 8-47(a)中的 2 个峰值对应于组合壳体的第 1 阶和第 2 阶纵向振动模态;图 8-47(b)中的 4 个峰值对应于周向波数 $n=1$ 的前 4 阶壳体弯曲振动模态。需要指出的是,由于组合壳体的边界条件为自由边界,则周向波数 $n=0$ 和 $n=1$

还含有 6 阶刚体模态;这些刚体模态对壳体低频范围内的声辐射也是有贡献的,但随着频率的增高,刚体模态对声辐射的贡献迅速减小。

图 8-48 给出了横向线载荷 f_t 作用下组合壳体声辐射功率曲线中前 4 个峰值点(图 8-47b)对应的壳体表面辐射声压云图。这些峰值对应于周向波数 $n=1$ 的弯曲振动模态,它们对应的频率值由小到大依次为 14.3Hz、34.8Hz、58.5Hz 和 82.5Hz。在横向线载荷作用下,组合壳体的振动变形沿着壳体横向(侧向),因而壳体侧向的辐射声压远高于垂向的声压。

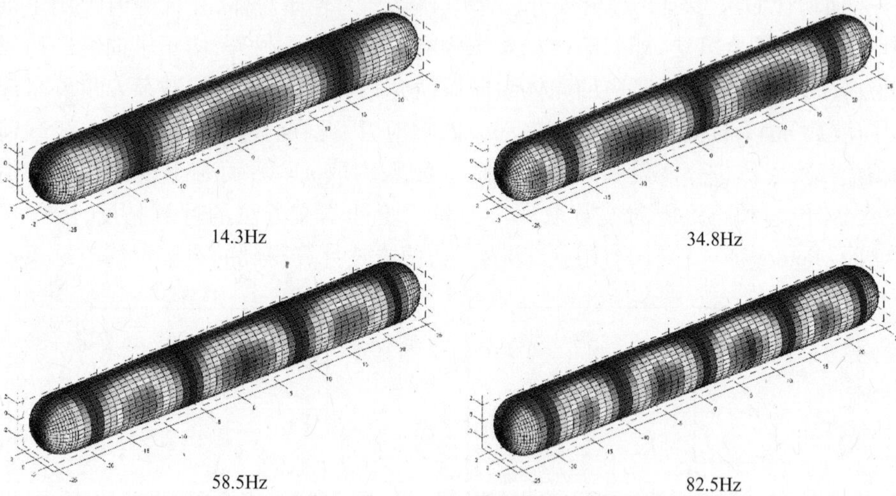

图 8-48 横向线载荷 f_t 作用下组合壳体表面声压云图

图 8-49 给出了轴向集中载荷 f_p(幅值 $f_{p,0}=1$N)作用下,不加肋组合壳体在水中的辐射声功率随频率变化曲线。水的密度和声速分别为 $\rho_0=1000\text{kg/m}^3$ 和 $c_0=1482\text{m/s}$。计算中采用强耦合算法,圆柱壳和球壳的分区数目分别取 $N_l=12$ 和 $N_s=4$,每个子域内位移变量和声压变量均以第一类切比雪夫正交多项式进行展开,位移多项式截取的项数为 $I=8$,声压变量多项式项数取 $J=2$;结构损耗因子取 $\tilde{\eta}=0.01$。为了验证本书的结果,图 8-49 中给出了 Peters 等[269]采用有限元/边界元耦合法计算得到的声辐射功率结果以及作者采用有限元软件 ANSYS 和声学边界元软件 Virtual. Lab Acoustics 得到的数值结果(FEM/BEM)。Peters 等[269]在建立壳体的有限元模型时采用了一阶剪切壳体理论。在 FEM/BEM 模型中,首先采用 SHELL63 壳体单元、FLUID30 流体单元以及 FLUID130 单元建立组合壳体的流-固耦合有限元模型并计算组合壳体"湿表面"的振动速度,再根据 Virtual. Lab Acoustics 中的直接边界元法计算组合壳体的声辐射功率。从图 8-49 中可以看出,本书的结果与 FEM/BEM 结果非常吻合;在个别峰

值点处，本书结果与 Peters 等[269]的结果略有差别，这是因为文献中没有考虑组合壳体的结构阻尼效应。另外，对于组合壳体的流－固耦合振动问题，随着壳体分区数目、位移多项式展开项数以及声压多项式展开项数的增大，分区变分－谱边界元法计算出的壳体声振耦合响应也是快速收敛的。

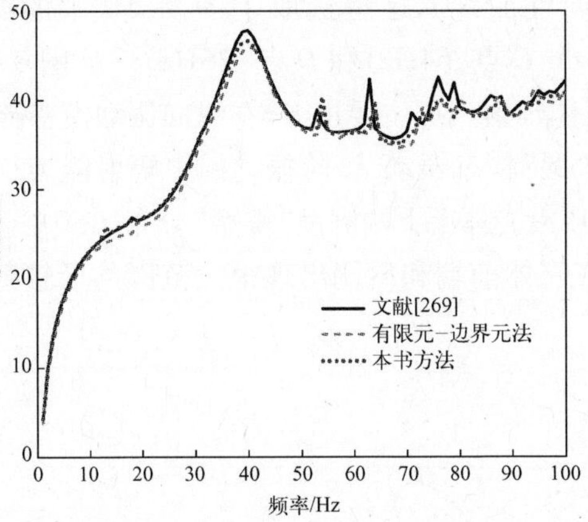

图 8-49　轴向集中载荷 f_p 作用下组合壳体声辐射功率（声介质：水）

图 8-50 中给出了轴向集中载荷 f_p 作用下，不同声压周向波数 n 对应的组合壳体声辐射功率随频率变化曲线。图中 $n=0$ 曲线表示所有的壳体纵向振动模态产生的声辐射功率，$n=1$ 曲线表示周向波数 $n=1$ 对应的壳体弯曲振动模态产生的声辐射功率。结果表明，在 0～100Hz 内，壳体的声辐射功率主要是由周向波数 $n=0$ 和 $n=1$ 对应的壳体纵向振动和弯曲振动产生的，并且在低频段

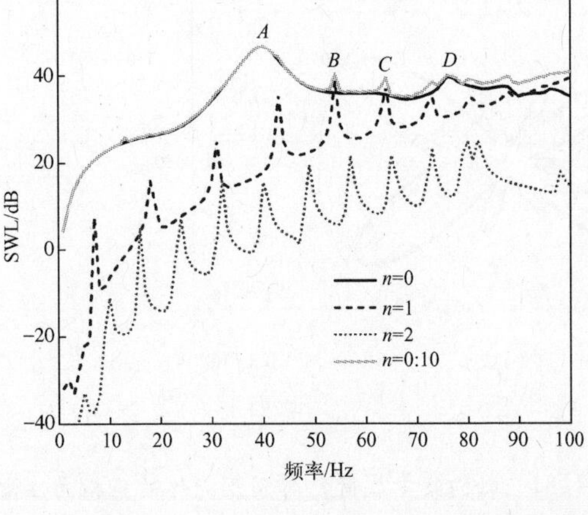

图 8-50　周向波数对组合壳体声辐射功率的贡献（声介质：水）

内,纵向振动对壳体声辐射的贡献要高于弯曲振动,随着频率的增大,$n=1$ 弯曲振动模态对壳体的辐射声功率的贡献逐渐变大;周向波数 $n \geqslant 2$ 对应的壳体高阶弯曲振动模态产生的声辐射功率很小,可以忽略。

图 8-51 给出了以组合壳体几何中心为原点,半径 $R_f = 1000\text{m}$ 处($0° \leqslant \phi \leqslant 360°$)的壳体声指向性曲线。这里选取了图 8-50 中的四个峰值点,即 A 点(40Hz)、B 点(54Hz)、C 点(64Hz)和 D 点(76Hz)。从图 8-51(a)中可以看出,频率点 A 对应的壳体辐射声压主要由 $n=0$ 纵向振动模态产生的;40Hz 对应于组合壳体的一阶纵向"湿"模态振动,该阶振动的声辐射能力很强。在该频率点处,组合壳体的辐射声压沿壳体上下两侧呈"蝶型"分布,其中上下两侧的声辐射强度远大于前后区域,在壳体前端和后端出现很大范围的低辐射区。在频率点 54Hz

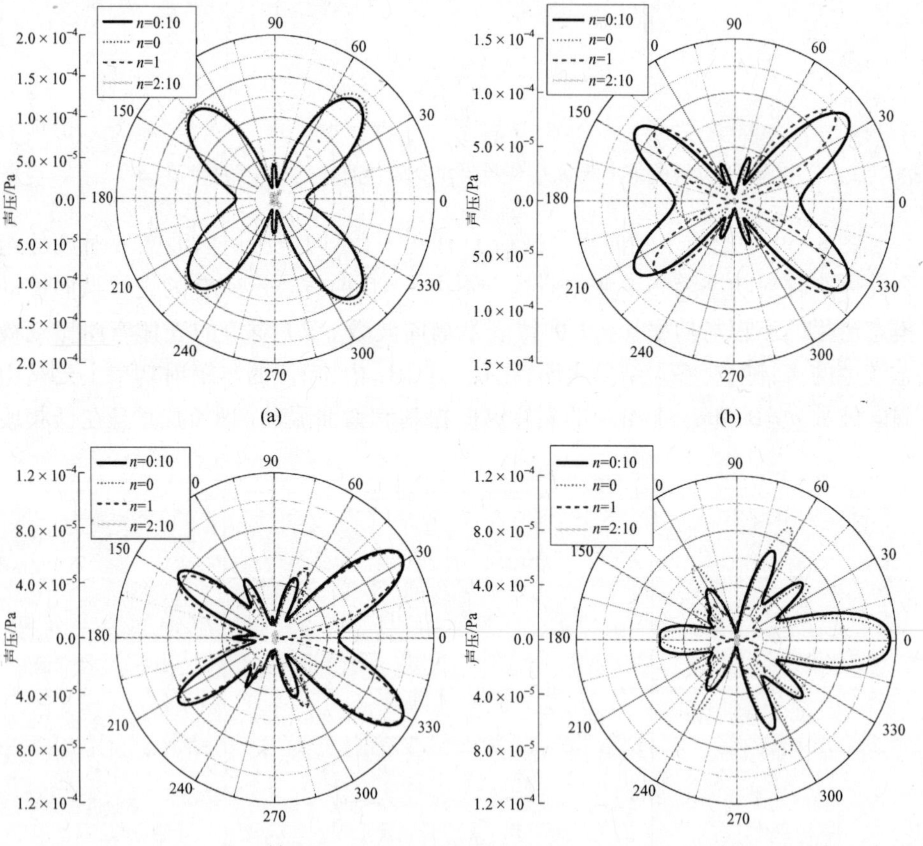

图 8-51 轴向集中载荷 f_p 作用下壳体的声指向性曲线

(a) 40Hz;(b) 54Hz;(c) 64Hz;(d) 76Hz。

(图8-51(b))和64Hz(图8-51(c))处,$n=0$纵向振动模态和$n=1$弯曲振动模态对壳体的辐射声压均有较大的贡献,但以后者的贡献为大。频率点D对应于组合壳体的2阶纵向"湿"模态振动,但在该频率点处,$n=1$弯曲振动模态对壳体的辐射声压也有较大的贡献,如图8-51(d)所示。上述结果表明,在半解析形式的分区变分-谱边界元混合法中,通过截取不同的声压周向波数可以很容易地识别出不同形式的振动模态对旋转壳体声辐射功率的贡献,这对于研究复杂旋转组合壳体的声辐射机制具有重要的意义。

图8-52给出了轴向线载荷$f_a(f_{a,0}=1\text{N/m})$和轴向集中载荷$f_p(f_{p,0}=1\text{N})$作用下,环肋组合壳体和正交加肋组合壳体的声辐射功率曲线对比。对于环肋组合壳体,沿圆柱壳轴向方向均匀布置49根矩形截面的环肋骨,其中第i根环肋骨在圆柱壳局部坐标系中的位置为$x_{r,i}=0.9i(i=1,2,\cdots,49)$。对于正交加肋组合壳体,除了环肋骨外,圆柱壳的周向还非均匀地布置了5根矩形截面的纵肋骨,第i根纵肋骨在圆柱壳中的位置为$\theta_{a,i}=\pi(i+1)/4(i=1,2,\cdots,5)$。环肋骨的宽度$b_r=0.08\text{m}$,高度$h_r=0.08\text{m}$;纵肋骨的宽度$b_a=0.1\text{m}$,高度$h_a=0.1\text{m}$。所有环肋骨和纵肋骨的质心均与圆柱壳中面重合。壳体和肋骨的损耗因子取$\tilde{\eta}=0.01$,周向波数取$n=0:10$。结果表明,在轴向线载荷f_a或轴向集中载荷f_p作用下,环肋和正交加肋组合壳体的辐射声功率曲线几乎重合,这说明纵肋骨对组合壳体的声辐射影响很小。实际上,纵肋骨主要影响组合壳体高阶周向波数对应的弯曲振动,而在前面的分析中已指出在纵向激励下这些弯曲振动在低频段内产生的声辐射是非常小的。

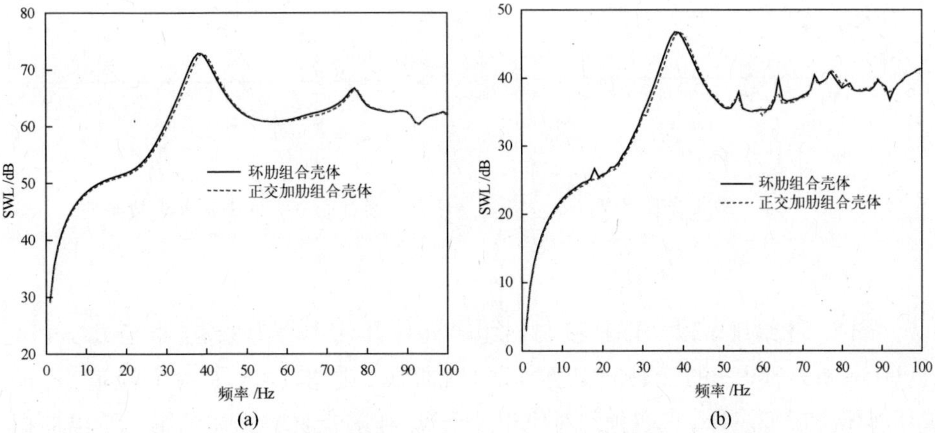

图8-52　纵肋骨对半球-加肋圆柱-半球壳声功率影响

(a)轴向线载荷f_a;(b)轴向集中载荷f_p。

二、功能梯度材料组合壳体

图 8-53 给出了轴向线载荷f_a($f_{a,0}$ = 1N/m)作用下,功能梯度$FGM_{I(a=1/b=0/c/m)}$半球壳－圆柱壳－半球壳在空气和水中的辐射声功率随频率变化曲线。壳体的尺寸为 $L=6$m,$R=0.35$m,$h=0.004$m。壳体由陶瓷(氧化锆)和铝两种材料复合而成,其中氧化锆的材料参数为 $E_1=168$GPa,$\mu_1=0.3$ 和 $\rho_1=5700\text{kg/m}^3$,铝的材料参数为 $E_2=70$GPa,$\mu_2=0.3$ 和 $\rho_2=2707\text{kg/m}^3$。壳体的等效材料参数由 Mori－Tanaka 模型计算得到。为了考虑壳体的阻尼效应,损耗因子取$\tilde{\eta}=0.005$。由于陶瓷的弹性模量大于铝的弹性模量,当壳体内的陶瓷含量增大时,壳体的纵向和弯曲刚度增大,相应的振动频率也增大。结果表明,当壳体周围流体为空气时,壳体的辐射声功率随着材料指数的增大而增大,但共振频率随材料指数增大而减小。壳体材料为铝时,壳体的声辐射功率最大,而壳体材料为陶瓷时,壳体的辐射声功率最小。

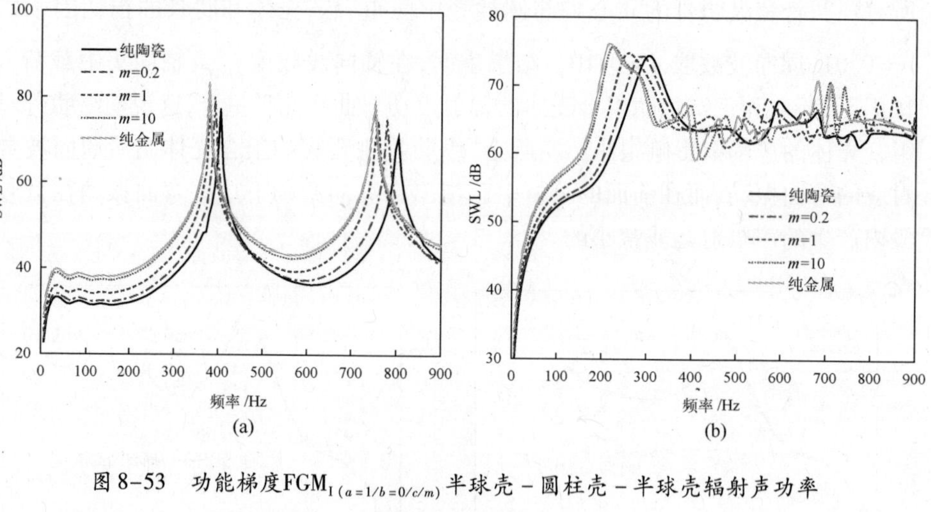

图 8-53　功能梯度$FGM_{I(a=1/b=0/c/m)}$半球壳－圆柱壳－半球壳辐射声功率
(a) 空气;(b) 水中。

图 8-54 给出了以功能梯度材料组合壳体几何中心为原点,半径 $R_f=15$m 处($0°\leqslant\phi\leqslant360°$)的壳体声辐射指向性曲线。这里选取了两个峰值点,即 218.6Hz 和 302.1Hz,它们分别对应于纯金属、纯陶瓷材料壳体的第一阶纵向振动模态频率。结果表明,改变功能梯度材料的体积率指数能显著地改变组合壳体的声辐射指向性。

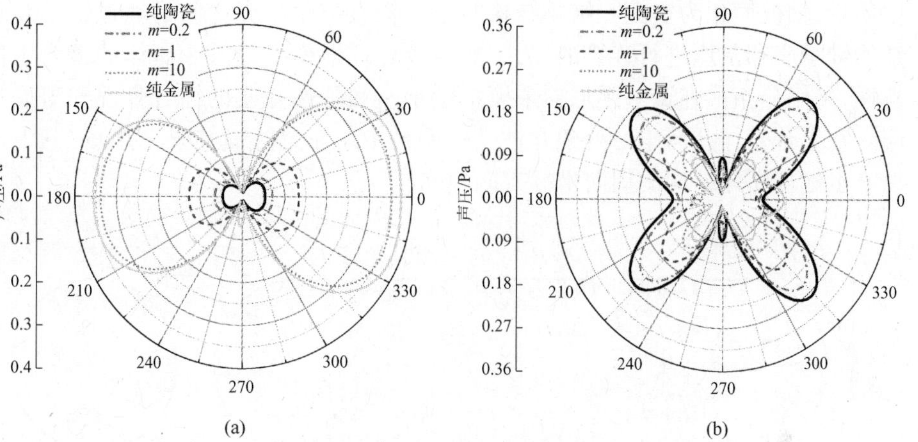

图 8-54 功能梯度半球壳-圆柱壳-半球壳声辐射指向性
(a) 218.6Hz;(b) 302.1Hz。

8.5 梁-弹性支撑-加筋壳体声振耦合问题

由梁、弹性支撑和加筋壳体组合成的复杂结构系统常见于船舶舰艇中。如在水下潜艇中,潜艇的推进轴可以简化为梁、潜艇的耐压壳可简化为加筋组合壳体结构,而轴与壳体之间的轴承和基座可简化为弹性支撑。推进器和轴系是水下潜艇动力装置的重要组成部分,在航行中起着传递主机输出转矩和推进器推进力,克服潜艇阻力,推动潜艇运动的作用。推进器为潜艇正常航行提供必要推力的同时,不可避免地对艇体结构产生振动激励,并通过轴系和艇体传播,引起水下辐射噪声以及舱室噪声问题。潜艇在水下低速航行时,螺旋桨轴承力引起的艇体振动与声辐射以低频特征为主,艇体的声辐射特征与推进轴系、艇体的动力学特性密切相关。对梁-弹性支撑-加筋壳体这一典型系统进行振动和声学分析,有助于设计者清晰地认识潜艇的声振耦合特性。

8.5.1 螺旋桨-轴-艇体声振耦合模型

在低频范围内,单层壳潜艇的艇体可视为由加筋薄壁壳体组合而成的复杂结构。将潜艇耐压壳简化为半球壳-正交加肋圆柱壳-半球壳结构。潜艇的推进轴系主要由螺旋桨、桨轴、中间轴、法兰、推力轴、联轴器和推力轴承等组成。在潜艇实际航行过程中,轴系的振动是非常复杂的,存在三维空间弯曲振动、扭转振动、纵向振动和耦合振动。这里考虑轴系的纵向振动、横向和垂向弯曲振动。图8-55给出了螺旋桨-轴系-艇体的简化计算模型,其中螺旋桨被简化为集中质量，轴被简化为空间三维梁结构。由于轴系与耐压壳之间是通过轴承及复杂的轴承座和基座进行连接的，为了能比较合理地模拟轴系－艇体的耦合声振特性，采用分布式弹簧－阻尼器来模拟轴承座和弹性基座的综合弹性和阻尼效应。在组合壳体几何中心处建立柱坐标系 r',θ,z' 来描述艇体外部声场，其中声场 θ 坐标与壳体结构的周向坐标方向相同。

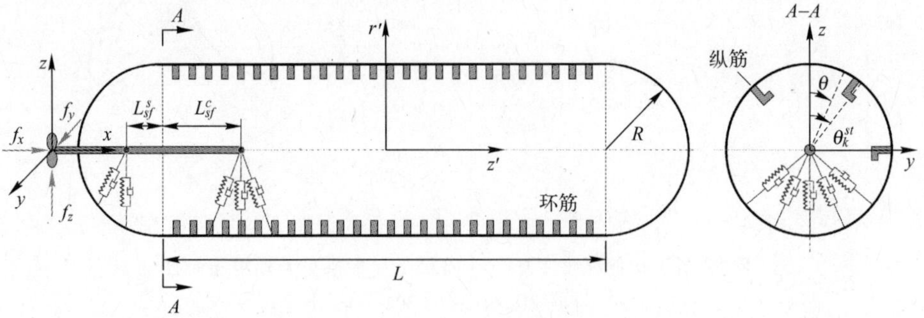

图 8-55　螺旋桨－轴系－艇体耐压壳系统

根据分区变分法，桨－轴系－艇体耐压壳系统的动力学方程可由下式得到，即

$$\delta\Pi_{tol} = \int_{t_1}^{t_2} (\delta\Pi_{pr} + \delta\Pi_{sf} + \delta\Pi_{rb}^{s} + \delta\Pi_{rb}^{d} + \delta\Pi_{tb}^{s} + \delta\Pi_{tb}^{d})\,\mathrm{d}t = 0 \quad (8-86)$$

式中：Π_{tol}为系统的总能量。Π_{pr}和 Π_{sf}分别为加筋组合壳体和螺旋桨－轴系统的能量。Π_{rb}^{s}和 Π_{tb}^{s}分别为径向轴承－轴承座和推力轴承－轴承座的弹性势能。Π_{rb}^{d}和 Π_{tb}^{d}分别为径向轴承－轴承座和推力轴承－轴承座中阻尼力所做的功。

8.4 节中已给出了 Π_{pr}的表达式，下面主要介绍如何计算 Π_{sf}、Π_{rb}^{s}、Π_{tb}^{s}、Π_{rb}^{d}和 Π_{tb}^{d}。

在轴的左端建立一个总体坐标系 x,y,z，考虑轴的三维空间运动，即轴向（x 方向）运动、横向（y 方向）运动和垂向（z 方向）运动，如图 8-56 所示。梁上任意一点 $\boldsymbol{x}$ 处对应的轴向、横向和垂向位移分别为 u_{sf}，v_{sf}和 w_{sf}。

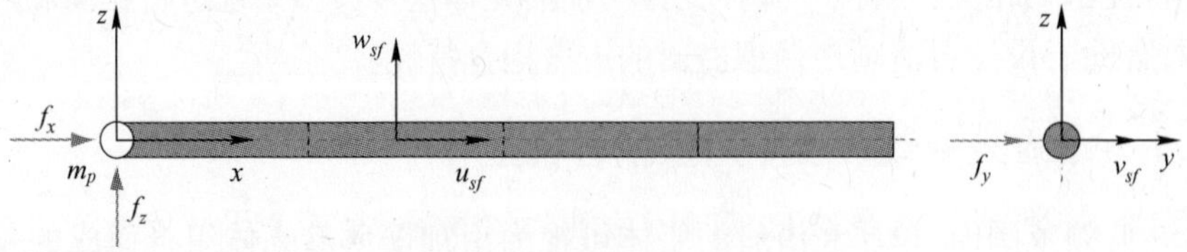

图 8-56　螺旋桨－轴简化模型

采用 Euler－Bernoulli 梁理论来建立轴的动力学模型，沿着 x 方向将轴等距分为 N_{sf}个轴段，则螺旋桨－轴的能量泛函为

$$\Pi_{sf} = \sum_{i=1}^{N_{sf}} (T_i^{sf} - U_i^{sf}) + \sum_{i,i+1} \Pi_{i,i+1}^{sf} + T_{po} + W_{po} \quad (8-87)$$

式中：T_i^{sf} 和 U_i^{sf} 分别为第(i)个子域的动能和应变能；$\Pi_{i,i+1}^{sf}$ 为子域(i)和($i+1$)界面上的势能；T_{po} 为螺旋桨动能；W_{po} 为螺旋桨激励力做的功；T_i^{sf}、U_i^{sf} 和 $\Pi_{i,i+1}^{sf}$ 的表达式见第 4.1 节。

螺旋桨的动能为

$$T_{po} = \frac{1}{2} m_p \left[(\dot{u}_{sf})^2 + (\dot{v}_{sf})^2 + (\dot{w}_{sf})^2 \right] \Big|_{x=x_0} \tag{8-88}$$

式中：m_p 为螺旋桨的质量。

螺旋桨激励力所做的功为

$$W_{p\sigma} = f_x (u_{sf}) \big|_{x=x_0} + f_y (v_{sf}) \big|_{x=x_0} + f_z (w_{sf}) \big|_{x=x_0} \tag{8-89}$$

式中：f_x，f_y 和 f_z 分别为沿着 x，y 和 z 方向的螺旋桨激励力。

将径向轴承、轴承座和基座等效为分布式弹簧－阻尼器。在球壳几何中心处建立球坐标系(图 8-57)，沿着球壳 φ，θ 和法向的位移分量记为 u_s，v_s 和 w_s，v 和 w。将分布式弹簧－阻尼器的阻尼力看作为广义外力，则有

$$\delta \Pi_{rb}^s = -\iint_{S^{rb}} k_{rb}^x \delta\Theta_u \Theta_u \mathrm{d}S - \iint_{S^{rb}} k_{rb}^y \delta\Theta_v \Theta_v \mathrm{d}S - \iint_{S^{rb}} k_{rb}^z \delta\Theta_w \Theta_w \mathrm{d}S \tag{8-90a}$$

$$\delta \Pi_{rb}^d = \iint_{S^{rb}} \delta\Theta_u (-c_{rb}^x \dot{\Theta}_u) \mathrm{d}S + \iint_{S^{rb}} \delta\Theta_v (-c_{rb}^y \dot{\Theta}_v) \mathrm{d}S + \iint_{S^{rb}} \delta\Theta_w (-c_{rb}^z \dot{\Theta}_w) \mathrm{d}S \tag{8-90b}$$

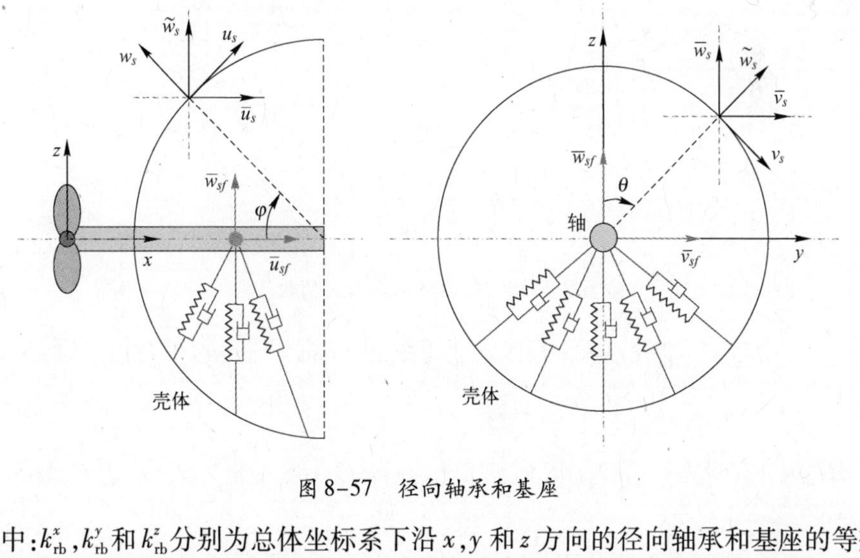

图 8-57　径向轴承和基座

式中：k_{rb}^x，k_{rb}^y 和 k_{rb}^z 分别为总体坐标系下沿 x，y 和 z 方向的径向轴承和基座的等效刚度系数，考虑到轴承座和基座结构的复杂性，其刚度在空间分布是不均匀的，这里 k_{rb}^x，k_{rb}^y 和 k_{rb}^z 可以是空间坐标的函数；c_{rb}^x，c_{rb}^y 和 c_{rb}^z 分别为沿着 x，y 和 z 方向的阻尼器阻尼系数；Θ_u，Θ_v 和 Θ_w 为沿 x，y 和 z 方向的轴与球壳相对变形；$\dot{\Theta}_u$，$\dot{\Theta}_v$ 和 $\dot{\Theta}_w$ 为沿着 x，y 和 z 方向的轴与球壳相对变形速度。

$$\Theta_u=\bar{u}_{sf}-\bar{u}_s,\ \Theta_v=\bar{v}_{sf}-\bar{v}_s,\ \Theta_w=\bar{w}_{sf}-\bar{w}_s,\ \dot{\Theta}_u=\dot{\bar{u}}_{sf}-\dot{\bar{u}}_s,\ \dot{\Theta}_v=\dot{\bar{v}}_{sf}-\dot{\bar{v}}_s,\ \dot{\Theta}_w=\dot{\bar{w}}_{sf}-\dot{\bar{w}}_s \tag{8-91}$$

式中：$\bar{u}_{sf}$，$\bar{v}_{sf}$和$\bar{w}_{sf}$为径向轴承与轴连接处轴的位移分量，它们分别沿 x，y 和 z 方向。

注意：球壳的位移分量（u_s，v_s 和 w_s）定义在局部球坐标系下，而径向轴承和基座的刚度和阻尼系数均定义在总体坐标系中。因此，需要将球壳的位移转换到总体坐标系中。根据图 8-57，球壳任意一点处沿着 x，y 和 z 方向的位移分量可表示为

$$\bar{u}_s=u_s\sin\varphi-w_s\cos\varphi,\quad \bar{v}_s=\tilde{w}_s\sin\theta+v_s\cos\theta,\quad \bar{w}_s=\tilde{w}_s\cos\theta-v_s\sin\theta \tag{8-92}$$

式中：$\tilde{w}_s=u_s\cos\varphi+w_s\sin\varphi$。

类似地，将推力轴承、轴承座和基座也等效为分布式弹簧-阻尼器。在圆柱壳左端处建立柱坐标系（图 8-58），沿着圆柱壳 x，θ 和法向的位移分量记为 u_s，v_s 和 w_s。将分布式弹簧-阻尼器的阻尼力看作为广义外力，有

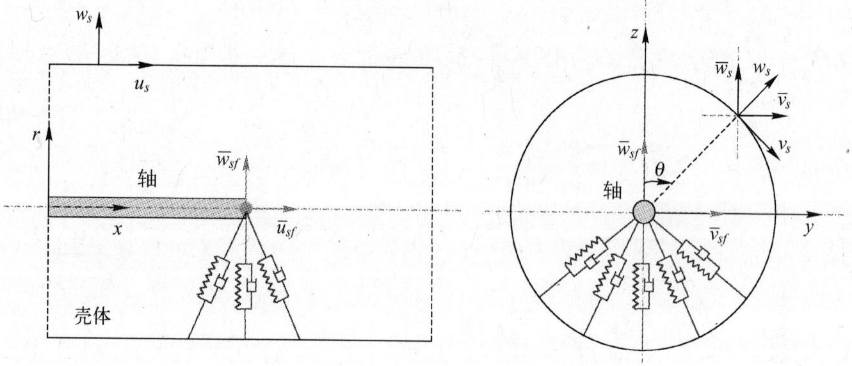

图 8-58　推力轴承和基座简化

$$\delta\Pi_{tb}^s=-\iint_{S\text{tb}}\delta\overline{\Theta}_u k_{\text{tb}}^x\overline{\Theta}_u\text{d}S-\iint_{S\text{tb}}\delta\overline{\Theta}_v k_{\text{tb}}^y\overline{\Theta}_v\text{d}S-\iint_{S\text{tb}}\delta\overline{\Theta}_w k_{\text{tb}}^z\overline{\Theta}_w\text{d}S \tag{8-93a}$$

$$\delta\Pi_{tb}^s=\iint_{S\text{tb}}\delta\overline{\Theta}_u(-c_{\text{tb}}^x\dot{\overline{\Theta}}_u)\text{d}S+\iint_{S\text{tb}}\delta\overline{\Theta}_v(-c_{\text{tb}}^y\dot{\overline{\Theta}}_v)\text{d}S+\iint_{S\text{tb}}\delta\overline{\Theta}_w(-c_{\text{tb}}^z\dot{\overline{\Theta}}_w)\text{d}S \tag{8-93b}$$

式中：k_{tb}^x，k_{tb}^y和 k_{tb}^z分别为总体坐标系下沿 x，y 和 z 方向的推力轴承及基座等效刚度系数，它们可以是空间坐标的函数；c_{tb}^x，c_{tb}^y和 c_{tb}^z分别为沿 x，y 和 z 方向的阻尼器阻尼系数；$\overline{\Theta}_u$，$\overline{\Theta}_v$ 和$\overline{\Theta}_w$ 分别为沿 x、y 和 z 方向的轴与圆柱壳之间的相对变形；$\dot{\overline{\Theta}}_u$、$\dot{\overline{\Theta}}_v$ 和$\dot{\overline{\Theta}}_w$ 分别为沿 x，y 和 z 方向的轴与圆柱壳之间的相对变形速度。

式(8－91)对于推力轴承仍然是适用的。

$$\bar{u}_s = u_s,\quad \bar{v}_s = w_s\sin\theta + v_s\cos\theta,\quad \bar{w}_s = w_s\cos\theta - v_s\sin\theta \tag{8-94}$$

式中:$\bar{u}_s$,$\bar{v}_s$ 和$\bar{w}_s$ 分别为圆柱壳上一点处沿着 x、y 和 z 方向的位移分量。

假设螺旋桨－轴－艇体的外载荷是简谐的,由式(8－86)可以得到不考虑声场作用的系统动力学方程。当加筋组合壳体沉浸于无限大声场中,根据 8.2 节介绍的内容可得到螺旋桨－轴－艇体的声振耦合方程。以结构系统广义位移来表示的声振耦合方程为

$$[-\omega^2\boldsymbol{M}_s + \boldsymbol{M}_f(\omega)]\boldsymbol{q}_s + \mathrm{i}[\boldsymbol{C}_f(\omega) + \boldsymbol{C}_s]\boldsymbol{q}_s + (\boldsymbol{K}_s - \boldsymbol{K}_\lambda + \boldsymbol{K}_\kappa)\boldsymbol{q}_s = \boldsymbol{F}_s \tag{8-95}$$

式中:$\boldsymbol{q}_s$ 为螺旋桨－轴－艇体系统的广义位移向量;$\boldsymbol{M}_s$,$\boldsymbol{C}_s$ 和$\boldsymbol{K}_s$ 分别为结构系统广义质量、阻尼和刚度矩阵;$\boldsymbol{K}_\lambda$ 和$\boldsymbol{K}_\kappa$ 分别为由壳体和轴分区而产生的界面附加刚度矩阵;$\boldsymbol{F}_s$ 为广义外载荷向量;$\boldsymbol{M}_f$ 和$\boldsymbol{C}_f$ 分别为流体的附加质量矩阵和阻尼矩阵。

8.5.2　螺旋桨－轴－艇体声振耦合响应

下面考虑不同螺旋桨激励下螺旋桨－轴－弹性支撑－潜艇耐压壳系统的振动和声辐射问题。轴的长度为 $L_s = 10\text{m}$,轴的横截面为实心圆,其半径为 $R_s = 0.15\text{m}$。螺旋桨的质量 $m_p = 5000\text{kg}$。艇体耐压壳中圆柱壳长度 $L = 45\text{m}$,半径 $R = 3.25\text{m}$,厚度 $h_l = 0.04\text{m}$;两侧半球壳的半径和厚度与圆柱壳的相同。圆柱壳中含有 49 根环肋骨(肋骨位置为 $x_{r,i} = 0.9i, i = 1,2,\cdots,49$)和 5 根纵肋骨(肋骨位置为 $\theta_{a,i} = \pi(i+1)/4, i = 1,2,\cdots,5$)。每根环肋骨的宽度为 0.08m,高度为 0.08 m;纵肋骨的宽度 0.1m,高度 0.1m。径向轴承及其基座采用 1 个弹簧－阻尼器来模拟,弹簧在球壳内的连接周向位置 $\theta = \pi$,φ 方向的位置由 L_{s0}确定,取 $L_{sf}^c = 5.85\text{m}$。弹簧具有 3 个方向的刚度系数,即 $k_{\text{rb}}^x = 0$,$k_{\text{rb}}^y = k_{\text{rb}}^z = 1\times10^8\text{N/m}$;阻尼器的阻尼系数 $c_{\text{rb}}^x = c_{\text{rb}}^y = c_{\text{rb}}^z = 0$。推力轴承及基座采用 3 个弹簧－阻尼器来模拟,弹簧在圆柱壳内的周向位置 $\theta = 3\pi/4, \pi, 5\pi/4$,刚度系数和阻尼系数分别为 $k_{\text{tb}}^x = k_{\text{tb}}^y = k_{\text{tb}}^z = 1\times10^8\text{N/m}$ 和 $c_{\text{rb}}^x = c_{\text{rb}}^y = c_{\text{rb}}^z = 0$,轴承与轴的连接位置由 L_{sf}^s确定(图 8-55),$L_{sf}^s = 1.852\text{m}$。系统中所有子结构都是由均匀各向同性材料制成,弹性模量 $E = 210\text{GPa}$,泊松比 $\mu = 0.3$,密度 $\rho = 7860\text{kg/m}^3$,损耗因子 $\tilde{\eta} = 0.01$。艇体耐压壳外围流体为水,其声速 $c_0 = 1482\text{m/s}$,密度 $\rho_0 = 1000\text{kg/m}^3$。所有算例中,螺旋桨处的载荷均为单位幅值载荷。声功率级参考值 $W_{\text{Ref}} = 1\times10^{-12}\text{W}$。

图 8-59 和图 8-60 给出了螺旋桨纵向和垂向激励下,艇体圆柱壳 Q_0($x_{Q_0} = 13.5\text{m}, \theta_{Q_0} = 0$)点处的轴向位移和法向位移响应,其中 x_{Q_0}为圆柱壳局部坐标系

(原点位于圆柱壳左端几何中心)下的轴向位置。这里忽略了声场对结构系统振动的影响。为了验证数值模型的正确性,在有限元软件 ANSYS 中建立了桨-轴-艇体耐压壳系统的有限元模型,其中螺旋桨由 MASS21 质量单元建立,轴和肋骨均由 BEAM188 梁单元模拟,轴与壳体之间的弹簧由 COMBIN14 单元建立,所有壳体子结构均采用 SHELL63 单元进行离散。同时,为了考察不同壳体周向模态与轴系的耦合以及它们对耦合系统振动响应的贡献,分区计算中截取了不同数目的周向波数。结果表明,分区变分法计算出的壳体振动响应与有限元法结果符合很好。在螺旋桨纵向激励作用下,壳体的轴向位移响应主要由周向波数 $n=0$ 的壳体纵向振动模态决定,在个别峰值处 $n=1$ 的壳体弯曲振动模态也略有贡献,而 $n\geqslant 2$ 的壳体模态对纵向振动响应贡献可以忽略。因此在螺旋桨纵向激励下,如果仅考虑艇体的纵向振动响应,则艇体耐压壳可以等效为一个具有纵向振动和弯曲振动的一维梁结构。然而,$n=0$ 的壳体纵向振动模态对艇体耐压壳的法向振动响应贡献很小。艇体耐压壳的法向振动响应由 $n\geqslant 1$ 的壳体弯曲模态所决定,且高阶周向波数对应的壳体振动模态对艇体法向振动响应也有很大的贡献。因此,如果考察艇体的法向振动响应,艇体耐压壳不能简化为一维梁结构。

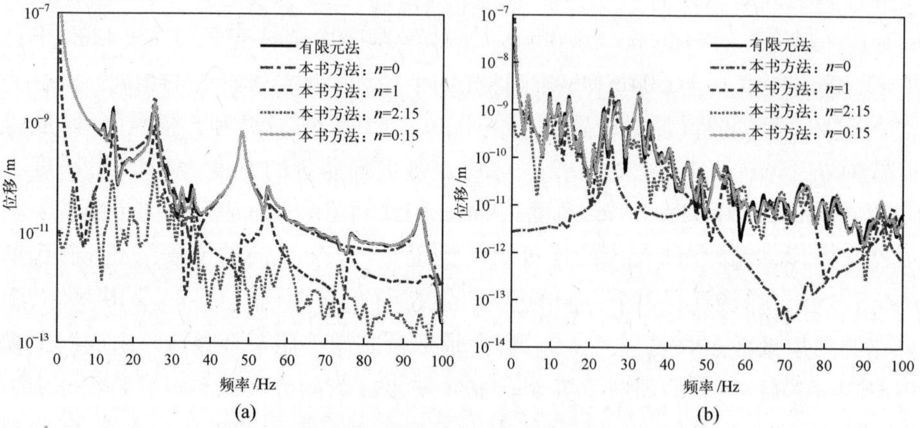

图 8-59 螺旋桨轴向激励下壳体振动位移响应

(a) 轴向位移;(b) 法向位移。

图 8-61 给出了螺旋桨纵向激励力 f_x 和垂向激励力 f_z 作用下,桨-轴-艇体耐压壳系统的辐射声功率随频率变化的曲线。采用强耦合算法来计算系统的声振耦合响应。为了验证分区变分-谱边界元法的计算精度,图中还给出了基于 ANSYS 和 Virtual. Lab Acoustics 得到的数值结果。结果表明,分区变分-谱

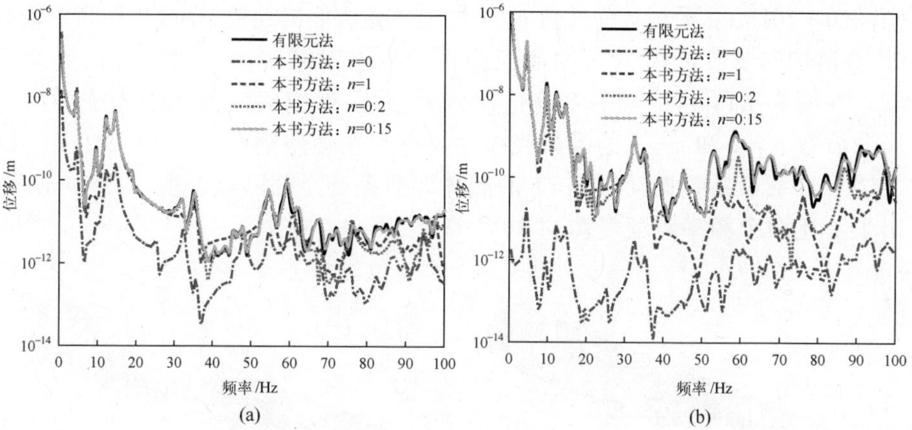

图 8-60　螺旋桨垂向激励下壳体振动位移响应

(a) 轴向位移；(b) 法向位移。

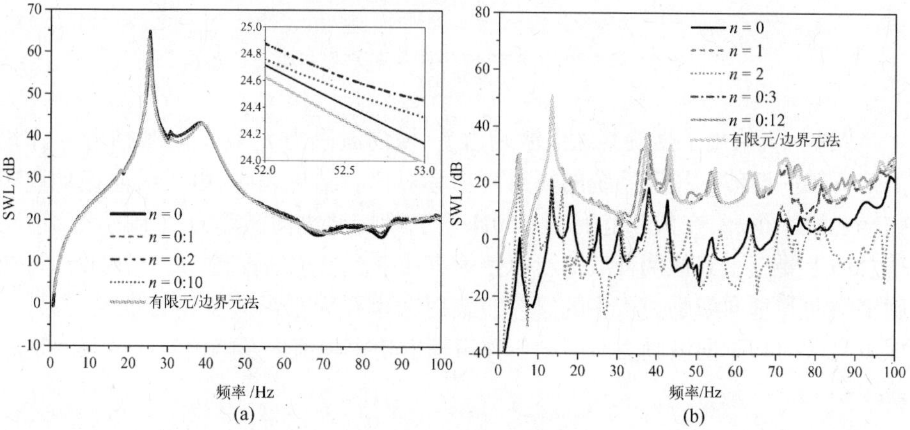

图 8-61　桨 - 轴 - 耐压壳系统辐射声功率

(a) 纵向激励力；(b) 垂向激励力。

边界元法得到的结果与参考解符合很好；在螺旋桨纵向激励下，周向波数 $n=0$ 对应的艇体耐压壳纵向振动模态产生的辐射声功率与周向波数 $n=0:10$ 壳体模态产生的辐射声功率几乎重合。这说明，在螺旋桨纵向激励下，艇体耐压壳体的声辐射主要取决于耐压壳的纵向振动模态。图 8-61(a) 中第一个峰值对应于桨 - 轴 - 艇体系统的耦合纵向振动。在该频率点处，桨 - 轴子系统振动与周向波数 $n=0$ 的耐压壳一阶纵向振动以及 $n=1$ 的耐压壳弯曲振动存在耦合，但艇体纵向振动对艇体声辐射的贡献远远高于艇体弯曲振动。图 8-61(a) 中第二个峰值则对应于艇体的一阶纵向振动。在该频率点处，桨 - 轴子系统与艇体振动之间的耦合作用较弱。由图 8-61(b) 可知，在螺旋桨垂向激励 f_z 下，系统的声辐射在低频段(0 ~70Hz)主要由周向波数 $n=1$ 的耐压壳弯曲振动模态决定;在频率较高处,高阶周向波数 $n>3$ 对应的耐压壳振动模态对系统声辐射也有很大的贡献。在图 8-61(b)中第一个峰值(5.3Hz)处,螺旋桨-轴系子系统振动与周向波数 $n=1$ 和 $n=2$ 的耐压壳振动模态存在强烈耦合。在 13.3Hz 处,螺旋桨-轴系子系统振动与 $n=1$ 的艇体弯曲振动是强烈耦合的。图 8-62 给出了上述两个频率点处艇体的表面声压云图。

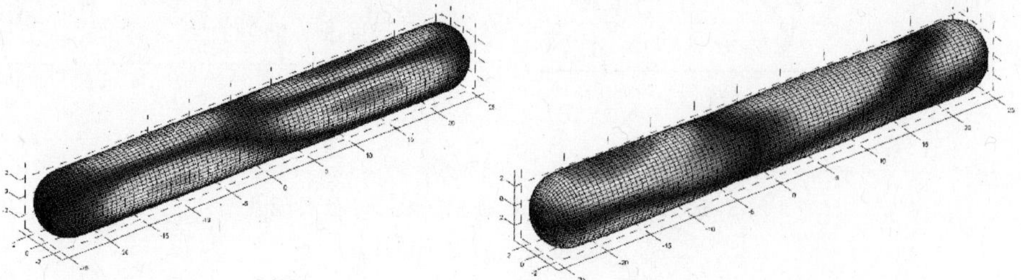

图 8-62　艇体耐压壳表面声压云图

图 8-63 给出了螺旋桨纵向激励力 f_x、横向激励力 f_y 和垂向激励力 f_z 作用下桨-轴-艇体耐压壳系统的辐射声功率对比。结果表明,由于纵向振动模态的辐射效率很高,在低频范围(0 ~60Hz)内,螺旋桨纵向激励力产生的声辐射功率总体上要高于其他两种载荷所产生的声功率。当频率较高(大于 70Hz)时,螺旋桨横向和垂向激励力产生的艇体声辐射功率要大于纵向激励力情况。另外,螺旋桨横向和垂向激励力对应的艇体声辐射功率幅值以及峰值对应的频率均相差很小。

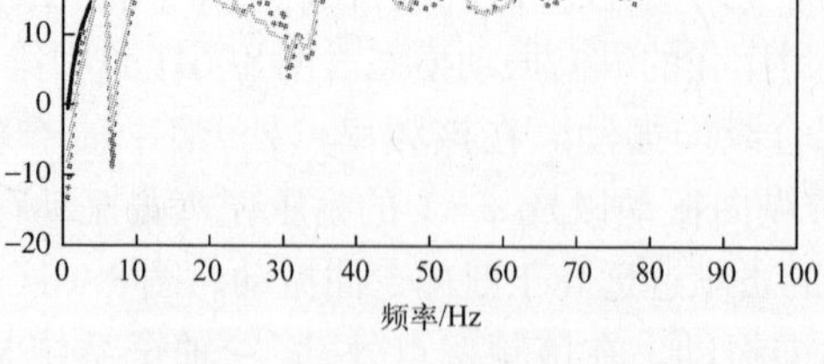

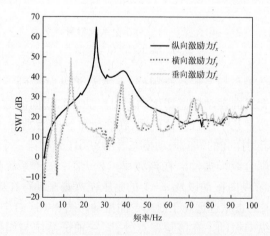

图 8-63　不同螺旋桨激励力对应的艇体声辐射响应对比

8.6　弹性体时域声振耦合系统

8.6.1　弹性体时域声振方程

本节考虑弹性体在轻质流体中的时域外部声辐射问题。弹性体记为 Ω_s，外声场为 Ω_f^+，弹性体的边界包括位移边界 Γ_u、力边界 Γ_σ 和结构－声场耦合边界 Γ_{sf}^+，如图 8-1 所示。声场无穷远处的边界为 Γ_∞。声场中没有体力和声源分布。$\boldsymbol{n}$ 为弹性体边界上一点处的单位外法向向量。弹性体的控制方程、边界条件和初始条件为

$$\sigma_{ij,j}+f_i=\rho_s\ddot{u}_i,\quad 在\ \Omega_s\ 中 \tag{8-96a}$$

$$u_i=\bar{u}_i,\quad 在\ \Gamma_u\ 上 \tag{8-96b}$$

$$\sigma_{ij}n_j=\bar{T}_i,\quad 在\ \Gamma_\sigma\ 上 \tag{8-96c}$$

$$u_i\big|_{t=0}=\bar{u}_i^0,\quad \dot{u}_i\big|_{t=0}=\dot{\bar{u}}_i^0 \tag{8-96d}$$

声场的控制方程、边界条件和初始条件为

$$\frac{1}{c_0^2}\frac{\partial^2 p}{\partial t^2}-\nabla^2 p=0,\quad 在\ \Omega_f^+\ 中 \tag{8-97a}$$

$$\lim_{r\to\infty}\left[r\left(\frac{\partial p}{\partial r}+\frac{1}{c_0}\frac{\partial p}{\partial t}\right)\right]=0,\quad 在\ \Gamma_\infty 上 \tag{8-97b}$$

$$p\big|_{t=0}=\bar{p}_0,\quad \dot{p}\big|_{t=0}=\dot{\bar{p}}_0 \tag{8-97c}$$

在结构－声场耦合界面上，满足

$$\frac{\partial p}{\partial n}=-\rho_0\ddot{u}_j n_j,\quad 在\ \Gamma_{sf}^+ 上 \tag{8-98a}$$

$$\sigma_{ij}n_j=-pn_i,\quad 在\ \Gamma_{sf}^+ 上 \tag{8-98b}$$

对于轻质流体介质，声场声压对结构振动的影响可以忽略。因此，式(8－98b)可以写为 $\sigma_{ij}n_j\approx 0$。根据分区变分法可以得到弹性体的离散动力学方程为

$$\boldsymbol{M}_s\ddot{\boldsymbol{q}}_s+\boldsymbol{C}_s\dot{\boldsymbol{q}}_s+(\boldsymbol{K}_s-\boldsymbol{K}_\lambda+\boldsymbol{K}_\kappa)\boldsymbol{q}_s=\boldsymbol{F}_s \tag{8-99}$$

式中：$\boldsymbol{q}_s$ 为所有弹性体子域装配后得到的广义位移向量；$\dot{\boldsymbol{q}}_s$ 和 $\ddot{\boldsymbol{q}}_s$ 分别为速度和加速度向量；$\boldsymbol{M}_s$ 和 $\boldsymbol{K}_s$ 分别为未考虑分区界面位移协调关系的弹性体广义质量矩阵和刚度矩阵；$\boldsymbol{C}_s$ 为阻尼矩阵；$\boldsymbol{K}_\lambda$ 和 $\boldsymbol{K}_\kappa$ 为弹性体分区界面附加刚度矩阵；$\boldsymbol{F}_s$ 为弹性体的结构广义外力向量。

将时间轴等分为 N 个时间步，时间步长为 Δt，有 $t=n\Delta t, n=0,1,\cdots,N$。采

用 Newmark 直接积分法对式(8 - 99)进行求解,可得到 $t=t_n$ 时刻弹性体的广义位移向量$\boldsymbol{q}_s^n$、广义速度向量$\dot{\boldsymbol{q}}_s^n$ 和广义加速度向量$\ddot{\boldsymbol{q}}_s^n$。

第 7 章中已详细介绍过外声场的时域谱边界元离散方法及求解方法。假设声场初始条件为$\bar{p}_0=0$ 和$\dot{\bar{p}}_0=0$,则时域声场边界积分方程为

$$\alpha(\boldsymbol{x})p(\boldsymbol{x},t)=\int_0^t\iint_\Gamma p(\boldsymbol{y},\tau)G^*(\boldsymbol{x},\boldsymbol{y},t,\tau)\,\mathrm{d}\Gamma\mathrm{d}\tau-\int_0^t\iint_\Gamma G(\boldsymbol{x},\boldsymbol{y},t,\tau)\frac{\partial p(\boldsymbol{y},\tau)}{\partial n_y}\mathrm{d}\Gamma\mathrm{d}\tau \tag{8-100}$$

将式(8 - 98a)代入式(8 - 100),得

$$\alpha(\boldsymbol{x})p(\boldsymbol{x},t)=\int_0^t\iint_\Gamma p(\boldsymbol{y},\tau)G^*(\boldsymbol{x},\boldsymbol{y},t,\tau)\,\mathrm{d}\Gamma\mathrm{d}\tau+\int_0^t\iint_\Gamma \rho_0 G(\boldsymbol{x},\boldsymbol{y},t,\tau)\,\ddot{u}_j n_j\mathrm{d}\Gamma\mathrm{d}\tau \tag{8-101}$$

将时间轴等分为 M 个时间步,时间步长为 Δt,有 $t=m\Delta t$, $m=0,1,\cdots,M$。在第 m 时间步,对声场声压 p 和弹性体加速度$\ddot{u}_i$ 进行插值离散,有

$$p^m(\boldsymbol{y},\tau)=\sum_{i=1}^{I_p}L_i^m(\tau)\,\tilde{p}_i^m(\boldsymbol{y}),\quad \ddot{u}_i^m(\boldsymbol{y},\tau)=\sum_{j=1}^{I_q}\tilde{L}_j^m(\tau)\,\tilde{\ddot{u}}_{j,i}^m(\boldsymbol{y}) \tag{8-102}$$

式中:I_p 和 I_q 为第 n 时间步的时间插值函数阶数;$L_i^m(\tau)$ 和$\tilde{L}_j^m(\tau)$为时间插值函数;$\tilde{p}_i^m(\boldsymbol{y})$和$\tilde{\ddot{u}}_{j,i}^m(\boldsymbol{y})$为声场声压和弹性体加速度空间分布函数。

将声场边界分割为若干个单元,采用第一类切比雪夫正交多项式对式(8 - 102)中的声压和弹性体加速度空间分布函数进行展开。对于第 e 个边界单元,有

$$p_i^{m,e}(\boldsymbol{y})=\bar{\boldsymbol{N}}(\varsigma,\boldsymbol{\eta})\boldsymbol{p}_i^{m,e},\quad \tilde{\ddot{u}}_{j,i}^{m,e}(\boldsymbol{y})=\boldsymbol{\psi}(\varsigma,\boldsymbol{\eta},\xi)\big|_{\xi_0}\ddot{\boldsymbol{u}}_i^{m,e} \tag{8-103}$$

式中:$\bar{\boldsymbol{N}}(\varsigma,\boldsymbol{\eta})$为声压多项式函数向量;$\boldsymbol{\psi}(\varsigma,\boldsymbol{\eta},\xi)$为弹性体位移多项式函数向量,$\boldsymbol{\psi}(\varsigma,\boldsymbol{\eta},\xi)\big|_{\xi_0}$表示 $\boldsymbol{\psi}$ 在弹性体 - 声场耦合边界上取值;$\boldsymbol{p}_i^{m,e}$ 为声压多项式系数向量(或广义声压向量);$\ddot{\boldsymbol{u}}_i^{m,e}$ 为加速度系数向量(广义加速度向量)。

由式(7 - 238),得

$$\begin{aligned}\alpha(\boldsymbol{x})p(\boldsymbol{x},t_n)=&\sum_{m=1}^{M}\sum_{i=1}^{I_p}\sum_{e=1}^{N_e}\left[\iint_{\Gamma_e}\bar{\boldsymbol{N}}(\varsigma,\boldsymbol{\eta})H^i_{(n-m+1)(1)}(\boldsymbol{x},\boldsymbol{y})\,|\boldsymbol{J}^e|\,\mathrm{d}\varsigma\,\mathrm{d}\boldsymbol{\eta}\right]\boldsymbol{p}_i^{m,e}+\\&\sum_{m=1}^{M}\sum_{i=1}^{I_p}\sum_{e=1}^{N_e}\left[\iint_{\Gamma_e}\rho_0\,\bar{\boldsymbol{\psi}}(\varsigma,\boldsymbol{\eta},\xi)\big|_{\xi_0}\tilde{G}^i_{(n-m+1)(1)}(\boldsymbol{x},\boldsymbol{y})\,|\boldsymbol{J}^e|\,\mathrm{d}\varsigma\,\mathrm{d}\boldsymbol{\eta}\right]\ddot{\boldsymbol{u}}_i^{m,e}\end{aligned} \tag{8-104}$$

式中:$\bar{\boldsymbol{\psi}}\big|_y=[n_{y,1}^+\boldsymbol{\psi}(\boldsymbol{y}),n_{y,2}^+\boldsymbol{\psi}(\boldsymbol{y}),n_{y,3}^+\boldsymbol{\psi}(\boldsymbol{y})]$,其中 $n_{y,i}^+(i=1,2,3)$为法向余弦分量;$\ddot{\boldsymbol{u}}_i^{m,e}$ 为子域广义加速度向量,$\ddot{\boldsymbol{u}}_i^{m,e}=[\ddot{\boldsymbol{u}}_{i,1}^{e,\mathrm{T}},\ddot{\boldsymbol{u}}_{i,2}^{e,\mathrm{T}},\ddot{\boldsymbol{u}}_{i,3}^{e,\mathrm{T}}]^{\mathrm{T}}$。

记第 l 个单元中第 j 个配置点为$\hat{\boldsymbol{y}}_j^l$，将 $\boldsymbol{x}$ 移动到边界上的配置点$\hat{\boldsymbol{y}}_j^l$ 处时，由式(8－104)，得

$$\alpha(\hat{\boldsymbol{y}}_j^l)\sum_{k=1}^{I_p}T_k^m(t_n)\,\overline{\boldsymbol{N}}(\varsigma,\boldsymbol{\eta})\,|_{\hat{\boldsymbol{y}}_j^l}\,\boldsymbol{p}_k^{n,l}=\sum_{m=1}^{M}\sum_{i=1}^{I_p}\sum_{e=1}^{N_e}\Big[\iint_{\Gamma_e}\overline{\boldsymbol{N}}(\varsigma,\boldsymbol{\eta})H^i_{(n-m+1)(1)}(\hat{\boldsymbol{y}}_j^l,\boldsymbol{y})\,|\,\boldsymbol{J}^e\,|\mathrm{d}\varsigma\,\mathrm{d}\boldsymbol{\eta}\Big]\boldsymbol{p}_i^{m,e}+$$
$$\sum_{m=1}^{M}\sum_{i=1}^{I_p}\sum_{e=1}^{N_e}\Big[\iint_{\Gamma_e}\rho_0\,\overline{\boldsymbol{\psi}}(\varsigma,\boldsymbol{\eta},\xi)\,|_{\xi_0}\,\widetilde{G}^i_{(n-m+1)(1)}(\hat{\boldsymbol{y}}_j^l,\boldsymbol{y})\,|\,\boldsymbol{J}^e\,|\mathrm{d}\varsigma\,\mathrm{d}\boldsymbol{\eta}\Big]\ddot{\boldsymbol{u}}_i^{m,e}\tag{8－105}$$

写成矩阵形式为

$$\boldsymbol{C}\boldsymbol{p}^{n,l}=\sum_{m=1}^{M}\sum_{i=1}^{I_p}\hat{\boldsymbol{H}}^i_{(n-m+1)(1)}\,\tilde{\boldsymbol{p}}_i^m+\sum_{m=1}^{M}\sum_{i=1}^{I_q}\hat{\boldsymbol{G}}^i_{(n-m+1)(1)}\,\ddot{\boldsymbol{u}}_i^m\tag{8－106}$$

式中：$\tilde{\boldsymbol{p}}_i^m$ 和 $\ddot{\boldsymbol{u}}_i^{m,e}$ 分别为广义声压和广义加速度向量集合；$\hat{\boldsymbol{H}}^i_{(n-m+1)(1)}$ 和 $\hat{\boldsymbol{G}}^i_{(n-m+1)(1)}$ 为影响系数矩阵。

需要指出，前面由式(8－99)已经求出了所有弹性体子域在 $t=t_n$ 时刻的广义加速度向量$\ddot{\boldsymbol{q}}_n$。然而，由于声场离散时间点 t_m 并不一定与结构离散时间点 t_n 相同，因此在某些声场离散时间点处，弹性体的加速度向量是未知的。采用线性插值的方式计算这些声场离散点处的弹性体加速度向量，即采用邻近的两个结构离散时间点处的的弹性体加速度向量来插值计算加速度向量。

根据式(8－106)求出 $t=t_n$ 时刻对应的$\tilde{\boldsymbol{p}}_i^m$ 后，则 $t=t_n$ 时刻声场内任意一点 $\boldsymbol{x}$ 处的声压由下式来计算，即

$$p(\boldsymbol{x},t_n)=\sum_{m=1}^{M}\sum_{i=1}^{I_p}\hat{\boldsymbol{H}}^i_{(n-m+1)(1)}\,\tilde{\boldsymbol{p}}_i^m+\sum_{m=1}^{M}\sum_{i=1}^{I_q}\hat{\boldsymbol{G}}^i_{(n-m+1)(1)}\,\ddot{\boldsymbol{u}}_i^m\tag{8－107}$$

8.6.2　数值算例

考虑一个三明治夹层方板在正弦载荷作用下的时域声振耦合响应。板的几何尺寸为(图 8-64)$L=B=0.5\mathrm{m}$，$H=0.01\mathrm{m}$，$H_c/H_f=3$，其中 H_c 和 H_f 分别为芯层和面层的厚度。面层的材料参数为 $E_f=70.23\mathrm{GPa}$，$\mu_f=0.33$，$\rho_f=2820\mathrm{kg/m^3}$；芯层的材料参数为 $E_c=6.89\times10^{-3}\mathrm{GPa}$，$\mu_c=0$，$\rho_c=97\mathrm{kg/m^3}$。流体的密度和声速分别为 $\rho_0=1.23\mathrm{kg/m^3}$ 和 $c_0=340\mathrm{m/s}$。夹层板的边界条件为四边固支。在板的上表面几何中心处，作用有一个法向集中载荷，即 $f_w=f_w^0[\sin(2\pi f_0t)+\sin(2\pi f_1t)]$，其中 $f_w^0=100\mathrm{N}$，$f_0=0.8f_{\mathrm{int}}$，$f_1=2.0f_{\mathrm{int}}$。f_{int}为夹层板的第 1 阶弯曲振动频率。采用 RayLeigh 阻尼模型来考虑夹层板的阻尼效应，取阻尼常数 $\alpha=0$ 和 $\beta=8\times10^{-5}$。

采用三维弹性理论建立夹层板的力学模型，沿 x，y 和 z 方向将夹层板分为 16，16 和 3 个子域，每个子域内位移变量由第一类切比雪夫正交多项式展开，多项式展开项数为 $I_x\times I_y\times I_z=4\times4\times3$。对于声场模型，夹层板上下表面每个分

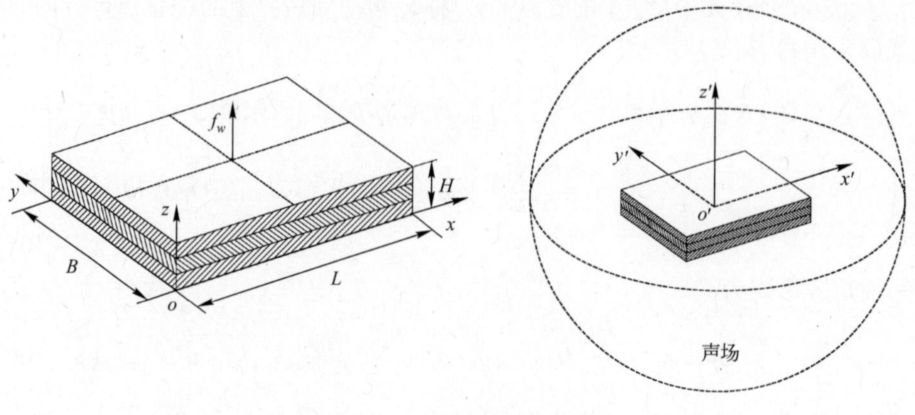

图 8-64　夹层板与声场模型

区子域表面分为 9 个边界单元。每个边界单元中的声压变量也采用第一类切比雪夫正交多项式展开,多项式项数为 $J_x \times J_y = 1 \times 1$。图 8-65 给出声场中不同点处的辐射声压响应和相应的 FFT 变换对比。图 8-65(a)中的横坐标为无量纲时间 t/T_0,T_0 为夹层板第 1 阶弯曲振动频率对应的振动周期。结果表明,时域声辐射响应中包含了激励力频率 f_0 和 f_1;随着场点与夹层板之间的距离变大,场点的声压幅值减小。

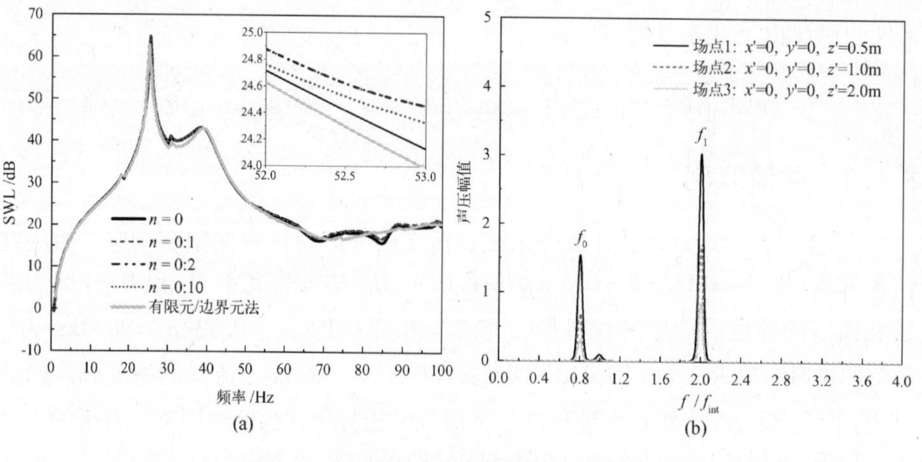

图 8-65　夹层板时域辐射声压与 FFT 变换

(a) 辐射声压;(b) FFT 变换。

参 考 文 献

[1] 沈观林,胡更开. 复合材料力学[M]. 北京:清华大学出版社,2006.

[2] Miyamoto Y, Kaysser WA, Rabin BH, et al. Functionally graded materials: design, processing and applications[M]. New York: Springer Science & Business Media, LLC, 1999.

[3] Kapania RK, Raciti S. Recent advances in analysis of laminated beams and plates. Part I. Shear effects and buckling[J]. AIAA Journal, 1989, 27 (7): 923 - 934.

[4] Ghugal YM, Shimpi RP. A review of refined shear deformation theories for isotropic and anisotropic laminated beams[J]. Journal of Reinforced Plastics and Composites, 2001, 20(3): 255 - 272.

[5] Hajianmaleki M, Qatu MS. Vibrations of straight and curved composite beams: A review[J]. Composite Structures, 2013, 100: 218 - 232.

[6] Omidvar B. Shear coefficient in orthotropic thin - walled composite beams[J]. Journal of Composites for Construction, 1998, 2(1): 46 - 55.

[7] Stephen NG, Levinson M. A second order beam theory[J]. Journal of Sound and Vibration, 1979, 67(3): 293 - 305.

[8] Heyliger PR, Reddy JN. A higher order beam finite element for bending and vibration problems[J]. Journal of Sound and Vibration, 1988, 126(2): 309 - 326.

[9] Khdeir AA, Reddy JN. An exact solution for the bending of thin and thick cross - ply laminated beams[J]. Composite Structures, 1997, 37(2): 195 - 203.

[10] Matsunaga H. Vibration and buckling of multilayered composite beams according to higher order deformation theories[J]. Journal of Sound and Vibration, 2001, 246 (1): 47 - 62.

[11] Icardi U. Higher - order zig - zag model for analysis of thick composite beams with inclusion of transverse normal stress and sublaminates approximations[J]. Composites Part B: Engineering, 2001, 32 (4): 343 - 354.

[12] Karama M, Afaq KS, Mistou S. Mechanical behaviour of laminated composite beam by the new multi - layered laminated composite structures model with transverse shear stress continuity[J]. International Journal of Solids and Structures, 2003, 40(6): 1525 - 1546.

[13] Kapuria S, Dumir PC, Jain NK. Assessment of zigzag theory for static loading, buckling, free and forced response of composite and sandwich beams[J]. Composite Structures, 2004, 64(3 - 4): 317 - 327.

[14] Vidal P, Polit O. A sine finite element using a zig - zag function for the analysis of laminated composite beams[J]. Composites Part B: Engineering, 2011, 42 (6): 1671 - 1682.

[15] Zhen W, Wanji C. An assessment of several displacement - based theories for the vibration and stability analysis of laminated composite and sandwich beams[J]. Composite Structures, 2008, 84(4): 337 - 349.

[16] 李思简,伍章健. 非均质混杂叠层梁的分层剪切理论[J]. 复合材料学报,1991,8(4):59 - 68.

[17] Shimpi RP, Ghugal YM. A new layerwise trigonometric shear deformation theory for two - layered cross - ply beams[J]. Composites Science and Technology, 2001, 61(9): 1271 - 1283.

[18] Tahani M. Analysis of laminated composite beams using layerwise displacement theories[J]. Composite

Structures,2007,79 (4):535 - 547.

[19] Meyer - Piening HR. Application of the elasticity solution to linear sandwich beam, plate and shell analyses [J]. Journal of Sandwich Structures and Materials,2004,6(4):295 - 312.

[20] Chen WQ, Lv CF, Bian ZG. Elasticity solution for free vibration of laminated beams[J]. Composite Structures,2003,62 (1):75 - 82.

[21] Chen WQ, Lv CF, Bian ZG. Free vibration analysis of generally laminated beams via state - space - based differential quadrature[J]. Composite Structures,2004,63(3 - 4):417 - 425.

[22] Reddy JN. Mechanics of laminated composite plates and shells: theory and analysis, Second Edition[M]. Florida: CRC Press,2003.

[23] Noor AK, Burton WS. Assessment of computational models for multilayered anisotropic plates[J]. Composite Structures,1990,14(3):233 - 265.

[24] Reddy JN, Robbins DH. Theories and computational models for composite laminates[J]. Applied Mechanics Reviews,1994,47(6):147 - 169.

[25] Carrera E. Historical review of Zig - Zag theories for multilayered plates and shells[J]. Applied Mechanics Reviews,2003,56(3):287 - 308.

[26] Reissner E. The effect of transverse shear deformation on the bending of elastic plates[J]. Journal of Applied Mechanics, Transactions ASME,1945,12(2):69 - 77.

[27] Mindlin RD. Influence of rotatory inertia and shear on flexural motions of isotropic, elastic plates[J]. Journal of Applied Mechanics, Transactions ASME,1951,18:31 - 38.

[28] Whitney JM. The effect of transverse shear deformation on the bending of laminated plates[J]. Journal of Composite Materials,1969,3(3):534 - 547.

[29] Murthy VV. An improved transverse shear deformation theory for laminate anisotropic plates[R]. NASA Technical Paper 1903,1981,1 - 36.

[30] Reddy JN. A simple higher - order theory for laminated composite plates[J]. Journal of Applied Mechanics, Transactions ASME,1984,51(4):745 - 752.

[31] Matsunaga H. Vibration and stability of cross - ply laminated composite plates according to a global higher - order plate theory[J]. Composite Structures,2000,48(4):231 - 244.

[32] Karama M, Afaq KS, Mistou S. A new theory for laminated composite plates[J]. Proceedings of the Institution of Mechanical Engineers, Part L: Journal of Materials: Design and Applications,2009,223 (2):53 - 62.

[33] Aydogdu M. A new shear deformation theory for laminated composite plates[J]. Composite Structures, 2009,89(1):94 - 101.

[34] Mantari JL, Oktem AS, Guedes Soares C. A new higher order shear deformation theory for sandwich and composite laminated plates[J]. Composites Part B: Engineering,2012,43(3):1489 - 1499.

[35] Mantari JL, Oktem AS, Guedes Soares C. A new trigonometric shear deformation theory for isotropic, laminated composite and sandwich plates[J]. International Journal of Solids and Structures,2012,49(1):43 - 53.

[36] Mantari JL, Oktem AS, Guedes Soares C. Static and dynamic analysis of laminated composite and sandwich plates and shells by using a new higher - order shear deformation theory[J]. Composite Structures,2011, 94 (1):37 - 49.

[37] El Meiche N, Tounsi A, Ziane N, et al. A new hyperbolic shear deformation theory for buckling and vibration of functionally graded sandwich plate[J]. International Journal of Mechanical Sciences,2011,53(4): 237 - 347.

[38] Soldatos KP. A transverse shear deformation theory for homogeneous monoclinic plates[J]. Acta Mechanica,1992,94(3-4):195-220.

[39] Mantari JL,Guedes Soares C. Analysis of isotropic and multilayered plates and shells by using a generalized higher-order shear deformation theory[J]. Composite Structures,2012,94(8):2640-2656.

[40] Akavci SS,Tanrikulu AH. Buckling and free vibration analyses of laminated composite plates by using two new hyperbolic shear-deformation theories[J]. Mechanics of Composite Materials,2008,44(2):145-154.

[41] Grover N,Maiti DK,Singh BN. A new inverse hyperbolic shear deformation theory for static and buckling analysis of laminated composite and sandwich plates[J]. Composite Structures,2013,95:667-675.

[42] Murakami H. Laminated composite plate theory with improved in-plane response[J]. Journal of Applied Mechanics,Transactions ASME,1986,53(3):661-666.

[43] Toledano A,Murakami H. A high-order laminated plate theory with improved in-plane responses[J]. International Journal of Solids and Structures,1987,23(1):111-131.

[44] Di Sciuva M. Bending,vibration and buckling of simply supported thick multilayered orthotropic plates:An evaluation of a new displacement model[J]. Journal of Sound and Vibration,1986,105(3):425-442.

[45] Di Sciuva M,Gherlone M. A global/local third-order Hermitian displacement field with damaged interfaces and transverse extensibility:FEM formulation[J]. Composite Structures,2003,59 (4):433-444.

[46] Carrera E. On the use of the Murakami's zig-zag function in the modeling of layered plates and shells[J]. Computers and Structures,2004,82(7-8):541-554.

[47] Cho M,Parmerter RR. An efficient higher-order plate theory for laminated composites[J]. Composite Structures,1992,20 (2):113-123.

[48] Cho M,Parmerter RR. Efficient higher order composite plate theory for general lamination configurations [J]. AIAA Journal,1993,31(7):1299-1306.

[49] Li X,Liu D. Generalized laminate theories based on double superposition hypothesis[J]. International Journal for Numerical Methods in Engineering,1997,40(7):1197-1212.

[50] Li X,Liu D. A laminate theory based on global-local superposition[J]. Communications in Numerical Methods in Engineering,1995,11(8):663-641.

[51] 何陵辉,刘人怀. 一种考虑层间位移和横向剪应力连续条件的层合板理论[J]. 固体力学学报,1994,15(4):319-325.

[52] 吴振. 高性能整体-局部高阶理论及高阶层合板单元[D]. 博士学位论文,大连理工大学,2007.

[53] Carrera E. A priori vs. a posteriori evaluation of transverse stresses in multilayered orthotropic plates[J]. Composite Structures,2000,48(4):245-260.

[54] Pagano NJ. Exact solutions for composite laminates in cylindrical bending[J]. Journal of Composite Materials,1969,3(3):398-411.

[55] Srinivas S,Rao AK. Bending,vibration and buckling of simply supported thick orthotropic rectangular plates and laminates[J]. International Journal of Solids and Structures,1970,6(11):1463-1481.

[56] Ye J. Laminated composite plates and shells:3D modelling[M]. London:Springer-Verlag,2003.

[57] 范家让. 强厚度叠层板壳的精确理论[M]. 北京:科学出版社,1996.

[58] 丁皓江,陈伟球,徐荣桥. 横观各向同性层合矩形板弯曲、振动和稳定的三维精确分析[J]. 应用力学与数学,2001,22(1):16-22.

[59] Chen WQ,Lü CF. 3D free vibration analysis of cross-ply laminated plates with one pair of opposite edges simply supported[J]. Composite Structures,2005,69 (1):77-87.

[60] Leissa AW. Vibration of shells[R]. Washington,DC:US Government Printing Office,NASA SP288, 1973.

[61] Reddy JN. Exact solutions of moderately thick laminated shells[J]. Journal of Engineering Mechanics 1984,110(5),794 - 809.

[62] Qatu MS. Accurate equations for laminated composite deep thick shells[J]. International Journal of Solids and Structures,1999,36(19):2917 - 2941.

[63] Reddy JN,Liu CF. A higher - order shear deformation theory of laminated elastic shells[J]. International Journal of Engineering Science,1985,23(3):319 - 330.

[64] Touratier M. A refined theory of laminated shallow shells[J]. International Journal of Solids and Structures,1992,29(11):1401 - 1415.

[65] Viola E,Tornabene F,Fantuzzi N. General higher - order shear deformation theories for the free vibration analysis of completely doubly - curved laminated shells and panels[J]. Composite Structures,2013,95: 639 - 666.

[66] Icardi U,Ruotolo R. Laminated shell model with second - order expansion of the reciprocals of Lamé coefficients H_α, H_β and interlayer continuities fulfilment[J]. Composite Structures,2002,56(3):293 - 313.

[67] Wu Z,Chen W. A global - local higher order theory for multilayered shells and the analysis of laminated cylindrical shell panels[J]. Composite Structures,2008,84(4):350 - 361.

[68] Oh J,Cho M. Higher order zig - zag theory for smart composite shells under mechanical - thermo - electric loading[J]. International Journal of Solids and Structures,2007,44 (1):100 - 127.

[69] Heyliger P,Pei KC,Saravanos D. Layerwise mechanics and finite element model for laminated piezoelectric shells[J]. AIAA Journal,1996,34 (11):2353 - 2360.

[70] Carrera E. Multilayered shell theories accounting for layerwise mixed description,Part 1:Governing equations[J]. AIAA Journal,1999,37(9):1107 - 1116.

[71] Carrera E. Multilayered shell theories accounting for layerwise mixed description,Part 2:Numerical evaluations[J]. AIAA Journal,1999,37(9):1117 - 1124.

[72] Boscolo M. Analytical solution for free vibration analysis of composite plates with layer - wise displacement assumptions[J]. Composite Structures,2013,100:493 - 510.

[73] Vinson JR,Sierakowski RL. The behavior of structures composed of composite materials,Second Edition [M]. New York:Kluwer Academic Publishers,2004.

[74] Berthelot JM. Damping analysis of laminated beams and plates using the Ritz method[J]. Composite Structures,2006,74(2):186 - 201.

[75] Aydogdu M. Vibration analysis of cross - ply laminated beams with general boundary conditions by Ritz method[J]. International Journal of Mechanical Sciences,2005,47(11):1740 - 1755.

[76] Eisenberger M,Abramovich H,Shulepov O. Dynamic stiffness analysis of laminated beams using a first order shear deformation theory[J]. Composite Structures,1995,31(4):265 - 271.

[77] Li J,Hua H,Shen R. Dynamic finite element method for generally laminated composite beams. International Journal of Mechanical Sciences,2008,50(3):466 - 480.

[78] Ferreira AJM. Thick composite beam analysis using a global meshless approximation based on radial basis functions[J]. Mechanics of Advanced Materials and Structures,2003,10(3):271 - 284.

[79] Sokolinsky VS,Nutt SR,Frostig Y. Boundary condition effects in free vibrations of higher - order soft sandwich beams[J]. AIAA Journal,2002,40(6):1220 - 1227.

[80] Chandrashekhara K, Bangera KM. Free vibration of composite beams using a refined shear flexible beam element[J]. Computers and Structures, 1992, 43(4): 719 – 727.

[81] Ramtekkar GS, Desai YM, Shah AH. Natural vibrations of laminated composite beams by using mixed finite element modelling[J]. Journal of Sound and Vibration, 2002, 257(4): 635 – 651.

[82] Khdeir AA. Dynamic response of antisymmetric cross – ply laminated composite beams with arbitrary boundary conditions[J]. International Journal of Engineering Science, 1996, 34(1): 9 – 19.

[83] Kapuria S, Alam N. Efficient layerwise finite element model for dynamic analysis of laminated piezoelectric beams[J]. Computer Methods in Applied Mechanics and Engineering, 2006, 195(19 – 22): 2742 – 2760.

[84] Marur SR, Kant T. Transient dynamics of laminated beams: an evaluation with a higher – order refined theory[J]. Composite Structures, 1998, 41(1): 1 – 11.

[85] Aydogdu M, Taskin V. Free vibration analysis of functionally graded beams with simply supported edges [J]. Materials and Design, 2007, 28(5): 1651 – 1656.

[86] Li X – F. A unified approach for analyzing static and dynamic behaviors of functionally graded Timoshenko and Euler – Bernoulli beams[J]. Journal of Sound and Vibration, 2008, 318 (4 – 5): 1210 – 1229.

[87] Thai H – T, Vo TP. Bending and free vibration of functionally graded beams using various higher – order shear deformation beam theories[J]. International Journal of Mechanical Sciences, 2012, 62(1): 57 – 66.

[88] Şimşek M. Fundamental frequency analysis of functionally graded beams by using different higher – order beam theories[J]. Nuclear Engineering and Design, 2010, 240(4): 697 – 705.

[89] Amirani MC, Khalili SMR, Nemati N. Free vibration analysis of sandwich beam with FG core using the element free Galerkin method. Composite Structures, 2009, 90(3): 373 – 379.

[90] Alshorbagy AE, Eltaher MA, Mahmoud FF. Free vibration characteristics of a functionally graded beam by finite element method. Applied Mathematical Modelling, 2011, 35(1): 412 – 425.

[91] Ying J, Lü CF, Chen WQ. Two – dimensional elasticity solutions for functionally graded beams resting on elastic foundations. Composite Structures, 2008, 84(3): 209 – 219.

[92] Lü C – F, Chen WQ. Free vibration of orthotropic functionally graded beams with various end conditions [J]. Structural Engineering and Mechanics, 2005, 20(4): 465 – 476.

[93] Khalili SMR, Jafari AA, Eftekhari SA. A mixed Ritz – DQ method for forced vibration of functionally graded beams carrying moving loads[J]. Composite Structures, 2010, 92(10): 2497 – 2511.

[94] Şimşek M. Vibration analysis of a functionally graded beam under a moving mass by using different beam theories[J]. Composite Structures, 2010, 92(4): 904 – 917.

[95] Li X – F, Kang Y – A, Wu J – X. Exact frequency equations of free vibration of exponentially functionally graded beams[J]. Applied Acoustics, 2013, 74(3): 413 – 420.

[96] Wu L, Wang Q – S, Elishakoff I. Semi – inverse method for axially functionally graded beams with an anti – symmetric vibration mode[J]. Journal of Sound and Vibration, 2005, 284 (3 – 5): 1190 – 1202.

[97] Huang Y, Li X – F. A new approach for free vibration of axially functionally graded beams with non – uniform cross – section[J]. Journal of Sound and Vibration, 2010, 329(11): 2291 – 2303.

[98] Alshorbagy AE, Eltaher MA, Mahmoud FF. Free vibration characteristics of a functionally graded beam by finite element method[J]. Applied Mathematical Modelling, 2011, 35(1): 412 – 425.

[99] Kant T, Swaminathan K. Free vibration of isotropic, orthotropic, and multilayer plates based on higher order refined theories[J]. Journal of Sound and Vibration, 2001, 241(2): 319 – 327.

[100] Leissa AW, Narita Y. Vibration studies for simply supported symmetrically laminated rectangular plates

[J]. Composite Structures, 1989, 12 (2): 113 - 132.

[101] Farsa J, Kukreti AR, Bert CW. Fundamental frequency analysis of single specially orthotropic, generally orthotropic and anisotropic rectangular layered plates by the differential quadrature method[J]. Computers and Structures, 1993, 46 (3): 465 - 477.

[102] Wang J, Liew KM, Tan MJ, et al. Analysis of rectangular laminated composite plates via FSDT meshless method[J]. International Journal of Mechanical Sciences, 2002, 44 (7): 1275 - 1293.

[103] Numayr KS, Haddad RH, Haddad MA. Free vibration of composite plates using the finite difference method[J]. Thin - Walled Structures, 2004, 42 (3): 399 - 414.

[104] Reddy JN. Free vibration of antisymmetric, angle - ply laminated plates including transverse shear deformation by the finite element method[J]. Journal of Sound and Vibration, 1979, 66 (4): 565 - 576.

[105] Carrera E, Demasi L, Manganello M. Assessment of plate elements on bending and vibrations of composite structures[J]. Mechanics of Advanced Materials and Structures, 2002, 9(4): 333 - 357.

[106] Carrera E, Boscolo M. Classical and mixed finite elements for static and dynamic analysis of piezoelectric plates[J]. International Journal for Numerical Methods in Engineering, 2007, 70 (10): 1135 - 1181.

[107] Nosier A, Kapania RK, Reddy JN. Free vibration analysis of laminated plates using a layerwise theory[J]. AIAA Journal, 1993, 31 (12): 2335 - 2346.

[108] Wang S, Zhang Y. Vibration analysis of rectangular composite laminated plates using layerwise B - spline finite strip method[J]. Composite Structures, 2005, 68(3): 349 - 358.

[109] Ferreira AJM, Roque CMC, Jorge RMN, et al. Static deformations and vibration analysis of composite and sandwich plates using a layerwise theory and multiquadrics discretizations[J]. Engineering Analysis with Boundary Elements, 2005, 29 (12): 1104 - 1114.

[110] Plagianakos TS, Saravanos DA. High - order layerwise finite element for the damped free - vibration response of thick composite and sandwich composite plates[J]. International Journal for Numerical Methods in Engineering, 2009, 77 (11): 1593 - 1626.

[111] Rao MK, Desai YM. Analytical solutions for vibrations of laminated and sandwich plates using mixed theory[J]. Composite Structures, 2004, 63(3 - 4): 361 - 373.

[112] Lü CF, Chen WQ, Shao JW. Semi - analytical three - dimensional elasticity solutions for generally laminated composite plates[J]. European Journal of Mechanics, A/Solids, 2008, 27 (5), 899 - 917.

[113] Reddy JN. Dynamic (transient) analysis of layered anisotropic composite - material plates[J]. International Journal for Numerical Methods in Engineering, 1983, 19(2): 237 - 255.

[114] Birman V, Byrd LW. Modeling and analysis of functionally graded materials and structures[J]. Applied Mechanics Reviews, 2007, 60(1 - 6): 195 - 216.

[115] 沈惠申. 功能梯度复合材料板壳结构的弯曲、屈曲和振动[J]. 力学进展, 2004, 34(1): 53 - 60.

[116] 仲政, 吴林志, 陈伟球. 功能梯度材料与结构的若干力学问题研究进展[J]. 力学进展, 2010, 40 (5): 528 - 540.

[117] Vel SS, Batra RC. Three - dimensional exact solution for the vibration of functionally graded rectangular plates[J]. Journal of Sound and Vibration, 2004, 272(3 - 5): 703 - 730.

[118] 陈伟球, 叶贵如, 蔡金标, 等. 横观各向同性功能梯度材料矩形板的自由振动[J]. 振动工程学报, 2001, 14(3): 263 - 26.

[119] Dong SB. Free vibration of laminated orthotropic cylindrical shells[J]. Journal of the Acoustical Society of America, 1968, 44(6): 1628 - 1635.

[120] Bert CW, Baker JL, Eglem DM. Free vibrations of multilayer anisotropic cylindrical shells[J]. Journal of Composite Materials, 1969, 3(3): 480 – 499.

[121] Zhang XM. Vibration analysis of cross – ply laminated composite cylindrical shells using the wave propagation approach[J]. Applied Acoustics, 2001, 62(11): 1221 – 1228.

[122] Matsunaga H. Vibration and buckling of cross – ply laminated composite circular cylindrical shells according to a global higher – order theory[J]. International Journal of Mechanical Sciences, 2007, 49 (9): 1060 – 1075.

[123] Narita Y, Ohta Y, Yamada G, et al. Analytical method for vibration of angle – ply cylindrical shells having arbitrary edges[J]. AIAA Journal, 1992, 30(3): 790 – 796.

[124] Lam KY, Loy CT. Influence of boundary conditions and fibre orientation on the natural frequencies of thin orthotropic laminated cylindrical shells[J]. Composite Structures, 1995, 31(1): 21 – 30.

[125] Messina A, Soldatos KP. Ritz – type dynamic analysis of cross – ply laminated circular cylinders subjected to different boundary conditions[J]. Journal of Sound and Vibration, 1999, 227(4): 749 – 768.

[126] Soldatos KP. On the buckling and vibration of antisymmetric angle – ply laminated circular cylindrical shells[J]. International Journal of Engineering Science, 1983, 21(3): 217 – 222.

[127] Shu C, Du H. Free vibration analysis of laminated composite cylindrical shells by DQM[J]. Composites Part B: Engineering, 1997, 28(3): 267 – 274.

[128] Ferreira AJM, Roque CMC, Jorge RMN. Static and free vibration analysis of composite shells by radial basis functions[J]. Engineering Analysis with Boundary Elements, 2006, 30(9): 719 – 733.

[129] Ramesh TC, Ganesan N. A finite element based on a discrete layer theory for the free vibration analysis of cylindrical shells[J]. Computers and Structures, 1992, 43(1): 137 – 143.

[130] Chen C – Q, Shen Y – P. Three – dimensional analysis for the free vibration of finite length orthotropic piezoelectric circular cylindrical shells[J]. Journal of Vibration and Acoustics, Transactions of the ASME, 1998, 120(1): 194 – 198.

[131] Ye JQ, Soldatos KP. Three – dimensional vibration of laminated cylinders and cylindrical panels with symmetric or antisymmetric cross – ply lay – up[J]. Composites Engineering, 1994, 4(4): 429 – 444.

[132] Malekzadeh P, Farid M, Zahedinejad P. A three – dimensional layerwise differential quadrature free vibration analysis of laminated cylindrical shells[J]. International Journal of Pressure Vessels and Piping, 2008, 85(7): 450 – 458.

[133] Santos H, Mota Soares CM, Mota Soares CA, et al. A finite element model for the analysis of 3D axisymmetric laminated shells with piezoelectric sensors and actuators: Bending and free vibrations[J]. Computers and Structures, 2008, 86(9): 940 – 947.

[134] Lee YS, Lee KD. On the dynamic response of laminated circular cylindrical shells under impulse loads[J]. Computers and Structures, 1997, 63(1): 149 – 157.

[135] Türkmen HS. Structural response of laminated composite shells subjected to blast loading: comparison of experimental and theoretical methods[J]. Journal of Sound and Vibration, 2002, 249(4): 663 – 678.

[136] Jafari AA, Khalili SMR, Azarafza R. Transient dynamic response of composite circular cylindrical shells under radial impulse load and axial compressive loads[J]. Thin – Walled Structures, 2005, 43(11): 1763 – 1786.

[137] Ganapathi M, Patel BP, Pawargi DS, et al. Comparative dynamic studies of thick laminated composite shells based on higher – order theories[J]. Structural Engineering and Mechanics, 2002, 13(6): 695 – 711.

[138] Kapuria S, Kumari P. Three – dimensional piezoelasticity solution for dynamics of cross – ply cylindrical shells integrated with piezoelectric fiber reinforced composite actuators and sensors[J]. Composite Structures, 2010, 92(10): 2431 – 2444.

[139] Sankaranarayanan N, Chandrasekaran K, Ramaiyan G. Axisymmetric vibrations of laminated conical shells of variable thickness[J]. Journal of Sound and Vibration, 1987, 118(1): 151 – 161.

[140] Khatri, KN. Vibrations of arbitrarily laminated fiber reinforced composite material truncated conical shell [J]. Journal of Reinforced Plastics and Composites, 1995, 14(9): 923 – 948.

[141] Tong, L. Free vibration of composite laminated conical shells[J]. International Journal of Mechanical Sciences, 1993, 35(1): 47 – 61.

[142] Shu. Free vibration analysis of composite laminated conical shells by generalized differential quadrature [J]. Journal of Sound and Vibration, 1996, 194(4): 587 – 604.

[143] Wu C – P, Wu C – H. Asymptotic differential quadrature solutions for the free vibration of laminated conical shells[J]. Computational mechanics, 2000, 25(4): 346 – 357.

[144] Wu C – P, Lee C – Y. Differential quadrature solution for the free vibration analysis of laminated conical shells with variable stiffness[J]. International Journal of Mechanical Sciences, 2001, 43(8): 1853 – 1869.

[145] Ramesh TC, Ganesan N. A finite element based on a discrete layer theory for the free vibration analysis of conical shells[J]. Journal of Sound and Vibration, 1993, 166(3): 531 – 538.

[146] Sivadas KR, Ganesan N. Vibration analysis of thick composite clamped conical shells of varying thickness [J]. Journal of Sound and Vibration, 1992, 152(1): 27 – 37.

[147] Srinivasan RS, Krishnan PA. Dynamic response of layered conical shell panel using integral equation technique[J]. Computers and Structures, 1989, 31(6): 897 – 905.

[148] Wilkinson JPD. Natural frequencies of closed spherical sandwich shells[J]. Journal of the Acoustical Society of America, 1966, 40(4): 801 – 806.

[149] Mirza S, Singh AV. Free vibration of deep spherical sandwich shells[J]. Journal of Engineering Mathematics, 1974, 8(1): 71 – 79.

[150] Narasimhan MC, Alwar RS. Free vibration analysis of laminated orthotropic spherical shells[J]. Journal of Sound and Vibration, 1992, 154 (3): 515 – 529.

[151] Chao CC, Chern YC. Axisymmetric free vibration of orthotropic complete spherical shells[J]. Journal of Composite Materials, 1988, 22(12): 1116 – 1130.

[152] Gautham BP, Ganesan N. Free vibration characteristics of isotropic and laminated orthotropic spherical caps[J]. Journal of Sound and Vibration, 1997, 204(1): 17 – 40.

[153] Chen WQ, Ding HJ. Free vibration of multi – layered spherically isotropic hollow spheres[J]. International Journal of Mechanical Sciences, 2001, 43(3): 667 – 680.

[154] Narasimhan MC. Dynamic response of laminated orthotropic spherical shells[J]. Journal of the Acoustical Society of America, 1992, 91(5): 2714 – 2720.

[155] Yiqian Y, Hezhong M, Tsunkuei W. Dynamic response of laminated orthotropic spherical shells including transverse shear deformation and rotatory inertia[J]. Applied Mathematics and Mechanics (English Edition), 1996, 17(3): 205 – 212.

[156] Tornabene F. 2 – D GDQ solution for free vibrations of anisotropic doubly – curved shells and panels of revolution[J]. Composite Structures, 2011, 93 (7): 1854 – 1876.

[157] Kayran A, Yavuzbalkan E. Semi – analytical study of free vibration characteristics of shear deformable filament

wound anisotropic shells of revolution[J]. Journal of Sound and Vibration,2009,319 (1 -2):260 -281.

[158] Sivadas KR, Ganesan N. Effect of coupling between symmetric and antisymmetric modes in composite thick shells of revolution[J]. Finite Elements in Analysis and Design,1992,11 (1):9 -18.

[159] Xi ZC, Yam LH, Leung TP. Semi - analytical study of free vibration of composite shells of revolution based on the Reissner - Mindlin assumption[J]. International Journal of Solids and Structures,1996,33 (6):851 -863.

[160] Xi ZC, Yam LH, Leung TP. Free vibration of a laminated composite shell of revolution: Effects of shear non - linearity[J]. International Journal of Mechanical Sciences,1999,41 (6):649 -661.

[161] Gautham BP, Ganesan N. Free vibration analysis of orthotropic thick shells of revolution using discrete layer theory[J]. Journal of Sound and Vibration,1994,171 (4):549 -556.

[162] Santos H, Soares CMM, Soares CAM, et al. A semi - analytical finite element model for the analysis of laminated 3D axisymmetric shells: Bending, free vibration and buckling[J]. Composite Structures,2005, 71 (3 -4):273 -281.

[163] Patel BP, Ganapathi M, Kamat S. Free vibration characteristics of laminated composite joined conical - cylindrical shells[J]. Journal of Sound and Vibration,2000,237(5):920 -930.

[164] 刘理,刘土光,黄玉盈,等. 复合材料锥柱结合壳的自由振动分析[J]. 华中理工大学学报,1997, 25(9):32 -34.

[165] Tornabene F, Viola E. Free vibration analysis of functionally graded panels and shells of revolution[J]. Meccanica,2009,44:255 -281.

[166] Neves AMA, Ferreira AJM, Carrera E, et al. Free vibration analysis of functionally graded shells by a higher - order shear deformation theory and radial basis functions collocation, accounting for through - the - thickness deformations[J]. European Journal of Mechanics - A/Solids,2013,37:24 -34.

[167] 曹志远. 功能梯度复合材料圆柱壳固有频率解[J]. 地震工程与工程振动,2005,25(6):38 -42.

[168] Loy CT, Lam KY, Reddy JN. Vibration of functionally graded cylindrical shells[J]. International Journal of Mechanical Sciences,1999,41(3):309 -324.

[169] Pradhan SC, Loy CT, Lam KY, et al. Vibration characteristics of functionally graded cylindrical shells under various boundary conditions[J]. Applied Acoustics,2000,61(1):111 -129.

[170] Arshad SH, Naeem MN, Sultana N. Frequency analysis of functionally graded material cylindrical shells with various volume fraction laws[J]. Proceedings of the Institution of Mechanical Engineers, Part C: Journal of Mechanical Engineering Science,2007,221(12):1483 -1495.

[171] Tornabene F. Free vibration analysis of functionally graded conical, cylindrical shell and annular plate structures with a four - parameter power - law distribution[J]. Computer Methods in Applied Mechanics and Engineering,2009,198(37 -40):2911 -2935.

[172] Haddadpour H, Mahmoudkhani S, Navazi HM. Free vibration analysis of functionally graded cylindrical shells including thermal effects[J]. Thin - Walled Structures,2007,45(6):591 -599.

[173] Kadoli R, Ganesan N. Buckling and free vibration analysis of functionally graded cylindrical shells subjected to a temperature - specified boundary condition[J]. Journal of Sound and Vibration,2006,289(3): 450 -480.

[174] Vel SS. Exact elasticity solution for the vibration of functionally graded anisotropic cylindrical shells[J]. Composite Structures,2010,92 (11):2712 -2727.

[175] 边祖光,陈伟球,丁皓江. 正交各向异性功能梯度圆柱壳的自由振动[J]. 应用力学学报,2004,21

(3):75 - 78.

[176] Yas MH, Sobhani Aragh B. Elasticity solution for free vibration analysis of four - parameter functionally graded fiber orientation cylindrical panels using differential quadrature method[J]. European Journal of Mechanics, A/Solids, 2011, 30 (5):631 - 638.

[177] Taghvaeipour A, Bonakdar M, Ahmadian MT. Application of a new cylindrical element formulation in finite element structural analysis of FGM hollow cylinders[J]. Finite Elements in Analysis and Design, 2012, 50:1 - 7.

[178] Han X, Liu GR, Xi ZC, et al. Transient waves in a functionally graded cylinder[J]. International Journal of Solids and Structures, 2001, 38(17):3021 - 3037.

[179] Foroutan M, Moradi - Dastjerdi R. Dynamic analysis of functionally graded material cylinders under an impact load by a mesh - free method[J]. Acta Mechanica, 2011, 219(3 - 4):281 - 290.

[180] Zhao X, Liew KM. Free vibration analysis of functionally graded conical shell panels by a meshless method[J]. Composite Structures, 2011, 93(2):649 - 64.

[181] Sofiyev AH. The vibration and stability behavior of freely supported FGM conical shells subjected to external pressure[J]. Composite Structures, 2009, 89(3):356 - 66.

[182] Malekzadeh P, Fiouz AR, Sobhrouyan M. Three - dimensional free vibration of functionally graded truncated conical shells subjected to thermal environment[J]. International Journal of Pressure Vessels and Piping, 2012, 89:210 - 221.

[183] Bhangale RK, Ganesan N, Padmanabhan C. Linear thermoelastic buckling and free vibration behavior of functionally graded truncated conical shells[J]. Journal of Sound and Vibration, 2006, 292(1 - 2):341 - 371.

[184] Setoodeh AR, Tahani M, Selahi E. Transient dynamic and free vibration analysis of functionally graded truncated conical shells with non - uniform thickness subjected to mechanical shock loading[J]. Composites Part B: Engineering, 2012, 43(5):2161 - 2171.

[185] Asemi K, Salehi M, Akhlaghi M. Dynamic analysis of a functionally graded thick truncated cone with finite length[J]. International Journal of Mechanics and Materials in Design, 2010, 6(4):367 - 378.

[186] Chen WQ, Wang X, Ding HJ. Free vibration of a fluid - filled hollow sphere of a functionally graded material with spherical isotropy[J]. Journal of the Acoustical Society of America, 1999, 106(5):2588 - 2594.

[187] 陈伟球,叶贵如,蔡金标,等. 球面各向同性功能梯度球壳的自由振动[J]. 力学学报,2001,33(6):768 - 775.

[188] Ding HJ, Wang HM, Chen WQ. Dynamic responses of a functionally graded pyroelectric hollow sphere for spherically symmetric problems[J]. Journal of Mechanical Sciences, 2003, 45 (6 - 7):1029 - 1051.

[189] Fahy FJ, Gardonio P. Sound and structural vibration: radiation, transmission and response, Second edition [M]. Oxford: Academic Press, 2007.

[190] Ciskowski RD, Brebbia CA. Boundary element methods in acoustics[M]. Southampton: Computational Mechanics Publications, 1991.

[191] Junger MC, Feit D. Sound, structures, and their interaction, Second edition[M]. Massachusetts: MIT Press, 1986.

[192] Skelton EA, James JH. Theoretical acoustics of underwater structures[M]. London: Imperial College Press, 1997.

[193] 何祚镛. 结构振动与声辐射[M]. 哈尔滨:哈尔滨工程大学出版社,2001.

[194] 徐步青. 功能梯度材料板壳结构的声学问题研究[D]. 博士学位论文,北京交通大学,2009.

[195] Hasheminejad SM, Ahamdi - Savadkoohi A. Vibro - acoustic behavior of a hollow FGM cylinder excited by on - surface mechanical drives[J]. Composite Structures, 2010, 92(1): 86 - 96.

[196] 姚熊亮，叶曦，王献忠．热环境中功能梯度圆柱壳声辐射特性研究[J]．工程力学，2013，30(6)：334 - 339.

[197] Laulagnet B, Guyader JL. Sound radiation from finite cylindrical coated shells, by means of asymptotic expansion of three - dimensional equations for coating[J]. Journal of the Acoustical Society of America, 1994, 96(1): 277 - 286.

[198] Laulagnet B, Guyader JL. Sound radiation from finite cylindrical shells, partially covered with longitudinal strips of compliant layer[J]. Journal of Sound and Vibration, 1995, 186 (5): 723 - 742.

[199] 陈炜，骆东平，张书吉，等．敷设阻尼材料的环肋柱壳声辐射性能分析[J]．声学学报，2000，25(1)：27 - 32.

[200] Chen WQ, Wang X, Ding HJ. Free vibration of a fluid - filled hollow sphere of a functionally graded material with spherical isotropy[J]. Journal of the Acoustical Society of America, 1999, 106 (5): 2588 - 2594.

[201] Givoli D, Keller JB. A finite element method for large domains[J]. Computer Methods in Applied Mechanics and Engineering, 1989, 76(1): 41 - 66.

[202] Keller JB, Givoli D. Exact non - reflecting boundary conditions[J]. Journal of Computational Physics, 1989, 82(1): 172 - 192.

[203] Harari I, Hughes TJR. Studies of domain - based formulations for computing exterior problems of acoustics [J]. International Journal for Numerical Methods in Engineering, 1994, 37(17): 2935 - 2950.

[204] Kallivokas LF, Bielak J. Time - domain analysis of transient structural acoustics problems based on the finite element method and a novel absorbing boundary element[J]. Journal of the Acoustical Society of America, 1993, 94(6): 3480 - 3492.

[205] Givoli D, Keller JB. Special finite elements for use with high - order boundary conditions[J]. Computer Methods in Applied Mechanics and Engineering, 1994, 119(3 - 4): 199 - 213.

[206] Bettess P. Infinite elements[J]. International Journal for Numerical Methods in Engineering, 1977, 11 (1): 53 - 64.

[207] Burnett DS. A three - dimensional acoustic infinite element based on a prolate spheroidal multipole expansion[J]. Journal of the Acoustical Society of America, 1994, 96(5): 2798 - 2816.

[208] Burnett DS, Holford RL. Prolate and oblate spheroidal acoustic infinite elements[J]. Computer Methods in Applied Mechanics and Engineering, 1998, 158(1 - 2): 117 - 141.

[209] Kallivokas LF, Bielak J. Time - domain analysis of transient structural acoustics problems based on the finite element method and a novel absorbing boundary element[J]. Journal of the Acoustical Society of America, 1993, 94(6): 3480 - 3492.

[210] Marburg S, Nolte B. Computational acoustics of noise propagation in fluids - finite and boundary element methods[M]. Leipzig: Springer - Verlag Berlin Heidelberg, 2008.

[211] Schenck HA. Improved integral formulation for acoustic radiation problems[J]. Journal of the Acoustical Society of America, 1968, 44(41): 41 - 58.

[212] Burton AJ, Miller GF. The application of integral equation methods to the numerical solution of some exterior boundary - value problems[J]. Proceedings of the Royal Society A: Mathematical Physical & Engineering Sciences, 1971, 323(1553): 201 - 210.

[213] Soenarko B. A boundary element formulation for radiation of acoustic waves from axisymmetric bodies with

arbitrary boundary conditions[J]. Journal of the Acoustical Society of America,1993,93(2):631 -639.

[214] Kuijpers AHWM,Verbeek G,Verheij JW. An improved acoustic Fourier boundary element method formulation using fast Fourier transform integration[J]. Journal of the Acoustical Society of America,1997,102(3):1394 -1401.

[215] Wang W,Atalla N,Nicolas J. A boundary integral approach for acoustic radiation of axisymmetric bodies with arbitrary boundary conditions valid for all wave numbers[J]. Journal of the Acoustical Society of America,1997,101(3):1468 -1478.

[216] Wright L,Robinson SP,Humphrey VF. Prediction of acoustic radiation from axisymmetric surfaces with arbitrary boundary conditions using the boundary element method on a distributed computing system[J]. Journal of the Acoustical Society of America,2009,125(3):1374 -1383.

[217] 徐芝纶. 弹性力学(下册). 4版. 北京:高等教育出版社,2006.

[218] 钱伟长. 广义变分原理[M]. 上海:知识出版社,1985.

[219] 胡海昌. 弹性力学的变分原理及其应用[M]. 北京:科学出版社,1981.

[220] Washizu K. Variational methods in elasticity and plasticity,third Edition. Oxford:Pergamon Press,1982.

[221] Zienkiewicz OC. The Finite Element Method:Its Basis and Fundamentals,six edition. Oxford:Elsevier Butterworth - Heinemann,2005.

[222] Nitsche JA. Über ein Variationsprinzip zur Lösung von Dirichlet - Problemen bei Verwendung von Teilräumen,die keinen Randbedingungen unterworfen sind. Abhandlungen aus dem Mathematischen Seminar der Universität Hamburg,1971,36(1):9 -15.

[223] Bathe KJ. Finite element procedures[M]. New Jersey:Prentice - Hall Inc,1996.

[224] Lehoucq RB,Sorensen DC. Deflation techniques for an implicitly restarted Arnoldi iteration[J]. SIAM Journal on Matrix Analysis and Applications,1996,17(4):789 -821.

[225] Rao SS. Mechanical vibrations,Fourth edition[M]. New Jersey:Pearson Prentice Hall,2003.

[226] Carrera E. Layer - wise mixed models for accurate vibrations analysis of multilayered plates[J]. Journal of Applied Mechanics,Transactions ASME,1998,65 (4):820 -827.

[227] Carrera E,Brischetto S. A survey with numerical assessment of classical and refined theories for the analysis of sandwich plates[J]. Applied Mechanics Reviews,2009,62(1):1 -17.

[228] Kaczkowski Z. Plates:Statical Analysis[M]. Warsaw:Arkady,1968.

[229] Panc V. Theories of elastic plates[M]. Prague:Academia,1975.

[230] Reissner E. On transverse bending of plates,including the effect of transverse shear deformation[J]. International Journal of Solids and Structures,1975,11(5):569 -573.

[231] Levinson M. A new rectangular beam theory[J]. Journal of Sound and Vibration,1981,74(1):81 -87.

[232] Murty AVK. Toward a consistent beam theory[J]. AIAA Journal,1984,22(6):811 -816.

[233] Levy M. Memoire sur la theorie des plaques elastique planes[J]. Journal de mathématiques pures et appliquées,1877,30:219 -306.

[234] Stein M. Nonlinear theory for plates and shells including the effect of transverse sharing[J]. AIAA Journal,1986,24(9):1537 -1544.

[235] Touratier M. An efficient standard plate theory[J]. International Journal of Engineering Science,1991,29(8):901 -916.

[236] Ritchie IG,Rosinger HE,Shillinglaw AJ,et al. The dynamic elastic behaviour of a fibre - reinforced composite sheet. I. The precise experimental determination of the principal elastic moduli[J]. Journal of

Physics D:Applied Physics,1975,8(15):1733 - 1749.

[237] Wolf JA. Natural frequencies of circular arches[J]. Journal of the Structural Division - Transactions of the American Society of Mechanical Engineers,1971,97(9):2237 - 2350.

[238] Tüfekçi E,Arpaci A. Exact solution of in - plane vibrations of circular arches with account taken of axial extension,transverse shear and rotatory inertia effects[J]. Journal of Sound and Vibration,1998,209(5):845 - 856.

[239] Qatu MS. Theories and analyses of thin and moderately thick laminated composite curved beams[J]. International Journal of Solids and Structures,1993,30(20):2743 - 2756.

[240] 何福保,沈亚鹏. 板壳理论[M]. 西安:西安交通大学出版社,1993.

[241] 黄克智,陆明万,薛明德. 弹性薄壳理论[M]. 北京:高等教育出版社,1988.

[242] 王保林,韩杰才,张幸红. 非均匀材料力学[M]. 北京:科学出版社,2003.

[243] Williamson RL,Rabin BH,Drake JT. Finite element analysis of thermal residual stresses at graded ceramic - metal interfaces. Part I:Model description and geometrical effects[J]. Journal of Applied Physics,1993,74(2):1310 - 1320.

[244] Drake JT,Williamson RL,Rabin BH. Finite element analysis of thermal residual stresses at graded ceramic - metal interfaces. Part II:Interface optimization for residual stress reduction[J]. Journal of Applied Physics,1993,74(2):1321 - 1326.

[245] Mori T,Tanaka T. Average stress in matrix and average elastic energy of materials with misfitting inclusions[J]. Acta Metall,1973,21:571 - 574.

[246] Hill R. A self - consistent mechanics of composite materials[J]. Journal of the Mechanics and Physics of Solids,1965,13(4):213 - 222.

[247] Touloukian YS. Thermophysical properties of high temperature solid materials[M]. New York:McMillan,1967.

[248] Shen H - S. Functionally graded materials:nonlinear analysis of plates and shells[M]. New York:CRC Press,2009.

[249] Matsunaga H. Free vibration and stability of functionally graded plates according to a 2 - D higher - order deformation theory[J]. Composite Structures,2008,84(4):499 - 512.

[250] Zhou D,Au FTK,Cheung YK,et al. Three - dimensional vibration analysis of circular and annular plates via the Chebyshev - Ritz method[J]. International Journal of Solids and Structures,2003,40(12):3089 - 3105.

[251] Dong CY. Three - dimensional free vibration analysis of functionally graded annular plates using the Chebyshev - Ritz method. Materials & Design,2008,29(8):1518 - 1525.

[252] Telles JCF. A self - adaptive co - ordinate transformation for efficient numerical evaluation of general boundary element integrals[J]. International Journal for Numerical Methods in Engineering,1987,24(5):959 - 973.

[253] Rêgo Silva JJ,Wrobell LC,Telles JCF. A new family of continuous/discontinuous three - dimensional boundary elements with application to acoustic wave propagation[J]. International Journal for Numerical Methods in Engineering,1993,36(10):1661 - 1679.

[254] Chien CC,Rajiyah H,Atluri SN. An effective method for solving the hyper - singular integral equations in 3 - D acoustics[J]. The Journal of the Acoustical Society of America,1990,88(109):918 - 937.

[255] Krishnasamy G,Schmerr LW,Rudolphi TJ,et al. Hypersingular boundary integral equations:some applications in acoustic and elastic wave scattering[J]. Journal of Applied Mechanics - ASME,1990,57(2):

404 - 414.

[256] Rêgo Silva JJD. Acoustic and elastic wave scattering using boundary elements[M]. Boston: Computational Mechanics Publications, 1994: 49 - 85.

[257] Morse PM, Ingard KU. Theoretical acoustics[M]. Princeton: Princeton University Press, 1968.

[258] Morse PM, Feshbach, H. Methods of theoretical physics. McGraw - Hill, London, 1953.

[259] Cruse TA, Rizzo FJ. A direct formulation and numerical solution of the general transient elastodynamic problem. I. Journal of Mathematical Analysis and Applications, 1968, 22(1): 244 - 259.

[260] Eringen AC, Şuhubi ES. Elastodynamics, II: Linear Thoery[M]. New York: Academic Press, 1975.

[261] Wu TW. Boundary Element Acoustics: Fundamentals and Computer Codes (Advances in Boundary Elements). Michigan: WIT Press, 2000.

[262] Mansur WJ. A time - stepping technique to solve wave propagation problems using the boundary element method[D]. Southampton: University of Southampton, 1983.

[263] Brebbia CA. Topics in Boundary Element Research: Volume 1: Basic Principles and Applications[M]. Berlin: Springer - Verlag, 1984.

[264] Qu Y, Chen Y, Long X, et al. A modified variational approach for vibration analysis of ring - stiffened conical - cylindrical shell combinations. European Journal of Mechanics - A/Solids, 2013, 37: 200 - 215.

[265] Qu Y, Wu S, Chen Y, et al. Vibration analysis of ring - stiffened conical - cylindrical - spherical shells based on a modified variational approach. International Journal of Mechanical Sciences, 2013, 69: 72 - 84.

[266] Hoppmann II WH. Some characteristics of the flexural vibrations of orthogonally stiffened cylindrical shells [J]. Journal of the Acoustical Society of America, 1958, 30(1): 77 - 82.

[267] Wang CM, Swaddiwudhipong S, Tian J. Ritz method for vibration analysis of cylindrical shells with ring stiffeners[J]. Journal of Engineering Mechanics, 1997, 123(2): 134 - 142.

[268] Mead DJ, Bardell NS. Free vibration of a thin cylindrical shell with discrete axial stiffeners[J]. Journal of Sound and Vibration, 1986, 111(2): 229 - 250.

[269] Peters H, Kessissoglou N, Marburg S. Modal decomposition of exterior acoustic - structure interaction problems with model order reduction[J]. Journal of the Acoustical Society of America, 2014, 135(5): 2706 - 2717.

附录　与本书内容相关的著者论文列表

[1] Qu Y, Meng G. Prediction of acoustic radiation from functionally graded shells of revolution in light and heavy fluids. Journal of Sound and Vibration, 2016, 376: 112 – 130.

[2] Qu Y, Hua H, Meng G. Vibro – acoustic analysis of coupled spherical – cylindrical – spherical shells stiffened by ring and stringer reinforcements. Journal of Sound and Vibration, 2015, 355: 345 – 359.

[3] Qu Y, Meng G. Vibro – acoustic analysis of multilayered shells of revolution based on a general higher – order shear deformable zig – zag theory. Composite Structures, 2015, 134: 689 – 707.

[4] Qu Y, Meng G. Dynamic analysis of composite laminated and sandwich hollow bodies of revolution based on three – dimensional elasticity theory. Composite Structures, 2014, 112: 378 – 396.

[5] Qu Y, Meng G. Three – dimensional elasticity solution for vibration analysis of functionally graded hollow and solid bodies of revolution. Part I: Theory. European Journal of Mechanics/A Solids, 2014, 44: 222 – 233.

[6] Qu Y, Meng G. Three – dimensional elasticity solution for vibration analysis of functionally graded hollow and solid bodies of revolution. Part II: Application. European Journal of Mechanics/A Solids, 2014, 44: 234 – 248.

[7] Qu Y, Wu SH, Li H, et al. Three – dimensional free and transient vibration analysis of composite laminated and sandwich rectangular parallelepipeds: Beams, plates and solids. Composites Part B: Engineering, 2015, 73: 96 – 110.

[8] Qu Y, Long X, Wu S, et al. A unified formulation for vibration analysis of composite laminated shells of revolution including shear deformation and rotary inertia. Composite Structures, 2013, 98: 169 – 191.

[9] Qu Y, Hua X, Meng G. A domain decomposition approach for vibration analysis of isotropic and composite cylindrical shells with arbitrary boundaries. Composite Structures, 2013, 95: 307 – 321.

[10] Qu Y, Long S, Yuan G, et al. A unified formulation for vibration analysis of functionally graded shells of revolution with arbitrary boundary conditions. Composites Part B: Engineering, 2013, 50: 381 – 402.

[11] Qu Y, Long X, Li H, et al. A variational formulation for dynamic analysis of composite laminated beams based on a general higher – order shear deformation theory. Composite Structures, 2012, 102: 175 – 192.

[12] Qu Y, Chen Y, Chen Y, et al. A domain decomposition method for vibration analysis of conical shells with uniform and stepped thickness. Journal of Vibration and Acoustics – Transactions of ASME, 2013, 135: 011014(1 – 13).

[13] Qu Y, Chen Y, Long X, et al. A modified variational approach for vibration analysis of ring – stiffened conical – cylindrical shell combinations. European Journal of Mechanics – A/Solids, 2013, 37: 200 – 215.

[14] Qu Y, Yuan G, Wu S, et al. Three – dimensional elasticity solution for vibration analysis of composite rectangular parallelepipeds. European Journal of Mechanics – A/Solids, 2013, 42: 376 – 394.

[15] Qu Y, Wu S, Chen Y, et al. Vibration analysis of ring – stiffened conical – cylindrical – spherical shells based on a modified variational approach. International Journal of Mechanical Sciences, 2013, 69: 72 – 84.

[16] Qu Y, Chen Y, Long X, et al. A variational method for free vibration analysis of joined cylindrical – conical

shells. Journal of Vibration and Control,2013,19:2319 – 2334.

[17] Qu Y,Chen Y,Long X,et al. Free and forced vibration analysis of uniform and stepped circular cylindrical shells using a domain decomposition method. Applied Acoustics,2013,74:425 – 439.

[18] Wu S,Qu Y,et al. Vibration characteristics of a spherical – cylindrical – spherical shell by a domain decomposition method. Mechanics Research Communications,2013,49:17 – 26.

[19] Wu S,Qu Y,Yuan G,et al. Free vibration of laminated orthotropic conical shell on Pasternak foundation by a domain decomposition method. Journal of Composite Materials,2015,49(1):35 – 52.

[20] 瞿叶高,华宏星,谌勇,等. 复合材料旋转壳自由振动分析的新方法. 力学学报,2013,45(1):139 – 143.

[21] 瞿叶高,华宏星,孟光,等. 基于区域分解的组合结构振动分析方法. 上海交通大学学报,2012,46(9):1487 – 1492.

[22] 瞿叶高,谌勇,龙新华,等. 基于区域分解的环肋圆柱壳 – 圆锥壳组合结构振动分析. 计算力学学报,2013,30(1):166 – 172.

[23] 瞿叶高,华宏星,孟光,等. 圆柱壳 – 圆锥壳组合结构振动分析的新方法. 工程力学,2013,30 (3):24 – 31.

[24] 瞿叶高,华宏星,孟光,等. 基于区域分解的圆锥壳 – 圆柱壳 – 圆锥壳组合结构自由振动. 振动与冲击,2012,31(22):1 – 7.

[25] 瞿叶高,孟光,华宏星,等. 基于区域分解的薄壁旋转壳自由振动分析. 应用力学学报,2013,30(1):1 – 6.

[26] Qu Y,Meng G. Nonlinear vibro – acoustic analysis of composite plates with embedded delaminations. The 23rd International Congress on Sound and Vibration,10 – 14 July 2016,Athens,Greece.

[27] Qu Y,Hua H,Meng G. Structural – acoustic coupling analysis of a submarine hull due to propeller force. The 23rd International Congress on Sound and Vibration,10 – 14 July 2016,Athens,Greece.

[28] Qu Y,Li H,Li F,et al. Nonlinear vibration and sound radiation from skin/core debonded sandwich plates. The 24th International Congress of Theoretical and Applied Mechanics (ICTAM),21 – 26 August 2016, Montreal,Canada.

[29] Qu Y,Hua H,Chen Y,et al. A new variational method for free vibration analysis of conical shells with discontinuity in thickness. The 23rd International Congress of Theoretical and Applied Mechanics (XXIII ICTAM),19 – 24 August 2012,Beijing,China.

[30] Qu Y,Hua H,Chen Y,et al. A domain decomposition method for vibration analysis of submarine hulls. ISMA2012 International Conference on Noise and Vibration Engineering,17 – 19 September 2012,Leuven, Belgium.

[31] Qu Y, Meng G. Numerical analysis of nonlinear vibro – acoustic behaviors of composite sandwich plates with skin – core debondings. AIAA Journal,2016,DOI:10. 2514/1. J055489.

[32] Qu Y,Su J,Hua H,Meng G. Structural vibration and acoustic radiation of coupled propeller – shafting and submarine hull system due to propeller forces. Journal of Sound and Vibration,2017,Accepted.

内 容 简 介

本书系统介绍了复合材料结构振动与声学的基本理论和数值计算方法。主要内容包括:各向异性体弹性力学,弹性动力学变分原理,复合材料层合直梁、曲梁、板及壳体高阶剪切锯齿理论,纤维增强复合材料和功能梯度材料结构振动分析,声学边界积分方程、声学谱边界元法以及结构声振耦合数值计算等。本书为复合材料梁、板及壳体的振动与声振耦合研究提供了一套完整的理论体系和分析手段。

本书可作为高等院校力学专业和航空航天、船舶海洋、机械、土木工程等专业高年级大学生以及研究生课程的参考书,也可供复合材料结构设计、振动与噪声分析等领域的研究人员参考。

This book gives an introduction to the fundamental theories and numerical methods for vibration and acoustics of composite structures. The book comprehensively covers a wide range of topics including: anisotropic elasticity, variational principles in elastodynamics, high - order shear deformable Zig - zag theories of composite laminated beams, plates and shells, structural vibration analysis, boundary integral equations in acoustics, spectral boundary element method, and vibro - acoustic analysis of composite structures. The book provides a computational framework for the vibration and coupled structural - acoustic problems of common structural elements such as beams, plates and shells made of composite materials.

The book is recommended as a textbook with supplementary notes for senior undergraduate students and graduate students in any branch of engineering such as mechanics, aeronautical and aerospace, mechanical, marine and civil engineering. In view of the practical considerations presented throughout the book, it will also serve as a reference tool for engineers, technicians and other professionals working with design, vibration and acoustic analyses of composite structures in industry.